新视角文化行 编著

Flash CS6 动画制作实战从入门到精通

人民邮电出版社
北京

图书在版编目（CIP）数据

Flash CS6动画制作实战从入门到精通 / 新视角文化行编著. -- 北京 : 人民邮电出版社, 2013.4（2024.1重印）
（设计师梦工厂. 从入门到精通）
ISBN 978-7-115-30092-8

Ⅰ. ①F… Ⅱ. ①新… Ⅲ. ①动画制作软件 Ⅳ. ①TP391.41

中国版本图书馆CIP数据核字(2012)第278356号

内 容 提 要

本书是一本介绍 Flash CS6 动画制作的全实例教程，它以通俗易懂的表述、精美的实例和新颖的版式讲解了各种类型 Flash 动画的制作技巧，突出了 Flash 动画制作的华美效果与良好的交互功能，让读者易学易用，快速掌握 Flash 动画制作方面的知识。

本书通过 200 个实用并具有代表性的 Flash 范例，从基础出发，到各种专业动画的制作，并且讲解了 Flash CS6 的各个知识点，深入浅出，让读者轻松地在最短的时间里掌握各种类型的 Flash 动画的制作流程和方法。

本书提供了丰富的练习素材、源文件，并且为书中部分实例配备了多媒体视频教学光盘，特别适合初、中级网页设计人员及 Flash 动画爱好者学习，是广大网页设计从业人员不可多得的功能速学手册和案头工具书。

设计师梦工厂 • 从入门到精通

Flash CS6 动画制作实战从入门到精通

◆ 编　　著　新视角文化行
　责任编辑　郭发明

◆ 人民邮电出版社出版发行　　北京市丰台区成寿寺路 11 号
　邮编　100164　　电子邮件　315@ptpress.com.cn
　网址　https://www.ptpress.com.cn
　涿州市般润文化传播有限公司印刷

◆ 开本：787×1092　1/16
　印张：24　　　　　　2013 年 4 月第 1 版
　字数：765 千字　　　2024 年 1 月河北第 49 次印刷

ISBN 978-7-115-30092-8

定价：49.80 元（附 1DVD）

读者服务热线：(010) 81055410　印装质量热线：(010) 81055316
反盗版热线：(010) 81055315
广告经营许可证：京东市监广登字 20170147 号

前　言

Preface

Flash CS6动画制作实战从入门到精通

关于本系列图书

感谢您翻开本系列图书。在茫茫的书海中，或许您曾经为寻找一本技术全面、案例丰富的计算机图书而苦恼，或许您为自己是否能做出书中的案例效果而担心，或许您为了自己应该买一本入门教材而苦恼，或许您正在为自己进步太慢而缺少信心……

现在，我们就为您奉献一套优秀的学习用书——“从入门到精通”系统，它采用完全适合自学的“教程+案例”和“完全案例”两种形式编写，兼具技术手册和应用技巧参考手册的特点，随书附带的DVD多媒体教学光盘包含书中所有案例的视频教程、源文件和素材文件。希望通过本系列书能够帮助您解决学习中的难题，提高技巧水平，快速成为高手。

■ **自学教程**。书中设计了大量案例，由浅入深、从易到难，可以让您在实战中循序渐进地学习到相应的软件知识和操作技巧，同时掌握相应的行业应用知识。

■ **技术手册**。一方面，书中的每一章都是一个小专题，不仅可以让您充分掌握该专题中提到的知识和技巧，而且举一反三，掌握实现同样效果的更多方法。

■ **应用技巧参考手册**。书中把许多大的案例化整为零，让您在不知不觉中学习到专业应用案例的制作方法和流程，书中还设计了许多技巧提示，恰到好处地对您进行点拨，到了一定程度后，您就可以自己动手，自由发挥，制作出相应的专业案例效果。

■ **老师讲解**。每本书都附带了CD或DVD多媒体教学光盘，每个案例都有详细的语音视频讲解，就像有一位专业的老师在您旁边一样，您不仅可以通过本系列图书研究每一个操作细节，而且还可以通过多媒体教学领悟到更多的技巧。

本系列图书已推出如下品种。

3ds Max 2011中文版/VRay效果图制作从入门到精通（全彩超值版）	Flash CS5动画制作实战从入门到精通（全彩超值版）
Photoshop CS5平面设计实战从入门到精通（全彩超值版）	Illustrator CS5实践从入门到精通
Photoshop CS5中文版从入门到精通（全彩超值版）	Premiere Pro CS5视频编辑剪辑实战从入门到精通（全彩超值版）
CorelDRAW X5实战从入门到精通（全彩超值版）	Maya 2011从入门到精通（全彩超值版）
3ds Max 2011中文版从入门到精通（全彩超值版）	3ds Max 2010中文版实战从入门到精通
AutoCAD 2011中文版机械设计实战从入门到精通（全彩超值版）	AutoCAD 2011中文版建筑设计实战从入门到精通
会声会影X3实战从入门到精通全彩版	Photoshop CS5中文版实战从入门到精通（全彩超值版）
After Effcets CS5影视后期合成实战从入门到精通（全彩超值版）	3ds Max 2011中文版从入门到精通

本书特点

本书通过 200 个实用而经典的范例，由浅入深、循序渐进地介绍了中文版 Flash CS6 的基本功能及各种动画的制作方法和技巧。

本书具有以下特点。

- 专业性强。由具有多年 Flash 从业经验的资深设计人员编写，全面、系统地介绍了使用 Flash CS6 制作各种类型 Flash 动画的方法和技巧。只要按照范例中的步骤进行操作，就可以轻松地制作出完整的作品。通过实战训练，激发创作灵感，可以精通 Flash 动画制作的高级技巧。
- 内容全面。精选 200 个精美案例。本书所有案例按 Flash 的功能进行分类归档，案例涉及面广，技巧全面实用，技术含量高，与实践紧密结合。难度由低到高，循序渐进，力求让读者通过不同的实例掌握不同的知识点。
- 简单易学。本书对 Flash CS6 的各项功能和动画制作技巧均有细致描述，突出了 Flash 现场制作的实用性和艺术性。在案例的制作过程中还穿插了大量的提示和技巧，使读者更容易理解和掌握，从而方便知识点的记忆。
- 超值光盘。附赠光盘中包含本书所有案例的最终源文件及素材文件，并且还包含了 200 个案例的视频教程，学习更加轻松方便，使本书内容更加超值。

章节安排

本书首先讲解了 Flash CS6 的基础动画，包括 Flash 动画就业应用分析、基本绘画、基本动画类型、按钮和影片剪辑、AS 控制影片剪辑、按钮应用、AS 控制音频和视频、AS 控制时间；然后从提升 Flash 动画设计技能的角度出发，逐渐深入至商业应用的层面进行讲解，包括网络应用案例、网站导航、Flash 贺卡、Flash MTV、Flash 游戏制作，以及 ActionScript3.0 等内容。

本书的作者有着多年的教学经验与实际工作经验，在编写本书时希望能够将自己实际授课和 Flash 动画设计制作过程中积累下来的宝贵经验与技巧传递给读者。希望读者能够在体会 Flash CS6 软件强大功能的同时，把设计思想和创意通过软件反映到 Flash 动画设计制作的视觉效果上来。

读者对象

本书面向广大高校师生和从事网页动画制作、设计的人员，是一本具有参考价值的 Flash 范例工具书，同时又是一本指导性的教科书，可作为高等学校计算机应用、动画设计、制作等专业的教材，也可作为培训教材。

由于编者水平有限，时间仓促，书中难免有不足和疏漏之处，希望广大读者朋友批评、指正。

编者

2013 年 1 月

目　　录

Contents

Flash CS6动画制作实战从入门到精通

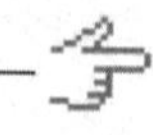

第 1 章　Flash 动画制作基础

Flash 是由 Adobe 公司开发的一种比较常用的动画软件，它广泛应用于广告制作、动画短片、电视动画、网页设计等多个领域，通过本章的学习，可以使用户更好地了解 Flash 的基础知识，熟练使用 Flash 制作一些基本的动画效果。

实例 1　Adobe Flash CS6 软件的安装

在使用 Adobe Flash 前，首先需要将 Flash 软件安装到计算机中。Adobe Flash CS6 的安装很简单，读者只需要按照安装时的提示信息操作，即可顺利完成安装。

实例分析

本案例中主要讲解 Flash CS6 软件的安装过程，安装完成如图 1-1 所示。

源 文 件	无
视　　频	光盘\视频\第 1 章\实例 1.swf
知 识 点	Flash 软件安装的步骤
学习时间	10 分钟

知识点链接——Adobe Flash CS6 的安装包在哪里可以下载？

Adobe 公司为了方便用户了解并使用 Flash 软件，提供了软件的试用版安装包，用户可以登录网址 http://www.Adobe.com/cn，在该网址中可以找到 Flash CS6 软件的试用版，下载即可使用，该软件的试用期是 30 天，到期后用户需要购买才能继续使用。

图 1-1　最终效果

操作步骤

步骤 1 将 Adobe Flash CS6 的安装光盘放入 DVD 驱动器中，自动进入“初始化安装程序”界面，如图 1-2 所示。完成后弹出“欢迎”界面，可在界面中看到安装和试用两个选项，如图 1-3 所示。

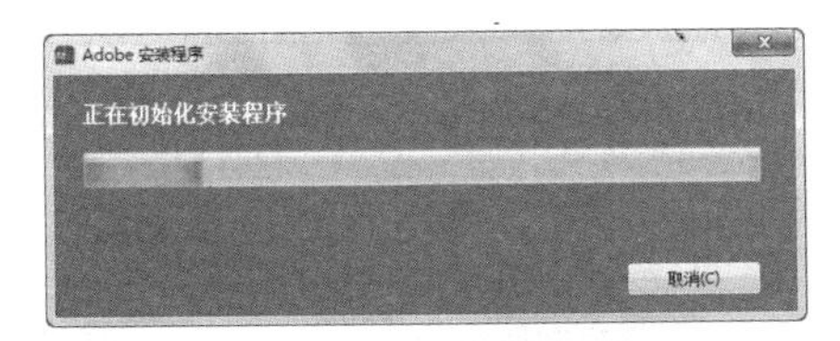

图 1-2　安装程序界面

图 1-3　欢迎界面

步骤 2 单击“试用”按钮，弹出“Adobe 软件许可协议”界面，如图 1-4 所示。单击“接受”按钮，弹出“选项”界面，如图 1-5 所示。

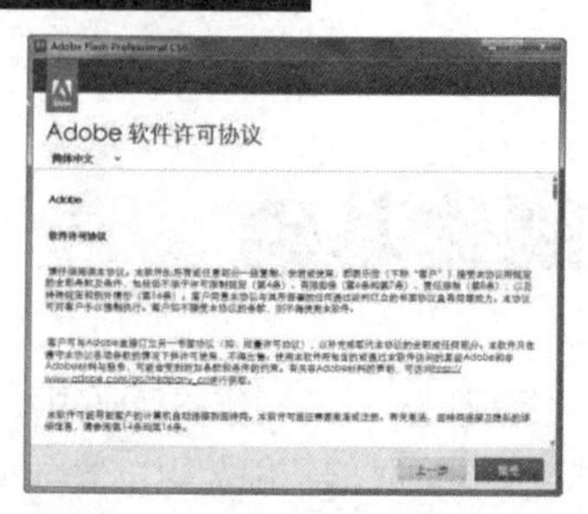
图 1-4　Adobe 软件许可协议界面

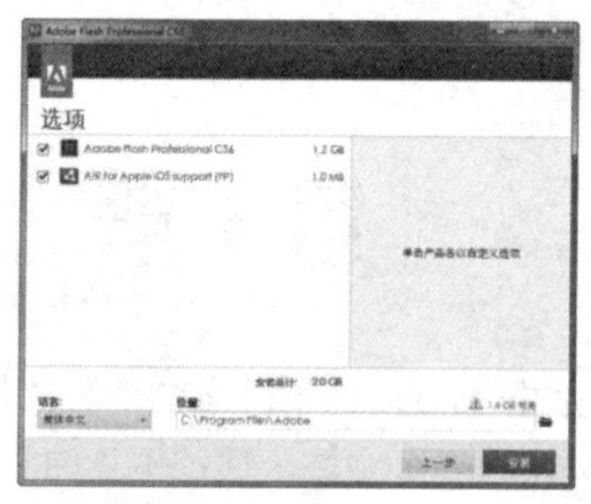
图 1-5　选项界面

步骤 3 在“选项”界面中单击位置文本框后的图标，弹出“浏览文件夹”对话框，如图 1-6 所示。在浏览文件夹中，选择用户想要安装的位置，单击“确定”按钮，返回“选项”界面，在选项界面中单击“安装”按钮，弹出“安装”界面，如图 1-7 所示。

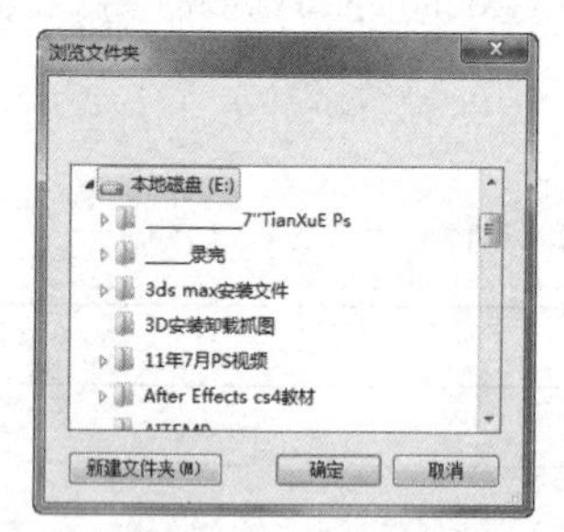
图 1-6　浏览文件夹对话框

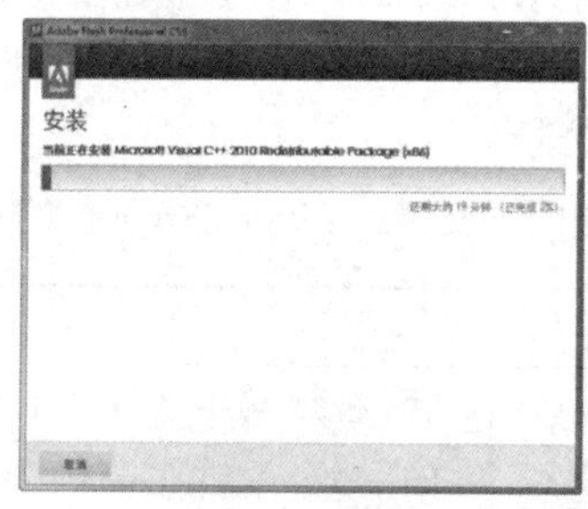
图 1-7　安装界面

步骤 4 根据计算机配置的不同，安装的时间长短也有所不同，安装完成后，弹出图 1-8 所示的“安装完成”界面，完成软件的安装。

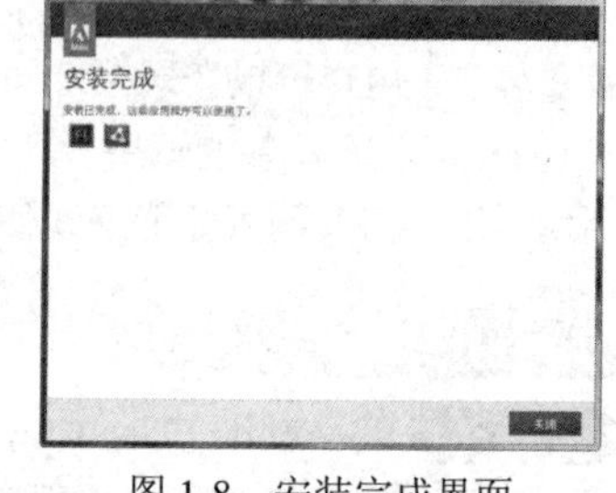
图 1-8　安装完成界面

提问：Flash CS6 配置要求有哪些？

回答：Microsoft Windows XP（带有 Service Pack 3）、Windows Vista、Windows 7 操作系统，1GB 可用硬盘空间用于安装；安装过程中需要额外的可用空间（无法安装在基于闪存的可移动存储设备上）；1024x768 屏幕（推荐 1280×800），配备符合条件的硬件加速 OpenGL 图形卡、16 位颜色和 256MB VRAM。

提问：苹果系统如何安装 Flash CS6 软件？

回答：Adobe 公司提供了专供苹果系统使用的软件安装包，用户可以登录 Adobe 网站下载适用版本。由于苹果系统与 Windows 系统不同，启动 Flash 软件后的操作也会略有不同。

实例 2　Adobe Flash CS6 软件的卸载

源文件	无
视　频	光盘\视频\第 1 章\实例 2.swf
知识点	卸载
学习时间	5 分钟

1. 打开“程序和功能”窗口，选择需要卸载的 Flash CS6，单击“卸载”按钮。
2. 弹出 Flash CS6 卸载窗口，显示“卸载选项”界面。
3. 单击“卸载”按钮，进入卸载程序过程，显示卸载进度。
4. 完成 Flash CS6 的卸载，显示卸载完成窗口。

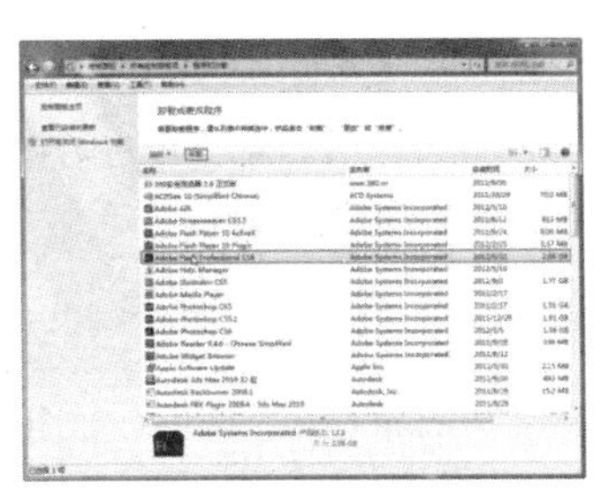

1．程序和功能窗口

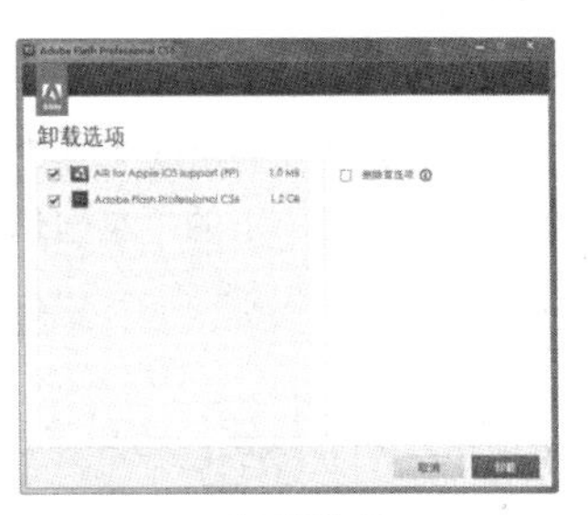

2．卸载选项

3．卸载进度

4．卸载完成

实例总结

在软件试用到期后，很多用户选择直接删除软件的运行程序，这样会造成以后不能在该计算机设备上安装 Flash 软件。所以要选择正确的卸载方法将软件删除干净。建议使用 Adobe 公司提供的软件卸载插件，卸载软件后再次安装。

实例 3　启动与退出——Flash CS6 的启动

完成 Flash CS6 软件安装后，即可使用 Flash 软件制作动画了。第一次运行 Flash 软件时，速度会较慢，用户不要着急，要耐心等待。同时不同配置的计算机启动软件的时间也不同。

实例分析

用户可以根据不同的需求选择 Adobe Flash CS6 的启动方法，例如，在“开始”菜单中选择启动程序或者双击 FLA 格式的文档都可以启动 Flash 软件，如图 1-9 所示。

源 文 件	无
视　　频	光盘\视频\第 1 章\实例 3.swf
知 识 点	启动
学习时间	3 分钟

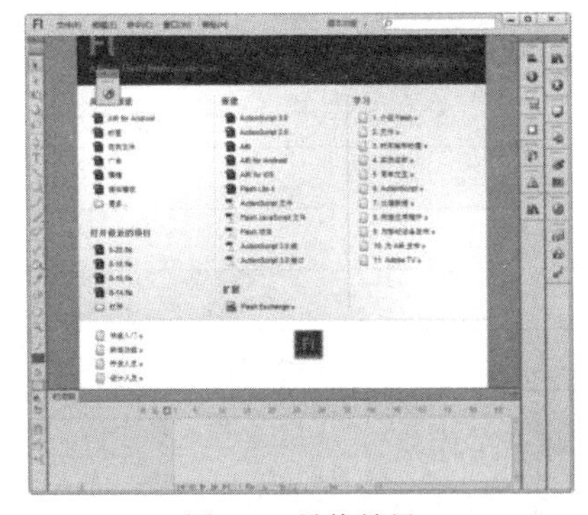

图 1-9　最终效果

知识点链接——如何在桌面上为 Adobe Flash CS6 创建快捷程序图标？

首先在“开始”菜单中找到要添加的软件，将鼠标指针放到该软件上方，单击鼠标右键，在弹出的菜单中选择“发送到”选项下的“桌面快捷方式”命令，即可在桌面上创建快捷程序。

操作步骤

步骤 1 单击“开始”按钮，选择“所有程序>Adobe Flash Professional CS6”选项，如图 1-10 所示。弹出 Flash CS6 启动界面，如图 1-11 所示。

图 1-10 开始菜单

图 1-11 启动界面

步骤 2 稍等片刻，弹出 Flash CS6 的初始界面，即可开始动画的制作。通过执行“文件>退出”命令可以退出软件的操作界面，如图 1-12 所示。

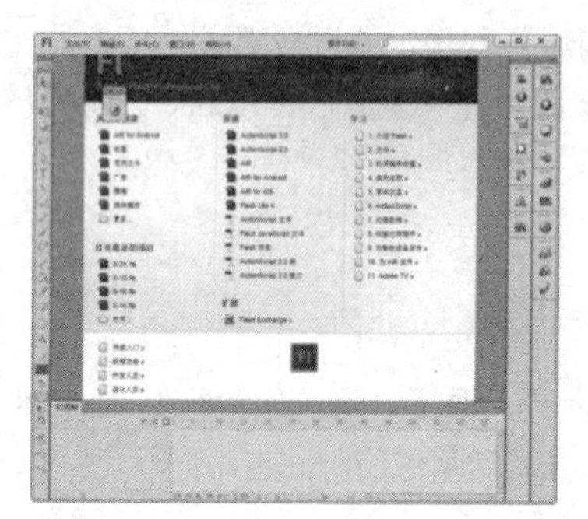
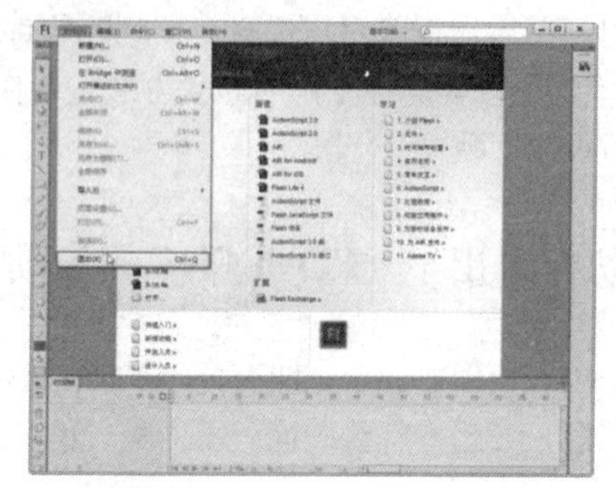

图 1-12 启动和退出 Flash CS6 软件界面

提问：下载的 Flash 安装包可以安装到几台计算机中？

回答： Adobe Flash 软件可以允许用户同时安装到两台计算机中并激活。如果用户需要安装到第 3 台计算机中，则必须将安装了软件的两台计算机中的 1 台取消激活。

提问：有什么快速的方法可以退出 Flash CS6 工作界面？

回答： 用户可以通过单击工作界面右上角的 × 按钮或者按快捷键【Alt+F4】快速退出 Flash CS6 的工作界面。

实例 4 修改与恢复 Flash CS6 的工作区

源文件	无
视频	光盘\视频\第 1 章\实例 4.swf
知识点	选择和重置工作区
学习时间	5 分钟

1. 将 Adobe Flash CS6 启动，显示工作界面。
2. 执行“窗口>工作区>传统”命令，可以将工作区恢复到传统工作区的样子。

1. 启动 Flash CS6

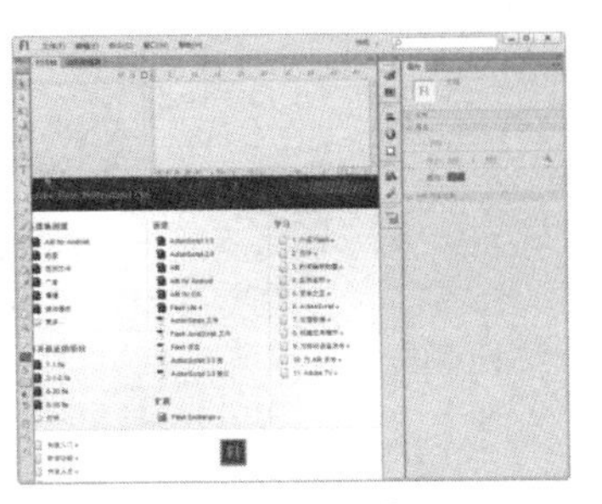
2. “传统”工作区

3. 用户可以根据个人的喜好调整工作区的布局方式。
4. 执行“窗口>工作区>重置>传统”命令，即可将工作区重置。

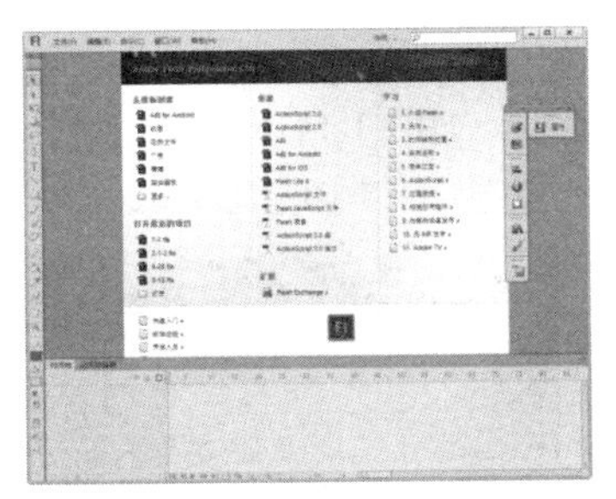
3. 调整工作区

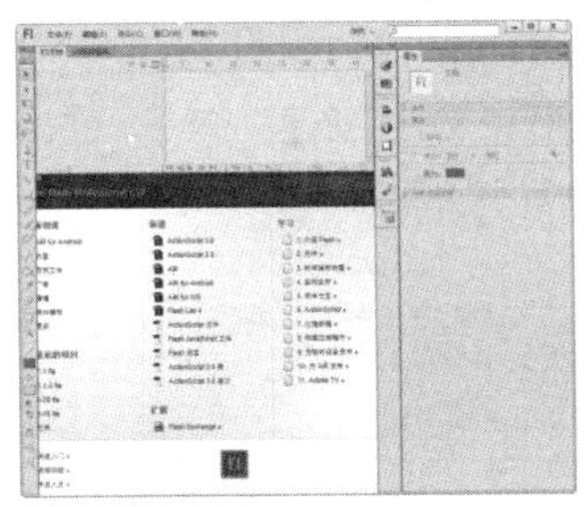
4. 复位工作区

实例总结

用户可以将使用较为习惯的工作区保存为自定义工作区界面，这样可以大大地提高动画制作的效率。

> ▶ 提示
>
> 使用快捷键【Ctrl+Tab】可以按顺序切换窗口，按【Ctrl+Shift+Tab】快捷键可以按相反的顺序切换窗口。当在标题栏中不能显示所有文档时，可以在其右侧单击双箭头按钮，在弹出的菜单中选择要使用的文档。

实例 5　新建和编辑 Flash 空白文档

新建文档是开始制作 Flash 动画的第一步。正确的文档尺寸是未来 Flash 动画发布的必要条件。本实例讲解在 Flash 中新建和编辑 Flash 文档的方法。

实例分析

在新建 Flash 空白文档时，用户可以根据不同的需求来设置文档参数，例如，“宽高”、“帧频”与“背景颜色”，新建文档效果如图 1-13 所示。

源 文 件	光盘\源文件\第 1 章\实例 5.fla
视　　频	光盘\视频\第 1 章\实例 5.swf
知 识 点	新建文档、修改文档属性
学习时间	1 分钟

知识点链接——Flash 新建文档有什么区别吗？

在 Flash CS6 中，根据不同的需求可以新建不同的文档类型。例如，根据 ActionScript 版本的不同可以创建 2.0 和 3.0 两种文档。根据发布程序的不同可以新建 Android 和 iOS 两种文档。也可以选择创建

ActionScript 脚本文档或 Flash 项目文件等。总之，在开始制作动画前，一定要选择准确的文档类型。

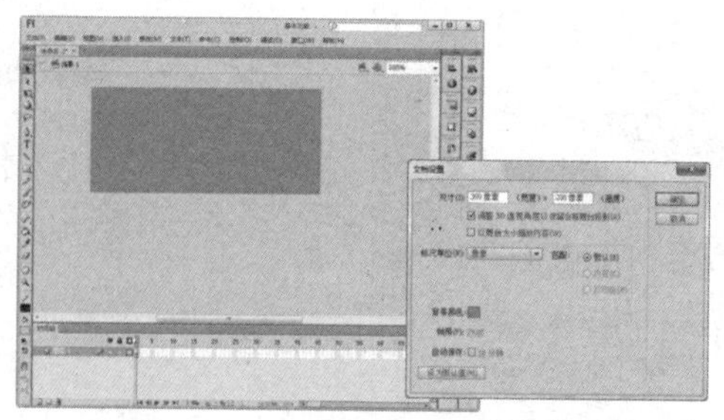

图 1-13　最终效果

操作步骤

步骤 1 执行“文件>新建”命令，弹出“新建文档”对话框，如图 1-14 所示。在对话框中用户可以根据不同的需求来设置不同的参数，单击“确定”按钮，如图 1-15 所示。

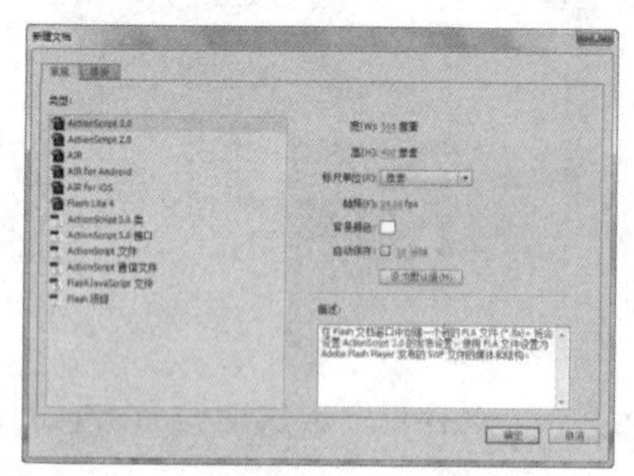

图 1-14　新建文档对话框

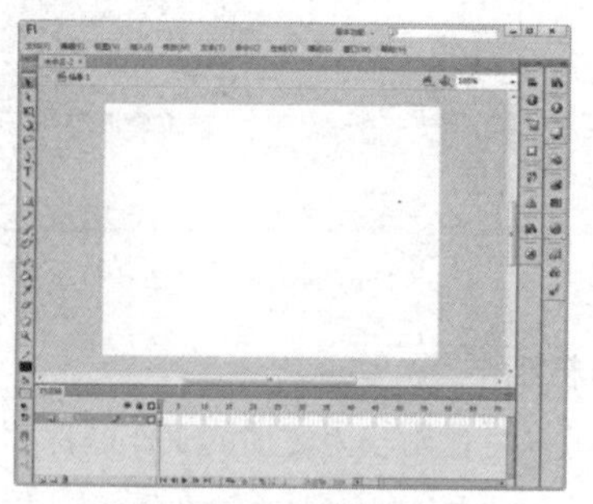

图 1-15　新建空白文档

步骤 2 如果创建的参数有误差或希望更改文档参数，可以执行“修改>文档”命令，弹出“文档设置”对话框，如图 1-16 所示。在对话框中可以再设置合适的参数，单击“确定”按钮，如图 1-17 所示。

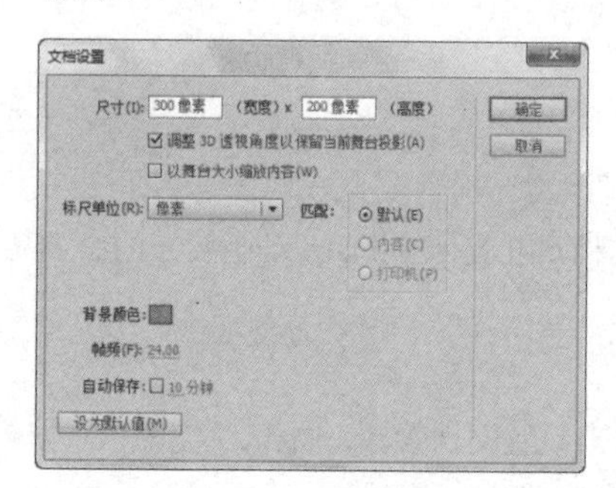

图 1-16　文档设置

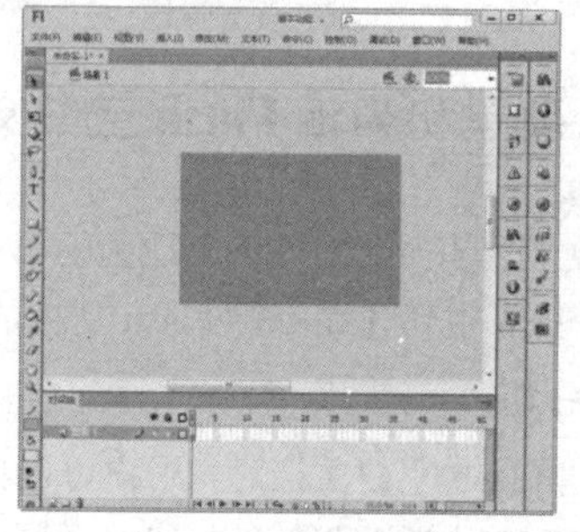

图 1-17　最终效果

提问：新建文档有几种方式？

回答：新建动画文档有两种方式，第一种是在“常规”选项卡中选择相应的文档类型。第二种是在“模板”选项卡中通过 Flash 为用户提供的模板新建文档。

提问：ActionScript 3.0 与 ActionScript 2.0 有什么区别？

回答：选择 ActionScript 3.0 创建的文档，在编辑时所使用的脚本语言必须是 ActionScript 3.0。选择 ActionScript 2.0 创建的文档，在编辑时脚本语言必须是 ActionScript 2.0。这两种脚本类型采用了完全不同的编程规则。

实例 6　打开与保存 Flash 动画

源 文 件	光盘\源文件\第 1 章\实例 6.fla
视　　频	光盘\视频\第 1 章\实例 6.swf
知 识 点	“打开”、“保存”
学习时间	5 分钟

1. 执行“文件>打开”命令，弹出“打开”对话框。
2. 选择要打开的一份或多份文档，单击打开按钮，即可打开一份甚至多份文档。
3. 执行“文件>另存为”命令，弹出“另存为”对话框。

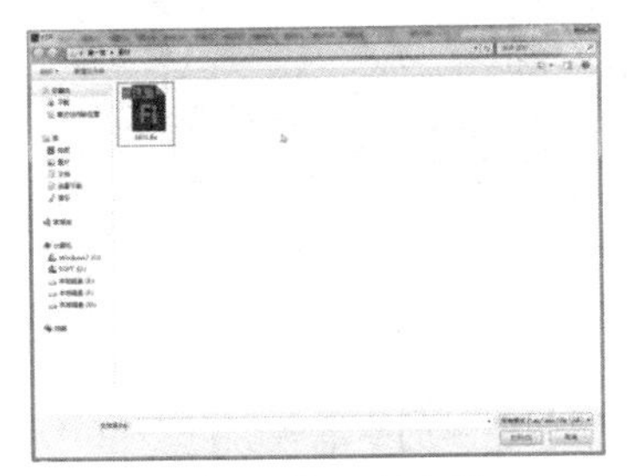

1. 选择要打开的文档

2. 打开文档

3. 另存为对话框

4. 输入要保存的名称，单击“保存”按钮，即可保存到指定的位置。

4. 最终效果

实例总结

在 Flash 中可以直接打开并编辑的图像格式除了 FLA 以外，还有未压缩文档 XFL 格式。这两种格式都是 Flash 特有的图像格式，并且在这两种格式中完整地记录了 Flash 动画中的各种元素，以方便用户随时制作和编辑动画。

实例 7　创建笔触和填充

Flash CS6 的颜色处理功能十分强大，用户不仅可以使用“工具”面板和“属性”面板中的“笔触颜色”和“填充颜色”创建笔触和填充，还可以使用“颜料桶工具”和“墨水瓶工具”创建并修改笔触和填充。

实例分析

在绘制前，单击“工具箱”中的“笔触颜色”或“填充颜色”控件，在弹出的“样本”对话框中单击某个颜色块，即可成功创建相应的“笔触颜色”和“填充颜色”，如图 1-18 所示。

图 1-18　最终效果

源 文 件	光盘\源文件\第 1 章\实例 7.fla
视　　频	光盘\视频\第 1 章\实例 7.swf
知 识 点	笔触与填充
学习时间	5 分钟

知识点链接——关于填充和笔触的选择

在 Flash 中可以通过单击选择笔触的部分，双击可以选择图形所有的笔触。同样，在填充上单击可以选择填充对象，三击则可以同时选择填充和笔触。

操作步骤

步骤 1 单击“工具箱”中的“笔触颜色”控件，如图 1-19 所示，在弹出的“样本”面板中单击相应的颜色块，如图 1-20 所示。

步骤 2 使用相同方法完成“填充颜色”设置，如图 1-21 所示。使用“矩形工具”在场景中绘制一个矩形，如图 1-22 所示。可以看到刚刚创建的“笔触颜色”和“填充颜色”被应用到绘制的图形中。

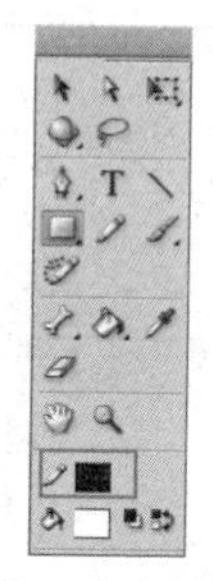
图 1-19 工具箱

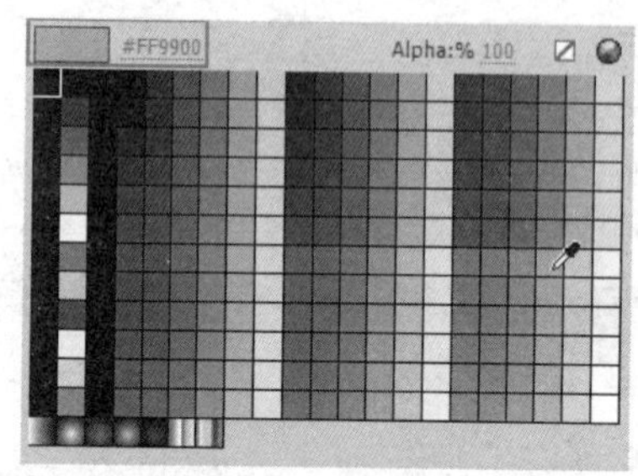

图 1-20 “颜色”面板

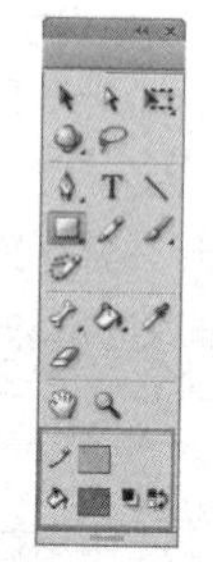
图 1-21 工具箱

图 1-22 绘制矩形

提问：如何改变图形的颜色？

回答：如果想要改变图形的颜色，可以选中该图形，再使用相同方法创建新的“笔触颜色”和“填充颜色”，即可更改所选图形的颜色属性。

提问：样本面板的用途是什么？

回答：“样本”面板中存放了大量颜色样本，用户不仅可以使用系统预设的颜色进行各种应用，还可以根据需求对相应的颜色样本进行“复制”、“删除”、“添加”和“保存”等操作。

实例 8 添加和替换颜色样本

源 文 件	光盘\源文件\第 1 章\实例 8.fla
视　　频	光盘\视频\第 1 章\实例 8.swf
知 识 点	“样本”面板
学习时间	5 分钟

1. 打开素材图像，使用“滴管工具”在人物头发、脸、衣服、裤子、鞋上进行取样。
2. 单击“样本”面板右上方的按钮，选择“保存颜色”选项，随意在画面中吸取其他的颜色。

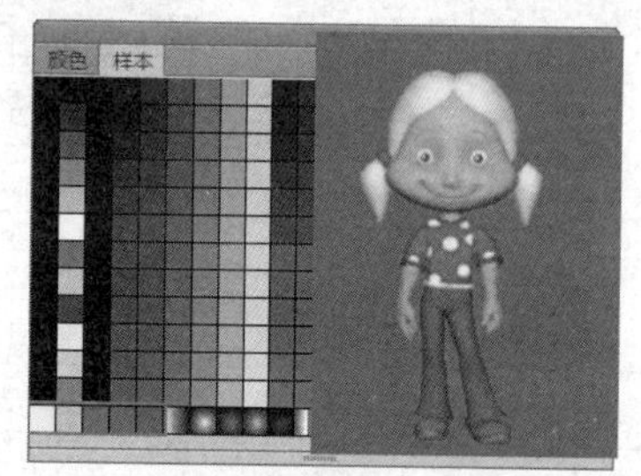

1. 打开素材

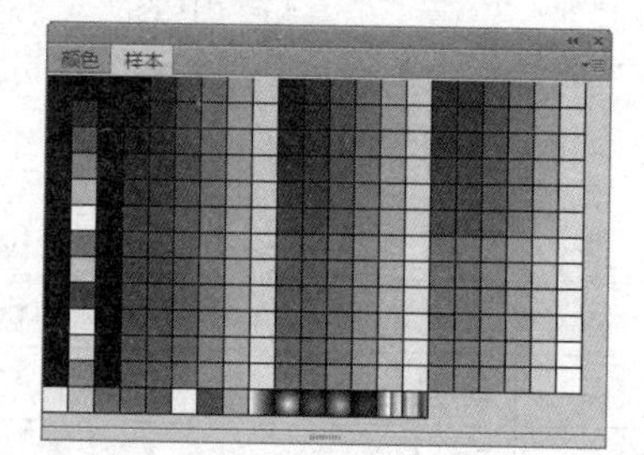

2. 吸取其他颜色

3. 执行“替换颜色”命令，载入刚刚保存的文件，可以看到被替换为保存的文件。

4. 执行“加载默认”颜色命令，并随意在画面中吸取颜色，执行“添加颜色”命令，载入刚刚保存的文件，可以看到颜色只是被添加到了面板中并没有替换刚刚吸取的颜色。

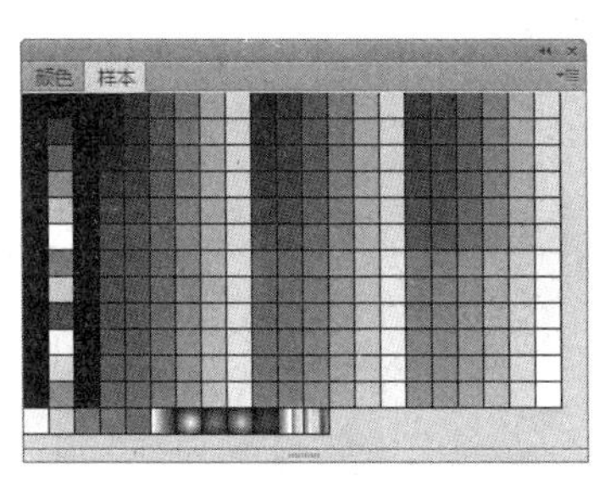

3．替换颜色

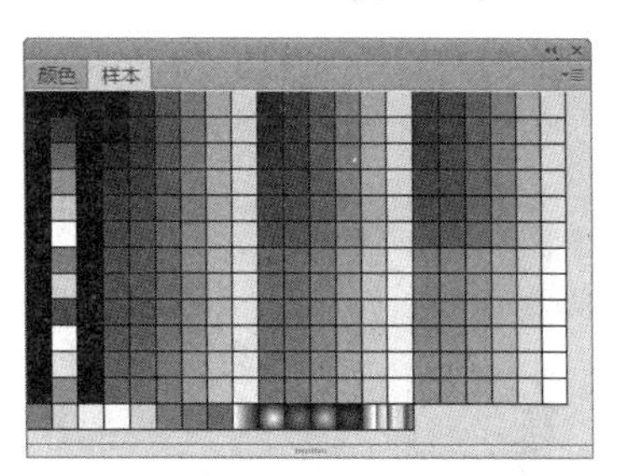

4．添加颜色

实例总结

丰富的色彩搭配是 Flash 动画中一个不可获取的条件。通过本实例的学习读者可以轻松在 Flash 中完成颜色的选择和修改。但同时需要注意，Flash 不支持 CMYK 的颜色值，只支持 RGB 或者 16 位进制颜色。

实例 9　图层——制作简单的按钮图形

在制作 Flash 动画时，一个单独的图层是无法满足复杂动画制作需求的，所以常常需要创建多个不同的图层，以满足不同对象的动画制作要求。本实例中将通过使用图层创建一个简单的按钮图形。

实例分析

本案例主要使用“矩形工具”绘制按钮，并在“颜色”面板调整渐变颜色，使用“渐变变形工具”对渐变色进行调整。新建图层，使用“文本工具”输入文字，完成效果如图 1-23 所示。

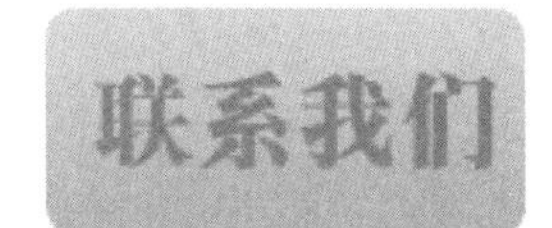

图 1-23　最终效果

源 文 件	光盘\源文件\第 1 章\实例 9.fla
视　　频	光盘\视频\第 1 章\实例 9.swf
知 识 点	“新建图层”、“渐变变形工具”、“颜色”面板
学习时间	8 分钟

知识点链接——文件夹的妙用是什么？

制作一个完整的动画，常常会需要几个甚至几十个图层。为了方便用户对众多图层进行管理，可以新建图层“文件夹”，对同类型的图层编组管理。

操作步骤

步骤 1 执行“文件>新建”命令，弹出“新建文档”对话框，单击“确定”按钮，新建一个空白文档，如图 1-24 所示。选择“工具箱”中的“矩形工具”，执行“窗口>颜色”命令，弹出“颜色”面板，如图 1-25 所示。

图 1-24　新建空白文档

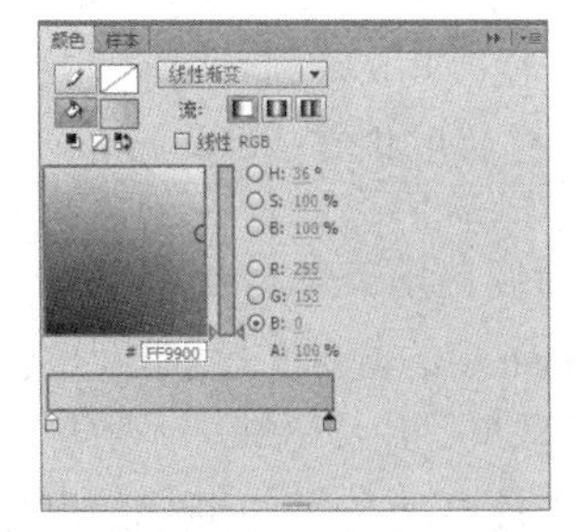

图 1-25　设置“颜色”面板

步骤 2 单击该面板中的“填充颜色”按钮，并设置“填充颜色”为“线性渐变”，渐变颜色为#FFCC00

到#FF9900，如图 1-26 所示。执行“窗口>属性”命令，在“属性”面板中进行相应设置，如图 1-27 所示。

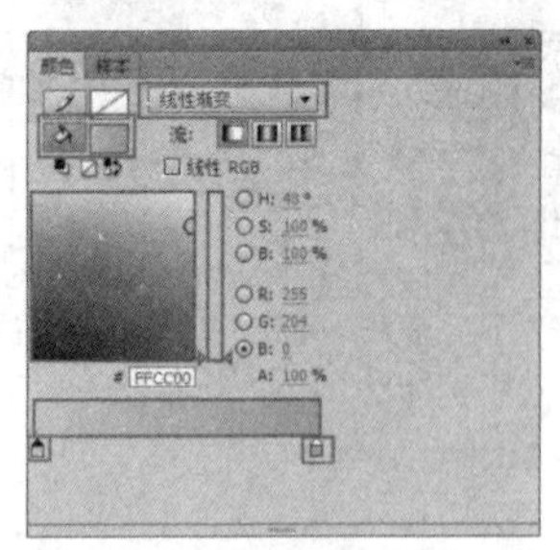

图 1-26 设置渐变颜色

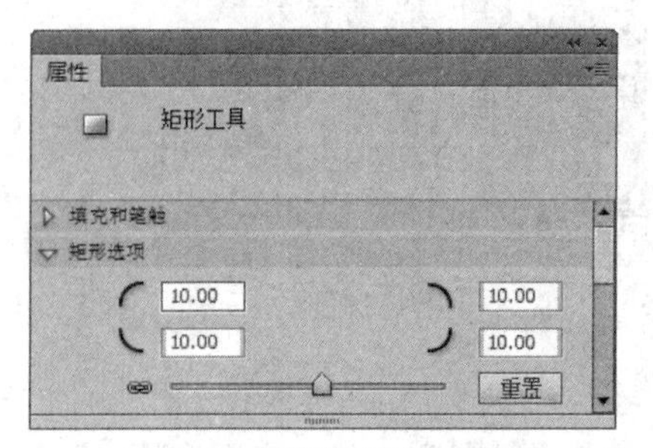

图 1-27 设置“属性”面板

步骤 3 在舞台中绘制矩形，效果如图 1-28 所示。选择“工具箱”中的“任意变形工具”，对绘制矩形的渐变颜色进行调整，效果如图 1-29 所示。

图 1-28 绘制矩形

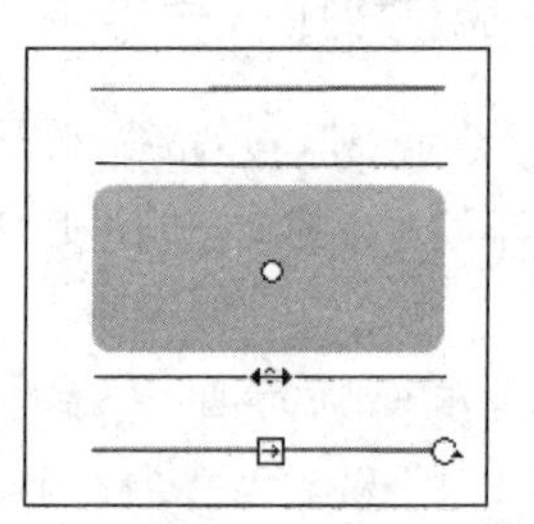

图 1-29 调整渐变

步骤 4 选择“工具箱”中的“文本工具”，在“属性”面板中进行相应设置，如图 1-30 所示。单击“时间轴”面板中的“新建图层”按钮，新建“图层 2”，如图 1-31 所示。在舞台中单击并输入文本，最终效果如图 1-32 所示。

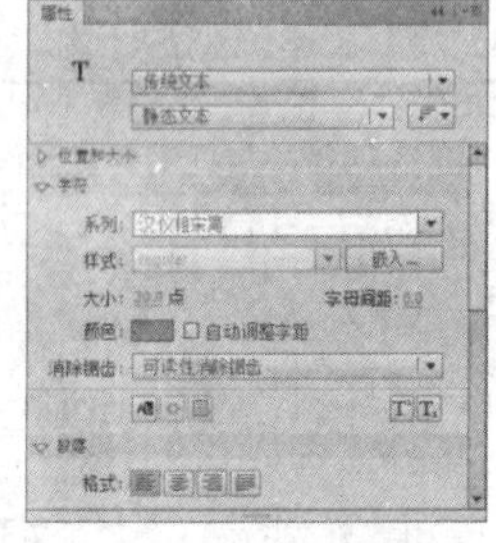

图 1-30 “属性”面板

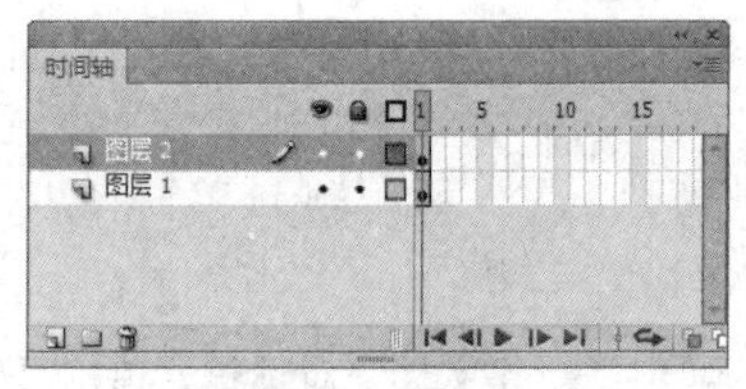

图 1-31 “时间轴”面板

图 1-32 完成效果

> ▶ 提示
>
> 在使用形状工具绘制形状时，建议绘制一个新的形状就创建一个图层，方便修改和调整每个形状，当所有的形状都确定之后，可将所有形状合并到同一个图层中。

提问：渐变色填充的分类有哪些？

回答：Flash 中的渐变填充分为“线性渐变”和“径向渐变”两种。使用这两种填充方式可以创建丰富多彩的填充效果，并且使用“渐变变形工具”可以轻松地完成对渐变颜色的修改和编辑。

提问：线性渐变与径向渐变的区别是什么？

回答：线性渐变是沿着一条轴线，以水平或垂直方向改变颜色，而径向渐变是从一个中心点向外放射来改变颜色，“径向渐变”和“线性渐变”的设置方法大同小异。

实例 10　直接复制——制作按钮倒影效果

源 文 件	光盘\源文件\第 1 章\实例 10.fla
视　　频	光盘\视频\第 1 章\实例 10.swf
知 识 点	直接复制
学习时间	10 分钟

1. 执行“文件>打开”命令，将“光盘\第 1 章\素材\11001.fla”打开。
2. 将图层 1 与图层 2 中的内容全部选中，执行“编辑>直接复制”命令。
3. 将复制的内容全部选中并移到一定位置，执行“修改>变形>垂直翻转”命令。
4. 选中复制的矩形，在“颜色”面板中调整不透明度，选中复制的文字，在属性面板中调整不透明度。

1. 打开素材

2. 直接复制

3. 垂直翻转

4. 最终效果

实例总结

在 Flash CS6 中可以通过“直接复制”命令复制图层或者对象，而无需先执行“拷贝”命令，然后再执行“粘贴”命令完成复制。使用这种方法可以大大提高工作效率，更好地完成动画制作。

实例 11　辅助线——使用辅助线制作动画安全框

为了在动画中准确定位，通常会使用辅助线功能。本实例中首先使用辅助线定位文档的尺寸，然后再绘制出安全框的范围，为后期制作动画做好准备。

实例分析

制作动画时常常需要安全框辅助定位。本实例中首先使用辅助线显示文档窗口的边界，然后再创建安全框。读者要在操作的同时理解安全框的功能和作用。最终效果如图 1-33 所示。

图 1-33　最终效果

源 文 件	光盘\源文件\第 1 章\实例 11.fla
视　　频	光盘\视频\第 1 章\实例 11.swf
知 识 点	辅助线
学习时间	5 分钟

知识点链接——显示和隐藏辅助线？

在窗口中创建辅助线后，可以通过执行“视图>辅助线>隐藏辅助线”命令，将辅助线隐藏。再次执行该命令可以显示辅助线。同时可以通过按下快捷键【Ctrl+;】显示或隐藏辅助线。

步骤 1　执行“文件>新建”命令，弹出“新建文档”对话框，如图 1-34 所示。新建一个大小

为 410 像素×285 像素，其他为默认的空白文档，如图 1-35 所示。

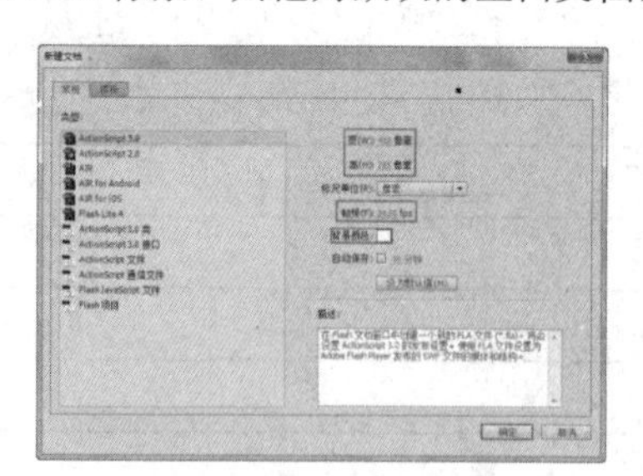

图 1-34　新建文档对话框

图 1-35　新建空白文档

步骤 2 执行“视图>标尺”命令，在文档的左侧和上侧可以看到显示的标尺，如图 1-36 所示。将鼠标指针放在标尺的上方，按下鼠标左键向下拖动，创建图 1-37 所示的辅助线。

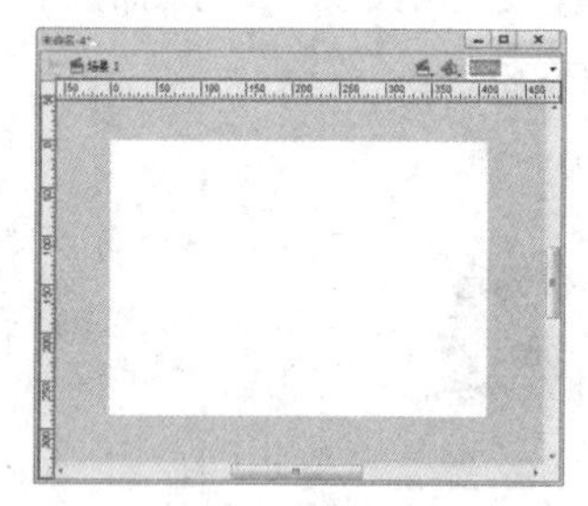

图 1-36　显示标尺

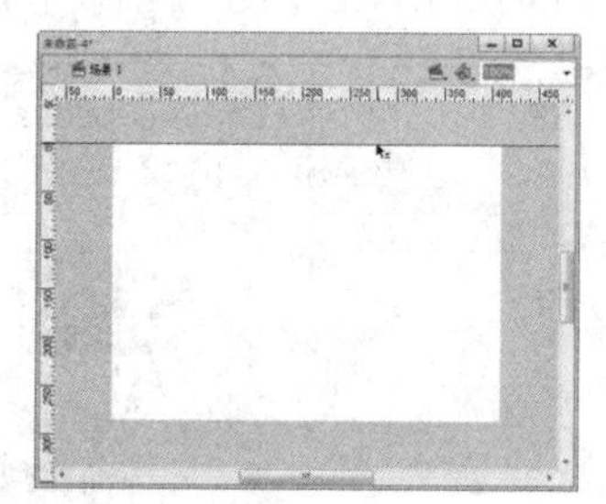

图 1-37　创建标尺

步骤 3 使用相同方法完成其他辅助线的创建，如图 1-38 所示。选择“工具箱”中的“矩形工具”，执行“窗口>属性”命令，弹出“属性”面板，设置“笔触颜色”为“无”，“填充颜色”为#000099，“矩形边角半径”为 15，如图 1-39 所示。

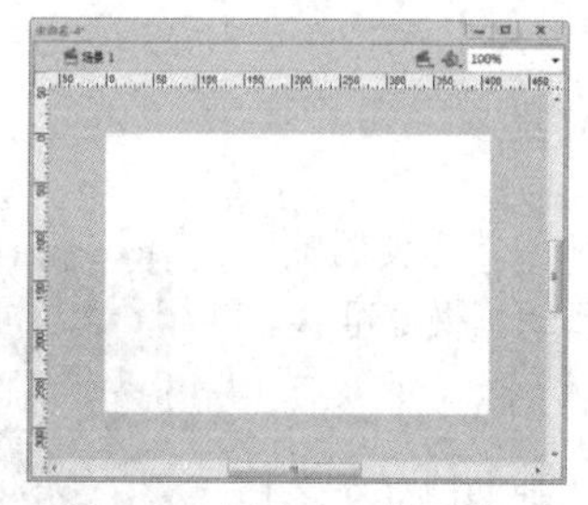

图 1-38　创建多条辅助线

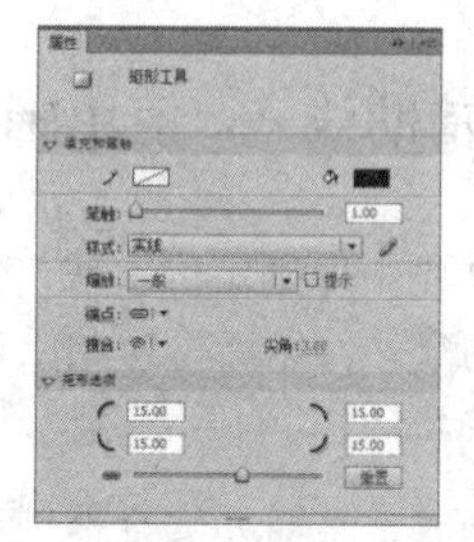

图 1-39　属性面板

步骤 4 在舞台中沿着辅助线绘制一个矩形，如图 1-40 所示。使用“套索工具”对矩形进行选取，并按【Delete】键将选中部分删除，如图 1-41 所示。

图 1-40　绘制矩形

图 1-41　部分删除

步骤 5 新建“图层 2”，执行“文件>导入>导入到舞台”命令，弹出“导入”对话框，如图 1-42 所示。选择要导入的图像，单击“打开”按钮，调整图像到图 1-43 所示的位置。

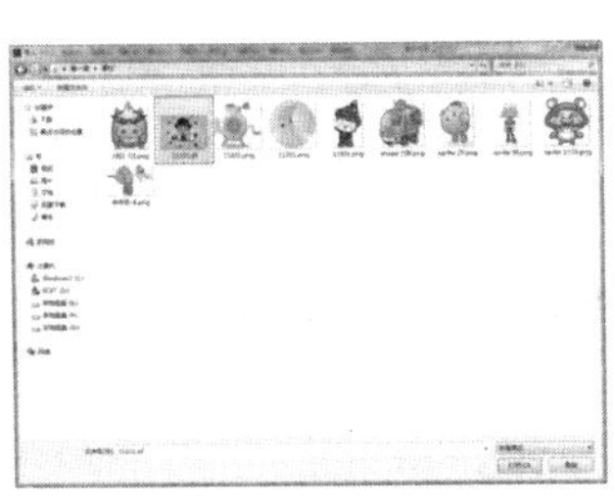

图 1-42　导入对话框

图 1-43　最终效果

提问：如何准确对齐辅助线？

回答：创建辅助线后，为了更好地实现对齐功能，可以执行“视图>贴紧>贴紧辅助线”命令，此后移动对象时会自动对齐贴紧辅助线。

提问：网格的用途是什么？

回答：网格是设计师在布局动画中的各种元素时非常有效的辅助工具。在使用网格辅助设计时，网格会布满整个舞台。用户可以根据网格的尺寸准确定位。通过执行“编辑网格”功能可以轻松地实现对网格基本属性的控制。

实例 12　显示与隐藏网格

源 文 件	光盘\源文件\第 1 章\实例 12.fla
视　　频	光盘\视频\第 1 章\实例 12.swf
知 识 点	“显示网格”、“隐藏网格”
学习时间	4 分钟

1. 新建一个“大小”为 470 像素×470 像素，其他为默认的空白文档。
2. 执行“视图>网格>显示网格”命令，即可在舞台中看到网格。
3. 将“光盘\第 1 章\素材\11201.tif”图像导入到舞台中。
4. 再次执行“视图>网格>显示网格”命令，即可隐藏舞台中的网格。

1. 新建文档

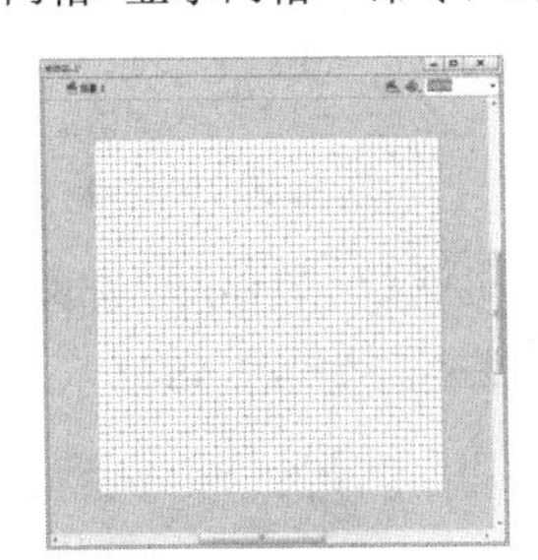

2. 显示网格

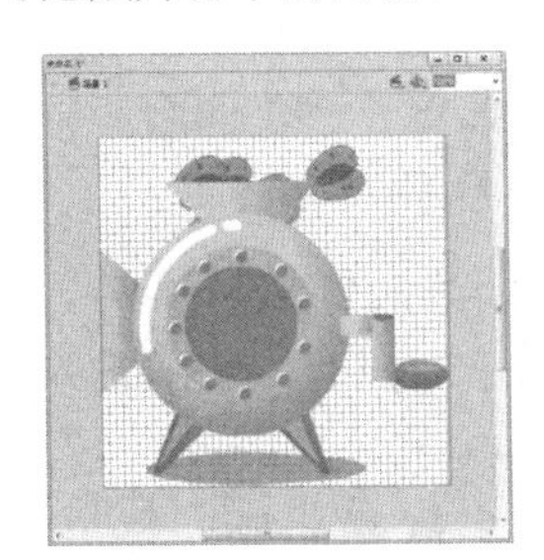

3. 导入素材

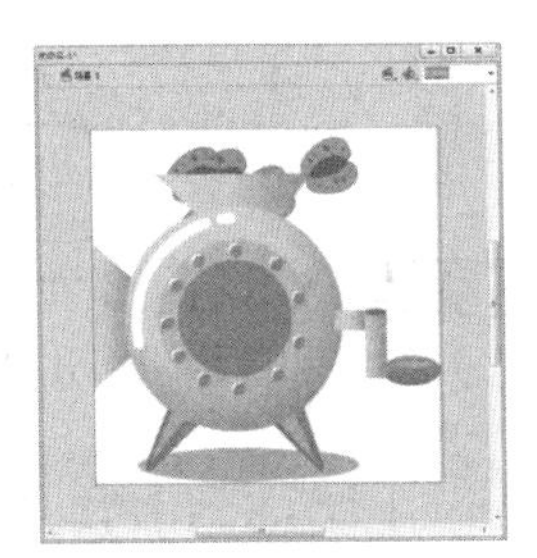

4. 隐藏网格

实例总结

制作动画时常常会使用到辅助功能。使用这些功能除了可完成辅助定位外，还可以更好地对齐动画场景中的元素，也可以更好地定位动画中的元素。

▶ 提示

若要移动辅助线，可以在“工具箱”中单击“选择工具”按钮，将辅助线拖到舞台上需要的位置；除了执行命令删除辅助线外，还可以在选择辅助线后，将辅助线拖回到标尺上即可删除。但需要注意的是，只有在辅助线处于解除锁定状态时，才可以进行移动、删除或拖动等操作。

实例 13　将图像复制再粘贴

在动画制作中常常会需要对动画元素进行复制操作。在 Flash 中执行“编辑>复制”命令，即可将对象复制到内存中，执行“粘贴”命令完成复制对象的操作。

实例分析

本例中通过复制命令将对象复制到内存中，然后选择执行不同的粘贴命令，实现对动画元素的复制。读者要充分了解各种粘贴命令的效果，以便在实际操作中使用。最终效果如图 1-44 所示。

图 1-44　最终效果

源 文 件	光盘\源文件\第 1 章\实例 13.fla
视　　频	光盘\视频\第 1 章\实例 13.swf
知 识 点	复制、粘贴
学习时间	10 分钟

知识点链接——复制和剪切的区别是什么？

使用复制命令可以为同一个对象创建多个副本，不会破坏源文件；而使用剪切命令则是将同一个对象移动到不同位置，原对象将消失。

操作步骤

步骤 1 执行“文件>新建”命令，弹出“新建文档”对话框，如图 1-45 所示。新建一个默认的空白文档，如图 1-46 所示。

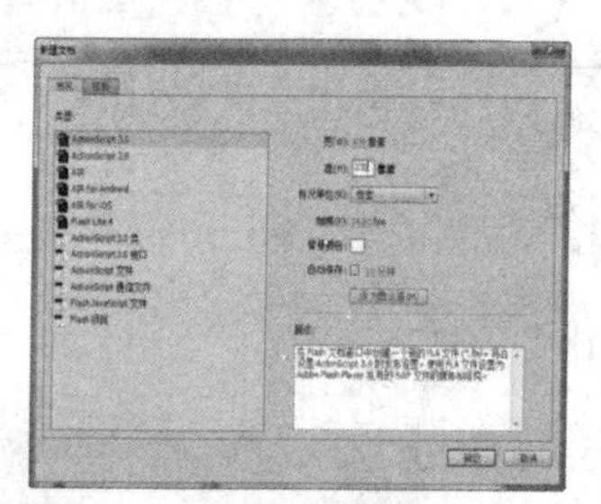

图 1-45　新建文档对话框

图 1-46　新建空白文档

步骤 2 执行“文件>导入>导入到舞台”命令，弹出“导入”对话框，如图 1-47 所示。选中要导入的图像，单击“打开”按钮，将图像导入到了舞台，如图 1-48 所示。

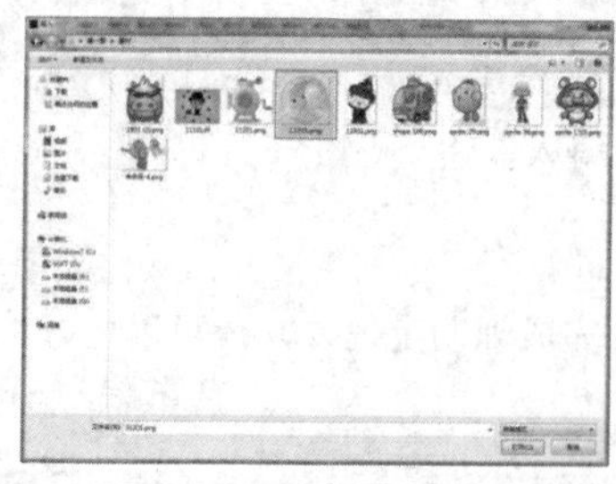

图 1-47　导入对话框

图 1-48　导入到舞台

步骤 3 执行“编辑>复制”命令，或按【Ctrl+C】键对图像进行复制，再执行“编辑>粘贴到中心位置”命令，或按【Ctrl+V】键对图像进行粘贴，如图 1-49 所示。执行“编辑>粘贴到当前位置”命令，或按【Shift+Ctrl+V】键将图像粘贴到当前位置，如图 1-50 所示。

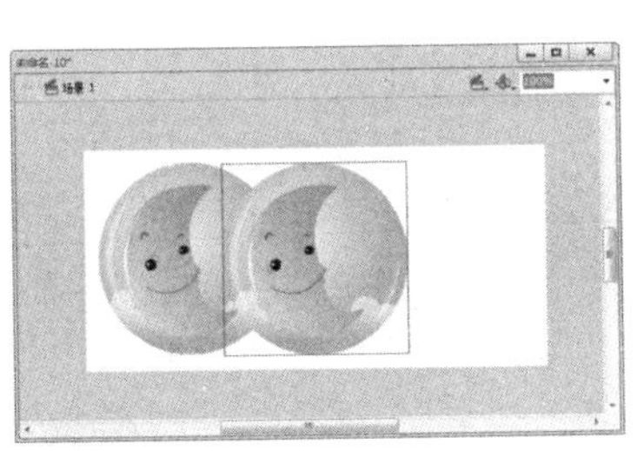

图 1-49　粘贴效果

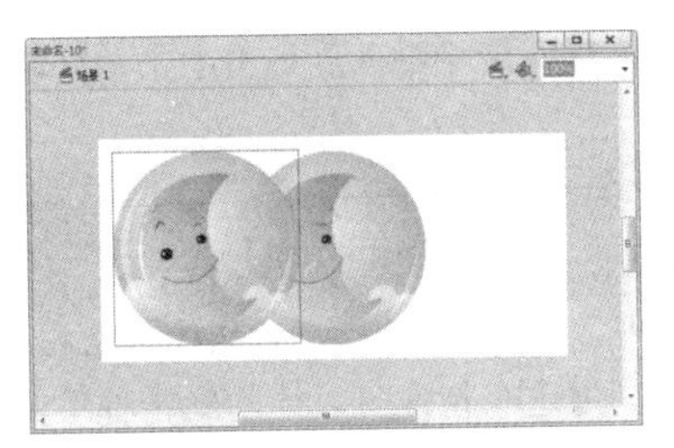

图 1-50　粘贴到当前位置

▶ 提示

有时用户需要将一张图像移动到另一个页面，可以执行“编辑>剪切”命令，移到另一个页面再执行“编辑>粘贴”命令即可。

提问：如何将舞台中的图像全部选中并进行复制、粘贴？

回答：选择“工具箱”中的“选择工具”，在舞台中拖出一个选框，拖动选框到整个舞台的范围或者按下快捷键【Ctrl+A】，按快捷键【Ctrl+C】可以复制，按快捷键【Ctrl+V】可以粘贴。

提问：如何选中舞台中的某几幅图像进行复制、粘贴？

回答：使用“选择工具”，按住【Shift】键，在想要复制的对象上单击，即可选中多个对象，按快捷键【Ctrl+C】复制，按快捷键【Ctrl+V】完成粘贴。

实例 14　将图像转换为元件

源 文 件	光盘\源文件\第 1 章\实例 14.fla
视　　频	光盘\视频\第 1 章\实例 14.swf
知 识 点	元件
学习时间	5 分钟

1．新建一个默认的空白文档，执行“插入>新建元件”命令，弹出“创建新元件”对话框，在舞台中进行设置。

2．将“光盘\第 1 章\素材\11401.png”图像导入到舞台。

3．选中导入的图像，执行“修改>转换为元件”命令，弹出“转换为元件”对话框，在对话框中进行设置。

4．单击“确定”按钮，返回场景 1，执行“窗口>库”命令，弹出“库”面板，选中汽车元件拖入到舞台。

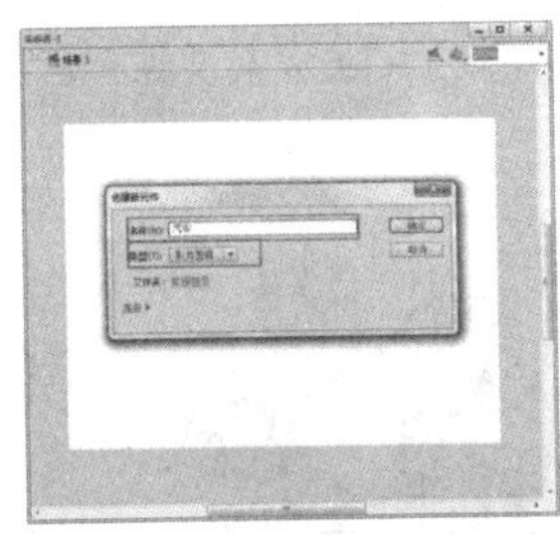

1．创建新元件

2．导入图像

3．转换元件

4．使用“库”元件

实例总结

元件是 Flash 中重要的组成部分。创建后的元件将会保存在“库”面板中。用户可以通过拖曳的方法将元件从“库”面板中拖入到场景中，创建实例，而且一个元件可以创建多个实例。

实例 15　多角星形与选择工具——绘制卡通花朵

Flash 中的“选择工具”除了能够移动和缩放对象，还可以通过拖动改变图形的外轮廓。利用这个特性可以绘制出各种不同的图形效果。

实例分析

在本案例中首先通过使用“多角星形工具”绘制一个规则的五角星图形，然后使用“选择工具”对图形的笔触轮廓进行调整，得到花瓣的效果，最后绘制椭圆形花蕊，完成效果如图 1-51 所示。

图 1-51　最终效果

源 文 件	光盘\源文件\第 1 章\实例 15.fla
视　　频	光盘\视频\第 1 章\实例 15.swf
知 识 点	“多角星形工具”、“选择工具”、“椭圆工具”
学习时间	10 分钟

知识点链接——如何使用“星形工具”？

单击“属性”面板上的“选项”按钮，然后在“工具设置”对话框中对“边数”和“星形顶点大小”进行设置，从而得到满意的星形图形。

操作步骤

步骤 1 执行“文件>新建”命令，弹出“新建文档”对话框，如图 1-52 所示。设置该文档的“大小”为 350 像素×350 像素，其他参数保持默认，新建文档如图 1-53 所示。

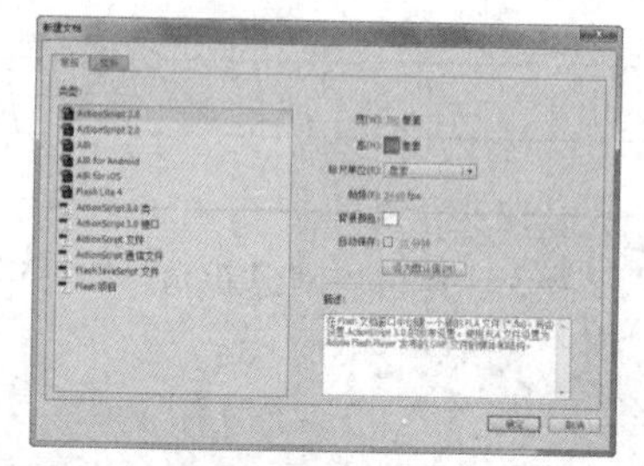

图 1-52　新建文档对话框

图 1-53　新建空白文档

步骤 2 在“工具箱”中选择“多角星形工具”，打开“属性”面板，单击“属性”面板中的“选项”按钮，弹出“工具设置”对话框，如图 1-54 所示。设置“样式”为“星形”，“边数”为 5，“星形顶点大小”为 0.5，单击“确定”按钮，在舞台中绘制“星形”，如图 1-55 所示。

步骤 3 选择“工具箱”中的“选择工具”，调整星形边的形状，如图 1-56 所示。选择“工具箱”中的“椭圆工具”，在舞台中绘制圆形，如图 1-57 所示。

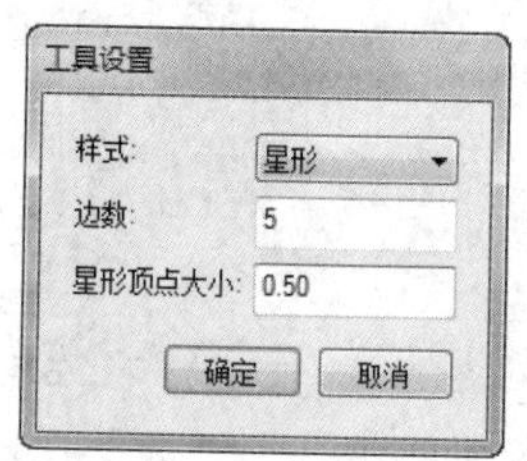

图 1-54　工具设置对话框

图 1-55　绘制星形

图 1-56　调整图形

图 1-57　最终效果

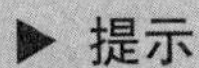

> ▶ 提示
>
> 选中对象后，按住【Alt】键的同时拖动鼠标，即可复制选中的对象，需要注意的是，这种方法只适合在同一个图层中进行操作。

提问：如何将图像等比例放大和缩小？

回答：选择“工具箱”中的“任意变形工具”，选择需要调整大小的图像，按住快捷键【Shift+Alt】可以将图像等比例放大与缩小。

提问：如何重复相同的操作？

回答：在 Flash 中如果想要重复执行相同的操作，例如，移动、复制、旋转等，可以在执行完一次操作后，执行“编辑>重复直接复制”命令，即可再次执行上次的操作。

实例 16　对象绘制——使用椭圆工具绘制云朵

源 文 件	光盘\源文件\第 1 章\实例 16.fla
视　　频	光盘\视频\第 1 章\实例 16.swf
知 识 点	“对象绘制”
学习时间	5 分钟

1. 新建一个默认的空白文档。
2. 在“属性”面板中设置图形的各项参数。
3. 单击“工具箱”上的“对象绘制”按钮，在舞台中绘制一个椭圆。
4. 使用相同的方法在舞台中绘制多个椭圆。注意观察图形都独立存在。

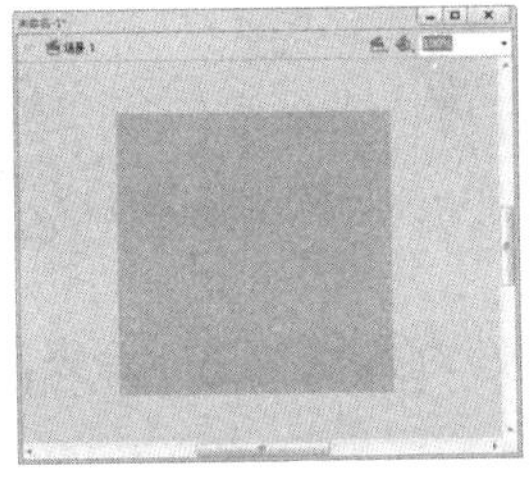

1. 新建空白文档

2. 设置

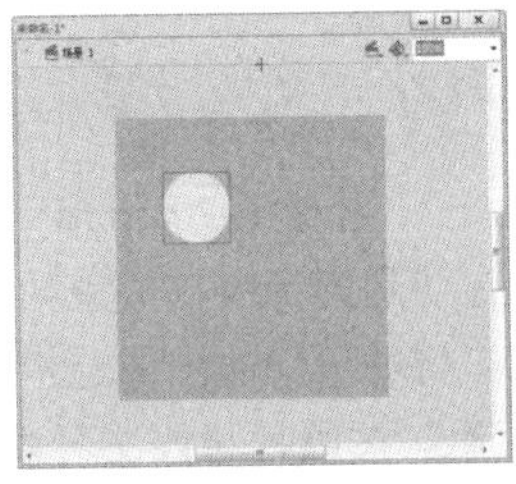

3. 绘制椭圆

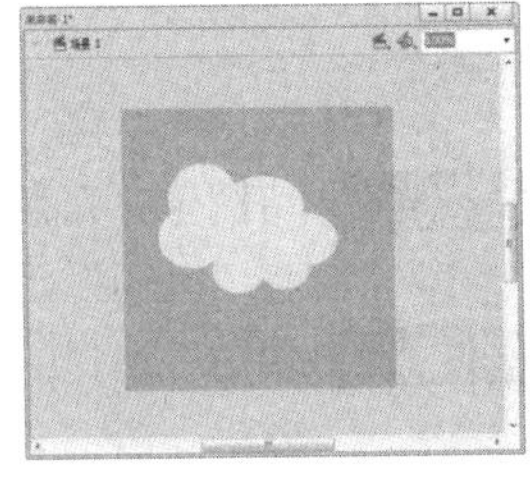

4. 最终效果

实例总结

在 Flash 中绘制图形时，如果使用了相同的颜色，则图形会自动附加在一起，如果使用了不同的颜色，则会出现相减的效果。使用“对象绘制”模式可以轻松地解决这些问题。

> ▶ 提示
>
> 使用绘图工具绘制图形时，在“属性”面板中设置的属性会延续下来，直到下次绘制图形更改设置时属性才发生变化。

实例 17　对图像使用对齐命令

当动画中存在多个对象时，可以执行“窗口>对齐”命令，使用“对齐”面板实现多个对象的排列和分布。同时，勾选“与舞台对齐”选项，使对象以舞台为参照对齐和分布。

实例分析

本实例主要使用左对齐、右对齐、水平居中、顶对齐、垂直居中和底对齐 6 种对齐方式，使用这些命令，可以实现图像与舞台的各种对齐效果，如图 1-58 所示。

源文件	光盘\源文件\第 1 章\实例 17.fla
视　频	光盘\视频\第 1 章\实例 17.swf
知识点	使用“对齐”面板
学习时间	3 分钟

知识点链接——Flash 中对齐图形对象的方法有几种？

在 Flash 中对齐图形对象的方法有两种：执行“修改>对齐”子菜单中的命令进行调整。执行“窗口>对齐”命令，在“对齐”面板中调整选定对象的分布和对齐方式。

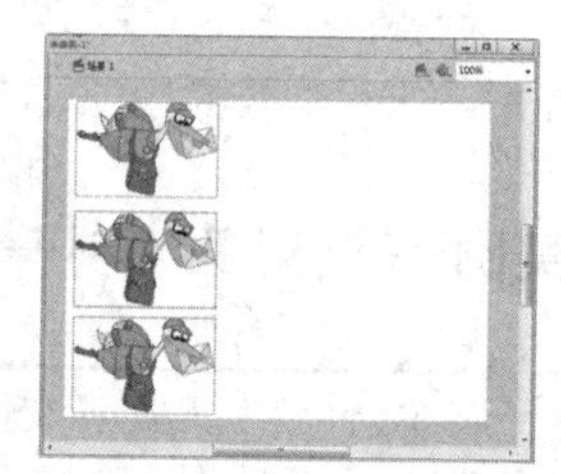

图 1-58　最终效果

操作步骤

步骤 1 新建一个默认的空白文档，如图 1-59 所示。执行“插入>新建元件”命令，新建一个“名称”为动画的“图形”元件，如图 1-60 所示，单击“确定”按钮，创建新元件。

图 1-59　新建空白文档

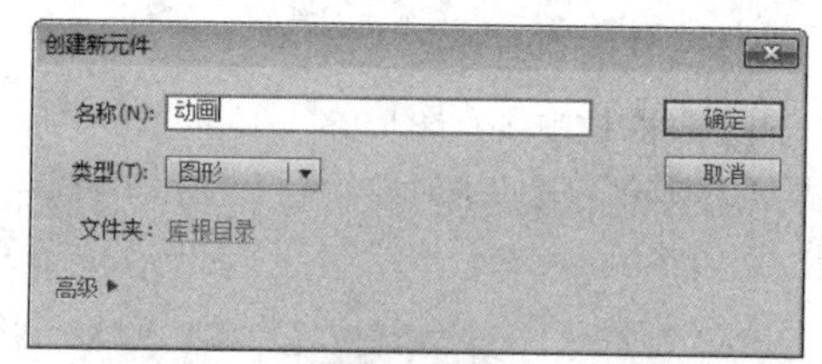

图 1-60　创建新元件对话框

步骤 2 将图像“光盘\第 1 章\素材\11701.png”导入到舞台，效果如图 1-61 所示。返回“场景 1”，将“动画”元件拖动到舞台中，效果如图 1-62 所示。

步骤 3 使用“选择工具”将场景中的图像选中，如图 1-63 所示。执行“修改>对齐>左对齐”命令，效果如图 1-64 所示。按照相同方法可以完成其他对齐操作。

图 1-61　导入素材

图 1-62　拖入元件

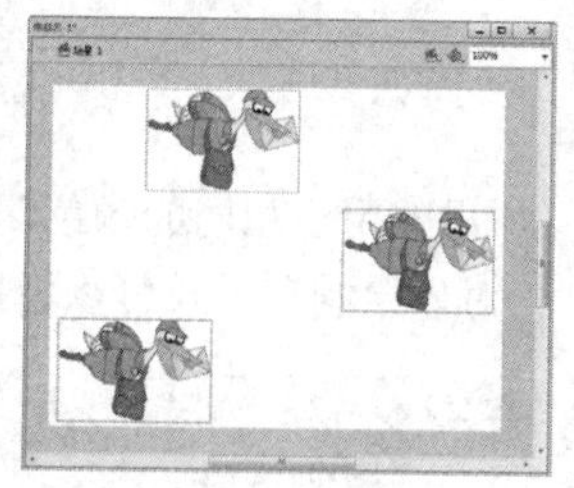

图 1-63　选中图像

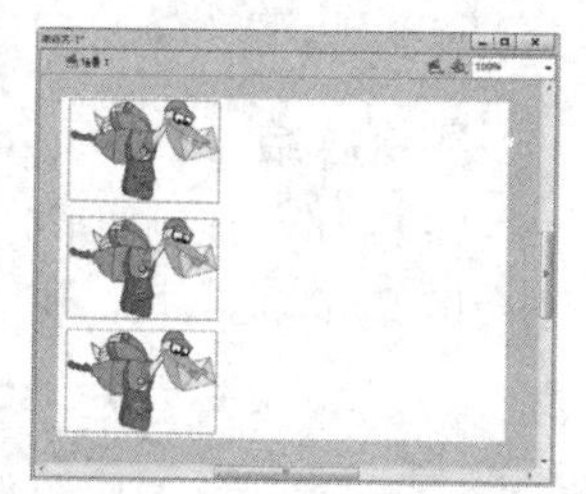

图 1-64　左对齐

提问：“对齐”面板中“匹配大小”的作用是什么？

回答：可以调整多个选定对象的大小，使对象在水平或垂直尺寸上与所选定最大对象的尺寸一致，此选项包含匹配宽度、匹配高度及匹配宽和高等 3 种匹配方式。

提问：“对齐”面板中“间隔”的作用是什么？

回答：用于垂直或水平隔开选定的对象，该选项包含垂直平均间隔和水平平均间隔。当图形尺寸大

小不同时，差别会很明显，但当处理大小差不多的图形时，这两个功能没有太大的差别。

实例 18　设置相同宽度与高度

源文件	光盘\源文件\第 1 章\实例 18.fla
视　频	光盘\视频\第 1 章\实例 18.swf
知识点	对齐
学习时间	3 分钟

1. 新建一个大小为 385 像素×200 像素的空白文档。
2. 将素材图像导入到舞台，调整其位置。

1．导入图像

2．设置相同宽度

3. 选中图像，执行“修改>对齐>设置相同宽度”命令。
4. 执行“按高度均匀分布”命令，并将其调整到合适位置。

3．设置相同高度

4．最终效果

实例总结

本案例主要为读者讲述了“对齐”菜单中的各个对齐命令，通过本案例读者要熟练掌握对齐命令的操作技巧。

> ▶ **提示**
>
> 执行“修改>对齐”菜单下的命令，同样可以完成对齐操作。每个命令后面都有一个快捷键，使用快捷键可以更快捷的方式实现对齐操作。

实例 19　对图像使用“变形”操作

在 Flash 中对象的变形操作有很多种，通过使用各种变形命令，可以对图形完成不同的变形操作，从而得到一些特殊效果。

实例分析

本案例中主要使用了“变形”工具将其进行旋转，使用“任意变形工具”将其进行放大，如图 1-65

所示。

源 文 件	光盘\源文件\第 1 章\实例 19.fla
视　　频	光盘\视频\第 1 章\实例 19.swf
知 识 点	任意变形工具、变形
学习时间	3 分钟

知识点链接——变形的作用是什么？

变形的操作有很多种方法，通过使用各种“变形”命令，可以对图形完成不同的变形操作，从而得到一些特殊的效果。

图 1-65　最终效果

操作步骤

步骤 1 执行“文件>新建”命令，弹出“新建文档”对话框，如图 1-66 所示。新建一个大小为 766 像素×766 像素，其他为默认的空白文档，如图 1-67 所示。

步骤 2 新建“图层 1”，执行“文件>导入>导入到舞台”命令，新建“图层 2”，将“光盘\第 1 章\素材\11902.png”导入到舞台，如图 1-68 所示。选中“图层 1”，执行“窗口>变形”命令，弹出“变形”面板，在面板中设置旋转角度为 45°，如图 1-69 所示。

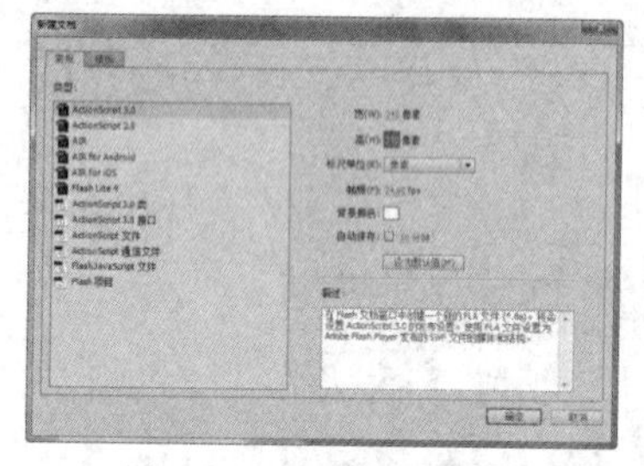

图 1-66　新建文档对话框

图 1-67　新建空白文档

图 1-68　导入图像

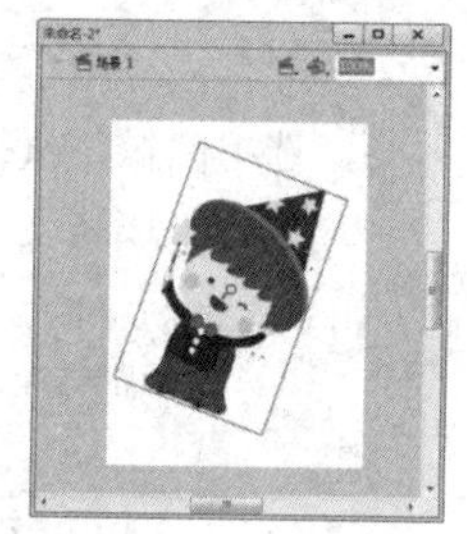

图 1-69　旋转图像

步骤 3 多次单击“变形”面板中的“重置选区和变形”按钮，效果如图 1-70 所示。单击“图层 1”，选中“图层 1”中的内容，选择“工具箱”中的“任意变形工具”，按【Shift+Alt】组合键，拖动图像的控制点，可以将图像等比例放大与缩小，场景效果如图 1-71 所示。

图 1-70　图像效果

图 1-71　最终效果

提问：为什么要设置图像中心点？

回答：设置图像的中心点可以使图像有规律地围绕中心点进行旋转，从而得到特殊的效果，例如，“发光的太阳”等效果。

提问：为什么旋转出来的图像有的大、有的小？

回答：在对图像进行旋转之前是不能对其进行放大与缩小，如果用户对其放大，那么旋转的图像会越来越大，如果用户对其缩小，那么旋转的图像会越来越小。

实例 20　任意变形工具—— 对图像制作透视效果

源 文 件	光盘\源文件\第 1 章\实例 20.fla
视　　频	光盘\视频\第 1 章\实例 20.swf
知 识 点	任意变形工具
学习时间	3 分钟

1．新建一个默认的空白文档。将素材图像导入到舞台，在图层 1 插入帧。

2．新建“图层 2”，将其他素材导入到舞台，并调整到合适位置。

1．新建空白文档

2．导入图像

3．在图层 2 中插入关键帧，并调整到合适位置，使用任意变形工具调整该素材的大小。

4．新建“图层 3”并输入脚本，按【Ctrl+Enter】组合键，将制作好的动画进行测试。

3．调整素材大小

4．最终效果

实例总结

本案例主要告诉读者如何应用“任意变形工具”。通过本案例的学习，读者可以熟练地掌握变形工具的应用，并且要了解配合不同快捷键获得不同变形效果的操作。

▶ 提示

在使用“重置选区和变形”按钮之前，必须将图形的中心点调整到另一个图形的中心位置，并将图形调整到合适位置。

第 2 章　Flash 强大的绘图功能

制作 Flash 动画之前，首先需要对 Flash 动画中的物体、场景、角色进行设计和绘制，在本章中，将通过实例讲解在 Flash 中绘制物体的方法和技巧。通过本章的学习可以使读者掌握在 Flash 中绘图的基本方法，并能够充分掌握软件中各种工具的使用和设置。

实例 21　椭圆工具和矩形工具——绘制卡通胡萝卜

制作动画时，单一的动画角色是不能满足动画制作要求的，所以在创建时常常要创建不同角度和不同状态的角色。例如，分别绘制人物的不同表情：大哭、微笑、愤怒等，以便满足不同故事情节的需要。

图 2-1　最终效果

实例分析

本实例通过使用一些基本的绘图工具，绘制一个可爱的胡萝卜人物，通过本实例的绘制，读者要熟练掌握绘图工具的使用方法和技巧，并要熟练掌握“选择工具”的使用，最终效果如图 2-1 所示。

源 文 件	光盘\源文件\第 2 章\实例 21.fla
视　　频	光盘\视频\第 2 章\实例 21.swf
知 识 点	“椭圆工具”和“矩形工具”
学习时间	10 分钟

知识点链接——如何使用绘图工具完成蔬菜人物绘制？

可使用“椭圆工具”绘制蔬菜人物的身体和器官，使用“矩形工具”完成叶子的绘制。绘制时使用“移动工具”调整图形的轮廓。

操作步骤

步骤 1 新建一个大小为 500 像素×580 像素，其他选项默认的 Flash 文档，如图 2-2 所示。单击“确定”按钮，新建一个空白文档，如图 2-3 所示。

步骤 2 执行“文件>新建”命令，新建一个“名称”为“胡萝卜”的“图形”元件，如图 2-4 所示。

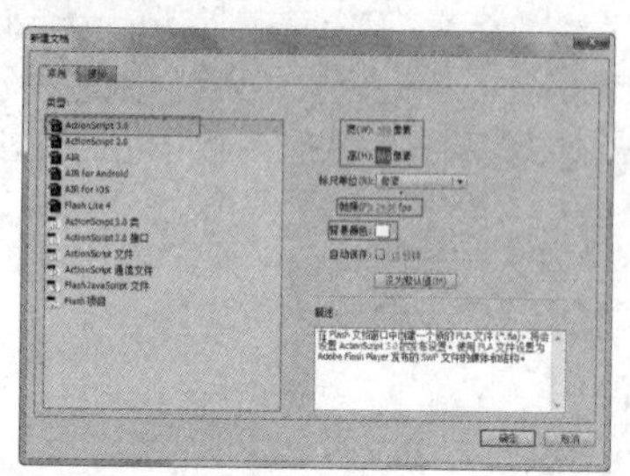

图 2-2　“新建文档”对话框

图 2-3　空白文档

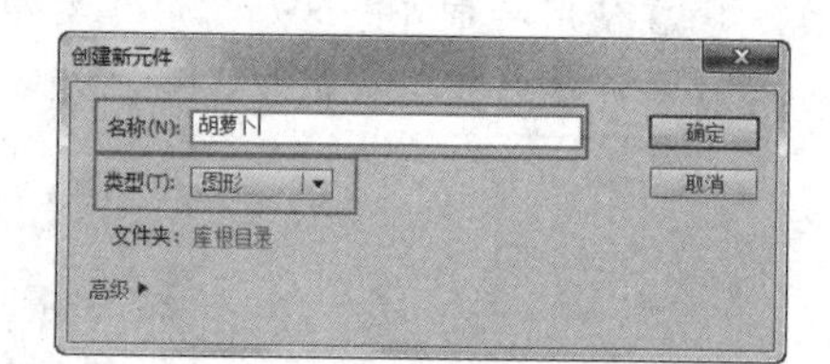

图 2-4　“创建新元件”对话框

步骤 3 选择“工具箱”中的“椭圆工具”，设置“属性”面板上的“填充颜色”为#F93D06，“笔触颜色”为#663300，“笔触高度”为 3，如图 2-5 所示。在场景中绘制椭圆，如图 2-6 所示。

步骤 4 选择“工具箱”中的“部分选取工具”按钮，选择刚刚绘制椭圆的“锚记点”进行调整，如图 2-7 所示。调整后椭圆的形状如图 2-8 所示。

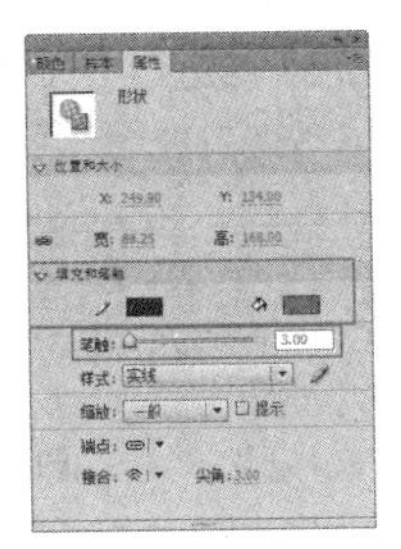
图 2-5　属性面板

图 2-6　绘制椭图形

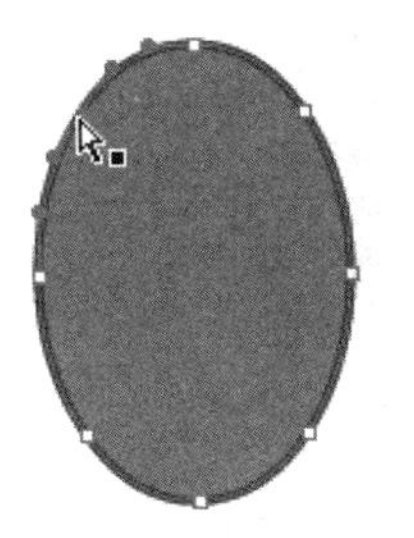
图 2-7　调整锚点

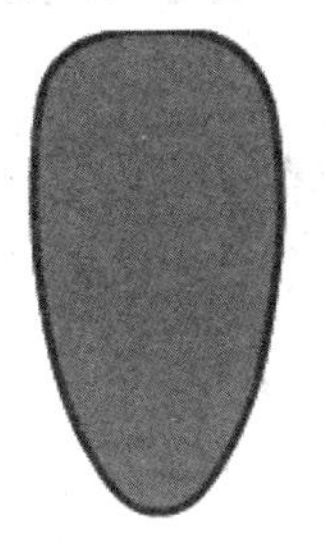
图 2-8　图形效果

步骤 5 选择“椭圆工具”，在场景中绘制椭圆，使用“部分选取工具”调整椭圆形状，调整后的椭圆如图 2-9 所示。新建一个图层，选择刚刚调整过的椭圆，设置该椭圆的“填充颜色”为从白色到透明的线性渐变，如图 2-10 所示。

步骤 6 新建一个图层，选择“线条工具”，设置“属性”面板上的“笔触颜色”为#663300，在舞台中绘制线条，如图 2-11 所示。使用“选择工具”对图形进行调整，如图 2-12 所示。

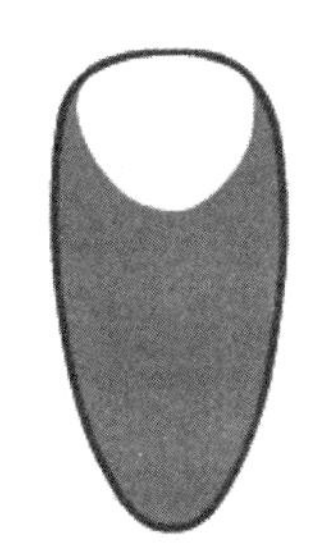
图 2-9　调整椭圆

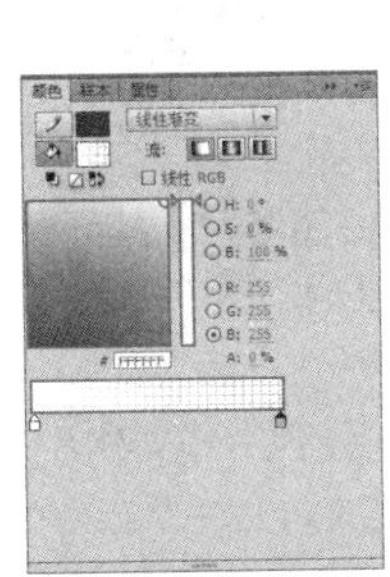

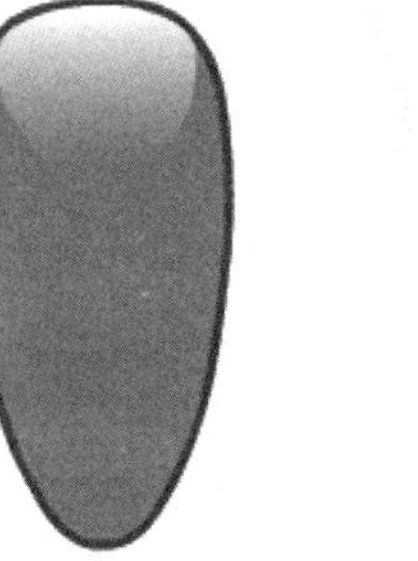
图 2-10　图形效果

图 2-11　绘制线条

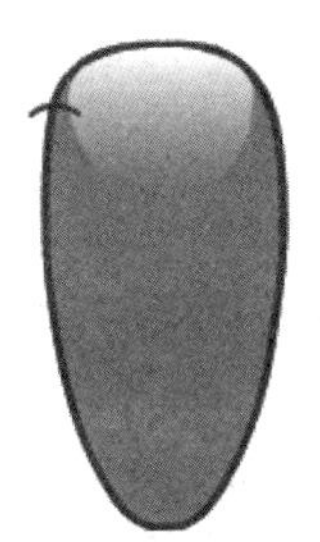
图 2-12　调整线条

步骤 7 使用相同方法绘制另一个线条并改变线条的形状，如图 2-13 所示。选择“椭圆工具”，设置“属性”面板上的“笔触颜色”为#663300，“笔触高度”为 2，“填充颜色”为#FFFFFF，如图 2-14 所示。

步骤 8 按住【Shift】键绘制两个圆形，如图 2-15 所示。新建图层，使用相同方法，用“椭圆工具”在舞台中绘制两个 “笔触颜色”为“无”，“填充颜色”为#290B01 的圆形，如图 2-16 所示。

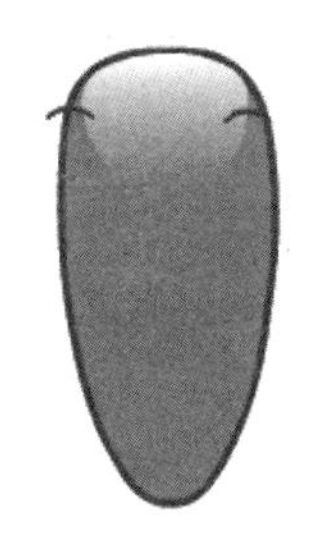
图 2-13　图形效果

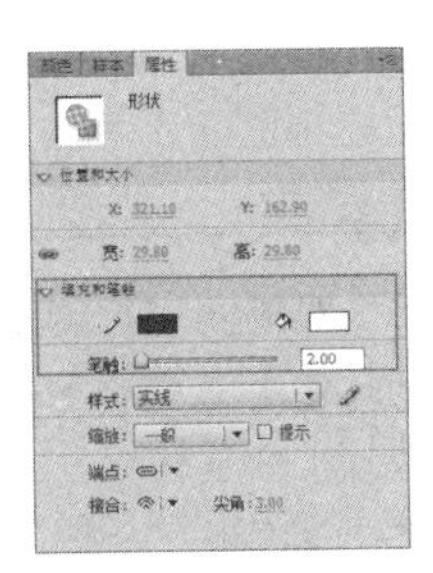
图 2-14　属性面板

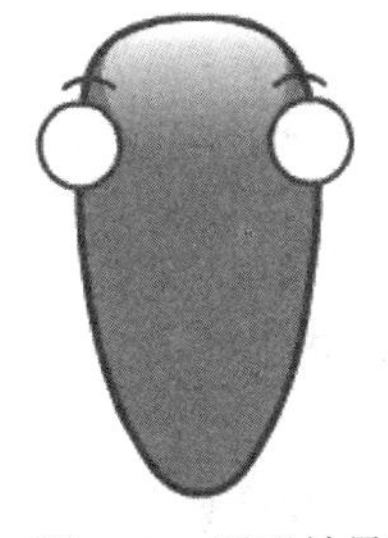
图 2-15　图形效果 1

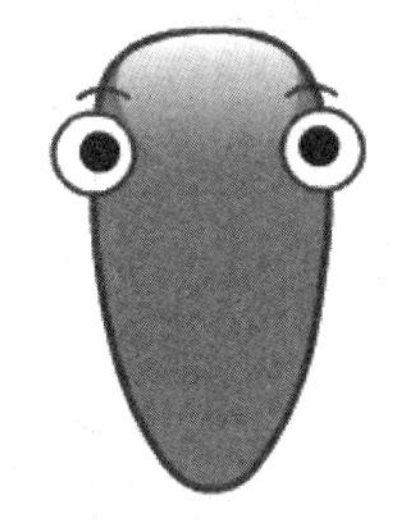
图 2-16　图形效果 2

步骤 9 使用“椭圆工具”在舞台中绘制一个“填充颜色”为白色的圆形，如图 2-17 所示。使用相同方法完成其他圆形的制作，如图 2-18 所示。

步骤 10 使用相同方法完成其他图形的绘制，如图 2-19 所示。使用“矩形工具”在舞台中绘制一个“填充颜色”为#66CC00，“笔触颜色”为#333300，“矩形边角半径”为 5 的矩形。选中绘制的矩形，按【Ctrl+C】键进行复制，按【Ctrl+V】键进行粘贴，并调整到合适位置，效果如图 2-20 所示。

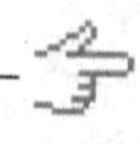

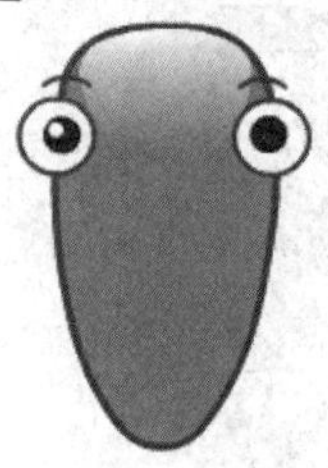

图 2-17 绘制圆形

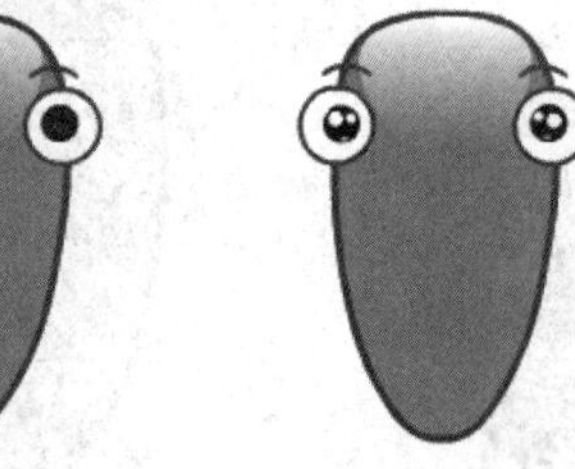

图 2-18 图形效果 1

图 2-19 图形效果 2

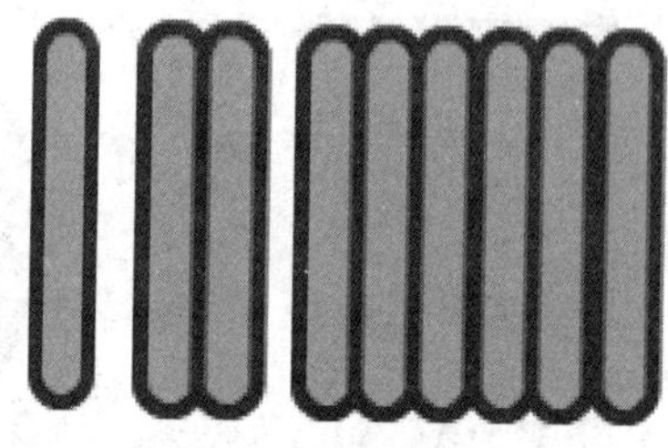

图 2-20 图形效果 3

步骤 11 使用“选择工具”将绘制的图形全部选中，使用“任意变形工具”，按【Alt】键拖动，进行调整，效果如图 2-21 所示。将该图层移动到最底层，并调整到合适位置，效果如图 2-22 所示。

图 2-21 调整矩形

图 2-22 最终效果

提问：使用任意变形工具可以调整图形的什么？

回答：使用“任意变形工具”，除了可以调整图形的宽高和压缩效果外，还可以对选中图形进行旋转，得到想要的旋转角度。

提问：在制作过程中出现错误怎么办？

回答：在制作过程中如果出现错误，用户可以通过执行“编辑>撤销”命令，撤销错误的操作。也可以通过按快捷键【Ctrl+Z】撤销。

实例 22 椭圆工具和线条工具——绘制卡通角色

源文件	光盘\源文件\第 2 章\实例 22.fla
视　频	光盘\视频\第 2 章\实例 22.swf
知识点	“椭圆工具”、“线条工具”和滤镜
学习时间	7 分钟

1. 首先使用椭圆工具绘制椭圆，再使用“部分选取工具”对椭圆进行调整。
2. 创建影片剪辑元件，绘制椭圆，并添加“模糊”滤镜，使用渐变添加面部效果。
3. 使用椭圆工具绘制圆形。
4. 使用线条工具、矩形工具和椭圆工具，绘制最终效果。

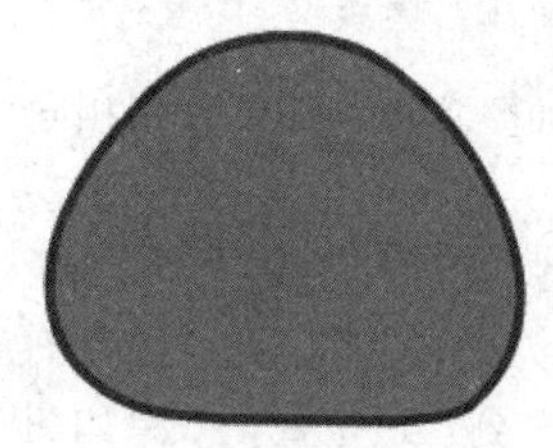

1. 调整椭圆

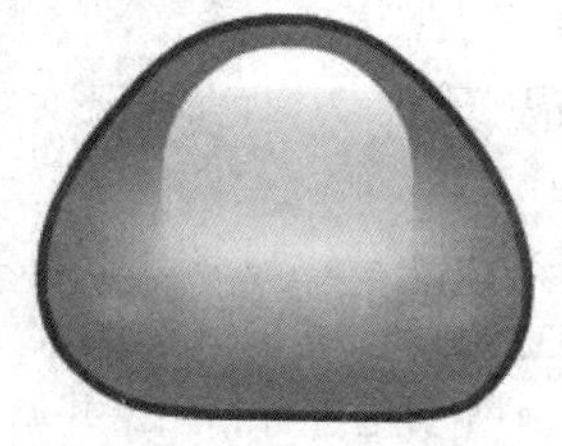

2. 绘制图形并填充渐变

3. 完成按钮图形的绘制

4. 最终效果

实例总结

本实例中综合使用了多种绘图工具完成一个卡通角色的绘图工作。读者要掌握使用不同工具实现不同效果的技巧，并且对于不同部分设置不同笔触的效果。还要掌握控制多个元件的图层关系的方法和技巧。

> ▶ 提示
>
> 绘制圆形时，可以按下键盘上的【Shift】键，绘制完成后可以通过修改“属性”面板上的“宽度”和“高度”数值来调整其大小。

实例 23　部分选取工具——绘制卡通小狗

在绘制一个可爱的卡通小狗形象时，使用 Flash 提供的“椭圆工具”可以绘制出小狗的大致部位，由于有些细微的部位需要加以修改，此时可以通过“选择工具”对其进行调整，以得到更好的效果。

图 2-23　最终效果

实例分析

本实例中使用 Flash 中基本的椭圆工具和矩形工具绘制规则图形，还使用了线条工具绘制不规则的图形。本实例的最终效果如图 2-23 所示。

源 文 件	光盘\源文件\第 2 章\实例 23.fla
视　　频	光盘\视频\第 2 章\实例 23.swf
知 识 点	“部分选取工具”、“椭圆工具”、“矩形工具”和“线条工具”
学习时间	9 分钟

知识点链接——还可以怎样调整椭圆？

在调整椭圆的形状时，也可以使用“部分选取工具”进行锚点位置的调整，再配合使用“转换锚点工具”增减锚点数量。

操作步骤

步骤 1 新建一个默认的空白文档，如图 2-24 所示。使用“椭圆工具”在舞台中绘制一个“填充颜色”为#CC3300，“笔触颜色”为#663300 的椭圆，如图 2-25 所示。

步骤 2 选择“工具箱”中的“选择工具”，调整椭圆轮廓，如图 2-26 所示。选择“工具箱”中的“线条工具”，在舞台中绘制一根“笔触高度”为 3，“笔触颜色”为#663300 的线条，如图 2-27 所示。

图 2-24　新建文档

图 2-25　绘制椭圆

图 2-26　调整椭圆

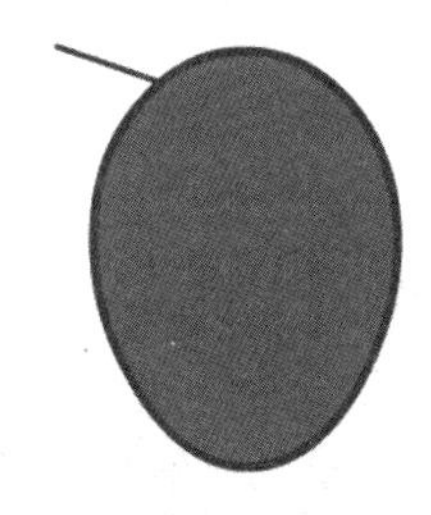
图 2-27　绘制线条

步骤 3 使用“选择工具”对刚刚绘制的线条进行调整，如图 2-28 所示。使用同样的方法在场景中绘制两根线条，场景效果如图 2-29 所示。

步骤 4 新建“图层 3”，选择“椭圆工具”，在舞台中绘制一个椭圆，“填充颜色”为从白色到透明的线性渐变，“笔触颜色”为“无”，使用“渐变变形工具”对填充进行调整，如图 2-30 所示。使用“部分选取工具”对绘制的椭圆进行调整，效果如图 2-31 所示。

图 2-28 调整线条

图 2-29 图形效果

图 2-30 绘制椭圆

图 2-31 调整椭圆

步骤 5 新建“图层 4”，使用“线条工具”在舞台中绘制两条“笔触颜色”为#000000，“笔触高度”为 3 的直线，并使用“选择工具”对其进行调整，如图 2-32 所示。新建“图层 5”，在舞台中绘制两个“填充颜色”为#000000，“笔触颜色”为“无”的圆形，如图 2-33 所示。

步骤 6 新建“图层 6”，使用“椭圆工具”在舞台中绘制 4 个“笔触颜色”为“无”，“填充颜色”为#FFFFFF，大小不均的圆形，效果如图 2-34 所示。

步骤 7 再次选择椭圆工具，打开“颜色”面板，设置“类型”为“放射状”，“填充颜色”为透明度 82%的#FFFFFF 到透明度 0%的#391D00 渐变色，在场景中绘制出两个椭圆，如图 2-35 所示。

图 2-32 绘制线条

图 2-33 绘制圆形

图 2-34 绘制圆形

图 2-35 图形效果

步骤 8 使用相同的方法绘制两个圆形“填充颜色”为透明度 100%的#FF3300 到透明度 0%的#CC3300 的渐变色，如图 2-36 所示。新建“图层 8”，使用“椭圆工具”在舞台中绘制两个“填充颜色”为#663300，“笔触颜色”为#CC9933 的圆形，如图 2-37 所示。

步骤 9 使用相同方法绘制出卡通头像的鼻子，如图 2-38 所示。继续绘制出鼻子的高光效果，如图 2-39 所示。

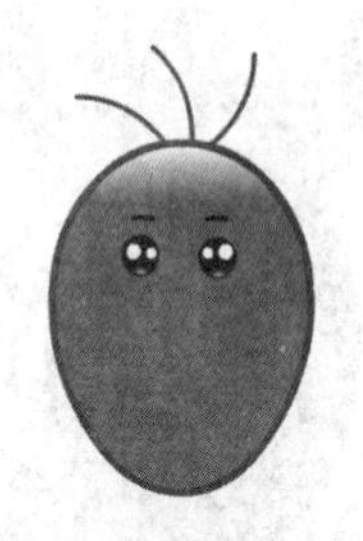
图 2-36 绘制圆形

图 2-37 绘制圆形

图 2-38 调整椭圆

图 2-39 绘制高光

步骤 10 选择“工具箱”中的“矩形工具”，在舞台中绘制两个“填充颜色”为白色，“笔触颜色”为#663300 的矩形，并使用“选择工具”对其进行调整，将“图层 12”拖动到“图层 8”下面，如图 2-40 所示。与上面方法相同，完成最终效果，如图 2-41 所示。

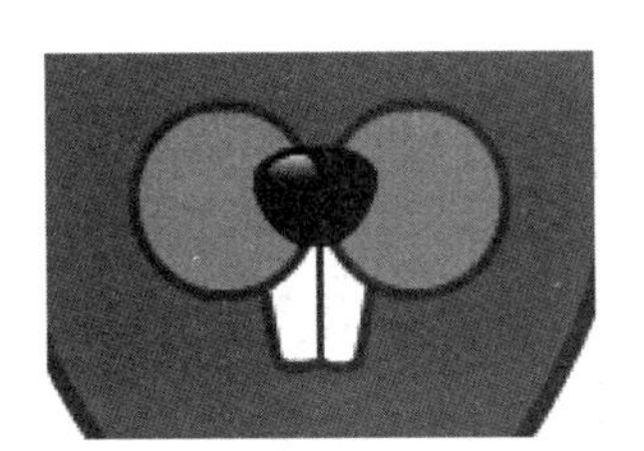

图 2-40　图形效果

图 2-41　最终效果

提问：通过设置元件的“样式”可以修改元件的哪些属性？

回答：通过设置元件“属性”面板上的“样式”可以对元件的“色调”、“亮度”和“透明度”进行设置，如图 2-42 所示，这与在“颜色”面板上直接设置图形的样式不同。

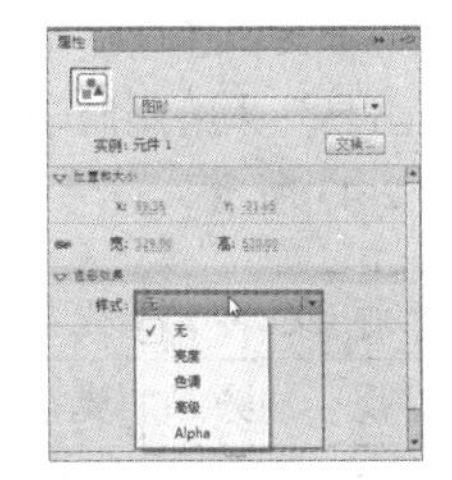

图 2-42　“属性”面板

提问：为什么有时可以使用滤镜，而有时又不能？

回答：在 Flash 动画中，并不是对所有元素都可以使用滤镜功能，只能对文本、影片剪辑和按钮 3 种对象使用滤镜。

实例 24　椭圆工具和渐变填充——绘制卡通小猴

源 文 件	光盘\源文件\第 2 章\实例 24.fla
视　　频	光盘\视频\第 2 章\实例 24.swf
知 识 点	“椭圆工具”和渐变颜色填充
学习时间	15 分钟

1．使用“椭圆工具”绘制椭圆，使用“选择工具”和“部分选取工具”对所绘制椭圆形进行调整，并使用“钢笔工具”绘制出高光。

2．使用“椭圆工具”绘制出脸部的其他图形效果。

3．再新建“身体”和“刺”两个图形元件，分别绘制图形，最终将所绘制的各部分图形组合成为一个整体。

4．新建图层，绘制背景图，并调整图层顺序。

1．绘制圆形

2．绘制图形

3．完成按钮图形的绘制

4．最终效果

实例总结

通过本章前面的介绍，读者基本掌握了绘图工具的使用方法和绘图要点，通过本实例的学习将进一步了解绘图工具，并运用到动画制作中。

> ▶ **提示**
>
> 使用“矩形工具”时，可以通过在“属性”面板上设置“矩形边角半径”值来绘制圆角矩形，可以将 4 个圆角的角度设置为不同的值，也可以设置为相同的值。

实例 25　椭圆工具和矩形工具——绘制魔法药瓶

在制作 Flash 动画时，常常会需要绘制一些动画图标，用作动画场景或按钮元件。一般在绘制时颜色的使用要大胆，色彩丰富，并且绘制风格尽量与动画风格保持一致，线条要尽可能简单，不宜太过复杂。

实例分析

本案例通过使用“椭圆工具”来绘制瓶子的整体效果，使用“线条工具”来绘制它的轮廓，使用“矩形工具”来绘制瓶子的盖子，使读者掌握“线条工具”和“椭圆工具”的使用方法和技巧，最终效果如图 2-43 所示。

源 文 件	光盘\源文件\第 2 章\实例 25.fla
视　　频	光盘\视频\第 2 章\实例 25.swf
知 识 点	“椭圆工具”、“矩形工具”和“线条工具”
学习时间	20 分钟

图 2-43　最终效果

知识点链接——选择工具的使用

要对图形进行操作首先要选中对象才行。选中的方式分为单击和拖选两种，单击一般选择的是路径或者锚点，或者是同一个图形，一个元件。拖选选中的是一段路径或多个锚点，或者是图形的一部分和多个元件。

操作步骤

步骤 1 新建一个“大小”为 240 像素×360 像素，“帧频”为 24fps 的 Flash 文档，如图 2-44 所示。执行“插入>新建元件”命令，新建一个“名称”为“魔法药瓶 1”的“图形”元件，如图 2-45 所示。

图 2-44　新建文档

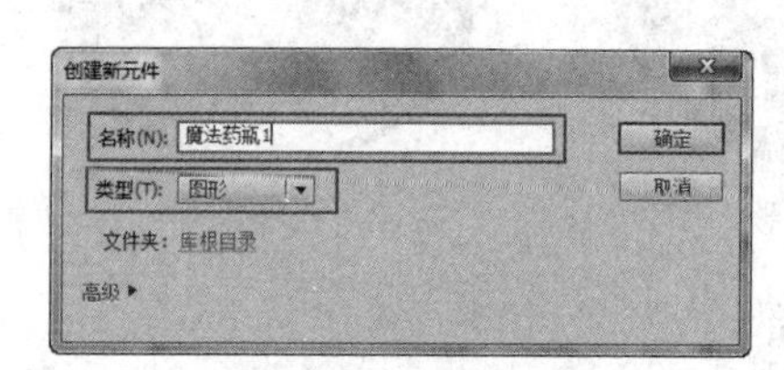

图 2-45　创建元件

步骤 2 选择“工具箱”中的“椭圆工具”，设置“填充颜色”为无，“笔触颜色”为#8410BD，在舞台中绘制椭圆，如图 2-46 所示。选择“工具箱”的“线条工具”，在舞台中绘制线条，如图 2-47 所示。

步骤 3 使用相同方法绘制出其他线条，效果如图 2-48 所示。选择“工具箱”中的“选择工具”，选中多余部分，按【Delete】键删除，效果如图 2-49 所示。

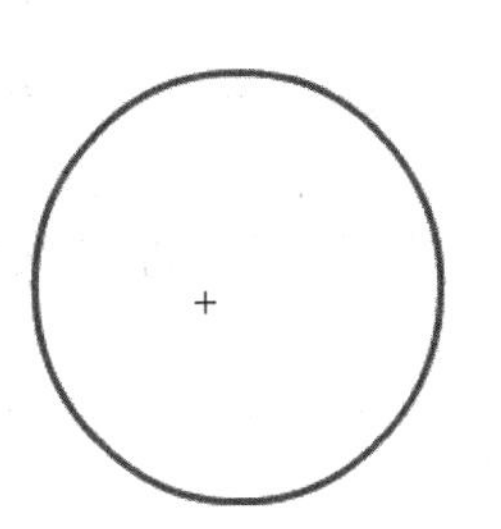

图 2-46　绘制椭圆

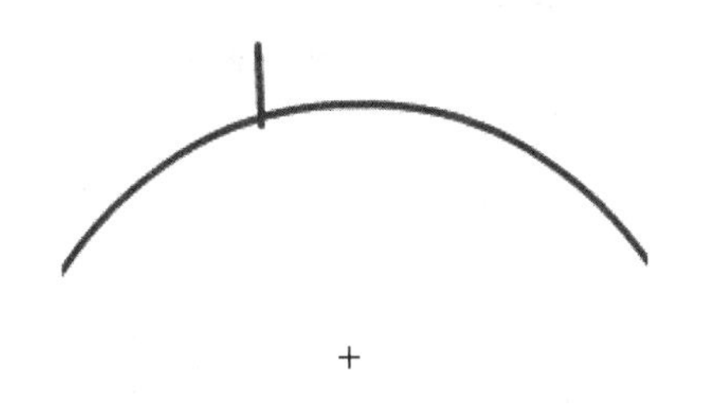

图 2-47　绘制线条 1

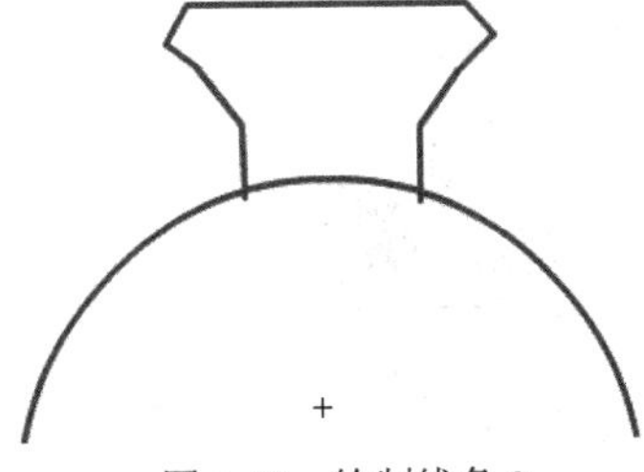

图 2-48　绘制线条 2

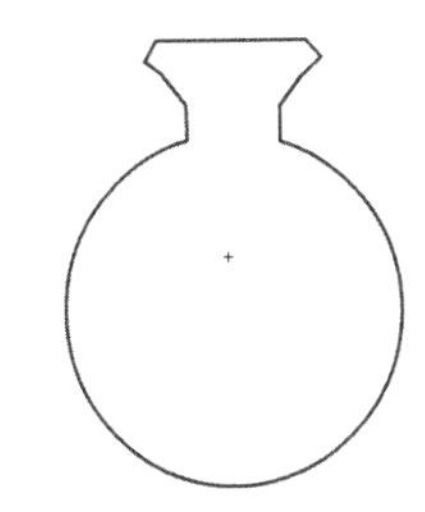

图 2-49　删除线条

步骤 4 再使用“选择工具”调整线条形状，效果如图 2-50 所示。打开“颜色”面板，设置“填充颜色”为从# FAE6FD 到# CE6AFF 的渐变色，不透明度为 70%，如图 2-51 所示。

步骤 5 选择“工具箱”中的“颜料桶工具”，在图形中的空白区域单击填充，如图 2-52 所示。选择“椭圆工具”，设置“填充颜色”为从# A00EB6 到# FD3CE6 的“线性渐变”，如图 2-53 所示。

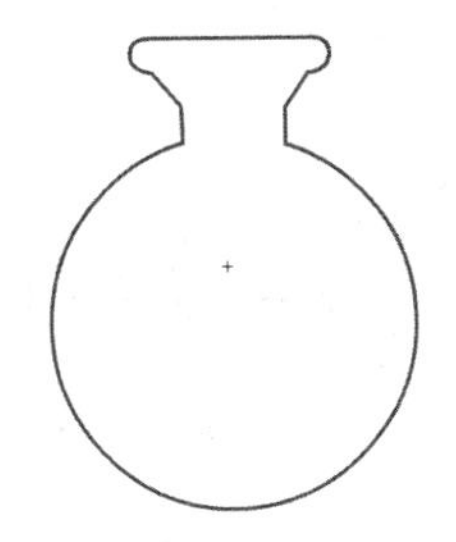

图 2-50　图形效果

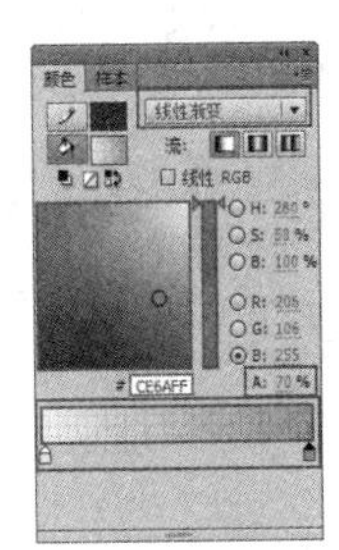

图 2-51　“颜色”面板

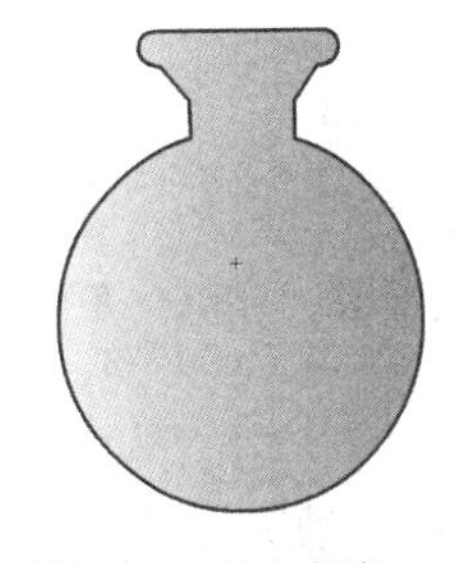

图 2-52　填充颜色

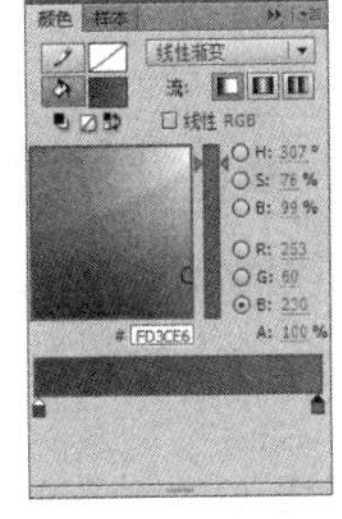

图 2-53　“颜色”面板

步骤 6 新建“图层 2”，在舞台中绘制圆形，使用“渐变变形工具”对渐变进行调整，如图 2-54 所示。隐藏“图层 1”，使用“选择工具”选中“图层 2”图形的一部分，然后删除，如图 2-55 所示。

步骤 7 选中“椭圆工具”，设置“填充颜色”为#C922CB，新建“图层 3”，在舞台中绘制椭圆，如图 2-56 所示。使用相同方法绘制两个“填充颜色”为白色，“不透明度”为 80%的圆形，如图 2-57 所示。

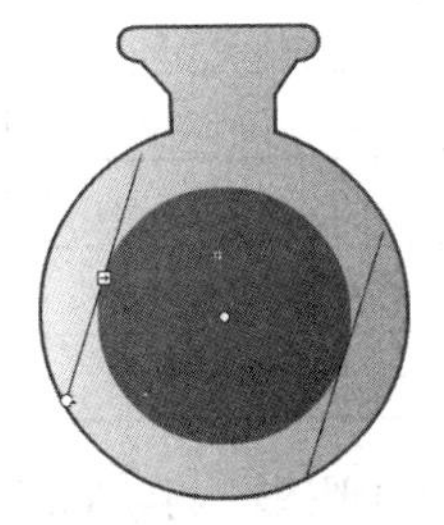

图 2-54　渐变变形

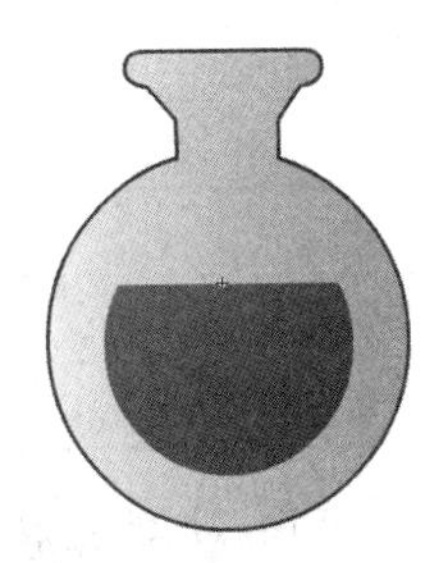

图 2-55　删除图像

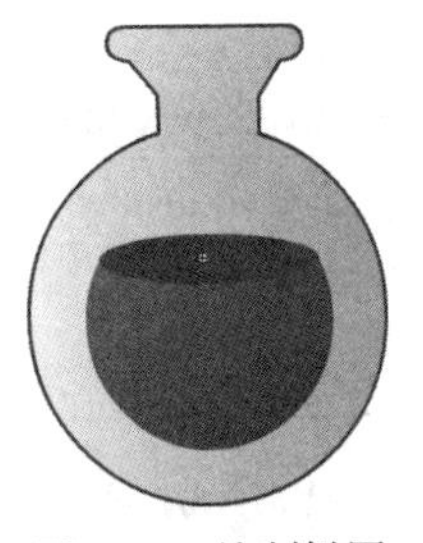

图 2-56　绘制椭圆

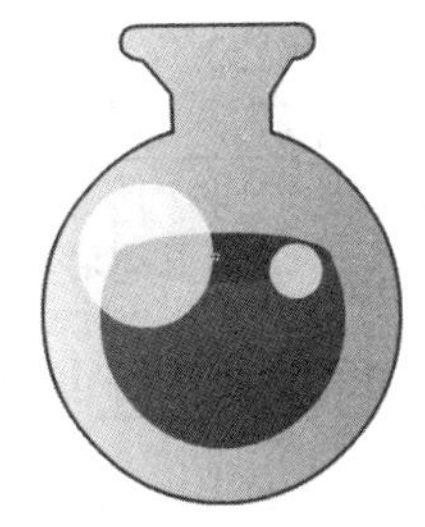

图 2-57　绘制圆形

步骤 8 选中线条，按【Ctrl+X】键进行剪切，新建“图层 5”，按【Ctrl+Shift+V】键进行粘贴，将“图层 5”隐藏，如图 2-58 所示。选择“矩形工具”，设置“属性”面板上的“填充颜色”为从#EE9500 到# 895501 再到# E79500 的“线性渐变”，“笔触颜色”为#6F1C00，如图 2-59 所示。

步骤 9 新建“图层 6”，在舞台中绘制图 2-60 所示的矩形。使用“选择工具”选中并按【Delete】键删除一部分，效果如图 2-61 所示。

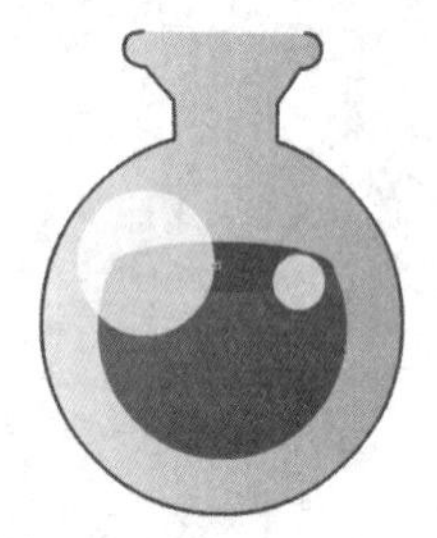
图 2-58 图形效果

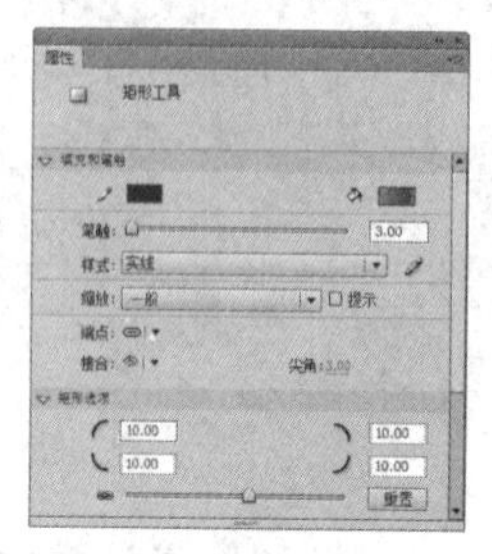
图 2-59 “属性”面板

图 2-60 图形效果

图 2-61 图形效果

步骤 10 使用相同方法可以制作出其他几种颜色的药瓶，如图 2-62 所示。

图 2-62 最终效果

> ▶ 提示
>
> 对于填充完成的渐变效果，可以使用“渐变变形工具”调整渐变的范围、角度等，以得到更自然的图形效果。

提问：如何设置椭圆的“填充颜色”和“笔触颜色”？

回答：选中要设置的椭圆，执行“窗口>属性”命令，在“属性”面板中即可完成“填充”和“笔触”颜色的设置，或者执行“窗口>颜色”命令，在“颜色”面板中进行相应的设置。

提问：如何表现图形的立体效果？

回答：无论是图形还是文字，都可以采用为其添加阴影的方法实现立体效果。也可以多绘制几个同色系的图形，通过叠加的方式来实现。

实例 26 多角星形工具和渐变颜色——绘制动画按钮

源 文 件	光盘\源文件\第 2 章\实例 26.fla
视　　频	光盘\视频\第 2 章\实例 26.swf
知 识 点	“椭圆工具”和渐变颜色填充
学习时间	15 分钟

1．首先绘制一个圆形，将其转换为影片剪辑元件，为该元件添加滤镜效果，制作出阴影，再绘制圆形并填充渐变颜色。

2．绘制相应的图形，并应用渐变颜色填充，突出按钮的质感。

3．绘制三角形并应用渐变颜色填充。

4．使用相同的操作方法，还可以绘制出其他按钮，完成按钮的绘制。

1．绘制圆形

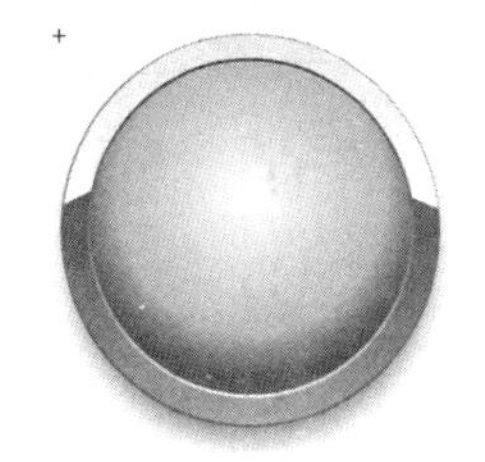
2．绘制图形并填充渐变

3．完成按钮图形的绘制

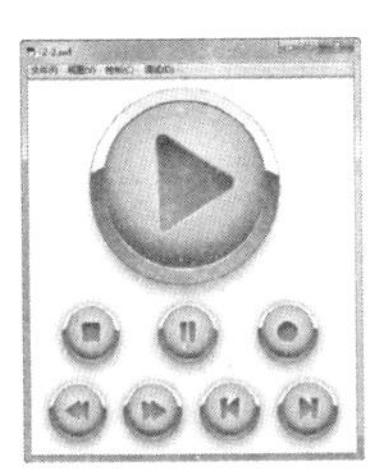
4．最终效果

实例总结

本实例使用常用的 Flash 绘图工具，通过控制颜色和角度完成一个魔法药瓶的制作。通过本实例的学习，读者要掌握绘制立体图形的方法；如何使用颜色影响图形的立体效果；并可以熟练制作动画元件。

实例 27　椭圆工具和线条工具——制作小猪热气球

Flash 常常用来制作一些很小的按钮动画，此类动画一般体积较小，方便在互联网上使用。制作此类动画时要有清晰的思路，可以先绘制草稿，然后再逐步绘制完成。切记不要急于求成。

实例分析

本案例通过使用“椭圆工具”来绘制小猪热气球的身体，使用线条来绘制小猪的器官和其他部位，使用“渐变填充”增加小猪的立体效果，最终效果如图 2-63 所示。

图 2-63　最终效果

源 文 件	光盘\源文件\第 2 章\实例 27.fla
视　　频	光盘\视频\第 2 章\实例 27.swf
知 识 点	“椭圆工具”和“线条工具”
学习时间	20 分钟

知识点链接——小猪的具体绘制方法是什么？

使用“椭圆工具”绘制小猪的身体轮廓，使用“线条工具”绘制小猪的器官表情，使用“线性渐变”填充，为小猪的肢体填充颜色。

操作步骤

步骤 1 新建一个大小为 300 像素×300 像素，“帧频”为 24fps 的 Flash 文档，如图 2-64 所示。执行“插入>新建元件”命令，新建一个“名称”为“热气球小猪”的“图形”元件，如图 2-65 所示。

图 2-64　新建文档

图 2-65　创建新元件对话框

步骤 2 选择“椭圆工具”，设置“填充颜色”为从# FF9900 到# FFCC00 的“线性渐变”，“笔触颜色”为#6F1C00，“颜色”面板如图 2-66 所示。在舞台中绘制一个椭圆，如图 2-67 所示。

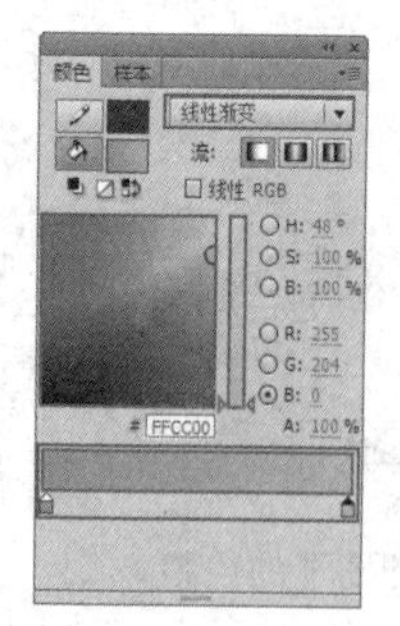

图 2-66 颜色面板

图 2-67 绘制椭圆 1

步骤 3 用相同方法在舞台中绘制一个椭圆，使用“选择工具”对椭圆进行调整，效果如图 2-68 所示。用相同方法绘制椭圆，该椭圆的“填充颜色”为从#FF9900 到#FF6600 的线性渐变，“笔触颜色”为#CC6600，效果如图 2-69 所示。

图 2-68 绘制椭圆 2

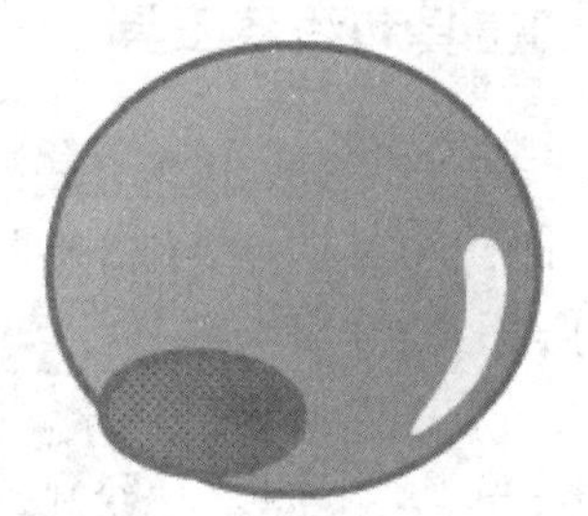

图 2-69 绘制椭圆 3

步骤 4 选择“线条工具”，设置该线条的“笔触颜色”为#993300，“笔触高度”为 1，在舞台中绘制线条，如图 2-70 所示。用相同方法绘制其他线条，并使用“选择工具”进行调整，如图 2-71 所示。

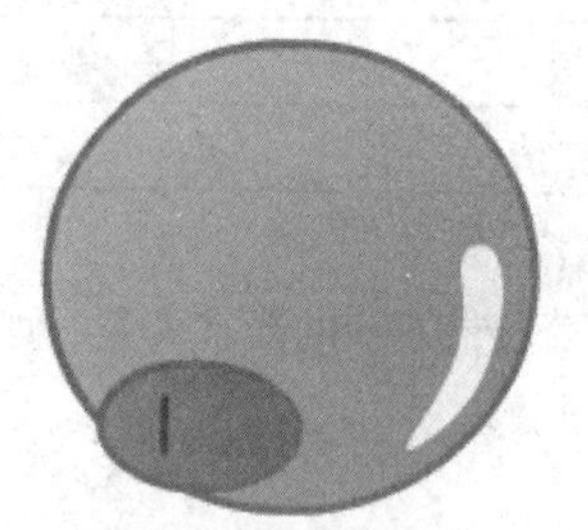

图 2-70 图形效果

图 2-71 图形效果

步骤 5 选择“多边形工具”，打开“属性”面板，单击“选项”按钮，设置“边数”为 3，如图 2-72 所示。设置“填充颜色”为从#FF9900 到#FFCC00 的线性渐变，在舞台中绘制图 2-73 所示的三角形。

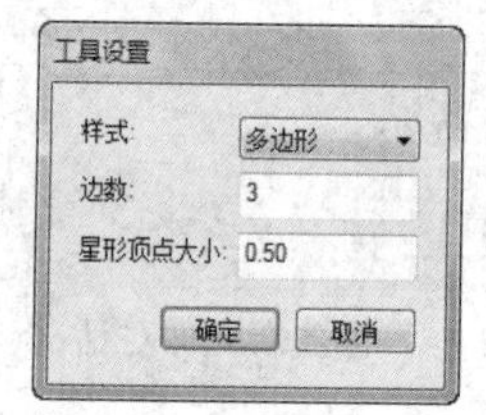

图 2-72 “工具设置”对话框

图 2-73 “颜色”面板

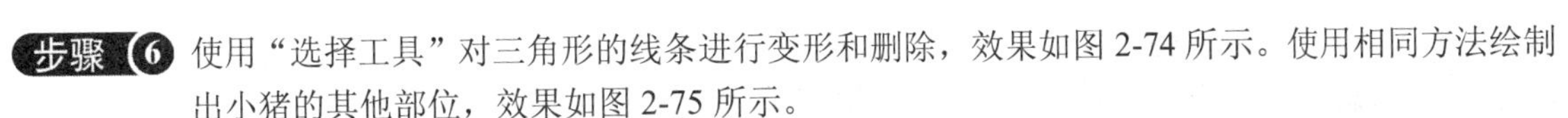

步骤 6 使用“选择工具”对三角形的线条进行变形和删除，效果如图 2-74 所示。使用相同方法绘制出小猪的其他部位，效果如图 2-75 所示。

步骤 7 返回“场景 1”，选择“矩形工具”，设置“填充颜色”为从#00CCFF 到#0080FF 的“线性渐变”，“笔触颜色”为无，在舞台中绘制动画背景，将小猪热气球元件从库中拖出，效果如图 2-76 所示。

图 2-74　渐变变形

图 2-75　删除图像

图 2-76　绘制圆形

提问：在 Flash 动画中如何对图形实现透视效果？

回答：Flash 提供了丰富的变形操作方法。要对对象实现透视效果，可以先选中对象，单击“任意变形工具”按钮，同时按下键盘上的【Alt】键和【Shift】键调整对象节点，即可实现透视效果。

提问：Flash 动画制作中如何控制其生成的 SWF 格式文件的体积？

回答：在制作 Flash 动画时，尽量少使用位图文件，多使用矢量图形。将多余的没有使用到的元件删除；还有将文字和位图都分离，打散为矢量的也可以减小文件体积。当然使用一些小软件也可以控制 SWF 文件大小。

实例 28　椭圆工具和“颜色”面板——绘制可爱小猴子

源 文 件	光盘\源文件\第 2 章\实例 28.fla
视　　频	光盘\视频\第 2 章\实例 28.swf
知 识 点	“椭圆工具”和“渐变颜色”填充
学习时间	35 分钟

1. 新建相应的元件，并分别绘制小猴的各个部分。
2. 完成小猴各个部分图形的绘制，整合为完整的小猴。
3. 导入相应的素材图像作为背景。
4. 将整合的小猴拖入场景中，完成小猴的绘制。

1. 绘制小猴头部

2. 将绘制的各部分整合

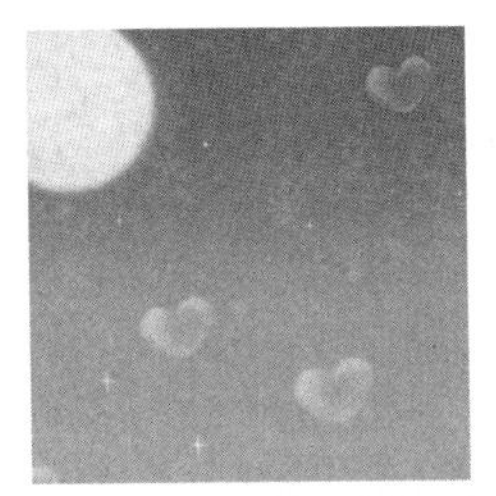

3. 导入背景素材

4. 最终效果

实例总结

本实例使用常用的 Flash 绘图工具，使用“椭圆工具”完成图形的基本绘制。再通过使用“颜色”面板对图形进行渐变效果的填充，实现逼真的立体效果。读者要掌握实现立体感的方法和技巧。

实例 29　椭圆工具和线条工具——绘制可爱小狗角色

动画制作中，除了场景以外，动画角色也是很重要的元素。角色的创建是决定动画风格的主要因素之一。在不同的场景或不同的故事背景下要创建不同风格的角色，否则将会产生不伦不类的动画效果。

图 2-77　最终效果

实例分析

本实例通过制作一只卡通小狗，告诉读者在 Flash 中绘制卡通动物角色的技巧。首先使用线条绘制出小狗的轮廓，然后使用选择工具调整轮廓。再通过填充不同的颜色实现图形的质感，完成效果如图 2-77 所示。

源 文 件	光盘\源文件\第 2 章\实例 29.fla
视　　频	光盘\视频\第 2 章\实例 29
知 识 点	“椭圆工具”、“矩形工具”和“线条工具”
学习时间	20 分钟

知识点链接——使用线条绘制图形有什么优点？

使用线条工具绘制图形可以保证所有线条的轮廓保持一致，并且可以减少图形中锚点的数量。同时这种方法对于没有绘画基础的用户来说，也是比较容易接受的。

操作步骤

步骤 1 新建一个“大小”为 450 像素×350 像素的空白文档，如图 2-78 所示。新建一个“名称”为“头部”的“影片剪辑”元件，如图 2-79 所示。

图 2-78　新建文档

图 2-79　创建新元件

步骤 2 选择“线条工具”，设置“笔触颜色”为#82532C，“笔触高度”为 1，在舞台中绘制线条，如图 2-80 所示。选择“工具箱”中的“颜料桶工具”，设置“填充颜色”为#FFDA88，为其填充颜色，并使用“选择工具”对其进行调整，如图 2-81 所示。

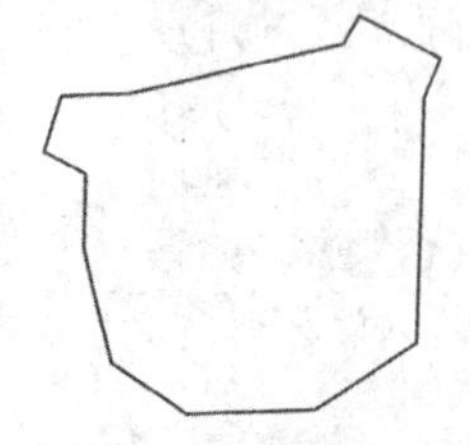
图 2-80　绘制线条

图 2-81　填充颜色

步骤 3 使用相同方法绘制线条，并使用“选择工具”对其进行调整，使用“颜料桶工具”设置“填

充颜色”为#EAB959，进行填充，将线条路径删除，并将其调整到合适位置，效果如图 2-82 所示。

步骤 4 使用相同方法绘制一个“填充颜色”为#FFE7B6，“笔触颜色”为无的椭圆，并使用“选择工具”对其调整，效果如图 2-83 所示。

图 2-82　填充效果

图 2-83　调整椭圆

步骤 5 使用“线条工具”绘制图 2-84 所示的图形。用相同方法绘制与调整线条，并将其填充为#686867，效果如图 2-85 所示。

图 2-84　填充颜色

图 2-85　图形效果

步骤 6 使用相同方法完成头部其他元素的绘制，效果如图 2-86 所示。新建一个“名称”为“身体”的“影片剪辑”元件，使用相同方法完成身体的绘制，效果如图 2-87 所示。

图 2-86　图像效果

图 2-87　图像效果

步骤 7 新建一个“名称”为小狗的“影片剪辑”元件，将制作好的元件从“库”面板中拖曳到舞台中，并调整到合适位置，效果如图 2-88 所示。返回“场景 1”，将“光盘\第 2 章\素材\19301.jpg”文件导入到舞台中，如图 2-89 所示。

图 2-88　图像效果

图 2-89　导入素材

步骤 8 使用相同方法在舞台中绘制线条并对其进行调整，使用“颜料桶工具”对其填充“不透明度”

为 40%的#333333，如图 2-90 所示。将制作好的“小狗”元件拖入到舞台中，最终效果如图 2-91 所示。

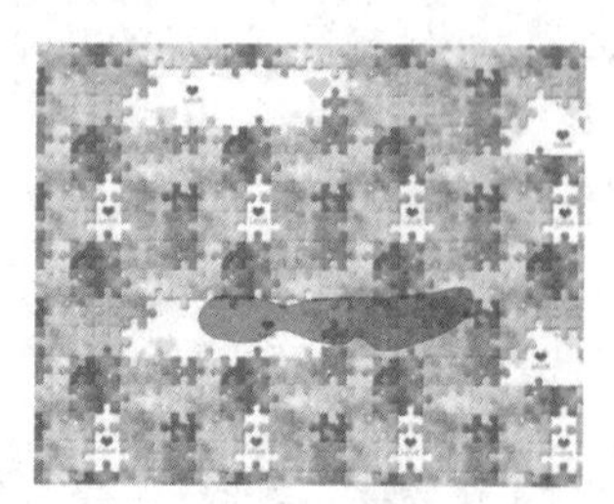

图 2-90　图形效果

图 2-91　最终效果

> ▶ 提示
>
> 调整元件的“色调”和“不透明度”，可以通过修改“属性”面板上 “色彩效果”下的“样式”参数实现。如果直接对元件内部进行修改，则场景中所有元件实例都会发生变化。

提问：如何实现图形外的羽化效果？

回答：对于直接绘制的图形可以首先选中图形，然后执行“修改>形状>柔化填充边缘”命令，设置对话框中的“距离”、“步骤数”和“方向”，从而得到较好的羽化效果。

提问：如何才能绘制出效果好的图形？

回答：在制作卡通类动画时，无论是场景和角色的绘制都不需要太过精细，相似就可以了。所以在绘制的时候要抓住图形的主要特点，而不需要面面俱到。可以使用“刷子工具”和“铅笔工具”绘制，必要时也可以使用“钢笔工具”绘制。

实例 30　钢笔工具——绘制卡通圣诞老人

源 文 件	光盘\源文件\第 2 章\实例 30.fla
视　　频	光盘\视频\第 2 章\实例 30.swf
知 识 点	“椭圆工具”和“钢笔工具”
学习时间	30 分钟

1. 首先使用“椭圆工具”设置颜色，绘制老人的身体，并调整图层顺序。
2. 使用“矩形工具”绘制老人腰带，使用“椭圆工具”绘制老人面部。
3. 使用“钢笔工具”与“椭圆工具”绘制老人的帽子及其他部位。
4. 将背景图像导入到舞台中，并将绘制好的元件拖入到舞台。

1. 分别绘制各部分图形

2. 将各部分整合为完整图形

3. 绘制帽子

4. 最终图形效果

实例总结

本实例使用了 Flash 自带的多种绘图工具，读者要对各个工具的使用方法和“属性”设置熟练掌握，这样才能绘制出丰富的图形效果。对图形填充时要掌握渐变填充的类型和设置方法、使用渐变填充工具调整渐变效果的方法等。

实例 31　综合绘图工具——绘制闹钟图形

在 Flash 中绘制图形时，使用一种工具往往是无法完成的。只有综合运用多种绘图工具才能绘制出效果逼真的图形效果。

图 2-92　最终效果

实例分析

本案例通过使用“椭圆工具”与“矩形工具”来绘制闹钟的主体形状，并填充不同的颜色，使用“文本工具”制作闹钟的时间，使用“多角星形工具”完成高光的绘制，最终效果如图 2-92 所示。

源 文 件	光盘\源文件\第 2 章\实例 31.fla
视　　频	光盘\视频\第 2 章\实例 31.swf
知 识 点	“椭圆工具”、“矩形工具”和“线条工具”
学习时间	20 分钟

知识点链接——如何选择图形的填充和笔触？

用户可以通过使用“选择工具”选择图形。在需要选择的图形上单击即可选择填充。双击可以将笔触和填充同时选择。在笔触上单击可以选择部分笔触，双击将选择全部笔触。使用“部分选取工具”可以选择路径或者锚点，进行各种编辑操作。

操作步骤

步骤 1 新建一个“帧频”为 12fps，其他为默认的空白文档，如图 2-93 所示。新建一个“名称”为“闹铃主体”的“图形”元件，如图 2-94 所示。

图 2-93　新建文档

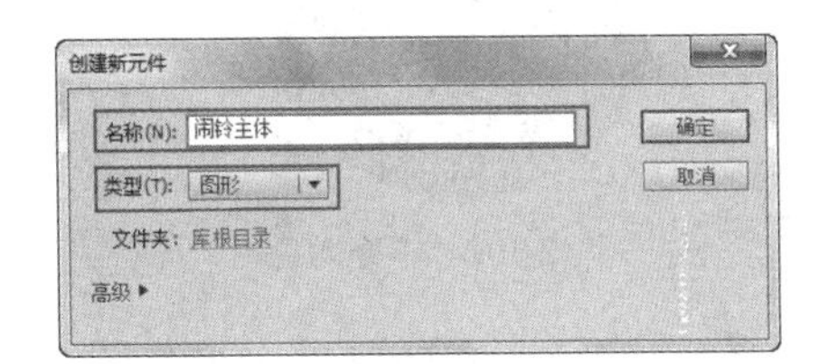

图 2-94　创建元件

步骤 2 使用“工具箱”中的“线条工具”在舞台中绘制线条，使用“选择工具”对线条进行调整，如图 2-95 所示。设置“填充颜色”为#2B0E4C，使用“颜料桶工具”对图像进行填充，如图 2-96 所示。

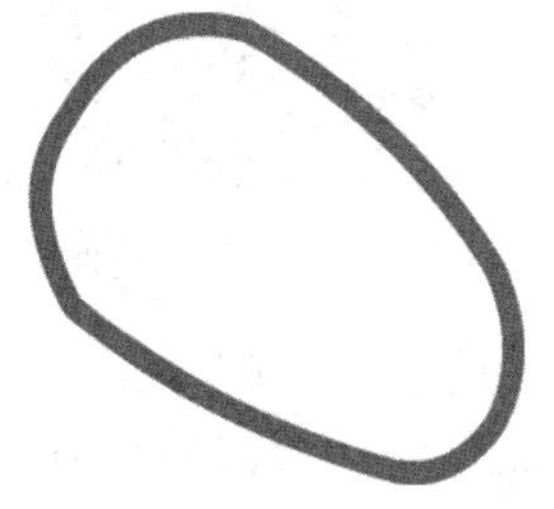

图 2-95　绘制并调整线条

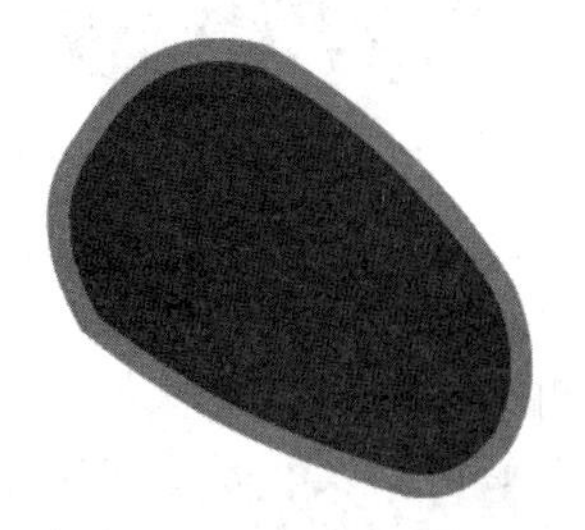

图 2-96　填充颜色

步骤 3 将线条删除，效果如图 2-97 所示。使用相同的方法制作出其他图形，如图 2-98 所示。选择“图层 2”中的图像，按【Ctrl+C】键复制，按【Ctrl+V】粘贴，并将复制的图像颜色改为#7D3797，效果如图 2-99 所示。

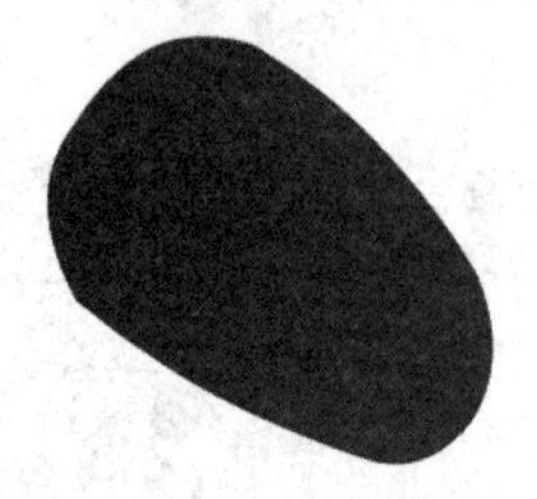
图 2-97　删除笔触

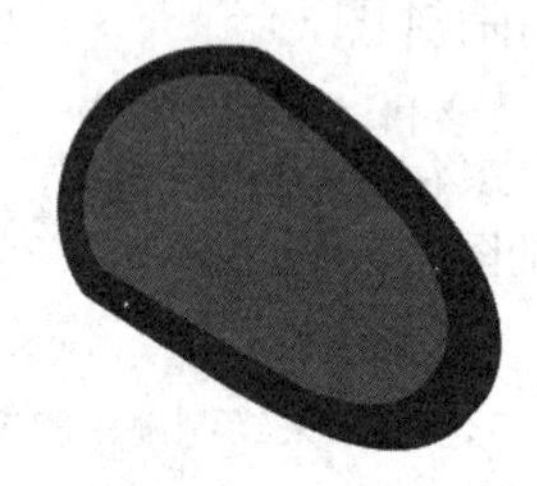
图 2-98　图像效果 1

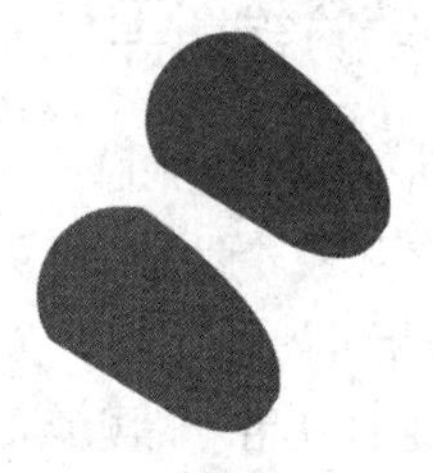
图 2-99　图像效果 2

步骤 4 将原图拖动到复制图像的上方，如图 2-100 所示。选中上方的图像将其删除，并调整到合适位置，效果如图 2-101 所示。

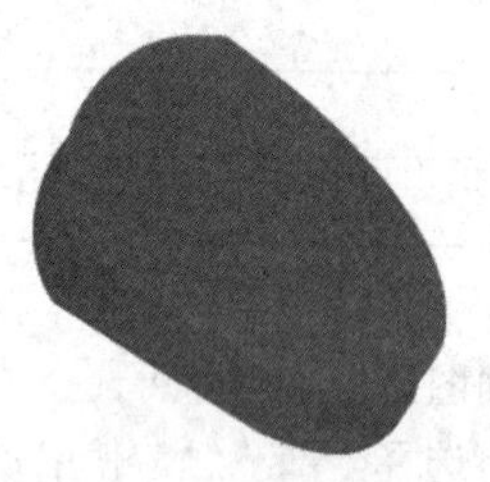
图 2-100　图形效果

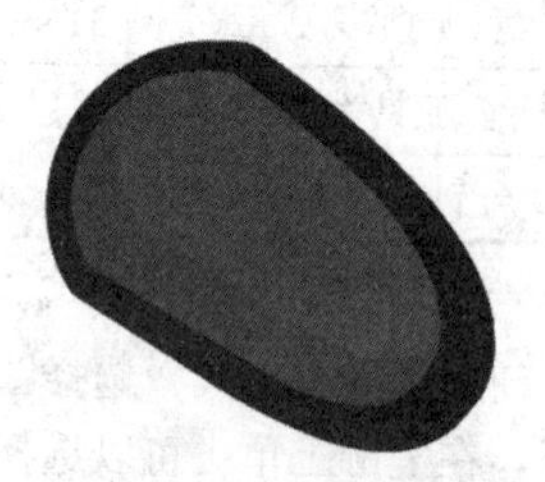
图 2-101　调整后的效果

步骤 5 使用“椭圆工具”绘制一个“填充颜色”为#1A6A24 的圆形，如图 2-102 所示。使用相同的方法绘制一个“填充颜色”为#B3DC1D 的圆形，效果如图 2-103 所示。

图 2-102　填充颜色

图 2-103　绘制图形

步骤 6 使用相同方法绘制其他效果，如图 2-104 所示。继续使用相同方法绘制，完成效果如图 2-105 所示。

图 2-104　渐变变形

图 2-105　删除图像

步骤 7 使用相同方法绘制，效果如图 2-106 所示。使用相同方法绘制，效果如图 2-107 所示。

步骤 8 选择“文本工具”，设置“属性”面板中的属性，如图 2-108 所示。在舞台中输入文字，效果如图 2-109 所示。

图 2-106　绘制椭圆

图 2-107　绘制圆形

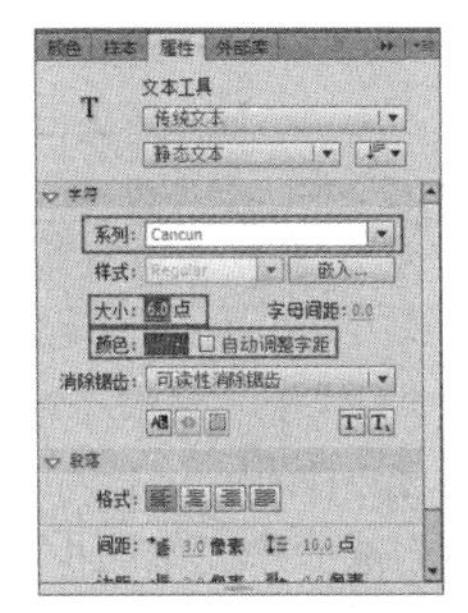

图 2-108　图形效果

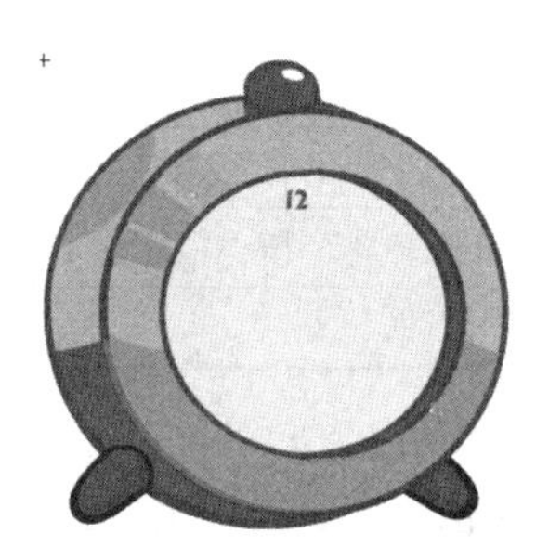

图 2-109　“属性”面板

步骤 9 使用相同方法完成其他图形的制作，效果如图 2-110 所示。根据上面介绍的方法制作出其他效果，如图 2-111 所示。

步骤 10 完成其他两个元件的制作，如图 2-112 所示。使用“多角星形工具”绘制一个“边数”为 4，“星形顶点大小”为 0.02 的“星形”，如图 2-113 所示。

图 2-110　图形效果

图 2-111　图形效果

图 2-112　元件效果

图 2-113　星形效果

步骤 11 设置“填充颜色”为从#FF6600 到#FFFFCC 的“线性渐变”，“笔触颜色”为“无”，使用“矩形工具”在舞台中绘制一个矩形，如图 2-114 所示。

步骤 12 执行“文件>保存”命令，将动画保存。按【Ctrl+Enter】组合键进行测试，最终效果如图 2-115 所示。

图 2-114　最终效果

图 2-115　测试效果

提问：如何利用图形的加减绘图？

回答：在 Flash 中绘图时，相同颜色的图形将自动加在一起，不同颜色的图形将自动相减。如果不想

出现图形的加减效果，可以单击“工具箱”上的“对象绘制”按钮，这样绘制的图形将为独立个体，不会出现加减效果。

提问：为什么在制作文字特效时，都要将文字分离成矢量？

回答：保留文字的基本属性，可以方便对动画的修改，但是由于动画将在不同的电脑中播放，如果该电脑中没有相应的字体文件，则无法保证播放效果，故要将文字分离。

实例 32 “椭圆工具”和“钢笔工具”——绘制可爱小松鼠

源 文 件	光盘\源文件 \第 2 章\实例 32.fla
视　　频	光盘\视频\第 2 章\实例 32.swf
知 识 点	“椭圆工具”和“钢笔工具”
学习时间	30 分钟

1．为所需要绘制的小松鼠的各部分图形新建相应的元件并分别进行绘制。

2．完成小松鼠各部分图形绘制之后，将各部分图形进行整合，组成一个完整的小松鼠图形。

1．分别绘制各部分图形

2．将各部分整合为完整图形

3．导入外部的素材图像作为所绘制图形的背景。

4．完成图形的绘制，可以看到最终效果。

3．导入背景素材图像

4．最终图形效果

实例总结

通过使用基本的绘图工具完成了一个小松鼠图形的绘制。读者要了解不同动画制作要求下图形的绘制方法和技巧。图形在绘制的同时要充分考虑到动画制作的要求，不要一味为了漂亮而忽略了动画的制作。

实例 33 椭圆、多角星形和颜色桶工具——绘制卡通铅笔

使用基本绘图工具可以轻松创建各种丰富图形。如果要对绘制完成的图形的“填充颜色”进行修改，可以使用“颜料桶工具”。首先设置新的“填充颜色”，然后使用“颜料桶工具”在需要填色的图形上单击即可。

实例分析

本实例通过使用“椭圆工具”等绘图工具绘制卡通铅笔，使用“颜料桶工具”对绘制的卡通铅笔进行上色，本实例的最终效果如图 2-116 所示。

源 文 件	光盘\源文件\第 2 章\实例 33.fla
视　　频	光盘\视频\第 2 章\实例 33.swf
知 识 点	“椭圆工具”、“多角星形工具”和“颜料桶工具”
学习时间	30 分钟

知识点链接——如何设置填充色的透明度？

如果使用绘图工具直接绘制图形，可以通过在“颜色”面板中设置 Alpha 值获得不同的透明效果。如果要设置元件的不透明度，可以通过设置“属性”面板“色彩效果”下“样式”选项中的 Alpha 值完成。

图 2-116　最终效果

操作步骤

步骤 1 新建一个“大小”为 340 像素×270 像素，“帧频”为 24fps，“背景颜色”为白色的空白文档，如图 2-117 所示。新建一个“名称”为“绿铅笔”的“图形”元件，如图 2-118 所示。

步骤 2 使用“矩形工具”，在舞台中绘制一个“填充颜色”为# 006A00，“笔触颜色”为“无”的矩形，效果如图 2-119 所示。使用相同方法绘制一个不同颜色的三角形，如图 2-120 所示。

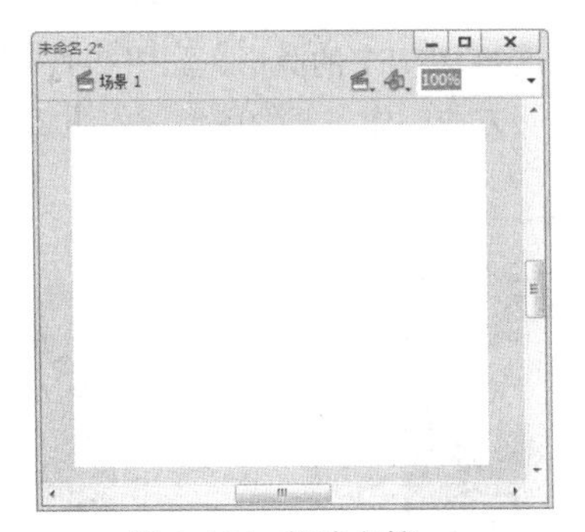

图 2-117　新建文档

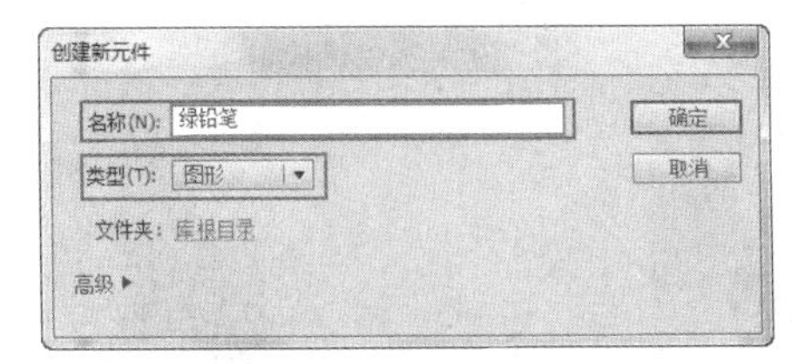

图 2-118　创建新元件对话框

步骤 3 复制 3 个并排三角形，并调整到合适位置，如图 2-121 所示。取消选择后，再次选中三角形，按【Delete】键删除，效果如图 2-122 所示。

图 2-119　绘制图像

图 2-120　绘制三角形

图 2-121　调整位置

图 2-122　删除效果

步骤 4 使用相同方法完成其他图形的制作，效果如图 2-123 所示。使用“多角星形工具”，绘制一个“填充颜色”为#F2E892 的三角形，使用相同方法完成矩形的制作并拼接在一起，效果如图 2-124 所示。

步骤 5 复制“图层 5”中的图像，并更改复制图形的颜色为#DED274，使用“线条工具”在图像上绘制线条，效果如图 2-125 所示。选中线条与右侧的图形，将其删除，并调整到合适的位置，效果如图 2-126 所示。

图 2-123　图形效果 1

图 2-124　图形效果 2

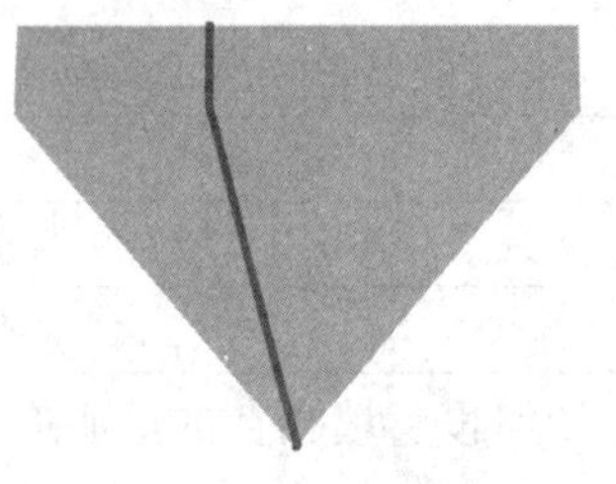
图 2-125　绘制线条

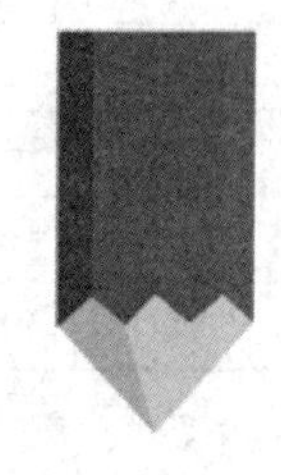
图 2-126　调整图像

步骤 6 使用相同方法完成其他图形的制作，效果如图 2-127 所示。复制“图层 11”，与上面的制作方法相同，效果如图 2-128 所示。

图 2-127　图形效果 1

图 2-128　图形效果 2

步骤 7 使用“椭圆工具”在舞台中绘制一个“填充颜色”为#D2F7F7 的圆形，如图 2-129 所示。绘制一个白色的圆形，效果如图 2-130 所示。使用相同方法制作出其他图形，如图 2-131 所示。再绘制出另一只眼睛的效果，如图 2-132 所示。

图 2-129　图形效果 3

图 2-130　图形效果 4

图 2-131　绘制圆形

图 2-132　图形效果

步骤 8 使用相同方法可以制作出多种颜色的图形，效果如图 2-133 所示。新建一个“名称”为“背景图像”的“图形”元件，如图 2-134 所示。

图 2-133　制作多种图形

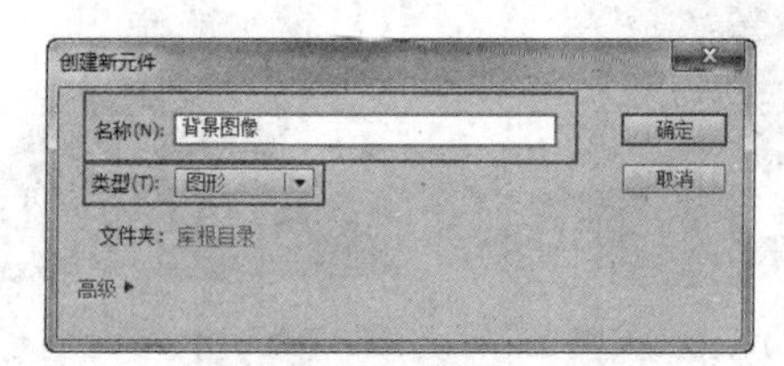

图 2-134　创建新元件对话框

步骤 9 将“光盘/第 1 章/素材/113101”导入到舞台，返回“场景 1”，将背景图像元件拖入到舞台中，并调整到合适位置，如图 2-135 所示。按【Ctrl+Enter】键进行效果测试，如图 2-136 所示。

图 2-135　最终效果

图 2-136　测试效果

▶ 提示

在绘制图形时，相同颜色图形的色块会自动相加，而不同颜色图形的色块会自动相减，所以在制作时要将图形绘制在不同图层上。

提问：通过设置元件的样式可以修改元件的哪些属性？

回答：通过设置元件"样式"可以对元件的"色调"、"亮度"和"透明度"进行设置，这与在"颜色"面板上直接设置图形的样式不同。

提问：导入到 Flash 中的图形格式都有哪些？各有什么优缺点？

回答：常见的图形格式有 jpg、gif 和 png 三种。jpg 格式具有较好的压缩比，颜色也比较好，但是不支持透底。Gif 格式的体积一般较小，但是颜色只有 256 种。png 是较好的一种格式，体积较小，颜色丰富，而且支持透底。

实例 34　椭圆工具和渐变填充——绘制卡通楼房

源 文 件	光盘\源文件\第 2 章\实例 34.fla
视　　频	光盘\视频\第 2 章\实例 34.swf
知 识 点	"椭圆工具"和"渐变颜色"填充
学习时间	15 分钟

1. 首先使用"矩形工具"和"多角星形工具"绘制矩形，并对其进行调整。
2. 使用"钢笔工具"绘制出草丛的轮廓，并为其填充颜色。
3. 将库中制作好的元件拖入到舞台中，并将其调整到合适的位置。
4. 为制作好的图像添加背景颜色。

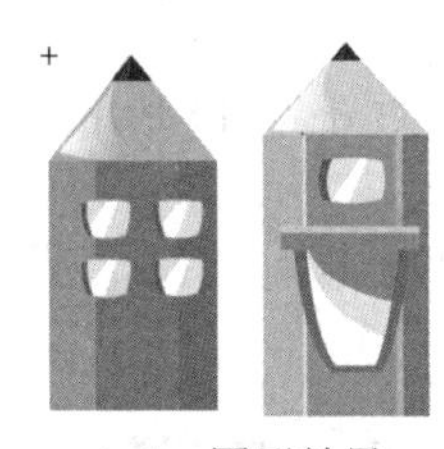

1. 图形效果

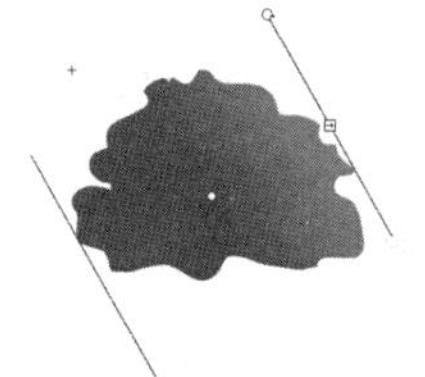

2. 调整渐变填充

3. 图形效果

4. 最终效果

实例总结

通过绘制卡通图形，读者要掌握通过颜色的明暗实现立体图形的方法。控制颜色的明暗可以使用不同的颜色，也可以使用过渡自然的渐变效果。只有多次练习，并留意成熟的作品才可以快速掌握 Flash 的绘图技巧。

实例35 综合运用——绘制卡通小人角色

图2-137 最终效果

本实例使用了Flash自带的多种绘图工具，读者要熟练掌握每个工具的使用方法和“属性”设置。这样才能绘制出丰富的图形效果。对图形填充的要掌握“渐变填充”的类型和设置方法、使用“渐变变形工具”调整渐变效果的方法等。

实例分析

本实例中通过绘制一个卡通小人角色，让读者了解在Flash动画中创建动画角色的方法。为了方便对动画角色的控制，在绘制图形时对角色采用了分开绘制再组合的方法，这样可以保证动画的多样性，最终效果如图2-137所示。

源文件	光盘\源文件\第2章\实例35.fla
视　频	光盘\视频\第2章\实例35.swf
知识点	“椭圆工具”、“线条工具”和“颜料桶工具”
学习时间	15分钟

知识点链接——如何绘制动画角色？

绘制动画角色时，要将参与动画的部分单独绘制，例如，卡通人物的头部、四肢要单独绘制。这样做可以实现使用相同的元件制作出不同的动画效果，在尽可能方便动画制作的同时又减少动画的大小。

操作步骤

步骤1 新建一个“大小”为300像素×300像素，“帧频”为24fps，“背景颜色”为白色的空白文档，如图2-138所示。新建一个“名称”为“小人”的“图形”元件，如图2-139所示。

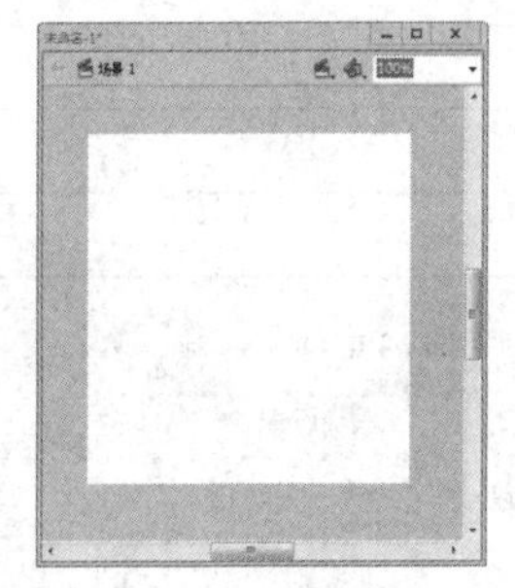
图2-138 新建文档

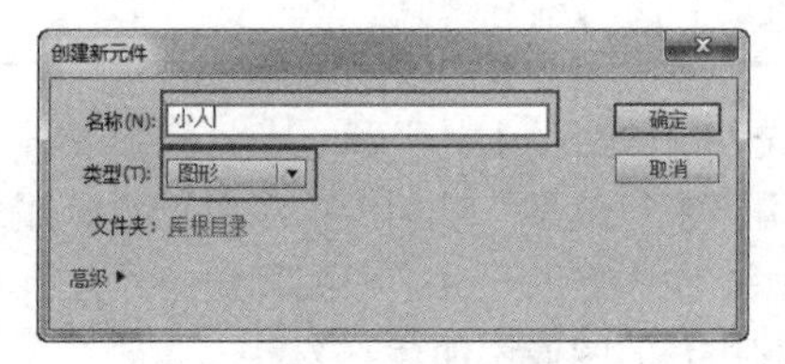

图2-139 创建新元件

步骤2 使用“椭圆工具”在舞台中绘制一个“填充颜色”为“无”的椭圆，如图2-140所示。使用“线条工具”绘制线条，如图2-141所示。

步骤3 使用“选择工具”对线条进行删除和调整，如图2-142所示。使用“颜料桶工具”，为图形填充黑色，将线条选中并删除，如图2-143所示。

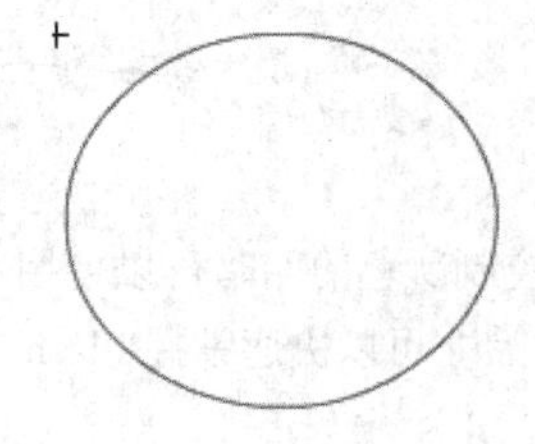
图2-140 绘制椭圆

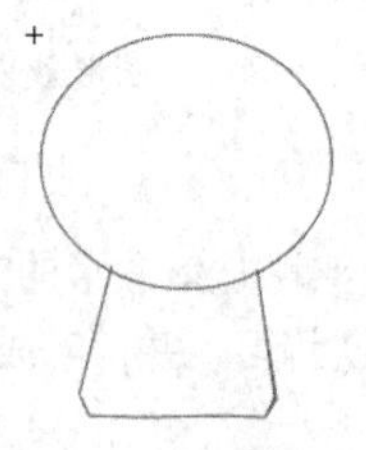
图2-141 绘制线条

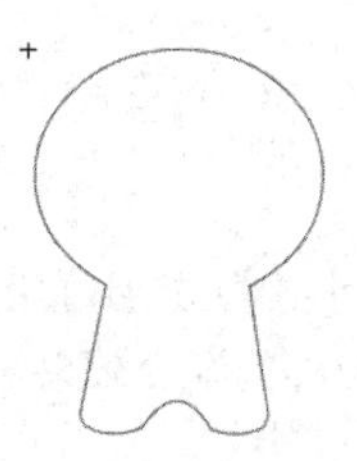
图2-142 绘制线条

图2-143 填充颜色

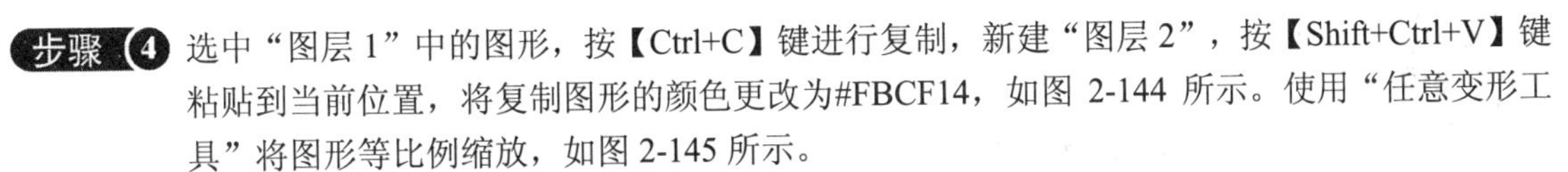

步骤 4 选中“图层 1”中的图形，按【Ctrl+C】键进行复制，新建“图层 2”，按【Shift+Ctrl+V】键粘贴到当前位置，将复制图形的颜色更改为#FBCF14，如图 2-144 所示。使用“任意变形工具”将图形等比例缩放，如图 2-145 所示。

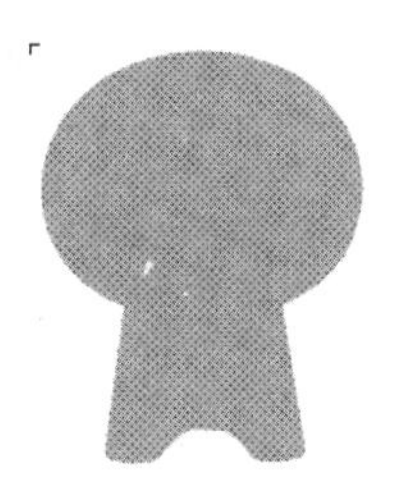

图 2-144　复制图像

图 2-145　缩放图像

步骤 5 复制“图层 2”中的图像到“图层 3”，使用“直线工具”绘制线条，并使用“选择工具”调整图形，效果如图 2-146 所示。选择左侧图像进行删除，然后选中线条进行删除，选中未删除的图形，将颜色更改为#EC9F12，并调整到合适位置，如图 2-147 所示。

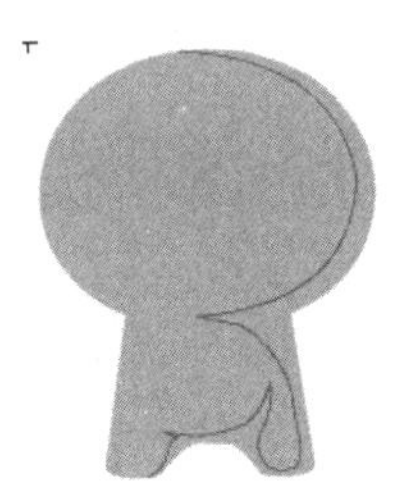

图 2-146　调整线条

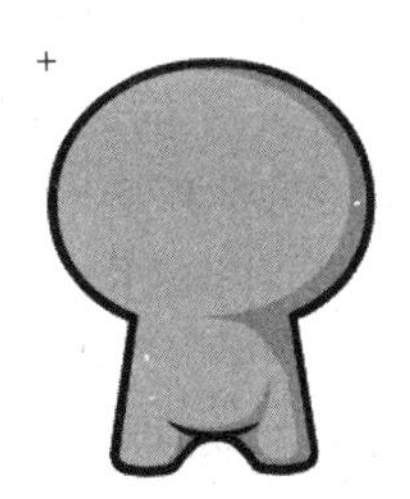

图 2-147　图形效果

步骤 6 使用“椭圆工具”在舞台中绘制一个“填充颜色”为#F5F7CB，“笔触颜色”为“无”的椭圆，如图 2-148 所示。使用相同方法，绘制两个“填充颜色”为#F5CEA4 的圆形，如图 2-149 所示。

步骤 7 使用相同方法绘制人物的眼睛，效果如图 2-150 所示。使用“线条工具”绘制人物的鼻子，使用“椭圆工具”绘制人物的嘴，并使用“线条工具”进行调整，效果如图 2-151 所示。

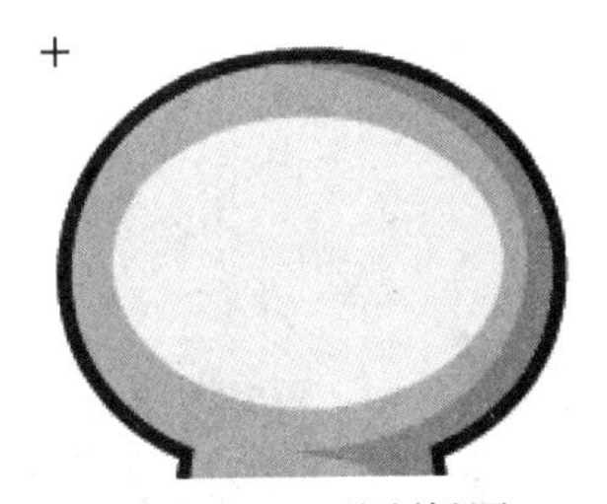

图 2-148　绘制椭圆

图 2-149　绘制圆形

图 2-150　绘制眼睛

步骤 8 使用“椭圆工具”绘制一个“填充颜色”为黑色的椭圆，使用“选择工具”进行调整，如图 2-152 所示。使用相同方法绘制出其他图形，并调整到合适位置，如图 2-153 所示。

图 2-151　绘制线条

图 2-152　绘制椭圆

图 2-153　图形效果

步骤 9 使用相同的方法绘制出另一只手臂，如图 2-154 所示。再制作出其他效果，如图 2-155 所示。

步骤 10 返回“场景 1”，使用“矩形工具”绘制一个“填充颜色”为从#F9EA64 到 CAB60B 的“径向渐变”矩形。将元件从库中拖动到舞台中，效果如图 2-156 所示。

图 2-154　图形效果

图 2-155　图形效果

图 2-156　最终效果

提问：在 Flash CS6 中可以输出什么格式？

回答：使用 Flash 制作完成后，可以发布为 HTML 格式供互联网使用；发布为 SWF 格式供用户播放动画；发布为 GIF 格式，既可以是图形也可以是动画。

提问：如何对齐场景中不同的元件？

回答：执行“窗口>对齐”命令（或者按 Ctrl+k 快捷键），打开“对齐”面板，使用各种对齐和分布命令可以完成对不同元件的对齐操作。

实例 36　综合运用——绘制卡通形象

源 文 件	光盘\源文件\第 2 章\实例 36.fla
视　　频	光盘\视频\第 2 章\实例 36.swf
知 识 点	“椭圆工具”、“线条工具”、“选择工具”
学习时间	30 分钟

1．使用“线条工具”与“椭圆工具”分别绘制卡通形象各部分的图形效果。
2．将所绘制的卡通形象各部分元件整合为一个完整的卡通形象。
3．导入外部素材图像作为背景。
4．将整合的卡通形象元件拖入场景中，完成最终效果的绘制。

1．绘制各部分图形

2．将绘制的各部分元件整合

3．导入背景素材

4．最终效果

实例总结

通过使用明暗不同的图形绘制质感丰富的图形效果。还要了解调整元件中心点的方法，以及场景中心对动画的影响。通过学习，读者要掌握各种绘图工具的使用方法和技巧，并能够清楚地区分不同质感的表现要点。

案例 37　综合运用——绘制可爱娃娃角色

要创建不同的动画风格，就要创建不同风格的场景和角色。卡通风格的角色要符合卡通的元素，对人物的眼睛、发型，包括服饰都有严格的要求，尽量多使用圆形创建，可以体现可爱的角色风格。

图 2-157　最终效果

实例分析

本实例使用 Flash 中标准的绘图工具绘制一个卡通角色，角色的绘制直接影响到后期动画的制作，所以在绘制时要对元件将来制作动画的流程有所规划，将元件的各个部分都单独绘制会利于动画的制作，最终效果如图 2-157 所示。

源 文 件	光盘\源文件\第 2 章\实例 37.fla
视　　频	光盘\视频\第 2 章\实例 37.swf
知 识 点	“椭圆工具”、“矩形工具”和“线条工具”
学习时间	45 分钟

知识点链接——如何使用绘图工具完成人物绘制？

使用“椭圆工具”绘制人物头部轮廓和眼睛部分，使用“矩形工具”绘制眉毛和衣服部分，使用“线条工具”完成角色的轮廓绘制，使用“墨水瓶工具”为图形填充描边。

操作步骤

步骤 1 新建一个“大小”为 400 像素×400 像素，其他为默认的空白文档，如图 2-158 所示。新建一个“名称”为“头部”的“图形”元件，如图 2-159 所示。

图 2-158　新建空白文档

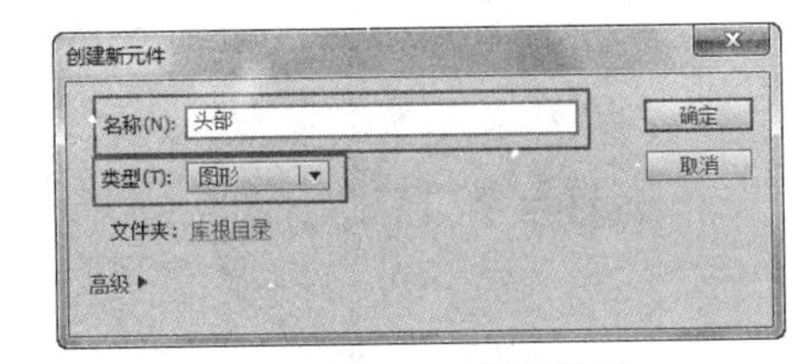

图 2-159　调整椭圆

步骤 2 使用“椭圆工具”，在舞台中绘制一个“填充颜色”为#FF1900，“笔触颜色”为#000000 的椭圆，使用“选择工具”与“任意变形工具”对其进行调整，如图 2-160 所示。使用“线条工具”在舞台中进行绘制，如图 2-161 所示。

图 2-160　绘制线条

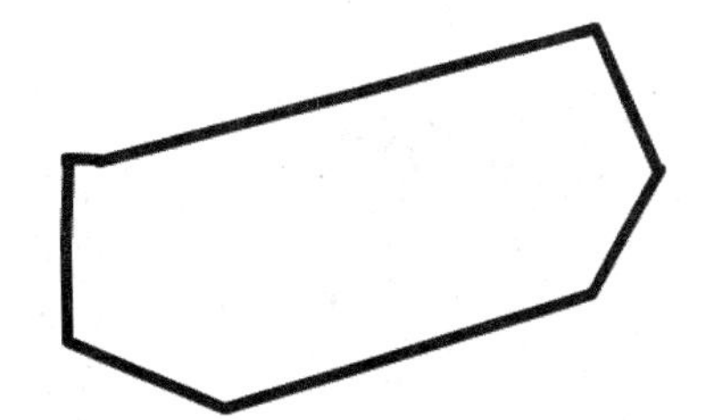

图 2-161　调整线条并填充颜色

步骤 3 使用“选择工具”对绘制的线条进行调整，设置“填充颜色”为#FFCCA6，使用“颜料桶工具”对其填色，效果如图 2-162 所示。使用“选择工具”选中上面线条将其删除，并调整到合适的位置，如图 2-163 所示。

步骤 4 用相同方法绘制出其他效果，如图 2-164 所示。使用“椭圆工具”在舞台中绘制一个 “填充颜色”为#FFD9E6，“笔触颜色”为无的椭圆，效果如图 2-165 所示。

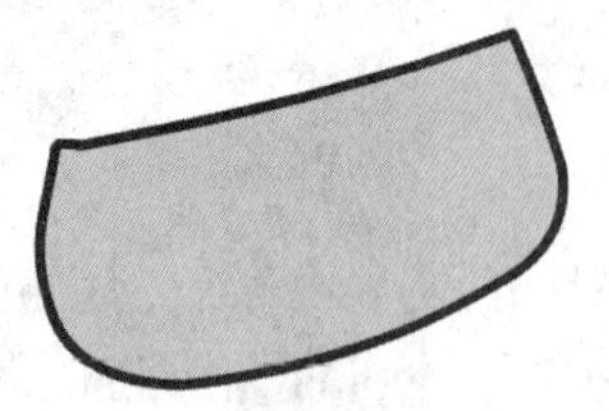
图 2-162　调整图形

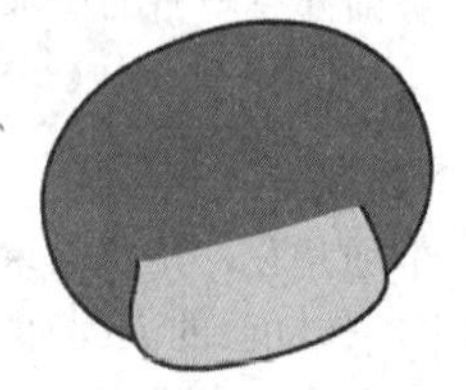
图 2-163　绘制图像

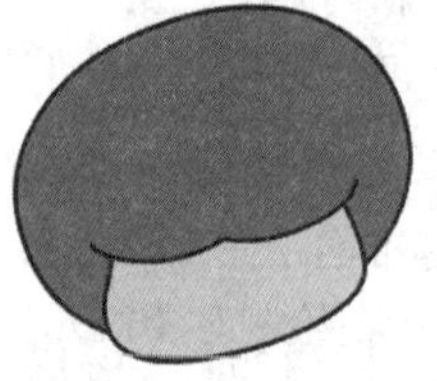
图 2-164　绘制其他图形

图 2-165　绘制椭圆

步骤 5 选择“多角星形工具”，打开“属性”面板，单击“选项”按钮，弹出“工具设置”对话框，设置各项参数，如图 2-166 所示。

步骤 6 在舞台中绘制一个“填充颜色”为#66FF00，“笔触颜色”为#000000 的五角星，使用“选择工具”对其进行调整，并将其调整到合适位置，如图 2-167 所示。

步骤 7 使用“多角星形工具”在舞台绘制一个“填充颜色”为#FFFFFF，“笔触颜色”为#000000 的三角形，并使用“选择工具”对其进行调整，效果如图 2-168 所示。

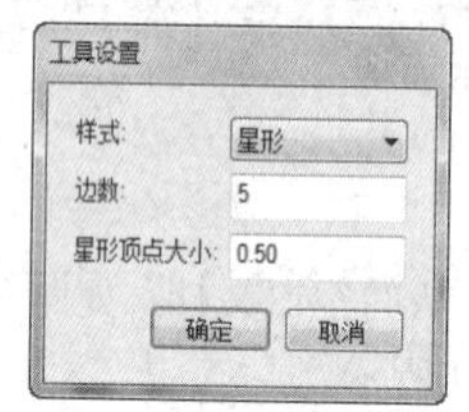

图 2-166　绘制五角星

图 2-167　绘制三角形

步骤 8 使用“线条工具”在舞台中绘制两个“笔触颜色”为#FF0066 的“笔触高度”为 1 的线条，并使用“选择工具”对其进行调整，如图 2-169 所示。

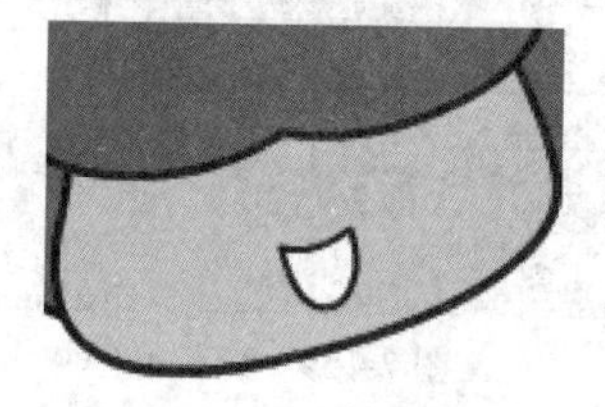
图 2-168　绘制线条

图 2-169　图像效果

步骤 9 使用“椭圆工具”与“线条工具”在舞台中绘制椭圆与线条，并使用“选择工具”对其进行调整，效果如图 2-170 所示。返回“场景 1”，新建一个“名称”为“身体”的“图形”元件，如图 2-171 所示。

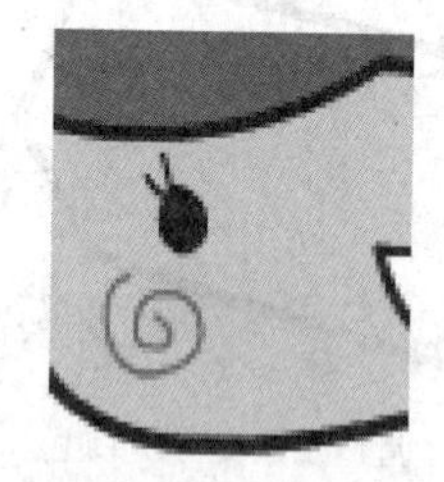
图 2-170　图像效果

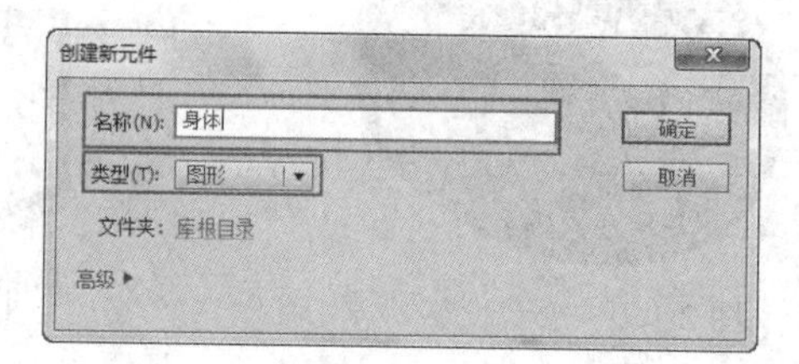

图 2-171　“创建新元件”对话框

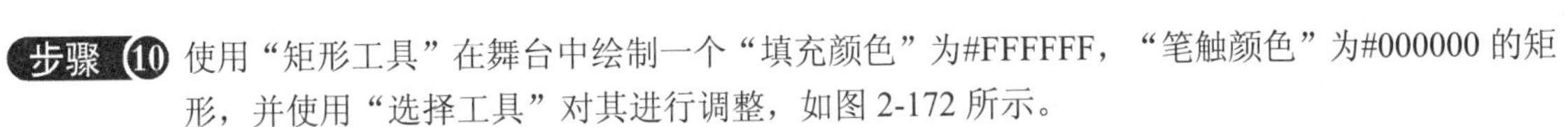

步骤 10 使用“矩形工具”在舞台中绘制一个“填充颜色”为#FFFFFF，“笔触颜色”为#000000 的矩形，并使用“选择工具”对其进行调整，如图 2-172 所示。

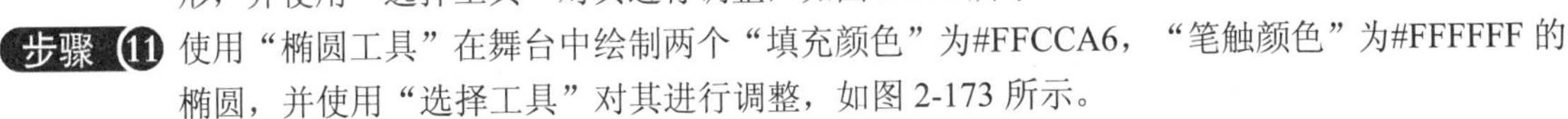

步骤 11 使用“椭圆工具”在舞台中绘制两个“填充颜色”为#FFCCA6，“笔触颜色”为#FFFFFF 的椭圆，并使用“选择工具”对其进行调整，如图 2-173 所示。

图 2-172　绘制矩形

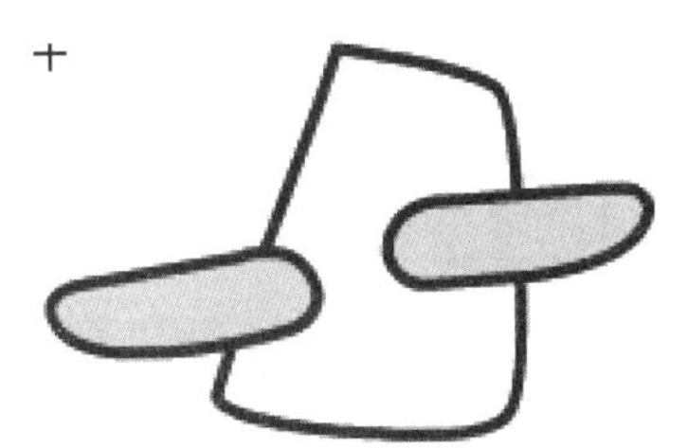

图 2-173　绘制椭圆

> **▶ 提示**
>
> 绘制图形时，要将不同的元素绘制在不同的图层上。由于手臂可以通过复制翻转操作重复使用，所以只绘制一个元件即可。

步骤 12 使用相同方法绘制两个“填充颜色”为#FF1900，“笔触颜色”为#000000 的椭圆，并将时间轴中的“图层 1”移动到最顶层，效果如图 2-174 所示。使用相同方法完成心形元件的制作，效果如图 2-175 所示。

图 2-174　图形效果 1

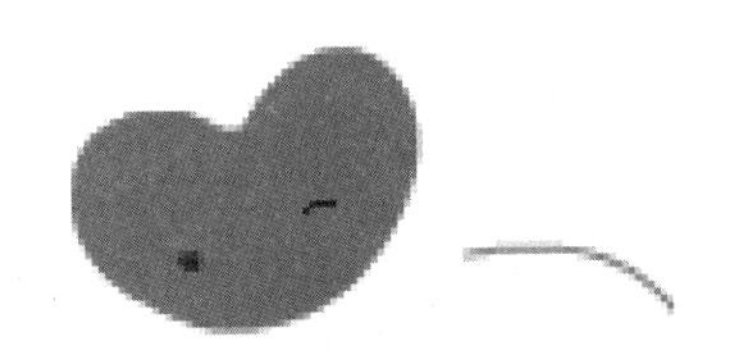

图 2-175　图形效果 2

步骤 13 新建一个“名称”为“可爱娃娃角色”的“影片剪辑”元件，如图 2-176 所示，将制作好的元件拖动到舞台中，并将其调整到合适的位置，如图 2-177 所示。

步骤 14 返回“场景 1”，在舞台中绘制一个“填充颜色”为从#FBD7BF 到#F4682D 的“线性渐变”，“笔触颜色”为无的矩形，如图 2-178 所示。将制作好的“影片剪辑”元件拖动到舞台中，如图 2-179 所示。

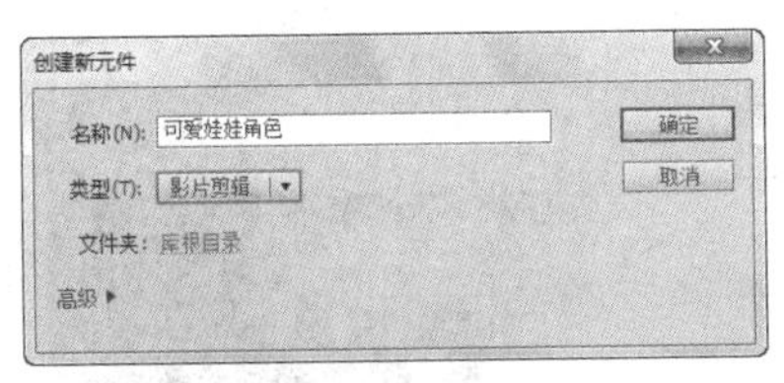

图 2-176　创建新元件对话框

图 2-177　调整图像

图 2-178　绘制矩形

图 2-179　最终效果

提问：在 Flash 动画制作中如何控制其生成的 SWF 格式文件的大小？

回答：在制作 Flash 动画时，尽量少使用位图文件，多使用矢量图形。将多余的没有使用到的元件删除；将文字和位图都分离打散为矢量的格式也可以减小文件大小。当然使用一些小软件也可以控制 SWF 文件大小。

实例 38　综合运用——绘制卡通天使

源 文 件	光盘\源文件\第 2 章\案例 38.fla
视　　频	光盘\视频\第 2 章\案例 38.swf
知 识 点	“椭圆工具”和“渐变颜色填充”
学习时间	15 分钟

1．使用“椭圆工具”绘制图形，并应用“渐变颜色”填充图形。

2．使用“椭圆工具”绘制图形，并对图形进行变形操作。

1．绘制圆形

2．绘制图形并填充渐变

3．绘制出“身体”和“翅膀”元件，并将图形组合成为一个完整的角色。

4．完成卡通天使角色的绘制，得到最终效果。

3．完成按钮图形的绘制

4．最终效果

实例总结

绘制较为复杂的图形时，常常会需要绘制很多细小的组成部分。除了通过图层管理绘制对象外，也可以将同类的图形转化为元件，方便图形管理的同时也方便后续动画的制作。

案例 39　综合运用——绘制卡通小忍者

制作动画时，单一的动画角色是不能满足动画制作要求的，所以在创建时常常要创建不同角度和不同状态的角色。最好还能搭配上背景，使图像的美感增强。

实例分析

本实例中综合运用了 Flash 中的多种绘图工具，完成卡通小忍者的制作，通过绘制可以使读者更深入地了解“椭圆工具”与“文本工具”的使用，完成的最终效果如图 2-180 所示。

图 2-180　最终效果

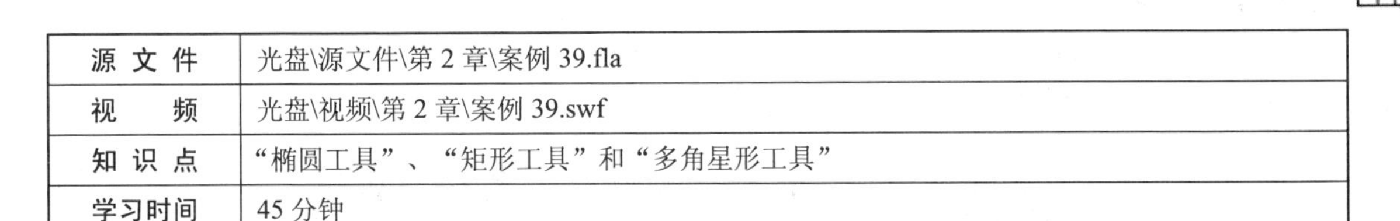

源 文 件	光盘\源文件\第 2 章\案例 39.fla
视　　频	光盘\视频\第 2 章\案例 39.swf
知 识 点	“椭圆工具”、“矩形工具”和“多角星形工具”
学习时间	45 分钟

知识点链接——如何设置一个规定宽度和高度的矩形？

为了得到一个规定大小的图形，在绘制时可以在按下【Alt】键的同时在场景中单击，在弹出的“矩形设置”对话框中设置需要绘制图形的各项参数，单击“确定”按钮，即可完成规定大小图形的绘制。

操作步骤

步骤 1 新建一个“大小”为 300 像素×300 像素，其他为默认的空白文档，如图 2-181 所示。新建一个“名称”为“头部”的“影片剪辑”元件，如图 2-182 所示。

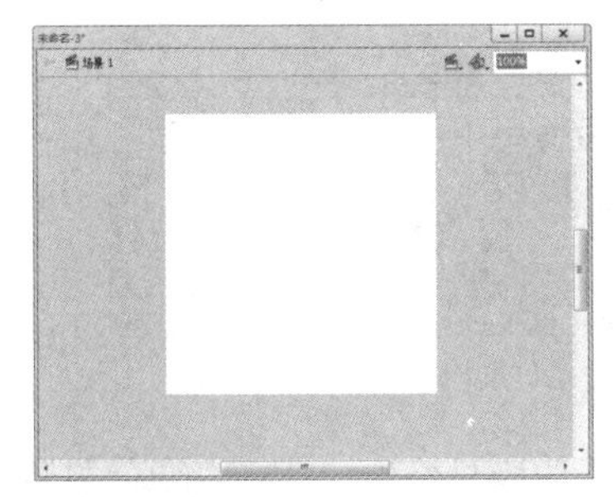

图 2-181　新建文档

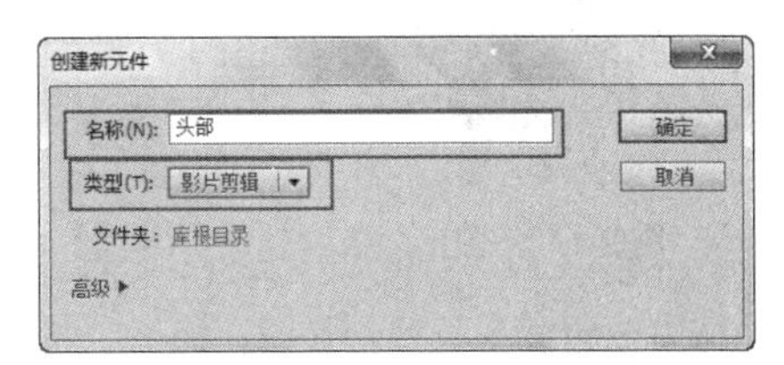

图 2-182　创建新元件对话框

步骤 2 使用“线条工具”，在舞台中绘制“笔触颜色”为#993300，“笔触高度”为 5 的线条，并使用“选择工具”对其进行调整，如图 2-183 所示。选择“工具箱”中的“颜料桶工具”，将“填充颜色”设置为#CC3300，对其进行填充，效果如图 2-184 所示。

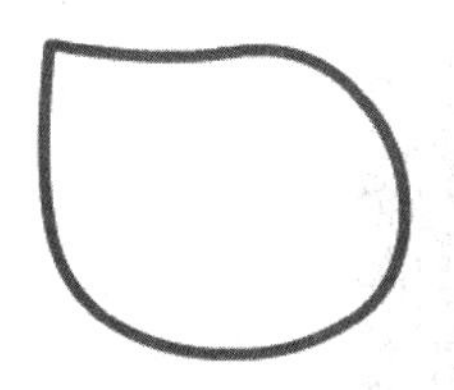

图 2-183　绘制线条

图 2-184　填充颜色

步骤 3 使用相同方法绘制其他效果，如图 2-185 所示。使用“椭圆工具”在舞台中绘制两个“填充颜色”为#FFFFFF，“笔触颜色”为#993300，“笔触高度”为 1 的圆形，效果如图 2-186 所示。

步骤 4 使用相同方法在舞台中绘制两个“填充颜色”为#000000，“笔触颜色”为“无”的圆形，如图 2-187 所示。使用相同方法在舞台中绘制 4 个“填充颜色”为#FFFFFF，“笔触颜色”为“无”的圆形，并使用“任意变形工具”对其进行调整，如图 2-188 所示。

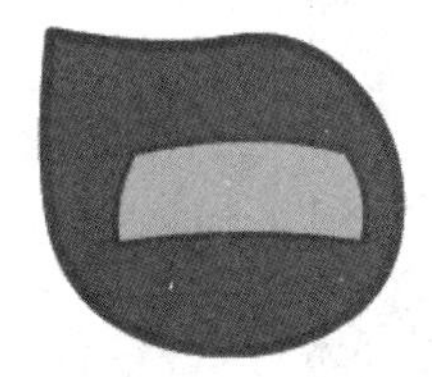

图 2-185　图形效果

图 2-186　绘制圆形 1

图 2-187　绘制圆形 2

图 2-188　调整圆形

步骤 5 使用“多角星形工具”在舞台中绘制一个三角形，并使用 “选择工具”和“任意变形工具”

对其进行调整，效果如图 2-189 所示。使用“线条工具”在舞台中绘制一条直线，并使用“选择工具”对其进行调整，如图 2-190 所示。

图 2-189　绘制三角形

图 2-190　绘制线条

步骤 6 使用相同方法完成“肢体”、“身体”和“手”三个元件的制作，效果如图 2-191 所示。新建一个“名称”为“剑”的“影片剪辑”元件，如图 2-192 所示。

图 2-191　图形效果

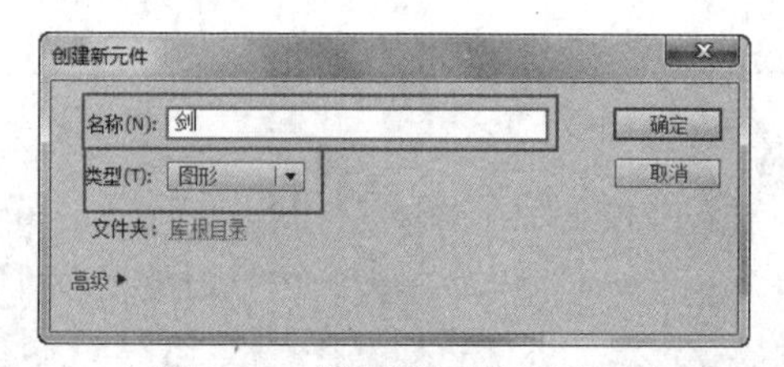

图 2-192　“创建新元件”对话框

步骤 7 使用“矩形工具”在舞台中绘制一个“填充颜色”为#333333，“笔触颜色”为#000000，的矩形，并使用“选择工具”进行调整，如图 2-193 所示。使用相同方法完成其他图形的绘制，效果如图 2-194 所示。

步骤 8 使用“矩形工具”，在舞台中绘制一个“填充颜色”为#FFFFFF，“笔触颜色”为无的圆形，如图 2-195 所示。使用相同方法完成其他图形的绘制，效果如图 2-196 所示。

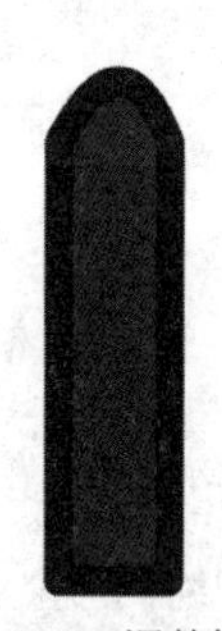
图 2-193　调整矩形

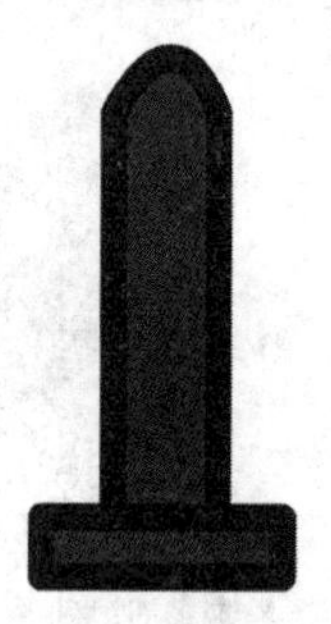
图 2-194　图形效果

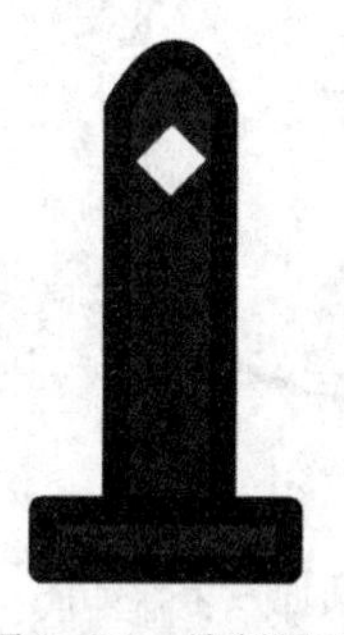
图 2-195　绘制圆形

图 2-196　图形效果

步骤 9 新建一个“名称”为“忍”的“图形”元件，使用相同方法在舞台中绘制一个圆形，如图 2-197 所示。选择“文本工具”，在“属性”面板中设置各项参数，如图 2-198 所示。

图 2-197　绘制圆形

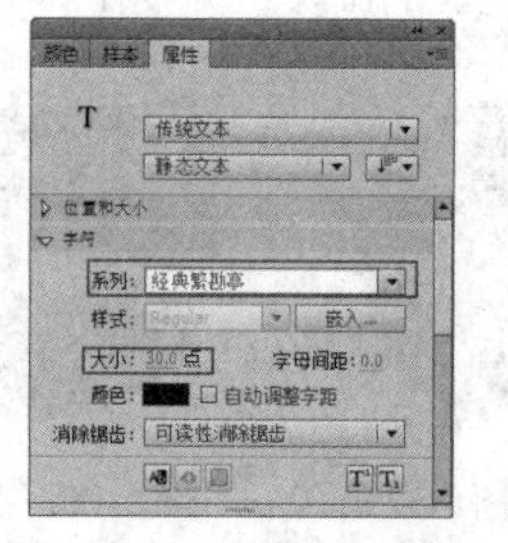

图 2-198　“属性”面板

步骤 10 在舞台中输入文字并将其拖动到圆形中心，效果如图 2-199 所示。返回“场景 1”，将“光盘\第 2 章\素材\119101.jpg”导入到舞台，将制作好的元件拖入到舞台中，并调整到合适位置，如图 2-200 所示。

图 2-199　图形效果

图 2-200　最终效果

> ▶ **提示**
>
> 在设置文本颜色时，只能使用纯色，而不能使用渐变，若要对文本应用渐变，则应先分离文本，从而将文本转换为组成它的线条和填充。

提问：Flash 绘制的是矢量图，那么什么是矢量图？

回答：矢量图可以任意缩放，所以不影响 Flash 的画质。在制作 Flash 动画时，位图图像一般只作为静态元素或背景图，主要动画都使用矢量图形。由于 Flash 并不擅长处理位图图像，所以应避免少使用位图图像元素，而且使用过多的位图会使 flash 文件变得很大，不方便网络浏览。

提问：为什么在创建文字特效时，都要将文字分离成矢量？

回答：保留文字的基本属性，可以方便对动画的修改，但是由于动画将在不同的电脑中播放，如果该电脑中没有相应的字体文件，则无法保证播放效果，故要将文字分离。

实例 40　综合运用——绘制卡通小女孩

源 文 件	光盘\源文件\第 2 章\案例 40.fla
视　　频	光盘\视频\第 2 章\案例 40.swf
知 识 点	“椭圆工具”和“线条工具”
学习时间	30 分钟

1. 使用“椭圆工具”绘制卡通小女孩的头部。
2. 综合运用 Flash 的绘制工具完善卡通小女孩的头部。

1. 分别绘制各部分图形

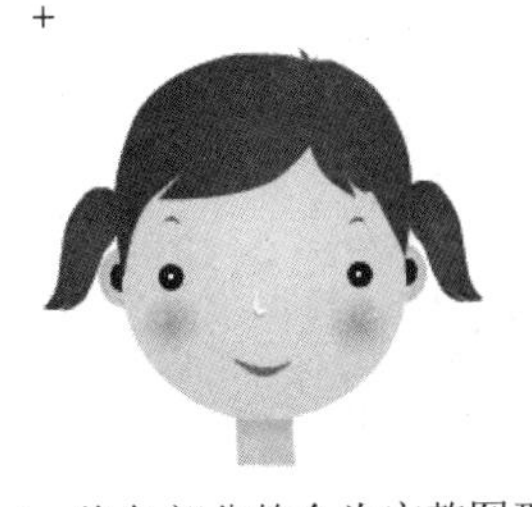

2. 将各部分整合为完整图形

3．根据卡通小女孩头部的绘制方法，绘制出小女孩的身体部分。

4．根据第 1 个卡通小女孩的绘制方法，绘制出另一个卡通小女孩，并导入一张图像作为背景。

3．绘制身体

4．最终图形效果

实例总结

本实例使用常见的绘图工具绘制一个卡通人物。在绘制方法上大量使用了元件参与制作。通过制作，读者要掌握创建元件的方法和技巧，要了解元件在 Flash 动画中的重要性，并能独立完成动画元件的创建。

第 3 章　基本动画类型的制作

网络上的 Flash 动画看起来效果丰富，但制作的方法基本上都是一致的。之所以会产生那么多看似不同的特效，是靠用户在充分理解制作功能的前提下，结合独特的创意完成的。从本质来说 Flash CS6 中的基本动画类型有逐帧动画、补间动画、补间形状、传统补间等几种，本章将学习常见的动画效果。

实例 41 逐帧效果——街舞动画

Flash 动画中常常会有一种循环播放的动画，通常都是利用逐帧动画制作完成的。将不同的图形分别放置在时间轴的不同关键帧上，即可完成逐帧动画的制作。

图 3-1　最终效果

实例分析

在本实例的制作过程中讲解了逐帧动画的制作方法，通过将不同的图形导入到场景中，并分别放置在不同的关键帧上，让读者掌握逐帧动画的使用方法，最终效果如图 3-1 所示。

源 文 件	光盘\源文件\第 3 章\实例 41.fla
视　　频	光盘\视频\第 3 章\实例 41.swf
知 识 点	“文件>导入>导入到舞台”命令
学习时间	10 分钟

知识点链接——导入图片序列时要注意什么？

在使用图像序列时尽量使用压缩比较好的 jgp、gif、png 格式，不要使用如 tif 这种体积大的图形，并且如果要作为序列导入，则需要注意将名称定义为有序数字。

操作步骤

步骤 1 执行“文件>新建”命令，新建一个大小为 550 像素×400 像素，帧频为 6fps，“背景颜色”为白色的 Flash 文档。

步骤 2 执行“文件>导入>导入到舞台”命令，将“光盘\源文件\第 3 章\素材\2101.png”导入到场景中，如图 3-2 所示。新建图层，执行相同的命令，导入素材 z4601. png，弹出提示对话框，如图 3-3 所示。

图 3-2　导入素材

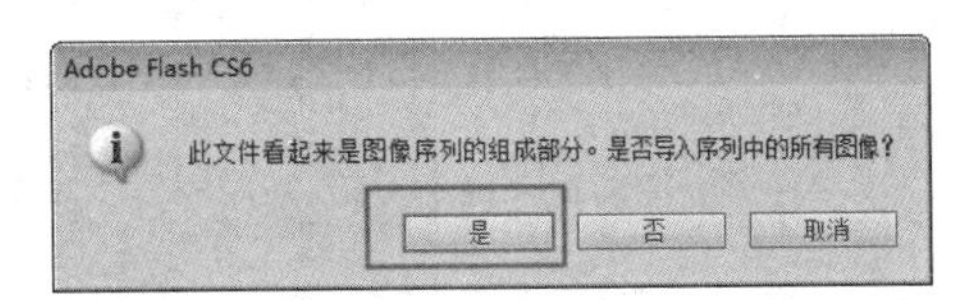

图 3-3　提示对话框

> ▶ 提示
>
> 当导入图像文件所在文件夹中，存在序列名称时，会弹出上图中的提示对话框，如果单击“是”按钮，会自动以逐帧方式导入到 Flash 中，单击“否”按钮，则只会将选择的图像导入到 Flash 中。

步骤 3 单击“是”按钮，“时间轴”面板如图 3-4 所示。

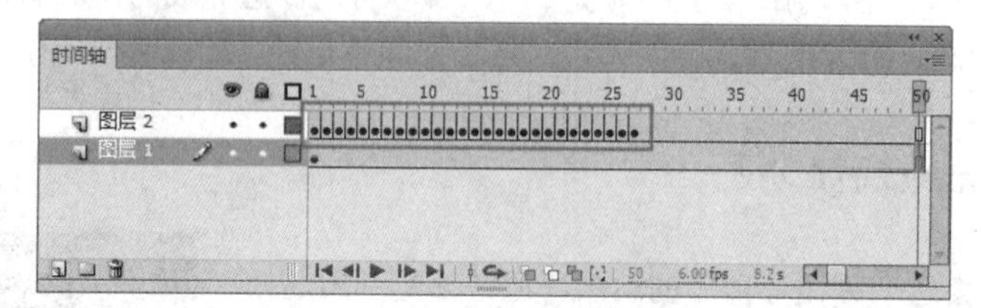

图 3-4 “时间轴”面板

> ▶ 提示
>
> Flash 最基础的动画类型是逐帧动画。逐帧动画的原理是将不同的图形分别依次放置在关键帧内，通过连续播放得到动画效果。

步骤 4 完成街舞动画的制作，保存动画，按下【Ctrl+Enter】键测试动画，最终效果如图 3-5 所示。

图 3-5 测试动画效果

提问：逐帧动画经常制作哪些效果？

回答：逐帧动画的应用范围很广泛，在各类作品中经常出现表情动画、倒计时动画、头发飘动效果、光影动画等。逐帧动画一般都比较大，但是效果都比较自然。

提问：如何调整发布的逐帧动画的大小？

回答：在对动画进行发布设置时，可以对动画中的图片质量进行选择，从而改变文件的大小。执行“文件>发布设置”命令，在弹出的“发布设置”对话框中设置 SWF 格式中的 jpg 品质，如图 3-6 所示，数值越大，图片质量越高。

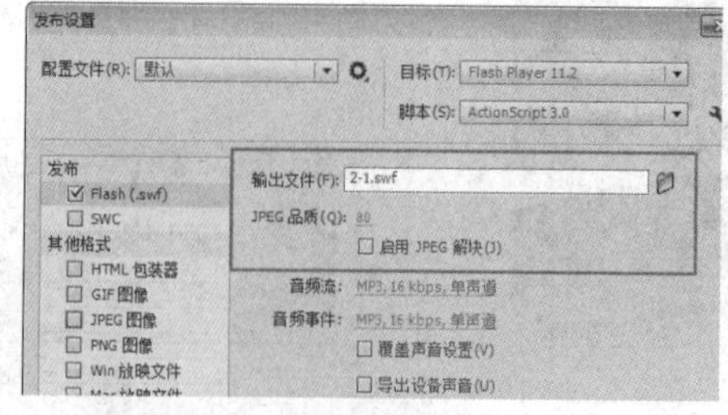

图 3-6 “发布设置”对话框

实例 42　逐帧动画——开场动画效果

源 文 件	光盘\源文件\第 3 章\实例 42.fla
视　　频	光盘\视频\第 3 章\实例 42.swf
知 识 点	使用"导入到舞台"命令导入序列图像
学习时间	5 分钟

1．将背景图像素材导入到场景中。

2．新建"图层 2"，将动画图像组导入到场景中，并调整其位置。

1．导入背景图像素材

2．制作逐帧动画

3．导入图像组后，"时间轴"面板会根据图像组的图像数量自动生成帧。

4．完成动画的制作，测试动画效果。

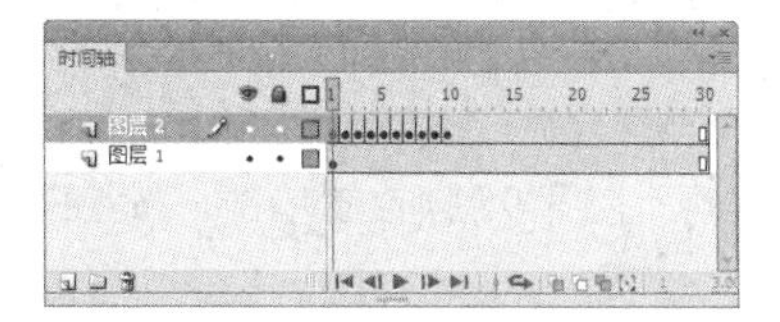

3．"时间轴"面板

4．测试动画效果

实例总结

本实例使用几张基本图像，分别放置在时间轴的相应位置，即完成了基本逐帧动画的制作。通过学习读者要掌握图像序列的导入方法，并能够熟练地在动画中使用帧和关键帧来制作动画。

实例 43　导入图像组——炫目光影效果

Flash 作品中常常有类似于光芒四射的动画效果，制作这些效果有时会直接使用视频文件完成，但是视频素材常常不易得到，所以逐帧动画就成了最为常见的制作方法，只需要相关的图像序列就可以完成动画，这种方法在影视制作上也常用。

实例分析

本实例首先使用一系列透底的图形制作一个逐帧的影片剪辑元件，然后将该元件放置到场景中的手机淡入动画元件上，就完成了动画的制作，最终效果如图 3-7 所示。

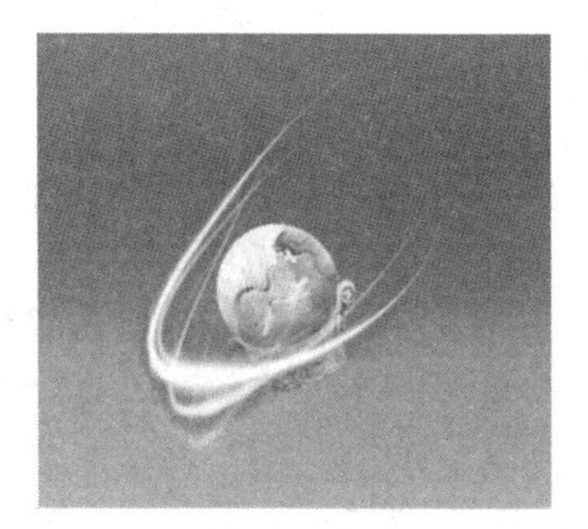

图 3-7　最终效果

源文件	光盘\源文件\第 3 章\实例 43.fla
视　频	光盘\视频\第 3 章\实例 43.swf
知识点	“导入到舞台”命令、设置 Alpha 值
学习时间	10 分钟

知识点链接——为什么要将图形序列制作成为影片剪辑？

单独将图像序列放在时间轴上时，当动画发生改变或要多次重复使用时就不方便了。制作成影片剪辑后，除了可以调整元件位置外，还可以对元件的亮度、透明度进行调整，也可以使用滤镜等功能，所以多使用影片剪辑是很好的习惯。

操作步骤

步骤 1 执行“文件>新建”命令，新建一个大小为 350 像素×315 像素，帧频为 24fps，“背景颜色”为白色的 Flash 文档。

步骤 2 执行“插入>新建元件”命令，新建一个“名称”为“逐帧动画”的“影片剪辑”元件，如图 3-8 所示。执行“文件>导入>导入到舞台”命令，将图像“光盘\源文件\第 3 章\素材\zutu1.png”导入到场景中，在弹出的提示对话框中单击“是”按钮，如图 3-9 所示。

图 3-8　创建新元件

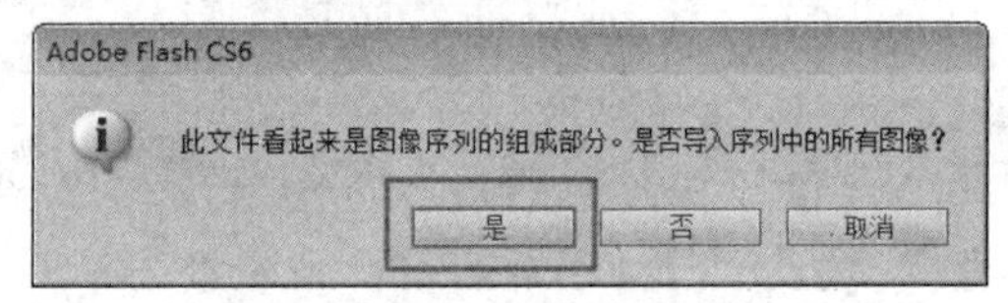

图 3-9　提示对话框

> ▶ 提示
>
> 在 Flash 中常常可以利用逐帧动画制作爆炸、礼花等炫目的效果。制作动画需要的图片通常可以利用第三方软件生成，例如，3ds Max、ILLUSION 等。

步骤 3 在第 31 帧位置单击，按【F7】键插入空白关键帧，在第 95 帧位置单击，按【F5】键插入帧，“时间轴”面板如图 3-10 所示。

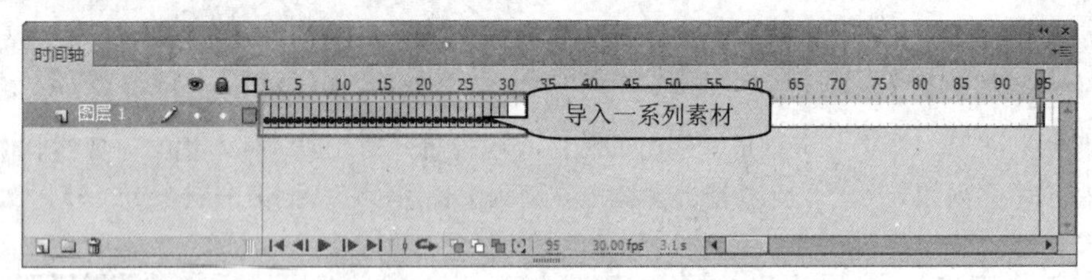

图 3-10　“时间轴”面板

> ▶ 提示
>
> 导入的图形一定要支持透底的格式。选中图形，执行“修改>分离”命令，将位图分离成为矢量图。单击“套索工具”下面的“魔术棒工具”，选择多余部分并删除，从而最大程度地减小动画大小。

步骤 4 新建一个“名称”为“宝石”的“图形”元件，如图 3-11 所示。将“光盘\源文件\第 3 章\素材\2302.png”导入到场景中，调整大小和位置，如图 3-12 所示。

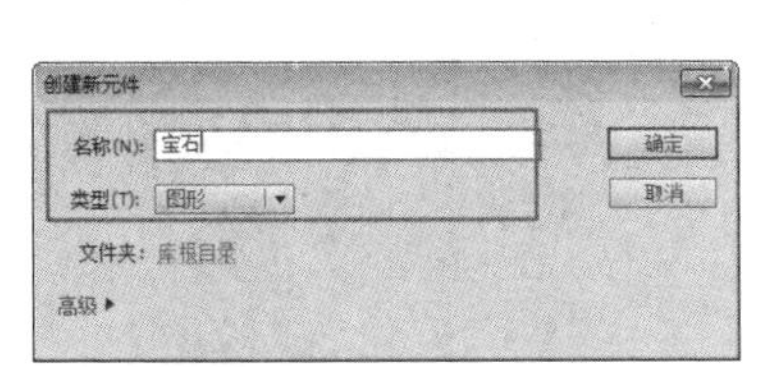

图 3-11　创建新元件

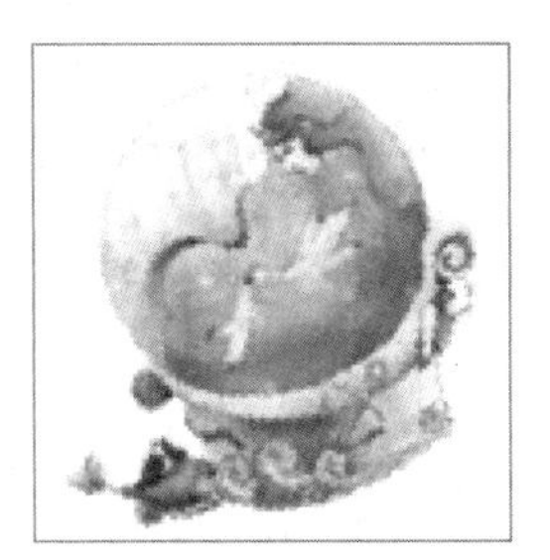
图 3-12　导入图像

▶ 提示

类似于本实例的逐帧动画效果很美观，但是由于大量使用位图，所以生成的动画一般都比较大，另外，可以通过对齐中心点的方法控制元件位置。

步骤 5 返回到“场景 1”，将“光盘\源文件\第 3 章\素材\2301.jpg”导入到场景中，如图 3-13 所示，在第 95 帧位置单击，按【F5】键插入帧。新建“图层 2”，在第 10 帧位置单击，按【F6】键插入关键帧，将“宝石”元件从“库”面板中拖入到场景中，如图 3-14 所示。

图 3-13　导入图像

图 3-14　拖入元件

步骤 6 分别在第 20 帧、第 85 帧和第 95 帧处插入关键帧，选中第 10 帧上的元件，设置“属性”面板中 “样式”选项下的 Alpha 值为 0%，如图 3-15 所示。场景效果如图 3-16 所示。

图 3-15　属性面板

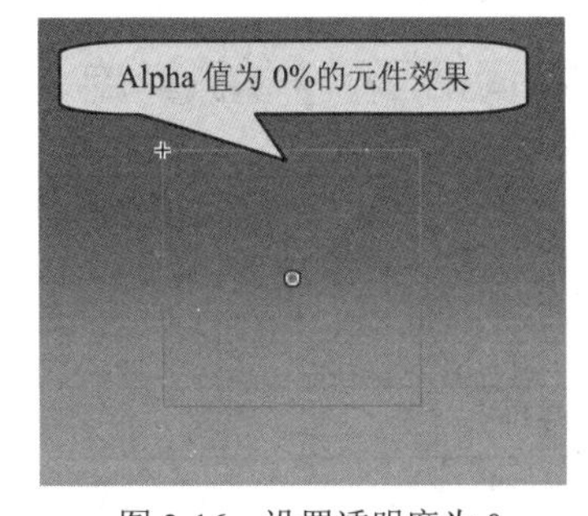

图 3-16　设置透明度为 0

步骤 7 选中第 95 帧元件，设置其“样式”下的 Alpha 值为 0%，并分别设置第 10 帧和第 85 帧上的“补间”类型为“传统补间”，“时间轴”面板如图 3-17 所示。

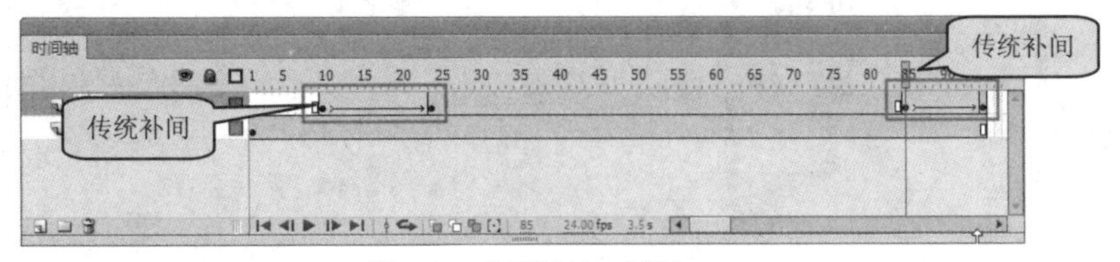

图 3-17　“时间轴”面板

步骤 8 新建“图层3”，将“逐帧动画”元件从“库”面板中拖入到场景中，如图3-18所示。完成绚丽光线动画的制作，保存动画，按下【Ctrl+Enter】键测试动画，效果如图3-19所示。

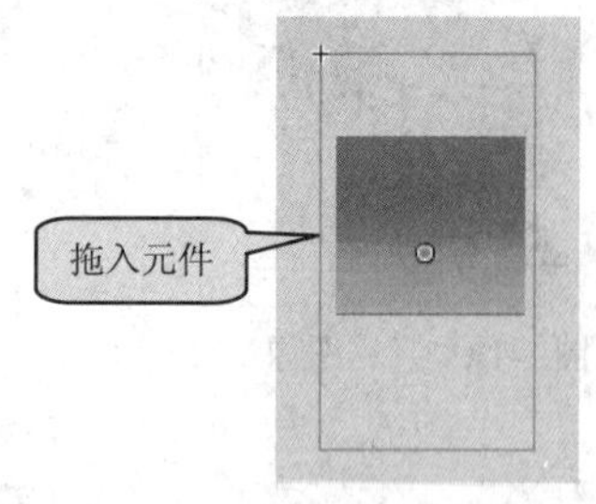

图3-18　插入元件

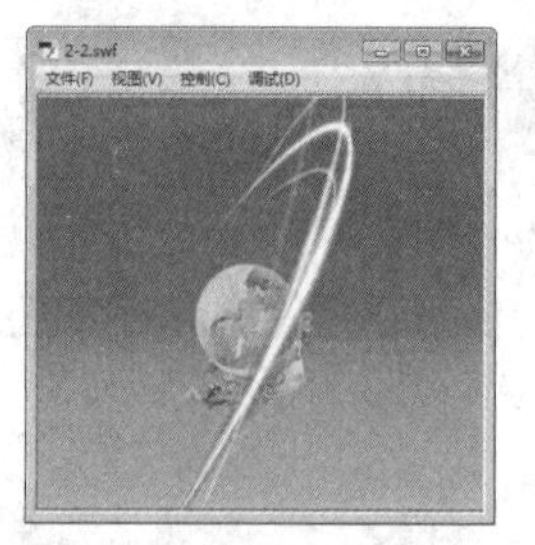

图3-19　测试动画效果

提问：场景中的十字标志代表什么意思？

回答：在创建元件时，在场景中有个十字标志，如图3-20所示，代表的是元件的原点坐标位置，也就是x=0，y=0。在场景中制作元件时，要尽量对齐原点，这样在组合动画时就不会出现位置不准的情况。

提问：元件上的圆形标志代表什么？

回答：在Flash中创建元件后，元件上会出现一个圆形的标志，如图3-21所示，代表元件本身的中心点。当元件进行旋转和变形时，都要以这个点为中心进行操作。在实际制作动画时可以根据需要使用“选择工具”调整元件中心的位置。

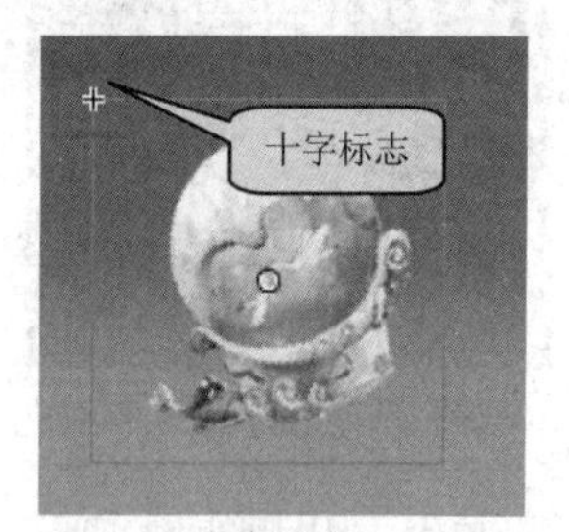

图3-20　场景中的十字标志

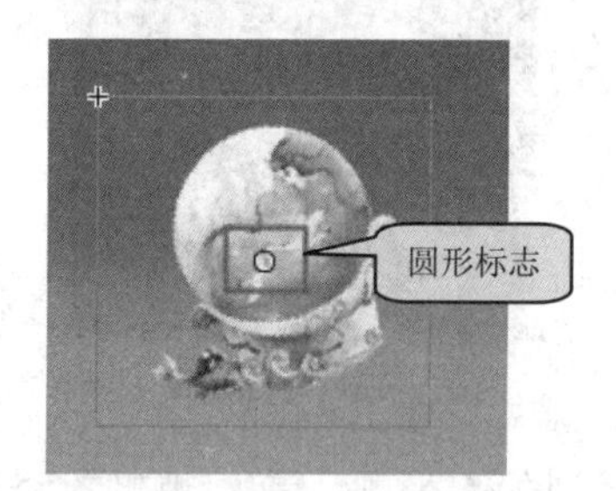

图3-21　元件上的圆形标志

实例44　传统补间动画——松鼠奔跑

源文件	光盘\源文件\第3章\实例44.fla
视　频	光盘\视频\第3章\实例44.swf
知识点	传统补间动画、导入序列图像
学习时间	5分钟

1. 新建“名称”为“奔跑”的影片剪辑元件，导入相应的图像素材。
2. 返回“场景1”的编辑状态，将背景图像导入到场景中。

1. 导入素材

2. 导入背景图像素材

3．新建“图层 2”，将奔跑元件拖入到场景。

4．在相应的位置插入帧，调整元件的位置，并添加“传统补间”，最终完成奔跑动画的制作。

3．拖入松鼠

4．测试动画效果

实例总结

本实例分别用两个逐帧动画制作了影片剪辑，并将两个动画组合在一起，产生了丰富的动画效果。通过学习读者要了解影片剪辑的创建方法和用途，掌握制作逐帧动画影片剪辑的方法。

实例 45　传统补间动画——滑雪

动画中由远及近、由大到小的变化是经常出现的，无论是表现场景还是角色，基本的制作方法都是一致的，此类动画在制作时要注意剧本的编写，不要单一地让角色跑来跑去，要尽可能地出现更多视觉上的美感。

实例分析

在本实例的制作过程中讲解了“传统补间”的使用方法，通过滑雪动画的制作，让读者掌握“传统补间”的使用方法，最终效果如图 3-22 所示。

源 文 件	光盘\源文件\第 3 章\实例 45.fla
视　　频	光盘\视频\第 3 章\实例 45.swf
知 识 点	任意变形工具、“传统补间”命令
学习时间	10 分钟

图 3-22　最终效果

知识点链接——传统补间动画有什么特点？

制作传统补间动画时需要分别制作动画的起始状态和结束状态。动画中间部分由 Flash 自动生成，而且一旦动画制作完成，只有通过修改起点和终点才可以改变动画的轨迹。

操 作 步 骤

步骤 1 执行“文件>新建”命令，新建一个大小为 400 像素×300 像素，帧频为 12fps，“背景颜色”

为白色的 Flash 文档。

步骤 2 执行“文件>导入>导入到舞台”命令，将图像“光盘\源文件\第 3 章\素材\2501.jpg”导入到场景中，如图 3-23 所示。在第 60 帧位置单击，按【F5】键插入帧。

> **▶ 提示**
>
> 导入图形到场景中，然后转换为元件，在时间轴上按【F5】键的主要目的是为了延长动画的时间。

步骤 3 新建“图层 2”，使用相同的方法导入素材“2502.png”，将图像选中后，按【F8】键，将图像转换成一个“名称”为“雪人”的“图形”元件，如图 3-24 所示。

图 3-23　导入图像

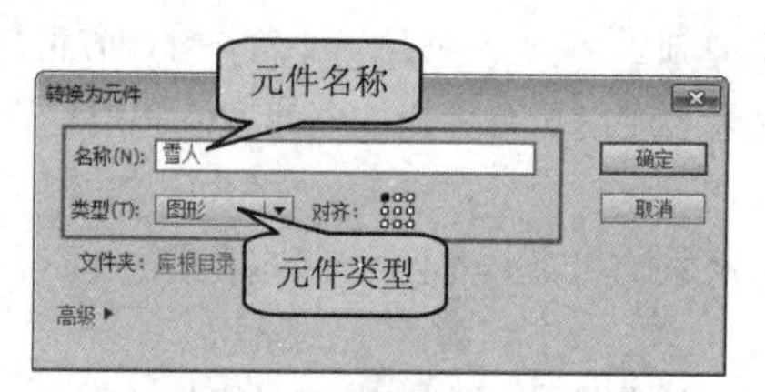

图 3-24　“转换为元件”对话框

步骤 4 按【Shift】键，使用“任意变形工具”将元件等比例缩小，如图 3-25 所示。在第 30 帧插入关键帧，将元件向右移动，并调整大小，场景效果如图 3-26 所示。

图 3-25　图形效果

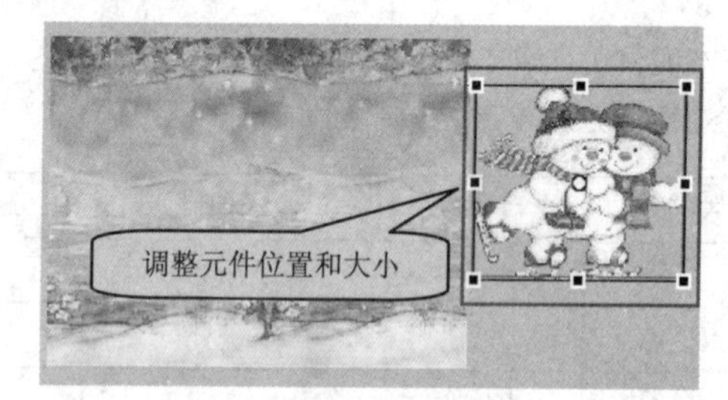

图 3-26　图形效果

> **▶ 提示**
>
> 在调整元件的属性时，元件中心点的位置也决定了变形的效果。可以通过“选择工具”直接对元件中心进行调整。

步骤 5 在第 31 帧位置插入空白关键帧，从“库”中将“雪人”元件拖入到场景中，执行“修改>变形>水平翻转”命令，并将元件等比例缩小，效果如图 3-27 所示。在第 45 帧插入关键帧，将元件向左移动，并调整元件大小，如图 3-28 所示。

图 3-27　调整元件

图 3-28　元件效果

▶ 技巧

如果制作的补间动画是一个相同的往返动画，那么可以复制进场动画，然后单击鼠标右键，选择“翻转帧”，将动画翻转，制作反向动画。

步骤 6 在第 60 帧插入关键帧，将元件水平向左移至画布外并调整大小，如图 3-29 所示，选择第 1 帧位置，单击鼠标右键，选择“创建传统补间”命令，如图 3-30 所示。

图 3-29　移动元件

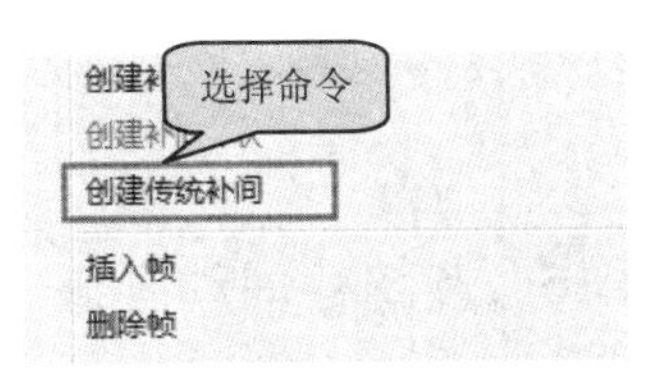

图 3-30　创建“传统补间”动画

步骤 7 使用相同的方法，分别在第 31 帧和第 45 帧位置上创建“传统补间”，“时间轴”面板如图 31-31 所示。

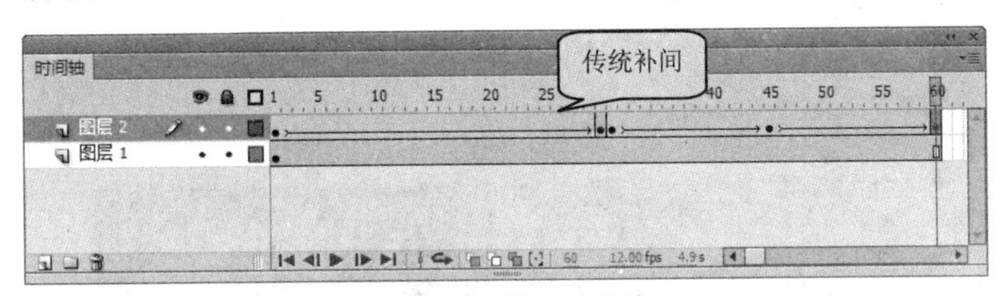

图 3-31　“时间轴”面板

▶ 提示

创建补间时，还可以在帧或关键帧上单击鼠标右键，在弹出的菜单中选择需要创建的补间类型。

步骤 8 完成滑雪动画的制作，执行“文件>保存”命令，保存动画，按下【Ctrl+Enter】键测试动画，效果如图 3-32 所示。

图 3-32　测试动画效果

提问：传统补间动画能实现哪些效果？

回答： 传统补间动画只对元件起作用，能够制作位置变换动画、大小变换动画、透明度动画、颜色转换动画。

提问：如何制作图形元件的淡入淡出效果？

回答：主要通过调整元件的透明度（Alpha）数值来实现效果，如图 3-33 所示，再配合传统补间动画就可以轻松完成。

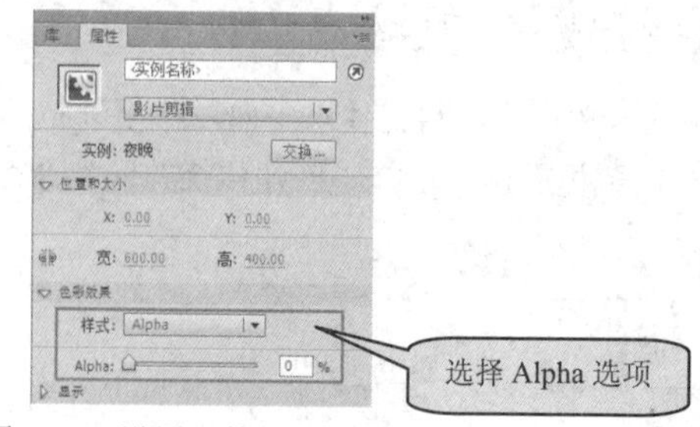

图 3-33　设置元件的 Alpha 值

实例 46　传统补间动画——日夜变换

源 文 件	光盘\源文件\第 3 章\实例 46.fla
视　　频	光盘\视频\第 3 章\实例 46.swf
知 识 点	传统补间动画、设置“Alpha 值”属性
学习时间	10 分钟

1．将相关的图像素材导入到场景中。

1．导入主场景背景素材

2．在“属性”面板中设置 Alpha 值和调整颜色滤镜。

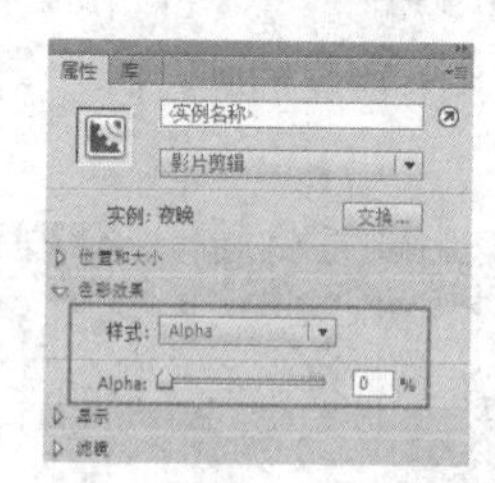
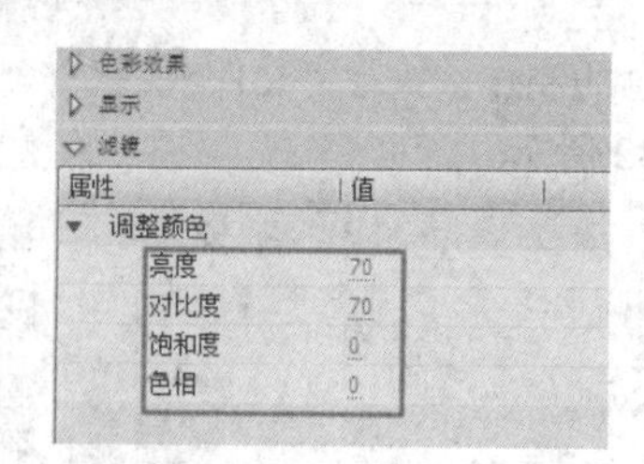

2．“属性”面板

3．制作动画的“传统补间”效果。

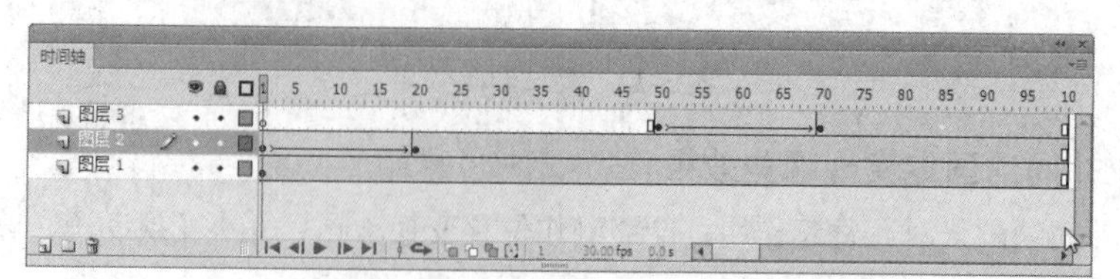

3．制作补间动画

4．完成动画的制作，测试动画效果。

4．测试动画效果

实例总结

本实例使用传统补间动画制作日夜变换的效果。通过学习读者要掌握传统补间动画的制作方法。

实例 47　传统补间动画——儿童游乐园

在动画制作中不可能只使用一种动画类型，那样的动画将是非常无趣的。使用多种动画方式综合制作动画才是动画制作的常用手法。

实例分析

在本实例是使用传统补间制作出的动画效果，首先制作一个小朋友的移动效果。通过学习，让读者掌握传统补间动画的应用方法，最终效果如图 3-34 所示。

源 文 件	光盘\源文件\第 3 章\实例 47.fla
视　　频	光盘\视频\第 3 章\实例 47.swf
知 识 点	使用“导入到舞台”命令导入图像、传统补间动画
学习时间	10 分钟

图 3-34　最终效果

知识点链接——如何制作人物的移动动画？

在制作此类动画时一般是利用传统补间制作一个人物行走的动画元件，移动传统补间末帧的位置。那么在动画播放时就会呈现出人物移动的动画。

操作步骤

步骤 1　执行“文件>新建”命令，新建一个大小为 600 像素×375 像素，帧频为 10fps，“背景颜色”为白色的 Flash 文档。

步骤 2　将“光盘\源文件\第 3 章\素材\2701.jpg”导入到场景中，如图 3-35 所示。在第 80 帧插入帧，新建“图层 1”，用相同的方法导入 2702.png 图像，如图 3-36 所示。

图 3-35 导入背景图像

图 3-36 导入素材

> ▶ 技巧
>
> 使用快捷键可以有效提高工作效率。按【F5】键插入帧；按【F6】键插入关键帧；按 F7 键插入空白关键帧。

步骤 3 按【F8】键将图像转化为“名称”为“图形 1”的“图形”元件，如图 3-37 所示。在第 10 帧位置插入关键帧，选中第 1 帧，在“属性”面板中设置 Alpha 为 20%，如图 3-38 所示。

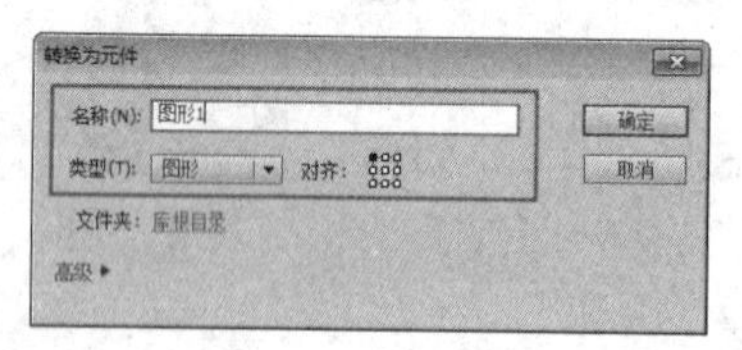

图 3-37 转换元件

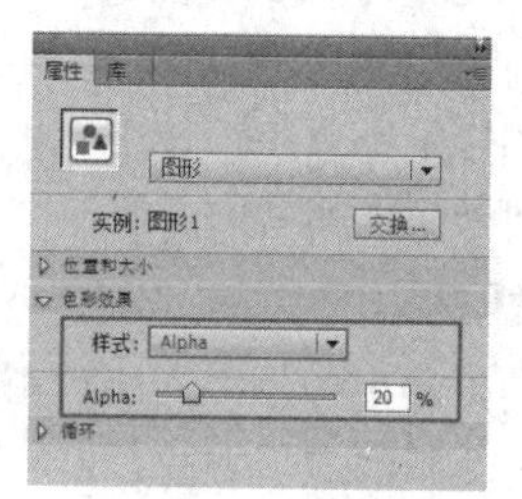

图 3-38 “属性”面板

步骤 4 场景效果如图 3-39 所示。在第 25 帧插入关键帧，将元件水平向左移动，在第 30 帧插入关键帧，在“属性”面板中设置“亮度”为 100%，如图 3-40 所示。

图 3-39 设置不透明度

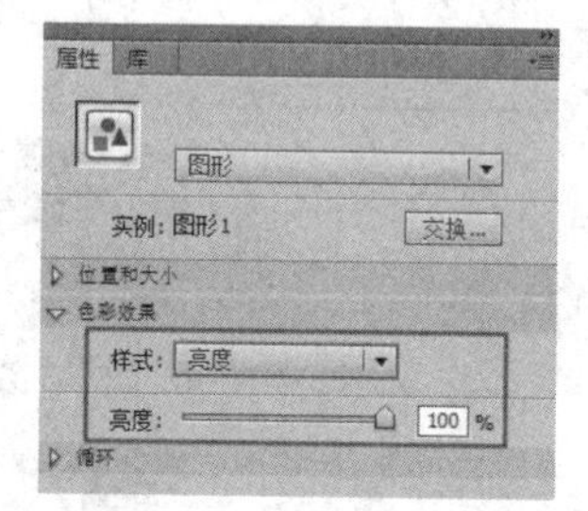

图 3-40 “属性”面板

步骤 5 元件效果如图 3-41 所示。在第 35 帧插入关键帧，设置“亮度”为 0%，分别在第 1 帧、第 10 帧、第 25 帧、第 30 帧创建“传统补间”，“时间轴”面板如图 3-42 所示。

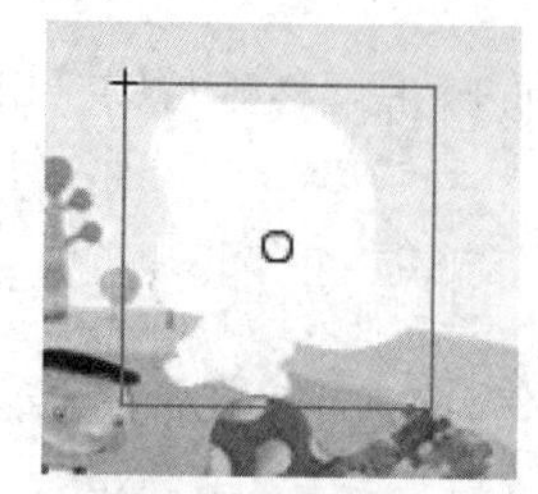

图 3-41 设置亮度

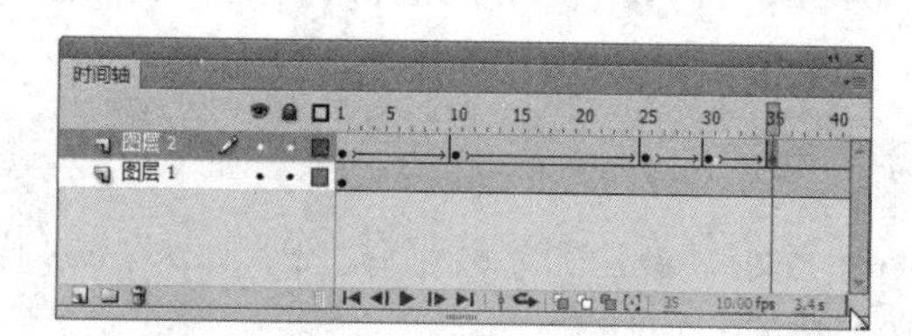

图 3-42 “时间轴”面板 1

步骤 6 使用相同的方法制作“图层 3”和“图层 4”的内容，“时间轴”面板如图 3-43 所示。

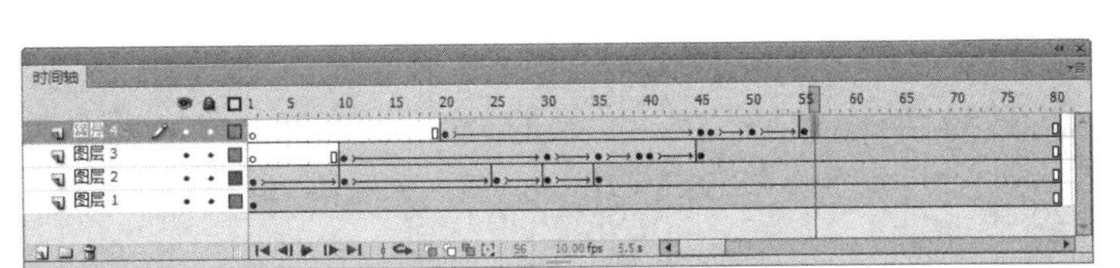

图 3-43 “时间轴”面板 2

步骤 7 完成儿童游乐园的制作，保存动画，按下【Ctrl+Enter】键测试动画，效果如图 3-44 所示。

图 3-44 测试动画效果

> ▶ 提示
>
> 首先指定动画开始元件的位置，然后插入关键帧，调整动画结束时元件的位置，再指定传统补间动画，即可完成动画制作。

提问：如果让动画效果看起来比较流畅？

回答：决定动画播放效果是否流畅的主要因素是网速。解决办法是制作一个预载动画，让动画在下载完成后再播放；其次是动画制作的帧频，太快或者太慢都会使动画看起来不自然，要根据动画的播放多次试验，选择较好的帧频，播放动画。

提问：如何能较好地控制图层？

回答：要想较好地控制图层，首先要为每个图层命名；其次要尽可能少地使用图层，还可以使用图层组管理图层。制作时也要通过显示/隐藏图层和锁定图层辅助制作。

实例 48 传统补间动画——小鱼戏水

源文件	光盘\源文件\第 3 章\实例 48.fla
视频	光盘\视频\第 3 章\实例 48.swf
知识点	转换为元件、传统补间动画
学习时间	10 分钟

1. 将动画相关的素材导入到“库”面板。
2. 将背景图像从“库”面板中拖入到场景中。

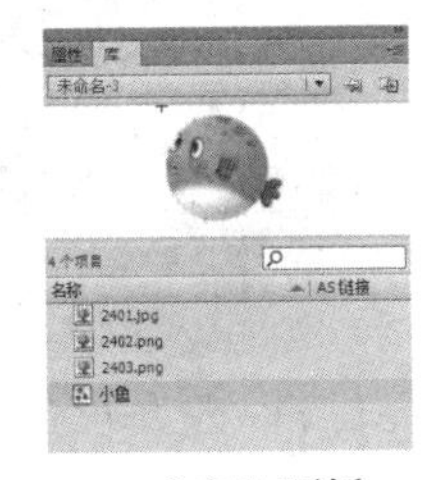

1. “库”面板

2. 导入背景图像素材

3．新建“图层 2”，将动画图像素材拖入到场景，并转换成“图形”元件。

4．创建传统补间，完成动画效果的制作，测试动画效果。

3．导入动画图像

4．测试动画效果

实例总结

本实例综合使用传统补间来制作动画。通过学习，读者要了解传统补间动画在使用时所扮演的角色，并能清楚地控制元件和场景间的关系。

实例 49　传统补间动画——小熊滑冰

角色移动动画是动画制作中最为常见的一种。制作这种动画的方式既可以是补间动画也可以是传统补间动画，但在不同的情况下，两种制作方法还是有很大区别的。通过学习读者要掌握两种方法的使用。

实例分析

在本实例的制作过程中讲解了“补间动画”的使用方法，通过小熊动画的制作，让读者掌握“补间动画”的使用，最终效果如图 3-45 所示。

图 3-45　最终效果

源文件	光盘\源文件\第 3 章\实例 49.fla
视　频	光盘\视频\第 3 章\实例 49.swf
知识点	“转换为元件”命令、补间动画、设置元件的“高级”样式
学习时间	10 分钟

操作步骤

步骤 1 执行“文件>新建”命令，新建一个大小为 480 像素×160 像素，帧频为 18fps，“背景颜色”为白色的 Flash 文档。

步骤 2 将“光盘\源文件\第 3 章\素材\2501.jpg”导入到场景中，如图 3-46 所示。在第 115 帧位置按【F5】键插入帧。新建“图层 2”，使用相同的方法导入素材\2502.png”，如图 3-47 所示。

图 3-46　导入图像

图 3-47　导入素材

▶ 提示

导入场景中的位图为 png 格式，png 格式具有很好的压缩比，并且色彩也很鲜艳，并且支持透底效果，所以当导入的图形为不规则形状时，常常要选择 png 格式。

步骤 3 将图像选中后，按【F8】键将图像转换成一个“名称”为“小熊”的“图像”元件，如图 3-48 所示。将元件调整到合适位置，场景效果如图 3-49 所示。

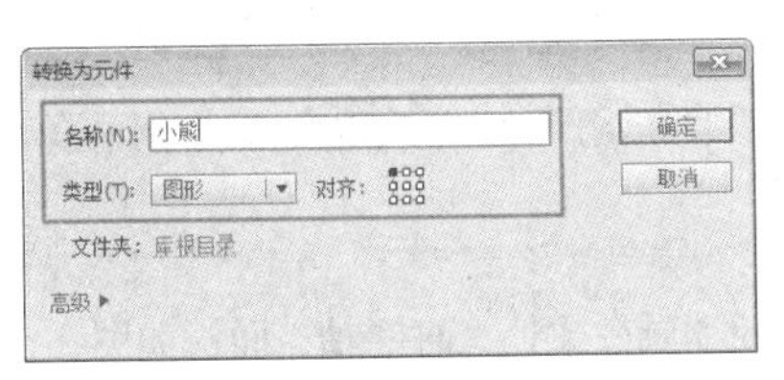

图 3-48 “转换为元件”对话框

图 3-49　场景效果

▶ 提示

创建补间动画的对象必须为元件。设定动画开始状态后，可以调整动画的长度，当再次调整元件属性时，动画自动生成。还可以通过调整动画轨迹丰富动画效果。

步骤 4 在第 1 帧位置单击鼠标右键，在弹出的菜单中选择“创建补间动画”命令，“时间轴”面板如图 3-50 所示。在第 60 帧位置单击，使用方向键将元件水平向左移动，如图 3-51 所示。

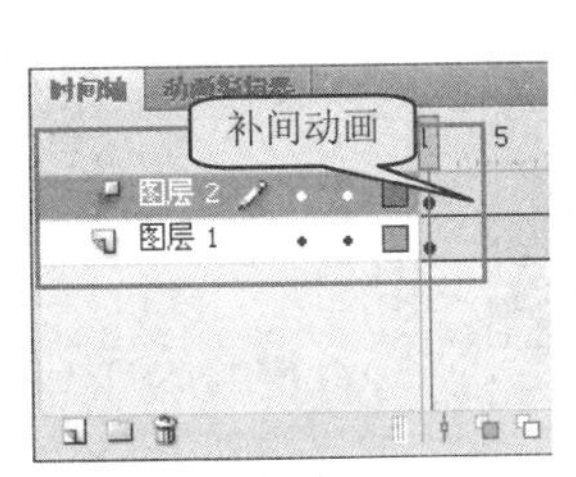

图 3-50　创建补间动画

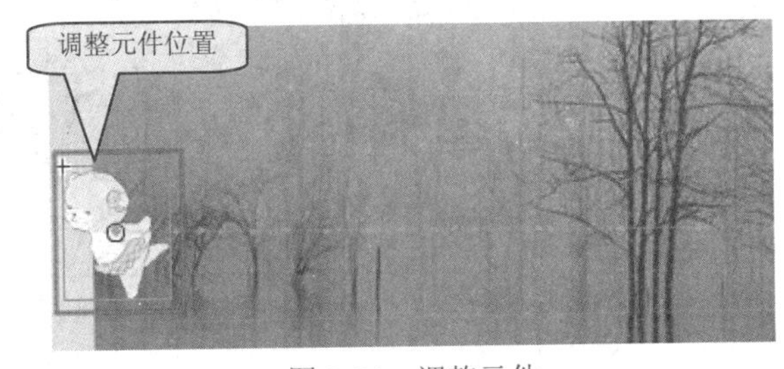

图 3-51　调整元件

步骤 5 选中第 61 帧的元件，执行“修改>变形>水平翻转”命令，如图 3-52 所示。选中第 60 帧上的元件，执行相同的命令，选中第 115 帧的元件并水平向右移动，场景效果如图 3-53 所示。

图 3-52 元件效果

图 3-53 元件效果

步骤 6 新建“图层 3”，将“小熊”元件从“库”面板中拖入到场景中，选中元件，设置其“属性”面板中“色彩效果”的“样式”为“高级”，如图 3-54 所示，场景效果如图 3-55 所示。

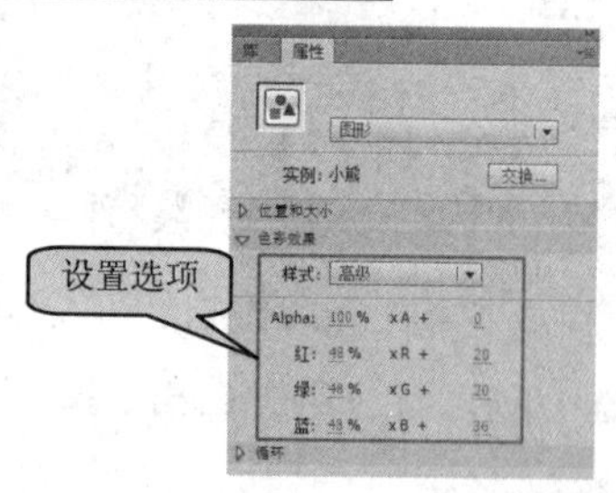

图 3-54 “属性”面板

图 3-55 场景效果

> ▶ 提示
>
> 样式选项下的“高级”选项可以同时调整元件的透明度和色调，如果需要制作倒影等效果，则可以很好地运用该选项。

步骤 7 使用“图层 2”的制作方法，制作出“图层 3”中的动画效果，“时间轴”面板如图 3-56 所示。

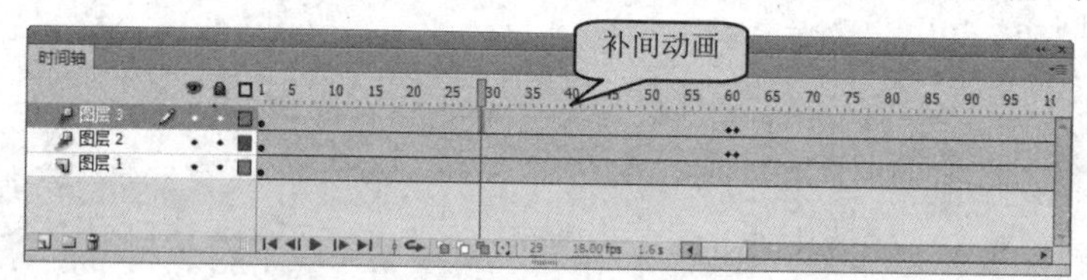

图 3-56 “时间轴”面板

步骤 8 完成小熊滑冰动画的制作，保存动画，按下【Ctrl+Enter】键测试动画，效果如图 3-57 所示。

图 3-57 测试动画效果

> ▶ 提示
>
> 这种角色移动动画在制作时要注意动画的播放频率，不要太缓慢也不能太过匆忙，否则很难达到好的效果。

提问：补间动画与传统补间动画的相同点和区别是什么？

回答：传统补间动画要求指定开始和结束的状态后，才可以制作动画。而补间动画则是在制作了动画后，再控制结束帧上的元件属性，可以设置位置、大小、颜色、透明度等元件的属性，而且制作完成后还可以调整动画的轨迹。

提问：如何实现元件的镜像效果？

回答：在 Flash 中可以直接使用“选择工具”向相反方向拖曳就可以实现元件镜像效果，但这样的操作很难控制比例。建议使用“修改>变形>水平翻转”命令来完成水平翻转，使用“垂直翻转”命令完成垂直翻转，菜单命令如图 3-58 所示。

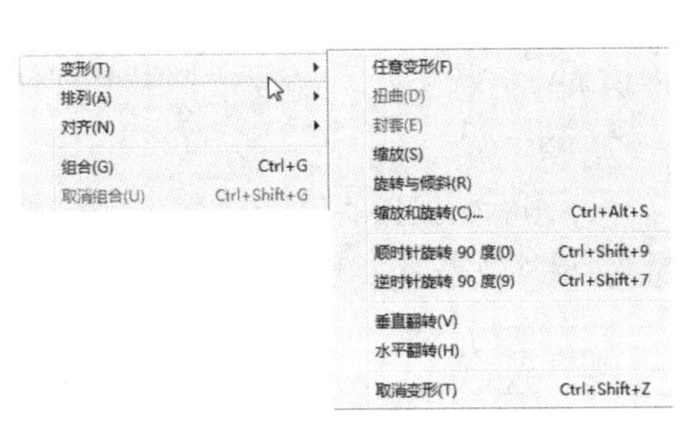

图 3-58　菜单命令

实例 50　动画编辑器——飞舞的彩球动画

源 文 件	光盘\源文件\第 3 章\实例 50.fla
视　　频	光盘\视频\第 3 章\实例 50.swf
知 识 点	补间动画
学习时间	10 分钟

1. 新建 Flash 文档并绘制背景图像。新建元件，绘制小圆图形。
2. 返回场景，拖入元件，在“动画编辑器”中设置“色调”，改变颜色。

1. 绘制图形

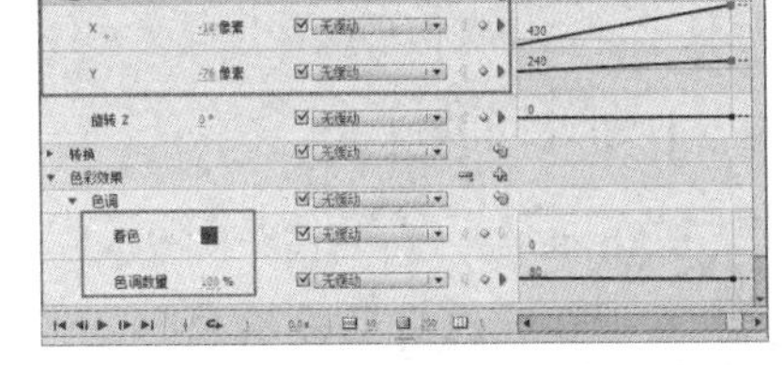

2. “动画编辑器”面板

3. 完成“补间动画”效果的制作。
4. 完成动画的制作，测试动画效果。

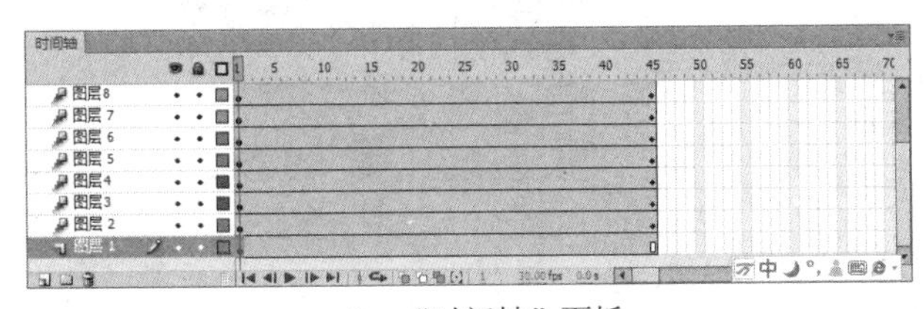

3. “时间轴”面板

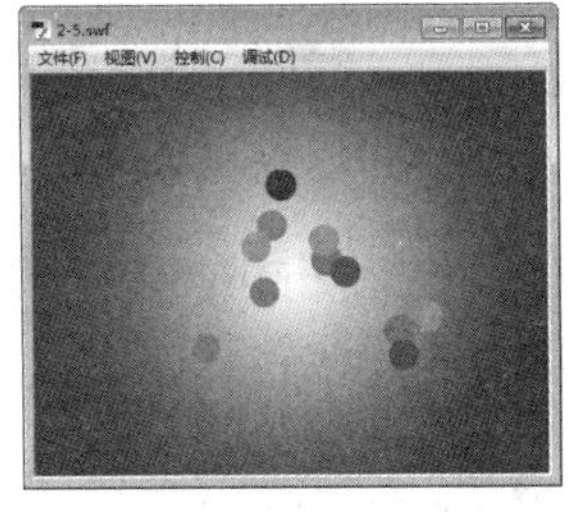

4. 测试动画效果

实例总结

本实例使用元件制作补间动画，通过学习读者要掌握制作补间动画的方法和技巧，并且要了解补间动画与传统补间动画的区别。

实例 51　补间动画——弹跳

弹跳动画也是动画制作中常见的一种。制作这种动画的方式可以先创建补间动画，然后对“动画编辑器”进行相关的编辑。通过学习读者要掌握“动画编辑器”的操作和使用。

实例分析

在本实例的制作过程中讲解了“动画编辑器”的使用方法，通过弹跳足球动画的制作，让读者掌握“动画编辑器”基本动画的使用方法，最终效果如图 3-59 所示。

源 文 件	光盘\源文件\第 3 章\实例 51.fla
视 频	光盘\视频\第 3 章\实例 51.swf
知 识 点	“转换为元件”命令、补间动画、设置 “动画编辑器”的基本动画
学习时间	10 分钟

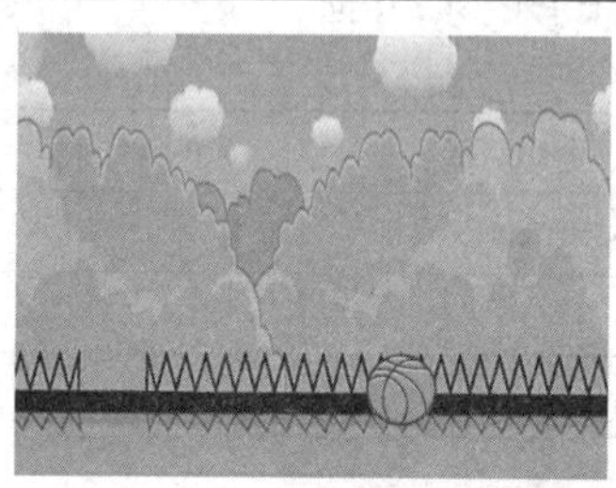

图 3-59　最终效果

知识点链接——补间动画可以应用于哪些对象？

补间动画应用于元件实例和文本字段。在将补间应用于所有其他对象类型时，这些对象类型将包装在元件中。元件实例可以包含嵌套元件，这些元件可以在自己的时间轴上进行补间。

操作步骤

步骤 1 执行“文件>新建”命令，新建一个大小为 550 像素×400 像素，帧频为 16fps，“背景颜色”为白色的 Flash 文档。

步骤 2 将“光盘\源文件\第 3 章\素材\3101.jpg”导入到场景中，如图 3-60 所示。在第 70 帧插入帧，新建“图层 2”，用相同的方法导入“素材\3102.png”，如图 3-61 所示。

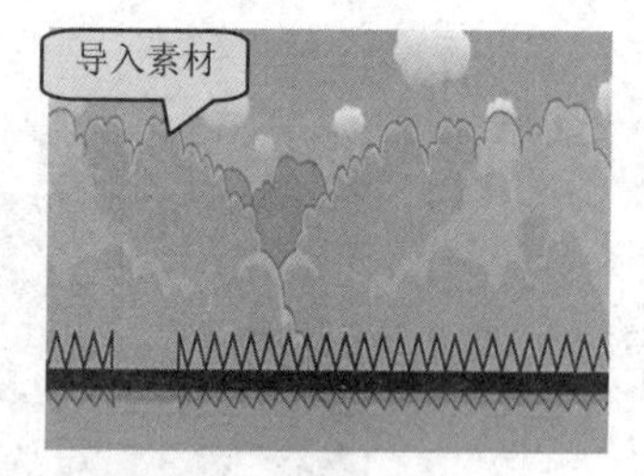

图 3-60　导入图像

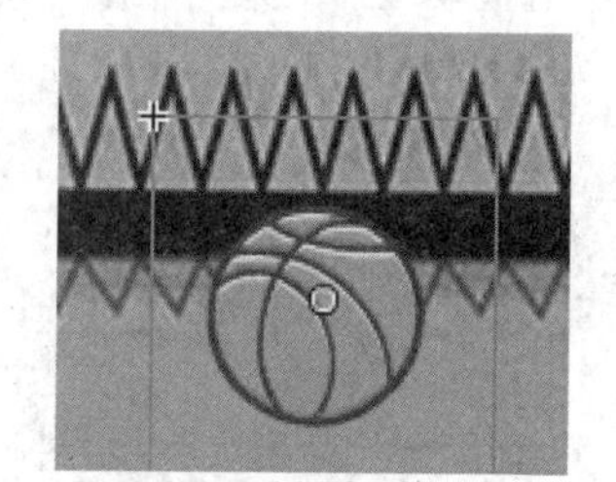

图 3-61　导入素材

步骤 3 将图像选中后，按【F8】键将图像转换成一个“名称”为“足球”的“图形”元件，如图 3-62 所示。将元件调整到合适位置，场景效果如图 3-63 所示。

图 3-62　“转换为元件”对话框

图 3-63　场景效果

步骤 4 在第 1 帧位置创建补间动画，“时间轴”面板如图 3-64 所示。在第 5 帧位置插入关键帧，执行“窗口>动画编辑器”命令，弹出图 3-65 所示的对话框。

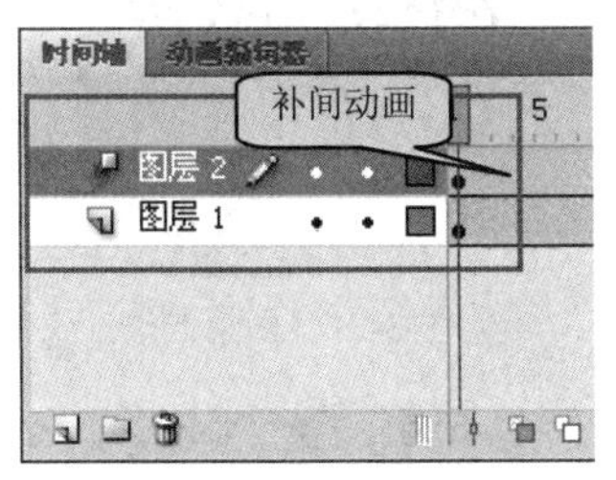

图 3-64　创建补间动画

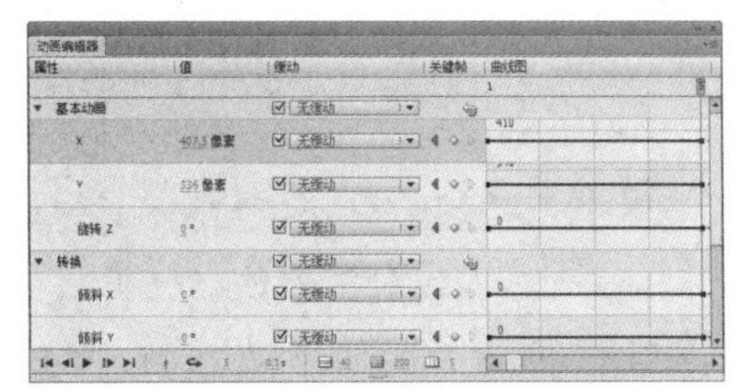

图 3-65　“动画编辑器”对话框

▶ 提示

选择第 1 帧并右击鼠标，在弹出的菜单中选择“创建补间动画”命令即可创建补间动画。

▶ 提示

打开“动画编辑器”，会发现在“时间轴”面板中选择的第几帧位置，则编辑器中也会显示第几帧。

步骤 5 在“动画编辑器”中调整 y 轴的位置，如图 3-66 所示，场景效果如图 3-67 所示。

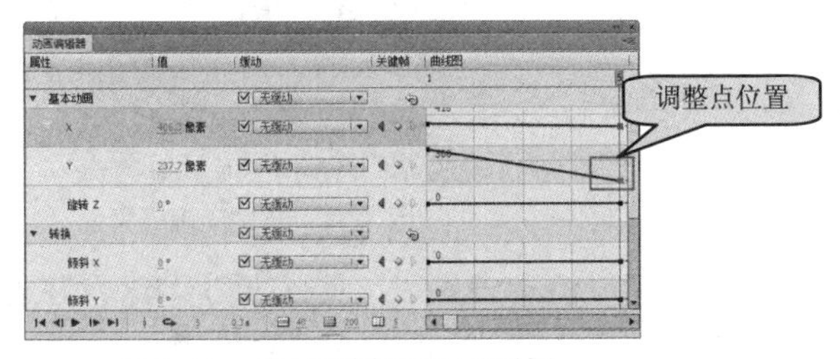

图 3-66　“动画编辑器”对话框

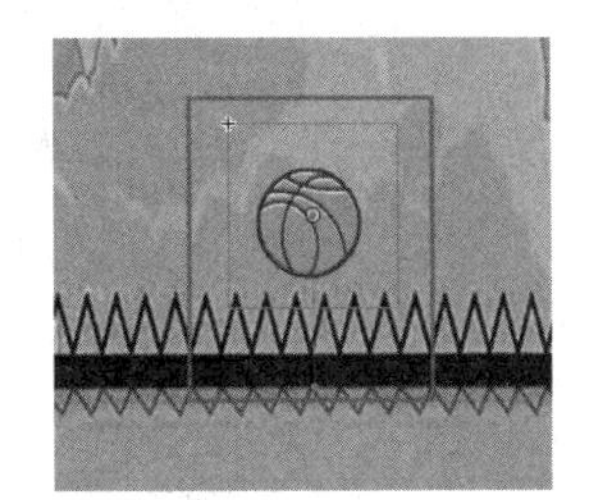

图 3-67　元件效果

步骤 6 在第 10 帧位置插入关键帧，调整 x 轴的位置设置，如图 3-68 所示，场景效果如图 3-69 所示。

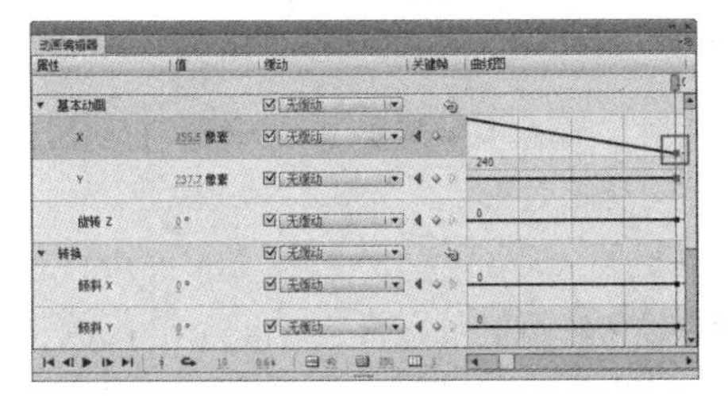

图 3-68　“动画编辑器”对话框

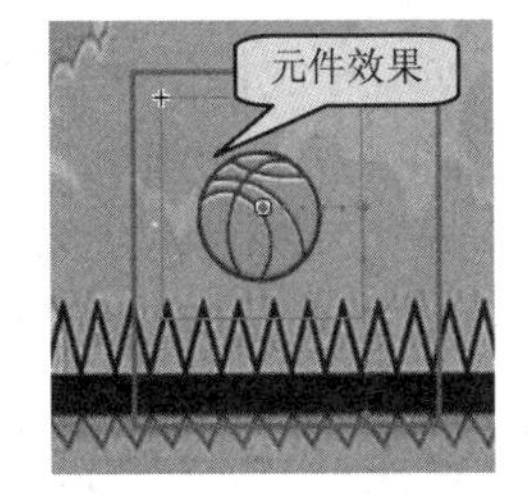

图 3-69　场景效果

▶ 提示

在“动画编辑器”对话框中使用鼠标拖曳绿色的点。选择 x 轴，向下拖曳时元件向左移动，向上拖曳时元件向右移动。选择 y 轴时，向下拖曳时元件向上移动，向上拖曳时向下移动。

步骤 7 接着调整 y 轴的位置，如图 3-70 所示。场景效果如图 3-71 所示。

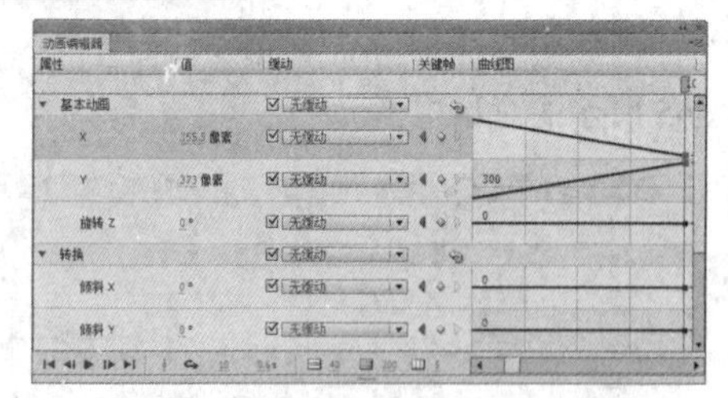

图 3-70 “动画编辑器”对话框

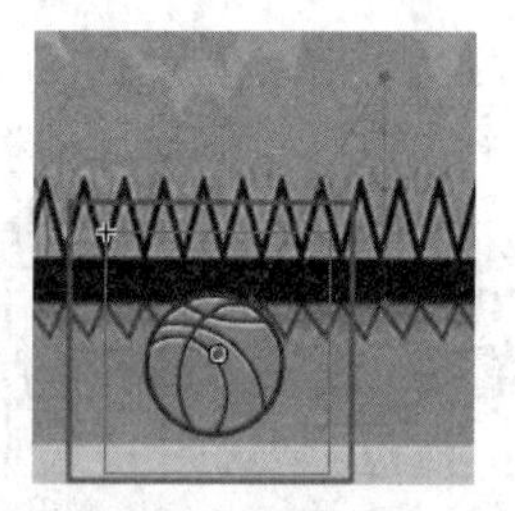

图 3-71 场景效果

步骤 8 使用相同的方法分别制作第 15 帧、第 20 帧、第 25 帧、第 30 帧、第 35 帧、第 40 帧中的动画，设置完成后，“时间轴”面板如图 3-72 所示，场景效果如图 3-73 所示。

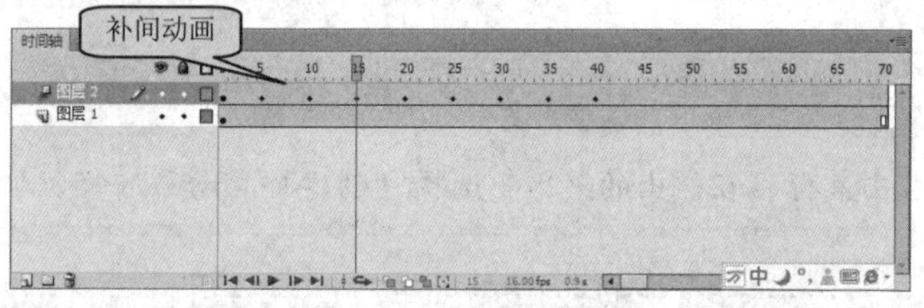

图 3-72 “时间轴”面板

步骤 9 完成弹跳动画的制作，保存动画，按下【Ctrl+Enter】键测试动画，效果如图 3-74 所示。

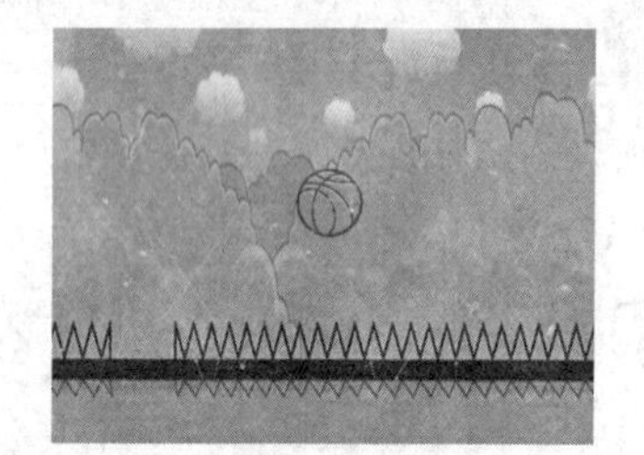

图 3-73 场景效果

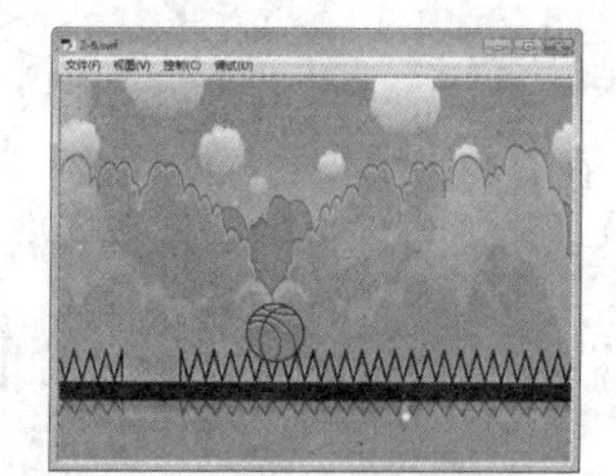

图 3-74 测试动画效果

▶ 提示

这种弹跳动画在制作时要注意动画的自然流畅，巧妙地结合 x 轴和 y 轴的调整，以实现较流畅的弹起效果。

提问：如何一次性创建多个补间动画？

回答：如果需要一次创建多个补间，将可补间的对象放置在多个图层上，选择所有图层，然后执行“插入>补间动画”命令，即可以同时为多个对象创建补间动画效果。

提问：如何更准确地移动元件的位置？

回答：使用“选择工具”调整元件位置时，常常会很难控制其准确性。可以使用键盘上的方向键实现准确移动，也可以使用“属性”面板上的坐标准确移动。

实例 52 补间动画——蝴蝶飞舞

源文件	光盘\源文件\第 3 章\实例 52.fla
视频	光盘\视频\第 3 章\实例 52.swf
知识点	补间动画
学习时间	10 分钟

1．将背景图像素材导入到场景。
2．新建元件，导入蝴蝶素材，制作蝴蝶飞舞动画。

1．导入背景素材

2．制作蝴蝶飞舞动画

3．返回场景，拖入元件，完成“补间动画”效果的制作。
4．完成动画的制作，测试动画效果。

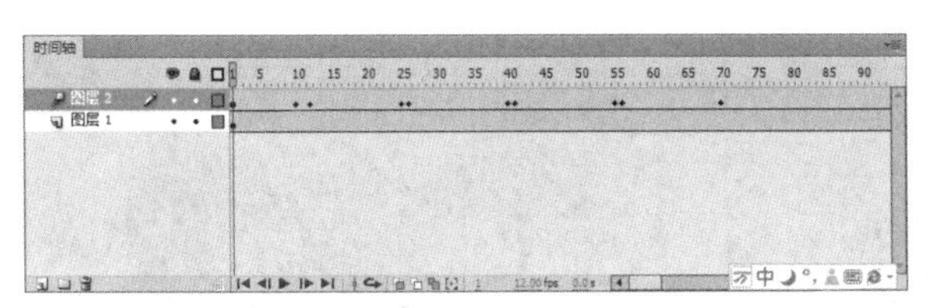
3．“时间轴”面板

4．测试动画效果

实例总结

本实例中首先导入外部素材，然后制作补间动画。通过控制不同帧上的元件的形态来实现蝴蝶飞舞的动画效果。制作过程中要充分了解补间动画的要点。

实例 53　动画预设——飞船动画

动画预设是预先配置的补间动画，可以将它们应用于舞台上的对象。在 Flash CS6 的“动画预设”中提供了 30 种默认预设动画，可以修改现有预设，还可以自定义动画预设。

实例分析

本实例使用“动画预设”中的“飞入后停顿再飞出”，制作出飞船飞入飞出的自然流畅效果，最终效果如图 3-75 所示。

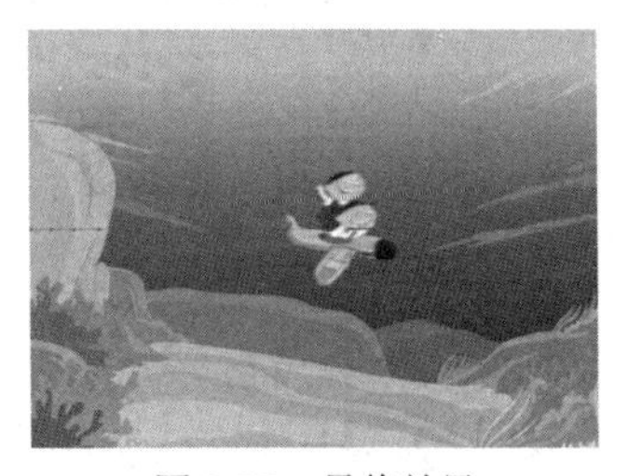
图 3-75　最终效果

源 文 件	光盘\源文件\第 3 章\实例 53.fla
视　　频	光盘\视频\第 3 章\实例 53.swf
知 识 点	转换为元件，动画预设
学习时间	10 分钟

知识点链接——如何应用“动画预设”？

只需选择需要的预设对象，单击“应用”按钮。用户可以创建并保存自己的自定义预设，也可以修改现有动画预设，还可以创建自定义补间。使用“动画预设”面板还可导入和导出预设。

操作步骤

步骤 1　执行“文件>新建”命令，新建一个大小为 600 像素×425 像素，帧频为 12fps，“背景颜色”

为白色的 Flash 文档。

步骤 2 执行“文件>导入>导入到舞台”命令，将图像“光盘\源文件\第 3 章\素材\2701.jpg”导入到场景中，如图 3-76 所示，在第 65 帧位置插入帧。新建“图层 2”，将“光盘\源文件\第 3 章\素材\2702.png”导入到场景中，调整大小和位置，如图 3-77 所示。

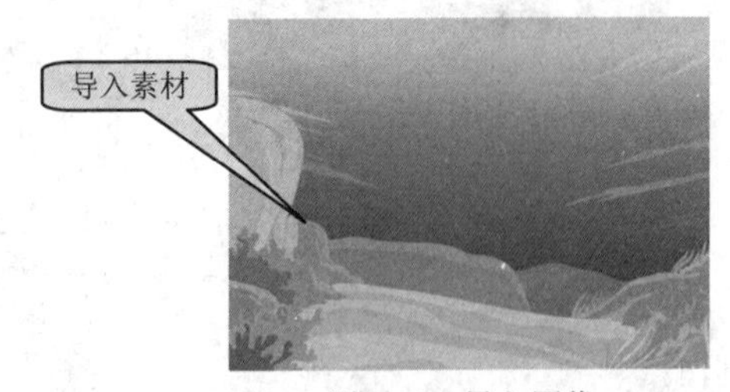

图 3-76　导入图像

图 3-77　导入图像

步骤 3 按【F8】键将其转换为“名称”为“飞船”的“影片剪辑”元件，如图 3-78 所示。调整元件位置，如图 3-79 所示。

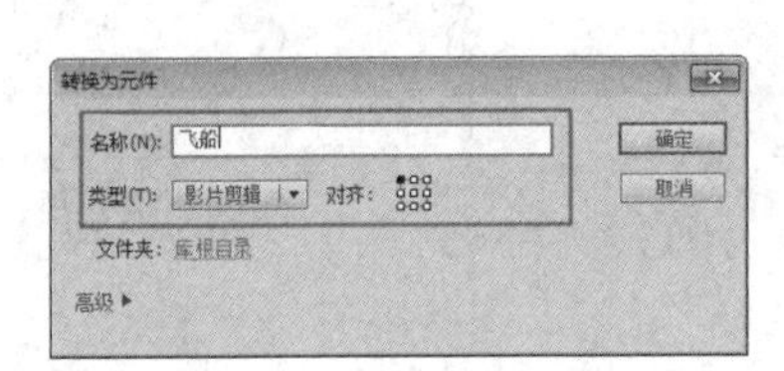

图 3-78　“转换为元件”对话框

图 3-79　调整位置

步骤 4 执行“窗口>动画预设”命令，弹出“动画预设”面板，如图 3-80 所示。选择“飞入后停顿再飞出”选项，单击“应用”按钮，场景效果如图 3-81 所示。

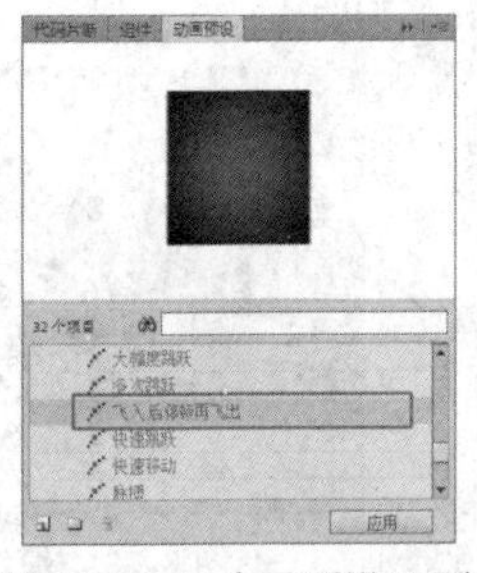

图 3-80　“动画预设”面板

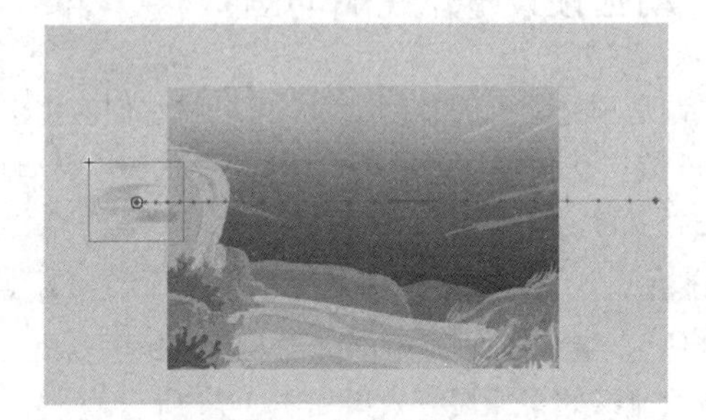

图 3-81　场景效果

步骤 5 完成飞船动画的制作，“时间轴“面板如图 3-82 所示。

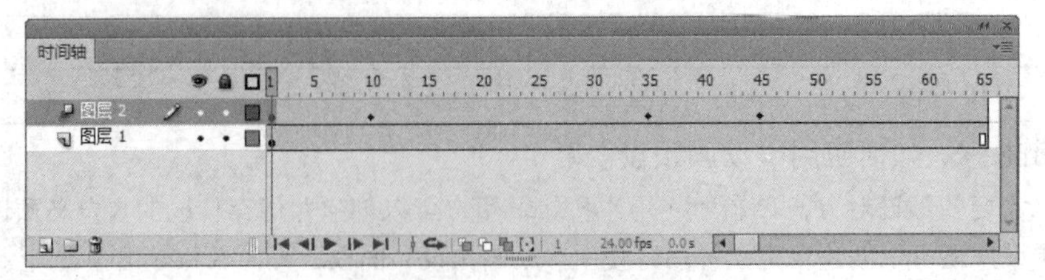

图 3-82　“时间轴”面板

步骤 6 保存动画，按下【Ctrl+Enter】键测试动画，效果如图 3-83 所示。

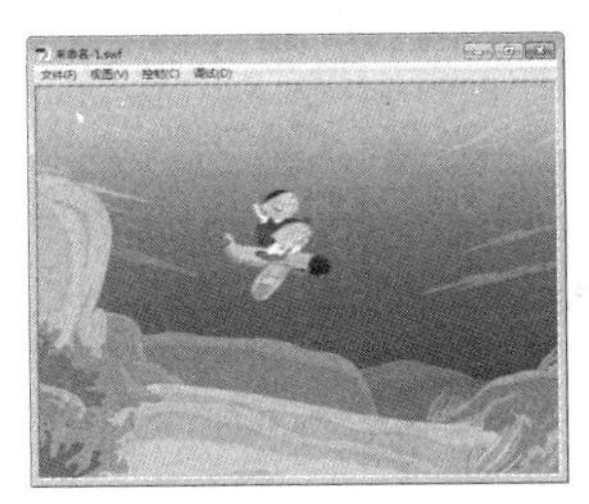
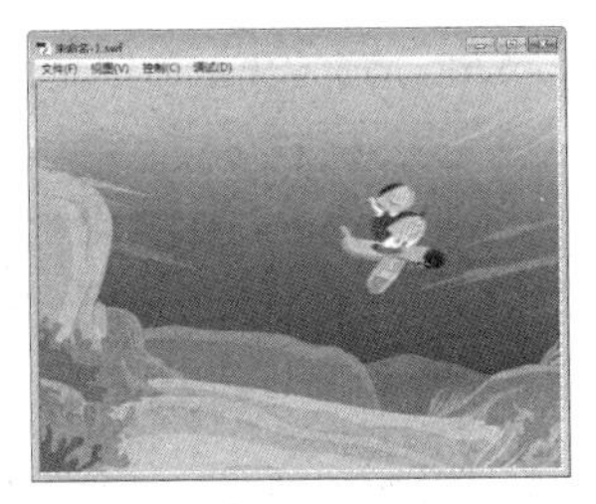

图 3-83　测试动画效果

▶ 提示

若要应用预设使其动画在舞台上对象的当前位置结束，请在按住【Shift】键的同时单击“应用”按钮，或者从面板菜单中选择“在当前位置结束”。

提问：使用“动画预设”有哪些优点？

回答：使用“动画预设”是学习在 Flash 中添加动画的快捷方法。了解了“动画预设”后，制作动画就非常容易了。使用“动画预设”可节约项目设计和开发的时间，特别是经常使用相似类型的补间时。

提问：使用“动画预设”需要注意哪些事项？

回答：因为动画预设是预先配置的补间动画，所以只能包含补间动画。传统补间不能保存为动画预设。

实例 54　动画预设——蹦蹦球动画

源 文 件	光盘\源文件\第 3 章\实例 54.fla
视　　频	光盘\视频\第 3 章\实例 54.swf
知 识 点	动画预设
学习时间	15 分钟

1. 将背景图像素材导入到场景。

2. 新建“图层 2”，打开“颜色”面板，进行设置，使用“椭圆工具”在场景中绘制圆形，将其转换为“影片剪辑”元件。

1. 导入背景图像素材

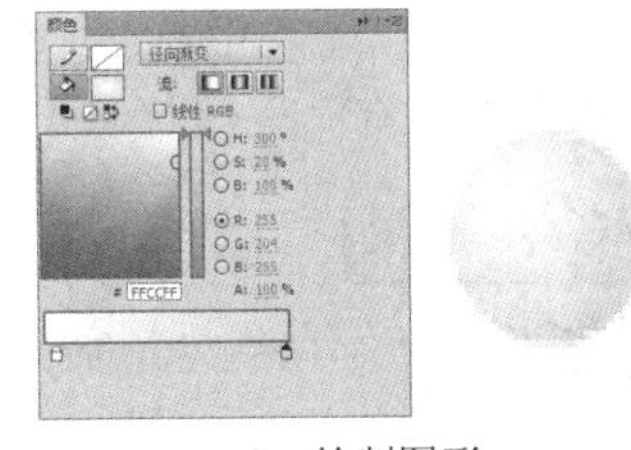

2. 绘制图形

3. 打开“动画预设”面板，选择“3D 弹入”选项并应用。

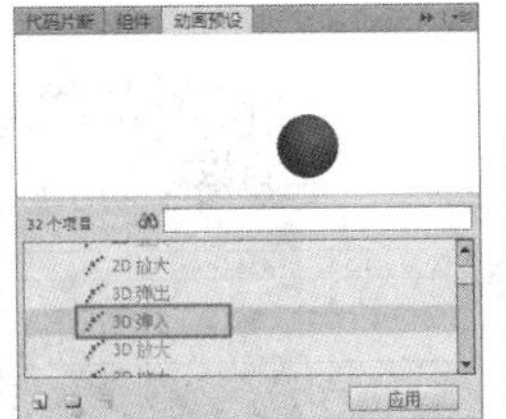

3. “动画预设”面板和场景效果

4．完成动画的制作，测试动画效果。

4．测试动画效果

实例总结

本实例制作简单的飞入飞出动画效果，通过学习读者要掌握“动画预设”的使用方法和技巧。习惯使用“动画预设”制作简单快捷的动画效果，以提高工作效率。

实例 55　动画预设——飞入动画

飞入动画在 Flash 中是常见的一种动画效果。下面通过一个实例来做具体的讲解。

实例分析

本实例制作一个模糊飞入的效果，选择元件，打开“动画预设”对话框，选择“从右边模糊飞入”，然后应用至元件。最终效果如图 3-84 所示。

图 3-84　最终效果

源文件	光盘\源文件\第 3 章\实例 55.fla
视　频	光盘\视频\第 3 章\实例 55.swf
知识点	转换为元件，动画预设
学习时间	10 分钟

知识点链接——应用预设后更改“动画预设”对原对象有无影响?

一旦将预设应用于舞台上的对象后，在时间轴中创建的补间就不再与“动画预设”面板有任何关系了。在“动画预设”面板中删除或重命名某个预设，对以前使用该预设创建的所有补间没有任何影响。如果在面板中的现有预设上保存新预设，它对使用原始预设创建的任何补间没有影响。

操作步骤

步骤 1 执行“文件>新建”命令，新建一个大小为 900 像素×500 像素，帧频为 12fps，“背景颜色”为白色的 Flash 文档。

步骤 2 执行“文件>导入>导入到舞台”命令，将图像“光盘\源文件\第 3 章\素材\3501.png”导入到场景中，如图 3-85 所示。在第 55 帧位置插入帧，新建“图层 2”，使用相同的方法将图像“3502.png”导入到场景中，如图 3-86 所示。

图 3-85　导入图像 1

图 3-86　导入图像 2

步骤 3 选中“图层 2”，按【F8】键将图像转换为名称为“汽车”的“影片剪辑”元件，如图 3-87 所示。执行“窗口>动画预设”命令，弹出“动画预设”对话框，选择“从右边模糊飞入”，如图 3-88 所示。

步骤 4 完成设置，单击“应用”按钮，在第 55 帧位置插入帧，“时间轴”面板如图 3-89 所示，场景效果如图 3-90 所示。

图 3-87　转换为元件

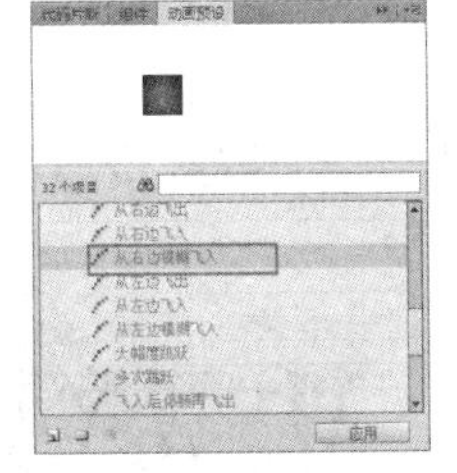

图 3-88　“动画预设”面板

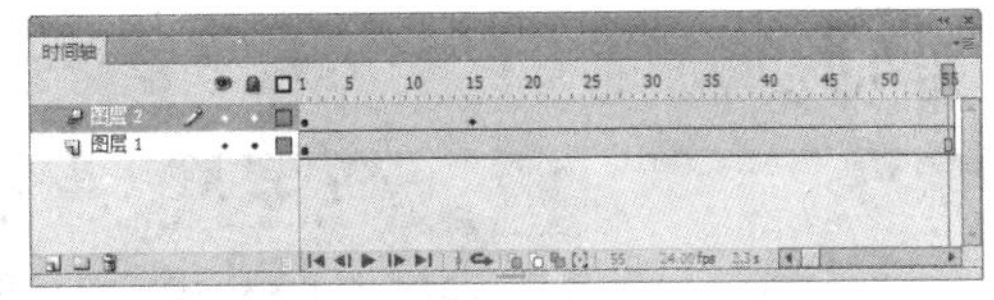

图 3-89　完成后的“时间轴”面板

步骤 5 完成飞入动画的制作，保存动画，按下【Ctrl+Enter】键测试动画，效果如图 3-91 所示。

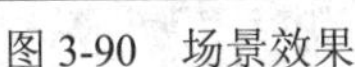

图 3-90　场景效果

图 3-91　测试动画效果

> ▶ 提示
>
> 如果选定帧只包含一个可补间对象，也可以将动画预设应用于不同图层上的多个选定帧。

提问：一个对象可以应用几个“动画预设”？

回答：每个对象只能应用一个预设。如果将第二个预设应用于相同的对象，则第二个预设将替换第一个预设。

提问：“动画预设”中的补间帧会随着时间轴变化吗？

回答：每个动画预设都包含特定数量的帧。在应用预设时，在时间轴中创建的补间范围将包含此数量的帧。如果目标对象已应用了不同长度的补间，补间范围将进行调整，以符合动画预设的长度。可在应用预设后调整时间轴中补间范围的长度。

实例 56　动画预设——圣诞气氛动画

源 文 件	光盘\源文件\第 3 章\实例 56.fla
视　　频	光盘\视频\第 3 章\实例 56.swf
知 识 点	动画预设
学习时间	15 分钟

1. 将背景图像素材导入到场景。
2. 新建“图层 2”，导入另一张素材图像并转换为“影片剪辑”元件。

1．导入背景图像素材

2．新建元件

3．打开“动画预设”编辑器，选择“快速移动”并应用。
4．完成动画的制作，测试动画效果。

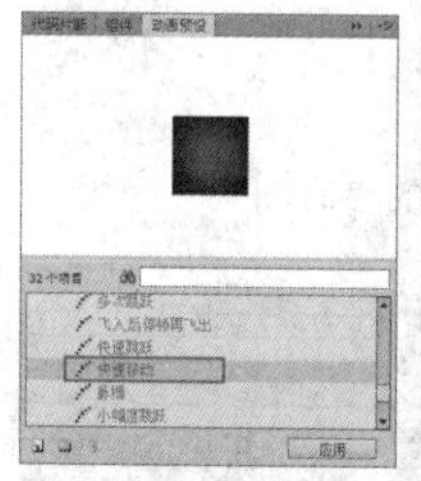

3．“动画预设”面板和场景效果

4．测试动画效果

实例总结

本实例使用“动画预设”制作飞入动画效果，通过学习读者要了解“动画预设”的使用方法，可以方便快捷地制作出漂亮的动画效果。

实例 57　补间形状动画——炉火

图 3-92　最终效果

火焰动画效果也是非常常见的一种动画，制作的方法有很多种，下面介绍一个使用补间形状制作的火焰动画效果。

实例分析

本实例通过制作燃烧的火焰动画效果来讲解补间形状的使用，读者需要理解补间形状动画的制作方法，最终效果如图 3-92 所示。

源文件	光盘\源文件\第 3 章\实例 57.fla
视　频	光盘\视频\第 3 章\实例 57.swf
知识点	补间形状
学习时间	10 分钟

知识点链接——什么样的形状可以创建补间形状动画？

补间形状最适合用于简单形状。一般使用矢量形状创建从一个形状变化为另一个形状的动作。

操作步骤

步骤 1 执行“文件>新建”命令，新建一个大小为 300 像素×400 像素，帧频为 24fps，“背景颜色”为白色的 Flash 文档。

步骤 2 执行“窗口>颜色”命令，打开“颜色”面板，参数设置如图 3-93 所示，选择“矩形工具”绘制图形，如图 3-94 所示，在第 10 帧位置插入帧。

步骤 3 新建“图层 2”，将“光盘\源文件\第 3 章\素材\3701.png”导入到场景中，如图 3-95 所示。新建“图层 3”，选择“线条工具”绘制图形，使用“选择工具”调整图形并填充颜色为#

FBDA6E，删除边缘线，如图 3-96 所示。

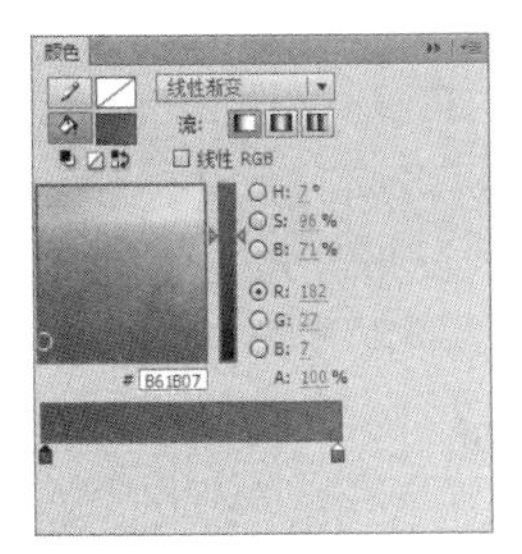
图 3-93　“颜色”面板

图 3-94　绘制矩形

图 3-95　导入图像

图 3-96　绘制火焰

步骤 4 执行“修改>形状>添加形状提示”命令，重复该操作，如图 3-97 所示。在第 5 帧位置插入关键帧，调整火焰，如图 3-98 所示。

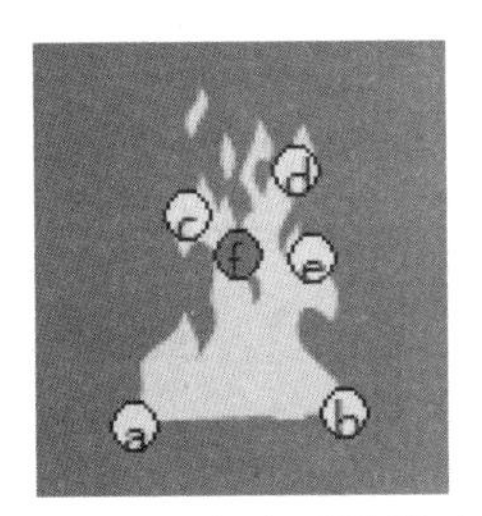

图 3-97　添加形状提示

图 3-98　调整火焰

> **▶ 提示**
>
> 要控制更加复杂或罕见的形状变化，可以使用形状提示。形状提示会标识起始形状和结束形状中相对应的点。

步骤 5 在第 1 帧位置创建“补间形状”，选择复制第 1 帧形状，粘贴至第 10 帧位置，在第 5 帧创建“补间形状”，“时间轴”面板如图 3-99 所示。新建“图层 4”，将“光盘\源文件\第 3 章\素材\3702.png”导入到场景中，调整大小和位置，如图 3-100 所示。

步骤 6 完成火焰动画的制作，保存动画，按下【Ctrl+Enter】键测试动画，效果如图 3-101 所示。

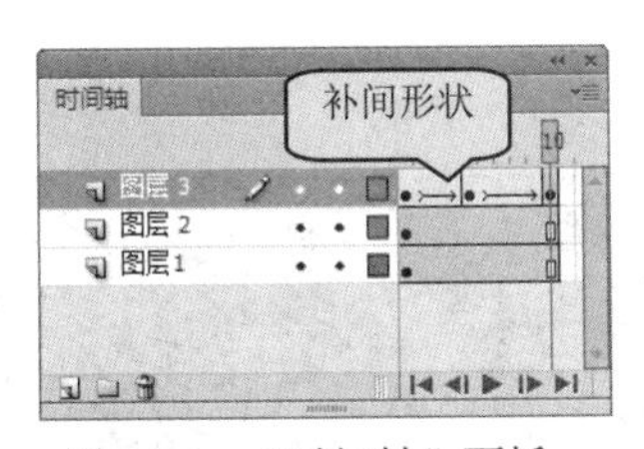

图 3-99　“时间轴”面板

图 3-100　导入素材

图 3-101　测试动画效果

提问：形状动画能实现哪些效果？

回答：形状动画只对图形起作用，可以实现位置变换、大小变换、透明度变化、颜色转换、形状变形等动画。

提问：使用什么方法可以将图形分离到各个图层？

回答：Flash 提供了一个非常简单实用的功能，可以将多个图形分布在不同图层，并依次命名，方便动画的制作。具体的操作是执行“修改>时间轴>分散到图层”命令即可，如图 3-102 所示。

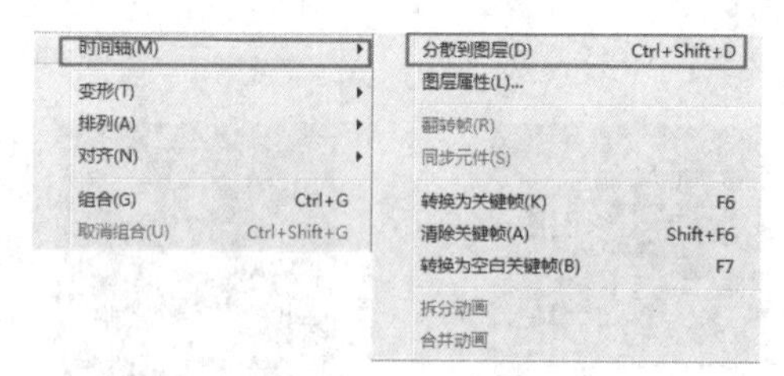

图 3-102　选择“分散到图层”命令

实例 58　补间形状动画——飘扬的头发

源 文 件	光盘\源文件\第 3 章\实例 58.fla
视　　频	光盘\视频\第 3 章\实例 58.swf
知 识 点	补间形状
学习时间	10 分钟

1．新建 Flash 文档并导入素材图像。
2．插入“影片剪辑”元件，绘制人物。
3．使用“选择工具”调整头发并创建补间形状动画效果。
4．完成动画的制作，测试动画效果。

1．导入素材

2．绘制图形

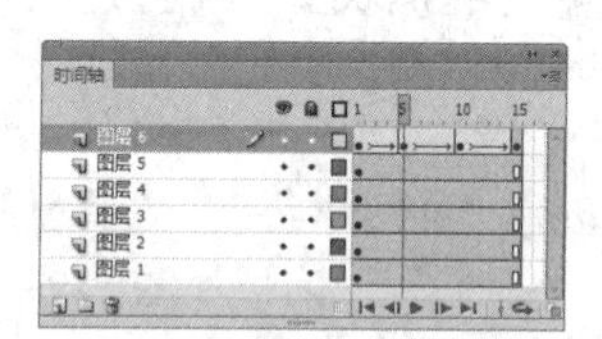

3．“时间轴”面板

4．测试动画效果

实例总结

本实例制作补间形状动画，通过学习读者要掌握制作补间形状动画的方法和技巧，以及制作形变动画的要点。

实例 59　补间形状动画——披风飘动

飘舞动画效果也是常见的一种动画，制作的方法有很多种，下面介绍一个使用补间形状制作的披风飘动效果。

实例分析

本实例使用补间形状制作披风飘动的动画效果，读者需要进一步掌握补间形状动画的制作方法，最终效果如图 3-103 所示。

图 3-103　最终效果

源 文 件	光盘\源文件\第 3 章\实例 59.fla
视　　频	光盘\视频\第 3 章\实例 59.swf
知 识 点	补间形状
学习时间	10 分钟

知识点链接——如何对组、实例和位图创建补间形状动画？

要对组、实例或位图图像应用形状补间，需要分离这些元素。要对文本应用形状补间，需要将文本分离两次。

操作步骤

步骤 1 执行“文件>新建”命令，新建一个大小为 450 像素×258 像素，帧频为 24fps，“背景颜色”为白色的 Flash 文档。

步骤 2 将“光盘\源文件\第 3 章\素材\3901.png”导入到场景中，如图 3-104 所示。新建“图层 2”，将“光盘\源文件\第 3 章\素材\3902.png”导入到场景中，并调整至图 3-105 所示的位置。

图 3-104　导入图像 1

图 3-105　导入图像 2

步骤 3 新建“名称”为“披风”的“图形”元件，选择“线条工具”绘制图形，使用“选择工个”进行调整，“填充颜色”为#20537D，删除边缘线，如图 3-106 所示。新建“图层 2”和“图层 3”，使用相同的方法绘制图形，如图 3-107 所示。

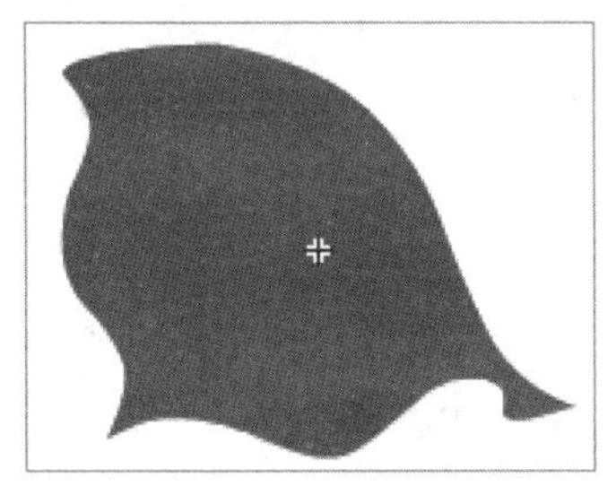

图 3-106　绘制图形 1

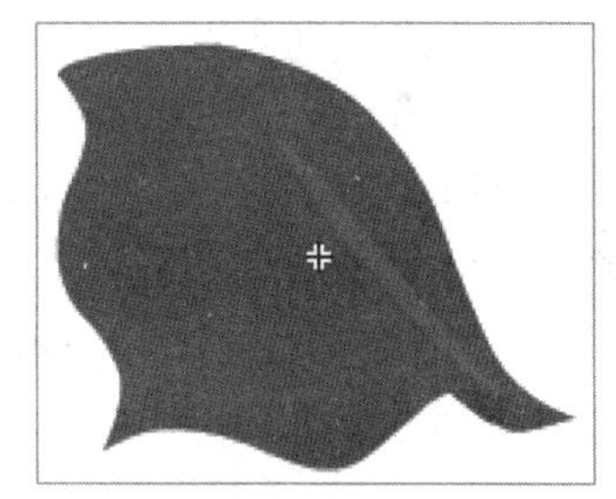

图 3-107　绘制图形 2

步骤 4 新建“名称”为“披风飘动”的“影片剪辑”元件，拖入“披风”元件，在第 5 帧位置插入关键帧，使用“选择工具”调整“披风”形状，在第 1 帧位置创建“补间形状”动画，如图 3-108 所示。使用相同的方法制作第 10 帧、第 15 帧和第 20 帧上的内容，如图 3-109 所示。

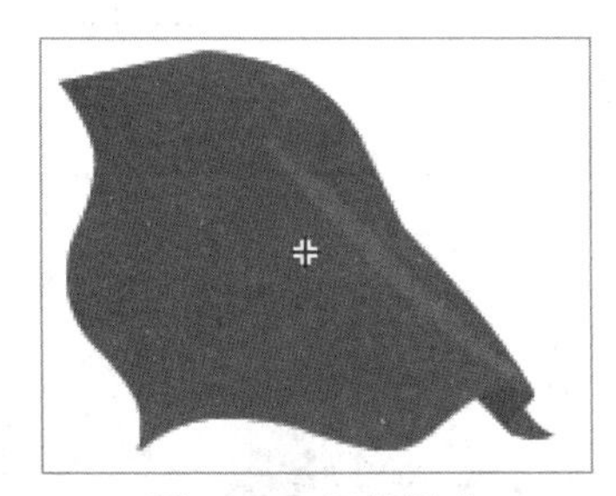

图 3-108　调整图形

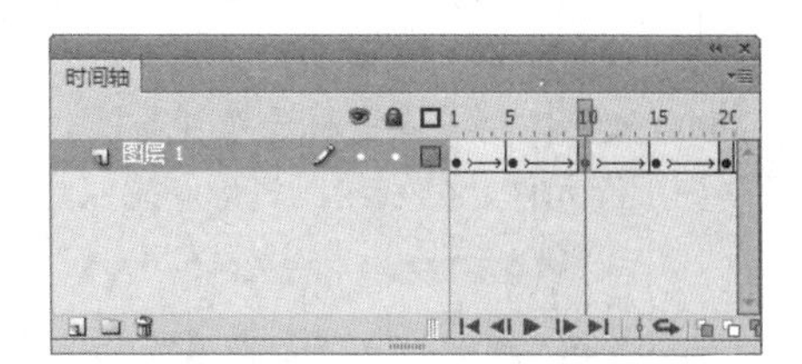

图 3-109　“时间轴”面板

步骤 5 拖动选中第 1 帧至第 20 帧内容，单击鼠标右键，选择“复制帧”命令，在第 21 帧插入空白关键帧，单击鼠标右键，选择“粘贴帧”命令，再单击鼠标右键，选择“翻转帧”命令，“时间轴”面板如图 3-110 所示。

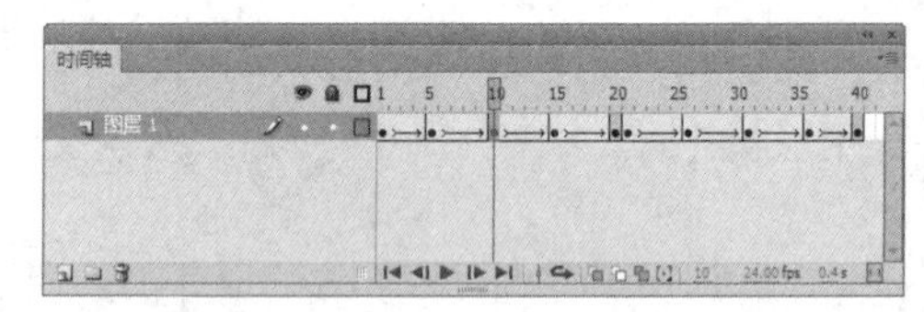

图 3-110 “时间轴”面板

步骤 6 返回“场景 1”，新建“图层 3”，拖出“披风飘动”元件，调整大小并进行旋转，拖放至图 3-111 所示位置，完成披风飘动动画的制作，保存动画，按下【Ctrl+Enter】键测试动画，效果如图 3-112 所示。

图 3-111 场景效果

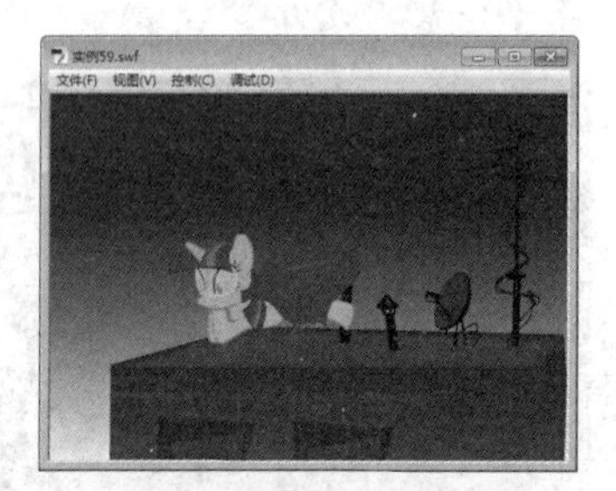

图 3-112 测试动画效果

▶ 提示

避免使用有一部分被挖空的形状。

提问：如何制作形状动画？

回答：在形状补间中，可在时间轴中的特定帧绘制一个形状，然后更改该形状或在另一个特定帧绘制另一个形状，然后 Flash 将内插中间帧的中间形状，创建一个形状变形为另一个形状的动画。

提问：如何向补间添加缓动？

回答：若要向补间添加缓动，请选择两个关键帧之间的某一帧，然后在属性检查器的“缓动”字段中输入一个值。若输入一个负值，则在补间开始处缓动；若输入一个正值，则在补间结束处缓动。

实例 60 补间形状——变形动画

源文件	光盘\源文件\第 3 章\实例 60.fla
视频	光盘\视频\第 3 章\实例 60.swf
知识点	补间形状
学习时间	10 分钟

1. 新建 Flash 文档，将图像素材导入到场景。
2. 新建“图形”元件，分别绘制气球和感叹号。

1. 导入素材

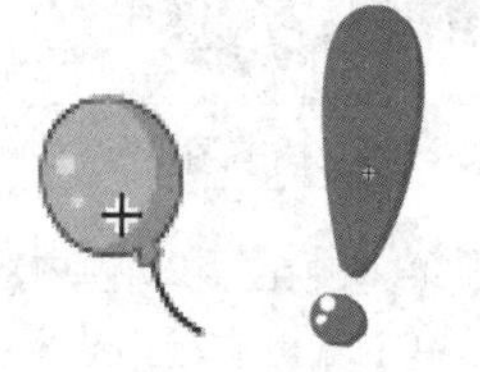

2. 绘制元件

3．返回场景，新建图层，拖出元件，分离图形，创建补间形状动画效果，调整图层位置。

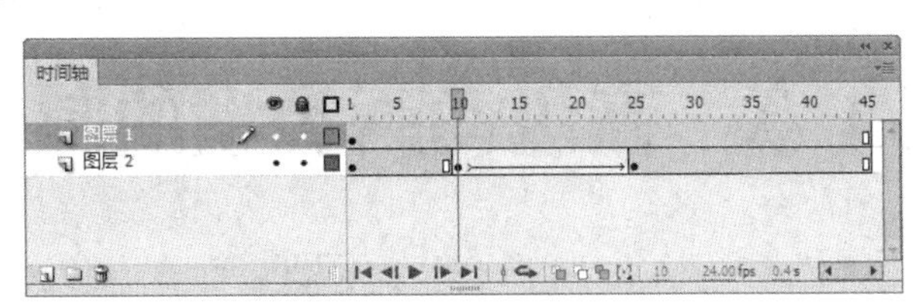

3．“时间轴”面板

4．完成动画的制作，测试动画效果。

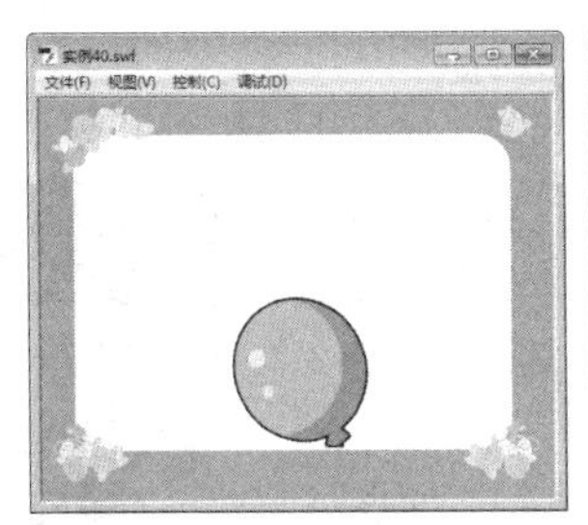

4．测试动画效果

实例总结

本实例制作简单的补间形状动画效果，通过学习读者要掌握制作补间形状动画的方法和技巧。

第 4 章　高级动画类型的制作

本章将在前两章的基础上为读者深入介绍几种高级动画效果，Flash 中的高级动画类型有遮罩动画、Deco 动画、路径跟随动画、3D 动画、骨骼动画等，希望通过本章的学习读者能够制作出一些复杂的高级动画效果。

实例 61　遮罩动画——飞侠

遮罩动画在 Flash 动画制作中经常会使用到。通过将一个元件或者动画设置为遮罩层，可以完成丰富的动画效果。当然遮罩层也可以是一个静止的图形，这样动画将被局限在一个固定的形状里。

实例分析

本实例通过创建遮罩层，结合补间形状和传统补间动画，制作出生动的飞侠渐现动画，读者需要理解遮罩层和补间动画相结合的制作方法，最终效果如图 4-1 所示。

图 4-1　最终效果

源 文 件	光盘\源文件\第 4 章\实例 61.fla
视　　频	光盘\视频\第 4 章\实例 61.swf
知 识 点	遮罩层、补间形状、传统补间
学习时间	15 分钟

知识点链接——什么样的图形可以做遮罩层？

遮罩层可以是图形、影片剪辑，也可以是时间轴动画。创建遮罩动画后，遮罩层和被遮罩层都将被锁定。

操作步骤

步骤 1 执行“文件>新建”命令，新建一个大小为 550 像素×400 像素，帧频为 12fps，“背景颜色”为白色为 Flash 文档。

步骤 2 执行“文件>导入>导入到舞台”命令，将图像“光盘\源文件\第 4 章\素材\6101.png”导入到场景中，如图 4-2 所示，在第 100 帧位置插入帧。新建“图层 2”，将“光盘\源文件\第 4 章\素材\6102.png”导入到场景中，调整大小和位置，如图 4-3 所示。

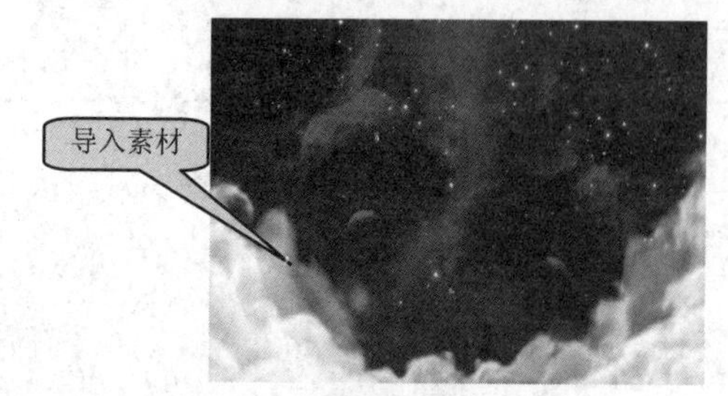

图 4-2　导入图像 1

图 4-3　导入图像 2

步骤 3 按【F8】键将其转换成“名称”为“人物 1”的“图形”元件，如图 4-4 所示。在第 20 帧位置插入关键帧，将人物放大。在第 1 帧创建传统补间动画，新建“图层 3”，选择“椭圆工具”，在人物中心处绘制形状，如图 4-5 所示。在第 20 帧位置插入关键帧，调整形状和大小。

图 4-4　“转换为元件”对话框

图 4-5　绘制图形

步骤 4 选择第 1 帧，创建“补间形状”动画，在该图层名称处单击鼠标右键，在弹出的菜单中选择“遮罩层”命令，“时间轴”面板如图 4-6 所示。场景效果如图 4-7 所示。

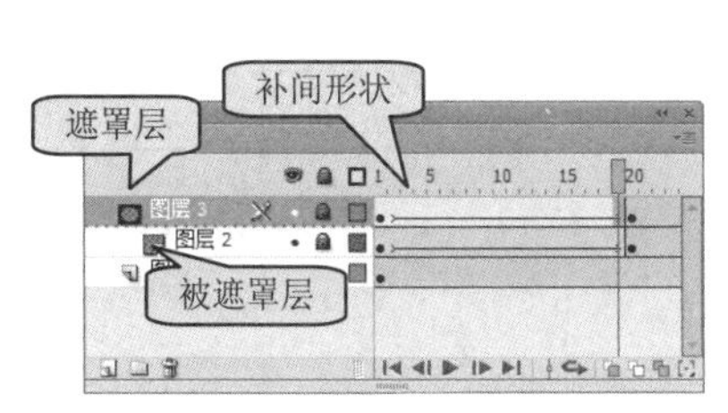

图 4-6　“时间轴”面板

图 4-7　场景效果

步骤 5 使用相同的方法完成其他层的制作，“时间轴“面板如图 4-8 所示。

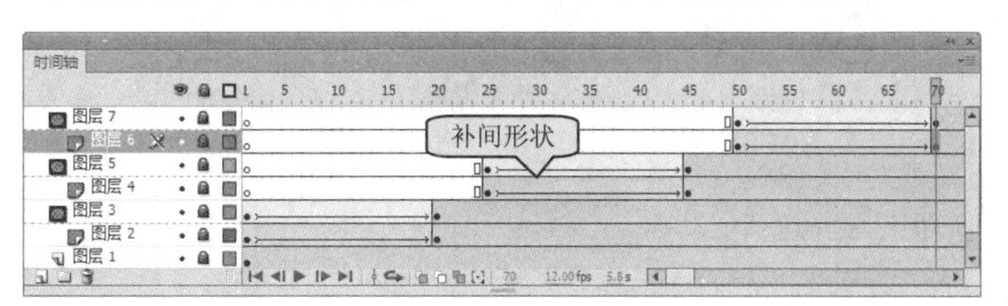

图 4-8　“时间轴”面板

步骤 6 场景效果如图 4-9 所示。完成飞侠动画的制作，保存动画，按下【Ctrl+Enter】键测试动画，效果如图 4-10 所示。

图 4-9　场景效果

图 4-10　测试动画效果

> ▶ 提示
>
> 在动画播放过程中，遮罩层只显示该层中对象的外形，而被遮罩层是按照遮罩层形状显示上层对象。

提问：如何使用遮罩层？

回答：要创建遮罩层，就要先将图层指定为遮罩层，然后在该图层上绘制或放置一个填充形状。可以将任何填充形状用作遮罩，包括组、文本和元件。可以使用遮罩层来显示下方图层中图片或图形的部分区域。

提问：创建遮罩层要注意什么？

回答：在创建遮罩层时，对于用作遮罩的填充形状可以使用补间形状；对于类型对象、图形实例或影片剪辑，可以使用补间动画。

实例 62　遮罩动画——画面转换效果

源文件	光盘\源文件\第 4 章\实例 62.fla
视　　频	光盘\视频\第 4 章\实例 62.swf
知识点	使用“遮罩层”、“补间形状”
学习时间	10 分钟

1．将背景素材导入到场景中。新建图层并导入另一个素材。

1．导入素材

2．使用“多角星形工具”绘制五角星，作为遮罩层图形。

3．使用“补间形状”制作遮罩层动画。

2．绘制遮罩

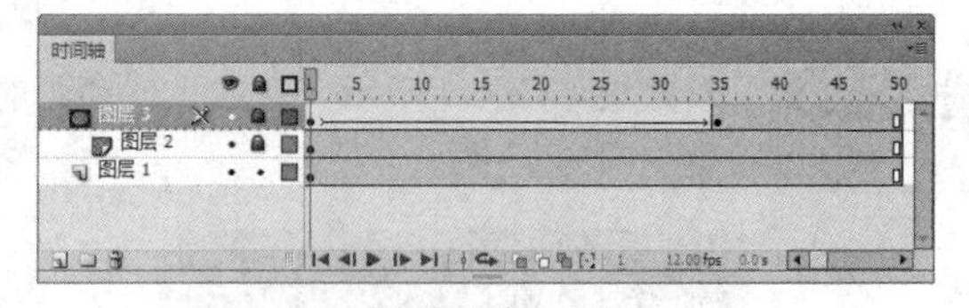

3．“时间轴”面板

4．完成动画的制作，测试动画效果。

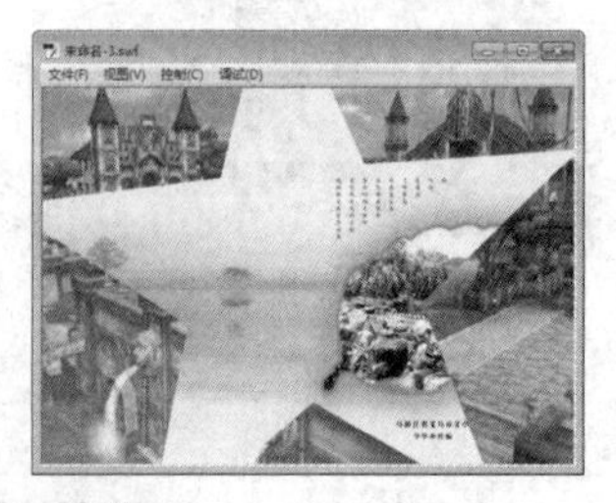

4．测试动画效果

实例总结

本实例使用遮罩层、补间形状、传统补间等功能制作出画面渐现动画和画面转换效果。通过学习掌握遮罩层的使用方法和技巧，结合基本动画制作出生动丰富的动画效果。

实例 63　创建遮罩层——春暖花开动画

利用遮罩功能可以方便快捷地制作出层次感丰富的动画效果。

实例分析

本实例将完成一个遮罩动画的制作，首先使用矩形作为花枝的遮罩层，再使用圆形制作花朵的遮罩层。从而实现花枝生长、花朵开放的动画效果，最终效果如图 4-11 所示。

图 4-11　最终效果

源 文 件	光盘\源文件\第 4 章\实例 63.fla
视　　频	光盘\视频\第 4 章\实例 63.swf
知 识 点	遮罩层、补间形状、设置“高级”样式
学习时间	20 分钟

知识点链接——遮罩层有什么特点？

同一个 Flash 动画中可以存在多个遮罩层，并且遮罩层都在被遮罩层上面。遮罩层在动画播放过程中只保留图形的形状。

操作步骤

步骤 1 执行“文件>新建”命令，新建一个大小为 800 像素×600 像素，帧频为 36fps，“背景颜色”为 Flash 文档。

步骤 2 执行“文件>导入>导入到舞台”命令，将图像“光盘\源文件\第 4 章\素材\6301.png”导入到场景中，并调整其位置，如图 4-12 所示。在第 150 帧插入关键帧，新建“图层 2”，使用“矩形工具”绘制矩形，如图 4-13 所示。

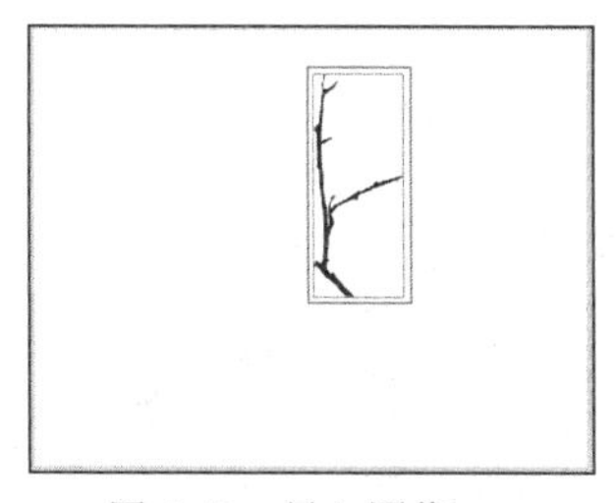

图 4-12　导入图像

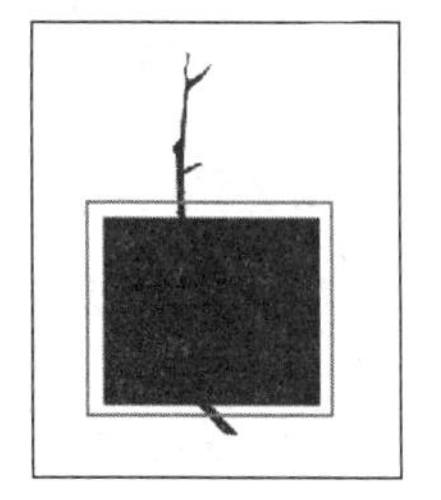

图 4-13　绘制矩形

步骤 3 在第 30 帧位置插入关键帧，使用“任意变形工具”将绘制的矩形扩大，如图 4-14 所示。选择第 1 帧并创建“补间形状”动画，在“图层 2”名称处单击鼠标右键，在弹出的菜单中选择“遮罩层”命令，“时间轴”面板如图 4-15 所示。

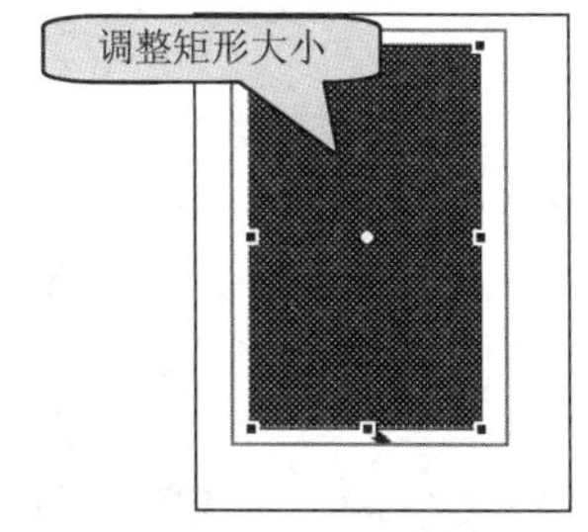

图 4-14　调整图形

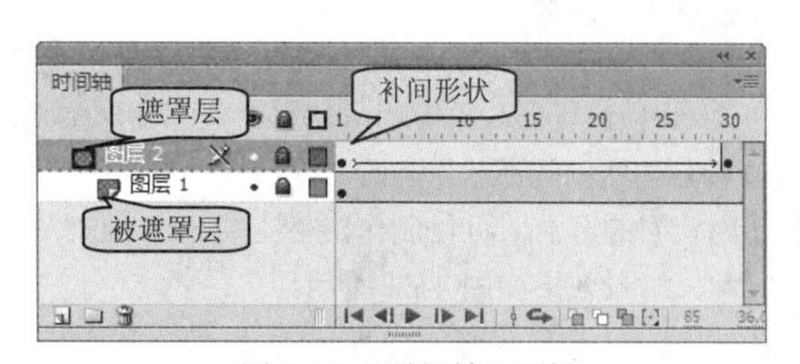

图 4-15　“时间轴”面板

▶ 提示

遮罩层和被遮罩层都能制作动画，并且还能使用影片剪辑元件制作遮罩层，这样会使动画效果更加丰富。

步骤 4 使用相同的方法，可以制作出“图层 3”至“图层 8”，完成后的“时间轴”面板如图 4-16 所示，场景效果如图 4-17 所示。

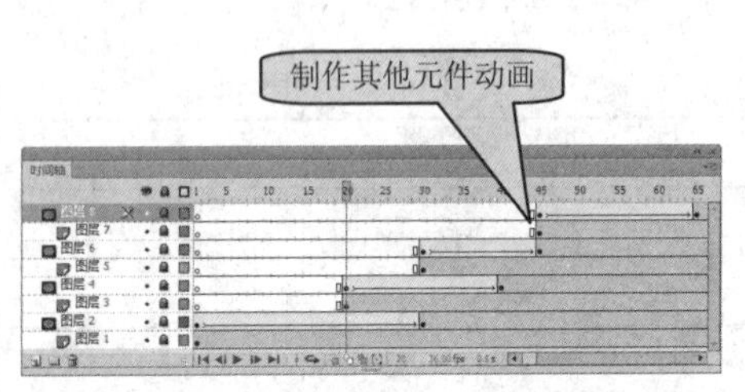

图 4-16 完成后的“时间轴”面板

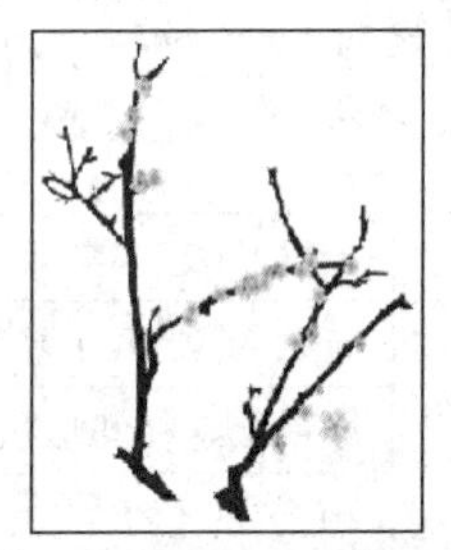

图 4-17 场景效果

▶ 提示

使用矩形制作的遮罩动画体现花枝的生长过程。使用圆形制作的遮罩动画体现花朵的生长过程。简单的区别，但动画效果却相差很远。遮罩动画的变化效果非常丰富。可以使用图形元件作为遮罩层，也可以使用影片剪辑元件作为遮罩层。并且一个遮罩层可以为多个图层服务。遮罩层必须在被遮罩层的上端。

步骤 5 新建“图层 9”，在第 50 帧插入关键帧，将“光盘\源文件\第 4 章\素材\6305.png”导入场景中，如图 4-18 所示。新建“图层 10”，在第 50 帧插入关键帧，使用“椭圆工具”绘制圆形，如图 4-19 所示。

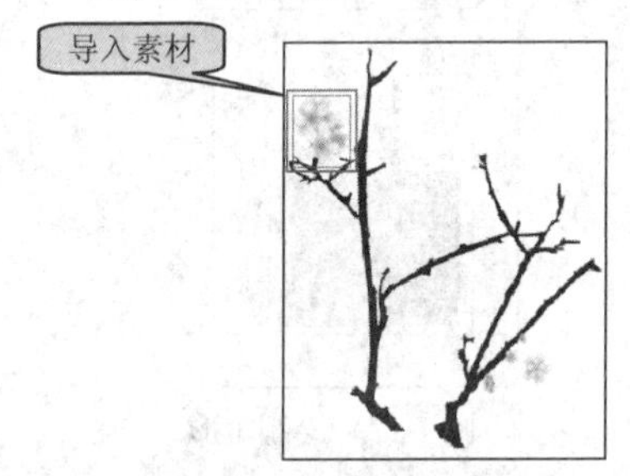

图 4-18 导入图像

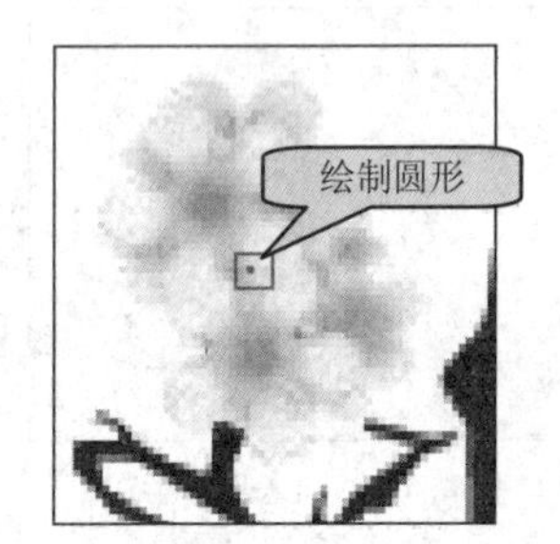

图 4-19 绘制圆形

▶ 提示

除了可以使用“导入到舞台”命令外，也可以通过“导入到库”命令，将图形先导入到“库”面板中，再创建为元件。

步骤 6 在第 60 帧位置插入关键帧，使用“任意变形工具”将圆形等比例扩大，如图 4-20 所示。在第 50 帧创建“补间形状”动画，并设置“图层 10”为遮罩层，“时间轴”面板如图 4-21 所示。

步骤 7 使用相同的方法，可以制作出“图层 11”至“图层 16”，完成后的“时间轴”面板如图 4-22 所示，场景效果如图 4-23 所示。

步骤 8 新建“图层 17”，将“光盘\源文件\第 4 章\素材\6309.png”导入到场景中，如图 4-24 所示。新建“图层 18”，在第 70 帧位置按【F6】键插入关键帧。

图 4-20　调整圆形

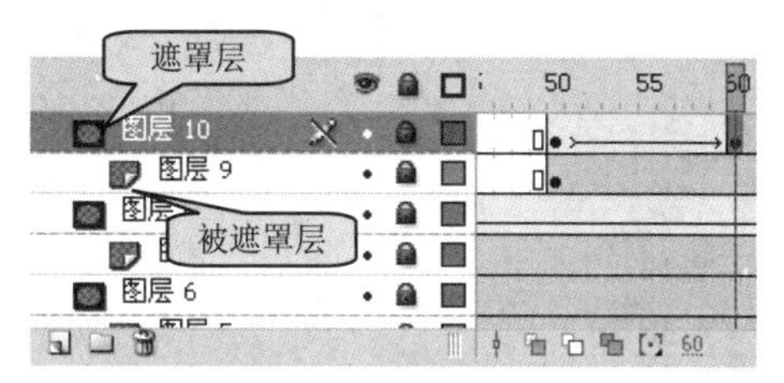

图 4-21　“时间轴”面板 1

图 4-22　“时间轴”面板 2

图 4-23　场景效果

步骤 9 将“光盘\源文件\第 4 章\素材\6310.png”导入到场景中，并按【F8】键转换成“名称”为“花瓣”的“图形”元件，场景效果如图 4-25 所示。

图 4-24　导入图像

图 4-25　场景效果

步骤 10 将“花瓣”元件选中后，在“属性”面板的“颜色效果”标签中设置“样式”为“高级”，设置各项参数，如图 4-26 所示。在第 80 帧位置插入关键帧，选中元件后，修改其“属性”面板中的各项参数，如图 4-27 所示。

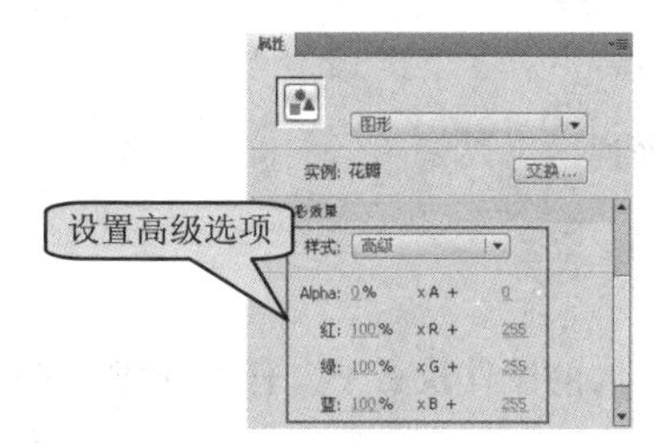

图 4-26 “属性”面板

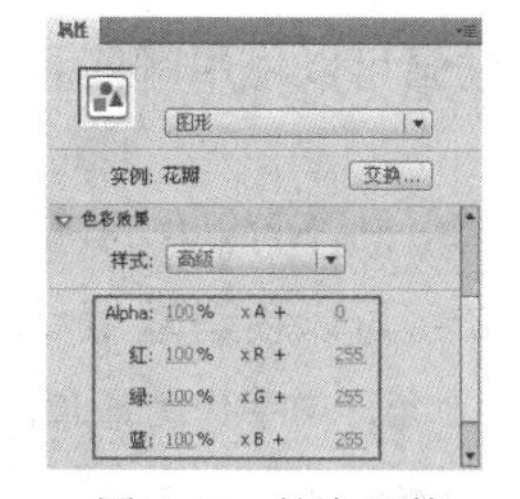

图 4-27　扩大元件

> ▶ **提示**
>
> 通过样式选项下的“高级”选项可以同时修改元件的色调和透明度，使元件效果更加丰富。

步骤 11 在第 100 帧位置按【F6】键插入关键帧，将“花瓣”元件选中，在“属性”面板的“颜色效果”标签中设置其“样式”为无，并分别设置第 70 帧和第 80 帧上的“补间”类型为“传统补间”，“时间轴”面板如图 4-28 所示。

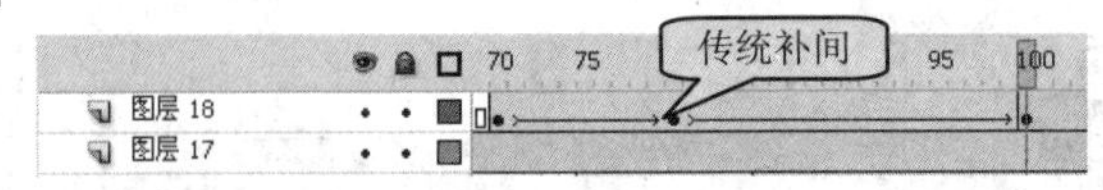

图 4-28 “时间轴”面板

步骤 12 新建“图层 19”，在第 70 帧插入关键帧，使用“椭圆工具”在场景中绘制出一个圆形，如图 4-29 所示。在第 85 帧位置插入关键帧，使用“任意变形工具”将图形等比例放大，如图 4-30 所示。

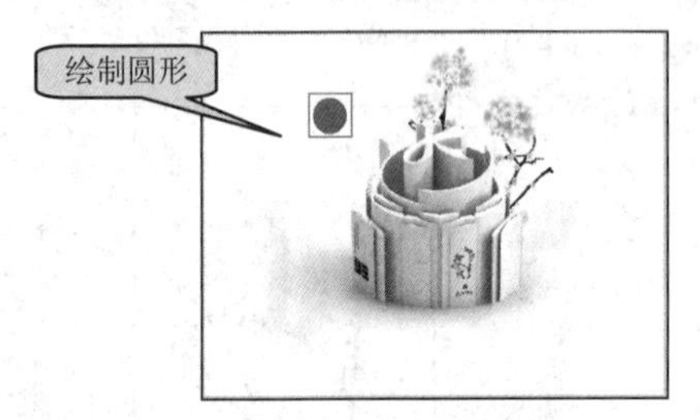

图 4-29 绘制圆形

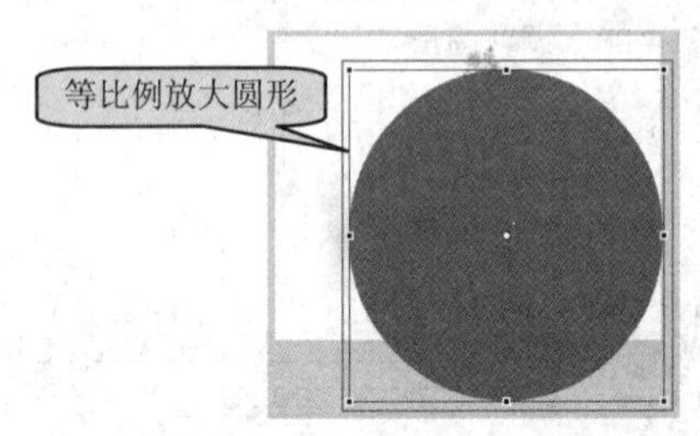

图 4-30 调整圆形

步骤 13 设置第 70 帧上的“补间”类型为“补间形状”，并设置“图层 19”为遮罩层，“时间轴”面板如图 4-31 所示。

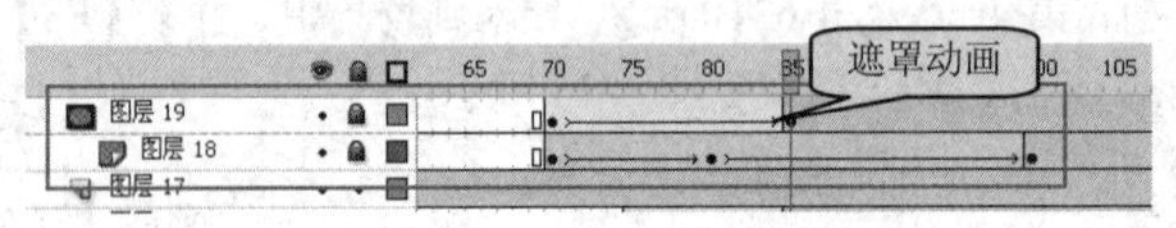

图 4-31 “时间轴”面板

步骤 14 完成花瓣散落动画的制作，保存动画，按下【Ctrl+Enter】键测试动画，效果如图 4-32 所示。

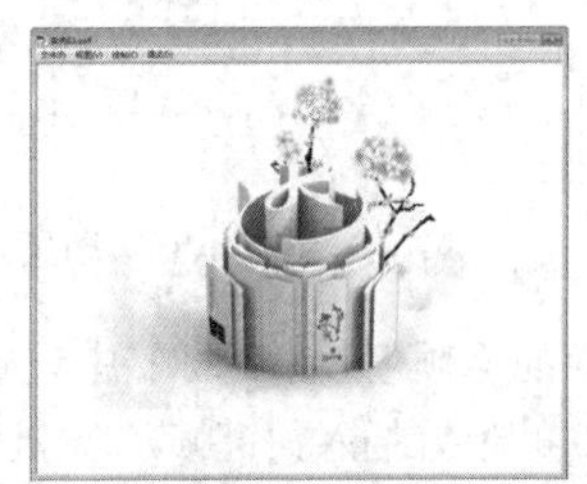

图 4-32 测试动画效果

提问：遮罩动画可以使用哪些元件制作？

回答：遮罩层上可以是图形，也可以是元件。而对于元件来说，可以是图形、按钮，也可以是影片剪辑。对于笔触对象，则不可以作为遮罩层使用。

提问：使用文字可以创建遮罩动画吗？

回答：遮罩动画允许文字作为遮罩图层，但是由于字体在不同的硬件设备中会有所变化。如果使用文字作为遮罩层，可以将文字分离为图形。

实例 64 遮罩动画——放大镜效果

源文件	光盘\源文件\第 4 章\实例 64.fla
视　频	光盘\视频\第 4 章\实例 64.swf
知识点	遮罩层、补间形状、传统补间
学习时间	10 分钟

1．将背景图像素材导入至场景中。

2．新建图层，选择“文本工具”输入文字，然后转换为元件并创建动画和遮罩。

1．导入素材

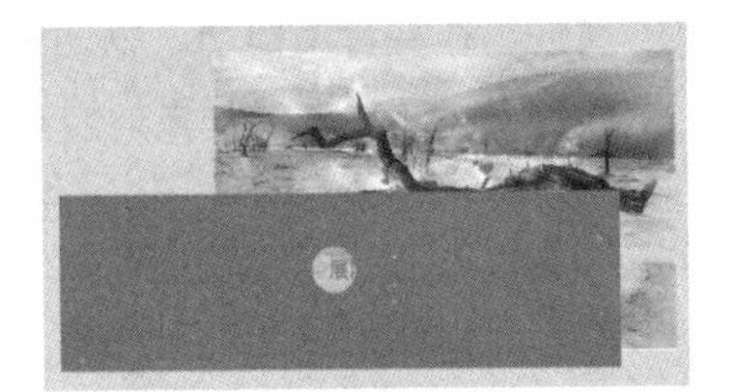

2．创建遮罩

3．用相同的方法完成其他图层的动画制作，并导入相关素材。

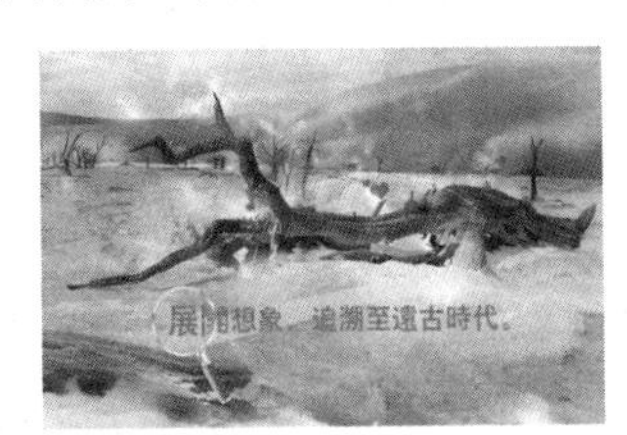

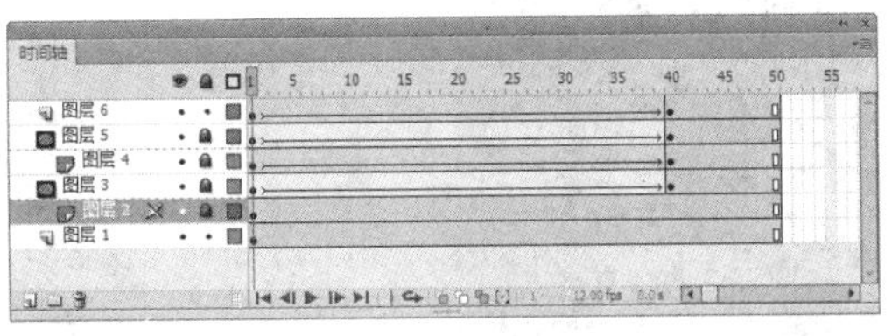

3．“时间轴”面板

4．完成放大镜动画的制作。

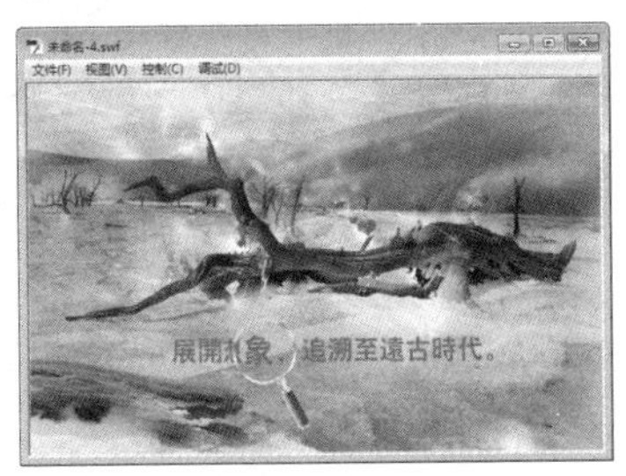

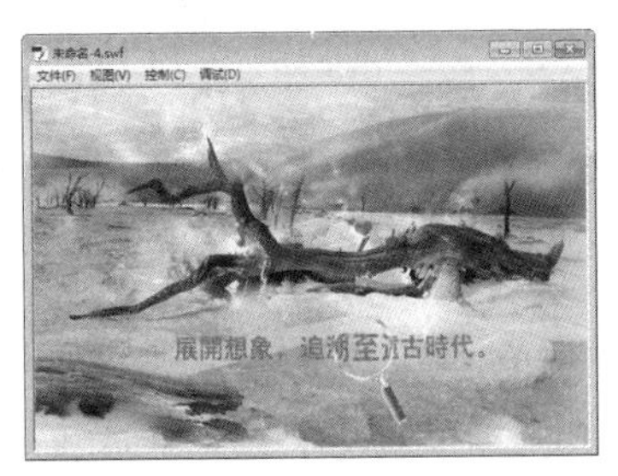

4．测试动画效果

实例总结

通过本案例的制作读者要掌握基本遮罩动画的制作方法，并了解使用不同元件制作遮罩将呈现不同的动画效果，还要了解使用图形元件或者影片剪辑元件制作遮罩动画的要诀和技巧。

实例 65　使用 Deco 工具——火焰动画

使用 Deco 工具创建动画既方便快捷又简单，Deco 工具组一共提供了 13 种创建工具，有的可以直接创建动画，有的则可以绘制出漂亮的图案。下面通过实例来讲解 Deco 工具制作动画的操作方法。

实例分析

本实例通过使用 Deco 工具中的“火焰动画”制作出火焰燃烧的动画效果，可以创建程式化的逐帧火焰动画。最终效果如图 4-33 所示。

图 4-33　最终效果

源 文 件	光盘\源文件\第 4 章\实例 65.fla
视　　频	光盘\视频\第 4 章\实例 65.swf
知 识 点	Deco 工具、火焰动画、设置“高级选项”
学习时间	10 分钟

知识点链接——如何使用 Deco 工具创建火焰动画？

在“工具”面板中单击 Deco 工具，从“属性”面板的“绘制效果”菜单中选择“火焰动画”，设置火焰动画效果的属性。在舞台上拖动，以创建动画，当按住鼠标按钮时 Flash 会将帧添加到时间轴。在多数情况下，最好将火焰动画置于其自己的元件中。

操 作 步 骤

步骤 1 执行“文件>新建”命令，新建一个大小为 390 像素×340 像素，帧频为 24fps，“背景颜色”为＃000099 的 Flash 文档。

步骤 2 执行“文件>导入>导入到舞台”命令，将图像“光盘\源文件\第 4 章\素材\6501.jpg”导入到场景中，如图 4-34 所示。新建一个“名称”为“火焰”的“影片剪辑”元件，如图 4-35 所示。

图 4-34　导入图像

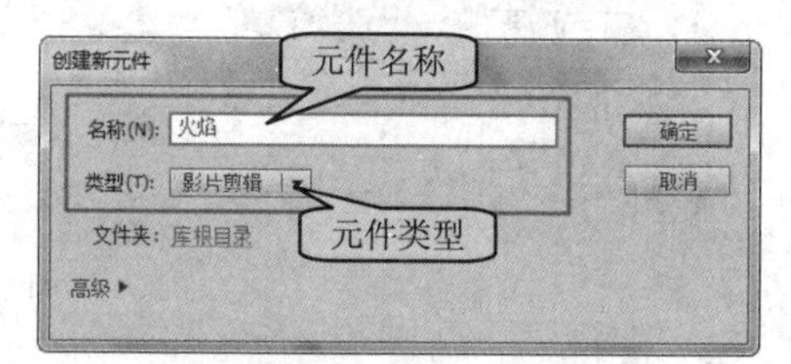

图 4-35　“创建新元件”对话框

> **▶ 提示**
>
> 在一般情况下，最好将火焰动画置于一个单独的元件中，如影片剪辑元件。

步骤 3 单击“Deco 工具”按钮，在“属性”面板下拉菜单中选择“火焰动画”选项，设置“高级选项”，如图 4-36 所示。在舞台上单击鼠标，效果如图 4-37 所示。

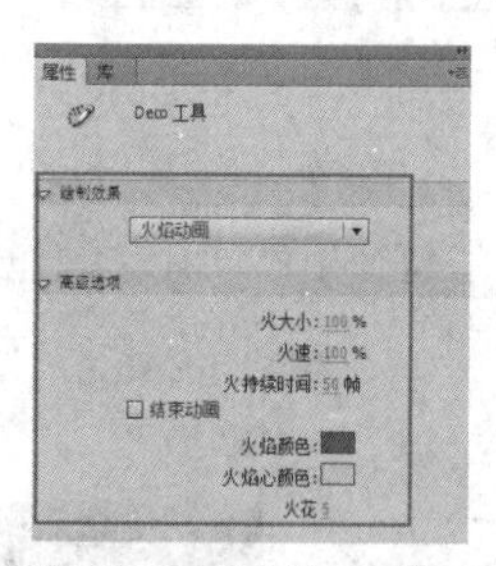

图 4-36　“属性”面板

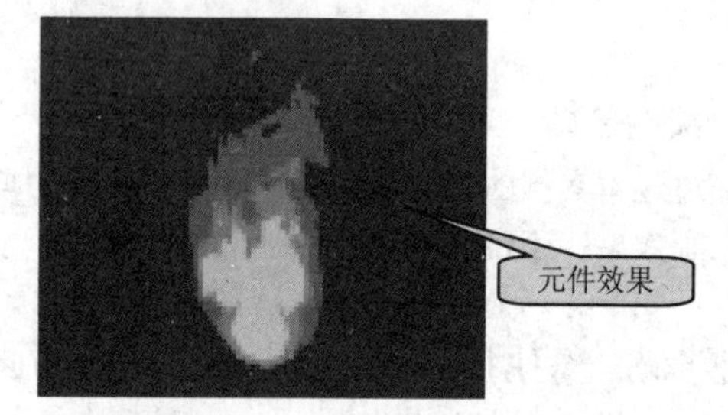

图 4-37　火焰效果

> **▶ 提示**
>
> “火大小”是指火焰的宽度和高度，值越高，创建的火焰越大。“火速”是指动画的速度，值越大，创建的火焰越快。“火持续时间”是指动画在时间轴中创建的帧数。“火焰颜色”是指火苗的颜色。“火焰心颜色”是指火焰底部的颜色。“火花”是指火源底部各个火焰的数量。

步骤 4 “时间轴”面板如图 4-38 所示。返回“场景 1”，新建“图层 2”，将“火焰”元件从“库”面板中拖入场景，调整大小后移至合适位置，如图 4-39 所示。

步骤 5 完成火焰动画的制作，执行“文件>保存”命令，保存动画，按下【Ctrl+Enter】键测试动画，效果如图 4-40 所示。

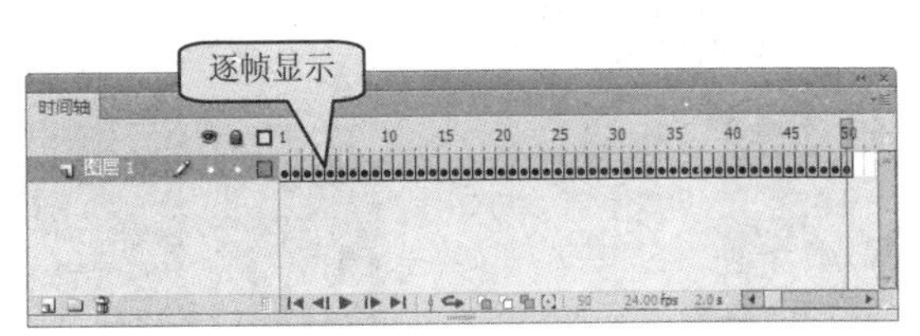

图 4-38　调整元件

图 4-39　元件效果

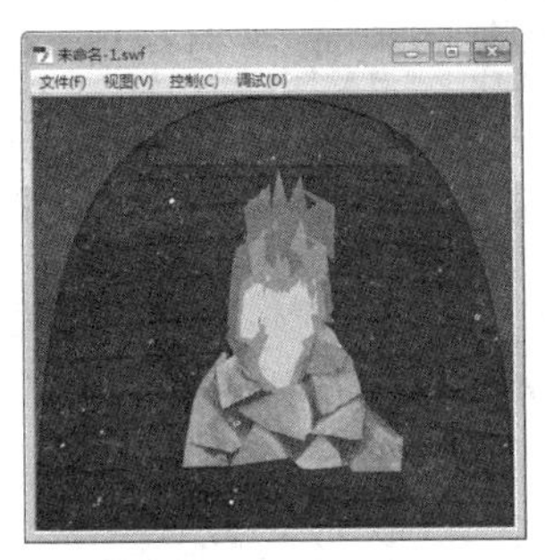

图 4-40　测试动画效果

提问：勾选“结束动画”有什么作用？

回答：选择“结束动画”选项，可创建火焰燃尽而不是持续燃烧的动画，Flash 会在指定的火焰持续时间后添加其他帧，以生成烧尽效果。如果要循环播放完成的动画以创建持续燃烧的效果，请不要选择此选项。

提问：闪电刷子有什么特点？

回答：选择“闪电刷子”，通过 “高级选项”设置效果，可以创建闪电。勾选“动画”选项，还可以创建具有动画效果的闪电，如图 4-41 所示。

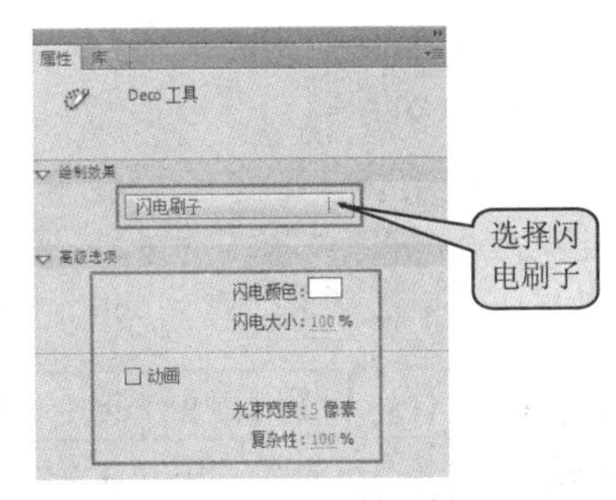

图 4-41　属性面板

实例 66　闪电刷子——制作闪电动画

源 文 件	光盘\源文件\第 4 章\实例 66.fla
视　　频	光盘\视频\第 4 章\实例 66.swf
知 识 点	Deco 工具、闪电动画、设置“高级选项”
学习时间	10 分钟

1. 在“颜色”面板中设置“线性渐变”填充颜色，绘制矩形。
2. 新建“影片剪辑”元件，使用“Deco 工具”中的“闪电刷子”，并在“属性”面板中设置参数。

1. 绘制矩形

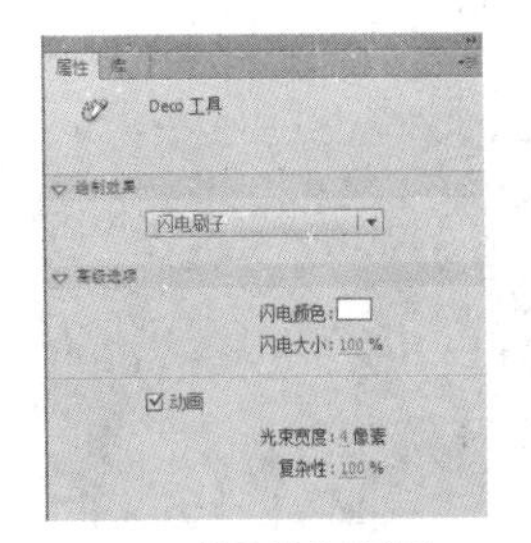

2. “属性”面板

3．单击鼠标绘制闪电动画效果。

4．返回场景，拖入闪电，完成动画的制作，测试动画效果。

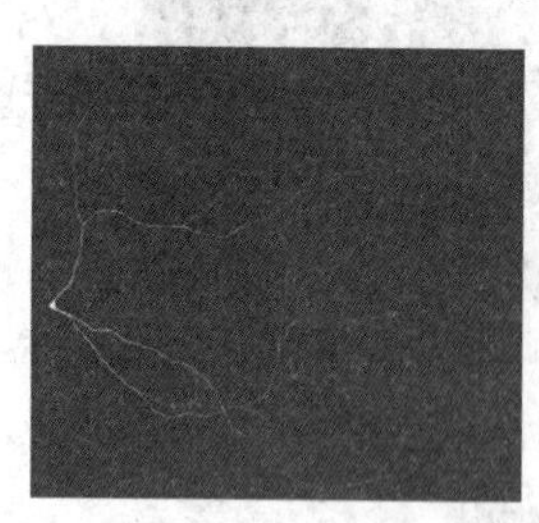

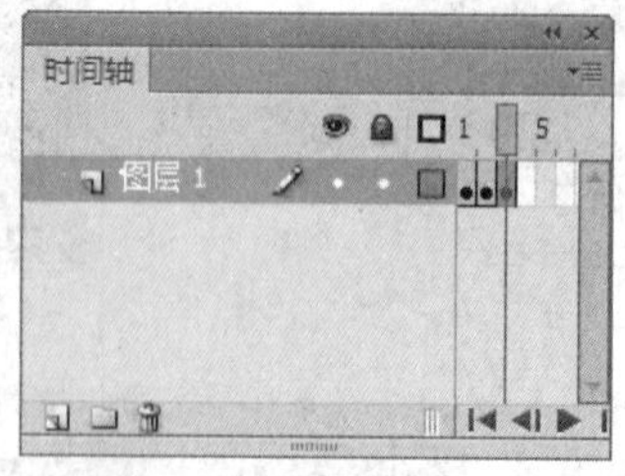

3．绘制闪电

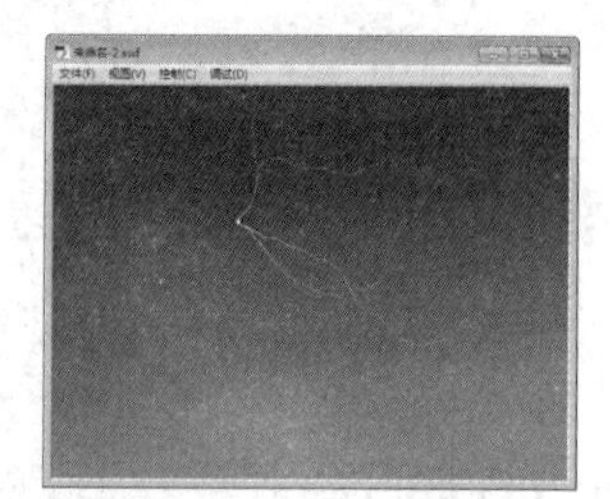

4．测试动画效果

实例总结

本实例使用 Deco 工具中的火焰动画和闪电刷子制作出火焰动画效果和闪电效果，读者要掌握使用 Deco 工具快捷地制作动画效果。

实例 67　粒子系统——吹泡泡动画

吹汽泡动画也有很多种制作方法，这里为读者介绍使用粒子系统制作吹汽泡的动画，通过学习进一步掌握 Deco 工具的使用。

实例分析

本实例是使用粒子系统制作出的动画效果，首先制作一个汽泡元件，定义为“粒子系统”，通过学习，让读者掌握粒子系统的应用方法，最终效果如图 4-42 所示。

图 4-42　最终效果

源 文 件	光盘\源文件\第 4 章\实例 67.fla
视　　频	光盘\视频\第 4 章\实例 67.swf
知 识 点	Deco 工具、粒子系统、设置“高级选项”
学习时间	10 分钟

知识点链接——粒子系统可以创建哪些动画？

使用粒子系统，可以创建火、烟、水、气泡及其他效果的粒子动画。Flash 将根据设置的属性创建逐帧动画的粒子效果。在“舞台”上生成的粒子包含在动画的每个帧的组中。

操作步骤

步骤 1 执行“文件>新建”命令，新建一个大小为 550 像素×400 像素，帧频为 10fps，“背景颜色”为白色的 Flash 文档。

步骤 2 将“光盘\源文件\第 4 章\素材\6701.jpg”导入到场景中，如图 4-43 所示。执行“插入>新建元件”命令，新建一个“名称”为“汽泡”的“影片剪辑”元件，如图 4-44 所示。

图 4-43　导入背景图像

图 4-44　新建元件

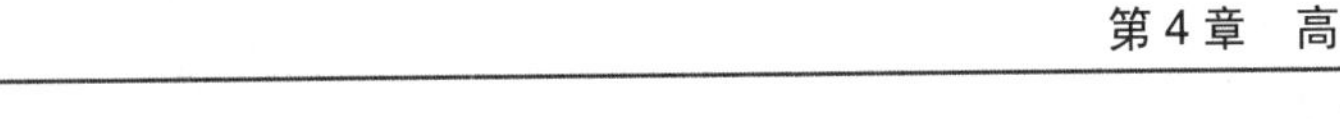

步骤 3 打开“颜色”面板，参数设置如图 4-45 所示。设置“笔触颜色”为“无”，使用“椭圆工具”在舞台上绘制图 4-46 所示圆形。

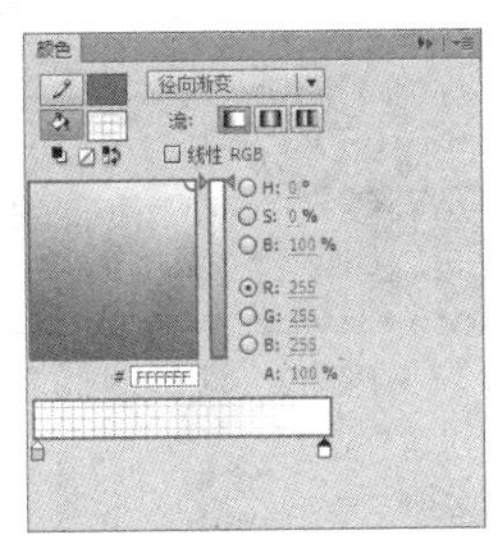

图 4-45　“颜色”面板

图 4-46　绘制图形

> ▶ 提示
>
> 设置颜色从透明到白色的渐变，为了使读者能看清透明汽泡，更改了舞台颜色。

步骤 4 返回“场景 1”，选择“Deco 工具”面板“绘制效果”下拉列表中的“粒子系统”，“属性”面板如图 4-47 所示。单击“粒子 1”后面的“编辑”选项，弹出“选择元件”对话框，选择“汽泡”元件，如图 4-48 所示。

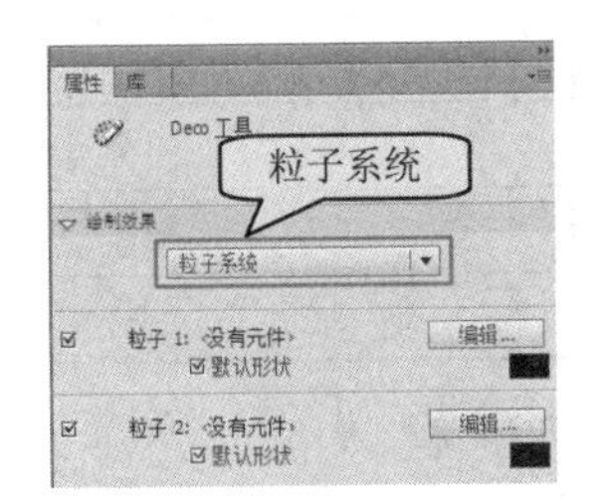

图 4-47　“属性”面板

图 4-48　“选择元件”对话框

步骤 5 单击“确定”按钮，取消勾选“粒子 2”，设置“高级选项”，如图 4-49 所示。新建“图层 2”，在舞台上单击，“时间轴”面板如图 4-50 所示。

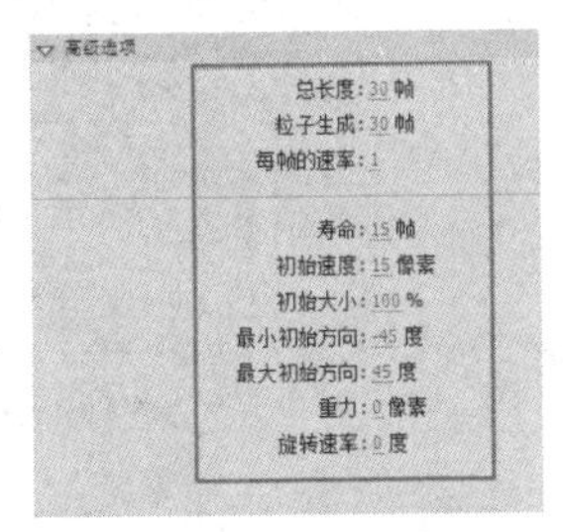

图 4-49　设置高级选项

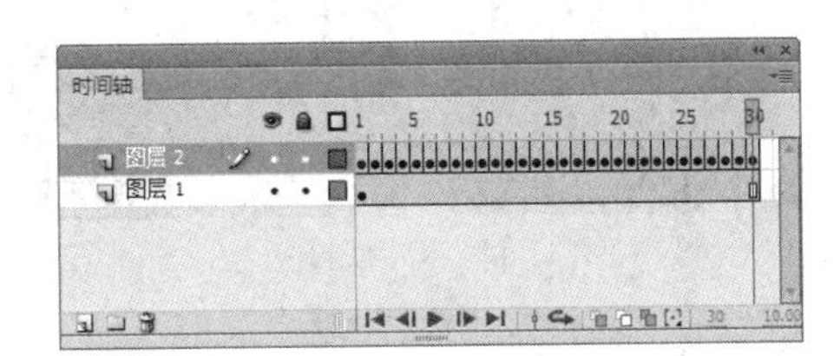

图 4-50　“时间轴”面板

> ▶ 提示
>
> 通过调整重力的值可以控制元件方向向上或向下，当此数字为正数时，粒子方向更改为向下且其速度会增加（就像正在下落一样）。如果重力是负数，则粒子方向更改为向上。

步骤 6 场景效果如图 4-51 所示。完成吹汽泡动画的制作，保存动画，按【Ctrl+Enter】键测试动画，效果如图 4-52 所示。

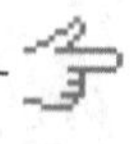

图 4-51　场景效果

图 4-52　测试动画效果

提问：属性面板中的“粒子 1”和“粒子 2”有什么用途？

回答：“粒子”是可以将元件用作粒子，“粒子 1”是第一个可以分配用作粒子的元件。“粒子 2”是第二个。如果未指定元件，将使用一个黑色的小正方形。通过正确地选择图形，您可以生成非常有趣且逼真的效果。

提问：装饰性刷子可以实现哪些效果？

回答：通过应用装饰性刷子效果，可以绘制装饰线，例如，点线、波浪线及其他线条。

实例 68　烟动画——摩托车尾气动画

源 文 件	光盘\源文件\第 4 章\实例 68.fla
视　　频	光盘\视频\第 4 章\实例 68.swf
知 识 点	Deco 工具、烟动画、设置“高级选项”
学习时间	10 分钟

1．先将背景素材导入到场景中，新建图层并导入车的素材，然后调整大小和位置。

2．新建“影片剪辑”元件，选择“Deco 工具”中的“烟动画”，在“属性”面板中设置参数。

1．导入素材

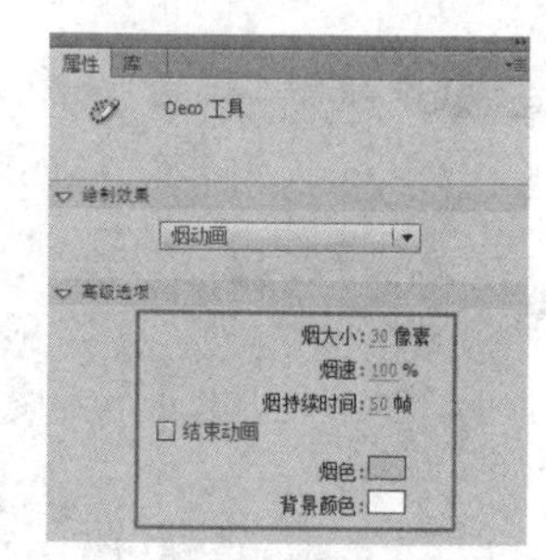

2．属性面板

3．在舞台上单击，创建烟动画。返回场景编辑，新建图层并拖入烟元件，调整大小位置。

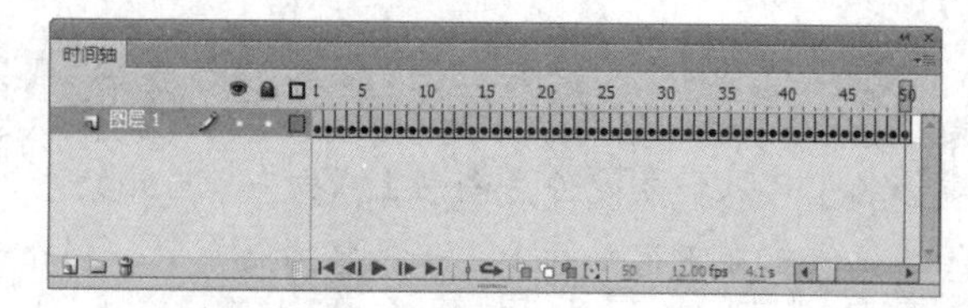

3．场景效果和“时间轴”面板

4．调整图层位置，完成动画的制作，测试动画效果。

4．测试动画效果

实例总结

本实例使用 Deco 工具中的粒子系统和烟动画制作出汽泡动画效果和烟动画效果，读者通过以上学习需要知道如何使用 Deco 工具中的其他功能。

实例 69　路径跟随动画——飞舞的心

利用传统运动路径可以创建简单的路径跟随动画，通过学习读者可以了解并掌握如何在动画中更好地利用传统运动路径，并对路径引导动画有更深层的了解。

实例分析

本实例制作了沿路径飞舞的心的动画效果，通过学习，读者需掌握“添加传统运动引导层”的方法，最终效果如图 4-53 所示。

图 4-53　最终效果

源 文 件	光盘\源文件\第 4 章\实例 69.fla
视　　频	光盘\视频\第 4 章\实例 69.swf
知 识 点	“添加传统运动引导层”、传统补间动画
学习时间	20 分钟

知识点链接——引导层和被引导层的关系有哪些？

被引导层是与引导层关联的图层。可以沿引导层上的笔触排列被引导层上的对象或为这些对象创建动画效果。被引导层可以包含静态插图和传统补间，但不能包含补间动画。

操作步骤

步骤 1 执行“文件>新建”命令，新建一个大小为 600 像素×350 像素，帧频为 12fps，“背景颜色”为白色的 Flash 文档。

步骤 2 将“光盘\源文件\第 4 章\素材\6901.jpg”导入到场景中，如图 4-54 所示。在第 145 帧位置插入帧。新建“名称”为“心”的“图形”元件，如图 4-55 所示。

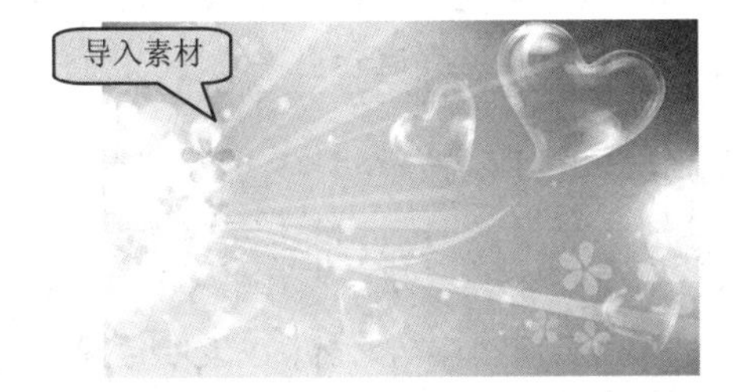

图 4-54　导入图像

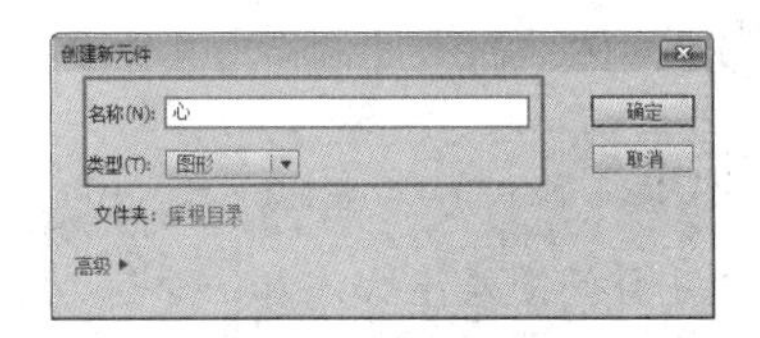

图 4-55　创建新元件

步骤 3 选择“钢笔工具”，绘制图形并调整为心形，打开“颜色”面板，参数设置如图 4-56 所示。

使用“颜料桶工具”为图形填充颜色，删除边缘线，效果如图 4-57 所示。

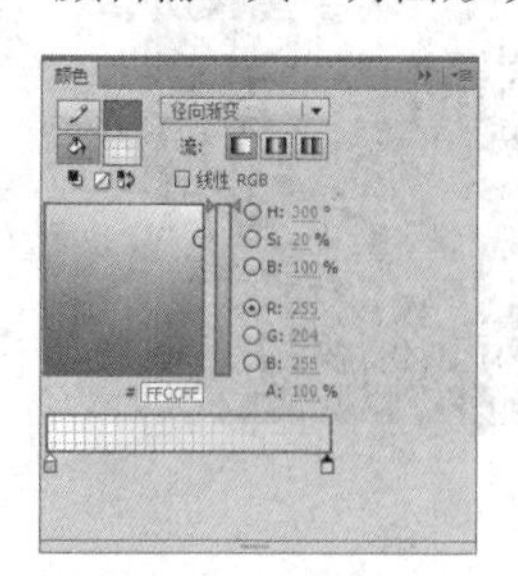

图 4-56 调整颜色

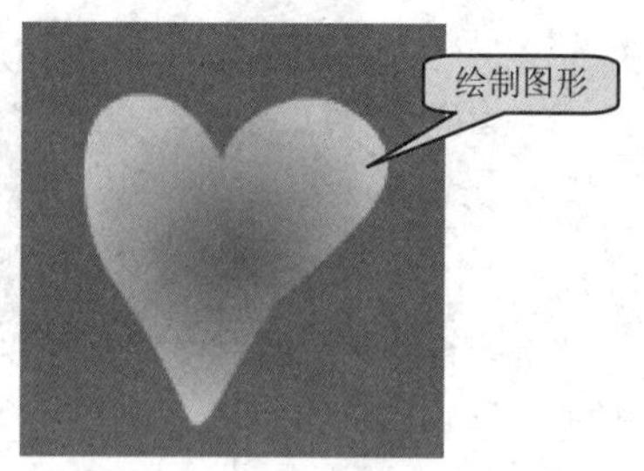

图 4-57 绘制图形

步骤 4 返回“场景 1”编辑，新建“图层 2”，将“心”元件从“库”面板中拖入场景中，调整大小，如图 4-58 所示。在第 97 帧位置插入关键帧，调整元件位置和大小，如图 4-59 所示。在第 1 帧位置创建传统补间。

图 4-58 创建补间动画

图 4-59 调整元件

步骤 5 在“图层 2”上单击鼠标右键，选择“添加传统运动引导层”，使用“钢笔工具”绘制线条并进行调整，分别移动第 1 帧和第 97 帧上的元件的中心点到引导线一端，如图 4-60 所示。新建“图层 4”，使用相同方法制作心由小变大的动画，场景效果如图 4-61 所示。

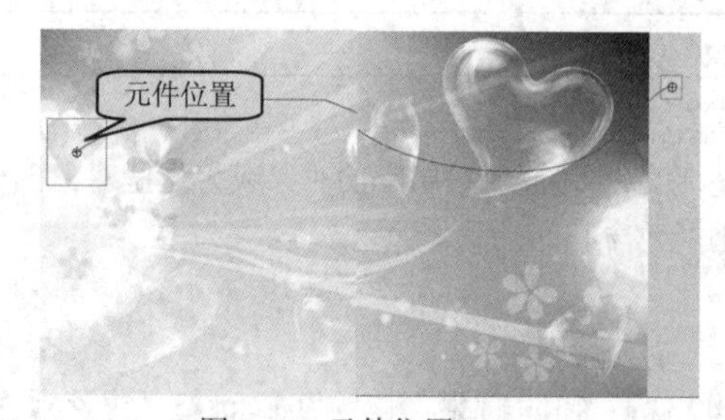

图 4-60 元件位置 1

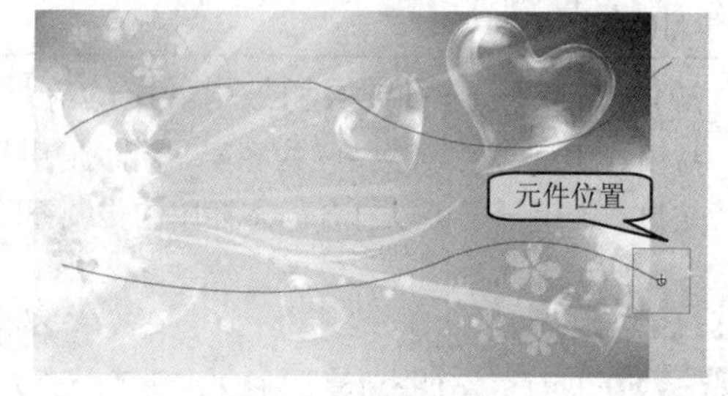

图 4-61 元件位置 2

> **▶ 提示**
>
> 要向运动引导层添加一个路径以引导传统补间，可以选择运动引导层，然后使用钢笔、铅笔、线条、圆形、矩形或刷子工具绘制所需的路径，也可以将笔触粘贴到运动引导层。

步骤 6 使用相同的方法制作出其他图层，“时间轴”面板如图 4-62 所示。

> **▶ 提示**
>
> 在传统补间图层上方添加一个运动引导层，并缩进传统补间图层的名称，以表明该图层已绑定到该运动引导层。如果时间轴中已有一个引导层，可以将包含传统补间的图层拖到该引导层下方，以将该引导层转换为运动引导层，并将传统补间绑定到该引导层。

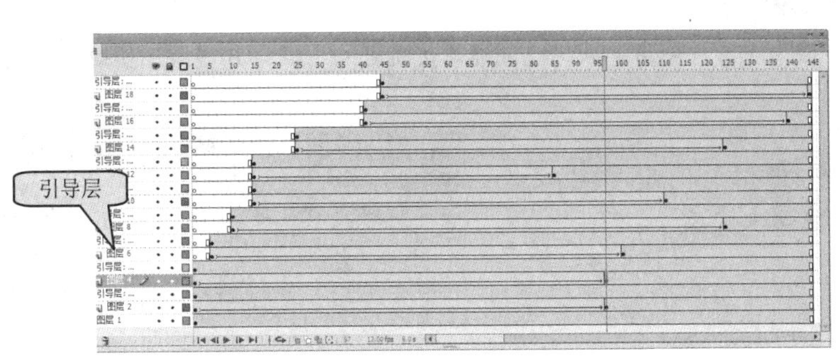

图 4-62 “时间轴”面板

步骤 7 完成飞舞的心的动画制作，保存动画，按下【Ctrl+Enter】键测试动画，效果如图 4-63 所示。

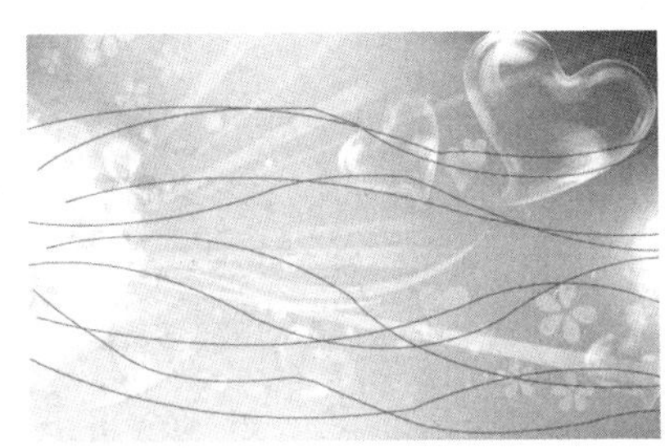

图 4-63　测试动画效果

提问：如何控制传统补间动画中对象的移动？

回答：若要控制传统补间动画中对象的移动，请创建运动引导层。无法将补间动画图层或反向运动姿势图层拖动到引导层上。

提问：编辑运动路径要注意什么？

回答：编辑运动路径时如果补间包含动画，则会在舞台上显示运动路径。运动路径显示每帧中补间对象的位置。通过拖动运动路径的控制点可以编辑舞台上的运动路径。无法将运动引导层添加到补间或反向运动图层。

实例 70　路径跟随动画——汽车行驶

源 文 件	光盘\源文件\第 4 章\实例 70.fla
视　　频	光盘\视频\第 4 章\实例 70.swf
知 识 点	添加传统运动引导层、传统补间动画、遮罩层、转换为元件
学习时间	10 分钟

1. 新建 Flash 文档并导入背景图像，制作素材的淡入效果。新建图层并导入汽车图片。

1. 导入图形

2．将汽车图片转换为“影片剪辑”元件。创建“传统补间”动画并“添加传统引导层”。

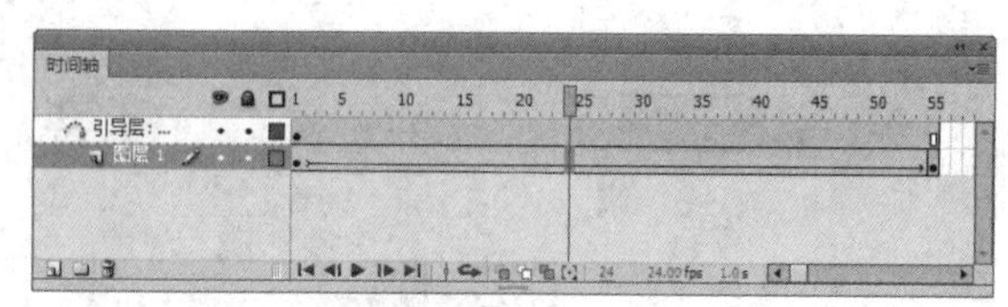

2．添加传统引导层

3．返回场景，拖入汽车元件，制作遮罩层。

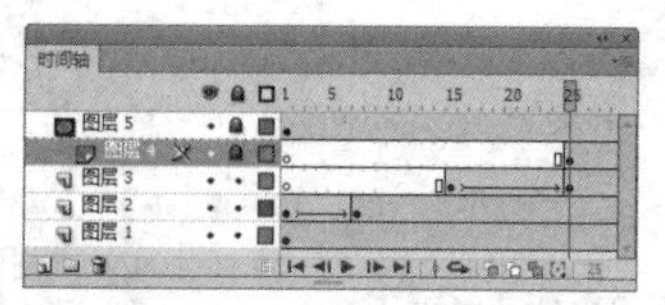

3．场景效果和“时间轴”面板

4．完成动画的制作，测试动画效果。

4．测试动画效果

实例总结

本实例中通过“添加传统运动引导层”控制动画路径，通过学习读者要掌握制作“路径跟随动画”的方法和技巧，能够独立完成特定移动路线动画的制作。

实例 71　添加传统引导层——飞机飞行动画

本例利用“添加传统运动引导层”路径创建路径跟随动画，通过实例的学习读者可以了解与掌握，如何在动画中更好地创建路径动画。

实例分析

本实例通过路径跟随制作环绕飞行动画，结合传统补间动画制作出自然流畅的飞行效果，如图 4-64 所示。

图 4-64　最终效果

源文件	光盘\源文件\第 4 章\实例 71.fla
视　频	光盘\视频\第 4 章\实例 71.swf
知识点	添加传统运动引导层、传统补间动画、转换为元件
学习时间	15 分钟

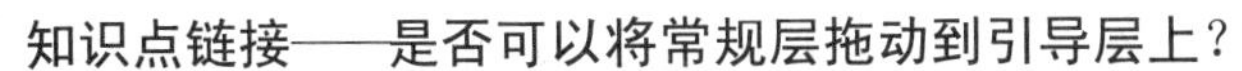

知识点链接——是否可以将常规层拖动到引导层上？

若将常规层拖动到引导层上，将会把引导层转换为运动引导层，并将常规层链接到新的运动引导层。

操作步骤

步骤 1 执行“文件>新建”命令，新建一个大小为 550 像素×400 像素，帧频为 20fps，“背景颜色”为白色的 Flash 文档。

步骤 2 将“光盘\源文件\第 4 章\素材\7101.jpg”导入到场景中，如图 4-65 所示。使用相同的方法导入素材图“7102.png”，效果如图 4-66 所示。

图 4-65　导入图像

图 4-66　导入素材

步骤 3 新建一个“名称”为“飞船”的“图形”元件，如图 4-67 所示。将 “光盘\源文件\第 4 章\素材\7103.png” 图像导入到场景中，如图 4-68 所示。

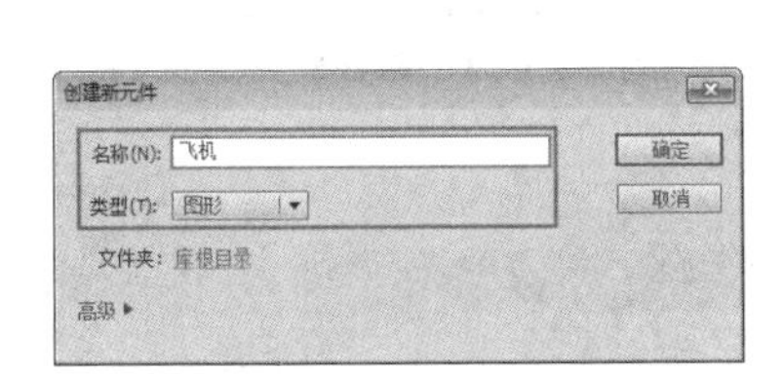

图 4-67　“新建元件”对话框

图 4-68　导入飞机

步骤 4 按【F8】键将图片转换为“名称”为“飞机动画”的“影片剪辑”元件，如图 4-69 所示。在第 50 帧位置插入帧，新建“图层 2”，单击鼠标右键，选择“添加传统运动引导层”命令，使用“钢笔工具”绘制路径并调整，如图 4-70 所示。

图 4-69 “转换为元件”对话框

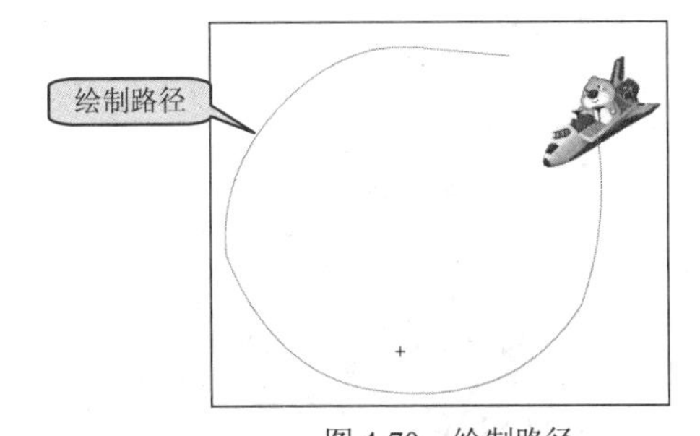

图 4-70　绘制路径

> **▶ 提示**
>
> 调整元件位置时，配合使用“任意变形工具”调整元件的角度，以实现动画的自然旋转效果。

步骤 5 在第 15 帧位置插入关键帧并移动元件，调整元件位置和大小，在第 1 帧位置创建传统补间动画，如图 4-71 所示。在第 29 帧位置插入关键帧，调整位置和大小并创建传统补间动画，如图 4-72 所示。

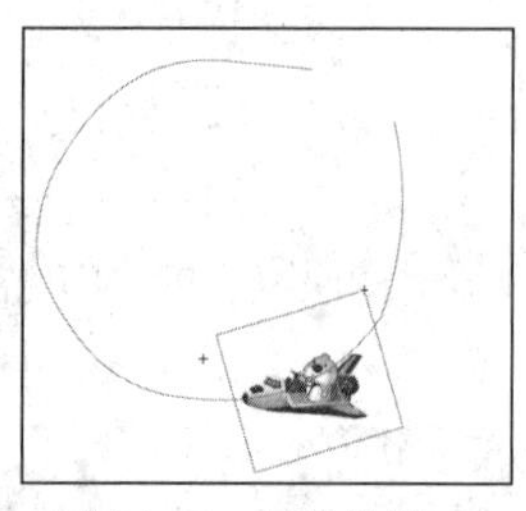

图 4-71　场景效果

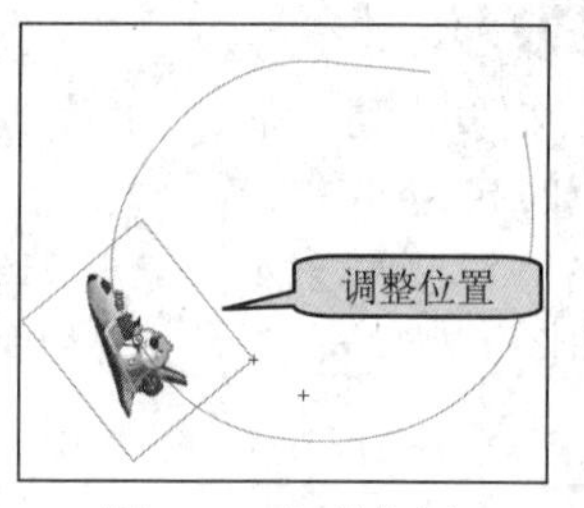

图 4-72　调整位置 1

步骤 6 在第 37 帧位置插入关键帧，调整位置，执行“修改>变形>垂直翻转”命令，创建传统补间动画，场景效果如图 4-73 所示。在第 50 帧位置插入关键帧，调整位置，创建传统补间动画，场景效果如图 4-74 所示。

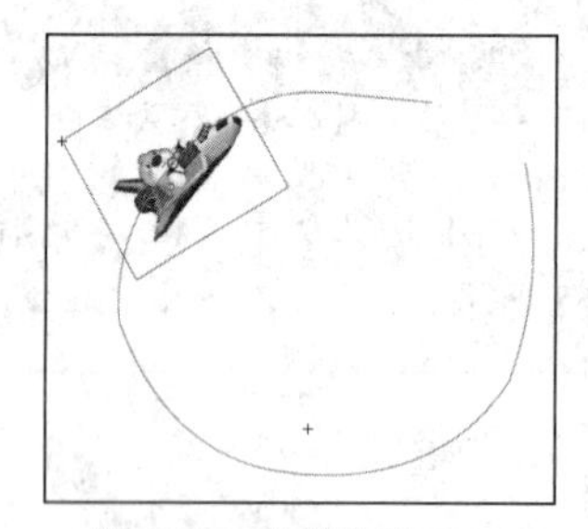

图 4-73　调整位置 2

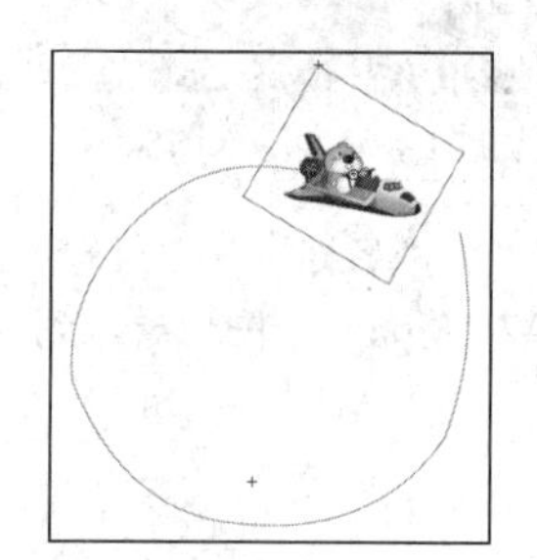

图 4-74　调整位置 3

步骤 7 完成制作的“时间轴”面板如图 4-75 所示。

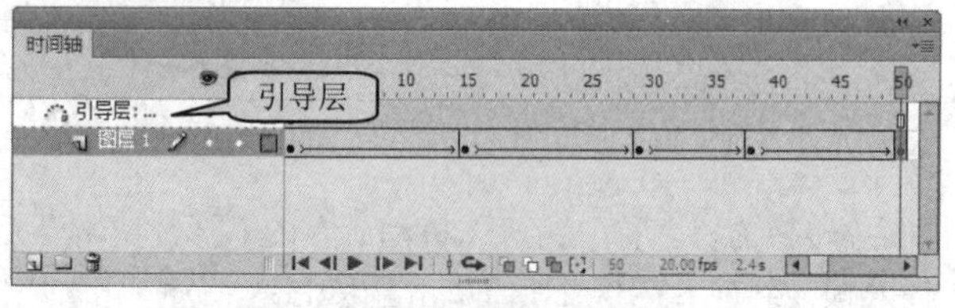

图 4-75　“时间轴”面板

步骤 8 返回“场景 1”，新建“图层 3”，将“飞机动画”元件从“库”面板中拖入场景，如图 4-76 所示。完成飞机动画制作，保存动画，按下【Ctrl+Enter】键测试动画，效果如图 4-77 所示。

图 4-76　场景效果 1

图 4-77　测试效果

> ▶ 提示
>
> 因对象在自己单独的元件中完成动画效果，因此在场景的“时间轴”面板中不用延长帧。

提问：创建引导层的方法是什么？

回答：在 Flash 中创建引导层的方法有两种。一种是选择一个图层，使用鼠标右键单击图层名称，在弹出的快捷菜单中选择“添加传统运动引导层”选项，在当前选择图层上方添加一个引导层，在添加的引导层中绘制所需的路径；另一种同样是选择一个图层，使用用鼠标右键单击图层名称，在弹出的快捷菜单中选择“引导层”选项，把当前图层转换为引导层。

提问：运动引导层的用途有哪些？

回答：运动引导层可以绘制路径，补间实例、组或文本块可以沿着这些路径运动。可以将多个层链接到一个运动引导层，使多个对象沿同一条路径运动。 链接到运动引导层的常规层就成为引导层。

实例 72　动画综合——太阳升起

源 文 件	光盘\源文件\第 4 章\实例 72.fla
视　　频	光盘\视频\第 4 章\实例 72.swf
知 识 点	添加传统运动引导层、传统补间动画、转换为元件
学习时间	10 分钟

1．将背景图像素材导入到场景，调整大小和位置。

1．导入背景素材

2．新建图层，导入太阳素材，转换为“图形”元件；在第 50 帧位置插入关键帧，调整大小和位置。

3．设置第 1 帧上的元件“不透明度”为 50%，并创建传统补间动画。为图层添加运动引导层。

2．导入素材

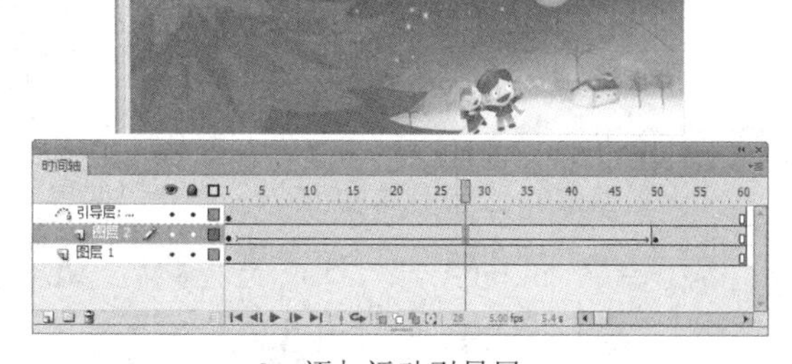

3．添加运动引导层

4．完成动画的制作，测试动画效果。

4．制作路径跟随动画

实例总结

本实例中使用“添加传统运动引导层”控制动画路径，通过本例的学习读者要进一步巩固制作“路径跟随动画”的方法和技巧。灵活运用，结合不同的动画类型制作不同的动画效果。

实例73　3D动画——旋转星星

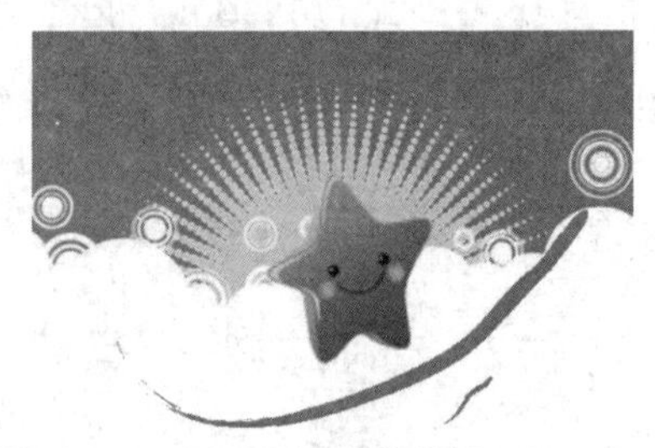
图4-78　最终效果

使用“3D旋转工具”可以在3D空间里旋转影片剪辑实例，3D旋转控件出现在选定舞台对象上，X控件为红色、Y控件为绿色、Z控件为蓝色、自由旋转控件为橘色。

实例分析

本实例制作星星旋转效果，通过实例来介绍3D旋转效果的方法和技巧，最终效果如图4-78所示。

源文件	光盘\源文件\第4章\实例73.fla
视　频	光盘\视频\第4章\实例73.swf
知识点	3D旋转动画、补间动画
学习时间	10分钟

知识点链接——如何设置3D旋转？

单击并拖动X控件可使实例沿着x轴方向进行旋转；单击并拖动y轴控件可使实例沿着y轴方向进行旋转；单击并拖动Z控件可使实例沿着z轴进行旋转；单击并拖动自由旋转控件可使实例同时绕x、y、z轴方向进行自由旋转。

操作步骤

步骤1　执行“文件>新建”命令，新建一个大小为500像素×320像素，帧频为16fps，“背景颜色”为白色的Flash文档。

> ▶ 提示
>
> 如果要使用Flash的3D功能，Flash文件的发布必须设置为Flash Player 10和ActionScript3.0。

步骤2　执行“文件>导入>导入到舞台”命令，将图像“光盘\源文件\第4章\素材\7301.jpg”导入到场景中，如图4-79所示。新建“图层2”，将“光盘\源文件\第4章\素材\7302.png”导入到场景中，调整大小和位置，如图4-80所示。

图4-79　导入图像

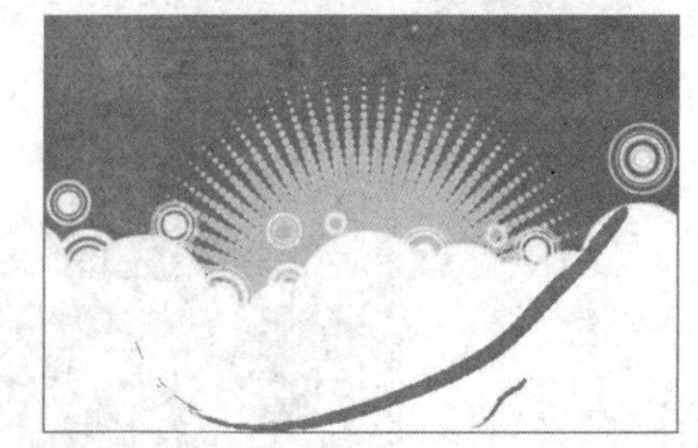
图4-80　导入图像

步骤3　新建“名称”为“星星”的“影片剪辑”元件，如图4-81所示。将“光盘\源文件\第4章\素材\7303.png”导入到场景中，如图4-82所示。

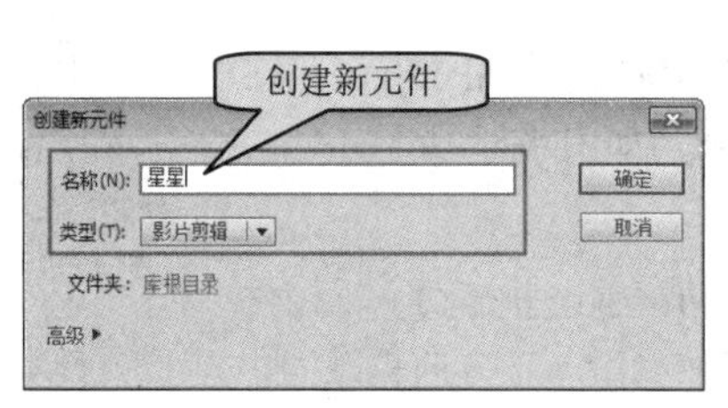

图 4-81　“创建新元件”对话框

图 4-82　调整位置

步骤 4 新建“名称”为“星星动画”的“影片剪辑”元件，如图 4-83 所示。将“库”面板中的“星星”元件拖入场景，在第 1 帧单击鼠标右键，选择“创建补间动画”，使用“3D 工具”选中元件，选择时间轴中的末帧，拖曳 y 轴进行旋转，场景效果如图 4-84 所示。

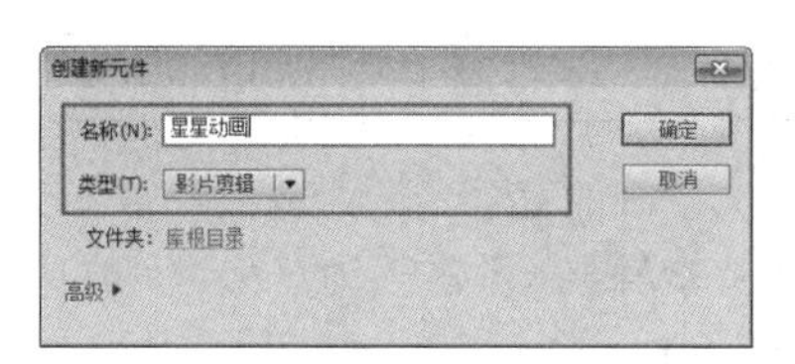

图 4-83　“创建新元件”对话框

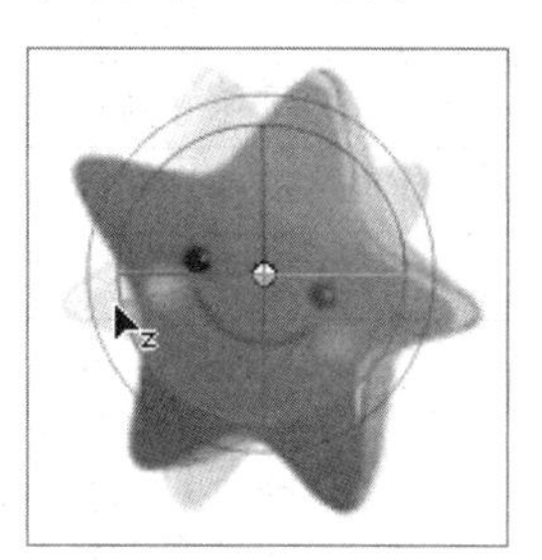

图 4-84　旋转效果

步骤 5 “时间轴“面板如图 4-85 所示。返回场景编辑，新建“图层 3”，将“星星动画”元件从“库”面板中拖入场景中，如图 4-86 所示。

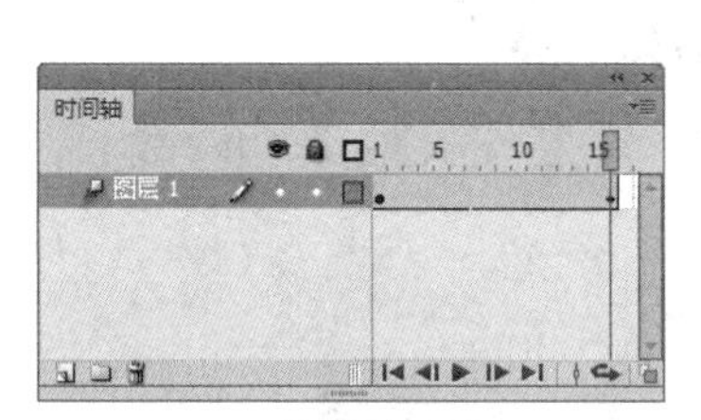

图 4-85　“时间轴”面板

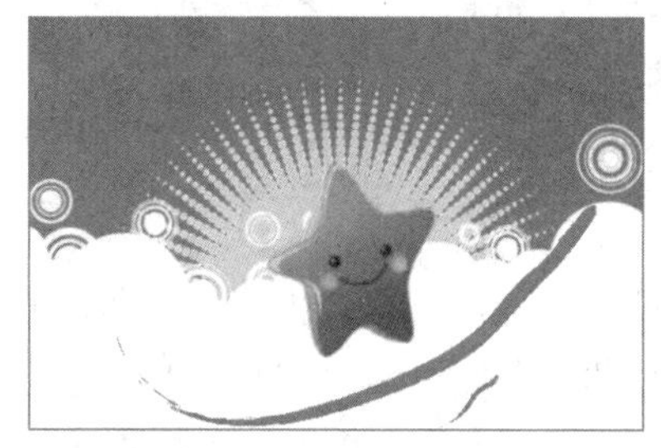

图 4-86　场景效果

步骤 6 保存动画，按下【Ctrl+Enter】键测试动画，效果如图 4-87 所示。

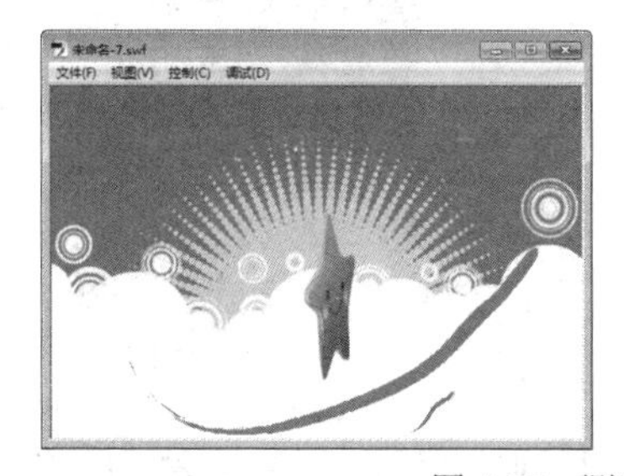

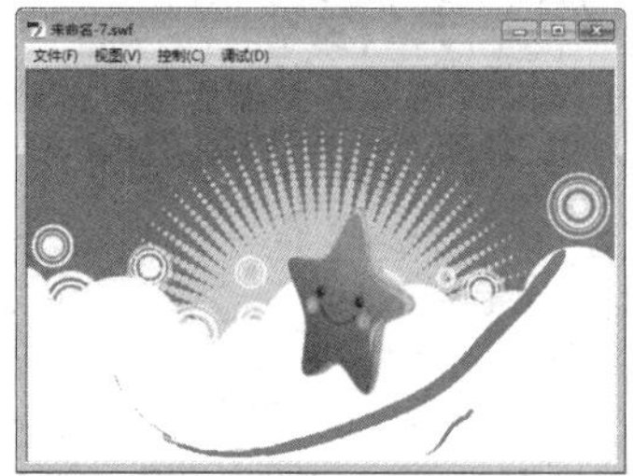

图 4-87　测试动画效果

> **▶ 提示**
>
> 如果选中多个影片剪辑实例，使用 3D 旋转工具旋转其中一个，其他对象将以相同的方式旋转，按住【Shift】键单击其他对象可把控件移动到该对象上。

提问：如何完成 3D 工具中全局与局部的转换？

回答：3D 工具默认的是“全局模式”，如果要在局部模式中使用这些工具，或单击“工具”面板中“选项”部分的“全局转换”按钮，如图 4-88 所示。

图 4-88　全局转换

提问：3D 平移工具的作是什么？

回答：单击并拖动 X 控件可使实例沿着 x 轴方向移动；单击并拖动 y 轴控件可使实例沿着 y 轴方向移动；单击并拖动 Z 控件可使实例沿着 z 轴方向更改大小。平移工具在制作实例由近到远、由远到近的出场效果时，具有较好的立体感，使动画丰富生动。

实例 74　3D 工具——平移动画

源文件	光盘\源文件\第 4 章\实例 74.fla
视　频	光盘\视频\第 4 章\实例 74.swf
知识点	3D 平移动画、补间动画
学习时间	15 分钟

1．将图像素材导入到场景，调整其大小和位置。作为动画的背景。

2．新建名称为“时钟”的“影片剪辑”元件，将图片素材导入并转换为名称为“时钟动画”的“影片剪辑”元件，使用“3D 平移工具”制作 3D 平移动画效果。

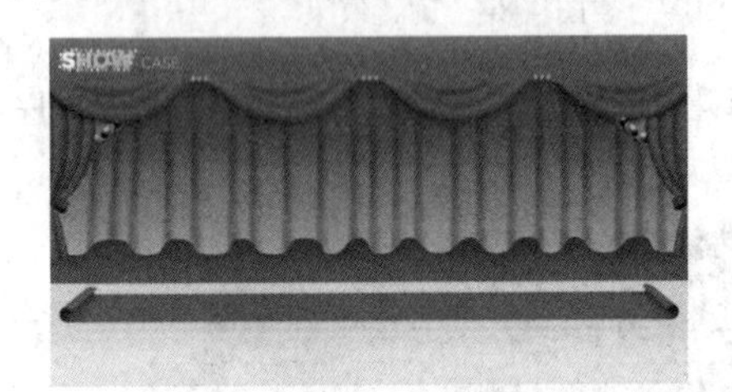

1．导入背景图像素材

2．导入素材并制作动画

3．返回场景，新建图层，拖入“时钟动画”元件。

4．完成动画的制作，测试动画效果。

3．拖入元件

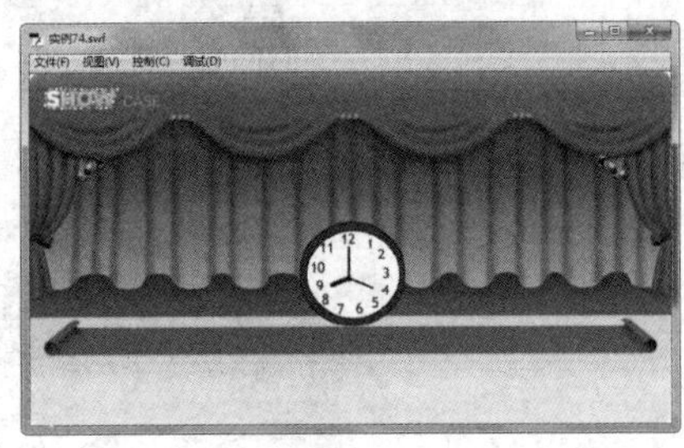

4．测试动画效果

实例总结

本实例使用“3D 工具”制作旋转和平移动画效果，通过学习读者要学会使用“3D 工具”制作立体旋转效果和移动元件的方法。

实例 75　骨骼动画——女孩跳舞

骨骼动画是一种使用骨骼对对象进行动画处理的方式，这些骨骼将父子关系链接成线性或枝状的骨

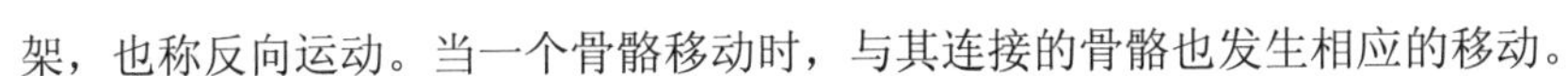

架，也称反向运动。当一个骨骼移动时，与其连接的骨骼也发生相应的移动。

实例分析

本实例使用元件为人物添加骨骼，通过骨骼的调整制作出人物跳舞的动画。最终效果如图 4-89 所示。

源 文 件	光盘\源文件\第 4 章\实例 75.fla
视　　频	光盘\视频\第 4 章\实例 75.swf
知 识 点	元件，骨骼动画
学习时间	10 分钟

图 4-89　最终效果

知识点链接——反向运动有哪几种方式？

可以通过两种方式使用反向运动：第一种是使用形状作为多块骨骼的容器，第二种是将元件实例链接起来，每个实例都只有一个骨骼。

操 作 步 骤

步骤 1 打开“光盘\源文件\第 4 章\素材\实例 7501.fla”文件，如图 4-90 所示。“库”面板如图 4-91 所示。

图 4-90　打开文档

图 4-91　“库”面板

步骤 2 单击“工具箱”上的“骨骼工具”按钮，单击并拖动鼠标，创建骨骼，如图 4-92 所示。使用相同的方法创建其他骨骼，如图 4-93 所示。

图 4-92　创建骨骼 1

图 4-93　创建骨骼 2

▶ 提示

为元件实例添加骨骼后，Flash 会自动将元件实例的中心点移动至骨骼的连接点上。

步骤 3 “时间轴”面板如图 4-94 所示，在“骨架”图层的第 30 帧上单击鼠标右键，在弹出的快捷菜单中选择“插入姿势”命令，如图 4-95 所示。

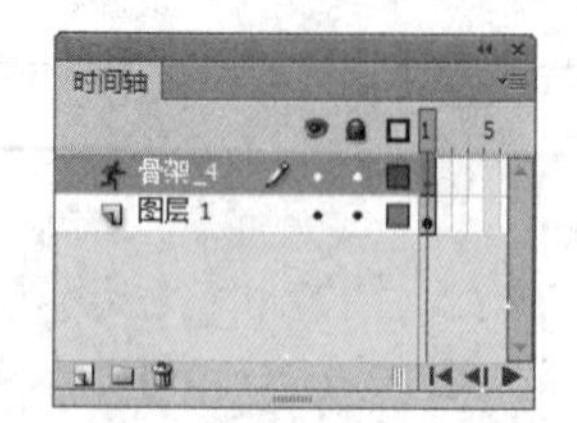

图 4-94 “时间轴”面板 1

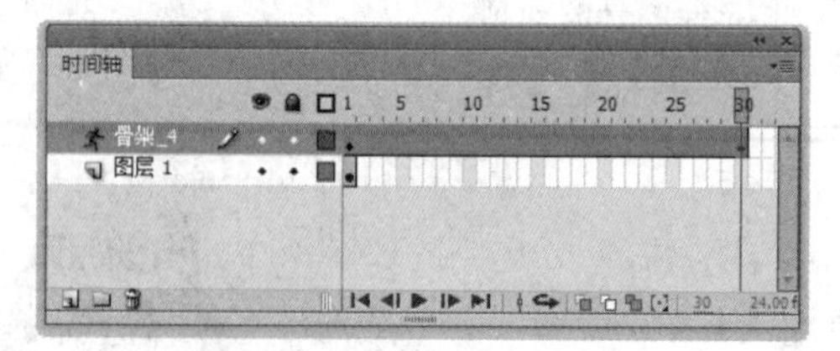

图 4-95 “时间轴”面板 2

步骤 4 单击“骨架”图层的第 15 帧，拖动骨骼调整实例位置，如图 4-96 所示。“时间轴”面板会自动添加关键帧，如图 4-97 所示。

图 4-96 调整位置

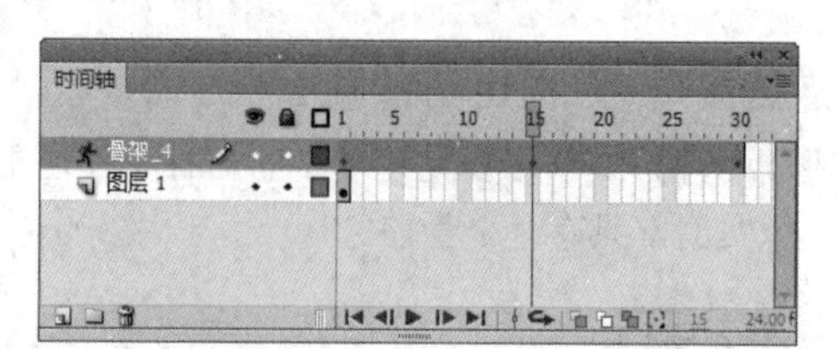

图 4-97 “时间轴”面板

步骤 5 完成跳舞动画的制作，保存动画，按下【Ctrl+Enter】键测试动画，效果如图 4-98 所示。

图 4-98 测试动画效果

▶ 提示

当为不同的实例添加骨骼时，首先要考虑好骨架的父子关系，骨架可以是线性的，也可以是分支性的，源于同一骨架的分支称为同级。

提问：如何使用骨架处理动画？

回答：使用骨架处理动画时只需要在时间轴上指定骨骼的开始和结束位置，Flash 自动在起始帧和结束帧之间对骨骼的位置进行插入处理。

提问：绑定工具的作用是什么？

回答：“绑定工具”可以将骨骼的一端绑定到形状的某一个控制点，精确控制动画，可以编辑单个骨

骼和形状控制点之间的连接，这样就能够控制笔触在各骨骼间移动时的扭曲，以获得更好的结果。

实例 76　骨骼工具——放风筝动画

源 文 件	光盘\源文件\第 4 章\实例 76.fla
视　　频	光盘\视频\第 4 章\实例 76.swf
知 识 点	补间形状、骨骼动画
学习时间	10 分钟

1．打开一个 Flash 文档。

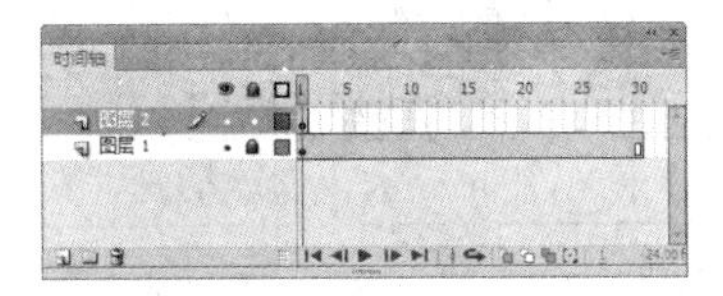

1．打开文档

2．为形状添加骨骼，插入姿势，调整位置。

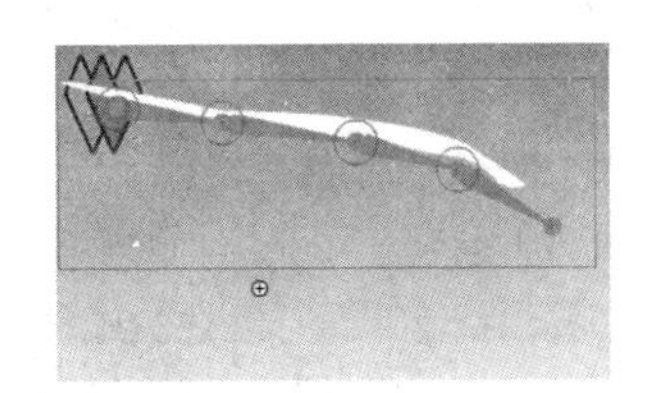

2．创建骨骼

3．使用“补间形状”制作小熊动画。

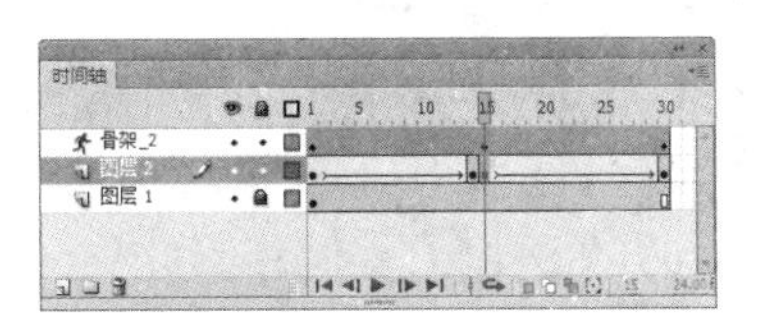

3．场景效果和“时间轴”面板

4．完成动画的制作，测试动画效果。

4．测试动画效果

实例总结

本实例使用“骨骼工具”制作移动、旋转等动画效果，通过学习读者要了解“骨骼动画”的制作方法和技巧，能够熟练使用“骨骼工具”制作动画效果。

实例77　综合动画——场景

下面将制作综合性的动画效果，通过学习读者能够将所有动画类型综合起来使用。

实例分析

本实例通过多种动画类型的结合，制作出综合性的场景动画，最终效果如图4-99所示。

图4-99　最终效果

源文件	光盘\源文件\第4章\实例77.fla
视　频	光盘\视频\第4章\实例77.swf
知识点	传统补间、补间形状、遮罩动画、路径跟随、3D动画
学习时间	10分钟

知识点链接——图层的操作技巧是什么？

为了便于查看、编辑各个图层的内容，可以将有的图层隐藏起来，完成操作后再将图层重新显示出来，编辑某些图层内容时，将其他图层进行锁定，对于遮罩来说，必须锁定才能起作用。

操作步骤

步骤1 执行“文件>新建”命令，新建一个大小为730像素×530像素，帧频为12fps，“背景颜色”为白色的Flash文档。

步骤2 将“光盘\源文件\第4章\素材\7701.png”导入到场景中，如图4-100所示，在第35帧位置插入帧。按【F8】键将导入的素材转换为“名称”为“背景”的“图形”元件，如图4-101所示。

图4-100　导入素材

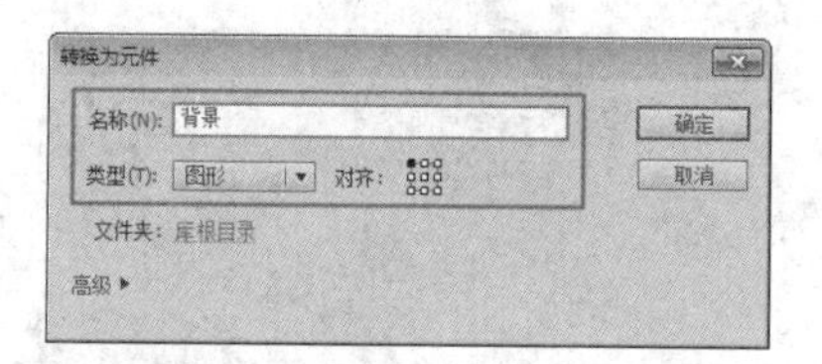

图4-101　“转换为元件”对话框

步骤3 在第10帧位置插入关键帧，选择第1帧上的元件，在“属性”面板中设置“不透明度”为0%，并创建传统补间动画，如图4-102所示。新建图层，导入素材，使用相同的方法制作图层2、图层3和图层4的内容，“时间轴”面板如图4-103所示。

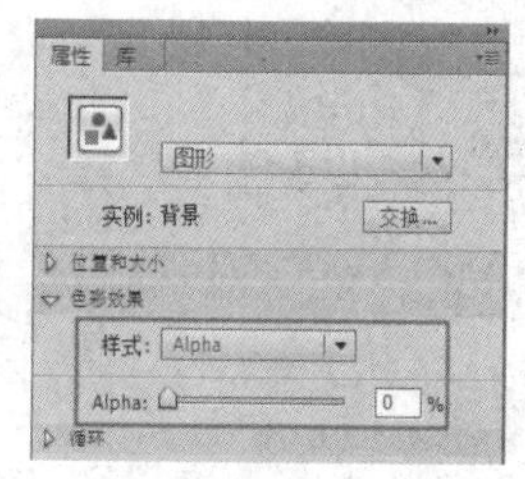

图4-102　“属性”面板

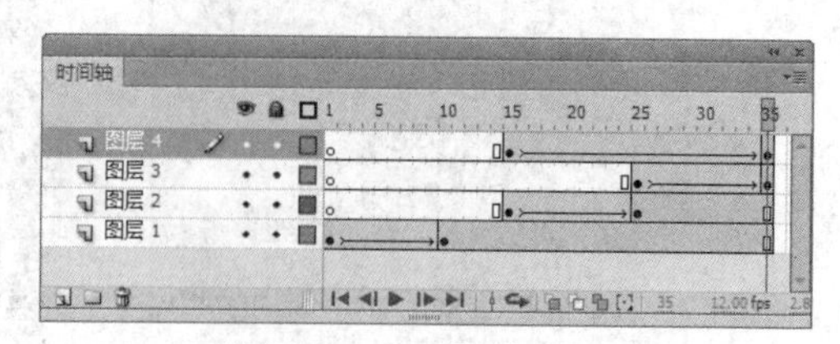

图4-103　“时间轴”面板

步骤 4 场景效果如图 4-104 所示。在第 33 帧位置插入关键帧，新建“图层 5”，将“光盘\源文件\第 4 章\素材\7705.png”导入到场景中，如图 4-105 所示。

图 4-104　图层 2、3、4 的内容

图 4-105　导入素材

步骤 5 在第 100 帧位置插入关键帧，新建“图层 6”，并将其设置为遮罩层，如图 4-106 所示。分别新建“图层”，将“光盘\源文件\第 4 章\素材\7706.png 和 7707.png”导入到场景中，放至遮罩层下方，如图 4-107 所示。

图 4-106　创建遮罩

图 4-107　导入素材

步骤 6 “时间轴”面板如图 4-108 所示。

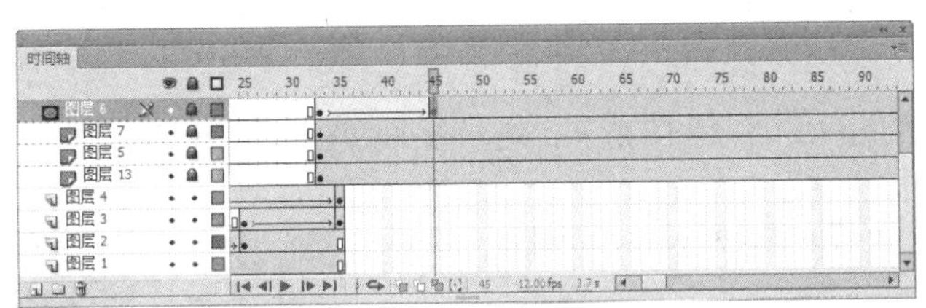

图 4-108　“时间轴”面板

步骤 7 新建图层，在第 46 帧位置插入关键帧，将“光盘\源文件\第 4 章\素材\7708.png”导入到场景中，如图 4-109 所示。

步骤 8 按【F8】键将图形转换为“名称”为“小鸟”的“图形“元件，在该图层上单击鼠标右键，选择“添加传统运动引导层”，选择“钢笔工具”绘制路径，使用“选择工具”进行调整，如图 4-110 所示。

图 4-109　导入素材

图 4-110　绘制路径

▶ 提示

制作引导线动画时，元件实例的中心点一定要贴紧至引导层中的路径上，否则将不能沿着路径运动。

步骤 9 选中“小鸟”图层，在第 100 帧位置插入关键帧，将元件移至引导线的另一端，在第 46 帧位置创建“传统补间动画”。“时间轴”面板如图 4-111 所示。

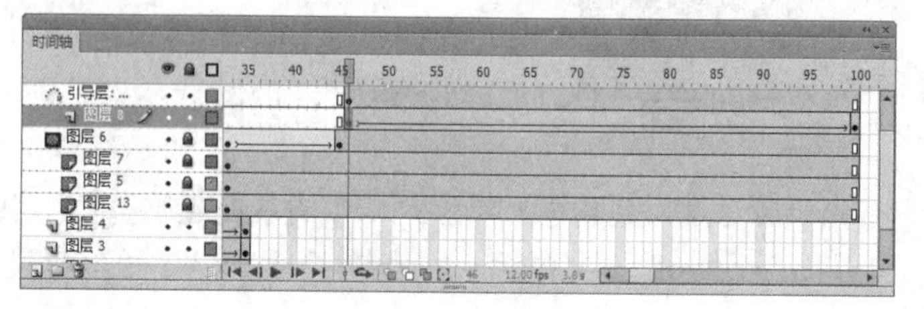

图 4-111 “时间轴”面板

步骤 10 新建图层，将“光盘\源文件\第 4 章\素材\7709.png”导入到场景中，如图 4-112 所示。按【F8】键将图形转换为“名称”为“字动画”的“影片剪辑“元件，选择“3D 旋转工具”，在第 1 帧位置创建补间动画，如图 4-113 所示。

图 4-112 导入素材

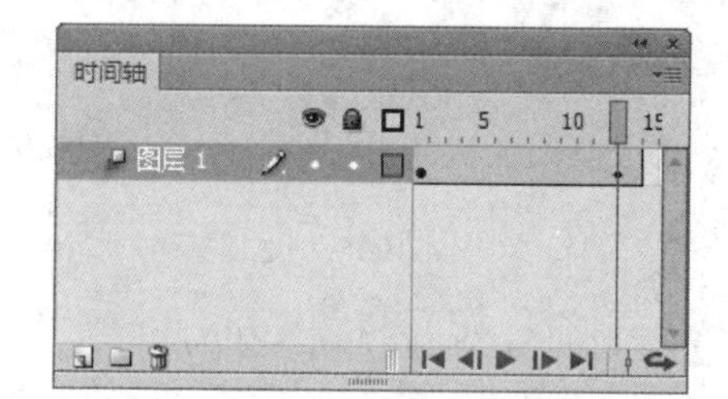

图 4-113 “时间轴”面板

步骤 11 将元件进行旋转，如图 4-114 所示，场景效果如图 4-115 所示。

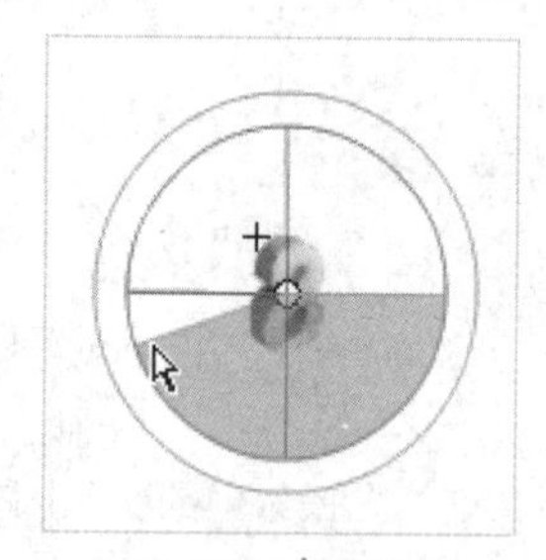

图 4-114 3D 旋转

图 4-115 场景效果

步骤 12 完成场景动画的制作，保存动画，按下【Ctrl+Enter】组合键测试动画，效果如图 4-116 所示。

图 4-116 测试动画效果

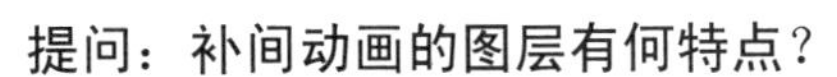

提问：补间动画的图层有何特点？

回答：Flash 文档中的每一个场景都可以包含任意数量的时间轴图层。使用图层和图层文件夹可组织动画序列的内容和分隔动画对象。在图层和文件夹中组织它们，可防止它们在重叠时相互擦除、连接或分段。若要创建一次包含多个元件或文本字段的补间移动动画，请将每个对象放置在不同的图层中。可以将一个图层用作背景图层来放静态插图，再使用其他图层放置单独的动画对象。

提问：何为姿势图层？

回答：在向元件实例或形状中添加骨骼时，Flash 会在时间轴中为它们创建一个新图层。此新图层称为“姿势图层”。Flash 在时间轴中现有的图层之间添加新的姿势图层，使舞台上的对象保持以前的堆叠顺序。

实例 78　动画预设——飞机着陆动画

源 文 件	光盘\源文件\第 4 章\实例 78.fla
视　　频	光盘\视频\第 4 章\实例 78.swf
知 识 点	动画预设
学习时间	10 分钟

1. 新建 Flash 文档并导入素材。
2. 新建图层，将素材导入到场景，移动至合适位置。

1. 导入背景图像

2. 导入飞机

3. 打开“动画预设”，选择“从右边模糊飞入”。

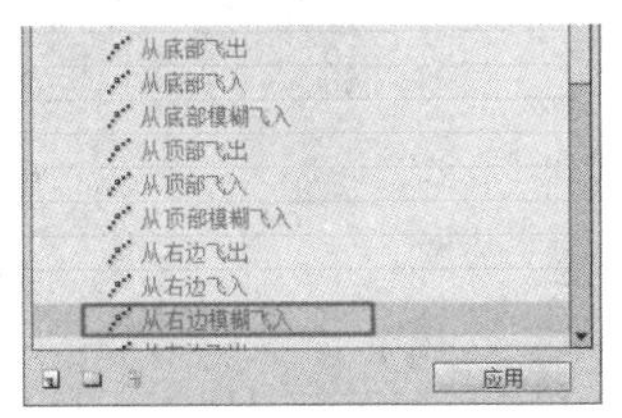

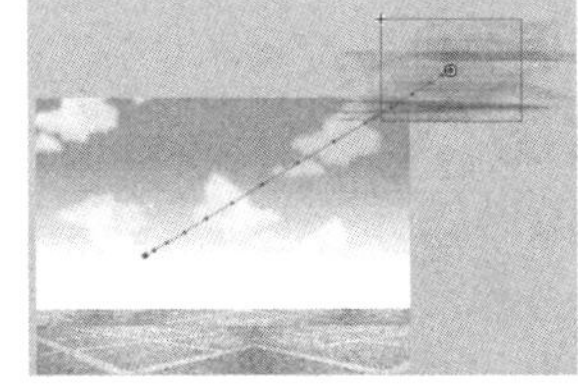

3. 选择动画预设类型

4. 完成动画的制作，测试动画效果。

4. 测试动画效果

实例总结

本实例综合以前所学知识制作过渡自然的场景动画效果，通过学习读者要学会运用所学知识制作大型 Flash 动画。

实例 79　综合动画——飘雪场景

图 4-117　最终效果

下面继续介绍综合性的动画效果，同样通过学习读者要将所有动画类型综合起来使用，制作出多彩多姿、丰富漂亮的 Flash 动画。

实例分析

本实例使用补间形状制作雪花飘落的动画效果，读者通过学习将进一步掌握补间形状动画的制作方法，最终效果如图 4-117 所示。

源 文 件	光盘\源文件\第 4 章\实例 79.fla
视　　频	光盘\视频\第 4 章\实例 79.swf
知 识 点	传统补间、添加传统运动引导层
学习时间	10 分钟

知识点链接——关于关键帧

当创建逐帧动画时，每个帧都是关键帧。 在补间动画中，可以在动画的重要位置定义关键帧，Flash 会创建关键帧之间的帧内容。 补间动画的插补帧显示为浅蓝色或浅绿色，并会在关键帧之间绘制一个箭头。 由于 Flash 文档会保存每一个关键帧中的形状，所以只应在插图中有变化的点处创建关键帧。

操 作 步 骤

步骤 1 执行“文件>新建”命令，新建一个大小为 400 像素×400 像素，帧频为 24fps，“背景颜色”为白色的 Flash 文档。

步骤 2 打开“颜色”面板，参数设置如图 4-118 所示。设置“笔触颜色”为无，使用“矩形工具”绘制与舞台大小相同的矩形，如图 4-119 所示。

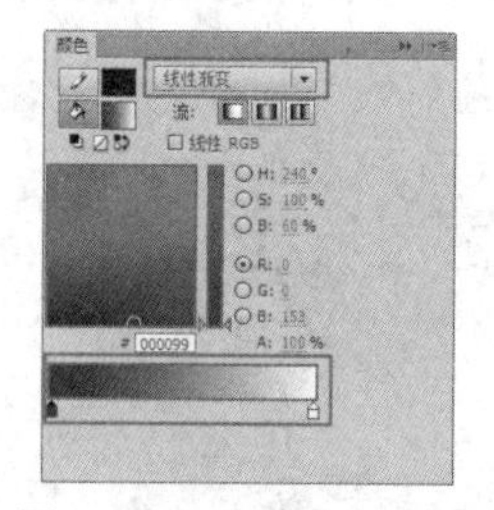

图 4-118　“颜色”面板

图 4-119　绘制矩形

步骤 3 新建“名称”为“背景”的“图形”元件，如图 4-120 所示。将“光盘\源文件\第 4 章\素材\7901.png”导入到场景中，执行“修改>分离”命令，如图 4-121 所示。

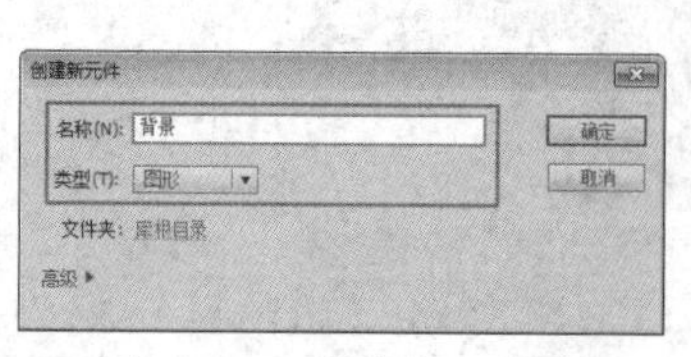

图 4-120　创建新元件

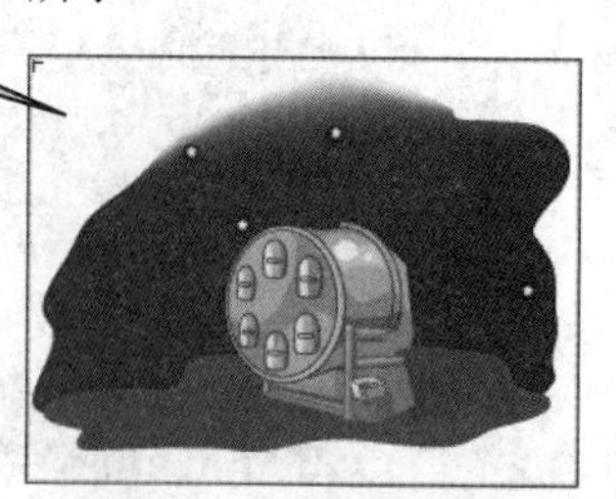

图 4-121　导入图像

步骤 4 用相同的方法导入其他素材，执行“分离”命令，如图 4-122 所示。

图 4-122　导入素材

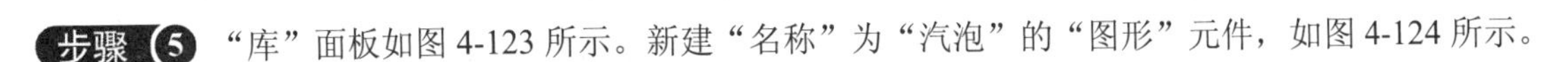

步骤 5 “库”面板如图 4-123 所示。新建“名称”为“汽泡”的“图形”元件，如图 4-124 所示。

图 4-123　“库”面板

图 4-124　创建新元件

步骤 6 选择“椭圆工具”，设置“填充颜色”为白色，“笔触”为无，绘制图形，如图 4-125 所示。新建元件，使用相同的方法绘制阴影，如图 4-126 所示。

图 4-125　绘制图形 1

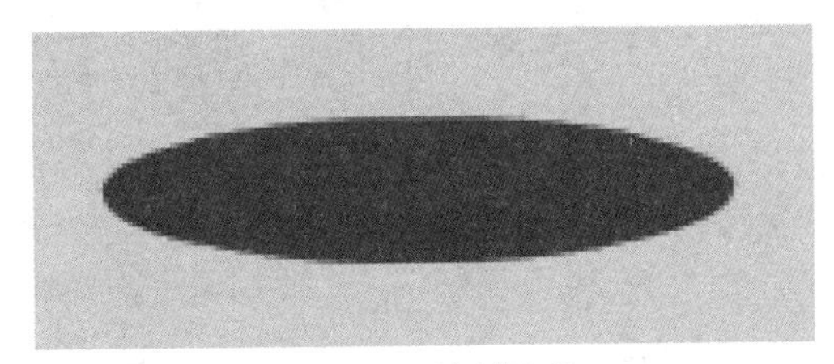

图 4-126　绘制图形 2

步骤 7 新建“名称”为“雪花动画”的“影片剪辑”元件，如图 4-127 所示。将“雪花”元件从“库”面板拖入场景中，新建“图层 2”，将“雪花”元件从“库”面板中拖入场景。

步骤 8 在第 15 帧、第 75 帧和第 90 帧位置插入关键帧，在“属性”面板中分别设置第 1 帧和第 90 帧位置上的元件“不透明度”为 0%，如图 4-128 所示。

图 4-127　创建新元件

图 4-128　“属性”面板

步骤 9 分别在第 1 帧、第 15 帧和第 75 帧位置创建“传统补间”动画。在“图层 2”名称处单击鼠标右键，在弹出的菜单中选择“添加运动引导线”命令，选择“线条工具”，绘制线条并使用“选择工具”调整路径，“时间轴”面板如图 4-129 所示。

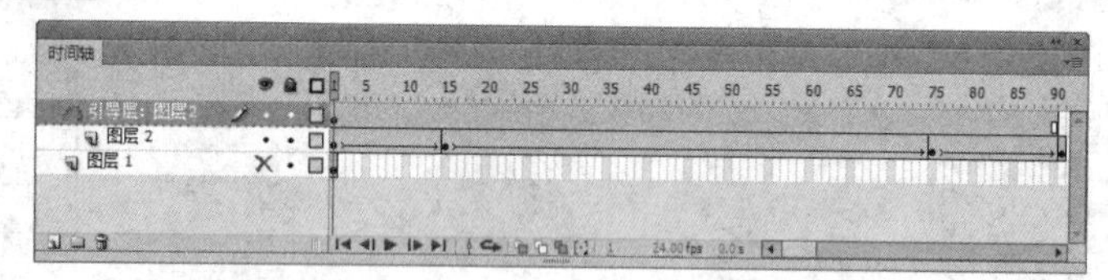

图 4-129 “时间轴”面板

步骤 10 使元件沿路径运动，场景效果如图 4-130 所示。使用相同的方法完成其他图层动画的制作，如图 4-131 所示。

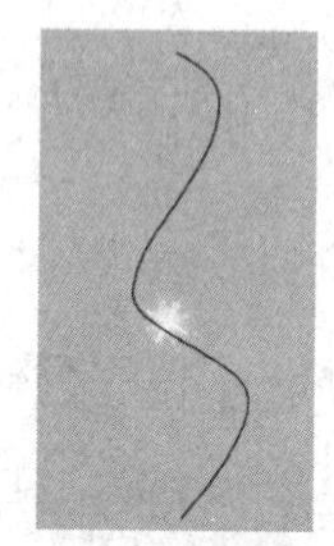

图 4-130 场景效果 1

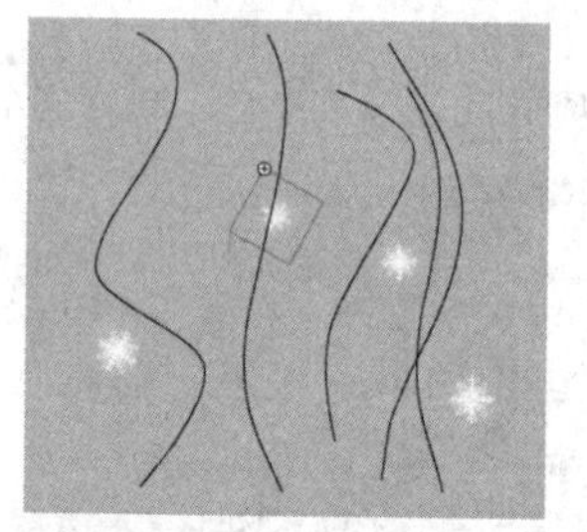

图 4-131 场景效果 2

步骤 11 “时间轴”面板如图 4-132 所示。

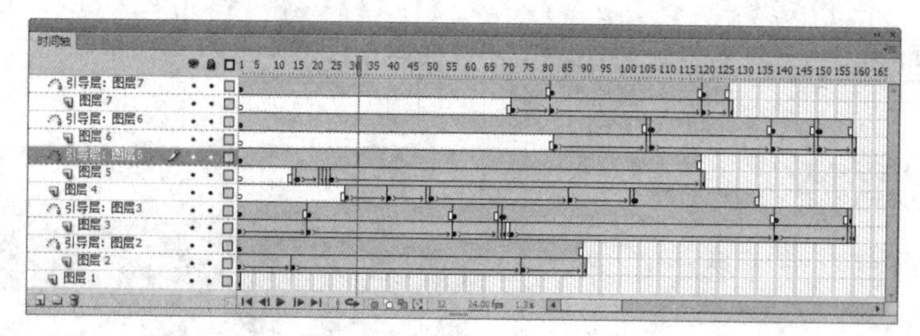

图 4-132 “时间轴”面板

步骤 12 新建“名称”为“整体动画”的“影片剪辑”元件，如图 4-133 所示。将“背景”元件从“库”面板拖入场景中，在第 145 帧位置插入帧，在第 10 帧、第 129 帧和第 144 帧位置插入关键帧，在“属性”面板中设置第 1 帧和第 144 帧上的元件的“不透明度”为 0%，如图 4-134 所示。

图 4-133 创建新元件

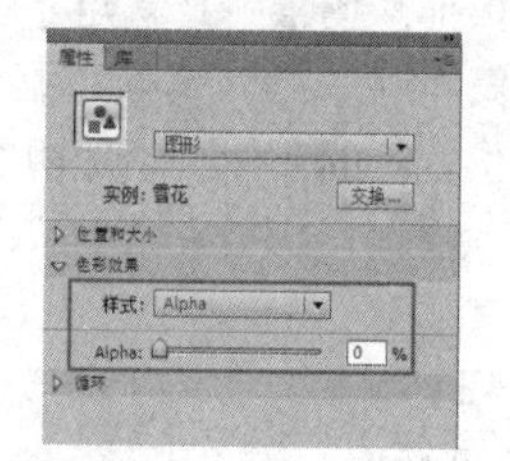

图 4-134 “属性”面板

步骤 13 新建图层，使用相同的方法完成其他图层的制作，场景效果如图 4-135 所示。

图 4-135 场景效果

步骤 14 “时间轴”面板如图 4-136 所示。

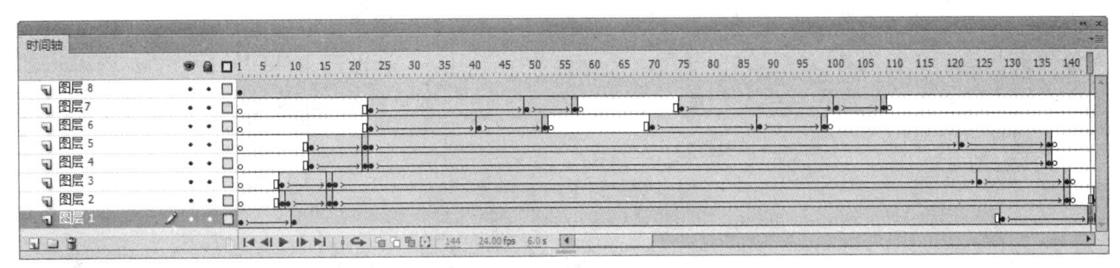

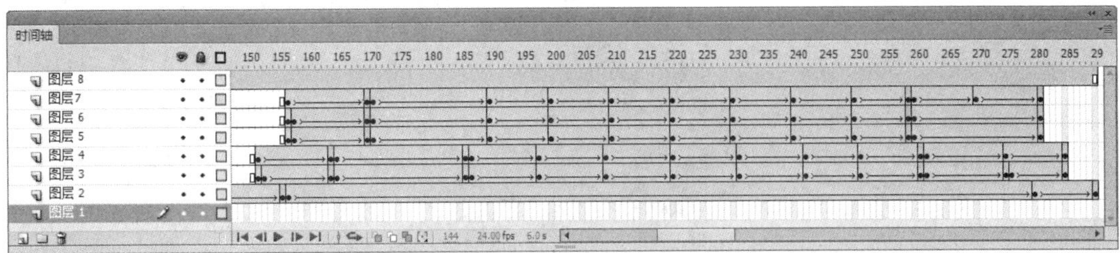

图 4-136　“时间轴”面板

> ▶ 提示
>
> 此处是在播放完第 1 个场景后，在同一图层上接着制作第 2 个场景。

步骤 15 新建“图层 10”，将“雪花动画”元件从“库”面板拖入场景中，如图 4-137 所示。返回“场景 1”编辑，新建“图层 2”，将“整体动画”拖入舞台中，如图 4-138 所示。

图 4-137　拖入雪花动画

图 4-138　场景效果

步骤 16 完成飘雪场景动画的制作，保存动画，按下【Ctrl+Enter】键测试动画，效果如图 4-139 所示。

图 4-139　测试动画效果

提问：如何编辑传统补间中的补间帧？

回答：在传统补间中，只有关键帧是可编辑的。可以查看补间帧，但无法直接编辑它们。 若要编辑补间帧，需要修改一个定义关键帧，或在起始和结束关键帧之间插入一个新的关键帧。

提问：如何将图层和运动引导层链接起来？

回答：将现有图层拖到运动引导层的下面，该图层在运动引导层下面以缩进形式显示。图层上的所有对象自动与运动路径对齐。在运动引导层下面创建一个新图层，该图层上补间的对象自动沿着运动路径补间。在运动引导层下面选择一个图层， 选择“修改> 时间轴> 图层属性”命令，弹出“图层属性”对话框，选择“引导层”，如图 4-140 所示。

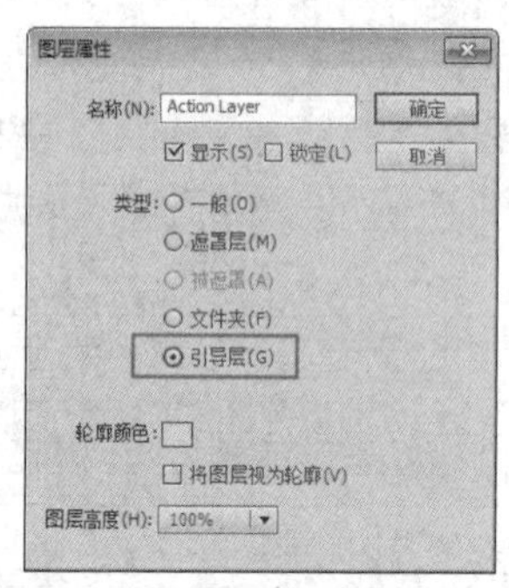

图 4-140 “图层属性”对话框

实例 80　综合动画——祝福贺卡

源 文 件	光盘\源文件\第 4 章\实例 80.fla
视　　频	光盘\视频\第 4 章\实例 80.swf
知 识 点	传统补间
学习时间	10 分钟

1. 新建 Flash 文档，将图像素材导入到场景中。
2. 新建图层并导入图像，制作淡入效果，创建传统补间动画。

1．导入素材

2．创建动画

3. 用相同的方法制作其他图层的内容。

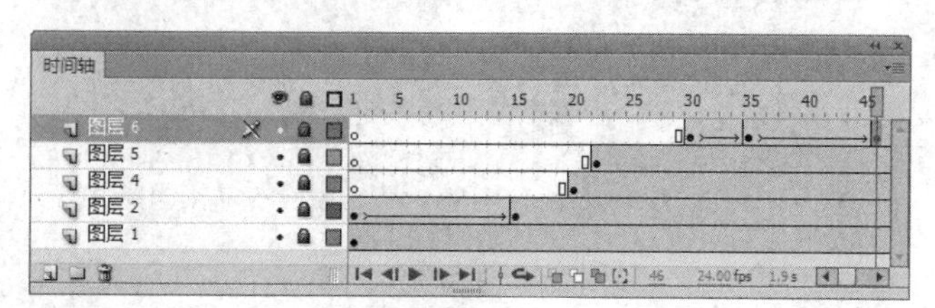

3．绘制图形

4. 完成动画的制作，测试动画效果。

4．测试动画效果

实例总结

本实例制作一个温馨的贺卡动画，通过使用“传统补间动画”可以制作出信封打开和信纸展开的动画效果。读者在制作动画时，要注意合理安排动画制作顺序，安排好动画角色的出场和退场。

第 5 章　制作 Flash 文本动画

本章主要讲解使用不同的方法，完成各种文字动画效果的制作。通过学习读者要对 Flash 动画中常常出现的文本动画的制作原理理解透彻并加以运用。

实例 81　文本遮罩——闪烁文字效果

按钮是 Flash 动画制作中非常常见的，作为按钮的重要组成部分，按钮上的文本动画效果直接影响动画的整体效果。在制作按钮文本时，颜色的使用可以大胆一些，但要注意尽量和动画主体风格一致。

图 5-1　最终效果

实例分析

本实例主要利用矩形动画作为遮罩层，制作出霓虹闪烁文字动画效果。在实例的制作中主要使用了矩形工具绘制矩形，并利用影片剪辑元件制作动画，最终效果如图 5-1 所示。

源 文 件	光盘\源文件\第 5 章\实例 81.fla
视　　频	光盘\视频\第 5 章\实例 81.swf
知 识 点	“文本工具”和“遮罩层”
学习时间	5 分钟

知识点链接——如何控制文本的外形效果？

在 Flash 中可以通过“属性”面板“字符”选项下的各项参数控制文本的外形，包括设置文本的字体、字号、颜色等信息。

操 作 步 骤

步骤 1 新建一个“类型”为 ActionScript 2.0，大小为 210 像素×100 像素，“帧频”为 24fps，“背景颜色”为#FFCC00 的 Flash 文档，如图 5-2 所示。新建“名称”为“矩形变色动画”的“影片剪辑”元件，如图 5-3 所示。

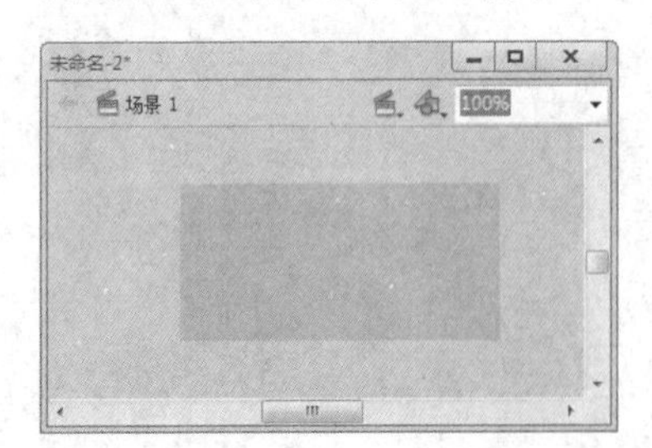

图 5-2　新建空白文档

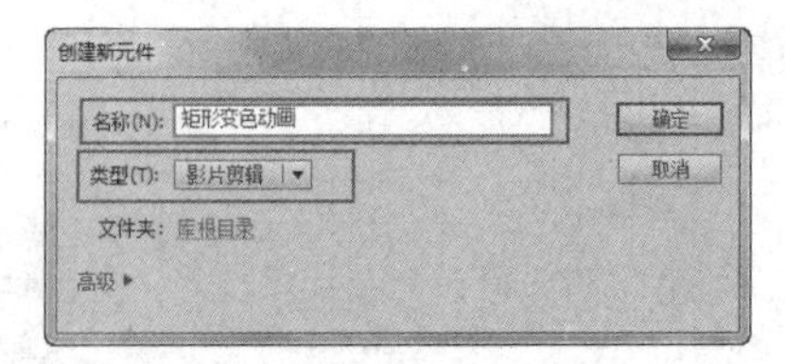

图 5-3 “创建新元件”对话框

步骤 2 使用“矩形工具”，设置“笔触颜色”为“无”，“填充颜色”为#FFFFFF，在场景中绘制“宽度”值为 10 像素，“高度”值为 10 像素的矩形，如图 5-4 所示。将矩形转换成“名称”为“矩形”的“图形”元件，如图 5-5 所示。

图 5-4　绘制矩形

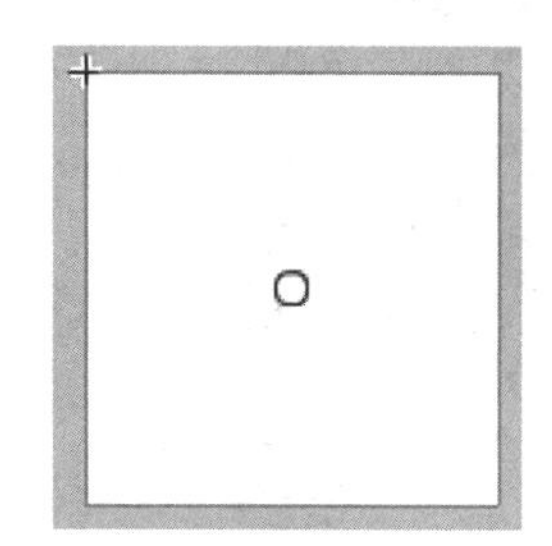

图 5-5　转换元件

步骤 3 分别在第 10 帧、第 20 帧、第 30 帧、第 40 帧、第 50 帧和第 60 帧插入关键帧，选择第 10 帧上的元件，设置 Alpha 值为 0%，如图 5-6 所示。选择第 30 帧上的元件，在“属性”面板上设置“色调”颜色为 100%的#00FFFF，如图 5-7 所示。

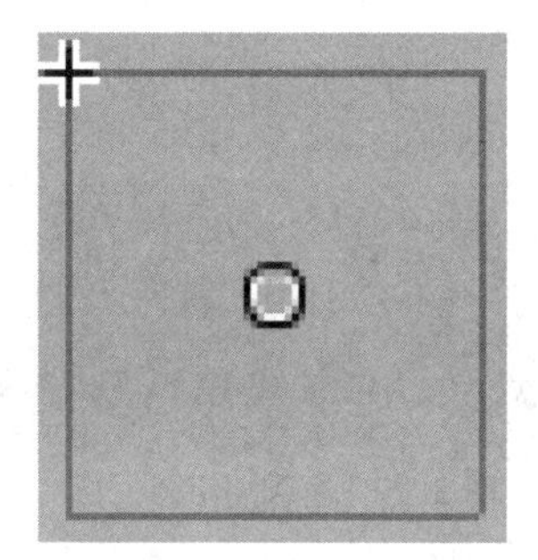

图 5-6　调整 Alpha 值

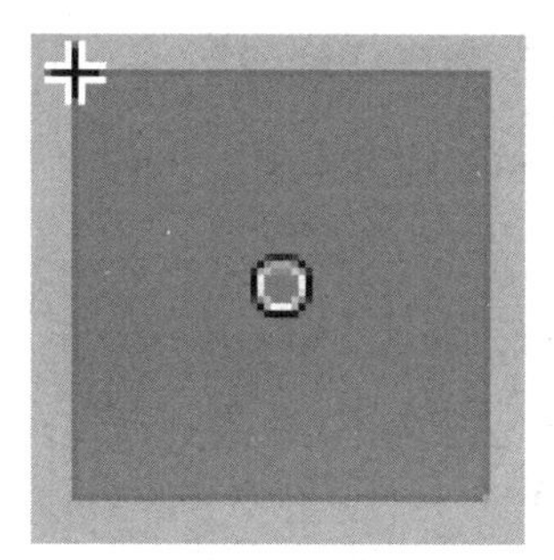

图 5-7　调整颜色

步骤 4 选择第 60 帧上的元件，设置 Alpha 值为 0%，如图 5-8 所示。分别设置第 1 帧、第 10 帧、第 20 帧、第 30 帧、第 40 帧和第 50 帧上的“补间”类型为“传统补间”，在第 150 帧位置插入帧。新建“图层 2”，在“动作”面板中输入脚本语言，如图 5-9 所示。

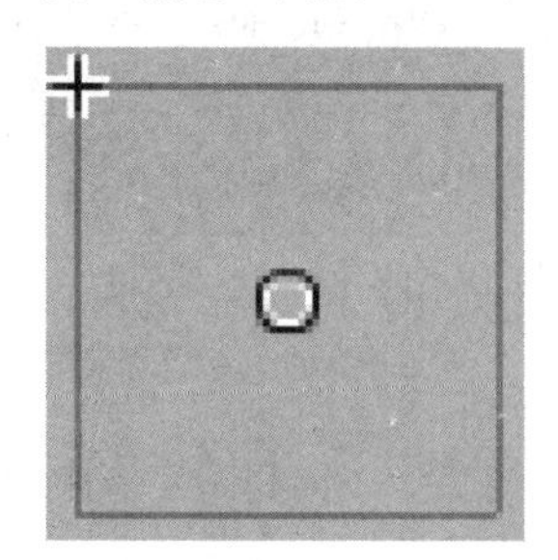

图 5-8　调整 Alpha 值

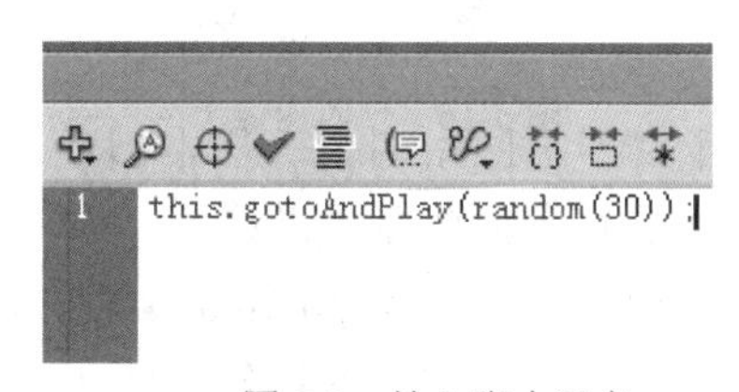

图 5-9　输入脚本语言

步骤 5 新建“名称”为“整体动画”的“影片剪辑”元件，如图 5-10 所示。选择“工具箱”中的“Deco 工具”，打开“属性”面板，选择“绘制效果”中的“网格填充”效果，单击“编辑”按钮，弹出“选择元件”对话框，如图 5-11 所示。

图 5-10　创建新元件

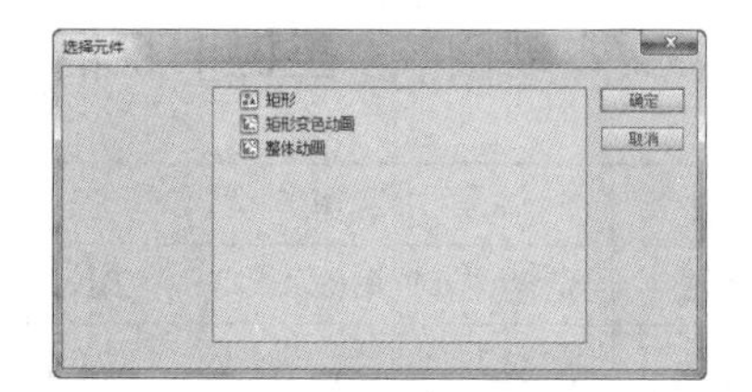

图 5-11　选择元件

步骤 6 选择“矩形”元件，单击“确定”按钮，在“高级”选项下，设置“水平间距”和“垂直间距”都为 0，“属性”面板如图 5-12 所示。在舞台中单击，效果如图 5-13 所示。

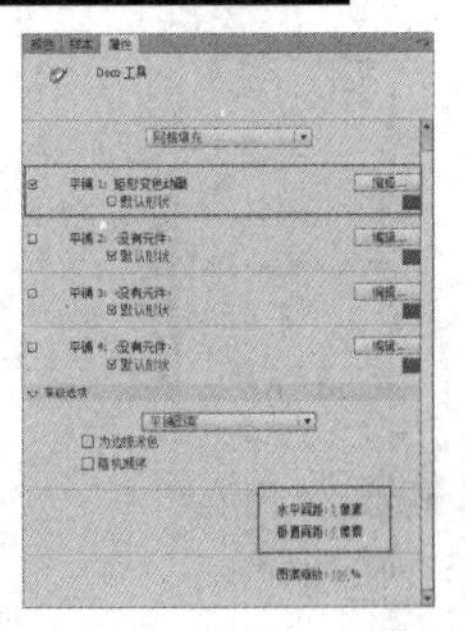
图 5-12 “属性”面板

图 5-13 Deco 工具的使用

步骤 7 选择“工具箱”中的“文本工具”，在“属性”面板设置参数，如图 5-14 所示。新建“图层 2”，在舞台中输入文字，并将图层设置为遮罩图层，效果如图 5-15 所示。

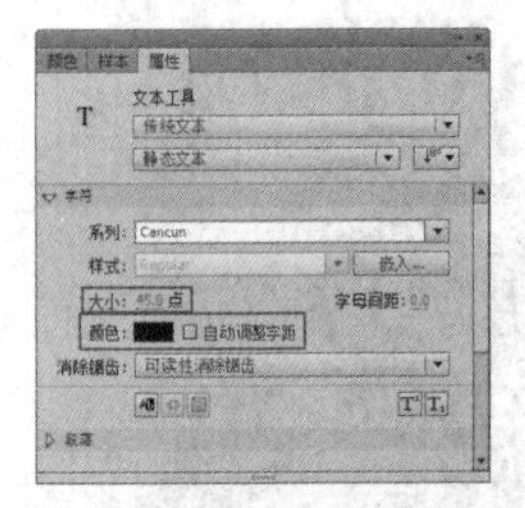
图 5-14 “属性”面板

图 5-15 输入文字

步骤 8 返回“场景 1”，将“光盘\源文件\第 5 章\素材\58101.png”导入到舞台，如图 5-16 所示。将制作好的“整体动画”元件拖入到舞台，并调整到合适位置，按【Ctrl+Enter】组合键进行测试，最终效果如图 5-17 所示。

图 5-16 导入图像

图 5-17 测试效果

提问：如何获得不同的字体效果？

回答：在动画制作中使用多种字体效果可以为动画增加很多的亮点。字体和图片一样，都具有版权。用户可以通过购买获得不同的字体文件。

提问：为什么选择文本工具后，系统反应会很慢？

回答：第一次单击“文本工具”按钮，Flash 软件会调用关于文本工具的程序。所以一般会有一段延迟的过程。具体的启动时间与计算机的硬件配置有直接关系。

实例 82 文本动画——圣诞节祝福

源 文 件	光盘\源文件\第 5 章\实例 82.fla
视 频	光盘\视频\第 5 章\实例 82.swf
知 识 点	文本工具
学习时间	10 分钟

1. 新建元件，导入背景素材图像并调整图片的大小和位置。

2．新建“影片剪辑”元件，输入相应的文字，制作文字动画效果。

1．新建文件并导入素材

圣诞节快乐！

2．输入文本并制作动画

3．返回场景中，将制作好的动画元件拖入场景中，并调整位置。

4．完成发光文字动画效果的制作，测试动画。

3．将元件拖入场景

4．最终效果

实例总结

在 Flash 动画中常常使用文本动画表现动画的主题。为了使动画主题更加明确，在制作文本动画时，不要制作得太过繁琐，简单有力，能够快速传递动画目的即可。

实例 83　分离文本——分散式文字动画

图 5-18　最终效果

在制作一些广告宣传动画时，挑选的材料要与内容搭配，题目要醒目，能让观众一目了然，宣传语的颜色要与材料的颜色相互搭配。

实例分析

本实例主要通过为“影片剪辑”元件设置“实例名称”，再通过添加脚本语言，从而制作出分散文字动画效果，最终效果如图 5-18 所示。

源 文 件	光盘\源文件\第 5 章\实例 83.fla
视　　频	光盘\视频\第 5 章\实例 83.swf
知 识 点	“分离”命令和“脚本语言”
学习时间	5 分钟

知识点链接——如何打开按钮的动作面板并添加动作？

选中要添加动作的按钮，执行“窗口>动作”命令，弹出“动作”面板，在面板中输入脚本语言即可。

操作步骤

步骤 1 新建一个“类型”为 ActionScript 2.0，大小为 350 像素×260 像素，“帧频”为 24fps，“背景颜色”为白色的 Flash 文档，如图 5-19 所示。新建“名称”为“保”的“影片剪辑”元件，使用“文本工具”，设置“属性”面板上的参数，如图 5-20 所示。

步骤 2 在场景中输入文本，如图 5-21 所示，执行“修改>分离”命令，将文本分离成图形，使用“任意变形工具”调整图形的位置，如图 5-22 所示。

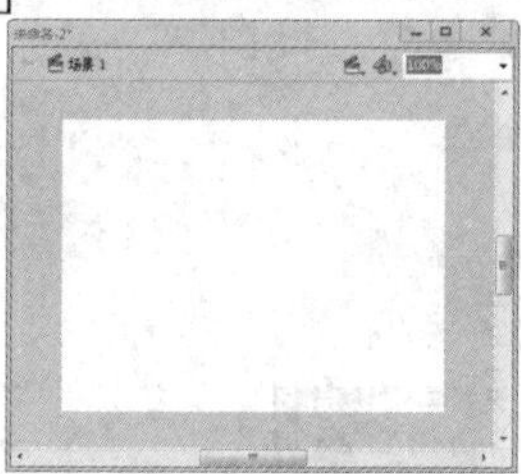

图 5-19　新建文档

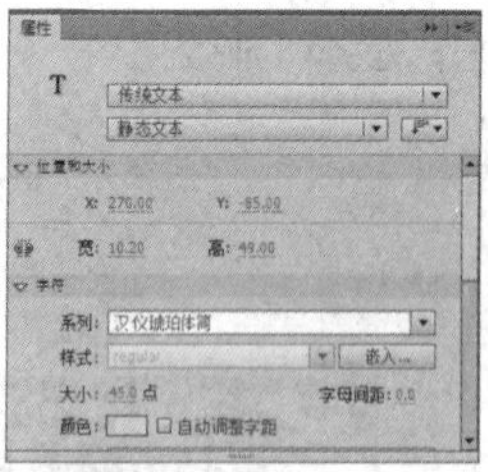

图 5-20　“属性”面板

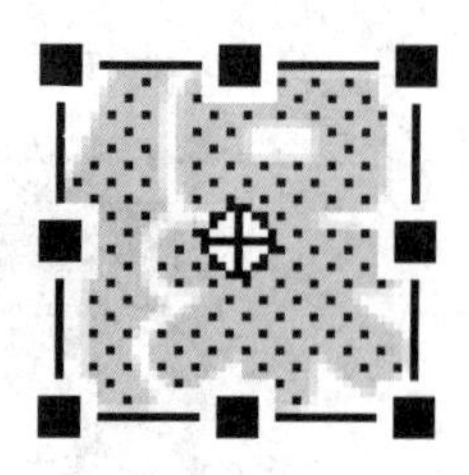
图 5-21　输入文字

图 5-22　调整位置

步骤 3 根据“保”元件的制作方法，制作出“护”元件、“环”元件、“境”元件、“家”元件和“园”元件，效果如图 5-23 所示。

图 5-23　文字效果

步骤 4 新建“名称”为“反应区”的“影片剪辑”元件，在“点击”帧上插入关键帧，如图 5-24 所示。使用“矩形工具”，在场景中绘制“宽度”值为 350 像素，“高度”值为 260 像素的矩形，如图 5-25 所示。

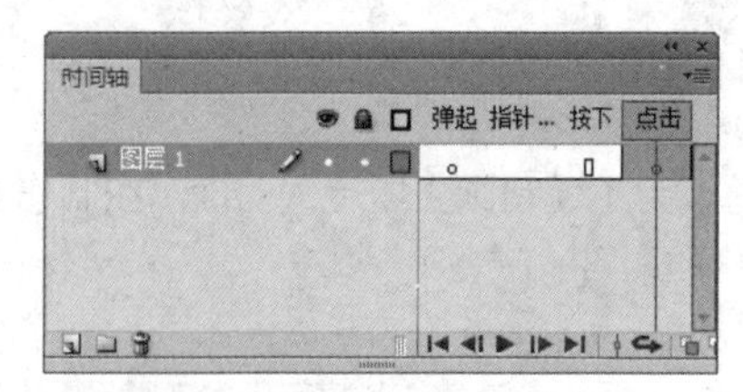

图 5-24　“时间轴”面板

图 5-25　绘制矩形

步骤 5 返回到“场景 1”的编辑状态，将图像“光盘\源文件\第 5 章\素材\58301.PNG”导入到场景中，如图 5-26 所示。新建“图层 2”，将“反应区”元件从“库”面板中拖入到场景中，如图 5-27 所示。

图 5-26　导入素材

图 5-27　拖入元件

步骤 6 选择“反应区”元件，在“属性”面板上设置实例“名称”为 text_bt，如图 5-28 所示。在“动作”面板中输入脚本语言，如图 5-29 所示。

图 5-28　“属性”面板

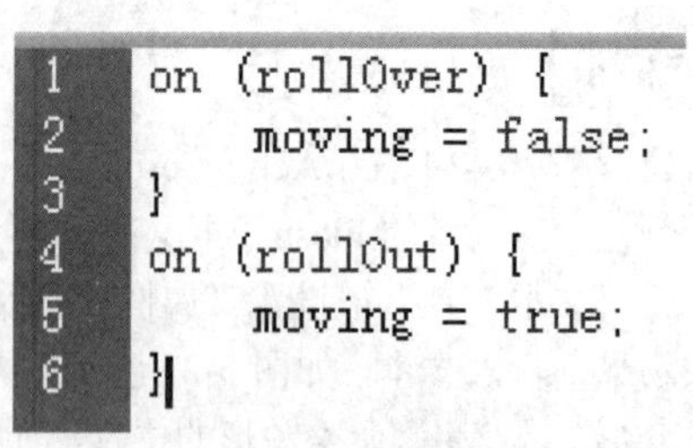
```
1 on (rollOver) {
2     moving = false;
3 }
4 on (rollOut) {
5     moving = true;
6 }
```
图 5-29　脚本语言

步骤 7 新建“图层 3”，将“保”元件从“库”面板中拖入场景中，如图 5-30 所示。设置“实例名称”为“t1”，使用相同的方法，分别将相应的元件拖入到场景中并设置“实例名称”，完成后的场景效果如图 5-31 所示。

图 5-30　拖入元件

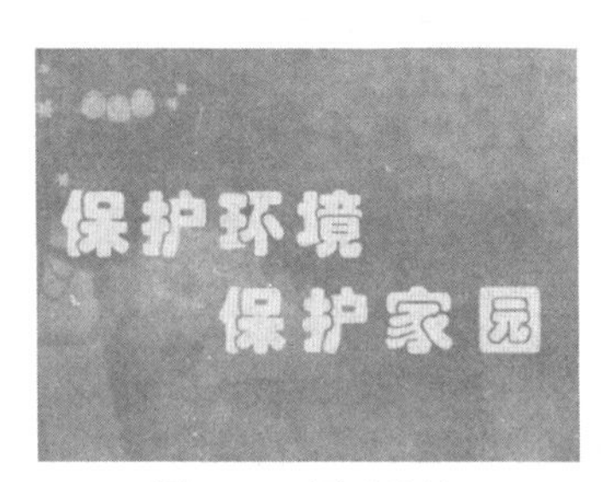

图 5-31　图形效果

步骤 8 新建“图层 4”，在“动作”面板中输入脚本语言，如图 5-32 所示。

```
var frame_time = 100;
var distance = 50;
var textNum = 11;
var speed = 1.2;
var vibration = -0.25;
var vibrationOver = -0.55;
MovieClip.prototype.elasticMove = function(speed, vibration, tx, ty) {
    var tempx = this._x;
    var tempy = this._y;
    this._x = speed*(this._x-tx)+vibration*(this.prevx-tx)+tx;
    this._y = speed*(this._y-ty)+vibration*(this.prevy-ty)+ty;
    this.prevx = tempx;
    this.prevy = tempy;
};
for (var i = 1; i<=textNum; i++) {
    this["oldx"+i] = this["targetx"+i]=this["t"+i].prevx=this["t"+i]._x;
    this["oldy"+i] = this["targety"+i]=this["t"+i].prevy=this["t"+i]._y;
}
function textMoving() {
    for (var i = 1; i<=textNum; i++) {
        if (random(frame_time) == 0) {
            this["targetx"+i] = this["oldx"+i]+(random(distance)-distance/2);
            this["targety"+i] = this["oldy"+i]+(random(distance)-distance/2);
        }
    }
    for (var i = 1; i<=textNum; i++) {
        this["t"+i].elasticMove(speed, vibration, this["targetx"+i], this["targety"+i]);
    }
}
var moving = true;
this.onEnterFrame = function() {
    if (moving == true) {
        textMoving();
    } else {
        for (var i = 1; i<=textNum; i++) {
            this["t"+i].elasticMove(speed, vibrationOver, this["oldx"+i], this["oldy"+i]);
        }
    }
};
```

图层 4 : 1
第 12 行（共 39 行），第 21 列

图 5-32　脚本语言

步骤 9 完成分散式文字动画的制作，执行“文件>保存”命令，测试动画效果，如图 5-33 所示。

图 5-33　测试动画

提问：分离实例的作用是什么？

回答： 创建实例后，如果修改了实例的外观，并且不希望实例再随着元件的改变而改变，可以对实例执行分离命令。

提问：为什么要创建实例名称？

回答： 在创建元件后，为元件添加实例名称，是因为可以将该元件应用到脚本语言中，为其添加不同的脚本效果。

实例 84　文本工具和遮罩层——放大镜文字效果

源文件	光盘\源文件\第 5 章\实例 84.fla
视　　频	光盘\视频\第 5 章\实例 84.swf
知识点	“文本工具”和“遮罩层”
学习时间	10 分钟

1. 导入背景素材图像，并新建相关的元件，制作出相应的图形元件效果。
2. 在主场景中制作文字依次入场的动画效果。

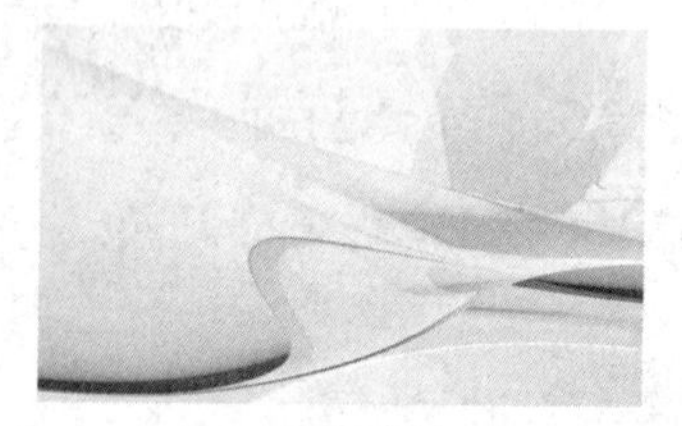

1. 导入素材

2. 制作文字动画

3. 在主场景中制作出放大镜动画的效果。
4. 完成动画效果的制作，测试动画效果。

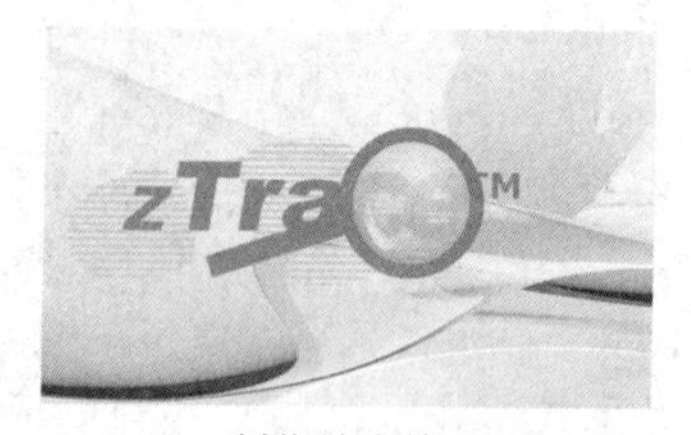

3. 制作放大镜动画

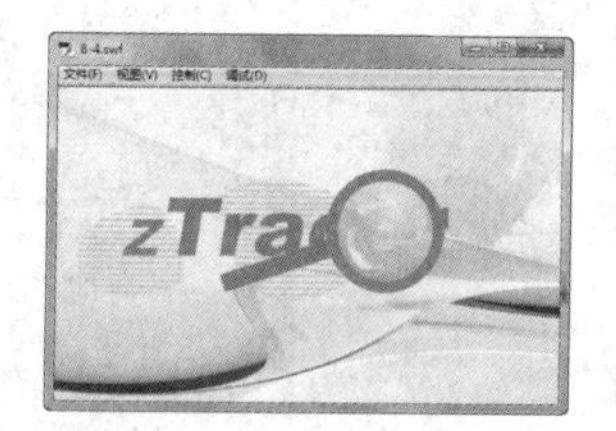

4. 测试效果

实例总结

本实例主要使用脚本语言制作分散文字动画效果，通过本实例的学习读者要掌握如何利用脚本语言控制文字动画效果。

实例 85　形状补间——分散式文字动画

在形状补间动画的起始帧和结束帧插入不同的对象，Flash 就可以在动画中创建中间的过渡帧，本案例将使用形状补间制作分散式文字动画。

实例分析

本实例主要制作一个隐影文字动画效果，主要用“补间形状”制作隐影文字动画效果，通过本实例的学习希望读者能综合运用所学习的知识，制作出更快捷简单的动画，测试动画效果，如图 5-34 所示。

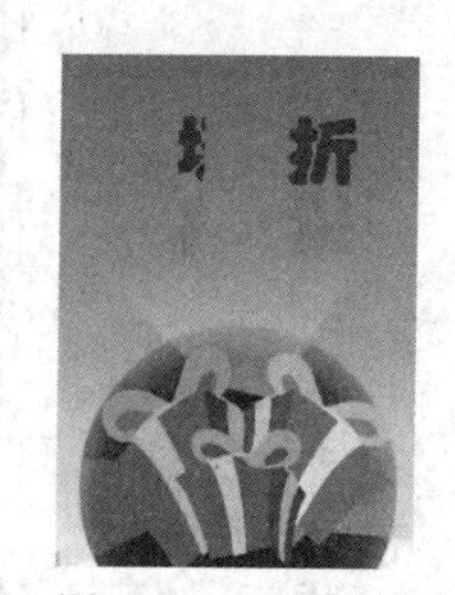

图 5-34　最终效果

源文件	光盘\源文件\第 5 章\实例 85.fla
视　　频	光盘\视频\第 5 章\实例 85.swf
知识点	“矩形工具”和“形状补间”
学习时间	5 分钟

知识点链接——形状补间动画的特点

形状补间动画主要是针对图像而言的。使用元件是无法制作形状补间动画的，使用形状补间动画可以制作位移、形变、缩放、颜色等动画。

步骤 1 新建一个“类型”为 ActionScript 2.0，大小为 220 像素×300 像素，“帧频”为 24fps，“背景颜色”为白色的 Flash 文档，如图 5-35 所示。新建“名称”为“矩形动画”的“影片剪辑”元件，如图 5-36 所示。

图 5-35　新建文档

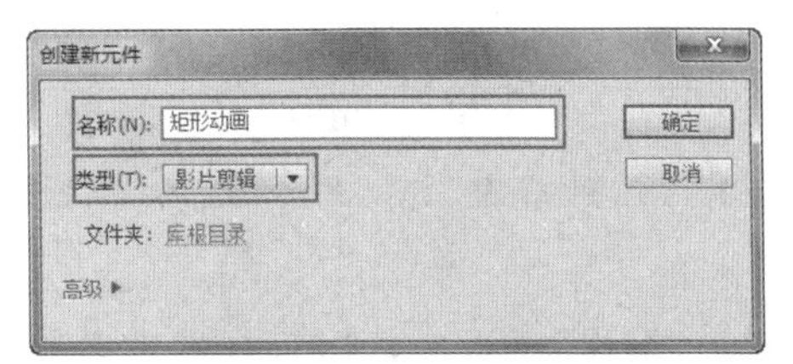

图 5-36　创建新元件

步骤 2 使用“矩形工具”，在场景中绘制“宽度”值为 10 像素，“高度”值为 90 像素的矩形，如图 5-37 所示。

步骤 3 再次使用“矩形工具”在场景中绘制“宽度”值为 40 像素，“高度”值为 90 像素的矩形，如图 5-38 所示。在第 25 帧位置插入空白关键帧，在场景中绘制多个矩形，如图 5-39 所示。

图 5-37　绘制矩形

图 5-38　再次绘制

图 5-39　绘制多个

步骤 4 在第 55 帧插入空白关键帧，在场景中绘制多个矩形，如图 5-40 所示。在第 80 帧插入空白关键帧，在场景中绘制多个矩形，如图 5-41 所示。

图 5-40　绘制矩形 1

图 5-41　绘制矩形 2

步骤 5 在第 100 帧插入空白关键帧，在场景中绘制多个矩形，如图 5-42 所示。分别设置第 1 帧、第 25 帧、第 55 帧和第 80 帧上的“补间”类型为“补间形状”，新建“图层 2”，在场景中绘制“宽度”值为 10 像素，“高度”值为 90 像素的矩形，如图 5-43 所示。

图 5-42　绘制矩形 3

图 5-43　绘制矩形 4

步骤 6 根据“图层 1”的制作方法，在“图层 2”的相应位置插入空白关键帧，并在场景中绘制矩形，完成后的“时间轴”面板如图 5-44 所示。

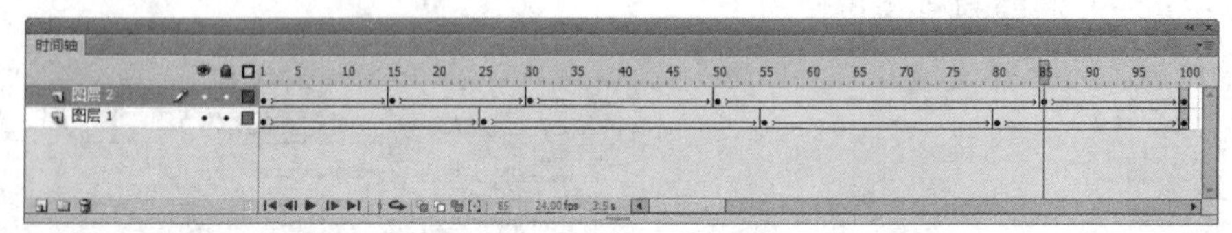

图 5-44 “时间轴”面板

步骤 7 新建“名称”为“文字遮罩动画”的“影片剪辑”元件，使用“文本工具”，在“属性”面板上设置参数，如图 5-45 所示。在场景中输入图 5-46 所示的文本。

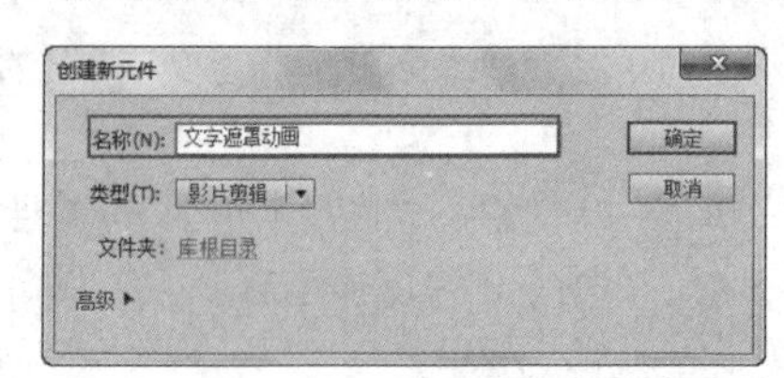

图 5-45　创建新元件

图 5-46　输入文字

步骤 8 执行两次“修改>分离”命令，将文本分离成图形，并将图形转换成“名称”为“文本”的“图形”元件，如图 5-47 所示。执行“窗口>库”命令，将“文本”元件从“库”面板拖入到场景中，如图 5-48 所示。

图 5-47　转换为元件

图 5-48　拖入元件

步骤 9 执行“修改>变形>垂直翻转”命令，如图 5-49 所示。在“属性”面板上设置 Alpha 值为 15%，元件效果如图 5-50 所示。

图 5-49　翻转图像

图 5-50　调整透明度

步骤 10 新建“图层 2”，将“矩形动画”元件从“库”面板拖入到场景中，并将元件拉长，如图 5-51 所示。设置“图层 2”为“遮罩层”，返回到“场景 1”的编辑状态，将图像“光盘\源文件\第 5 章\素材\58501.tif”导入到场景，如图 5-52 所示。

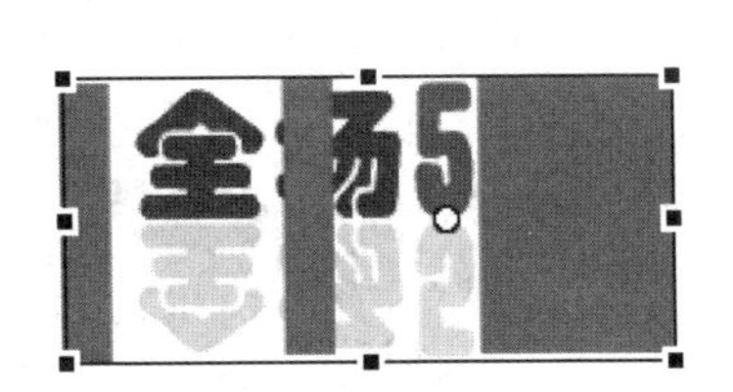

图 5-51　拖入元件

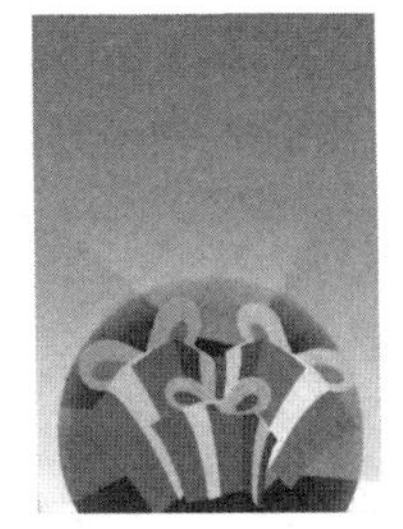

图 5-52　导入元件到舞台

步骤 11 在第 140 帧位置按【F5】键插入帧。新建“图层 2”，将“文字遮罩动画”元件从“库”面板拖入到场景中，如图 5-53 所示。完成隐影文字动画的制作，执行“文件>保存”命令，测试动画效果，如图 5-54 所示。

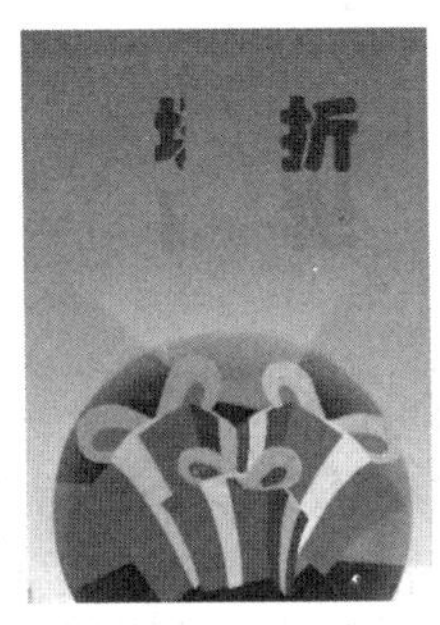

图 5-53　最终效果

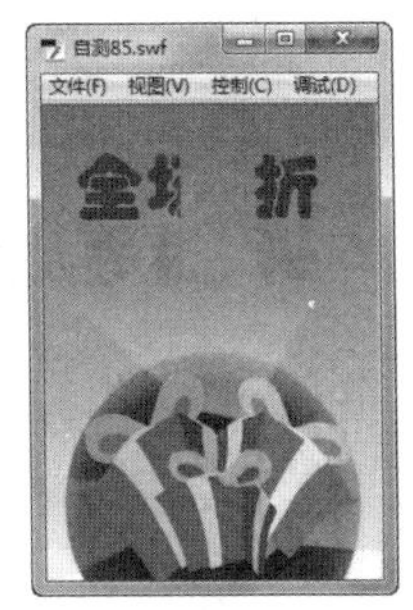

图 5-54　测试效果

提问：形状补间动画有什么作用？

回答：形状补间动画是指一个形状变形为另一个形状的动画。在形状补间动画的起始帧和结束帧插入不同的对象，Flash 就可以在动画中创建中间的过渡帧。

提问：如何使用“变形”中的命令？

回答：调整元件的旋转及其他角度时，可以使用“修改>变形”菜单下的一些命令，也可以在“变形”面板中进行精确数值的设置。

实例 86　文本工具——蚕食文字动画

源 文 件	光盘\源文件\第 5 章\实例 86.fla
视　　频	光盘\视频\第 5 章\实例 86.swf
知 识 点	文本工具
学习时间	10 分钟

1 导入背景素材图像，并新建相关的元件，制作出相应的图形元件效果。

2. 在主场景中制作文字依次入场的动画效果。

1. 导入素材

2. 输入文字并制作动画

3．在主场景中制作出文字出场动画的效果。

4．完成动画的制作，测试动画效果。

3．出场动画

4．测试效果

实例总结

本案例中首先制作动画场景，然后输入文字并制作文字的淡入效果。通过制作文字动画，读者要对控制元件透明度的方法有所了解。

实例 87　矩形工具——波光粼粼文字动画

Flash 作为动画制作软件，具有强大的绘图功能。使用该软件提供的矩形工具可以绘制出各种丰富的图像效果，在本案例中将使用矩形工具制作波光粼粼的动画效果。

实例分析

通过本实例的学习，读者可以对在文本动画中应用遮罩动画和“传统补间”动画有所了解，测试动画效果，如图 5-55 所示。

图 5-55　最终效果

源 文 件	光盘\源文件\第 5 章\实例 87.fla
视　　频	光盘\视频\第 5 章\实例 87.swf
知 识 点	“文本工具”和“矩形工具”
学习时间	5 分钟

知识点链接——设置 Alpha 值有什么用途？

使用 Alpha 值可设置实心填充的不透明度，还可以设置渐变填充的当前所选滑块的不透明度。

操作步骤

步骤 1　新建一个“类型”为 ActionScript 2.0，大小为 370 像素×270 像素，“帧频”为 24fps，“背景颜色”为白色的 Flash 文档，如图 5-56 所示。新建“名称”为“矩形组”的“影片剪辑”元件，如图 5-57 所示。

图 5-56　创建新文档

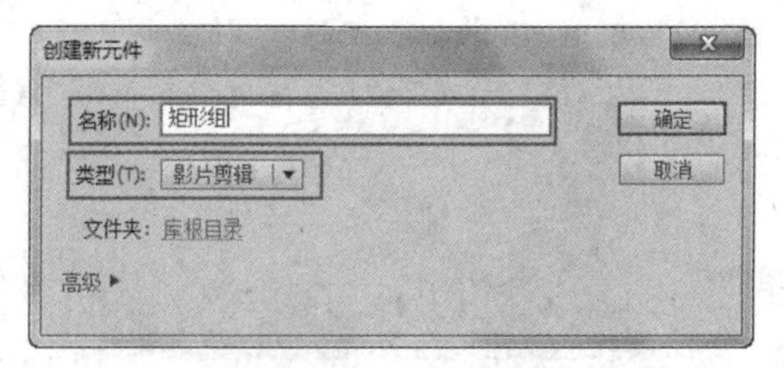

图 5-57　创建新元件

步骤 2 使用“矩形工具”，在场景中绘制“宽度”值为 5 像素，“高度”值为 20 像素的矩形，如图 5-58 所示。用同样的绘制方法，在场景中绘制出多个矩形，完成后的场景效果如图 5-59 所示。

图 5-58　绘制矩形

图 5-59　绘制多个矩形

步骤 3 新建“名称”为“文本动画”的“影片剪辑”元件，在第 10 帧插入关键帧，使用“文本工具”，在“属性”面板上设置参数，如图 5-60 所示。

步骤 4 在场景中输入文本，执行两次“修改>分离”命令，将文本分离成图形，并将图形转换成“名称”为“文本”的“图形”元件，如图 5-61 所示。

图 5-60　“属性”面板

图 5-61　文字效果 1

步骤 5 分别在第 70 帧和第 100 帧插入关键帧，选择第 10 帧上的元件，设置 Alpha 值为 0%，元件效果如图 5-62 所示。选择第 70 帧上的元件，设置 Alpha 值为 30%，效果如图 5-63 所示。分别在第 10 帧和第 70 帧上添加“传统补间”动画。

图 5-62　文字效果 2

图 5-63　文字效果 3

步骤 6 新建“图层 2”，将“文本”元件从“库”面板拖入到场景中，如图 5-64 所示。新建“图层 3”，将“矩形组”元件从“库”面板拖入到场景中，如图 5-65 所示。

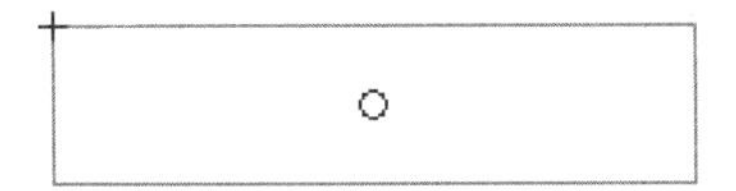

图 5-64　拖入文本

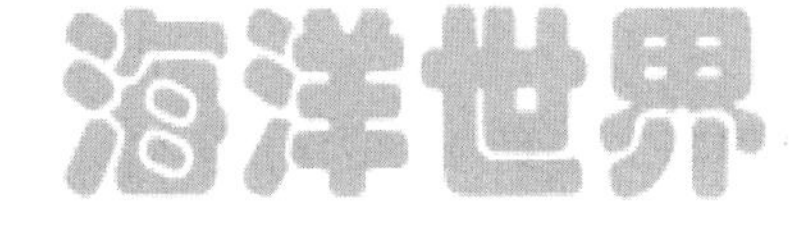

图 5-65　拖入矩形

步骤 7 在第 99 帧插入关键帧，在第 100 帧插入空白关键帧，使用“任意变形工具”，按住【Shift】键，将元件等比例缩小，如图 5-66 所示。

步骤 8 为第 1 帧添加“传统补间”动画，将“图层 3”设置为“遮罩层”。新建“图层 4”，在第 100 帧插入关键帧，在“动作”面板中输入 stop();脚本语言，如图 5-67 所示。

图 5-66　调整矩形

图 5-67　输入脚本语言

> ▶ 提示
>
> 在本步骤读者需要注意的是，在将“文本”元件拖入场景后，文本内容要与下方图层中的文本位置完全一致。

步骤 9 返回到“场景 1”的编辑状态，将图像“光盘\源文件\第 5 章\素材\58701.tif”导入到场景中，如图 5-68 所示。新建“图层 2”，将“文本动画”元件从“库”面板拖入到场景中，如图 5-69 所示。

图 5-68　导入图像

图 5-69　最终效果

步骤 10 完成波光粼粼文字动画的制作，执行“文件>保存”命令，测试动画效果，如图 5-70 所示。

图 5-70　测试效果

提问：如何将文本变为渐变图形？

回答：在设置文本颜色时，只能使用纯色，而不能使用渐变，若要对文本应用渐变，则应先分离文本，从而将文本转换为组成它的线条和填充。

提问：如何设置字符选项中的颜色？

回答：单击“样本”右侧的按钮图标，弹出“颜色”对话框，输入颜色值为 RGB，将其添加到自定义颜色中，单击“确定”按钮，即可完成。

实例 88　文字遮罩——波纹文字效果

源 文 件	光盘\源文件\第 5 章\实例 88.fla
视　　频	光盘\视频\第 5 章\实例 88.swf
知 识 点	“文本工具”和“遮罩层”
学习时间	10 分钟

1. 导入背景素材，并将其转换为图形元件。
2. 新建元件，输入相应的文字并制作文字遮罩动画。
3. 返回主场景中，将制作好的元件拖入主场景中，制作主场景动画。
4. 完成动画的制作，测试动画效果。

1．导入素材

春天来了
满山遍野的鲜花！

2．输入文字

3．制作动画

4．测试效果

实例总结

本实例主要利用矩形工具绘制多个矩形，并将绘制的矩形制作为动画，再将制作的矩形动画所在的图层设置为遮罩层，从而制作出波纹文字动画效果。

实例 89 图层和文本——广告式文字动画

在制作广告式文字动画时，要选材新颖，能用最基本的动画类型与图片制作出复杂的动画，下面将以案例的形式来告诉读者，广告式文字动画的制作过程。

实例分析

本实例主要制作一个卡通式文字动画效果，通过实例的学习，读者可以了解如何利用基本的动画类型制作复杂的动画效果，如图 5-71 所示。

图 5-71 最终效果

源 文 件	光盘\源文件\第 5 章\实例 89.fla
视 频	光盘\视频\第 5 章\实例 89.swf
知 识 点	“矩形工具”和“分离”命令
学习时间	5 分钟

知识点链接——调整矩形时为什么不能调整矩形的位置与大小？

在调整矩形时，不能调整矩形的位置和高度，如果调整了位置和高度，创建的“补间形状”就有可能创建图形的变形动画，而不是拉长动画。

操作步骤

步骤 1 新建一个“类型”为 ActionScript 2.0，大小为 380 像素×245 像素，“帧频”为 24fps，“背景颜色”为白色的 Flash 文档，如图 5-72 所示。新建“名称”为“矩形动画”的“影片剪辑”元件，如图 5-73 所示。

步骤 2 使用“矩形工具”，在场景中绘制“宽度”值为 1 像素，“高度”值为 45 像素的矩形，如图 5-74 所示。在第 20 帧插入关键帧，使用“任意变形工具”将图形拉长，如图 5-75 所示。

步骤 3 新建“图层 2”，在第 20 帧插入关键帧，在“动作”面板中输入“stop();”脚本语言，“时间轴”面板如图 5-76 所示。

图 5-72　新建空白文档

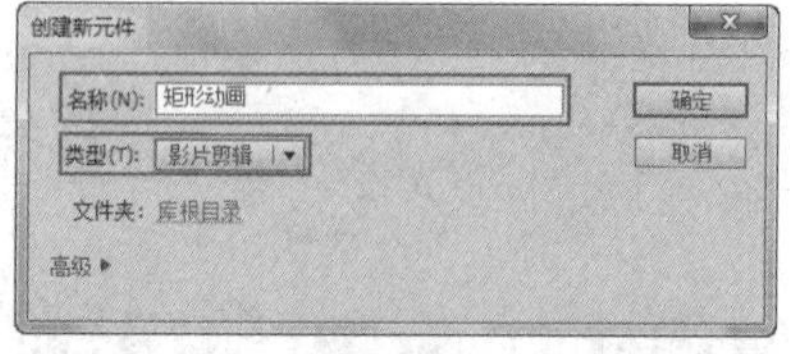

图 5-73　“创建新元件”对话框

图 5-74　绘制矩形　　图 5-75　任意变形效果

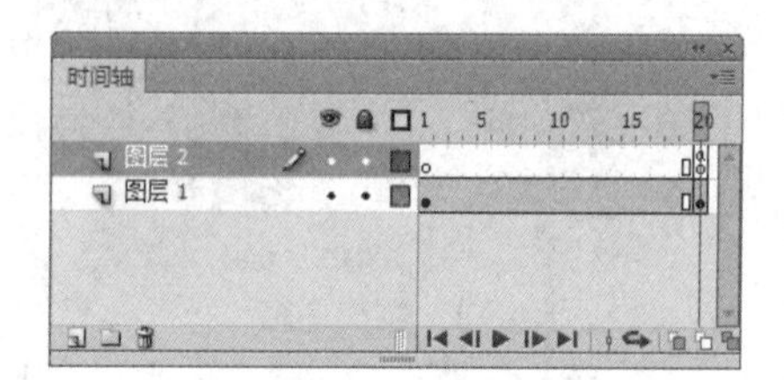

图 5-76　“时间轴”面板

步骤 4 新建“名称”为“整体矩形动画”的“影片剪辑”元件，将“矩形动画”元件从“库”面板拖入到场景中，如图 5-77 所示。在第 50 帧插入帧，新建“图层 2”，在第 2 帧插入关键帧，将“矩形动画”元件从“库”面板拖入到场景中，如图 5-78 所示。

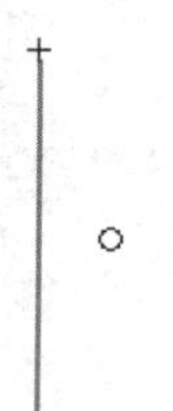

图 5-77　拖入元件 1

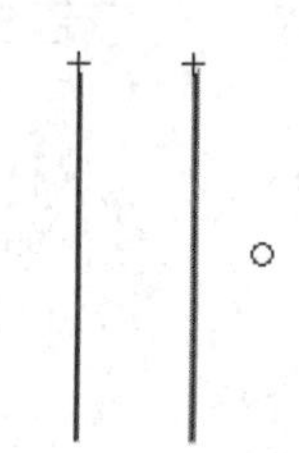

图 5-78　拖入元件 2

步骤 5 根据“图层 1”和“图层 2”的制作方法，制作出“图层 3”～“图层 31”，完成后的场景效果如图 5-79 所示。新建“图层 32”，在“动作”面板中输入“stop();”脚本语言。

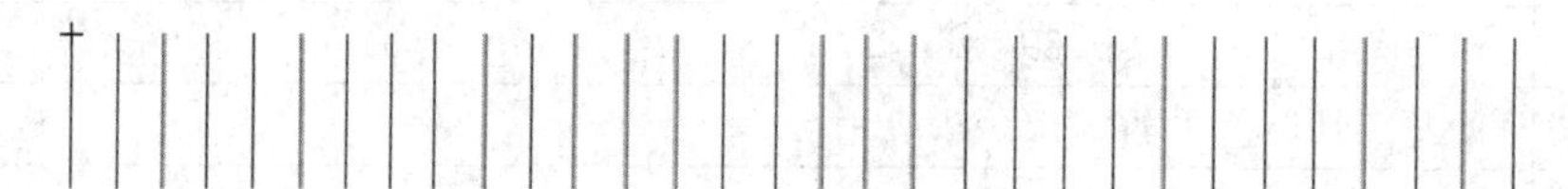

图 5-79　图形效果

步骤 6 新建“名称”为“文本动画 1”的“影片剪辑”元件，使用“文本工具”，在“属性”面板上设置参数，如图 5-80 所示。在场景中输入文本，执行两次“修改>分离”命令，将文本分离成“图形”元件，如图 5-81 所示。

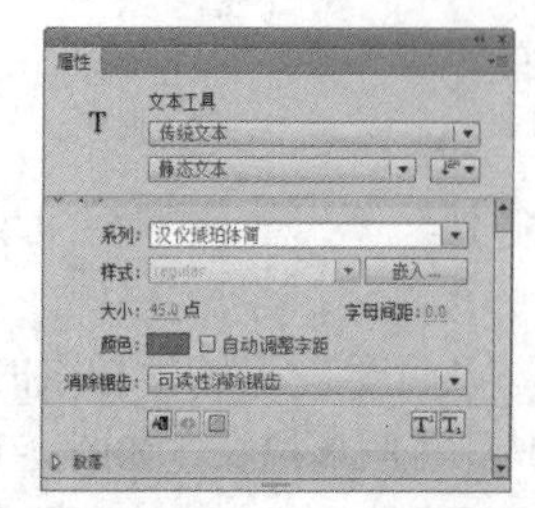

图 5-80　“属性”面板

图 5-81　转换元件效果

步骤 7 新建“图层 2”，将“整体矩形动画”元件从“库”面板拖入到场景中，如图 5-82 所示。将“图层 2”设置为“遮罩层”，完成后的“时间轴”面板如图 5-83 所示。

太阳当空照

图 5-82　拖入元件

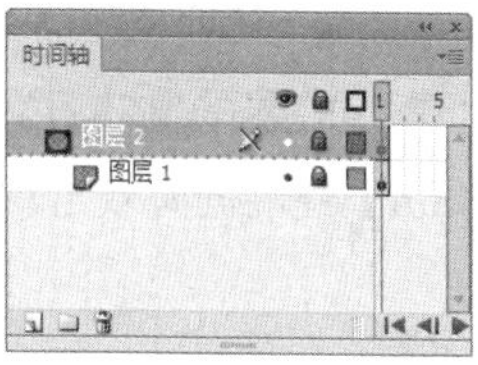

图 5-83　“时间轴”面板

步骤 8 根据“文本动画 1”元件的制作方法，制作出“文本动画 2”元件和“文本动画 3”元件，元件效果如图 5-84 所示。

花儿对我笑　大树随风摇

图 5-84　文字效果

步骤 9 返回到“场景 1”的编辑状态，将图像“光盘\第 5 章\素材\58901.tif”导入到场景中，如图 5-85 所示。在第 300 帧插入帧，新建“图层 2”，将“文字动画 1”元件从“库”面板中拖入到场景中，如图 5-86 所示。

图 5-85　导入图像

图 5-86　拖入元件 1

步骤 10 在第 100 帧插入空白关键帧，将“文字动画 2”元件从“库”面板拖入到场景中，如图 5-87 所示。在第 200 帧插入空白关键帧，将“文字动画 2”元件从“库”面板拖入到场景中，如图 5-88 所示。

图 5-87　拖入元件 2

图 5-88　拖入元件 3

步骤 11 完成广告式文字动画的制作，执行“文件>保存”命令，测试动画效果，如图 5-89 所示。

图 5-89　测试效果

提问：如何调整文本的位置？

回答：除了在“属性”面板中调整文本位置外，还可以直接拖动文本框来改变其位置，也可以使用“选择工具”直接拖动文本，从而改变文本的位置。

提问：如何创建不扩展的文本字段？

回答：按住【Shift】键的同时双击动态和输入文本字段的手柄，即可创建不扩展的文本字段，从而可以固定大小。

实例90　文本遮罩——星光文字效果

源文件	光盘\源文件\第5章\实例90.fla
视　频	光盘\视频\第5章\实例90.swf
知识点	“文本工具”和“遮罩层”
学习时间	10分钟

1. 导入背景素材，并将其转换为图形元件。
2. 新建元件，输入相应的文字，并制作文字罩遮动画。

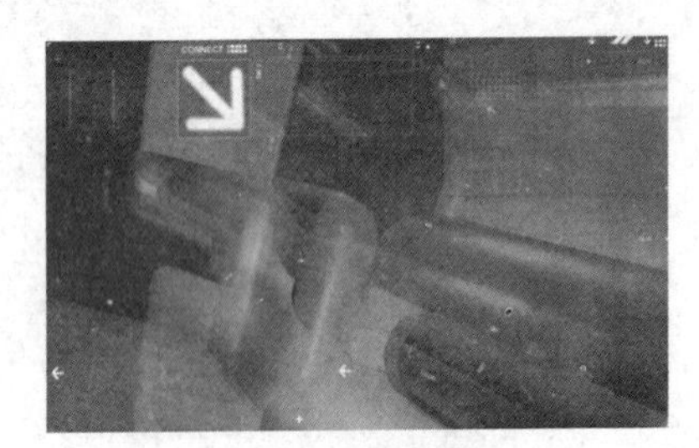

1．导入素材

2．输入文字

3. 返回主场景中，将制作好的元件拖入主场景中，制作主场景动画。
4. 完成动画的制作，测试动画效果。

3．制作动画

4．测试效果

实例总结

本实例首先制作矩形由小变大动画，在新建文本动画元件，在场景中输入文本，将矩形动画导入到元件中，制作遮罩动画，最终制作出星光文字动画效果。

实例91　逐帧文字——摇奖式文字动画

逐帧动画是一种常见的动画形式。在逐帧动画中每一帧都是关键帧，都会使舞台的内容发生变化。因此，每个新关键帧都包含之前关键帧的内容，在此基础上进行编辑，修改或添加新的内容得到新的画面。下面将以案例的形式告诉读者逐帧文字动画的制作。

实例分析

本实例主要利用 Flash 的基本动画功能制作摇奖式文字动画效果，通过为文字制作逐帧动画，制作文字内容的变化效果，在“影片剪辑”元件上添加脚本语言，从而制作出摇奖式文字动画效果，测试动画效果，如图 5-90 所示。

图 5-90　最终效果

源 文 件	光盘\源文件\第 5 章\实例 91.fla
视　　频	光盘\视频\第 5 章\实例 91.swf
知 识 点	逐帧动画
学习时间	5 分钟

知识点链接——导入逐帧动画的方法

由于逐帧动画需要在每一帧上都创建新的内容，所以导入图像序列时，只需要选择图像序列的开始帧，根据提示，就可以将图像序列导入，创建逐帧动画。

操作步骤

步骤 1 新建一个“类型”为 ActionScript 2.0，大小为 360 像素×125 像素，“帧频”为 24fps，“背景颜色”为白色的 Flash 文档，如图 5-91 所示。新建“名称”为“文本动画”的“影片剪辑”元件，如图 5-92 所示。

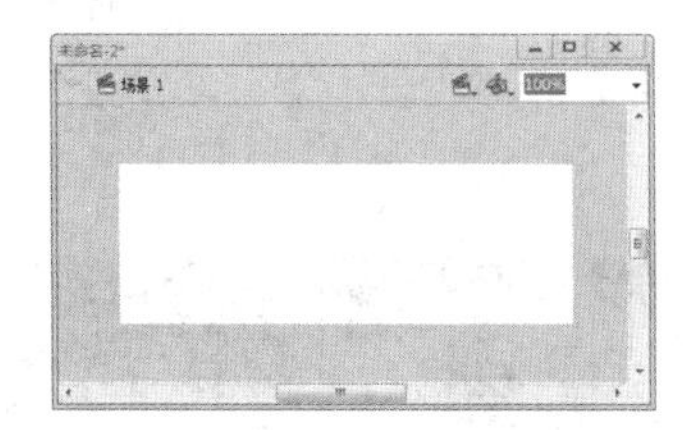

图 5-91　新建文档

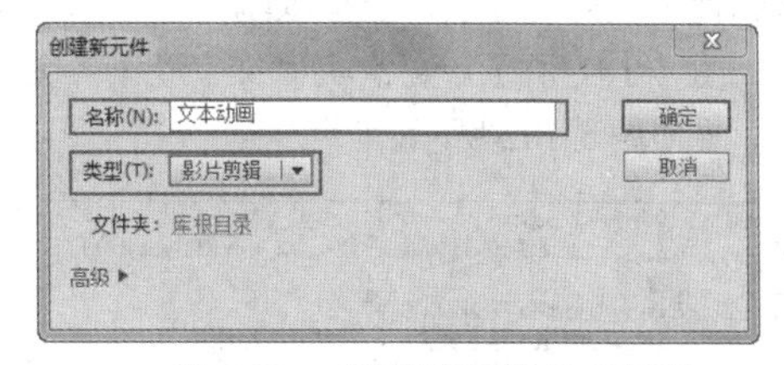

图 5-92　“创建新元件”对话框

步骤 2 使用“文本工具”，在“属性”面板上设置参数，如图 5-93 所示。在场景中输入文本，如图 5-94 所示。在第 2 帧插入关键帧，对文本进行修改，如图 5-95 所示。

图 5-93　“属性”面板

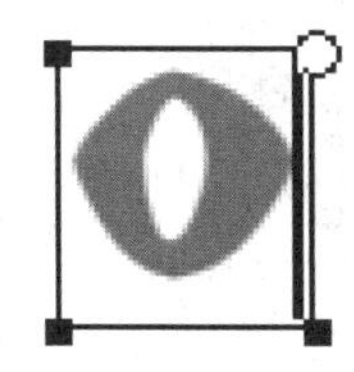

图 5-94　输入文本

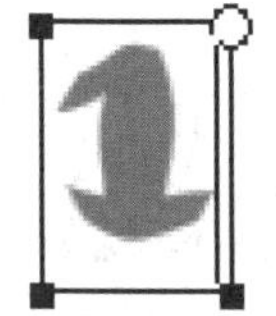

图 5-95　修改文本

步骤 3 根据第 2 帧的制作方法，分别在其他帧上插入关键帧，并修改场景中的文本内容，完成后的“时间轴”面板如图 5-96 所示。将场景中的所有文本分离成图形。

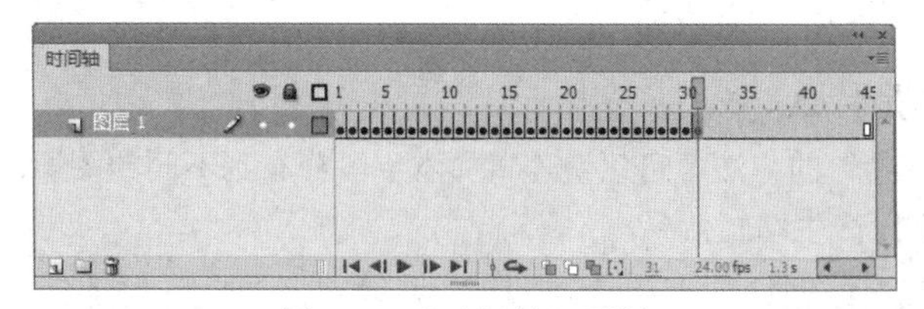

图 5-96　“时间轴”面板

步骤 4 返回到“场景 1”的编辑状态，将图像“光盘\源文件\第 5 章\素材 59101.png”导入到场景，如图 5-97 所示。新建“图层 2”，将“文字动画”元件从“库”面板拖入到场景中。

步骤 5 在“属性”面板的“色彩效果”标签下设置“颜色样式”的“色调”值为 100%的#32FFFF，如图 5-98 所示。

图 5-97　导入图像

图 5-98　设置色调

步骤 6 选择刚刚拖入的“文字动画”元件，在“动作”面板中输入脚本语言，如图 5-99 所示。再次将“文字动画”元件从“库”面板拖入到场景中，并进行设置，如图 5-100 所示。

```
1 onClipEvent (load) {
2     this.gotoAndPlay (random (this._totalframes)+1);
3 }
4 onClipEvent (enterFrame) {
5     if (this._currentframe == 1) {
6         this.stop ();
7     }
8 }
```

图 5-99　输入脚本语言

图 5-100　拖入元件

步骤 7 使用相同的方法，选择刚刚拖入的“文字动画”元件，在“动作”面板中修改脚本语言，如图 5-101 所示。再次将“文字动画”元件拖入到场景中，并修改脚本语言，完成后的场景效果如图 5-102 所示。

```
1 onClipEvent (load) {
2     this.gotoAndPlay (random (this._totalframes)+1);
3 }
4 onClipEvent (enterFrame) {
5     if (this._currentframe == 2) {
6         this.stop ();
7     }
8 }
```

图 5-101　修改脚本语言

图 5-102　最终效果

步骤 8 完成摇奖式文字动画的制作，执行“文件>保存”命令，测试动画效果，如图 5-103 所示。

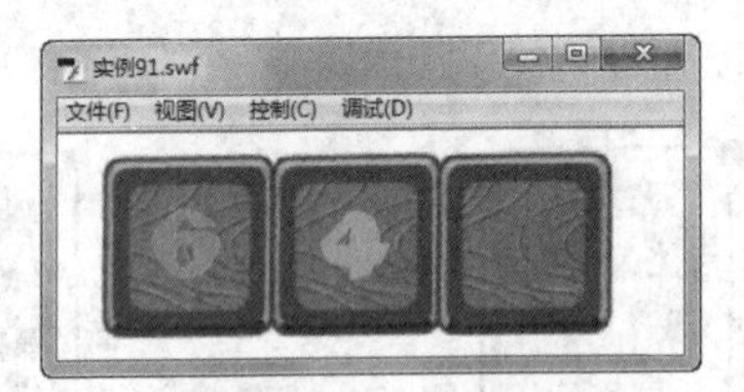

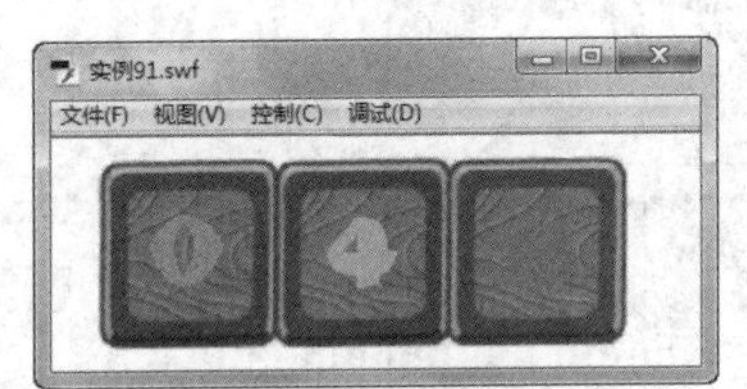

图 5-103　测试动画效果

提问：在第 2 帧插入关键帧，修改文本的好处有哪些？

回答：第 2 帧文本的位置与第 1 帧文本的位置完全相符。如果在第 2 帧插入空白关键帧，在场景中输入文本后，需要调整文本在场景中的位置。为了减少不必要的麻烦，所以在第 2 帧插入关键帧，修改文本内容。

提问：分离的用途是什么？

回答：使用文本“分离”的方法，可以快速将文本字段分布到不同的图层，可以设置每个文本的字体颜色，还可以使每个字段产生动画效果。

实例 92　脚本的应用——跳跃文字动画

源 文 件	光盘\源文件\第 5 章\实例 92.fla
视　　频	光盘\视频\第 5 章\实例 92.swf
知 识 点	文本工具
学习时间	10 分钟

1. 导入相关的素材图像，并转换为图形元件。
2. 分别创建各个文字的影片剪辑元件，并制作文字的动画效果，添加相应的脚本代码。

1. 导入素材

让心灵去旅行

2. 输入文字

3. 返回主场景中，将相关的元件拖入到场景中，制作场景动画。
4. 完成动画效果的制作，测试动画效果。

3. 制作动画

4. 测试效果

实例总结

本实例主要制作文本的逐帧动画效果，再利用脚本语言制作文本停留的效果，最终制作出跳跃文字动画。

实例 93　文本制作遮罩——闪烁文字动画

在 Flash 动画中常常要制作各种文字动画效果，文字过光效果是最为常见的一种动画方式。使用此类动画可以增加动画的质感，使整个动画效果更加丰满，本实例将为一个广告语制作一个过光动画。

实例分析

本实例主要通过设置 Alpha 值，制作矩形元件的闪烁效果，通过 Flash 的遮罩功能，将文本作为遮罩的形状，将闪烁的矩形作为“被遮罩层”，从而制作出闪烁的文字动画效果，如图 5-104 所示。

图 5-104　最终效果

源文件	光盘\源文件\第 5 章\实例 93.fla
视　频	光盘\视频\第 5 章\实例 93.swf
知识点	文本工具
学习时间	5 分钟

知识点链接——使用遮罩时要注意什么？

遮罩层就像一个窗口，透过它可以看到位于它下面的链接层区域。除了透过遮罩项目显示的内容之外，其余的所有内容都被遮罩层的其余部分隐藏起来。一个遮罩层只能包含一个遮罩项目。遮罩层不能在按钮内部，也不能将一个遮罩层用于另一个遮罩。

操作步骤

步骤 1 新建一个“类型”为 ActionScript 2.0，大小为 370 像素×410 像素，“帧频”为 24fps，“背景颜色”为#FF9900 的 Flash 文档，如图 5-105 所示。新建“名称”为“矩形动画”的“影片剪辑”元件，如图 5-106 所示。

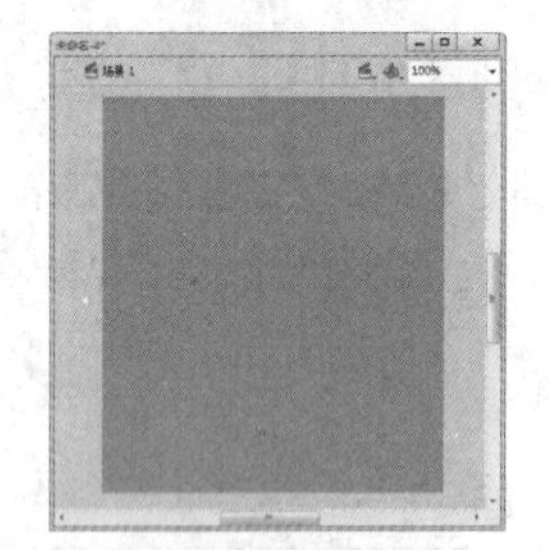

图 5-105　新建空白文档

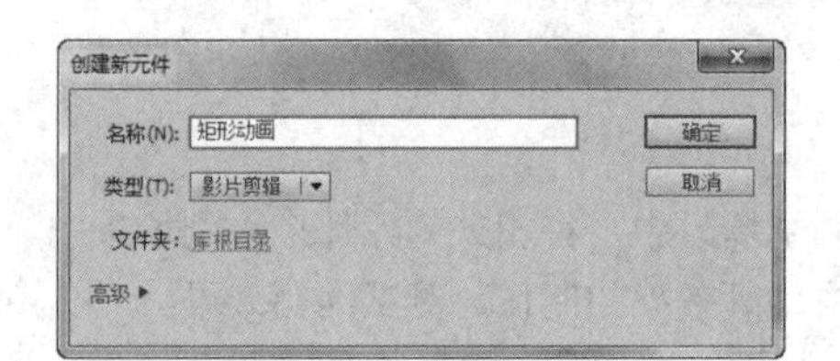

图 5-106　创建新元件

步骤 2 使用“矩形工具”，设置“笔触颜色”值为无，“填充颜色”值为#FFFFFF，在场景中绘制“宽度”值为 34 像素，“高度”值为 40 像素的矩形，如图 5-107 所示。将矩形转换成“名称”为“矩形”的“图形”元件，如图 5-108 所示。

图 5-107　绘制矩形

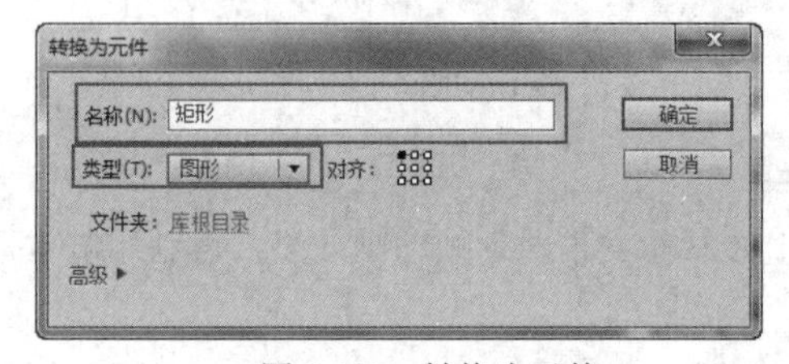

图 5-108　转换为元件

步骤 3 分别在第 10 帧、第 20 帧、第 30 帧和第 40 帧插入关键帧，选择第 10 帧上的元件，设置 Alpha 值为 0%，如图 5-109 所示。

步骤 4 选择第 30 帧上的元件，设置 Alpha 值为 0%，分别设置第 1 帧、第 10 帧、第 20 帧和第 30 帧上的“补间”类型为“传统补间”动画，在第 210 帧插入帧，“时间轴”面板如图 5-110 所示。

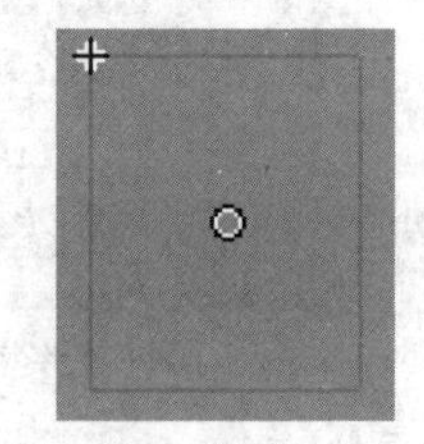

图 5-109　设置 Alpha 值

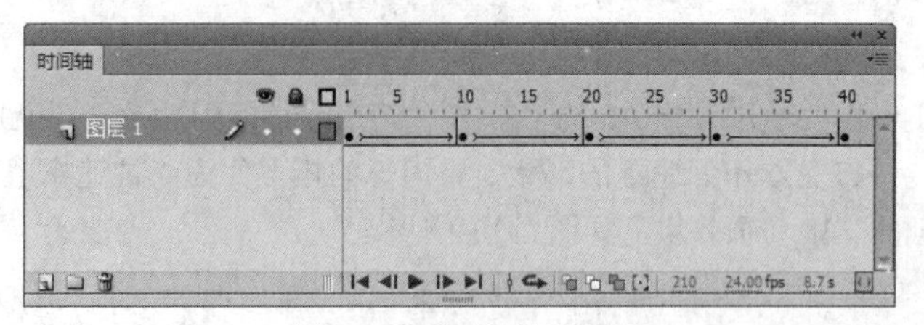

图 5-110　“时间轴”面板

步骤 5 新建“名称”为“整体矩形”的“影片剪辑”元件，将“矩形动画”元件从“库”面板拖入到场景中，如图 5-111 所示。

步骤 6 新建“图层 2”，在第 20 帧插入关键帧，将“矩形动画”元件从“库”面板拖入到场景中，设置“色调”值为 100%的#32FFFF，元件效果如图 5-112 所示。

图 5-111　拖入元件

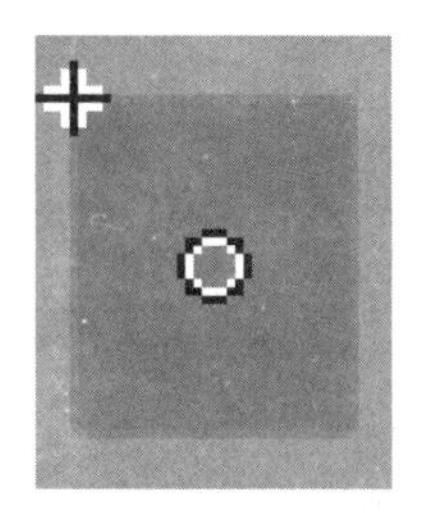

图 5-112　设置着色

步骤 7 新建“图层 3”，在第 10 帧插入关键帧，将“矩形动画”元件从“库”面板拖入到场景中，设置“色调”值为 100%的#32FFFF，元件效果如图 5-113 所示。根据“图层 2”和“图层 3”的制作方法，制作出其他图层，场景效果如图 5-114 所示。

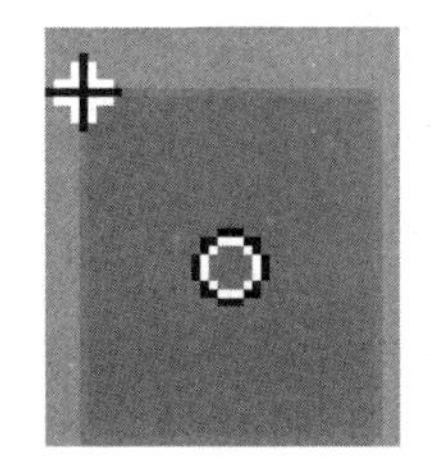

图 5-113　着色

图 5-114　场景效果

步骤 8 新建“名称”为“遮罩动画”的“影片剪辑”元件，将“整体矩形”元件从“库”面板拖入到场景中，在“属性”面板的“位置和大小”标签下进行设置，如图 5-115 所示。完成后的场景效果如图 5-116 所示。

图 5-115 “属性”面板

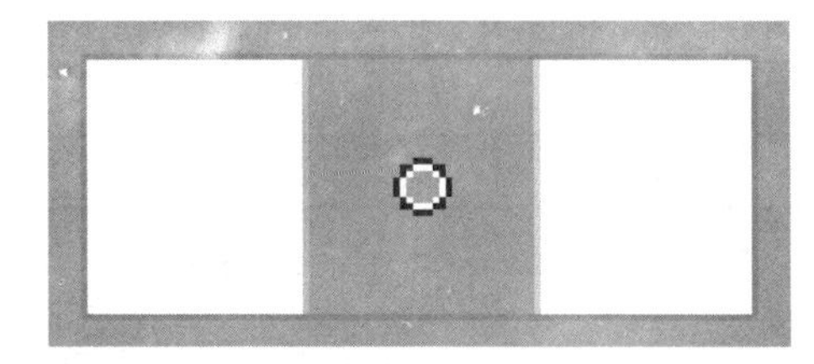

图 5-116　场景效果

步骤 9 新建“图层 2”，使用“文本工具”，在“属性”面板中设置各项参数，如图 5-117 所示。在场景中输入文本，如图 5-118 所示。执行两次“修改>分离”命令，将文本分离成图形，并将“图层 2”设置为“遮罩层”。

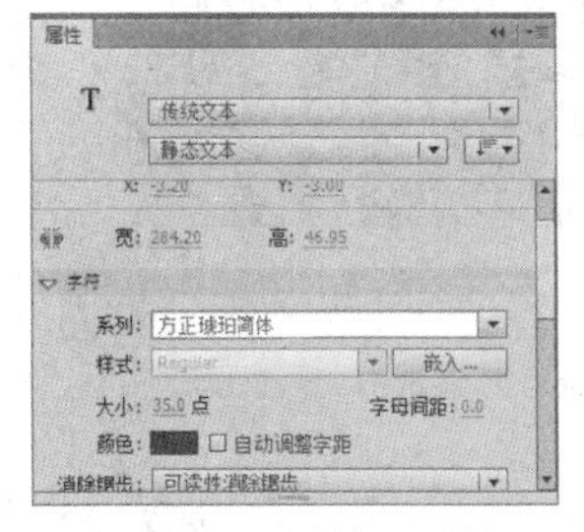

图 5-117 “属性”面板

图 5-118　输入文本

步骤 10 返回到“场景 1”的编辑状态，将图像“光盘\源文件\第 5 章\素材\59301.png”导入到场景中，如图 5-119 所示。新建“图层 2”，将“遮罩动画”元件从“库”面板拖入到场景中，如图 5-120 所示。

步骤 11 完成闪烁文字动画的制作，执行“文件>保存”命令，测试动画效果，如图 5-121 所示。

图 5-119　导入素材

图 5-120　拖入元件

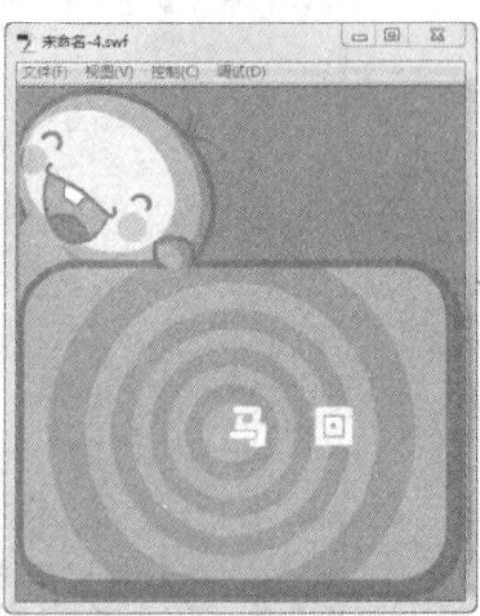

图 5-121　测试效果

提问：遮罩层和被遮罩层有什么区别？

回答：遮罩动画由两部分组成，分别是遮罩层和被遮罩层。遮罩层在动画中保留其层上形状，被遮罩层则是保留其动画原貌，只是动画范围被限定在遮罩层。

提问：制作遮罩动画时可以使用哪种动画方式？

回答：在制作遮罩动画时，可以使用图形，也可以使用元件。而且使用影片剪辑作为遮罩会使动画效果更加丰富。无论是补间形状还是补间动画，都可以作为补间动画的组成部分。一个好的遮罩动画，其创意重于制作。

实例 94　文本工具——旋转花纹文字动画

源文件	光盘\源文件\第 5 章\实例 94.fla
视频	光盘\视频\第 5 章\实例 94.swf
知识点	文本工具
学习时间	10 分钟

1. 导入背景素材图像并将其转换为图形元件。
2. 绘制花朵图形，接着制作花朵旋转的动画效果。

1. 导入素材

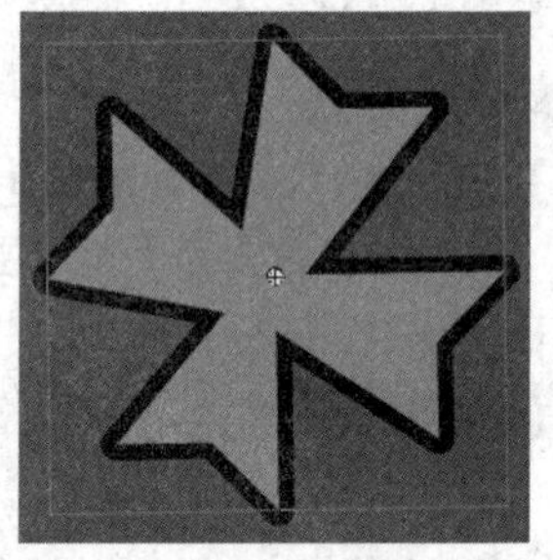

2. 绘制图形

3. 分别创建各个文字的元件，并制作文字动画效果。
4. 完成动画效果的制作，测试动画效果。

3．制作动画

4．测试效果

实例总结

本实例中通过导入素材并制作花朵旋转动画，然后再将该动画元件应用到文字动画制作中。制作过程中读者要了解制作旋转动画的不同方法及应用要点。

实例 95　文本遮罩——波浪式文字动画

在 Flash 中文字的应用很广泛，无论使用什么工具都可以制作出不同的文字动画效果，在本案例中使用了“传统补间”与“遮罩层”，制作出了波浪式文字动画效果。下面将详细讲解该动画的制作方法与步骤。

图 5-122　最终效果

实例分析

本实例主要通过“传统补间”制作出波浪式文字动画效果，通过本实例的学习，读者可以了解如何应用“传统补间”制作文本动画，最终效果如图 5-122 所示。

源 文 件	光盘\源文件\第 5 章\实例 95.fla
视　　频	光盘\视频\第 5 章\实例 95.swf
知 识 点	“矩形工具”和“变形面板”
学习时间	5 分钟

知识点链接——如何让字段自动扩展和换行？

在创建静态文本时，可以将文本放在单独的一行中，该行会随着用户的键入而扩展，也可以将文本放在定宽字段或定高字段中，这些字段会自动扩展和换行。

操作步骤

步骤 1 新建一个“类型”为 ActionScript 2.0，大小为 255 像素×260 像素，其他参数为默认的空白文档，如图 5-123 所示。新建“名称”为“图形组”的“图形”元件，如图 5-124 所示。

图 5-123　新建空白文档

图 5-124　创建新元件

步骤 2 使用“矩形工具”，在场景中绘制“宽度”值为 5 像素，“高度”值为 240 像素的矩形，如

图 5-125 所示。执行“窗口>变形”命令，在“变形”面板中设置“旋转”值为 45°，如图 5-126 所示。完成后的图形效果如图 5-127 所示。

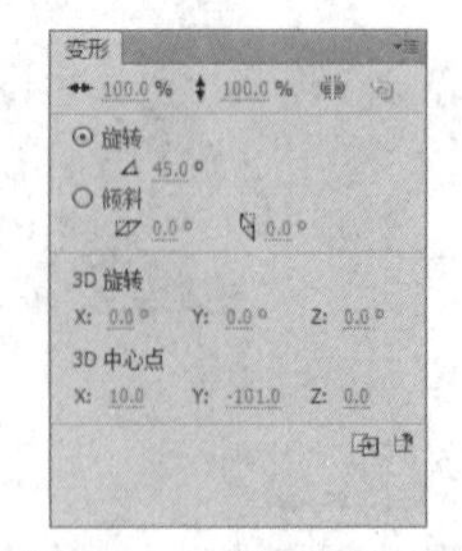

图 5-125　绘制线条　　图 5-126 “变形”面板　　图 5-127　旋转效果

步骤 3 使用“选择工具”，按住【Shift+Alt】键，将旋转后的矩形向右复制，如图 5-128 所示。使用相同的方法，将图形进行移动复制，完成后的场景效果如图 5-129 所示。

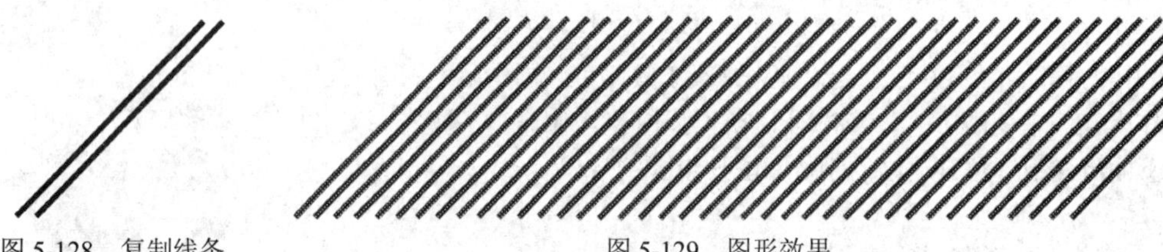

图 5-128　复制线条　　图 5-129　图形效果

步骤 4 新建“名称”为“遮罩动画”的“影片剪辑”元件，将“图形组”元件从“库”面板拖入到场景中，设置 Alpha 值为 10%，如图 5-130 所示。在第 200 帧插入关键帧，将元件水平向右移动 310 像素，如图 5-131 所示。设置第 1 帧上的“补间”类型为“传统补间”。

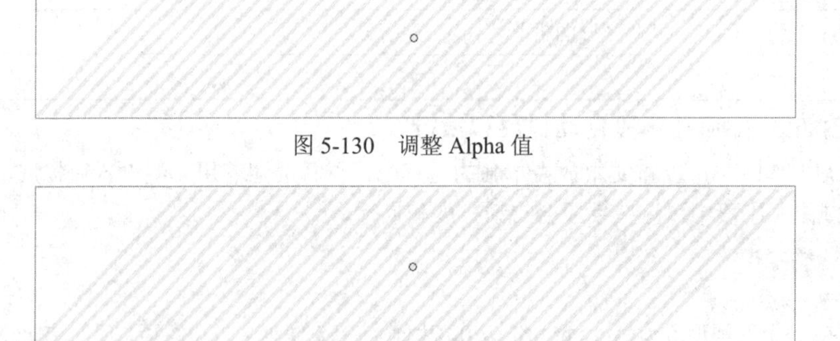

图 5-130　调整 Alpha 值

图 5-131　调整位置

步骤 5 新建“图层 2”，使用“文本工具”，在“属性”面板上设置各项参数，如图 5-132 所示。在场景中输入文本，如图 5-133 所示。执行两次“修改>分离”命令，将文本分离成图形。

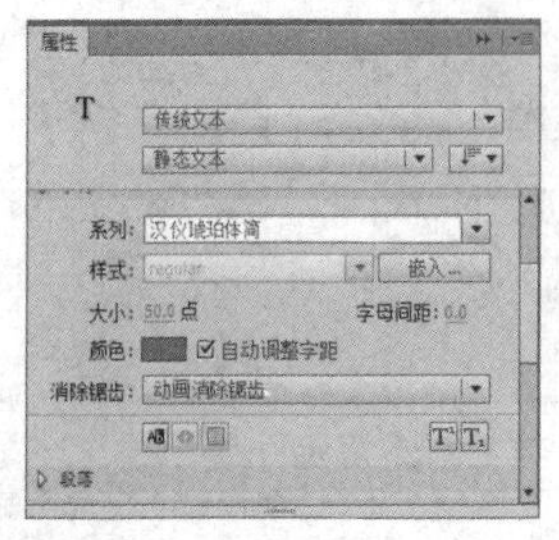

图 5-132 “属性”面板　　图 5-133　输入文本

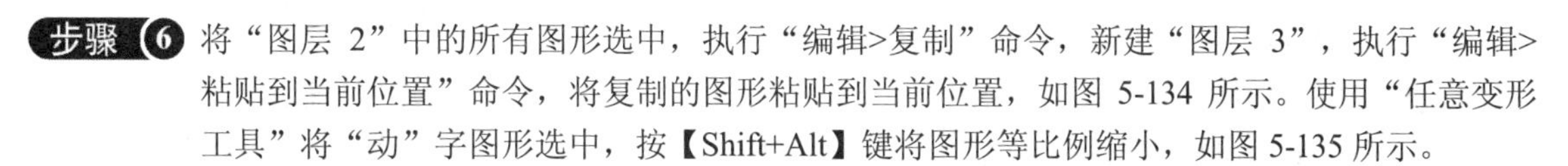

步骤 6 将“图层 2”中的所有图形选中，执行“编辑>复制”命令，新建“图层 3”，执行“编辑>粘贴到当前位置”命令，将复制的图形粘贴到当前位置，如图 5-134 所示。使用“任意变形工具”将“动”字图形选中，按【Shift+Alt】键将图形等比例缩小，如图 5-135 所示。

图 5-134　粘贴图像　　　　图 5-135　缩小图像

步骤 7 使用相同的方法，将其他文字图形等比例缩小，完成后的场景效果如图 5-136 所示。设置“图层 2”为遮罩层，完成后的场景效果如图 5-137 所示。

图 5-136　图形效果　　　　图 5-137　遮盖效果

步骤 8 返回到“场景 1”的编辑状态，将图像“光盘\源文件\第 5 章\素材\59501.png”导入到场景，如图 5-138 所示。新建“图层 2”，将“遮罩动画”元件从“库”面板拖入到场景中，如图 5-139 所示。

图 5-138　导入图像

图 5-139　拖入元件

步骤 9 完成波浪式文字动画的制作，执行“文件>保存”命令，测试动画效果，如图 5-140 所示。

图 5-140　测试动画

提问：使用什么工具可以使图形或元件旋转？

回答： 调整图形或元件的旋转时，不仅可以在“变形”面板中进行旋转的设置，还可以使用“任意变形工具”进行旋转。

提问：如何选择某一图层中的所有内容并对其等比例缩放？

回答：将不需要选中的图层锁定，使用“任意变形工具”再选择需要变形的内容，便可选中某一层的内容，按【Shift+Alt】组合键可进行等比例放大或缩小。

实例 96　文本工具——镜面文字效果

源文件	光盘\源文件\第 5 章\实例 96.fla
视　频	光盘\视频\第 5 章\实例 96.swf
知识点	“变形”面板
学习时间	10 分钟

1. 导入背景素材图像，并将其转换为图形元件。
2. 输入相应的文字，并制作出文字的动画效果。

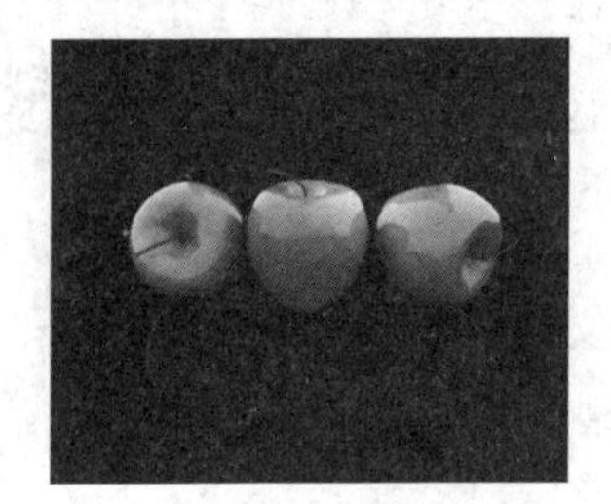
1. 导入素材

2. 输入文字

3. 返回主场景中，将元件拖入到主场景中，制作主场景动画。
4. 完成动画的制作，测试动画。

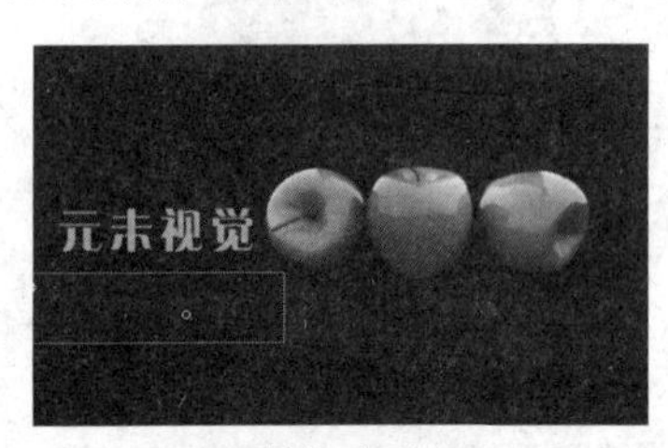

3. 制作动画

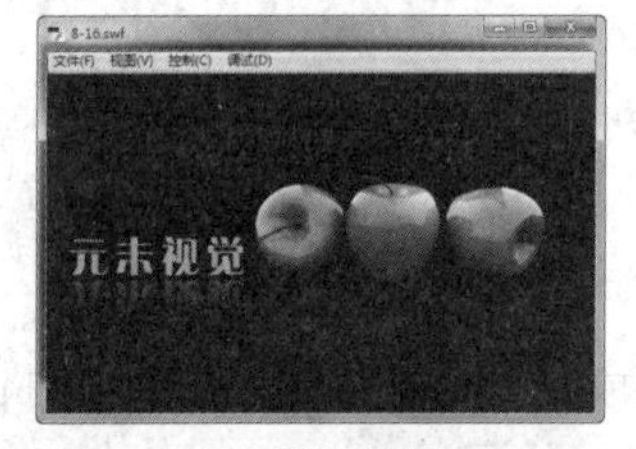

4. 测试效果

实例总结

在本实例的制作中通过使用补间动画制作文本的上下移动动画效果，同时使用相同的方法制作倒影动画。通过使用一个渐变图层，实现了渐隐的动画效果。

实例 97　传统补间——完美旋律文字动画

在 Flash 动画中，传统补间动画是使用动画的起始帧和结束帧建立补间的，虽然传统补间动画的制作过程比较复杂，不过传统补间具有的某些动画控制功能是补间动画所不具备的，下面的案例将告诉读者如何巧妙地使用传统补间。

图 5-141　最终效果

实例分析

本实例使用“矩形工具”绘制矩形，并且为矩形添加补间动画，然后使用矩形工具在舞台中绘制填充色为渐变的矩形，最后输入文字，最终效果如图 5-141 所示。

源 文 件	光盘\源文件\第 5 章\实例 97.fla
视　　频	光盘\视频\第 5 章\实例 97.swf
知 识 点	传统补间
学习时间	5 分钟

知识点链接——创建传统补间

传统补间的创建过程是先创建起始帧和结束帧的位置，然后进行动画制作，Flash 将自动完成起始帧和结束帧之间过渡帧的制作。

操作步骤

步骤 1 新建一个“类型”为 ActionScript 2.0，大小为 255 像素×260 像素，“背景颜色”为#FF9900，其他为默认的空白文档，如图 5-142 所示。新建“名称”为“矩形动画”的“影片剪辑”元件，如图 5-143 所示。

步骤 2 使用“矩形工具”，设置“笔触颜色”为无，“填充颜色”值为#FFFFFF，在场景中绘制“宽度”值为 34 像素，“高度”值为 40 像素的矩形，如图 5-144 所示。将矩形转换成“名称”为“矩形”的“图形”元件，如图 5-145 所示。

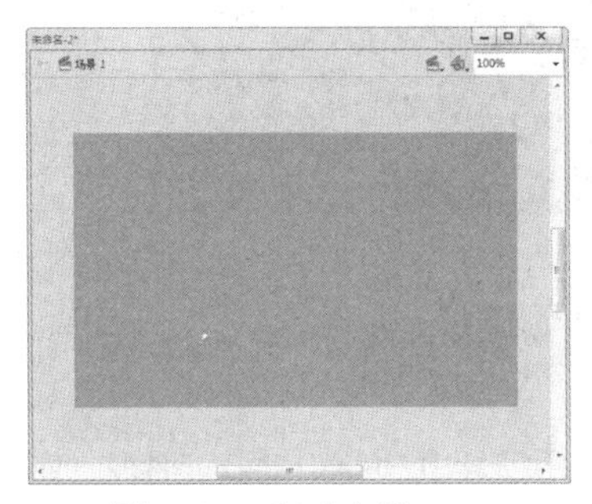

图 5-142　新建文档

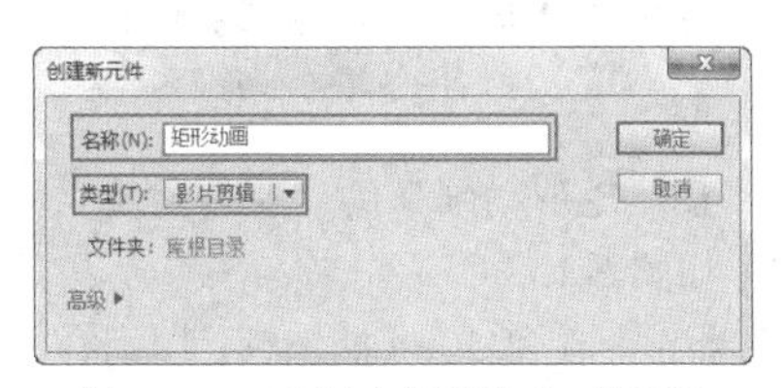

图 5-143　“创建新元件”对话框

图 5-144　绘制矩形

步骤 3 分别在第 10 帧和第 50 帧插入关键帧，在“图层 1”的图层名称上单击鼠标右键，在弹出的菜单中选择“添加传统运动引导层”，使用“钢笔工具”，在场景中绘制线条，如图 5-146 所示。

步骤 4 选择“图层 1”第 1 帧场景中的元件，在“属性”面板上设置 Alpha 值为 20%，元件效果如图 5-147 所示。

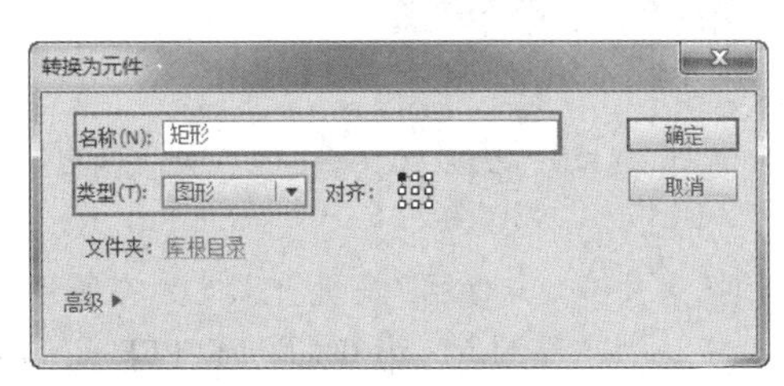

图 5-145　“转换为元件”对话框

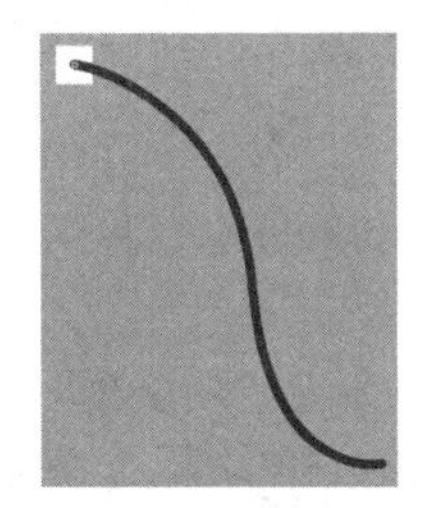

图 5-146　绘制线条

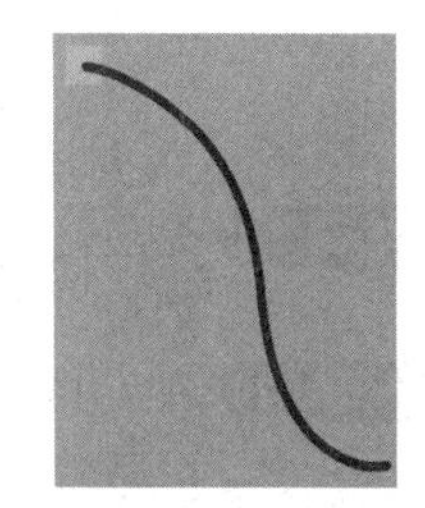

图 5-147　调整元件 1

步骤 5 选择第 10 帧上的元件，设置 Alpha 值为 80%，并调整元件的位置，如图 5-148 所示，调整第 50 帧上的元件，并设置 Alpha 值为 0%，如图 5-149 所示。

步骤 6 分别设置第 1 帧和第 10 帧上的“补间”类型为“传统补间”。在“引导层：图层 2”上新建“图层 3”，在第 50 帧插入关键帧，在“动作”面板中输入“stop();”脚本语言，如图 5-150 所示。

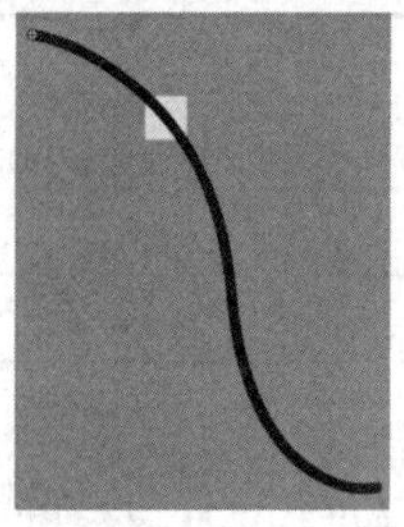

图 5-148　调整元件 2

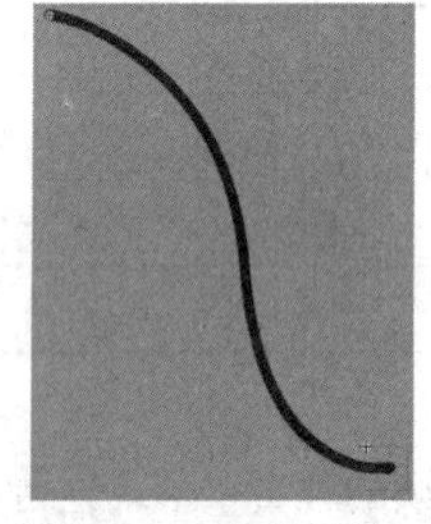

图 5-149　调整元件 3

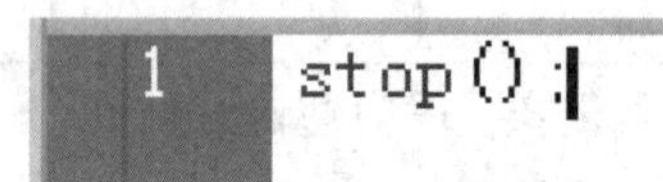

图 5-150　输入脚本语言

> ▶ 提示
>
> 在引导层中绘制的线条及图形都是不显示的，只用于引导对象，所以在本步骤中绘制的线条没有进行详细的参数设置。

步骤 7 根据“矩形动画 1”元件的制作方法，制作出“矩形动画 2”元件、“矩形动画 3”元件、“矩形动画 4”元件和“矩形动画 5”元件，效果如图 5-151 所示。

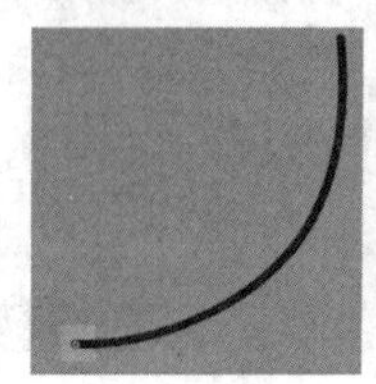
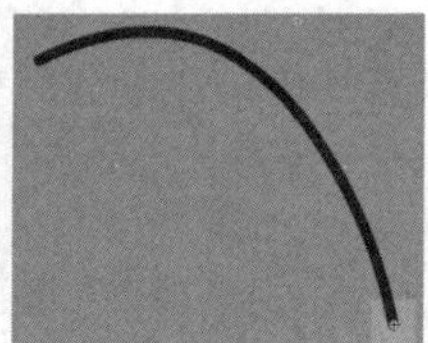
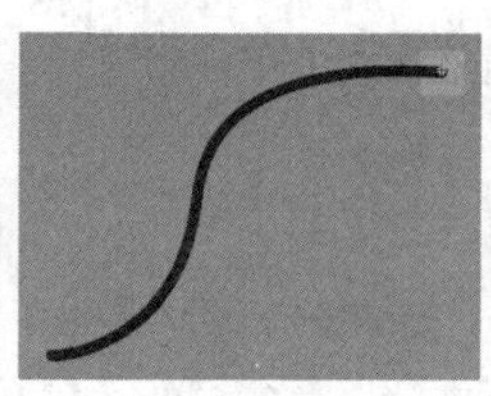
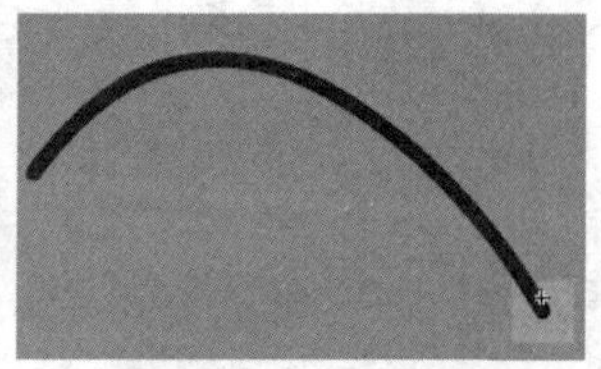

图 5-151　元件效果

步骤 8 新建“名称”为“整体矩形动画”的“影片剪辑”元件，将“矩形动画 1”元件从“库”面板拖入到场景中，如图 5-152 所示。

步骤 9 设置“实例名称”为 p1，在第 50 帧插入帧，用同样的制作方法，将其他矩形动画元件从“库”面板拖入到场景中，并为各个元件设置“实例名称”，完成后的场景效果如图 5-153 所示。

图 5-152　拖入元件

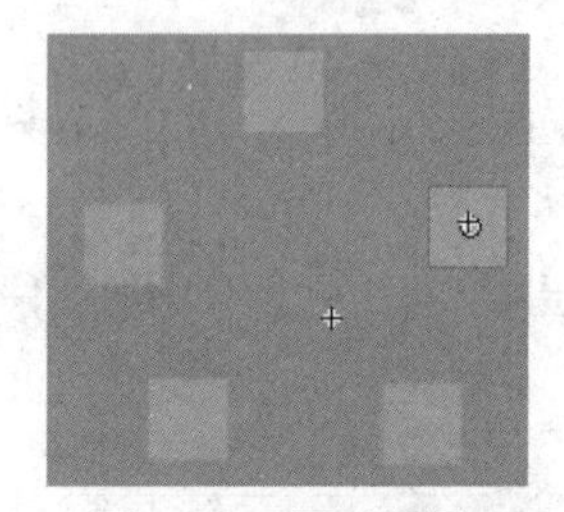

图 5-153　图形效果

步骤 10 返回到“场景 1”的编辑状态，将图像“光盘\源文件\第 5 章\素材\59701.tif”导入到场景中，如图 5-154 所示。

步骤 11 在第 140 帧插入帧，新建“图层 2”，在第 20 帧插入关键帧，使用“矩形工具”，在场景中绘制大小为 220 像素×50 像素，“笔触颜色”为无，“填充颜色”为 0%的#FFFFFF→100%的#FF6600→100%的#FF6600 的矩形，如图 5-155 所示。

步骤 12 在第 70 帧插入关键帧，将第 20 帧上场景中的元件水平向左移动，如图 5-156 所示，设置第 20 帧上的“补间”类型为“传统补间”。新建“图层 3”，在第 20 帧插入关键帧，使用“文本工具”，在“属性”面板上设置参数，如图 5-157 所示。

步骤 13 在场景中输入文本，如图 5-158 所示，将文本分离成图形，将“图层 3”设置为“遮罩层”，新建“图层 4”，在第 10 帧插入关键帧，将“整体矩形动画”元件从“库”面板拖入到场景中，如图 5-159 所示，并在“属性”面板上设置“实例名称”为 pointMc。

图 5-154　导入素材

图 5-155　绘制矩形

图 5-156　调整矩形

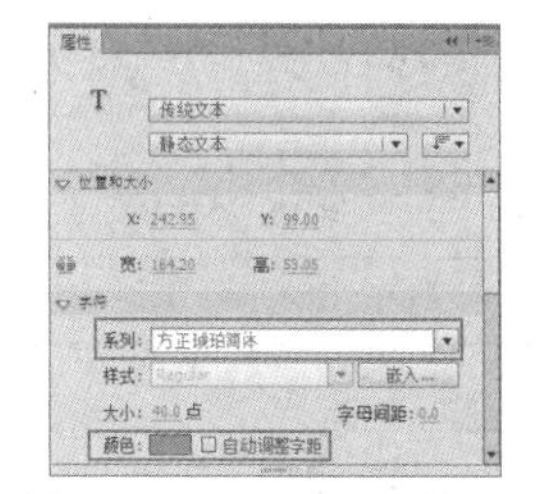

图 5-157　“属性”面板

图 5-158　输入文本

图 5-159　拖入元件

步骤 14 在第 65 帧插入关键帧，将元件水平向右移动，如图 5-160 所示，设置第 10 帧上的“补间”类型为“传统补间”，新建“图层 4”，在第 10 帧插入关键帧，在“动作”面板中输入图 5-161 所示的脚本语言。

图 5-160　调整元件

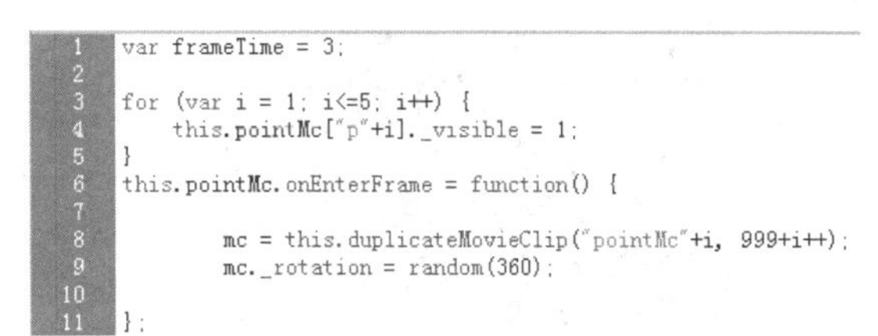

1 var frameTime = 3;
2
3 for (var i = 1; i<=5; i++) {
4   this.pointMc["p"+i]._visible = 1;
5 }
6 this.pointMc.onEnterFrame = function() {
7
8   mc = this.duplicateMovieClip("pointMc"+i, 999+i++);
9   mc._rotation = random(360);
10
11 };

图 5-161　输入脚本

步骤 15 完成落英缤纷文字动画的制作，执行“文件>保存”命令，测试动画效果，如图 5-162 所示。

图 5-162　测试效果

提问：如何用笔触制作遮罩？

回答：在 Flash 中使用“铅笔工具”创建的图形不能作为遮罩层。如果想使用它做遮罩层，则必须通过选择“修改>形状>线条转换为填充”命令，将笔触转换成为填充图形。

提问：引导层的作用是什么？

回答：引导层在传统补间动画层的上方，用来指定元件实例的运动轨迹，单击被引导层的第 1 帧，在“属性”面板中设置各项参数，可以使动画效果更加细致。

实例 98　文本工具——聚光灯文字

源文件	光盘\源文件\第 5 章\实例 98.fla
视　频	光盘\视频\第 5 章\实例 98.swf
知识点	遮罩层
学习时间	10 分钟

1. 导入背景素材图像，并将其转换为图形元件。
2. 新建图层和元件，绘制一个填充色为从白色到白色透明的径向渐变圆形。

1. 导入素材

2. 输入文字

3. 返回主场景中，制作文字的遮罩动画效果。
4. 完成聚光灯文字效果的制作，测试动画。

3. 制作动画

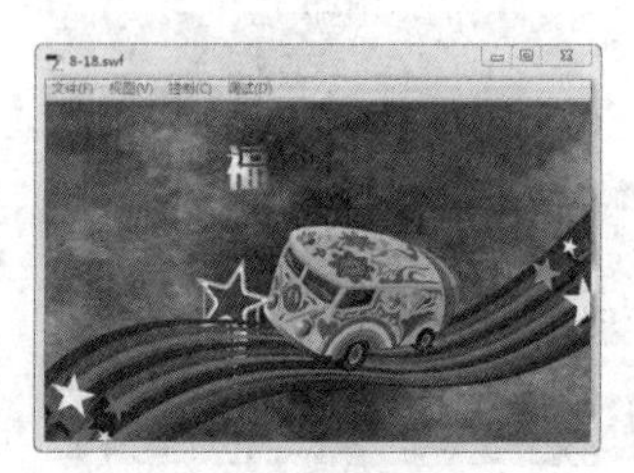

4. 测试效果

实例总结

本实例首选制作一个发光的图形元件，并制作了一个元件从左到右移动的动画效果，然后创建文字图层，并将该文字图层应用为动画图层的遮罩层，实现聚光灯动画效果。

实例 99　脚本的应用——拼合文字动画

ActionScript 脚本语言允许用户向应用程序添加复杂的代码，用于交互性、播放控制和数据显示。可以使用“动作”面板、“脚本”窗口或外部编辑器在创作环境内添加 ActionScript。

实例分析

本实例主要向读者讲解，利用添加脚本语言制作文本拼合与分散的动画效果，通过实例的学习读者可以了解与掌握，文本动画的简单制作方法与技巧，并对脚本语言控制文本动画有更深层的了解，效果如图 5-163 所示。

源 文 件	光盘\源文件\第 5 章\实例 99.fla
视　　频	光盘\视频\第 5 章\实例 99.swf
知 识 点	“矩形工具”和“脚本语言”
学习时间	5 分钟

知识点链接——是不是每一种文本类型都具有“实例名称”选项？

“静态文本”类型没有“实例名称”选项。传统文本中的“动态文本”类型、“输入文本”类型和 TLF 文本具有“实例名称”选项。

图 5-163　最终效果

操作步骤

步骤 1 新建一个“类型”为 ActionScript 2.0，大小为 450 像素×450 像素，其他为默认的空白文档，如图 5-164 所示。新建“名称”为“拼合动画”的“影片剪辑”元件，如图 5-165 所示。

图 5-164　新建文档

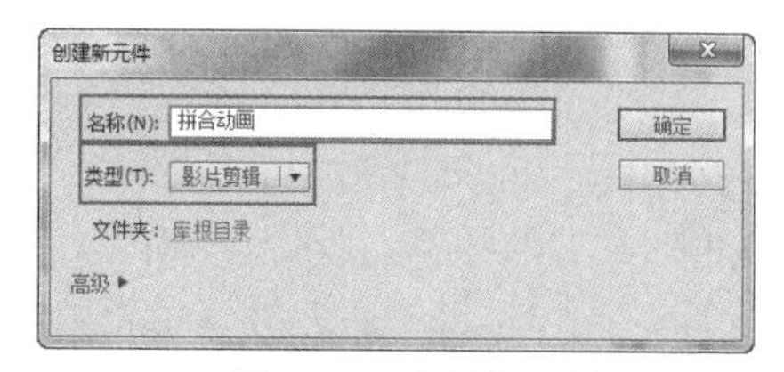

图 5-165　创建新元件

步骤 2 使用“矩形工具”，设置“笔触颜色”为无，“填充颜色”值为#DD196D，在场景中绘制“宽度”值为 49 像素，“高度”值为 11 像素的矩形，如图 5-166 所示。用同样的绘制方法绘制矩形，如图 5-167 所示。

图 5-166　绘制矩形

图 5-167　图形效果

步骤 3 根据第 1 帧的制作方法，制作出第 2 帧～第 18 帧，完成后的“时间轴”面板如图 5-168 所示，场景效果如图 5-169 所示。

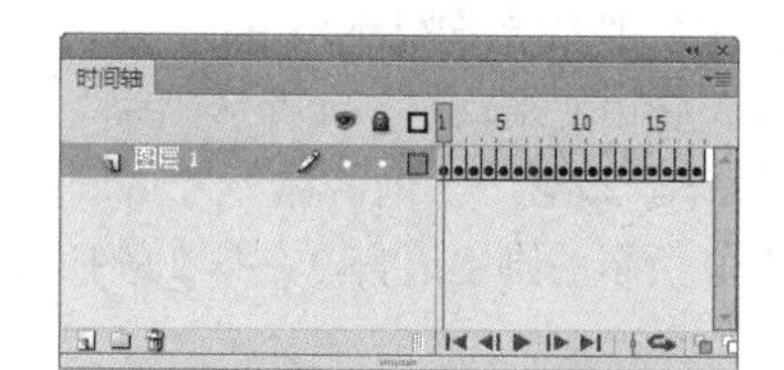

图 5-168　“时间轴”面板

图 5-169　图形效果

步骤 4 新建“图层 2”，在“动作”面板中输入图 5-170 所示的脚本语言，完成后的“时间轴”面板如图 5-171 所示。

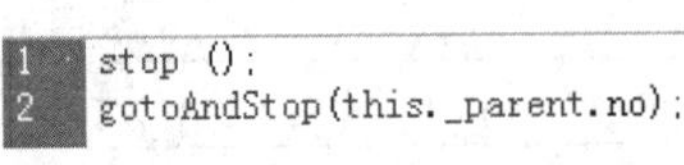

```
1  stop ();
2  gotoAndStop(this._parent.no);
```

图 5-170 脚本语言

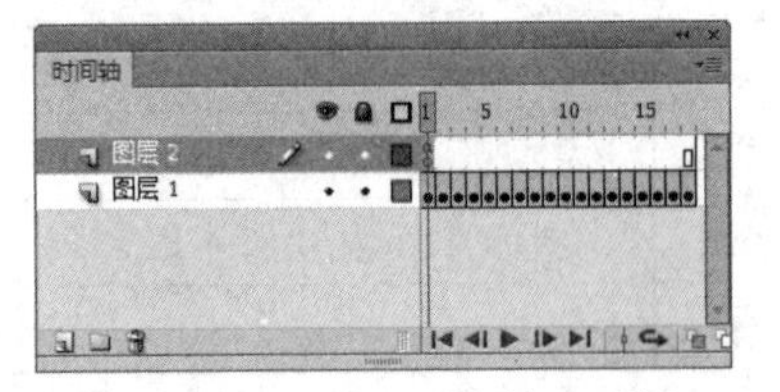

图 5-171 “时间轴”面板

步骤 5 新建“名称”为“整体拼合动画”的“影片剪辑”元件，将“拼合动画”元件从“库”面板拖入到场景中，如图 5-172 所示，设置“实例名称”为 bh，如图 5-173 所示。

步骤 6 新建“名称”为“文本动画”的“影片剪辑”元件，将“整体拼合动画”元件从“库”面板拖入到场景中，如图 5-174 所示。

步骤 7 设置“实例名称”为 bhMc，在第 20 帧插入帧，新建“图层 2”，将图像“源文件\第 5 章\素材\51902.png”导入到场景中，如图 5-175 所示，将图像转换成“名称”为“文本”的“影片剪辑”元件。

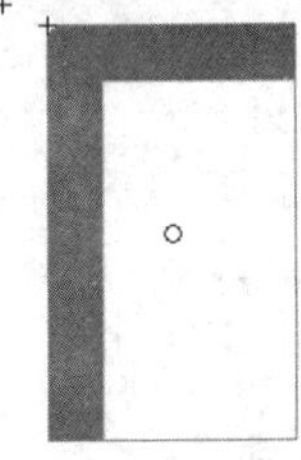

图 5-172 拖入元件

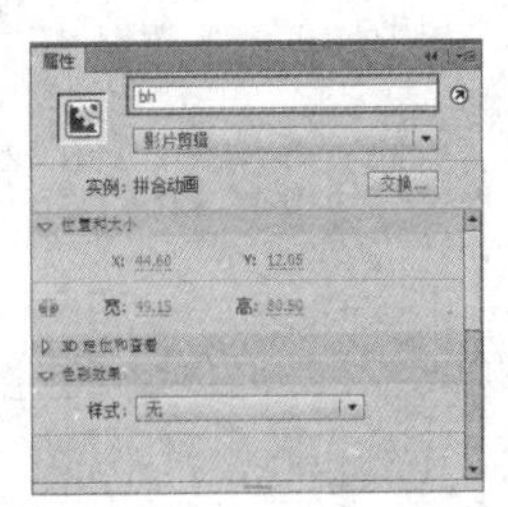

图 5-173 “属性”面板

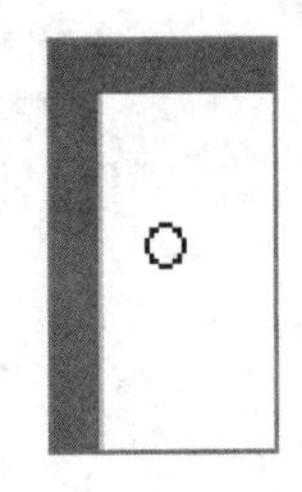

图 5-174 拖入元件

图 5-175 导入图像

步骤 8 选择“文本”元件，在“动作”面板中输入图 5-176 所示的脚本语言，新建“图层 3”，在“动作”面板中输入图 5-177 所示的脚本语言，在第 20 帧插入关键帧，在“动作”面板中输入“stop();”脚本语言。

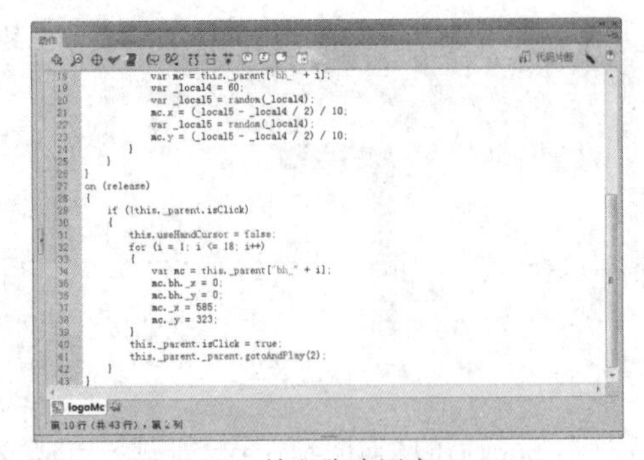

图 5-176 输入脚本语言 1

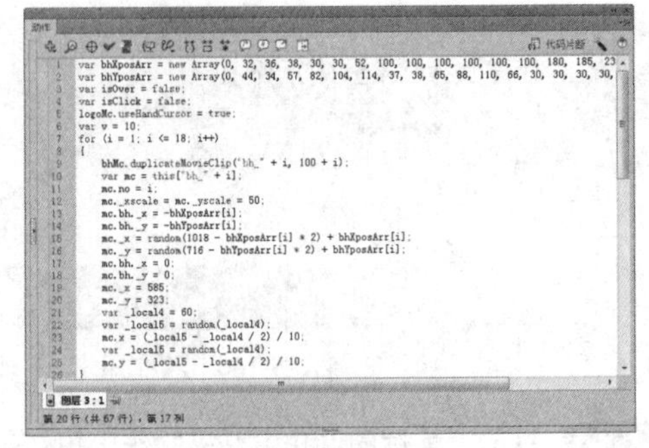

图 5-177 输入脚本语言 2

步骤 9 返回到“场景 1”的编辑状态，将图像“光盘\源文件\第 5 章\ 59901.jpg”导入到场景，如图 5-178 所示，在第 2 帧插入帧，新建“图层 2”，将“文本动画”元件从“库”面板拖入到场景中，并调整到合适位置与大小，如图 5-179 所示，设置“实例名称”为 indexMc。

步骤 10 新建“图层 3”，在“动作”面板中输入图 5-180 所示的脚本语言，在第 2 帧插入关键帧，在“动作”面板中输入图 5-181 所示的脚本语言。

图 5-178　导入图像

图 5-179　拖入元件

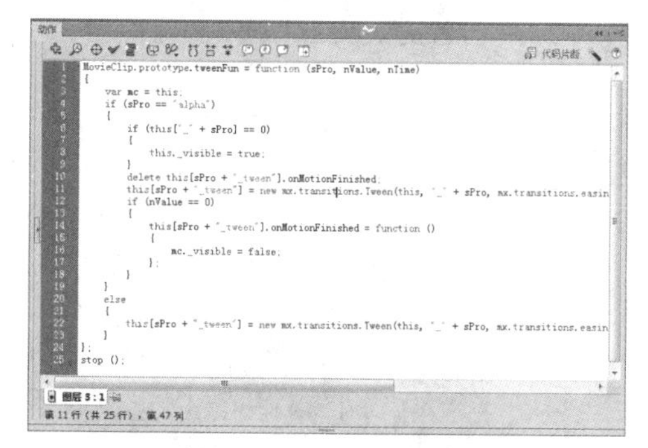

图 5-180　脚本语言 1

```
if (this.onEnterFrame == null)
{
    var t = 1.200000E+000;
    indexMc.tweenFun("x", -6.450000E+001, t);
    indexMc.tweenFun("y", 6.730000E+001, t);
    indexMc.tweenFun("xscale", 5.550000E+001, t);
    indexMc.tweenFun("yscale", 5.550000E+001, t);
}
```

图 5-181　脚本语言 2

步骤 11 完成拼合文字动画的制作，执行“文件>保存”命令，测试动画效果，如图 5-182 所示。

图 5-182　测试效果

提问：如何设置文本引擎？

回答：选择工具箱中的“文本工具”，在“属性”面板中单击“文本引擎”按钮，在弹出的下拉列表菜单中可以看到两种文本引擎，通过文本属性的相关选项可以对文本进行相应设置，以满足用户要求。

提问：“库”面板的用途是什么？

回答：“库”面板用于存放存在于动画中的所有元素，利用“库”面板，可以对库中的资源进行有效的管理。在“库”面板中可以轻松地对资源进行编组、项目排序、重命名和更新等管理。

实例 100　文本工具——螺旋翻转文字动画

源文件	光盘\源文件\第 5 章\实例 100.fla
视　频	光盘\视频\第 5 章\实例 100.swf
知识点	“文本工具”和“变形工具”
学习时间	10 分钟

1．导入背景素材图像并将其转换为图形元件。

2．新建多个影片剪辑元件并放置不同的文字，制作文字动画效果。

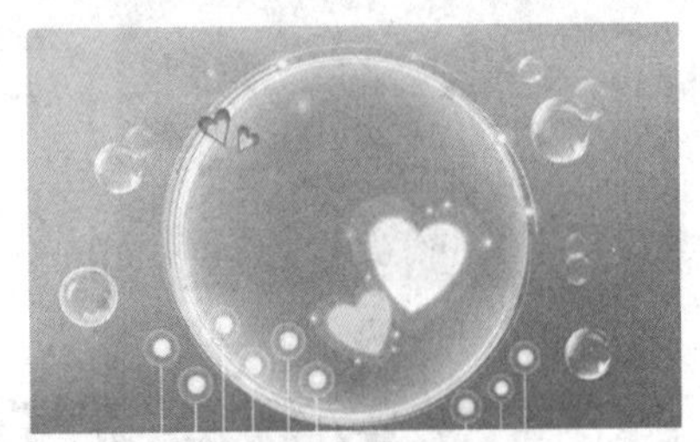

1．导入素材

最美的心灵港湾

2．输入文字

3．返回主场景中，将背景和文字动画元件拖入到场景中。

4．完成螺旋翻转文字效果的制作，测试动画。

3．制作动画

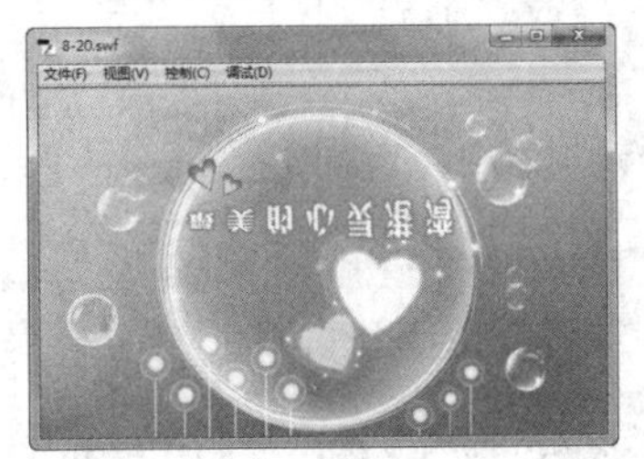

4．测试效果

实例总结

本实例通过一个简单的文本动画，向读者讲解通过文本工具和变形工具制作文本动画，在实例的制作中并没有繁琐的操作，通过实例的学习，读者不必将动画制作得多么花哨，只要突出主题就可以了。

第 6 章　动画中元件的应用

元件也是构成动画的基本元素，使用元件可提高动画制作的效率、减小文件大小，Flash 中的元件类型有图形元件、按钮元件和影片剪辑元件 3 种类型，元件类型不同，它所能接受的动画元素也会有所不同。

实例 101　图形元件——寻觅的小兔子

“图形”元件可用于静态图像，它是一种不能包含时间轴动画的元件，假如在图形元件中创建一个逐帧动画或补间动画后，把它应用在主场景中，在测试影片时可发现它并不能生成一个动画，而是一幅静态的图像。

图 6-1　最终效果

实例分析

本实例通过导入序列图像制作“图形”元件，再通过指定元件“单帧”属性的“第几帧”位置创建传统补间，制作出小兔子的一系列连串动动画，最终效果如图 6-1 所示。

源 文 件	光盘\源文件\第 6 章\实例 101.fla
视　　频	光盘\视频\第 6 章\实例 101.swf
知 识 点	设置图形元件、单帧、传统补间
学习时间	10 分钟

知识点链接——“单帧”的概念

“单帧”是指要显示的动画序列的一帧，允许将多个图形放在同一个元件的不同帧中，使用时需设置相应的帧号。

操作步骤

步骤 1 执行“文件>新建”命令，新建一个大小为 250 像素×300 像素，“帧频”为 12fps，“背景颜色”为白色的 Flash 文档。

步骤 2 执行“插入>新建元件”命令，新建“名称”为“兔子”的“图形”元件，如图 6-2 所示。执行“文件>导`入>导入到舞台”命令，将图像“光盘\源文件\第 6 章\素材\41018.png”导入舞台，在弹出的提示对话框中单击“是”按钮，导入序列图像，如图 6-3 所示。

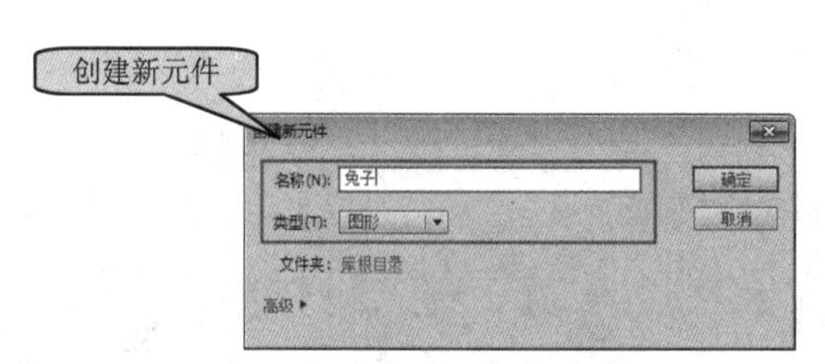

图 6-2　创建新元件

图 6-3　导入图像

步骤 3 “时间轴”面板如图 6-4 所示。新建“名称”为“兔子动画”的“影片剪辑”元件，如图 6-5 所示。

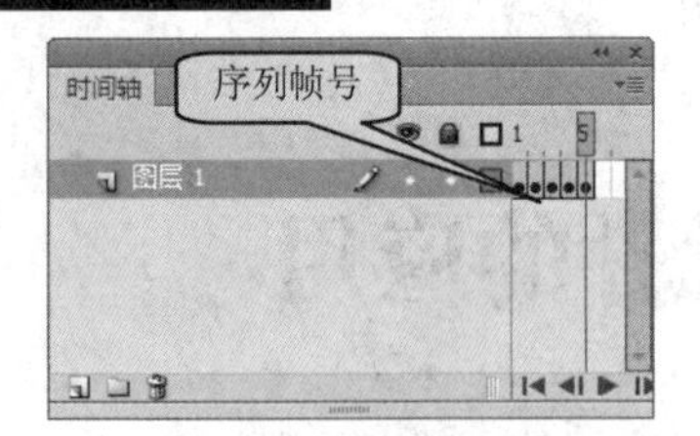

图 6-4 “时间轴”面板

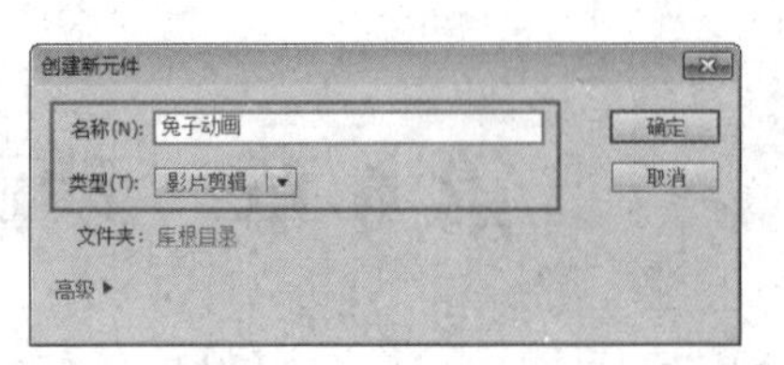

图 6-5 创建新元件

步骤 4 将“兔子”元件从“库”面板拖入场景中，选中元件，打开“属性”面板，设置“循环”选项为“单帧”，“第 1 帧”为 1，如图 6-6 所示。在第 5 帧位置插入关键帧，设置“循环”选项为“单帧”，“第 1 帧”为 2，如图 6-7 所示。

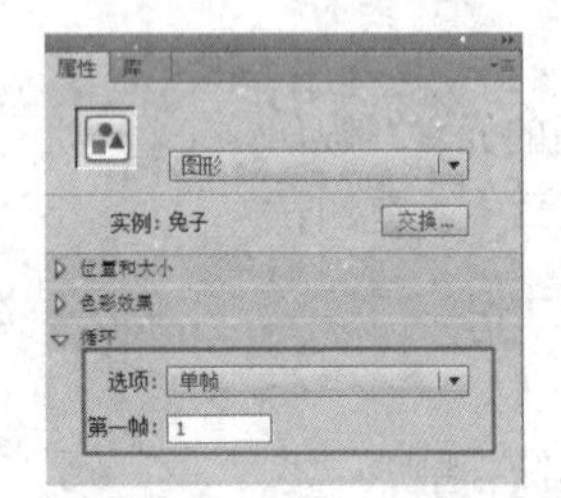

图 6-6 “属性”面板 1

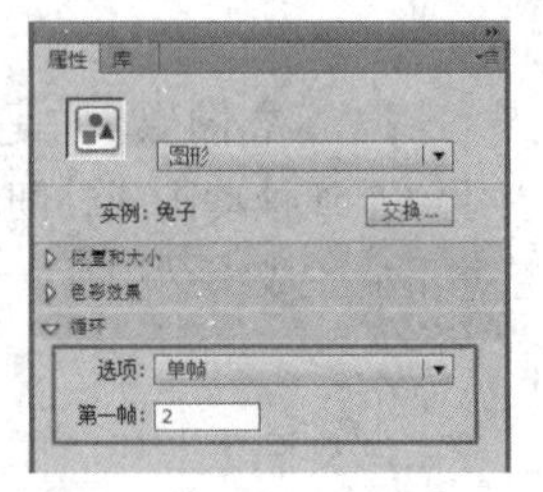

图 6-7 “属性”面板 2

步骤 5 在第 1 帧位置创建传统补间动画，“时间轴”面板如图 6-8 所示。用相同的方法依次在第 10 帧、第 15 帧和第 20 帧位置插入关键帧，依次设置单帧的“第 1 帧”为 3、4 和 5，并分别创建传统补间动画，“时间轴“面板如图 6-9 所示。

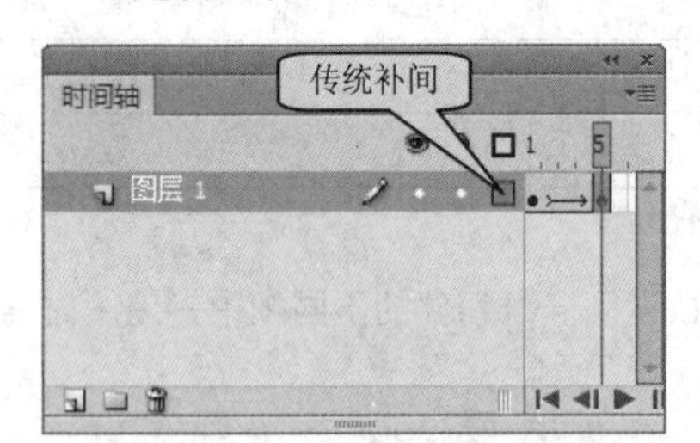

图 6-8 “时间轴”面板 1

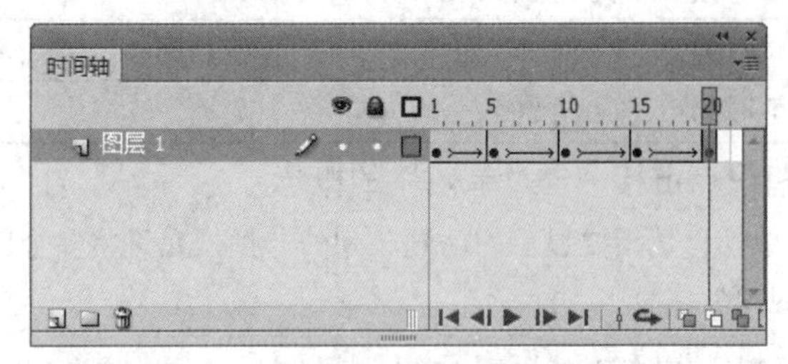

图 6-9 “时间轴”面板 2

步骤 6 选中第 1 帧到第 20 帧，单击鼠标右键，选择“复制帧”命令，用鼠标右键单击第 21 帧位置，选择“粘贴帧”命令，单击鼠标右键，选择“翻转帧”命令，“时间轴“面板如图 6-10 所示。

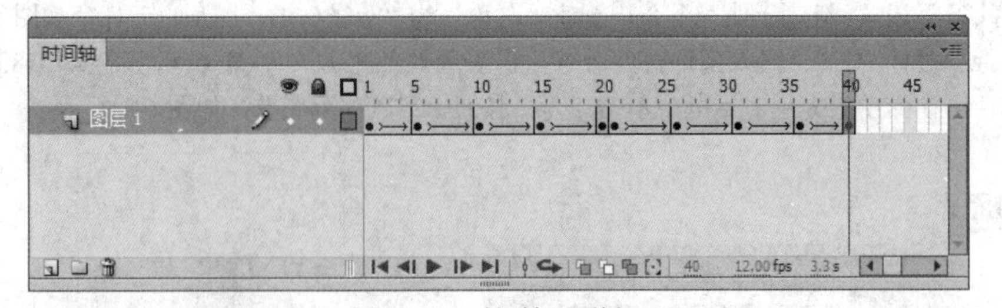

图 6-10 “时间轴”面板 3

> ▶ 提示
>
> 此处把所有帧复制翻转，是为了动画循环播放时过渡自然，不出现跳转画面。

步骤 7 返回“场景 1”编辑，将图像“光盘\源文件\第 6 章\素材\10101.jpg”导入场景中，如图 6-11

所示。在第 30 帧位置插入帧，新建“图层 2”，将“兔子动画”从“库”面板拖入到场景中，如图 6-12 所示。

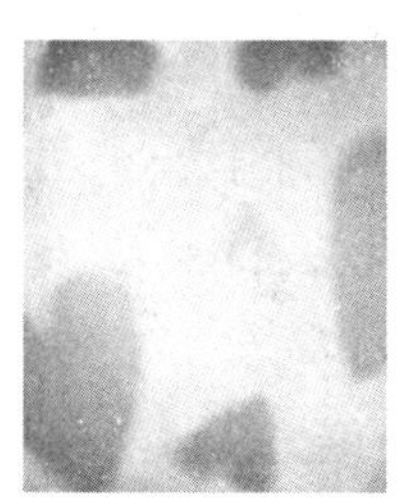

图 6-11　导入图像

图 6-12　图像效果

步骤 8 完成小兔子动画的制作，保存动画，按下【Ctrl+Enter】组合键测试动画，效果如图 6-13 所示。

图 6-13　测试动画效果

提问：图形元件如何创建动画？

回答：图形元件也可以用来创建动画序列，为图形元件实例设置循环选项下的“循环”、“播放一次”和“单帧”来播放实例内的动画序列。

提问：使用单帧的好处有哪些？

回答：使用“图形元件”的“单帧”属性允许将多个图形放在同一个元件的不同帧中。可以使用同一个元件的不同帧制作动画，既方便动画的制作又减少了动画的大小。

实例 102　设置单帧——文字转换动画

源 文 件	光盘\源文件\第 6 章\实例 102.fla
视　　频	光盘\视频\第 6 章\实例 102.swf
知 识 点	使用“单帧”、“传统补间”
学习时间	10 分钟

1．新建图形元件，导入序列素材。

2．新建“影片剪辑”元件，完成补间动画制作。

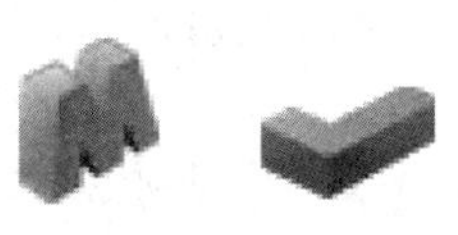

1．导入素材

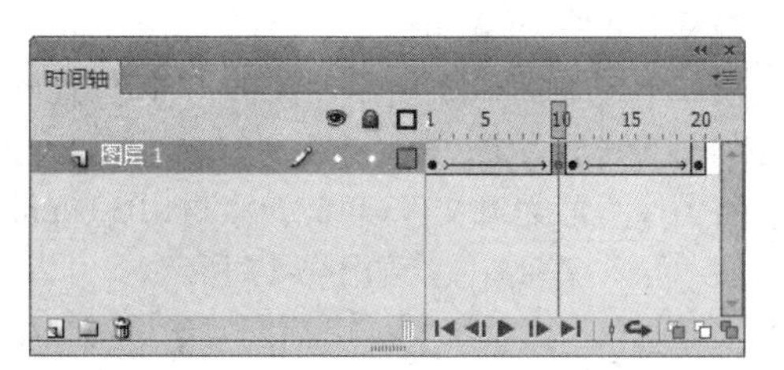

2．“时间轴”面板

3．返回场景编辑状态，导入素材。新建图层并拖入动画。

4．完成动画的制作，测试动画效果。

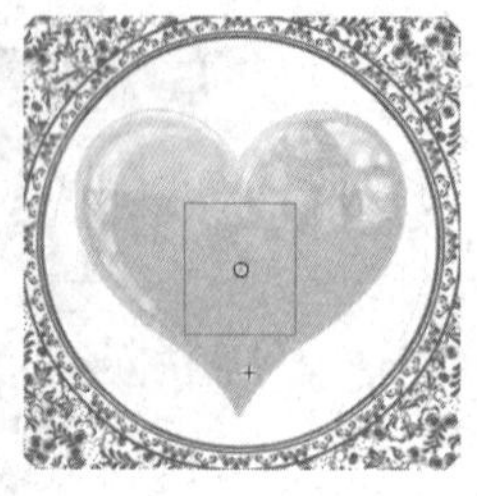

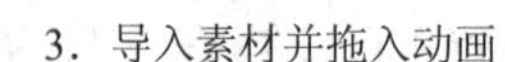
3．导入素材并拖入动画

4．测试动画效果

实例总结

本实例通过设置单帧、传统补间制作出文字转换效果。通过学习理解单帧的作用，并能应用到动画制作中。

实例 103　播放一次——书本打开动画

在动画制作中，有些动画元素只需要播放一次就要消失，例如，礼花、涟漪等。这些效果就可以使用图形元件制作。设置“图形”元件“属性”面板上的“播放一次”，可以制作一些只需要播放一次的动画效果。

图 6-14　最终效果

实例分析

本实例将完成一个书本打开动画的制作，首先将序列图像导入到新建的“图形”元件中，调整帧中元件的位置和大小，制作动画效果，设置“播放一次”，完成动画效果，最终效果如图 6-14 所示。

源 文 件	光盘\源文件\第 6 章\实例 103.fla
视　　频	光盘\视频\第 6 章\实例 103.swf
知 识 点	图形元件、播放一次
学习时间	10 分钟

知识点链接——“播放一次”的概念

“播放一次”是指在“图形”元件中制作动画效果，然后设置该元件“属性”面板上的“循环”选项为“播放一次”，则该元件在播放一次后停止。

操作步骤

步骤 1 执行“文件>新建”命令，新建一个大小为 550 像素×400 像素，帧频为 10fps，“背景颜色”为白色的 Flash 文档。

步骤 2 执行“文件>导入>导入到舞台”命令，将图像“光盘\源文件\第 6 章\素材\10301.png”导入到场景中，如图 6-15 所示。在第 40 帧位置插入帧，新建“名称”为“书”的“图形”元件，如图 6-16 所示。

步骤 3 将图像“光盘\源文件\第 6 章\素材\10302.png”导入到舞台，在弹出的对话框中单击“是”按钮，导入序列图像，如图 6-17 所示。

步骤 4 “时间轴”面板如图 6-18 所示。选中第 2 帧，按住鼠标左键不放，拖曳帧至第 5 帧位置，在第 3 帧和第 7 帧位置插入关键帧，“时间轴”面板如图 6-19 所示。

图 6-15　导入图像

图 6-16　创建新元件

图 6-17　导入图像

图 6-18　“时间轴”面板 1

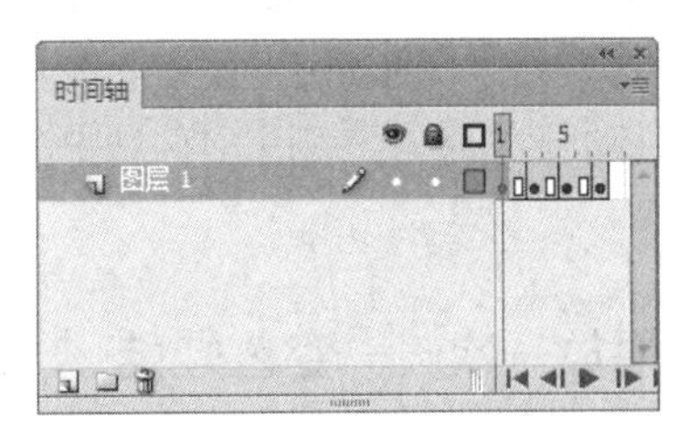

图 6-19　“时间轴”面板 2

步骤 5 分别调整帧上元件的大小和位置，场景效果如图 6-20 所示。

第 1 帧

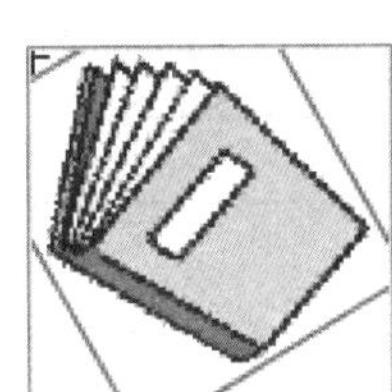

第 3 帧

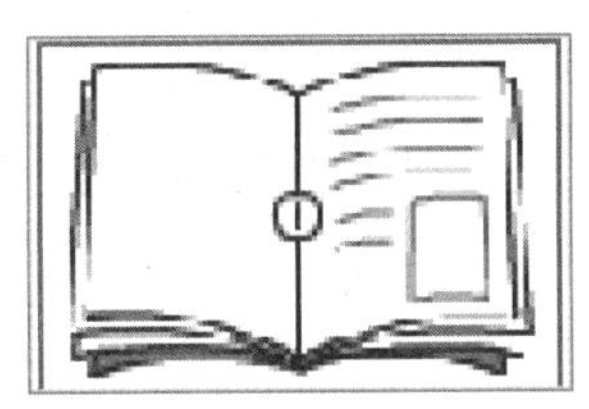

第 5 帧

第 7 帧

图 6-20　场景效果

步骤 6 返回“场景 1”，新建“图层”，将“书”元件从“库”面板拖入场景中，放至图 6-21 所示位置。打开“属性”面板，设置循环选项为“播放一次”，“第 1 帧”为 1，如图 6-22 所示。

图 6-21　元件位置

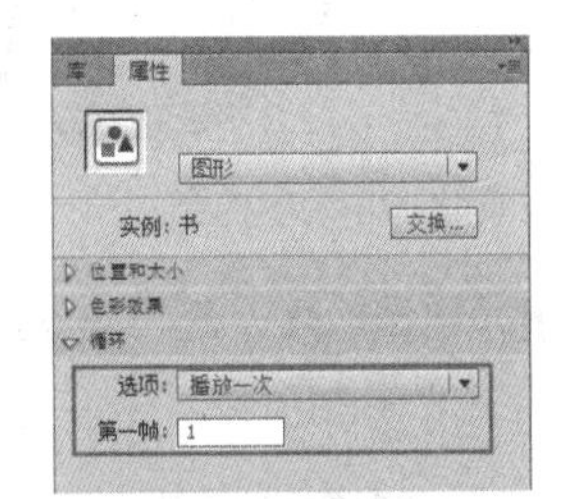

图 6-22　“属性”面板

▶ 提示

设置“属性”面板中的各项时需选中所设置的元件，才会显示该元件的属性。选中后才能进行设置。

步骤 7 完成打开书动画的制作，保存动画，按下【Ctrl+Enter】组合键测试动画，效果如图 6-23 所示。

图 6-23 测试动画效果

提问：如何设置"播放一次"？

回答：在舞台上选择图形实例，然后选择"窗口>属性"命令，打开"属性"面板中的"循环"选项，从"选项"下拉菜单中选择"播放一次"，如图 6-24 所示。

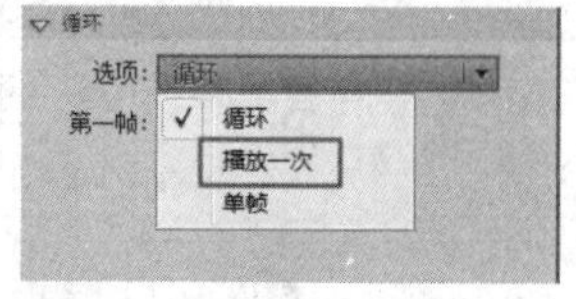

图 6-24 设置"播放一次"

提问："图形"元件设置循环后为什么不能播放？

回答："图形"元件帧的动画播放要依靠主时间轴中帧的长度，也就是说如果图形元件动画为 50 帧，则主时间轴中图形元件存在的时间至少要 50 帧，否则将不能播放动画或者完全播放动画。

实例 104 播放一次——变色娃娃

源 文 件	光盘\源文件\第 6 章\实例 104.fla
视　　频	光盘\视频\第 6 章\实例 104.swf
知 识 点	导入序列图像、播放一次
学习时间	10 分钟

1. 打开"颜色"面板，绘制椭圆。
2. 新建"图形"元件，导入 2 张图片素材。

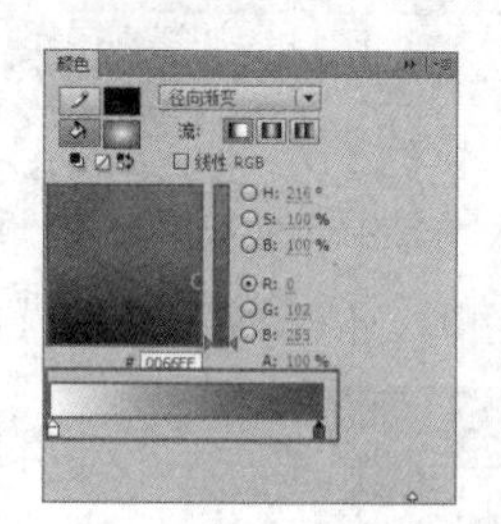

1. 设置颜色并绘制椭圆

2. 导入素材

3. 调整帧位置并制作动画。返回场景，拖入动画，设置"播放一次"。

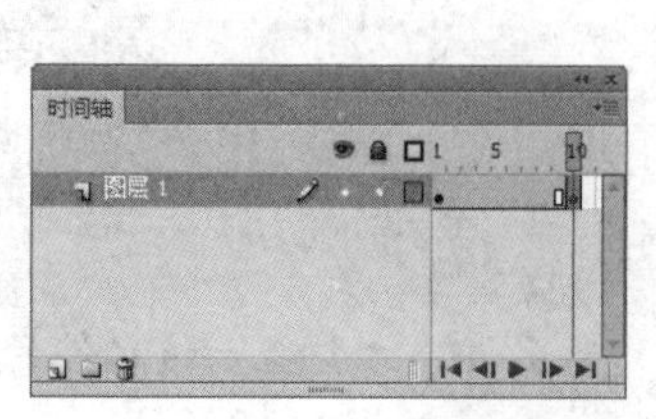

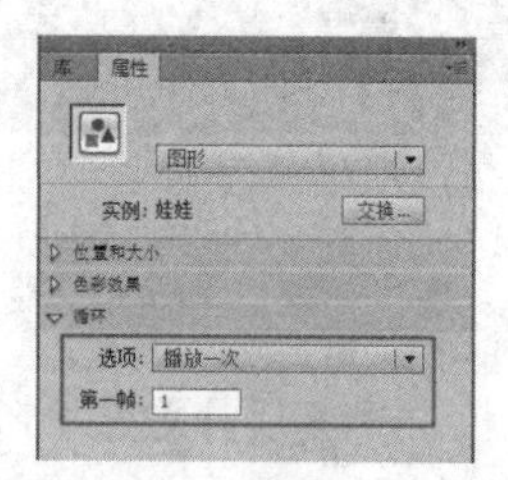

3. "时间轴"和"属性"面板

4．完成变色娃娃动画的制作。

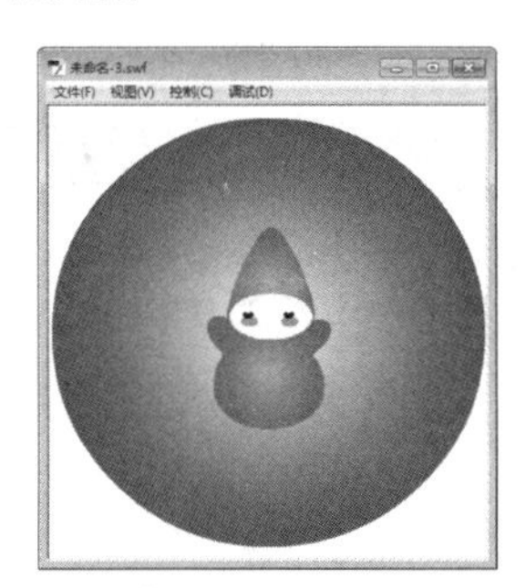

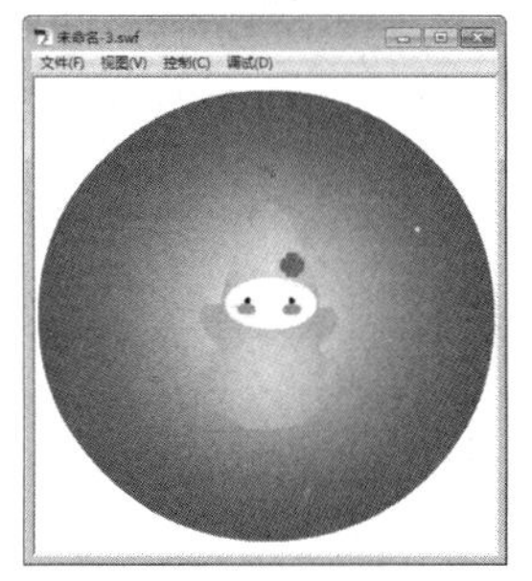

4．测试动画效果

实例总结

本实例使用图形元件循环设置中的“播放一次”制作变色娃娃动画，通过学习读者需要掌握“播放一次”的用途，运用到合适的动画中。

实例 105　循环——闪光灯动画

为图形元件设置“循环”可以制作一些不断循环播放的动画效果，例如，闪光灯效果、车灯闪烁效果等。

图 6-25　最终效果

实例分析

本实例通过设置图形元件的“循环”选项，制作出一个不断闪烁的动画效果。最终效果如图 6-25 所示。

源 文 件	光盘\源文件\第 6 章\实例 105.fla
视　　频	光盘\视频\第 6 章\实例 105.swf
知 识 点	逐帧动画，设置“循环”
学习时间	10 分钟

知识点链接——图形循环的概念

循环是指按照实例在时间轴内占有的帧数来循环播放该实例内的所有动画序列。但是“图形”元件的循环播放长度与主时间轴的长短有直接关系。

操 作 步 骤

步骤 1 执行“文件>新建”命令，新建一个大小为 310 像素×190 像素，帧频为 5fps，“背景颜色”为白色的 Flash 文档。

步骤 2 执行“文件>导入>导入到舞台”命令，将图像“光盘\源文件\第 6 章\素材\10501.png”导入到场景中，如图 6-26 所示。在第 40 帧位置插入帧，执行“插入>新建元件”命令，新建一个“名称”为“灯”的“图形”元件，如图 6-27 所示。

图 6-26　导入图像

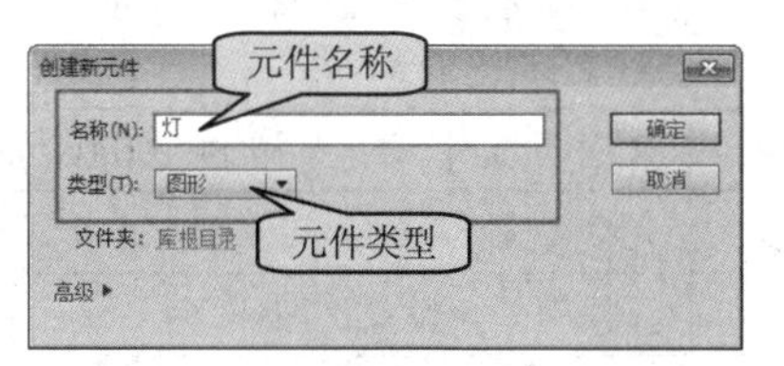

图 6-27　“创建新元件”对话框

步骤 3 将图像“光盘\源文件\第 6 章\素材\10503.png”导入到场景中，在弹出的对话框中单击“是”按钮，如图 6-28 所示。“时间轴”面板如图 6-29 所示。

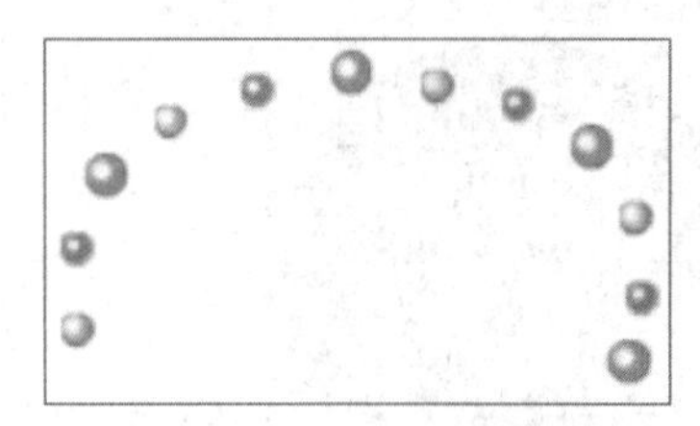

图 6-28　导入序列图像

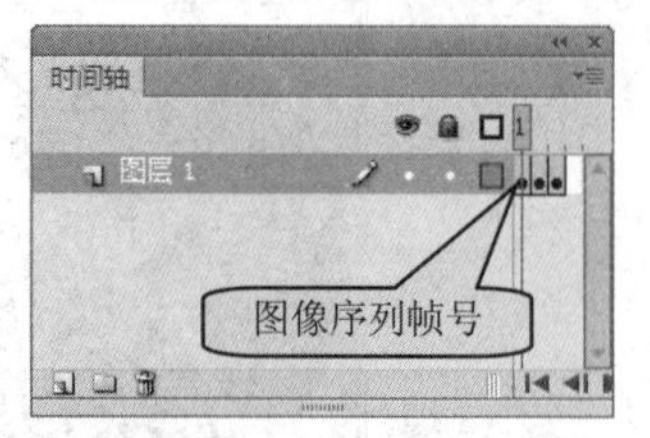

图 6-29　“时间轴”面板

步骤 4 返回“场景 1”编辑，新建“图层 2”，将“灯”元件从“库”面板拖入至场景中，调整位置，如图 6-30 所示。打开“属性”面板，设置“循环”选项为“循环”，第 1 帧为 1，如图 6-31 所示。

图 6-30　拖入元件

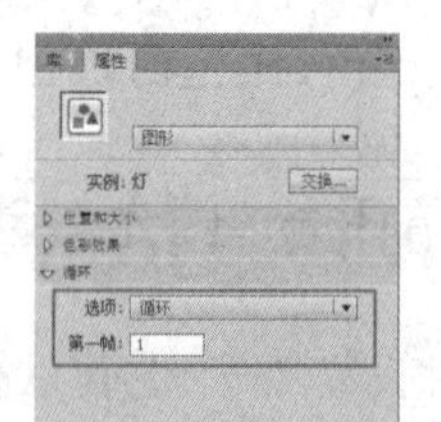

图 6-31　“属性”面板

步骤 5 新建“图层 3”，将图像“光盘\源文件\第 6 章\素材\10502.png”导入场景中，如图 6-32 所示。完成闪光灯动画的制作，执行“文件>保存”命令，保存动画，按下【Ctrl+Enter】组合键测试动画，效果如图 6-33 所示。

图 6-32　导入素材

图 6-33　测试动画效果

提问：第一帧的作用是什么？

回答：第一帧是指定循环时首先显示的图形元件的帧，需要在“第一帧”文本框中输入帧编号。“单帧”选项也可以使用此处指定的帧编号。

提问：动画图形元件的特点是什么？

回答：动画图形元件是与放置该元件的文档的时间轴联系在一起的，使用与主文档相同的时间轴，所以在文档编辑模式下也可以显示动画。

实例 106　设置循环——电风扇动画

源 文 件	光盘\源文件\第 6 章\实例 106.fla
视　　频	光盘\视频\第 6 章\实例 106.swf
知 识 点	逐帧动画，设置“循环”
学习时间	10 分钟

1．新建 Flash 文档，导入素材图像并调整图像大小和位置。

2．新建“图形”元件，导入序列图像，完成逐帧动画的制作。

1．导入背景素材

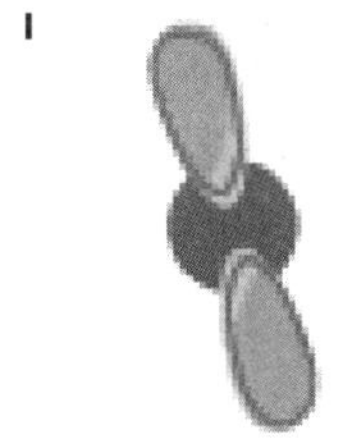

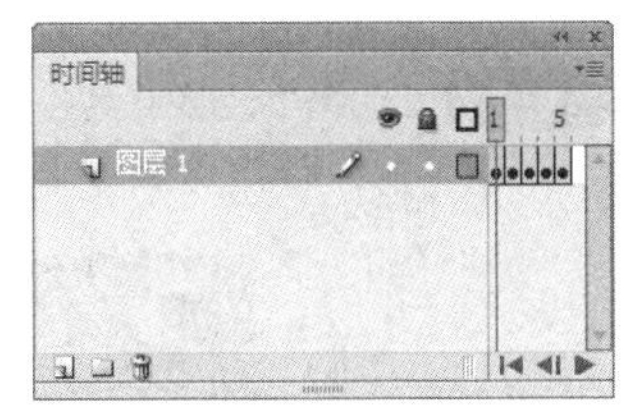

2．导入序列图像

3．返回场景，导入相关素材，拖入扇叶。调整图像的顺序。

4．完成动画的制作，测试动画效果。

3．　导入素材

4．测试动画效果

实例总结

本实例使用“图形”元件循环设置中的“循环”功能制作风扇动画，通过制作本实例，读者要学会使用“循环”制作不断播放的动画效果。

实例 107　按钮元件——指针经过动画

按钮元件创建用于响应鼠标事件（例如单击、滑过或其他动作）的交互图像，按钮元件在 Flash 中起着举足轻重的作用，想要实现用户和动画之间的交互功能，一般都要通过按钮元件进行传递。

实例分析

本实例通过设置鼠标的“指针经过”状态，制作了一个漂亮的按钮元件，最终效果如图 6-34 所示。

图 6-34　最终效果

源 文 件	光盘\源文件\第 6 章\实例 107.fla
视　　频	光盘\视频\第 6 章\实例 107.swf
知 识 点	按钮元件、指针经过
学习时间	10 分钟

知识点链接——按钮元件的状态有哪些？

每个按钮元件都有“弹起”、“指针经过”、“按下”和“点击”4 种状态。“弹起”是设置鼠标未经过按钮时的状态；“指针经过”是设置鼠标经过按钮时的状态；“按下”是设置鼠标单击按钮时的状态；“点击”是用于控制响应鼠标动作范围的反应区，只有鼠标进入反应区内，才会激活按钮相应的动画和交换效果。

操作步骤

步骤 1 执行“文件>新建”命令，新建一个大小为400像素×300像素，帧频为24fps，“背景颜色”为白色的Flash文档。

步骤 2 选择“矩形工具”，打开“颜色”面板，参数设置如图6-35所示。绘制和舞台同样大小的矩形，使用“渐变变形工具”调整渐变角度，如图6-36所示。

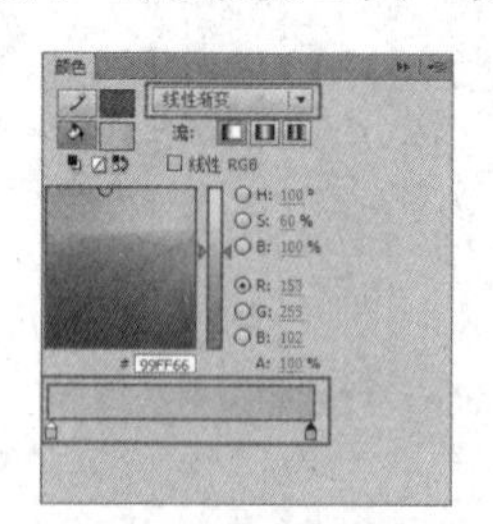

图6-35 “颜色”面板

图6-36 绘制矩形

步骤 3 执行“插入>新建元件”命令，新建一个“名称”为“字1”的“图形”元件，如图6-37所示。将图像“光盘\源文件\第6章\素材\10701.png”导入到场景中，如图6-38所示。

图6-37 创建新元件

图6-38 导入素材

步骤 4 分别新建“名称”为“大象”和“字”的“图形”元件，将图像“光盘\源文件\第6章\素材\10702.png、10703.png”导入到相应的场景中，如图6-39所示。

图6-39 导入素材

步骤 5 新建“名称”为“按钮”的“按钮”元件，将“大象”元件从“库”面板拖入场景中，放至“弹起”状态下，在“指针经过”帧位置插入关键帧，调整“大象”元件的大小。

步骤 6 新建“图层2”，将“字1”元件从“库”面板拖入场景中，放至“弹起”状态下，如图6-40所示。在“指针经过”位置插入空白关键帧，将“字”元件从“库”面板拖入场景中，如图6-41所示。

图6-40 拖入字1

图6-41 拖入字2

步骤 7 返回“场景 1”编辑，新建图层，将“按钮”元件从“库”面板拖入场景中，如图 6-42 所示。完成“指针经过”按钮动画的制作，保存动画，按下【Ctrl+Enter】组合键测试动画，效果如图 6-43 所示。

图 6-42　场景效果

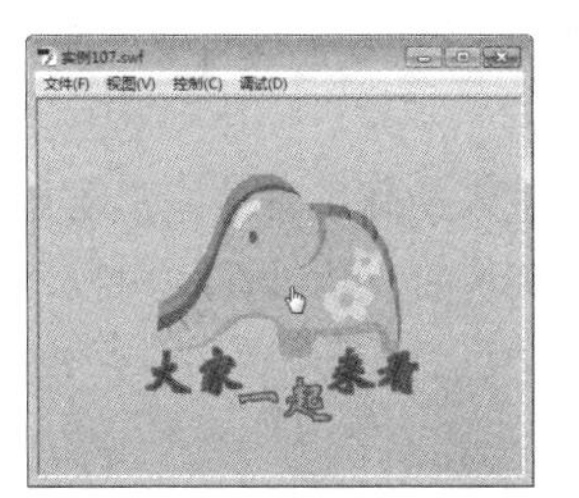

图 6-43　测试动画效果

> ▶ 提示
>
> 执行“控制> 启动简单按钮”命令，可以在场景中直接测试动画的按钮效果。

提问：按钮元件的时间轴包含哪些内容？

回答：按钮元件的时间轴包含四个帧的时间轴。前三帧显示按钮的三种状态：弹起、指针经过和按下；第四帧定义按钮的活动区域。按钮元件时间轴实际播放时不像普通时间轴那样以线性方式播放；它通过跳至相应的帧来响应指针的移动和动作。

提问：制作交互式按钮的方法是什么？

回答：要制作一个交互式按钮，可将该按钮元件的一个实例放置在舞台上，然后为该实例分配动作。

实例 108　指针经过——按钮动画

源 文 件	光盘\源文件\第 6 章\实例 108.fla
视　　频	光盘\视频\第 6 章\实例 108.swf
知 识 点	按钮元件、指针经过
学习时间	10 分钟

1. 分别新建“图形”元件，将素材导入到场景中。
2. 新建“按钮”元件，制作指针经过动画效果。

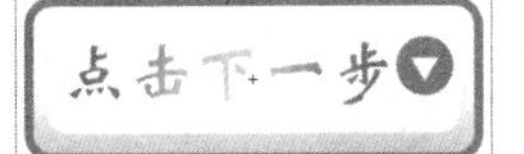

1. 导入素材

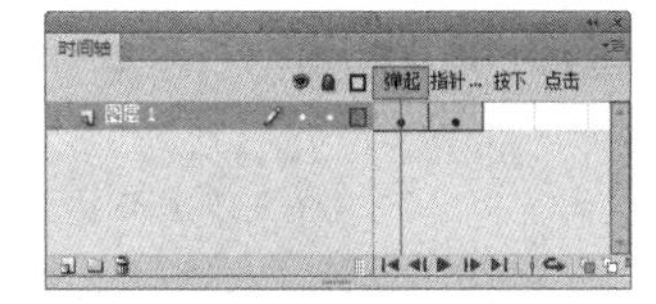

2. “时间轴”面板

3. 返回场景编辑状态，拖入按钮元件。
4. 完成动画的制作，测试动画效果。

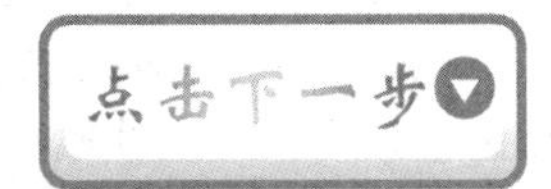

3. 场景效果

4. 测试动画效果

实例总结

可以配合图形元件和影片剪辑元件制作按钮元件。既方便制作，又可以完成效果丰富的按钮效果。

实例 109　按钮元件——按下动画

使用鼠标点击进入动画场景是非常常见的一种动画效果，是通过为按钮元件添加脚本语言实现的。巧妙地使用按钮的不同状态可以使这种动画效果更加丰富。

图 6-44　最终效果

实例分析

本实例制作了当鼠标经过和点击时出现不同画面的按钮动画效果，在按钮元件中制作弹起、指针经过和按下帧的场景画面，最终效果如图 6-44 所示。

源 文 件	光盘\源文件\第 6 章\实例 109.fla
视　　频	光盘\视频\第 6 章\实例 109.swf
知 识 点	按钮元件、指针经过、按下
学习时间	10 分钟

知识点链接——“库”面板的作用

“库”面板用于存放在动画中的所有元素，例如，元件、插图、视频和声音等，利用“库”面板，可以对库中的资源进行编组、项目排序、重命名和更新等管理。

操作步骤

步骤 1 执行“文件>新建”命令，新建一个大小为 400 像素×300 像素，帧频为 24fps，“背景颜色”为白色的 Flash 文档。

步骤 2 执行“插入>新建元件”命令，新建一个“名称”为“按钮 1”的“图形”元件，如图 6-45 所示。将图像“光盘\源文件\第 6 章\素材\10701.png”导入到场景中，如图 6-46 所示。

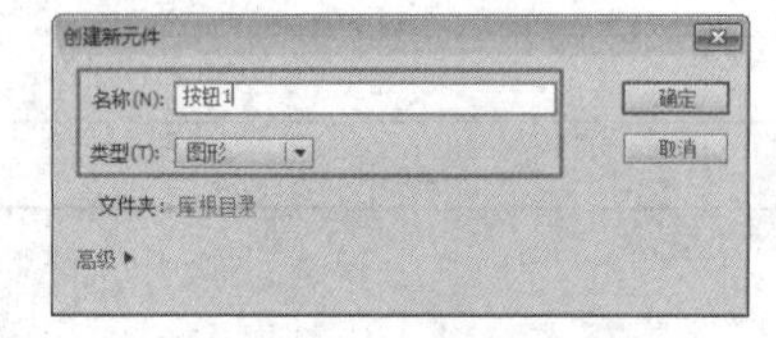

图 6-45　创建新元件

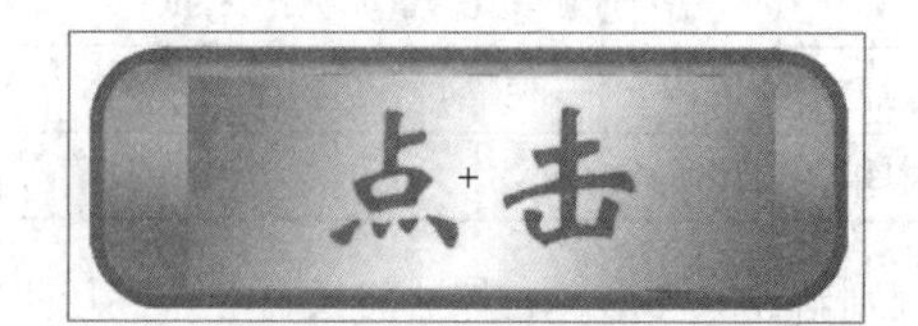

图 6-46　导入素材

步骤 3 使用相同的方法分别导入“按钮 2”、“圆”和“人物”，如图 6-47 所示。

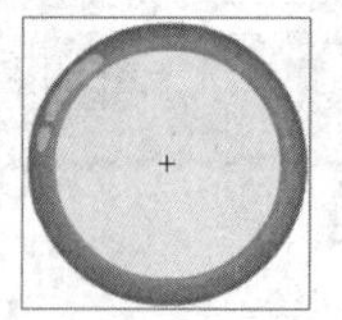

图 6-47　导入素材

步骤 4 执行“插入>新建元件”命令，新建一个“名称”为“制作按钮”的“按钮”元件，如图 6-48 所示。将“按钮 2”元件从“库”面板拖入场景中，放至于“弹起”帧位置，将“按钮 1”和“圆”元件从“库”面板拖入场景中，放至“指针经过”位置，如图 6-49 所示。

步骤 5 在“点击”帧位置插入帧，将“人物”元件从“库”面板拖入“按下”帧位置，调整大小，如图 6-50 所示。“时间轴”面板如图 6-51 所示。

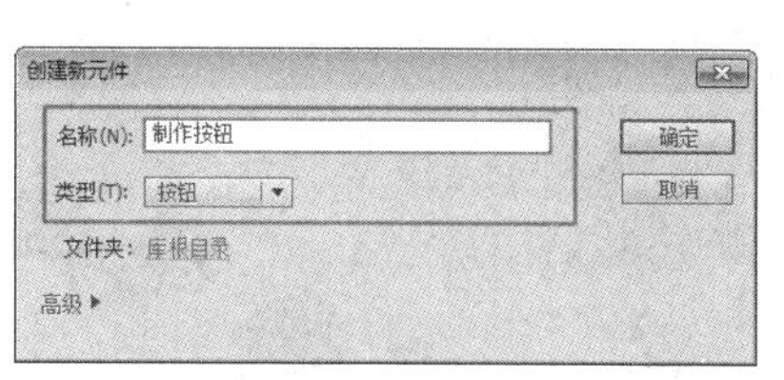

图 6-48 创建新元件

图 6-49 拖入元件

图 6-50 拖入元件

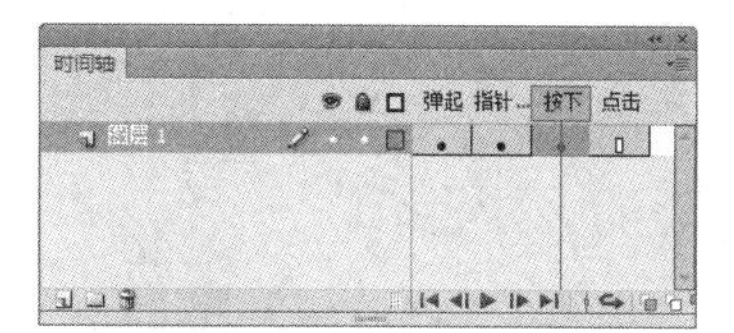

图 6-51 “时间轴”面板

> ▶ 提示
>
> 按钮的点击状态控制的是按钮的反应区范围，可以放置元件，也可以为空，如果制作时没有对点击状态进行设置，则默认为前 3 个状态的范围。

步骤 6 返回“场景 1”，将“制作按钮”元件从“库”面板拖入场景中，放至合适的位置，完成点击动画制作，保存动画，按下【Ctrl+Enter】组合键测试动画，效果如图 6-52 所示。

图 6-52 测试动画效果

提问：在“点击”状态上设置图形的颜色有效果吗？

回答：点击状态只用于定义按钮的反应区，无论是单色、渐变色，还是透明色，都不会有任何的影响。所以在点击状态上设置颜色是没有效果的。

提问：按钮的作用有哪些？

回答：按钮通常用于控制动画的播放。按钮的效果可以是千变万化的，是许多动画制作中必不可少的元素。在交互动画制作中，“按钮”元件有很大的作用。

实例 110 按钮元件——按钮动画

源 文 件	光盘\源文件\第 6 章\实例 110.fla
视　　频	光盘\视频\第 6 章\实例 110.swf
知 识 点	按钮元件、指针经过、按下
学习时间	10 分钟

1. 将背景图像导入到场景中，新建图形元件，导入素材图。

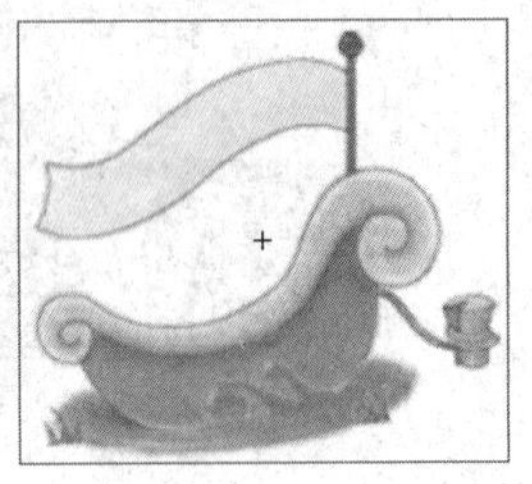

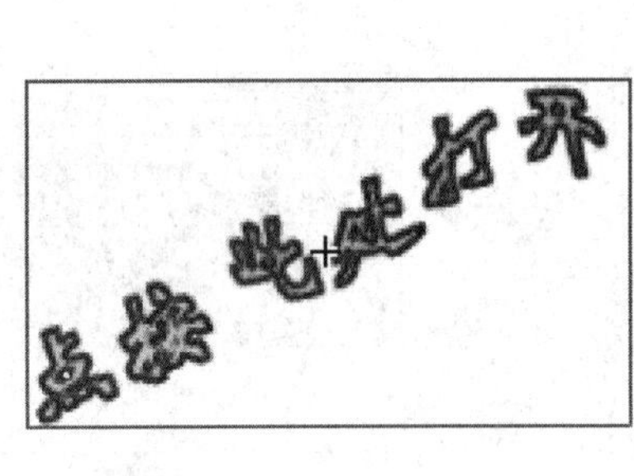

1. 导入素材

2. 新建按钮元件，制作按钮。

2. 场景效果

3. 返回场景，新建图层，拖入按钮。
4. 完成动画的制作，测试动画效果。

3. 场景效果

4. 测试动画效果

实例总结

本实例制作当鼠标“按下”时按钮的变化，通过学习读者需要掌握“按下”按钮动画效果的制作方法和技巧。

实例111 反应区——鼠标点击动画

在动画制作中，使用按钮最多的情况往往是只有点击状态的空按钮，此类按钮的主要作用就是为图片或者元件添加代码片段，而且在动画播放中为透明状态，不会影响到动画的播放效果。

实例分析

本实例制作了一个只有按下状态的按钮元件，然后添加代码片段，当鼠标点击时会出现星星和旋转效果，最终效果如图6-53所示。

源 文 件	光盘\源文件\第 6 章\实例 111.fla
视　　频	光盘\视频\第 6 章\实例 111.swf
知 识 点	按钮元件、设置点击
学习时间	15 分钟

知识点链接——反应区的制作要点有哪些？

反应区的制作比较简单，只需要创建一个按钮元件，然后在“点击”状态按下【F7】键插入空白关键帧，然后绘制想要的反应区形状即可。需要注意制作完成后观察其他状态上是否为空，否则元件为不透明。

图 6-53　最终效果

操作步骤

步骤 1 执行“文件>新建”命令，新建一个大小为 384 像素×300 像素，“帧频”为 24fps，“背景颜色”为白色的 Flash 文档。

步骤 2 将“光盘\源文件\第 6 章\素材\11101.jpg”导入到场景中，如图 6-54 所示。新建“图层 2”，将“光盘\源文件\第 6 章\素材\11102.jpg”导入到场景中，如图 6-55 所示。

图 6-54　导入图像

图 6-55　导入素材 1

步骤 3 新建“名称”为“星”的“图形”元件，将“光盘\源文件\第 6 章\素材\11103.jpg”导入到场景中，如图 6-56 所示。新建“名称”为“闪烁星 1”的“影片剪辑”元件，将“星”元件从“库”面板拖入场景中，执行“窗口>动画预设”命令，在“动画预设”面板的“默认预设”文件夹中选择“2D 放大”命令，如图 6-57 所示。

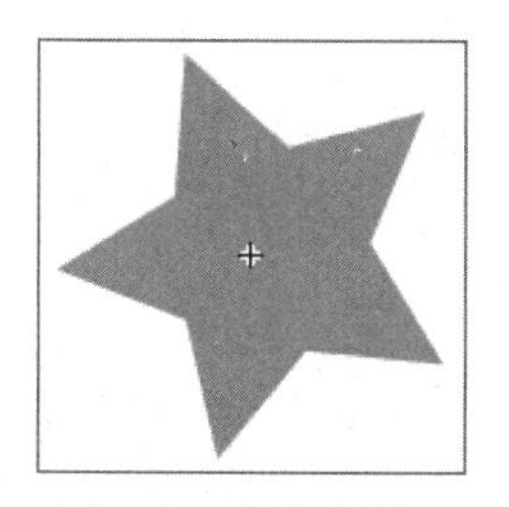

图 6-56　导入素材 2

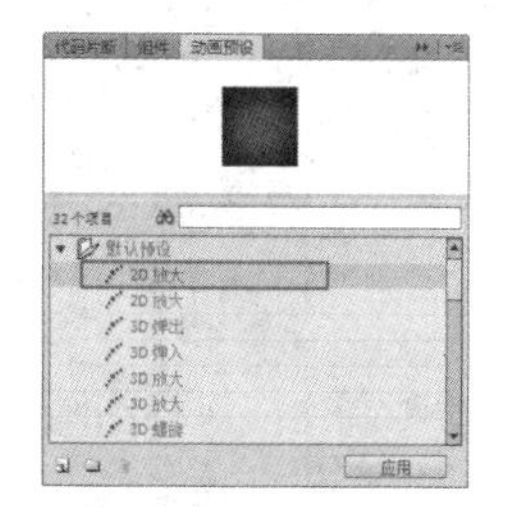

图 6-57　“动画预设”面板

> **▶ 提示**
>
> 对于没有绘制反应区的按钮，反应区默认是按钮元件“按下”状态时图形所占的区域。

步骤 4 将第 1 帧和第 24 帧中的元件缩小，“时间轴”面板如图 6-58 所示。新建“名称”为“闪烁星 2”的“影片剪辑”元件，在第 40 帧位置插入关键帧，使用相同的方法制作动画效果，“时间轴”面板如图 6-59 所示。

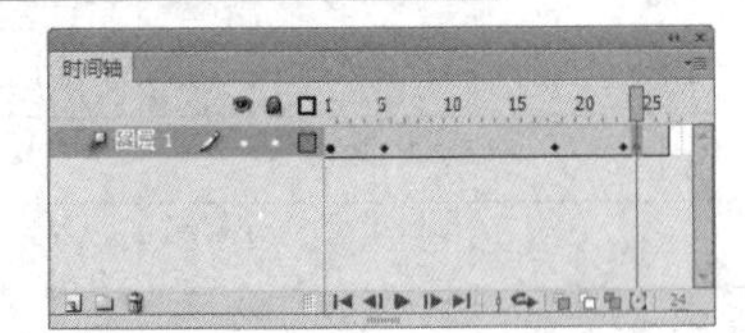
图 6-58 “时间轴”面板 1

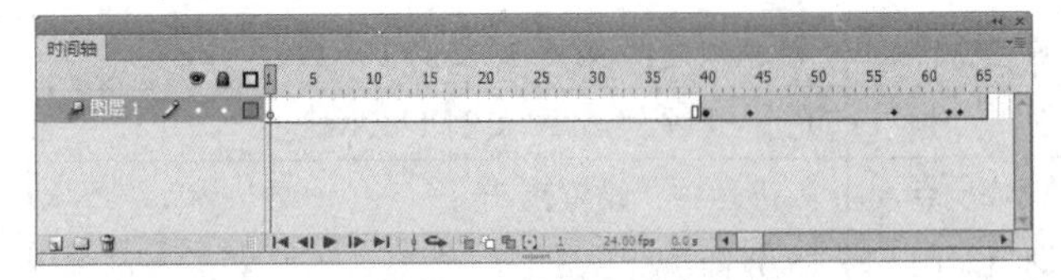
图 6-59 “时间轴”面板 2

步骤 5 “库”面板如图 6-60 所示。新建“名称”为“按钮”的“按钮”元件，在“指针经过”位置插入关键帧，将“闪烁星 1”和“闪烁星 2”元件从“库”面板拖入场景中，如图 6-61 所示。

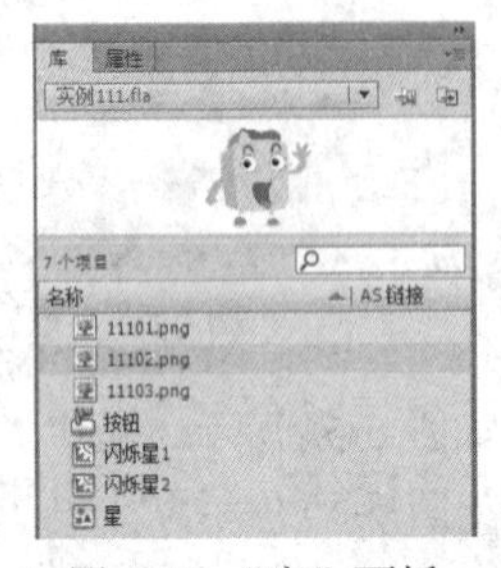
图 6-60 “库”面板

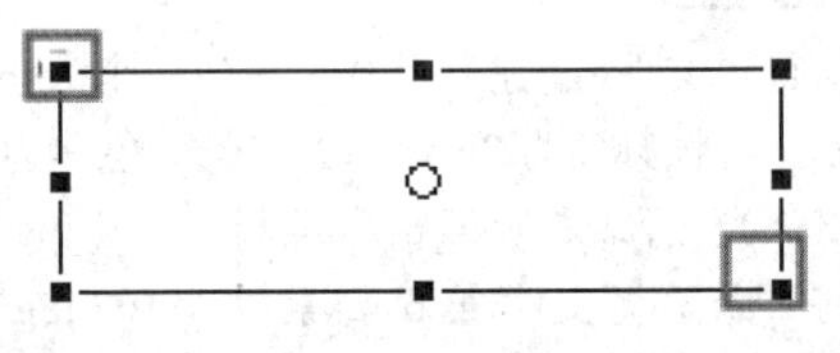
图 6-61 拖入文件

> ▶ **提示**
>
> 在 ActionScript3.0 中添加“代码片段”时必须选中相应的对象，添加完“代码片段”后，Flash 会自动把动作添加到时间轴中。在 ActionScript2.0 中则需加入脚本语言。

步骤 6 在“按下”位置插入空白关键帧，在“点击”位置插入关键帧，选择“矩形工具”，绘制矩形，如图 6-62 所示。返回“场景 1”，新建“图层 3”，将“按钮”元件从“库”面板拖入场景中，如图 6-63 所示。

图 6-62 绘制矩形

图 6-63 拖入元件

步骤 7 完成按钮动画制作，保存动画，按下【Ctrl+Enter】组合键测试动画，效果如图 6-64 所示，

图 6-64 场景效果

提问：元件中心点的作用是什么？

回答：在变形元件时，所选元件的中心会出现一个变形点，就是该元件的中心点。在旋转图形或元

件时，旋转的角度是按中心点旋转的，如果将元件等比例扩大或缩小，调整时是按中心点向外或向内缩小的。

提问：按钮元件只在点击状态上时会如何？

回答： 按钮元件如果只在点击状态上绘制图形，也就是反应区，则在制作时显示为淡蓝色的透明元件，真正播放时不会显示出来。

实例 112　反应区——反应区按钮动画

源 文 件	光盘\源文件\第 6 章\实例 112.fla
视　　频	光盘\视频\第 6 章\实例 112.swf
知 识 点	反应区、按下
学习时间	10 分钟

1. 将背景图像素材导入到场景，新建元件并导入素材。
2. 为元件添加相应的文字，新建“按钮”元件，制作按钮和反应区。

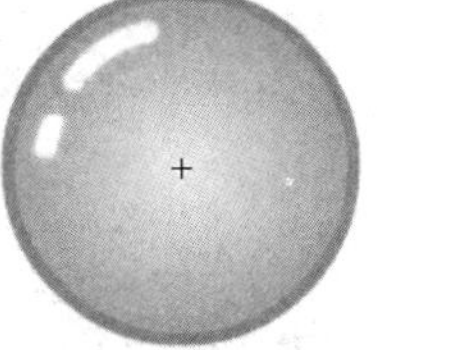

1. 导入背景素材

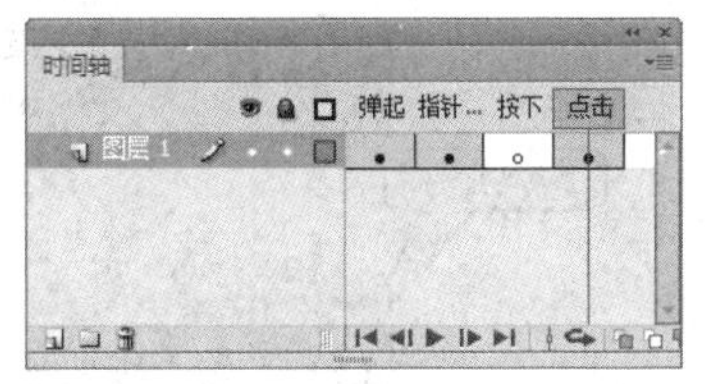

2. 添加文字和制作反应区

3. 返回场景，新建图层，拖入按钮元件。
4. 完成动画的制作，测试动画效果。

3. 场景效果

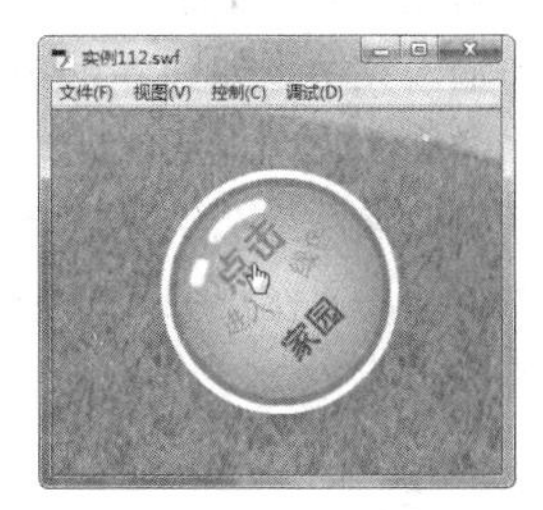

4. 测试动画效果

实例总结

本实例制作在鼠标点击时才会出现的按钮动画，通过学习希望读者能够掌握“反应区”制作的要领，学会添加“代码片段”。

实例 113　按钮动画——文本变色

图 6-65　最终效果

按钮元件用于响应鼠标事件，也可以使用“影片剪辑”来制作一些动态按钮，丰富按钮动画的类型。

实例分析

本实例制作当鼠标经过时文字呈现变色的动画，通过创建传统补间动画、遮罩层和按钮等完成动画制作。最终效果如图 6-65 所示。

源 文 件	光盘\源文件\第 6 章\实例 113.fla
视　　频	光盘\视频\第 6 章\实例 113.swf
知 识 点	遮罩动画、传统补间、按钮动画
学习时间	10 分钟

知识点链接——如何对齐对象？

可以通过选择“修改>对齐”子菜单的子命令进行调整，也可以通过设置“对齐”面板中的相应参数进行调整。使用“对齐”面板可以沿选定对象的右边缘、中心或左边缘垂直对齐对象，或者沿选定对象的上边缘、中心或下边缘水平对齐对象。

操作步骤

步骤 1 执行“文件>新建”命令，新建一个大小为 400 像素×300 像素，帧频为 12fps，“背景颜色”为白色的 Flash 文档。

步骤 2 执行“文件>导入>导入到舞台”命令，将图像“光盘\源文件\第 6 章\素材\11302.jpg”导入到场景中，如图 6-66 所示。新建“图层 2”，将“光盘\源文件\第 6 章\素材\11301.png”导入到场景中，调整大小和位置，如图 6-67 所示。

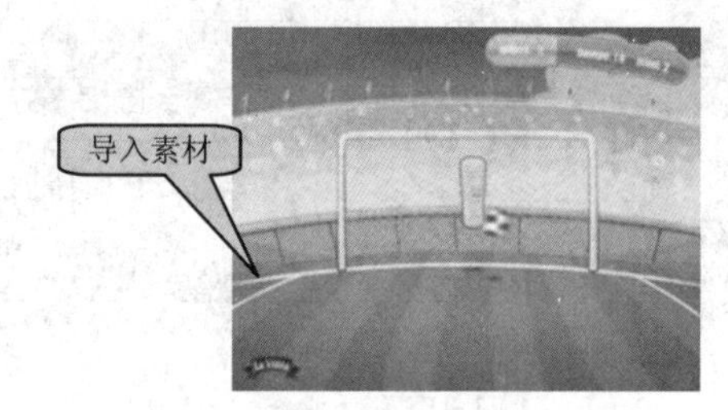

图 6-66　导入图像 1

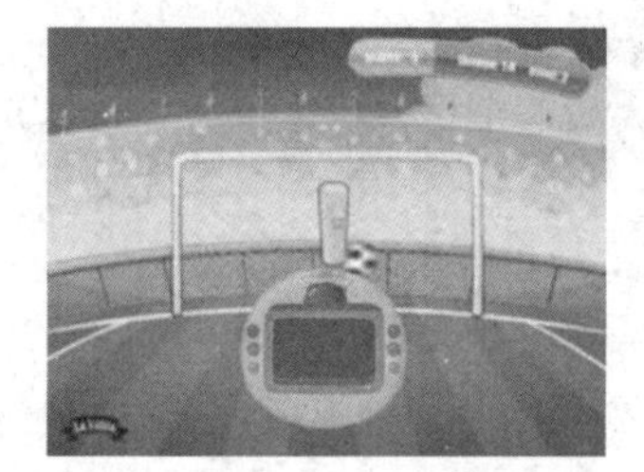

图 6-67　导入图像 2

步骤 3 新建“名称”为“文字”的“图形”元件，选择“文本工具”，参数设置如图 6-68 所示。在场景中输入文字，如图 6-69 所示。

步骤 4 新建“名称”为“矩形”的“图形”元件，设置“笔触”为“无”，绘制矩形，如图 6-70 所示。新建“名称”为“文字动画”的“影片剪辑”元件，将“矩形”元件从“库”面板拖入场景中，新建“图层 2”，拖入“文字”元件，在第 40 帧位置插入帧，场景效果如图 6-71 所示。

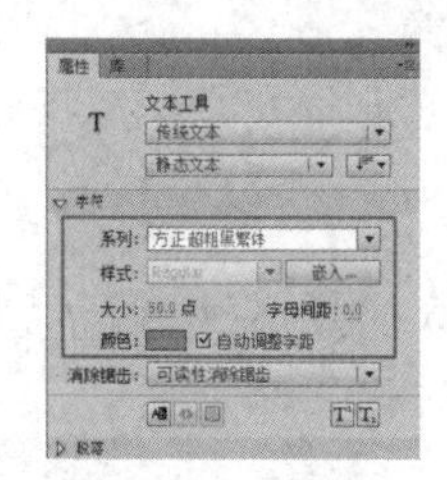

图 6-68　“属性”面板

图 6-69　输入文本

图 6-70　绘制矩形

步骤 5 选择“图层 1”，在第 20 帧位置插入关键帧，移动元件位置，如图 6-72 所示。在第 40 帧位置插入关键帧，移动元件位置，在第 1 帧和第 20 帧位置创建传统补间动画，如图 6-73 所示。

图 6-71　场景效果 1

图 6-72　场景效果 2

图 6-73　场景效果 3

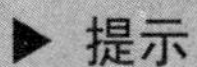

▶ 提示

在制作文字和文字动画时要注意对齐中心点，这样在制作按钮时就会方便很多。如果没有对齐中心点会给制作带来很多不便。

步骤 6 在“图层 2”图层名处单击鼠标右键，在弹出的菜单中选择“遮罩层”命令，“时间轴”面板如图 6-74 所示。

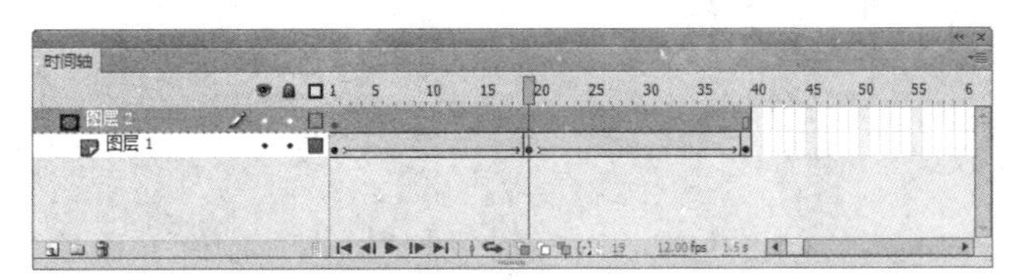

图 6-74　“时间轴”面板

步骤 7 新建“名称”为“按钮”的“按钮”元件，将“文字”元件从“库”面板拖入场景中，按【F5】键，在“按下”帧位置插入帧，新建“图层 2”，在“指针经过”位置插入关键帧，将“文字动画”元件从“库”面板拖入场景中，效果如图 6-75 所示。“时间轴”面板如图 6-76 所示。

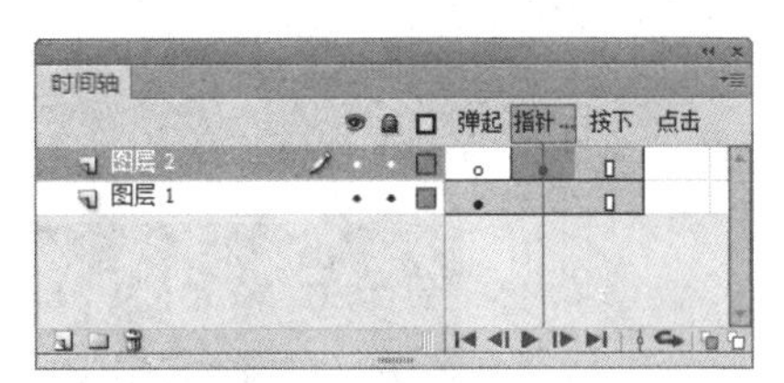

图 6-75　场景效果

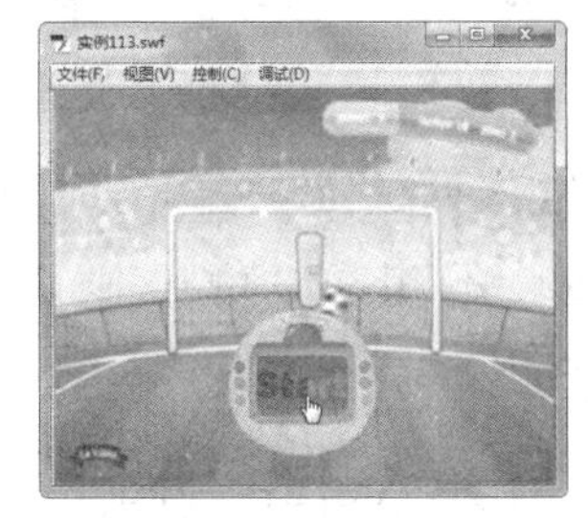

图 6-76　“时间轴”面板

步骤 8 返回“场景 1”，新建“图层 3”，将“按钮”拖入场景并调整大小，如图 6-77 所示。完成动画制作，保存动画，按下【Ctrl+Enter】组合键测试动画，效果如图 6-78 所示。

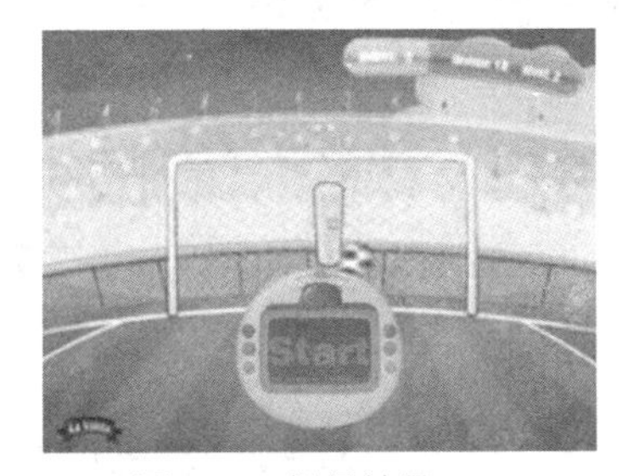

图 6-77　场景效果

图 6-78　测试动画效果

提问：如何在不同的 Flash 文档间复制资源？

回答：要在文档间复制库资源，先要打开要复制的文档的资源库，选中该资源，然后选择“编辑>复制”命令，再打开要粘贴的资源库，选择“编辑>粘贴”命令。

实例 114　按下——抖动文字动画

源 文 件	光盘\源文件\第 6 章\实例 114.fla
视　　频	光盘\视频\第 6 章\实例 114.swf
知 识 点	按钮动画、逐帧动画
学习时间	10 分钟

1．将背景图像素材导入到场景，调整大小和位置并对齐场景。

2．分别新建“图形”元件，将素材导入。

1．导入背景图像素材

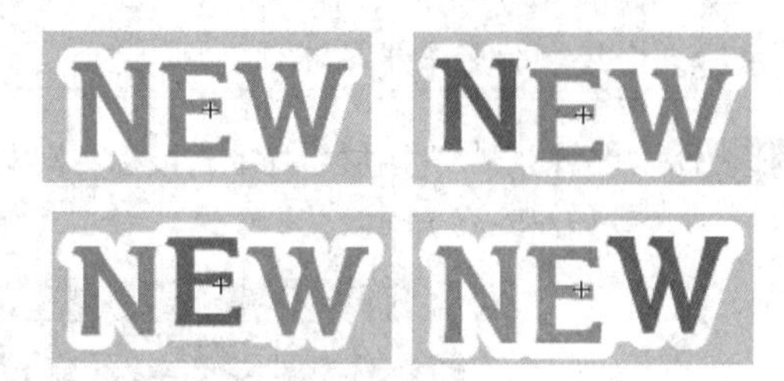

2．导入素材并制作动画

3．新建“影片剪辑”元件，制作动画。再新建“按钮”元件，制作动画。

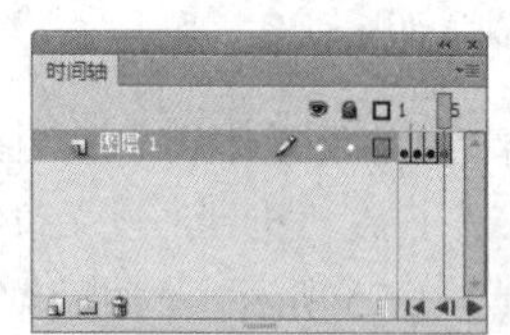

3．“时间轴”面板

4．返回“场景”，新建图层，拖出动画，完成制作，测试动画效果。

4．测试动画效果

实例总结

本实例通过给按钮添加动画，使按钮变得更加活泼生动，通过本实例的制作，读者要学习结合不同的动画类型制作出不同风格的按钮动画。

实例 115　按钮动画——彩球

按钮元件结合不同的动画类型可以制作出各式各样的按钮动画效果，下面继续介绍使用按钮制作的动画。

实例分析

本实例使用逐帧动画和按钮动画的“指针经过”按钮，制作出彩球飞舞的效果。最终效果如图 6-79 所示。

图 6-79　最终效果

源 文 件	光盘\源文件\第 6 章\实例 115.fla
视　　频	光盘\视频\第 6 章\实例 115.swf
知 识 点	指针经过，逐帧动画
学习时间	10 分钟

知识点链接——使用“代码片段”的优点有哪些？

使用“代码片段”可以让非编程人员能轻松快速地开始使用简单的 ActionScript 3.0。借助该面板，可以将 ActionScript3.0 代码添加到 FLA 文件，以启用常用功能。使用“代码片段”面板不需要 ActionScript 3.0 的知识。

步骤 1 执行“文件>新建”命令，新建一个大小为 400 像素×300 像素，帧频为 40fps，“背景颜色”为白色的 Flash 文档。

步骤 2 将图像“光盘\源文件\第 6 章\素材\11501.jpg”导入到场景中，如图 6-80 所示。新建“名称”为“元件 1”的“图形”元件，将图像“光盘\源文件\第 6 章\素材\11502.jpg”导入到场景中，如图 6-81 所示。

图 6-80　导入素材 1

图 6-81　导入素材 2

步骤 3 使用相同的方法导入“光盘\源文件\第 6 章\素材\11503.jpg”，如图 6-82 所示，新建“名称”为“红球”的“图形”元件。打开“颜色”面板，设置参数，如图 6-83 所示。

图 6-82　导入素材 3

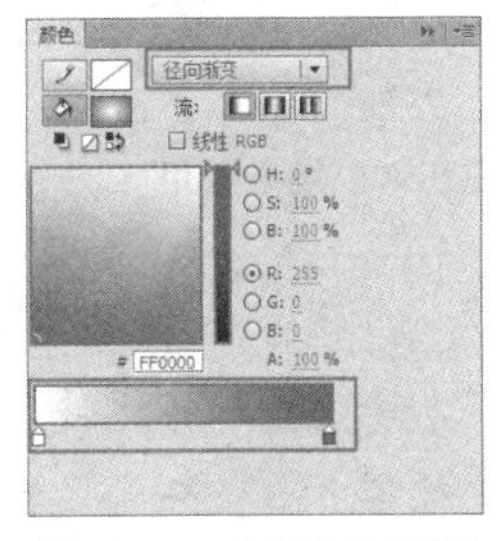

图 6-83　“颜色”面板

步骤 4 使用“椭圆工具”绘制图 6-84 所示的图形。使用相同的方法绘制“绿球”和“黄球”，如图 6-85 所示。

图 6-84　绘制图形 1

图 6-85　绘制图形 2

步骤 5 新建“名称”为“彩球动画”的“影片剪辑”元件。分别将“红球”、“黄球”和“绿球”从“库”面板拖入场景中，调整大小并设置不同的不透明度，效果如图 6-86 所示。在第 2 帧位置插入关键帧，向上移动彩球的位置，如图 6-87 所示。

步骤 6 使用相同的方法完成其他帧的彩球移动动画，“时间轴”面板如图 6-88 所示。新建“名称”为“按钮”的“按钮”元件，将“元件 1”从“库”面板拖入场景中，在“指针经过”位置按【F7】键插入空白关键帧，在“指针经过”位置插入帧，如图 6-89 所示。

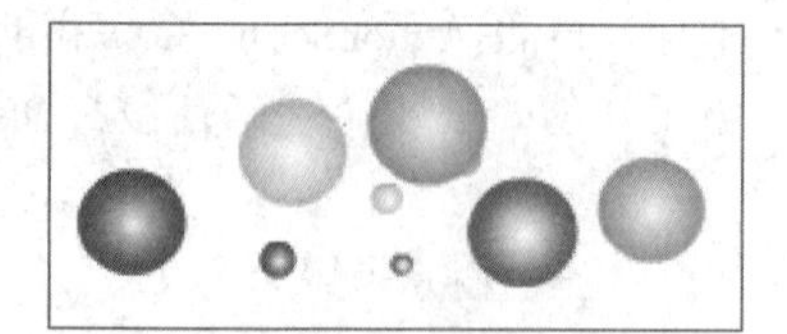

图 6-86　拖入彩球

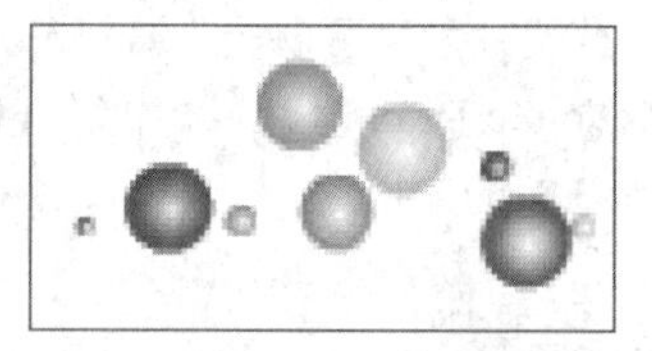

图 6-87　向上移动彩球

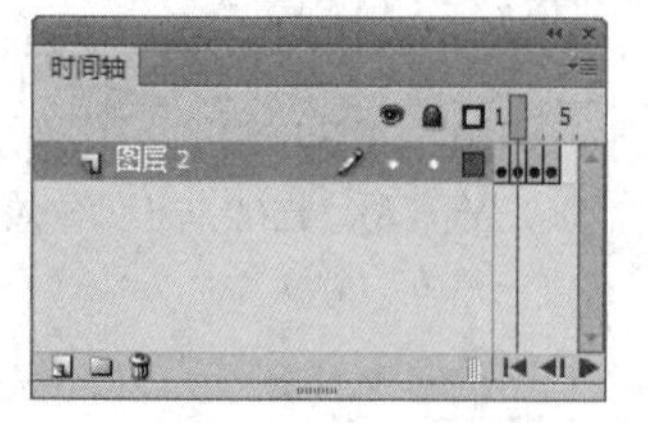

图 6-88　“时间轴”面板 1

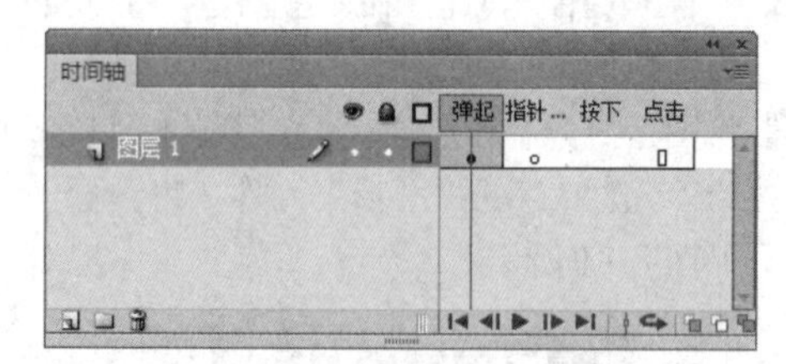

图 6-89　“时间轴”面板 2

步骤 7 新建“图层 2”，在“指针经过”位置插入关键帧，将“元件”从“库”面板中拖入场景中。新建“图层 3”，在“指针经过”位置插入关键帧，将“彩球动画”从“库”面板拖入场景中，场景效果如图 6-90 所示。“时间轴”面板如图 6-91 所示。

图 6-90　场景效果

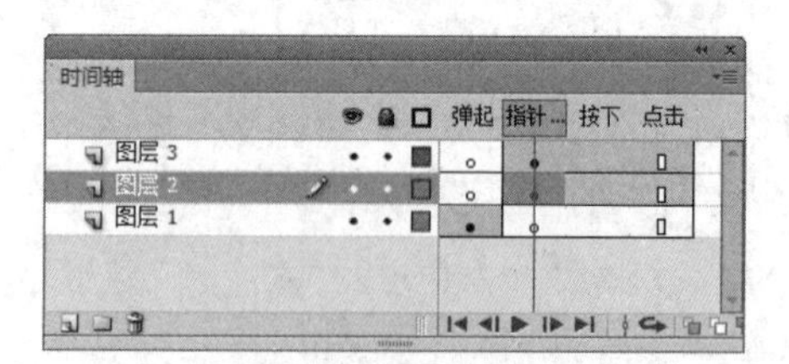

图 6-91　“时间轴”面板

> ▶ 提示
>
> 拖出元件时一定要注意对齐元件，并把元件放在合适的位置，可以通过“对齐”面板来执行操作，也可以通过对齐中心点来完成操作。

步骤 8 返回“场景 1”，新建“图层 2”，将“按钮”元件从“库”面板拖入场景中，如图 6-92 所示。完成彩球动画的制作，保存动画，按下【Ctrl+Enter】组合键测试动画，效果如图 6-93 所示。

图 6-92　场景效果

图 6-93　测试动画效果

提问：按钮动画可以分为几部分？

回答：按钮动画可以分为两部分，第一部分是滑过或单击按钮时按钮自身如何响应。第二部分是单击按钮时 Flash 文件中会出现什么情况。

提问：“动作”面板的作用是什么？

回答：使用“动作”面板可以创建和编辑对象或帧的 ActionScript 代码。选择帧、按钮或影片剪辑实例，可以激活“动作”面板。根据选择的内容，“动作”面板标题也会变为“按钮动作”、“影片剪辑动作”或“帧动作”。

实例 116　代码片段——反应区的超链接动画

源 文 件	光盘\源文件\第 6 章\实例 116.fla
视　　频	光盘\视频\第 6 章\实例 116.swf
知 识 点	代码片段、按钮动画的反应区
学习时间	10 分钟

1．将背景图像导入到场景中。新建图形元件，使用圆角矩形绘制按钮元件。

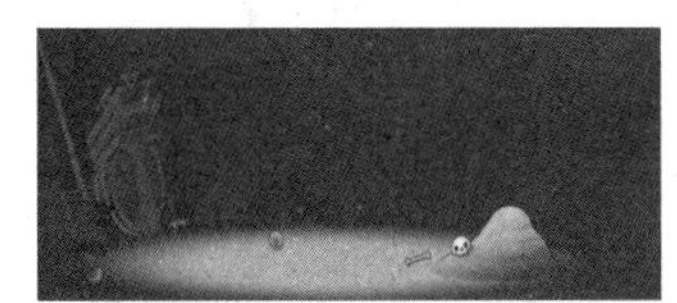

1．导入素材和制作按钮元件

2．新建按钮元件，制作反应区的按钮状态。返回场景，拖出按钮。

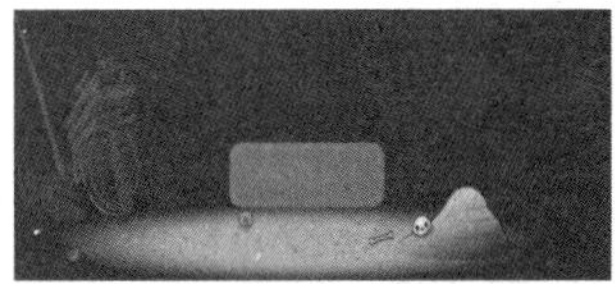

2．“时间轴”面板和场景效果

3．按 F9 键为其添加“代码片段”。

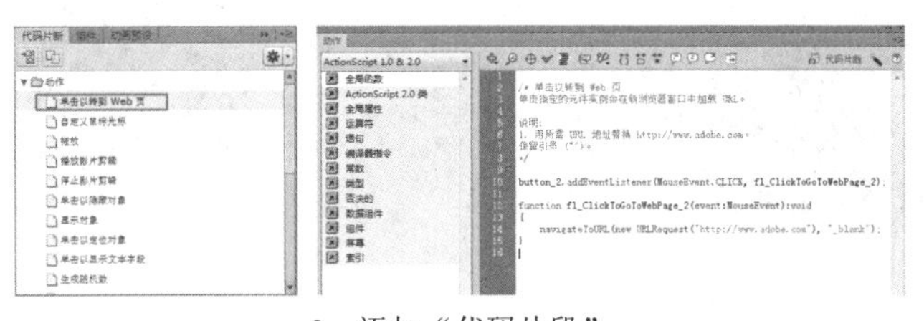

3．添加“代码片段”

4．完成动画的制作，测试动画效果。

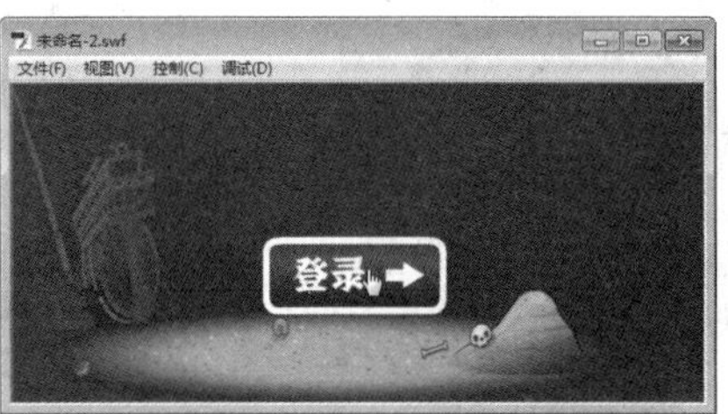

4．测试动画效果

实例总结

本实例使用代码片段制作连接到网页的动画效果，通过实例制作要了解更多关于按钮制作的动画效果。

实例 117　影片剪辑元件——小鸟动画

图 6-94　最终效果

影片剪辑元件是动画片段，拥有独立于主时间轴的多帧时间轴，它在主时间轴中只占用一帧，在主场景中可以重复使用影片剪辑。

实例分析

本实例通过创建“影片剪辑”元件，使用“逐帧动画”制作出小鸟眨眼、蹦跳的动画效果，最终效果如图 6-94 所示。

源文件	光盘\源文件\第 6 章\实例 117.fla
视　频	光盘\视频\第 6 章\实例 117.swf
知识点	图形元件、影片剪辑元件、逐帧动画。
学习时间	10 分钟

知识点链接——在影片剪辑元件中可以制作哪些动画？

在“影片编辑”元件中可以制作“逐帧动画”、“传统补间”、“补间动画”、“补间形状”的动画片段。

操作步骤

步骤 1 执行“文件>新建”命令，新建一个大小为 342 像素×300 像素，帧频为 24fps，“背景颜色”为白色的 Flash 文档。

步骤 2 将“光盘\源文件\第 6 章\素材\11701.png”导入到场景中，如图 6-95 所示，新建“名称”为“身体”的“图形”元件，选择“椭圆工具”，设置“填充颜色”为#FB350F，“笔触高度”为 5，“笔触颜色”为黑色，如图 6-96 所示。

图 6-95　导入素材

图 6-96　“属性”面板

步骤 3 绘制形状，使用“选择工具”调整形状，如图 6-97 所示。选择“基本矩形工具”，在“属性”面板中设置“填充颜色”为#FFFF00，如图 6-98 所示。

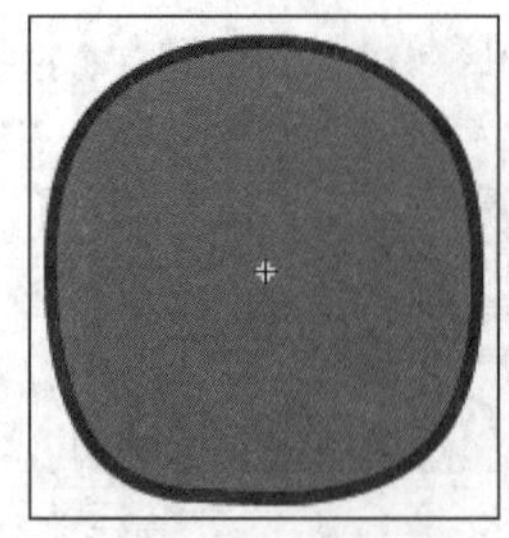
图 6-97　绘制形状

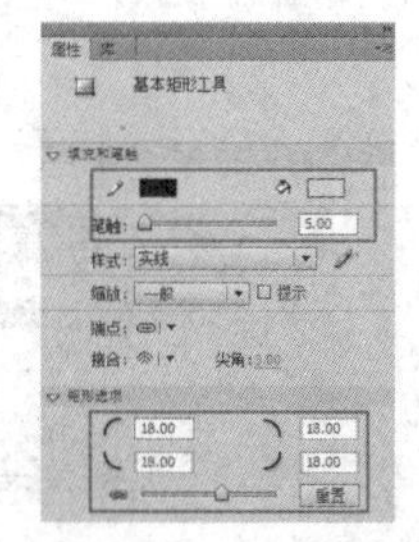

图 6-98　“属性”面板

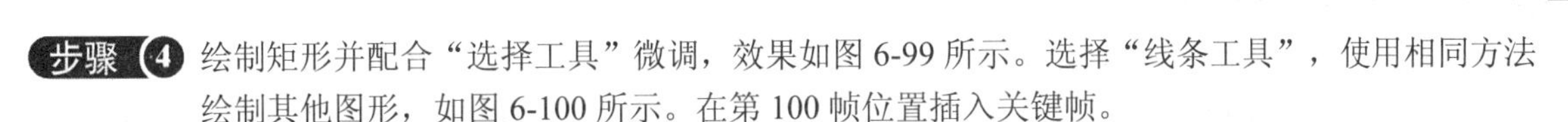

步骤 4 绘制矩形并配合“选择工具”微调，效果如图 6-99 所示。选择“线条工具”，使用相同方法绘制其他图形，如图 6-100 所示。在第 100 帧位置插入关键帧。

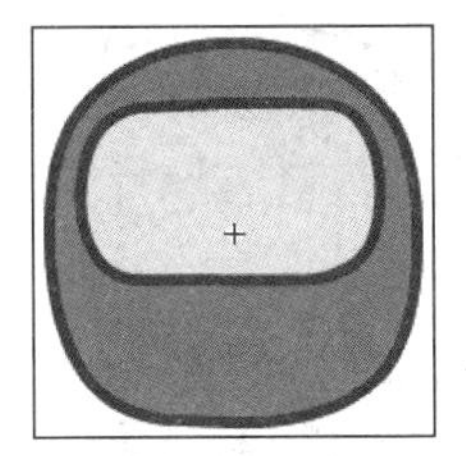

图 6-99　绘制图形 1

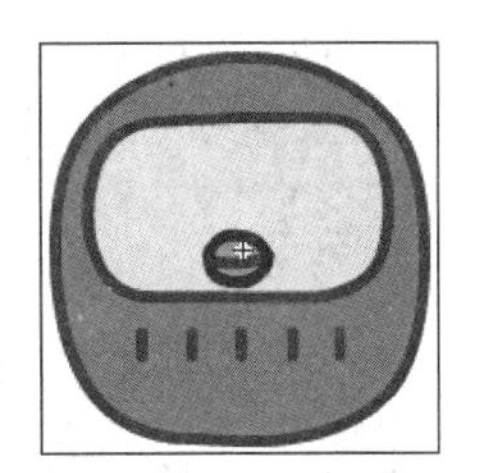

图 6-100　绘制图形 2

步骤 5 使用相同的方法新建元件，分别绘制“眼睛”、“胳膊”和“闭眼”图形，如图 6-101 所示。新建“名称”为“整体动画”的“影片剪辑”元件，如图 6-102 所示。

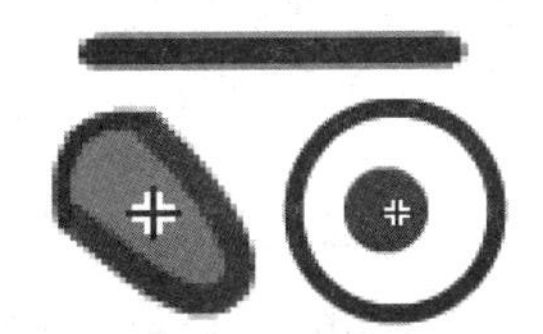

图 6-101　绘制图形

图 6-102　创建新元件

步骤 6 将“身体”元件从“库”面板拖入场景中，在第 5 帧位置插入关键帧，上移元件位置，新建“图层 2”，将“闭眼”元件从“库”面板拖入场景中，如图 6-103 所示。

步骤 7 在第 5 帧位置插入空白关键帧，将“眼睛”元件从“库”面板拖入场景，如图 6-104 所示。

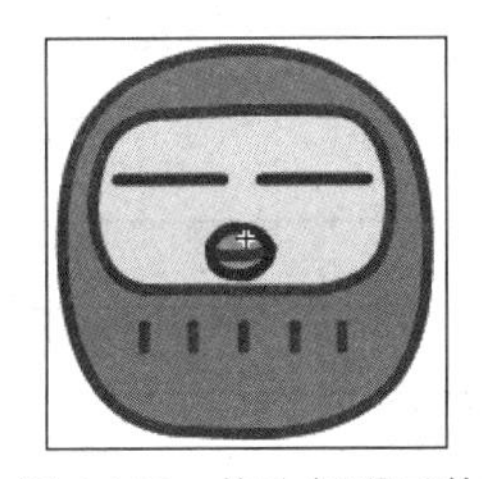

图 6-103　拖入闭眼元件

图 6-104　拖入眼睛

步骤 8 新建“图层 3”，将“胳膊”元件从“库”面板拖入场景中，调整图层至“图层 1”的下方，复制元件，执行“修改>变形>水平翻转”命令，并移动位置。在第 5 帧位置插入关键帧，调整元件位置，如图 6-105 所示。“时间轴”面板如图 6-106 所示。

图 6-105　移动胳膊

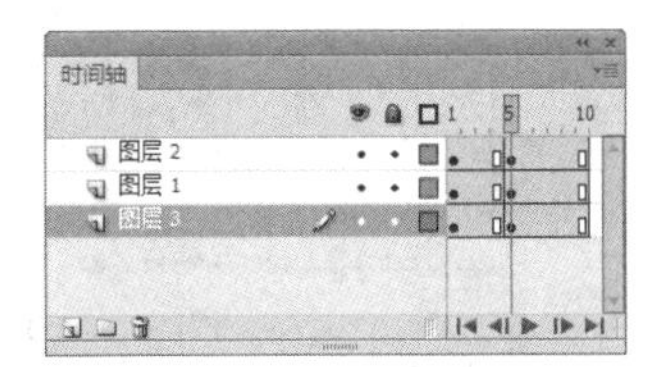

图 6-106　“时间轴”面板

> ▶ **提示**
>
> 在第 5 帧位置插入关键帧是为了减小动作的频率，这种效果也可以通过设置帧频来达到同样的目的。

步骤 9 返回“场景 1”，新建图层，将“整体动画”从“库”面板拖入场景中并调整大小，放至如

图 6-107 所示位置。完成小鸟动画的制作，保存动画，按下【Ctrl+Enter】组合键测试动画，效果如图 6-108 所示。

图 6-107　场景效果

图 6-108　测试动画效果

提问：影片剪辑元件有何特点？

回答：影片剪辑拥有各自独立于主时间轴的多帧时间轴。可以将多帧时间轴看作是嵌套在主时间轴内，它们可以包含交互式控件、声音，甚至其他影片剪辑实例。也可以将影片剪辑实例放在按钮元件的时间轴内，以创建动画按钮。

提问：如何将舞台上的动画转换为影片剪辑元件？

回答：在主时间轴上，选择要使用的动画每一层中的每一帧。用鼠标右键单击选定帧，然后从弹出的菜单中选择“复制帧”或选择“ 编辑>时间轴>复制帧”命令。取消选择所选内容并确保没有选中舞台上的任何内容。选择“插入> 新建元件”命令，为元件命名。在“类型”中选择“影片剪辑”，然后单击“确定”按钮。在时间轴上，单击第 1 层上的第 1 帧，然后选择“编辑>时间轴>粘贴帧”命令，完成影片剪辑的转换。

实例 118　影片剪辑元件——画面切换动画

源 文 件	光盘\源文件\第 6 章\实例 118.fla
视　　频	光盘\视频\第 6 章\实例 118.swf
知 识 点	传统补间动画、设置不透明度、影片剪辑元件
学习时间	10 分钟

1．导入背景图像素材。新建元件并导入素材图像。

1．导入素材

2．分别新建元件，导入素材。

2．新建元件

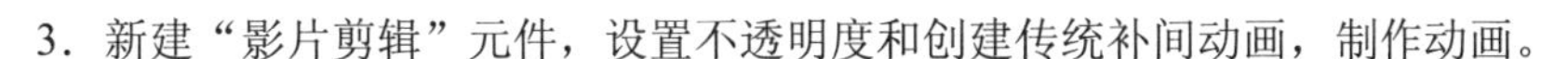

3．新建“影片剪辑”元件，设置不透明度和创建传统补间动画，制作动画。

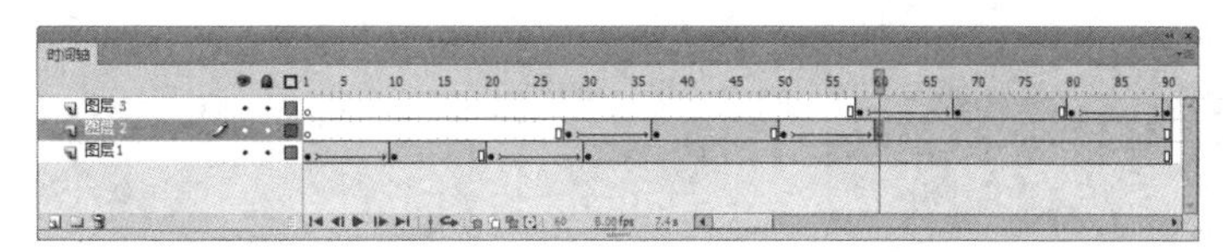

3．“时间轴”面板

4．返回“场景”，拖出动画，完成制作，测试动画效果。

4．测试动画效果

实例总结

有了影片剪辑的参与，Flash 动画变得更加丰富多彩，同时使 Flash 的交互性也具有了更多的可变性。在 ActionScript3.0 中，影片剪辑已经作为最基本的动画组成部分参与到动画控制中。

实例 119　影片剪辑元件——美人鱼动画

影片剪辑元件是用来创建动态效果的，在复杂的大型 Flash 动画中会有很多影片剪辑元件，在动画中的应用非常广泛。

图 6-109　最终效果

实例分析

本实例在“影片剪辑”元件中使用补间形状制作出美人鱼动画效果，读者需要通过学习进一步了解“影片剪辑”元件的用途，最终效果如图 6-109 所示。

源 文 件	光盘\源文件\第 6 章\实例 119.fla
视　　频	光盘\视频\第 6 章\实例 119.swf
知 识 点	影片剪辑元件、传统补间、补间动画、
学习时间	10 分钟

知识点链接——元件注册点的作用是什么？

一个元件共有 9 个常用点，用户可以任意设置注册点，注册点有两个作用：第一以注册点为坐标原点；第二是此元件实例在舞台的位置坐标是以注册点离舞台左上角的距离计算。

操作步骤

步骤 1 执行“文件>新建”命令，新建一个大小为 550 像素×400 像素，帧频为 24fps，“背景颜色”为白色的 Flash 文档。

步骤 2 将“光盘\源文件\第 6 章\素材\11902.png”导入到场景中，如图 6-110 所示。新建“名称”为“元件”的“图形”元件，使用“线条工具”绘制图形，并填充为线性渐变，如图 6-111 所示。

图 6-110　导入素材

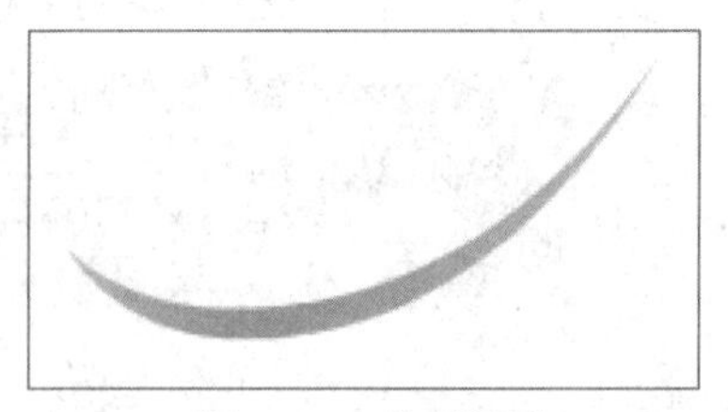

图 6-111　绘制图形

步骤 3 新建“名称”为“鱼鳞”的“图形”元件，使用“椭圆工具”绘制白色小圆，并按【Alt】键移动复制，效果如图 6-112 所示。新建“图层 2”和“图层 3”，继续复制小圆并调整不透明度，效果如图 6-113 所示。

图 6-112　绘制并复制小圆

图 6-113　复制图形

步骤 4 新建“图层 4”，选择“线条工具”绘制图形，填充为白色至透明的渐变色，如图 6-114 所示。新建“名称”为“游泳动画”的“影片剪辑”元件，使用“线条工具”绘制形状并填充颜色为＃7E6A5E，删除边缘线，效果如图 6-115 所示。

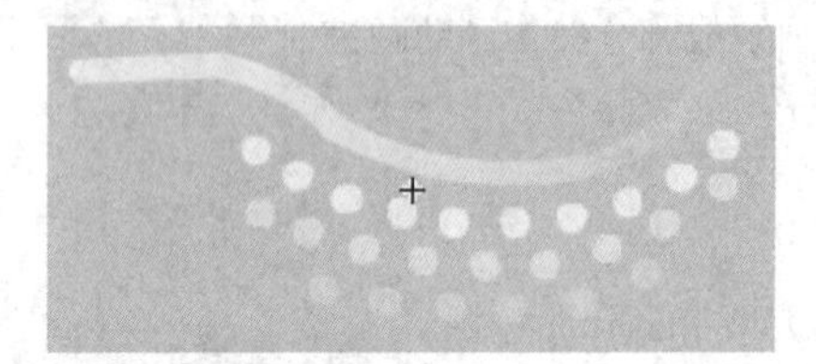

图 6-114　绘制图形

图 6-115　绘制形状

步骤 5 在第 20 帧和第 45 帧位置插入关键帧，选择第 20 帧形状，使用“选择工具”调整形状，如图 6-116 所示。在第 1 帧和第 20 帧位置创建补间形状动画，如图 6-117 所示。

图 6-116　调整形状

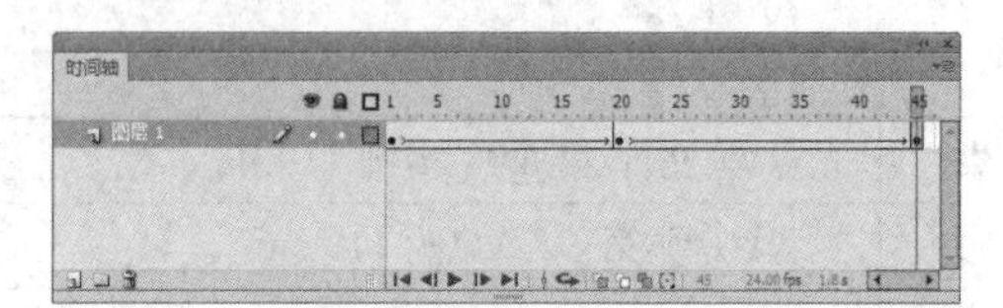

图 6-117　“时间轴”面板

步骤 6 新建“图层 2”，使用相同的方法绘制形状，制作补间形状动画，如图 6-118 所示。“时间轴”面板如图 6-119 所示。

图 6-118　绘制图形

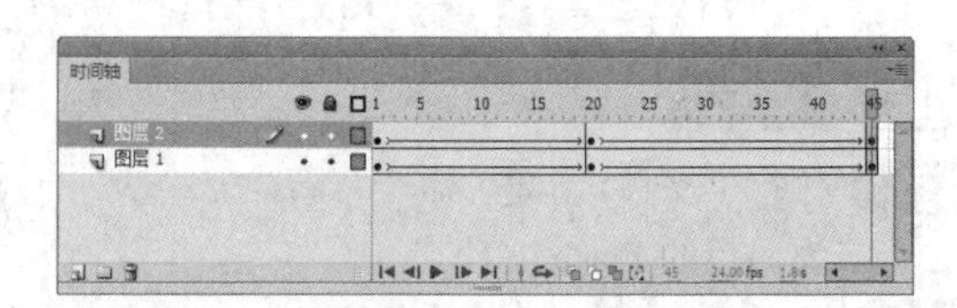

图 6-119　“时间轴”面板

步骤 7 新建“图层 3”和“图层 4”，将“元件”和“鱼鳞”元件从“库”面板拖入场景中，如图

6-120 所示。根据“图层 1”和“图层 2”的形状变化调整大小和位置，然后创建传统补间动画，如图 6-121 所示。

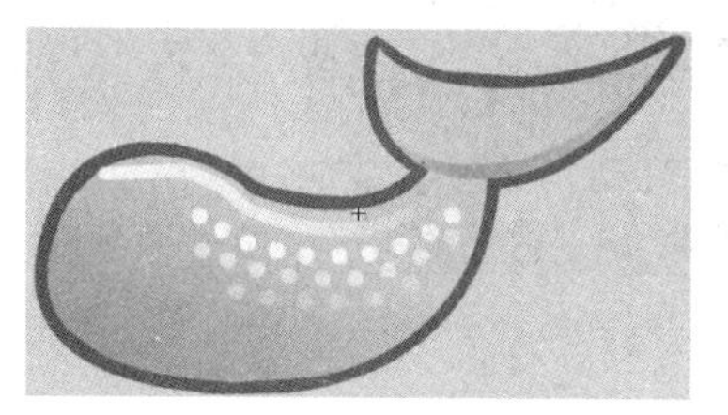

图 6-120　拖入元件

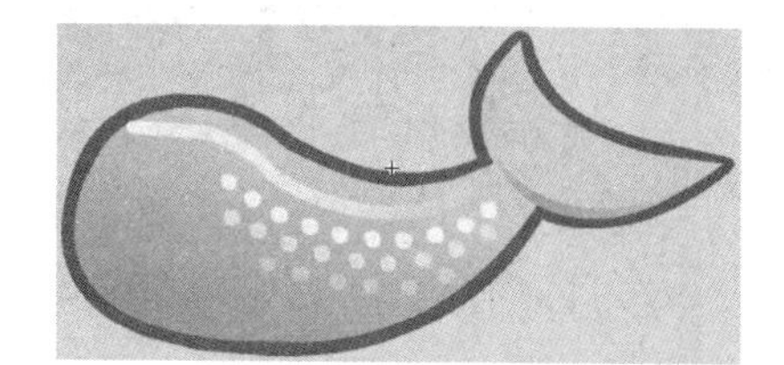

图 6-121　调整大小及位置

▶ 提示

创建传统补间动画和调整元件位置时一定要注意“图层 1”和“图层 2”的变形路径相对应，避免在播放时出现偏差，影响动画。

步骤 8 “时间轴”面板如图 6-122 所示。

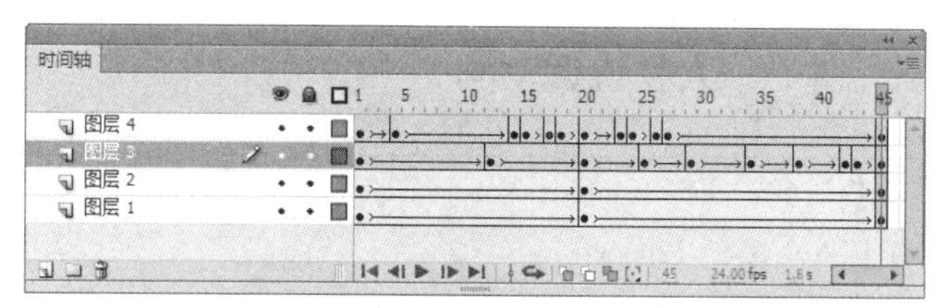

图 6-122　“时间轴”面板

步骤 9 返回“场景 1”，将“光盘\源文件\第 6 章\素材\11901.png”导入到场景中，如图 6-123 所示。将“游泳动画”从“库”面板拖入场景中，调整图层至“图层 2”下方，如图 6-124 所示。

图 6-123　导入素材

图 6-124　拖入元件

步骤 10 选中元件，打开“属性”面板，设置元件“不透明度”为 80%，如图 6-125 所示，场景效果如图 6-126 所示。

图 6-125　“属性”面板

图 6-126　调整不透明度

步骤 11 完成美人鱼动画的制作，保存动画，按下【Ctrl+Enter】组合键测试动画，效果如图 6-127 所示。

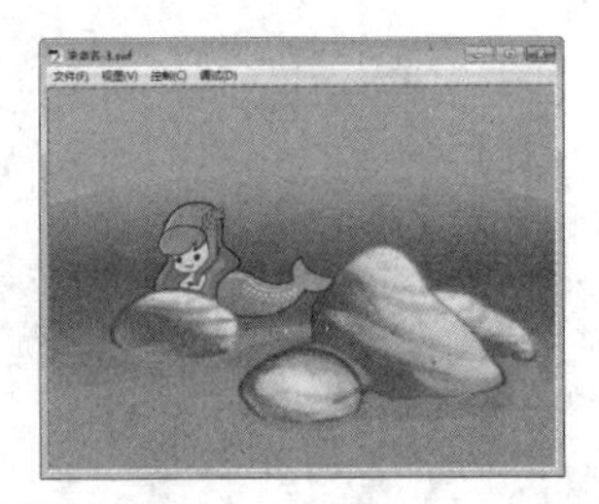

图 6-127 测试动画效果

提问：图形元件与影片剪辑元件有何不同？

回答：图形元件是与放置该元件的文档的时间轴联系在一起的。相比之下，影片剪辑元件拥有自己独立的时间轴。因为动画图形元件使用与主文档相同的时间轴，所以在文档编辑模式下显示它们的动画。影片剪辑元件在舞台上显示为一个静态对象，并且在 Flash 编辑环境中不会显示为动画。

提问：如何编辑元件？

回答：Flash 中提供了“在当前位置编辑”、“在新窗口中编辑”和“在元件编辑模式下编辑”3 种方式编辑元件，用户可以根据习惯和需要选择其中一种方式编辑元件。

实例 120 影片剪辑元件——人物说话动画

源 文 件	光盘\源文件\第 6 章\实例 120.fla
视　　频	光盘\视频\第 6 章\实例 120.swf
知 识 点	逐帧动画、影片剪辑元件
学习时间	10 分钟

1．新建 Flash 文档，将图像素材导入到场景中。

1．导入素材

2．新建“影片剪辑”元件，使用“线条工具”和“椭圆工具”绘制图形。

2．绘制图形

3．将图形放在不同的帧。

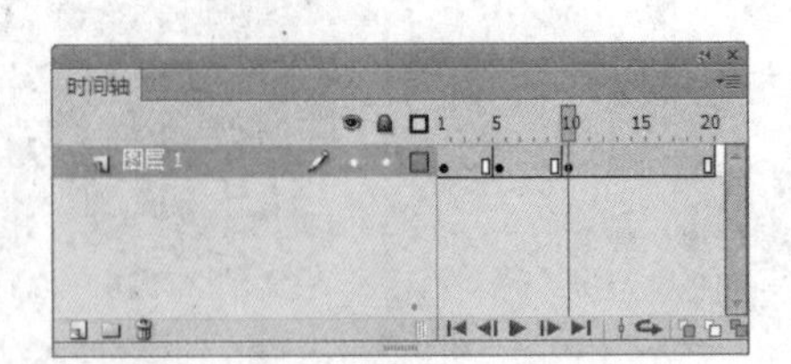

3．“时间轴”面板

4．返回场景，新建图层，拖出动画，完成制作，测试动画效果。

4．测试动画效果

实例总结

本实例使用了传统补间和逐帧动画等在“影片剪辑”元件中制作出人物说话的动作，通过以上内容的学习，读者要熟练使用“影片剪辑”元件制作出精彩动画。

第 7 章　声音和视频

在 Flash 动画中运用声音元素可以使 Flash 动画本身的效果更加丰富，对 Flash 本身起到很大的烘托作用，除了声音以外，视频也越来越多地应用到了 Flash 动画中，用于制作出更加炫目的动画效果。

实例 121　Sound 类——制作保护环境宣传动画

声音元件使用起来非常方便，可以直接应用在时间轴上，但是对于较大的动画来说就比较麻烦，而且如果要实现对声音音量等属性的控制就更加不方便。所以一般情况下只是将声音元件放置在“库”面板中，通过调用来使用。

实例分析

本案例首先制作场景显示文字的动画效果，然后导入声音文件到“库”面板中，再通过使用构造函数将声音调入到动画中使用，最终效果如图 7-1 所示。

图 7-1　最终效果

源 文 件	光盘\源文件\第 7 章\实例 121.fla
视　　频	光盘\视频\第 7 章\实例 121.swf
知 识 点	传统补间、脚本语言
学习时间	8 分钟

知识点链接——什么是 Sound 类，使用时要注意什么？

Sound 类可以控制影片中的声音。可以在影片正在播放时从库中向该影片剪辑添加声音，并控制这些声音。在调用 Sound 类的方法前，必须使用构造函数 new Sound 创建 Sound 对象。

操作步骤

步骤 1 新建一个“类型”为“ActionScript2.0”，大小为 900 像素×535 像素，“帧频”为 15fps，“背景颜色”为白色的空白文档，如图 7-2 所示。将图像“光盘\第 7 章\素材\712101.jpg”导入到场景中，在第 130 帧位置单击，按【F5】键插入帧，如图 7-3 所示。

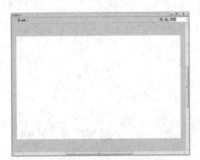

图 7-2　新建文档

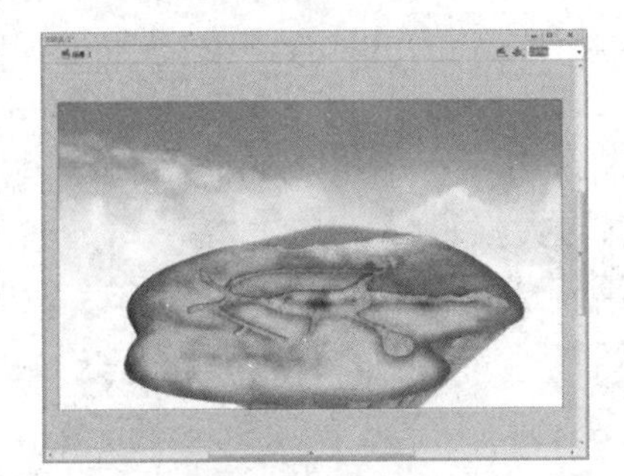

图 7-3 导入素材

步骤 2 新建“图层 2”，选择“工具箱”中的“矩形工具”，在舞台中绘制一个“笔触颜色”为无，“填充颜色”为#FFFFFF 的矩形，并将其转换为“名称”为“过光”的“图形”元件，如图 7-4 所示。

步骤 3 在第 5 帧位置单击，按【F6】键插入关键帧，设置其 Alpha 值为 0%，在第 1 帧上创建“传统补间”，“时间轴”面板如图 7-5 所示。

图 7-4　转换元件

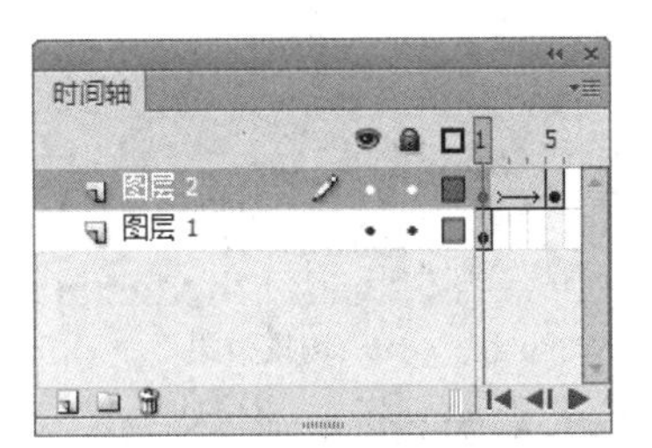

图 7-5　“时间轴”面板

步骤 4 新建一个“名称”为“主动画”的“影片剪辑”元件，在第 60 帧位置按【F6】键插入关键帧，将图像“光盘\第 7 章\素材\712102.png”导入到舞台中，并将其转换成“名称”为“图像”的“图形”元件，如图 7-6 所示。

步骤 5 在第 75 帧位置按【F6】键插入关键帧，设置第 60 帧元件的 Alpha 值为 0%，并创建“传统补间”，“时间轴”面板如图 7-7 所示。在 205 帧位置按【F5】键插入帧。

图 7-6　转换为元件

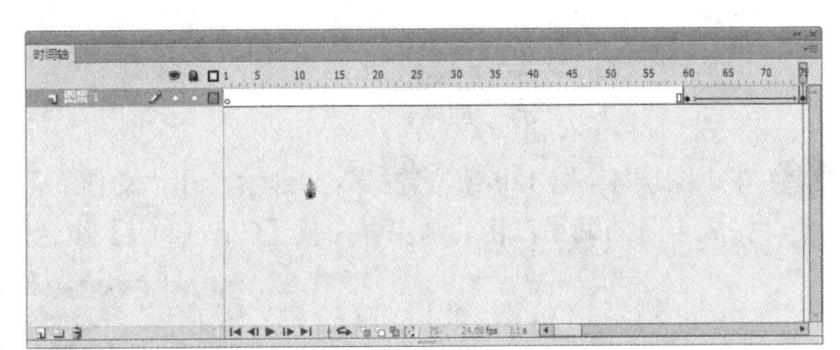

图 7-7　“时间轴”面板

步骤 6 新建“图层 2”，执行“文件>导入>打开外部库”命令，将文件“光盘\第 7 章\素材\ 素材-1.fla”打开，并将“动画效果”元件从“外部库”中拖入到舞台，如图 7-8 所示。

步骤 7 新建“图层 3”，在第 205 帧位置插入关键帧，打开“动作”面板，输入“stop();”脚本，“时间轴”面板如图 7-9 所示。

图 7-8　拖入元件

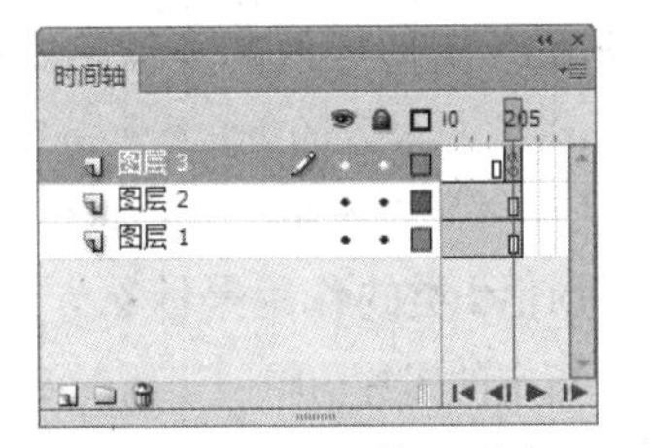

图 7-9　“时间轴”面板

步骤 8 返回“场景 1”，新建“图层 3”，将“主动画”元件从“库”面板拖入到场景中，如图 7-10 所示。新建“图层 4”，在第 1 帧位置按【F9】键，打开“动作”面板，输入相应的脚本语言，如图 7-11 所示。

步骤 9 将“光盘\第 7 章\素材\yp7121.mp3”声音素材导入到库，打开“库”面板，在“yp7121.mp3”上单击鼠标右键，选择“属性”命令，如图 7-12 所示。

步骤 10 在弹出的“声音属性”对话框中单击 ActionScript 选项，并且勾选“为 ActionScript 导出”选项，设置“标识符”为 green，如图 7-13 所示。

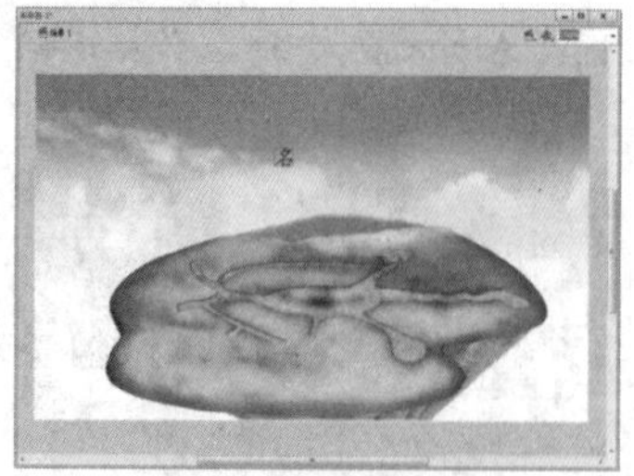

图 7-10　场景效果

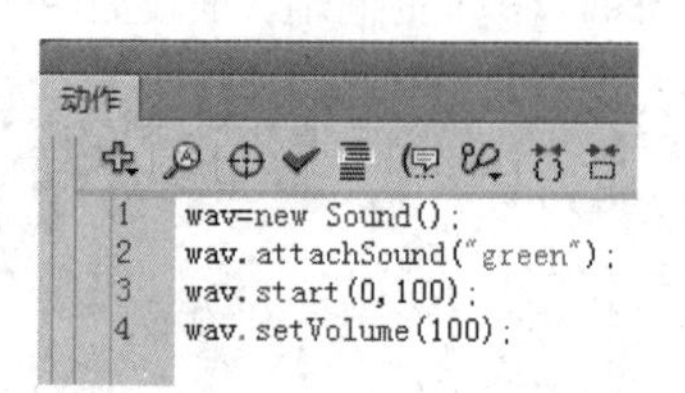

图 7-11　“动作”面板

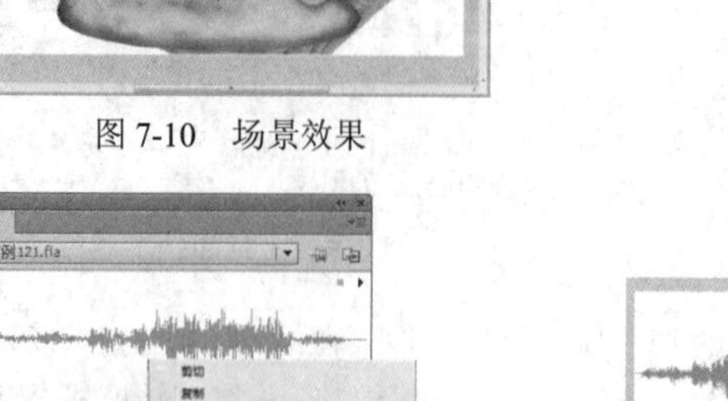

图 7-12　“库”面板

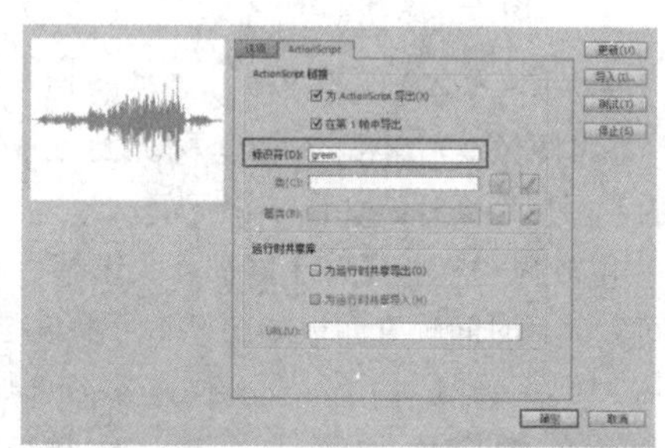

图 7-13　“声音属性”对话框

步骤 11 在“图层 4”第 130 帧位置插入关键帧，在“动作”面板中输入脚本语言，如图 7-14 所示。完成声音的调用，将动画保存，按【Ctrl+Enter】组合键测试动画效果，如图 7-15 所示。

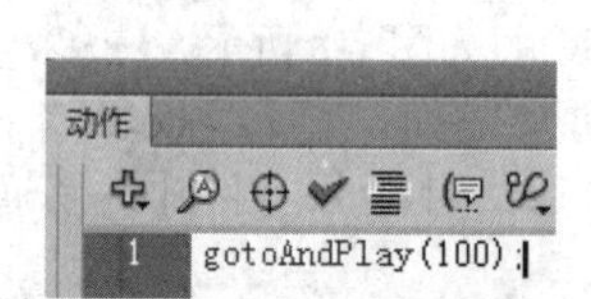

图 7-14　“动作”面板

图 7-15　测试效果

提问：Flash 支持导入的声音格式有哪些？

回答：Flash 支持导入的声音格式分别有 WAV、AIFF、MP3 等。如果系统安装了 Quick Time4（或更高版本），则还可以导入 Sound Designer II 、QuickTime 影片、Sun AU、System7 声音。

提问：Sound 类的作用是什么？

回答：为指定的影片剪辑创建新的 Sound 对象。如果没有指定目标实例，则 Sound 对象控制影片中的所有声音。

实例 122　声音脚本——制作网页按钮效果

源 文 件	光盘\源文件\第 7 章\实例 122.fla
视　　频	光盘\视频\第 7 章\实例 122.swf
知 识 点	脚本语言
学习时间	5 分钟

1．制作动画的主时间轴动画。

2．在“库”面板中的声音文件上单击鼠标右键，在弹出的菜单中选择“属性”选项，弹出“声音属性”对话框，并进行声音属性的设置。

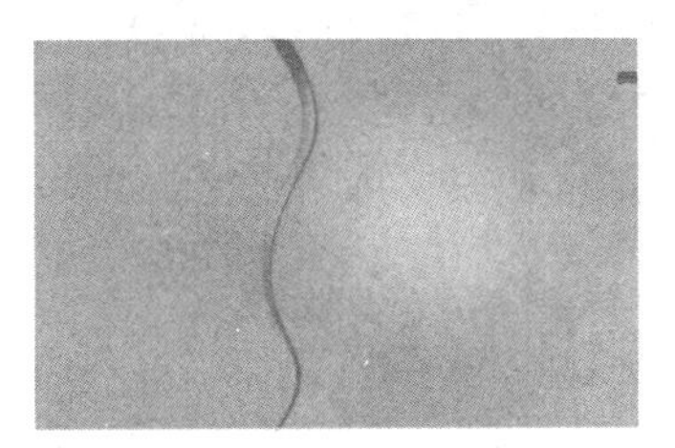

1．制作主场景动画

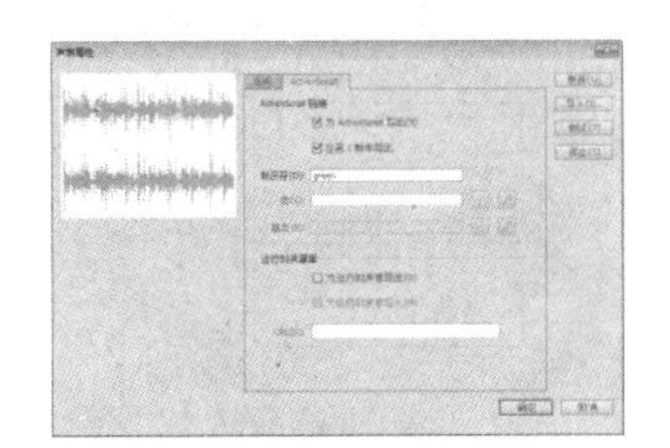

2．为声音文件设置属性

3．在主时间轴上添加脚本语言，以控制声音的调用。

4．完成动画的制作，测试动画效果。

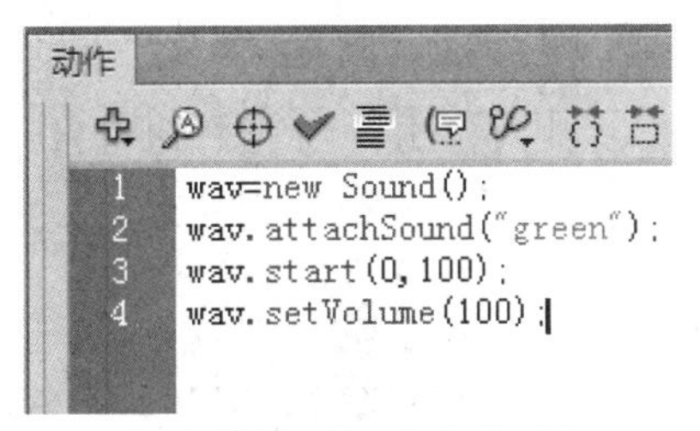

3．为按钮元件添加脚本语言

4．测试动画效果

实例总结

本实例通过定义 Sound 类构造函数，将声音元件直接应用于动画。通过学习读者需要掌握定义类的构造函数的方法，并要掌握在 Flash 中导入声音格式类型和使用声音的方法。

实例 123　实例名称——控制 Flash 动画的声音

Flash 动画最大的优点就是能与用户实现交互，对于声音来讲也不例外。通过使用脚本可以对动画中的音频进行属性控制（音量）和操作控制（开始、停止）。可以实现更多的动画效果，例如，可以使用 Flash 制作音乐播放器。

图 7-16　最终效果

实例分析

本案例通过制作两个按钮元件和音频元件，然后通过在按钮元件上添加脚本语言控制动画和音频的播放，最终效果如图 7-16 所示。

源 文 件	光盘\源文件\第 7 章\实例 123.fla
视　　频	光盘\视频\第 7 章\实例 123.swf
知 识 点	文字工具、脚本语言
学习时间	20 分钟

知识点链接——如何实现对音频和动画的控制？

在动画中控制动画的基本方法很简单，只需要为元件命名一个实例名称，然后通过脚本定义其播放即可。本例中脚本控制主场景中（_root）的某个元件播放或停止。

步骤 1 新建一个“类型”为“ActionScript2.0 ”，大小为 350 像素×390 像素，“帧频”为 32fps 的

空白文档，如图 7-17 所示。将图像“光盘\第 7 章\素材\712301.png”导入到舞台，如图 7-18 所示。

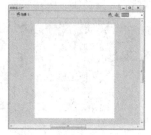

图 7-17　新建空白文档

图 7-18　导入素材

步骤 2 新建“图像 2”，执行“文件>导入>打开外部库”命令，在弹出的对话框中选择“光盘\第 7 章\素材\素材-2.fla”，将“名称”为“闪光”的元件，从“外部库”面板中拖入到舞台，并设置该元件的“实例名称”为 shanguang，如图 7-19 所示。场景效果如图 7-20 所示。

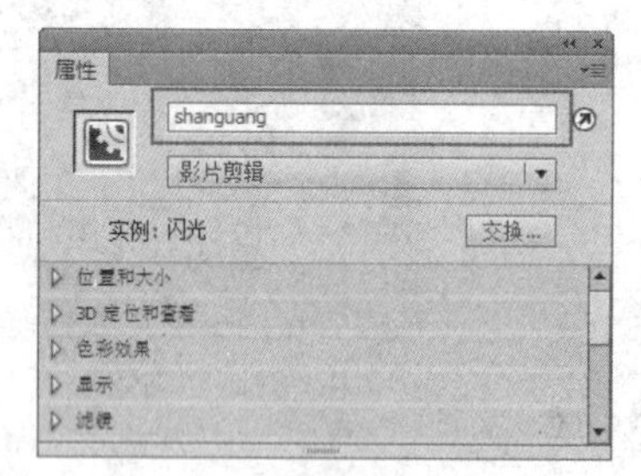

图 7-19　“属性”面板

图 7-20　场景效果

步骤 3 新建一个“名称”为“播放按钮”的“按钮”元件，将图像“光盘\第 7 章\素材\712303.jpg”导入到场景中，如图 7-21 所示。单击“工具箱”中的“文本工具”按钮，在“属性”面板中设置“颜色”为#FFFFFF，其他设置如图 7-22 所示。

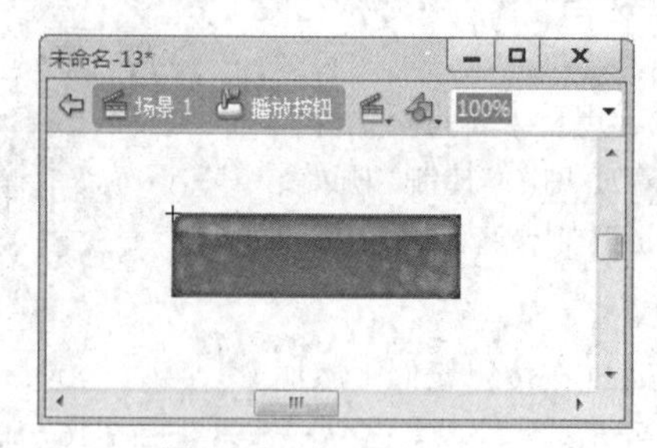

图 7-21　导入素材

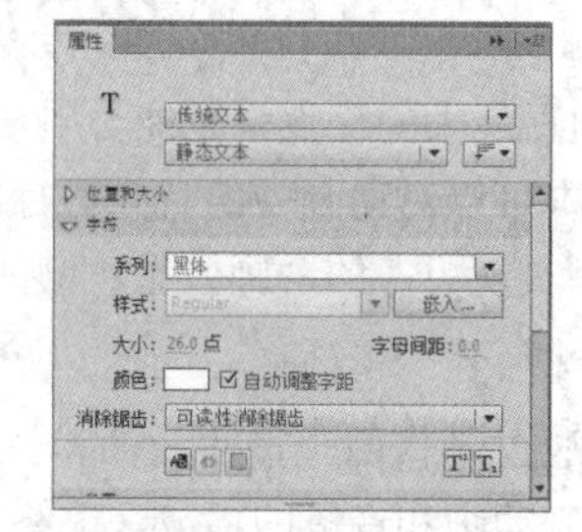

图 7-22　“属性”面板

步骤 4 在场景中输入图 7-23 所示文字。在“指针经过”位置按【F7】键，插入空白关键帧，将图像“光盘\第 7 章\素材\712304.jpg”导入到场景中，设置“颜色”为#FF9900，使用“文本工具”输入图 7-24 所示文本。

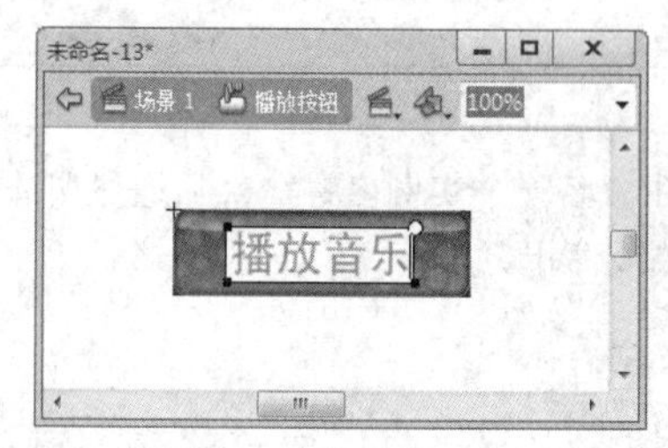

图 7-23　输入文字

图 7-24　场景效果

步骤 5 分别在“按下”状态和“点击”状态位置按【F6】键，插入关键帧。使用相同的方法制作出“停止按钮”元件，如图 7-25 所示，“库”面板如图 7-26 所示。

图 7-25　停止音乐

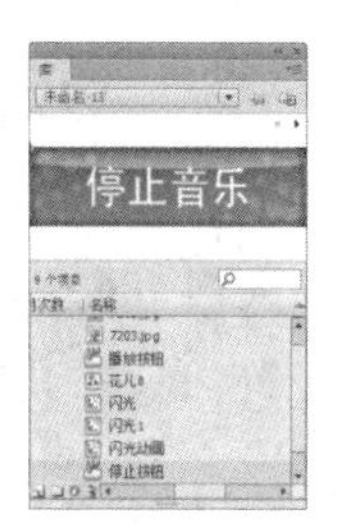

图 7-26　“库”面板

步骤 6 新建一个“名称”为“音乐”的“影片剪辑”元件，执行“文件>导入>导入到库”命令，将“光盘\第 7 章\素材\bf71231.mp3”导入到库，在“属性”面板的“声音”标签中设置“名称”为“bf71231.mp3”，“同步”为“数据流”，“属性”面板如图 7-27 所示。

步骤 7 新建“图层 2”，在第 1 帧位置单击，打开“动作”面板，输入“stop();”脚本语言，在第 110 帧位置插入关键帧，打开“动作”面板，输入图 7-28 所示脚本。

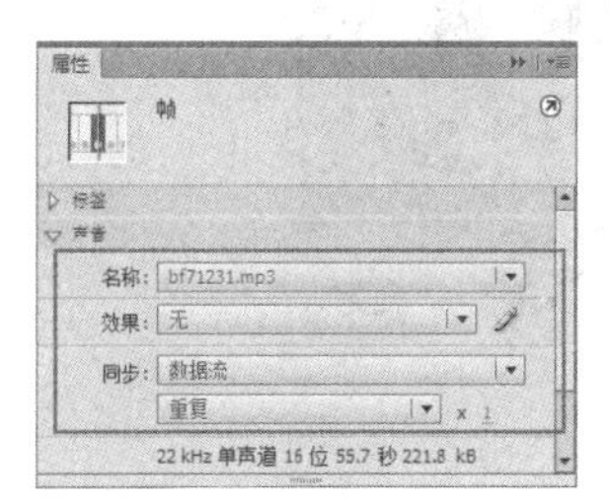

图 7-27　拖入元件

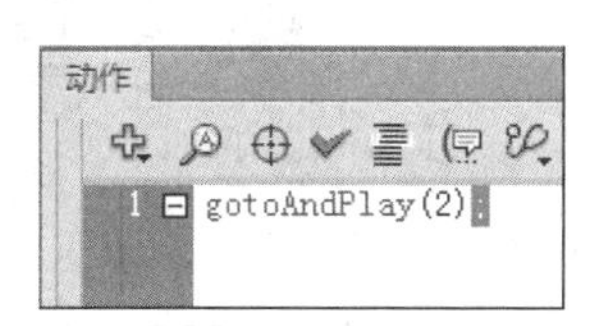

图 7-28　“时间轴”面板

步骤 8 返回“场景 1”编辑状态，新建“图层 3”，将“播放按钮”元件从“库”面板拖入到场景中，如图 7-29 所示。打开“动作”面板，输入相应的脚本语言，如图 7-30 所示。

图 7-29　场景效果

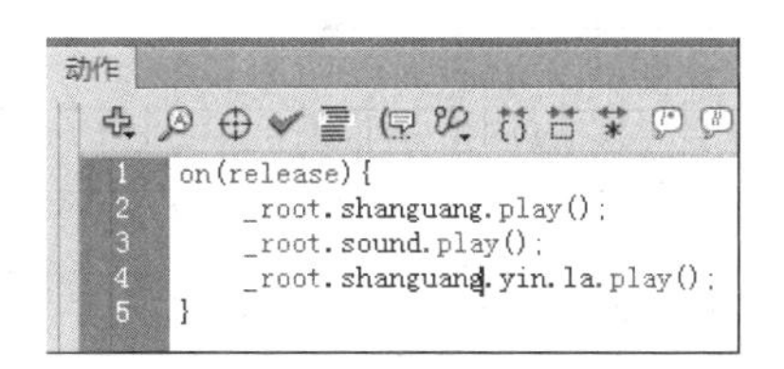

图 7-30　“动作”面板

步骤 9 新建“图层 4”，将“停止按钮”元件从“库”面板拖入到场景中，如图 7-31 所示。选中元件，在“动作”面板中输入图 7-32 所示脚本。

图 7-31　场景效果

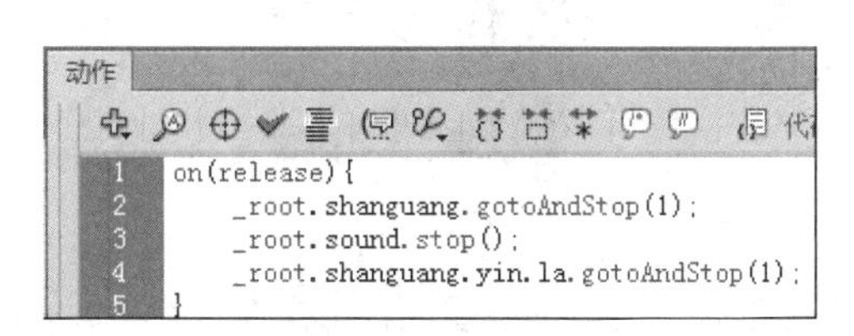

图 7-32　“动作”面板

步骤 10 新建“图层 5”，将“音乐”元件从“库”面板拖入到场景中，如图 7-33 所示；并在“属性”面板中设置其“实例名称”为 sound，如图 7-34 所示。

图 7-33　声音属性

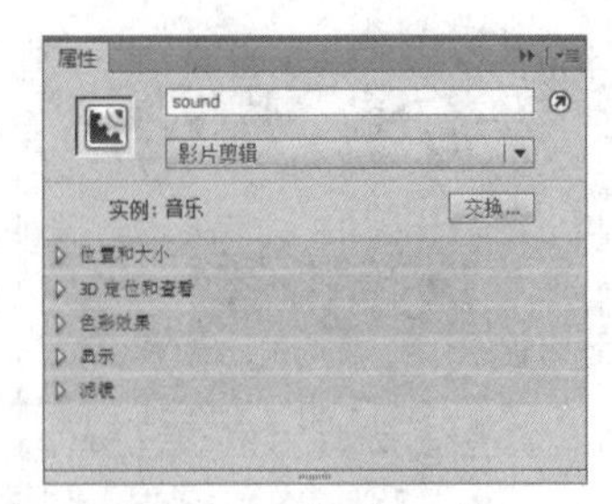

图 7-34　“属性”面板

步骤 11 完成控制声音动画的制作，将其保存，按【Ctrl+Enter】组合键进行测试，如图 7-35 所示。

图 7-35　测试效果

提问：影片剪辑元件命名实例名称的主要目的是什么？

回答：为影片剪辑元件命名实例名称的主要目的是为了方便使用 ActionScript 对其进行调用，通过 ActionScript 脚本可以更好地控制 Flash 动画的播放，实现良好的人机交互。

实例 124　脚本语言——为游戏菜单添加音效

源 文 件	光盘\源文件\第 7 章\实例 124.fla
视　　频	光盘\视频\第 7 章\实例 124.swf
知 识 点	脚本语言
学习时间	5 分钟

1. 新建按钮元件，将图像导入到场景中，新建图层并输入文本内容。
2. 回到主场景，将背景图像导入到场景中。

1. 图像效果

2. 导入图像

3. 新建图层，将制作好的按钮元件依次拖入到场景中，并输入相应的脚本语言。
4. 完成动画制作。

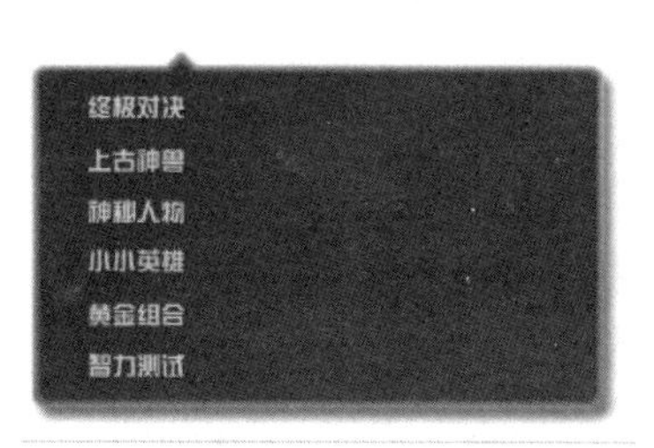

3．拖入元件

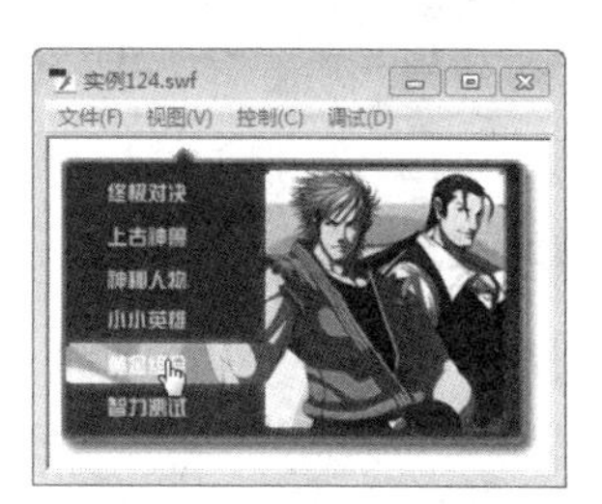

4．最终效果

实例总结

本实例通过脚本来控制声音和动画的播放和停止，通过学习读者要掌握导入音频的方法，直接使用音频时间轴的方法，并要理解控制动画和音频播放、停止的脚本含义。

实例 125　使用“行为”——控制声音的停止和播放

在 ActionScript 发布设置设定为 ActionScript 2.0 的 FLA 文件中，可以使用行为来控制文档中的影片剪辑和图形实例，无须编写 ActionScript。行为是预先编写的 ActionScript 脚本，允许用户向文档添加 ActionScript 代码，无须自己创建代码。

图 7-36　最终效果

实例分析

本实例通过为实例添加“行为”，输入标识符和名称来控制声音的播放和停止。最终效果如图 7-36 所示。

源 文 件	光盘\源文件\第 7 章\实例 125.fla
视　　频	光盘\视频\第 7 章\实例 125.swf
知 识 点	添加行为、加载声音、输入标识符
学习时间	10 分钟

知识点链接——为声音添加行为的作用有哪些？

通过使用声音行为，可以将声音添加至文档并控制声音的播放，使用这些行为添加声音将会创建声音的实例，然后使用该实例控制声音。

操作步骤

步骤 1 打开“光盘\源文件\第 7 章\素材\712501.fla”文件，如图 7-37 所示。执行“文件>导入>导入到库”命令，导入“光盘\源文件\第 7 章\素材\背景音乐.mp3”文件，如图 7-38 所示。

图 7-37　打开文档

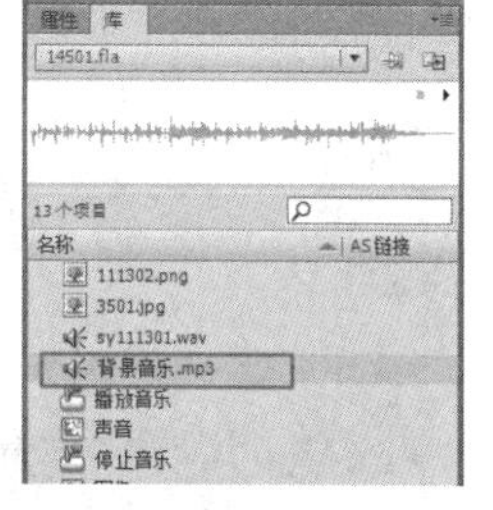

图 7-38　导入素材

步骤 2 在“库”面板的“背景音乐.mp3”上单击鼠标右键，选择“属性”命令，如图 7-39 所示，弹出“声音属性”对话框，为其指定标识符为 sound，如图 7-40 所示。

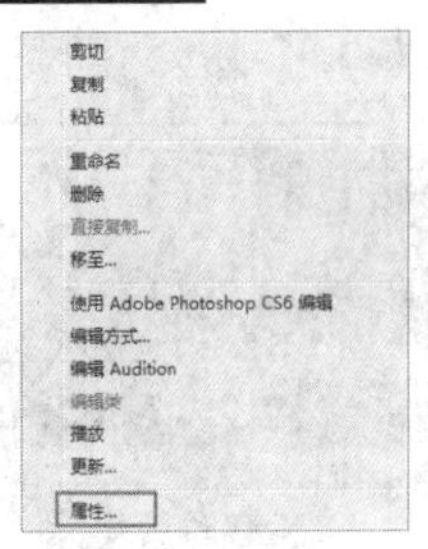

图 7-39　选择属性

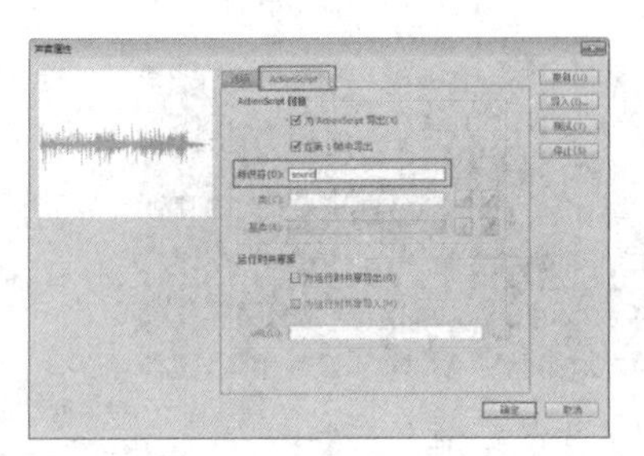

图 7-40　“声音属性”对话框

步骤 3 单击“确定”按钮，选中场景中的“播放音乐”按钮，单击“行为”面板上的“添加”按钮，选择“从库加载声音”命令，如图 7-41 所示。在弹出的“从库加载声音”对话框中输入要播放的声音标识符，如图 7-42 所示。

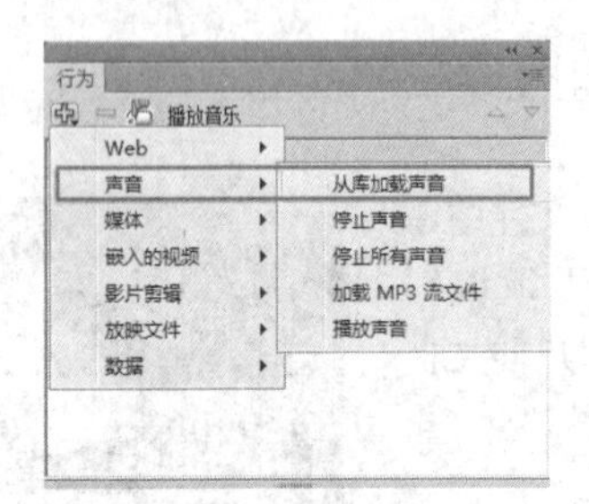

图 7-41　“行为”面板

图 7-42　输入声音标识符

> ▶ 提示
>
> 因为声音是和符号一起保存的，所以它们会对符号的所有替身起作用。

步骤 4 单击“确定”按钮，完成添加“行为”，如图 7-43 所示。选择“停止播放”按钮，为其添加“停止所有声音”的行为，如图 7-44 所示。

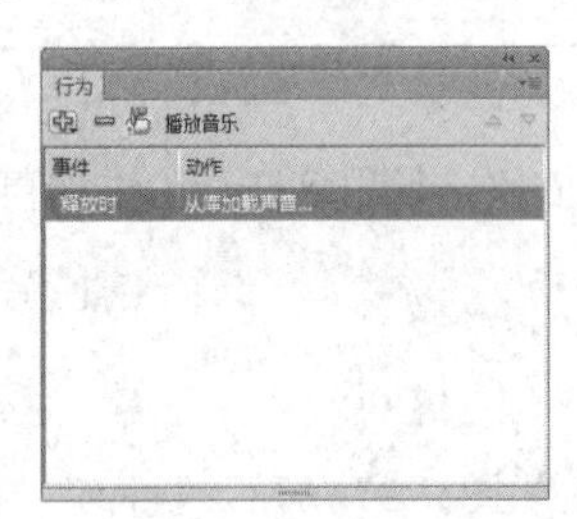

图 7-43　添加行为脚本

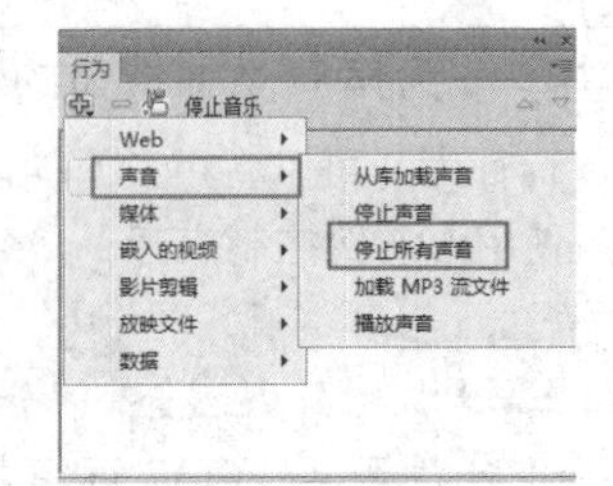

图 7-44　添加行为

步骤 5 弹出“停止所有声音”对话框，如图 7-45 所示。单击“确定”按钮，“行为”面板如图 7-46 所示。

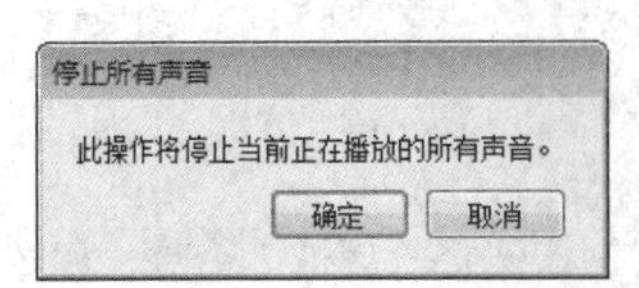

图 7-45　提示对话框

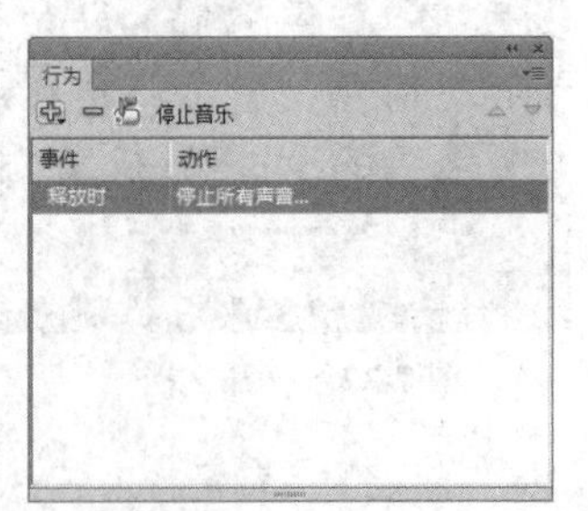

图 7-46　添加停止声音

步骤 6 完成控制声音的制作，保存动画，按下【Ctrl+Enter】组合键测试动画，效果如图 7-47 所示。

图 7-47　测试动画效果

提问：为什么有的时候不能使用行为控制视频播放？

回答：因为有时用户在创建文档时，选择的是 ActionScript3.0 的 Flash 文档，只需将文档的类型改为 ActionScript 3.0 即可。

提问：使用行为控制声音有哪些优点？

回答：通过使用声音行为可以将声音添加到文档并控制声音的播放，使用这些行为添加声音将会创建声音的实例，然后可以使用实例控制声音。

实例 126　按钮元件——为导航动画添加音效

源 文 件	光盘\源文件\第 7 章\实例 126.fla
视　　频	光盘\视频\第 7 章\实例 126.swf
知 识 点	按钮元件
学习时间	10 分钟

1. 新建按钮元件，打开外部库，单击“弹起”帧，将相应的元件从外部库拖入到场景中，并输入相应的文字。

2. 单击“指针经过”帧，将相应的素材拖入到场景，输入文字并设置其声音。

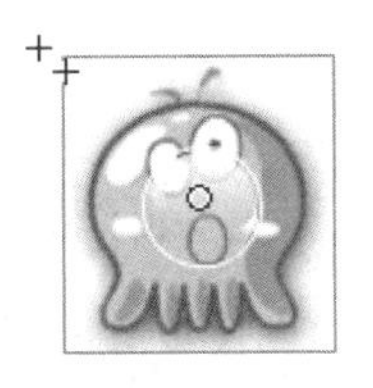

首页

1．图像效果

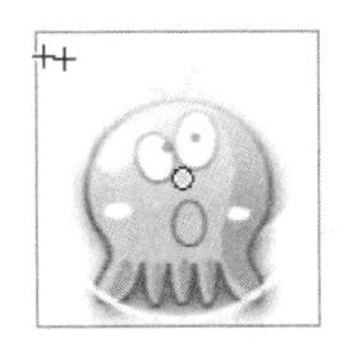

2．文字效果

3. 用相同方法完成其他按钮的制作，返回场景，将背景素材图像和相应的元件拖入到场景中。

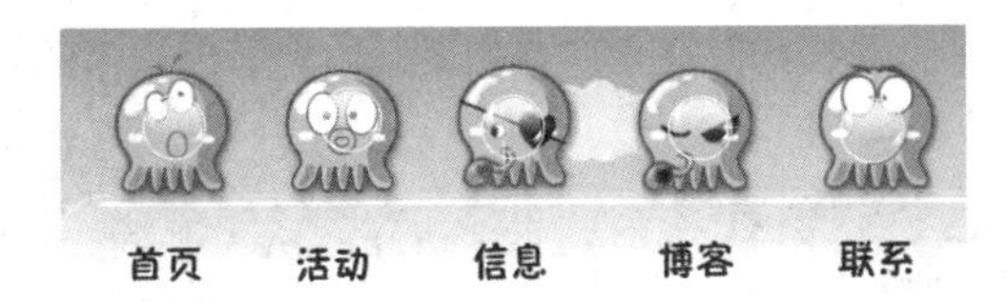

3．拖入元件

4. 完成动画的制作，测试动画效果。

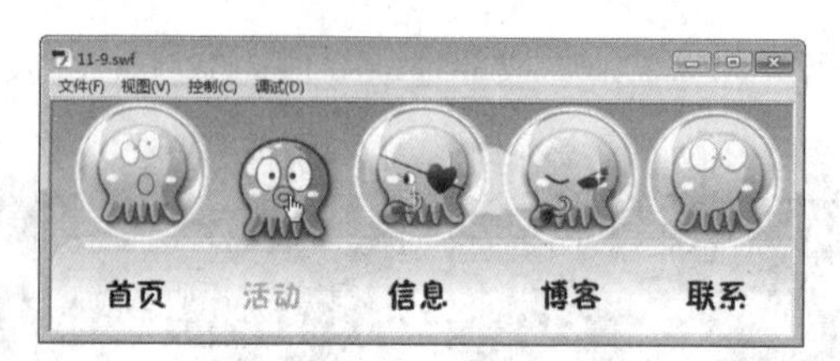

4. 测试效果

实例总结

本实例通过导入外部音频，然后通过脚本控制声音和动画的播放和停止。通过学习读者需要掌握导入音频的方法以及直接使用音频到时间轴的方法，并要理解控制动画和音频播放、停止的脚本含义。

实例 127 SetVolum()函数——控制 Flash 动画中的音量

动画中有音频的介入就一定有控制音频音量的必要，控制音量的目的是要在不同的播放环境下给用户更多的选择。通过这些功能的实现可以使用 Flash 制作类似于播放器的高级动画效果。

实例分析

本实例通过为元件添加相应的脚本语言代码，实现 Flash 动画中声音的播放、停止，以及音量大小的调整，最终效果如图 7-48 所示。

图 7-48 最终效果

源文件	光盘\源文件\第 7 章\实例 127.fla
视　频	光盘\视频\第 7 章\实例 127.swf
知识点	文字工具、脚本语言
学习时间	20 分钟

知识点链接——如何控制 Flash 动画中的音量？

为声音文件设置变量名称，在 Flash 动画中就可以通过使用 ActionScript 脚本轻松实现对声音的控制，使用 Play()脚本可以播放指定声音，使用 Stop()；脚本可以停止指定声音，使用 setVolum()脚本实现声音音量的控制。

操作步骤

步骤 1 新建一个“类型”为 ActionScript2.0，大小为 736 像素×476 像素，其他为默认的空白文档，如图 7-49 所示。执行“文件>导入>导入到舞台”命令，将图像“光盘\第 7 章\素材\712701.jpg”导入到舞台，如图 7-50 所示。

图 7-49 新建空白文档

图 7-50 导入素材

步骤 2 新建“图层 2”，将图像“光盘\第 7 章\素材\712702.png”导入到舞台，如图 7-51 所示。新建一个“名称”为“播放按钮”的“影片剪辑”元件，将“光盘\第 7 章\素材\712703.jpg”，导入到场景中，将其转换成“名称”为“播放按钮图像”的“图形”元件，如图 7-52 所示。

图 7-51　场景效果

图 7-52　转换元件

步骤 3 设置其 Alpha 值为 32%，在第 10 帧位置按【F6】键插入关键帧，在第 5 帧位置按【F6】键插入关键帧，设置其“样式”为无，并在第 1 帧和第 5 帧的位置上创建传统补间动画，“时间轴”面板如图 7-53 所示。

步骤 4 使用相同方法制作出“停止按钮”、“加音按钮”和“减音按钮”元件，“库”面板如图 7-54 所示。

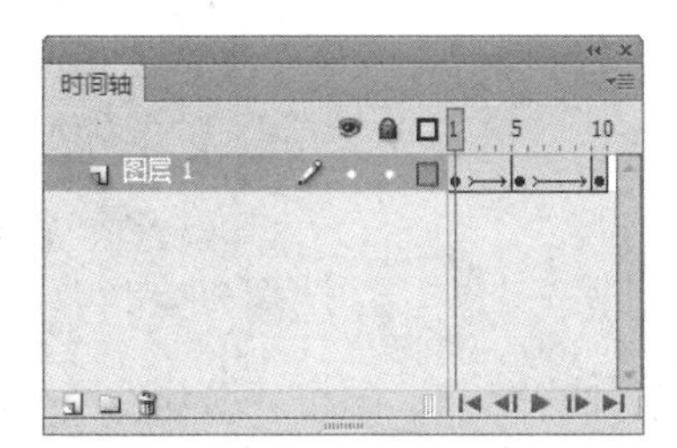

图 7-53　“时间轴”面板

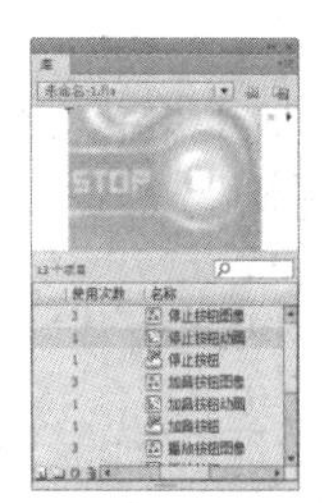

图 7-54　“库”面板

步骤 5 返回“场景 1”编辑状态，分别将“播放按钮”、“停止按钮”、“加音按钮”和“减音按钮”从“库”面板拖入到场景中，如图 7-55 所示。

步骤 6 新建“图层 17”，选择“工具箱”中的“文本工具”按钮，在“属性”面板中设置“文本类型”为“动态文本”，设置“颜色”为#E2B4C9，其他设置如图 7-56 所示。

图 7-55　场景效果

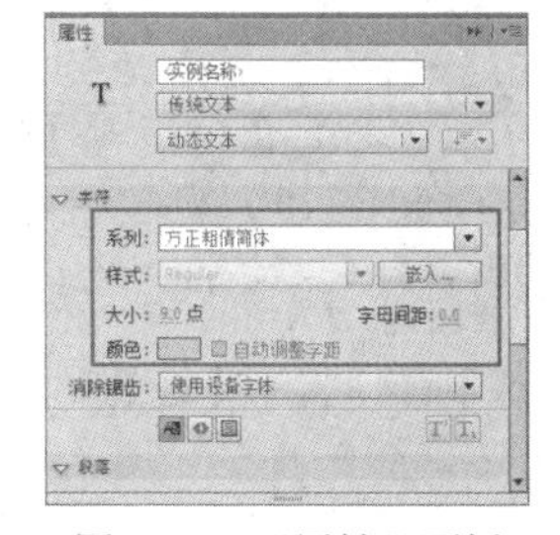

图 7-56　“属性”面板

步骤 7 在场景中输入文本，场景效果如图 7-57 所示。选中“播放按钮”元件，打开“动作”面板，输入图 7-58 所示的脚本语言。

图 7-57　输入文本

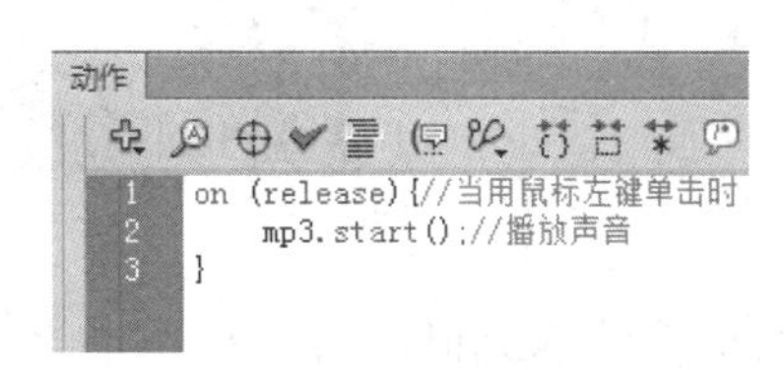

图 7-58　“播放”脚本语言

步骤 8 将“停止按钮”元件选中，在“动作”面板中输入图 7-59 所示的脚本。将“减音按钮”元件选中，在“动作”面板中输入图 7-60 所示脚本。

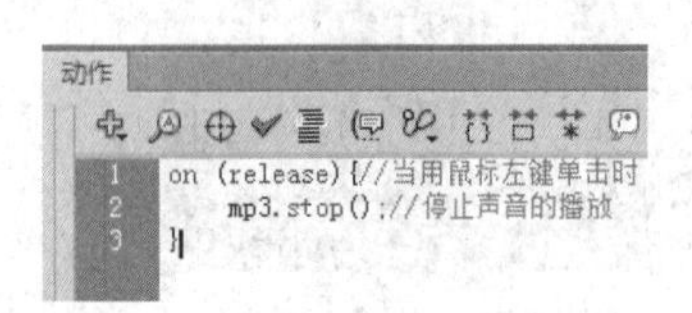

图 7-59 “停止”脚本语言

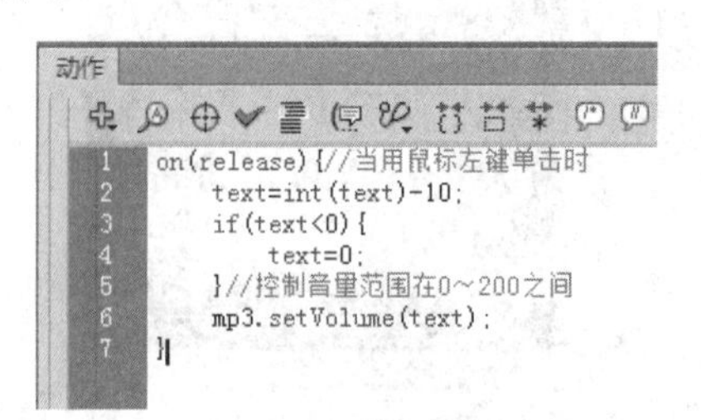

图 7-60 “减音”脚本语言

步骤 9 选中“加音按钮”元件，在“动作”面板中输入图 7-61 所示脚本。将“光盘\第 7 章\素材\bf112701.mp3”导入到库，打开“库”面板，如图 7-62 所示。

```
on(release){//当用鼠标左键单击时
    text=int(text)+10;
    if(text>200){
        text=200;
    }//控制音量范围在0～200之间
    mp3.setVolume(text);
}
```

图 7-61 “加音”脚本语言

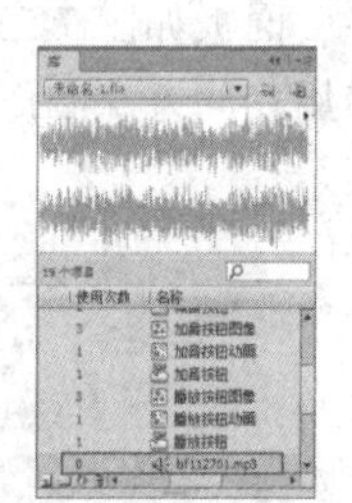

图 7-62 “库”面板

步骤 10 在 bf112701.mp3 上单击鼠标右键，选择“属性”选项，在 “声音属性”对话框中单击“高级”选项，设置“标识符”为 mp3，如图 7-63 所示。新建“图层 18”，在“动作”面板中输入图 7-64 所示的脚本。

图 7-63 “声音属性”对话框

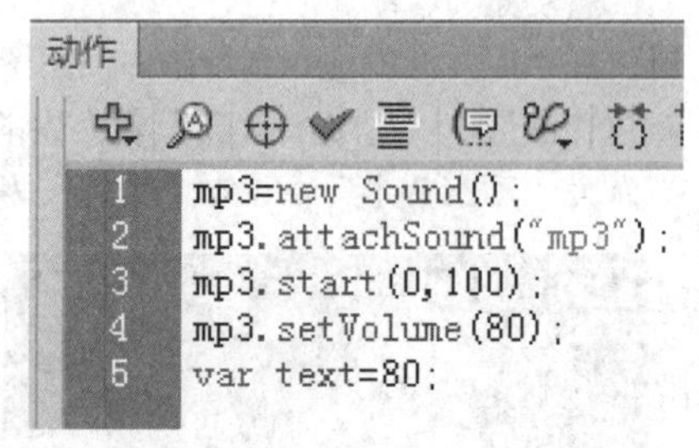

图 7-64 脚本语言

步骤 11 完成制作，将制作好的动画保存，按【Ctrl+Enter】组合键进行测试，如图 7-65 所示。

图 7-65 测试效果

提问：如何使用 Sound.getVolume();?

回答： my_sound.getVlume()是它的用法，返回音量级别，只是一个从 0～100 之间的整数，其中 0 表

示关闭，100 表示最大音量，默认设置为 100。

提问：如何使用 Sound.setVolume();?

回答：my_sound.setVolume(volume)是它的用法，Volume 是一个 0～100 的数字，表示声音级别，100 为最大音量，默认设置为 100.

实例 128 使用外部库——为儿童展示动画及添加音效

源 文 件	光盘\源文件\第 7 章\实例 128.fla
视 频	光盘\视频\第 7 章\实例 128.swf
知 识 点	影片剪辑、声音
学习时间	18 分钟

1. 新建文档，将背景图像素材导入到场景中，并将其转换成“影片剪辑”元件，再进行动画的制作。
2. 新建元件，将人物导入到场景中，完成人物动画的制作。

1. 导入素材

2. 图像效果

3. 新建图层，打开外部库，将相应的元件拖入到场景中，并设置其声音。
4. 完成动画的制作，测试动画效果。

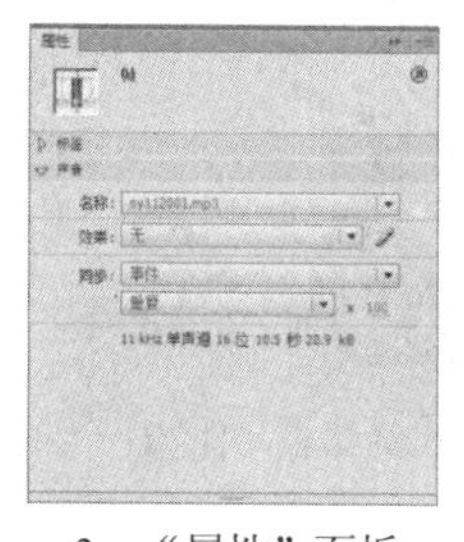

3. “属性”面板

4. 测试效果

实例总结

本案例使用脚本语言控制播放动画中的音量大小。通过学习读者需要掌握使用脚本控制音频音量的方法。掌握音频文件创建构造函数方法，理解脚本中各个函数的意义。

实例 129 调用外部声音——制作 MP3 播放器

在制作 Flash 动画时，有时需要制作音乐播放器，并为其添加脚本语言，通过这些功能的实现，即可使用 Flash 制作类似于播放器的高级动画效果。

实例分析

本案例主要讲解利用 Flash 的脚本功能，制作出 MP3 播放器的效果，实例主要通过调用外部文件的形式制作出 MP3 播放器，测试动画效果，如图 7-66 所示。

源文件	光盘\源文件\第 7 章\实例 129.fla
视频	光盘\视频\第 7 章\实例 129.swf
知识点	文字工具、脚本语言
学习时间	40 分钟

知识点链接——为什么要设置文本框的变量?

设置文本框的“变量”，目的是为了利用脚本语言调用文本框中的内容，这样可以使文本框中的内容实现很多种特殊效果。

图 7-66　最终效果

操作步骤

步骤 1 执行“文件>新建”命令，新建一个大小为 400 像素×280 像素，其他为默认的空白文档，如图 7-67 所示。新建一个“名称”为“播放”的“按钮”元件，如图 7-68 所示。

图 7-67　新建空白文档

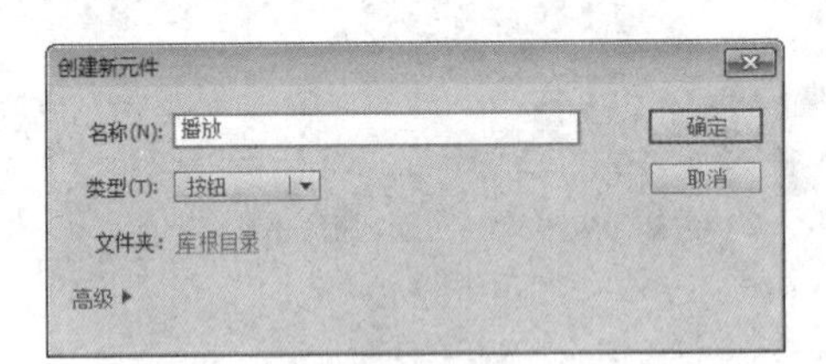

图 7-68　创建新元件

步骤 2 将图像“光盘\第 7 章\素材\712901.png”导入到场景中，如图 7-69 所示。将其转换成“名称”为“播放图像”的“按钮”元件，分别在“指针经过”和“按下”帧插入关键帧，将元件等比例缩小，如图 7-70 所示。

图 7-69　导入图像

图 7-70　等比例缩小元件

步骤 3 选择“指针经过”帧上的元件，设置“属性”面板上的各项参数，如图 7-71 所示，元件效果如图 7-72 所示。在“点击”帧插入空白关键帧，使用“椭圆工具”在场景中绘制圆形，如图 7-73 所示。

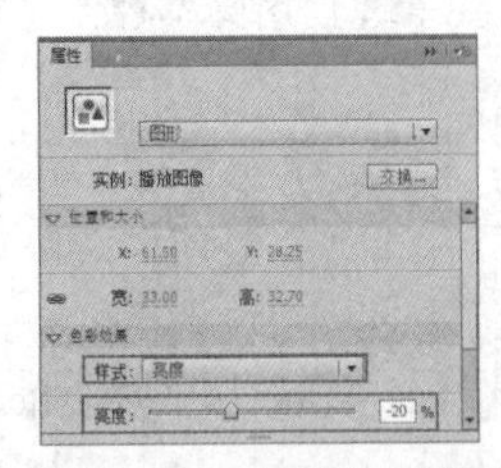

图 7-71　“属性”面板

图 7-72　调整效果

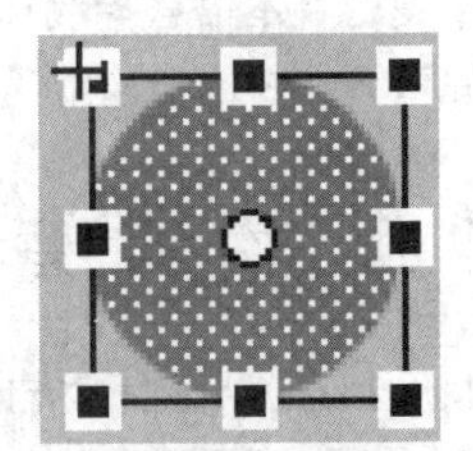
图 7-73　绘制圆形

步骤 4 根据“播放”元件的制作方法，制作出“暂停”元件、“上一曲”元件、“关闭”元件、“播放声音”元件和“静音”元件，元件效果如图 7-74 所示。

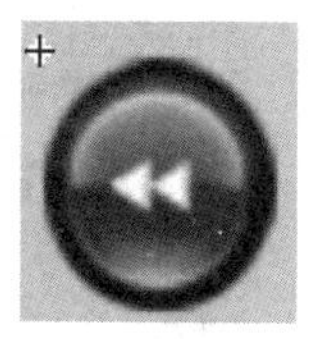
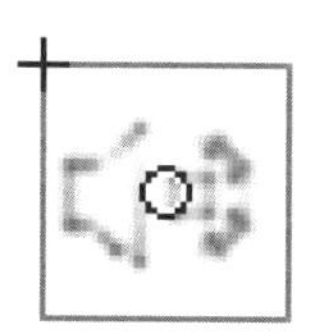
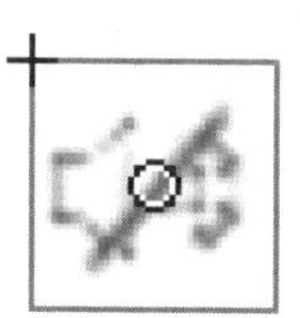

图 7-74　元件效果

步骤 5 新建“名称”为“静音按钮”的“影片剪辑”元件，将“播放声音”元件从“库”面板拖入到场景中，如图 7-75 所示。在第 2 帧位置插入空白关键帧，将“静音”元件从“库”面板拖入到场景中，如图 7-76 所示。

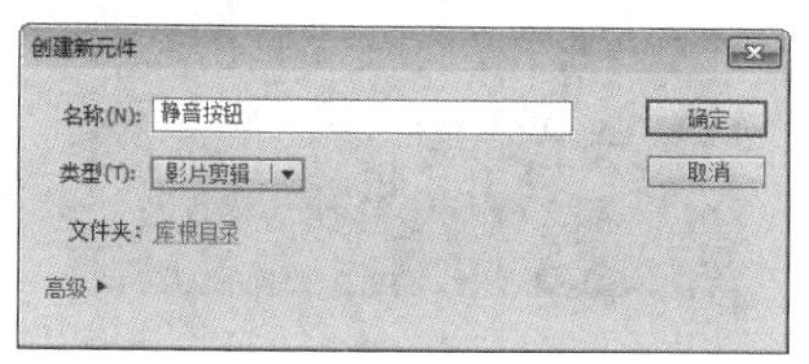

图 7-75　创建新元件

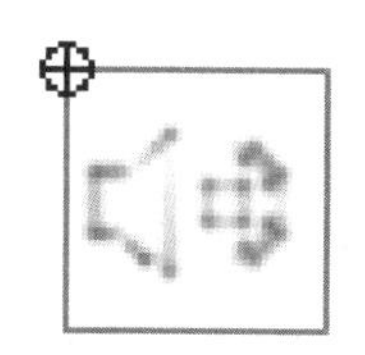
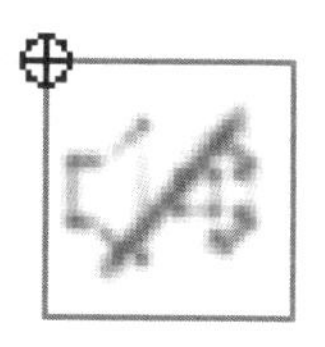

图 7-76　场景效果

步骤 6 新建“图层 2”，分别在第 2 帧和第 3 帧插入关键帧，依次在第 1 帧、第 2 帧和第 3 帧，分别输入脚本，如图 7-77 所示。

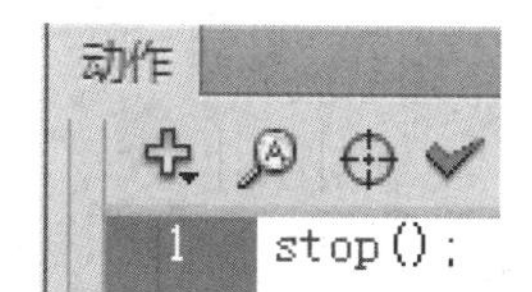

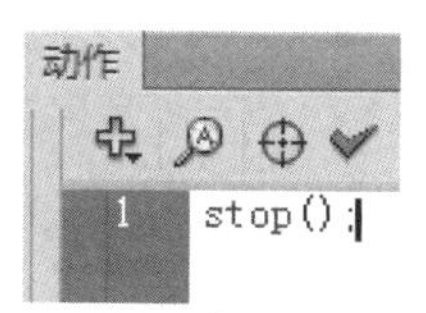

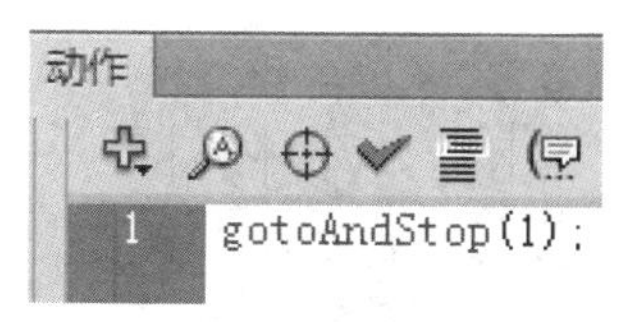

图 7-77　“动作”面板

> **▶ 提示**
>
> 在本步骤中的第 1 帧和第 2 帧中输入脚本语言的意思是，当播放到该帧时停止；第 3 帧的脚本语言的意思是，播放后跳转到第 1 帧。

步骤 7 新建“名称”为“控制钮”的“影片剪辑”元件，将图像“111908.png”导入到场景中，如图 7-78 所示。新建“名称”为“声音条”的“影片剪辑”元件，使用“矩形工具”，在场景中绘制矩形，如图 7-79 所示。

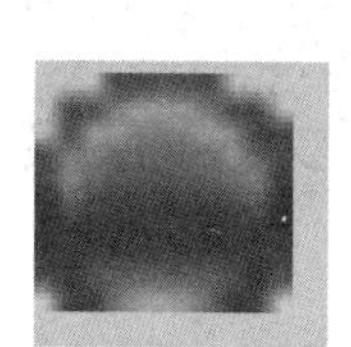

图 7-78　导入图像

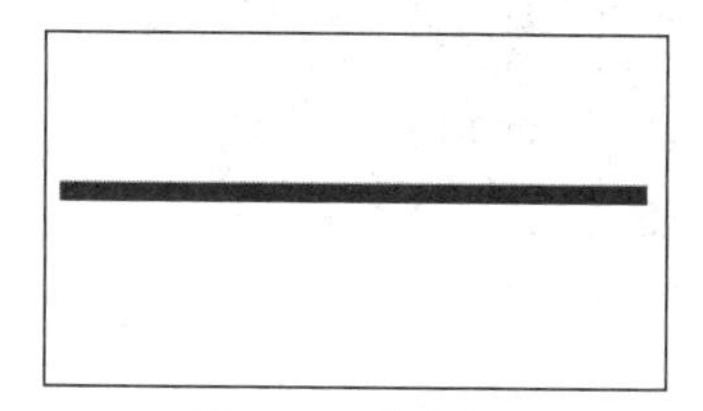

图 7-79　绘制矩形

步骤 8 新建“图层 2”，将“控制钮”元件从“库”面板拖入到场景中，并调整元件中心点的位置，如图 7-80 所示。在“属性”面板中设置“控制钮”元件的“实例名称”为 huakuai，并在“动作”面板中输入图 7-81 所示的代码。

步骤 9 根据“声音条”元件的制作方法，制作出“播放条”元件，如图 7-82 所示。返回“场景 1”编辑状态，将图像“光盘\第 7 章\素材\112901.png”导入到舞台，如图 7-83 所示。

图 7-80 拖入元件

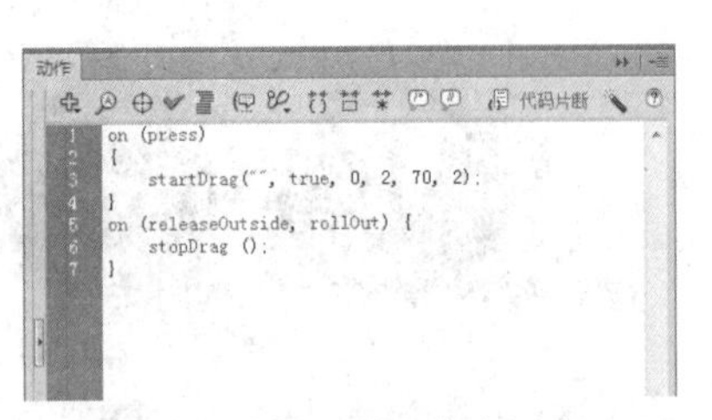

图 7-81 输入脚本语言

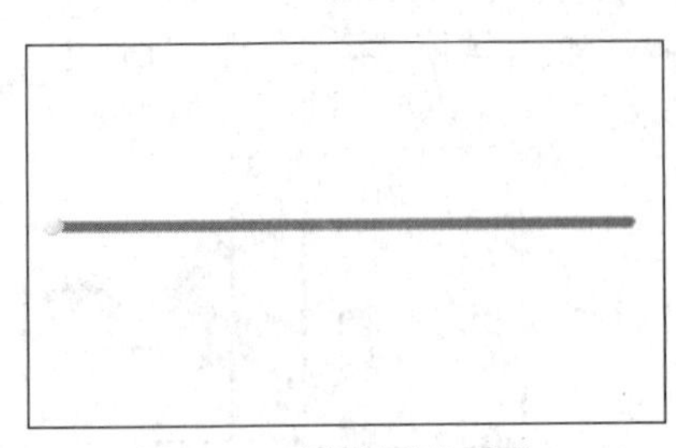

图 7-82 “播放条”元件

图 7-83 导入素材

步骤 10 新建“图层 2”，使用“文本工具”在场景中绘制文本框，如图 7-84 所示。选择文本框，在“属性”面板上设置文本框的相关属性，如图 7-85 所示。

图 7-84 绘制文本框

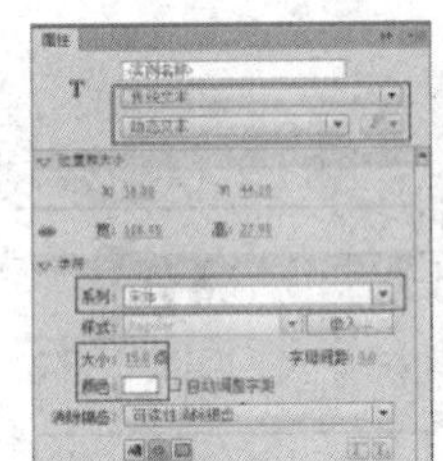

图 7-85 “属性”面板

步骤 11 使用相同的方法，在场景中绘制多个文本框，并进行相应的属性设置，如图 7-86 所示。新建“图层 3”，将“播放条”元件从“库”面板拖入到场景中，并设置其“实例名称”为 jindutiao，如图 7-87 所示。

图 7-86 图像效果

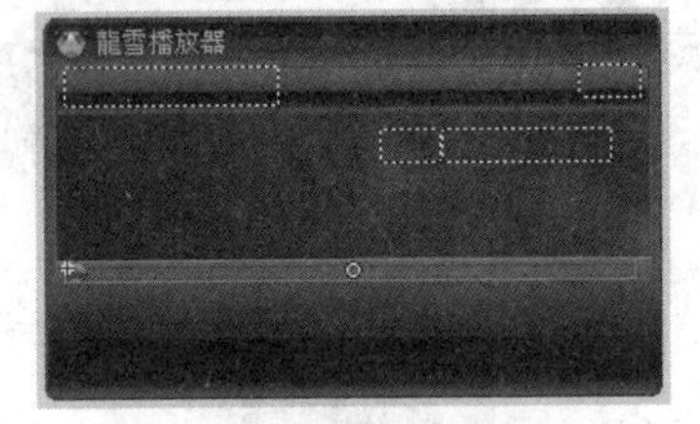

图 7-87 拖入元件

步骤 12 新建“图层 4”，将“声音条”元件从“库”面板拖入到场景中，并进行相应设置，如图 7-88 所示。新建“图层 5”，将“静音按钮”元件从“库”面板拖入到场景中，如图 7-89 所示。

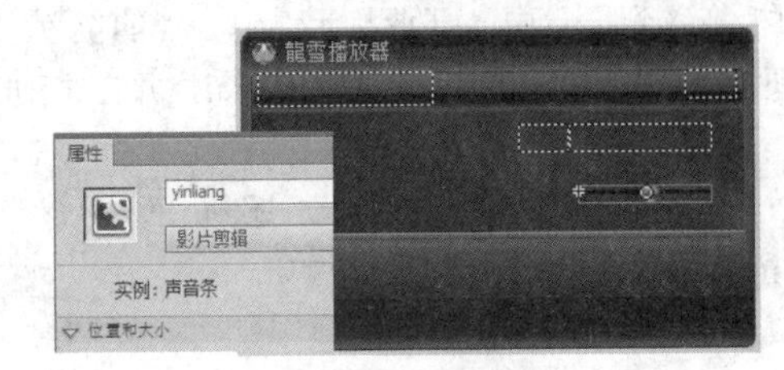

图 7-88 设置元件

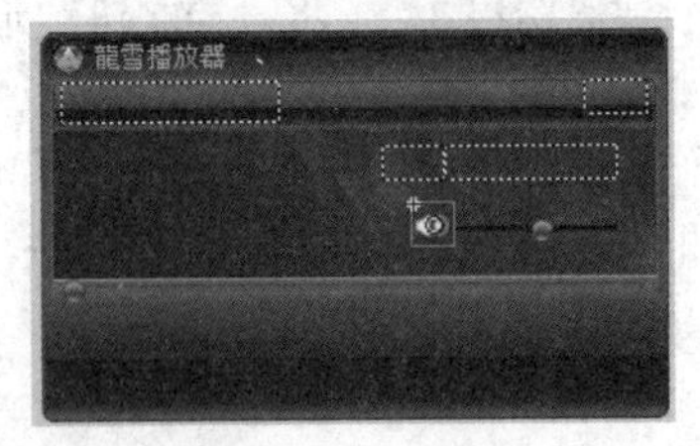

图 7-89 拖入元件

步骤 13 选中“静音按钮”元件，设置其“实例名称”为 jingyin，并在“动作”面板中输入图 7-90 所示脚本代码。新建“图层 6”，将“暂停”元件从“库”面板拖入到场景中，如图 7-91 所示。

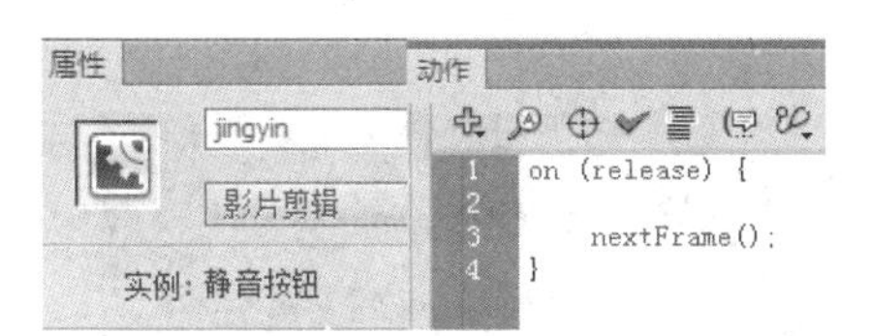

图 7-90　输入脚本语言

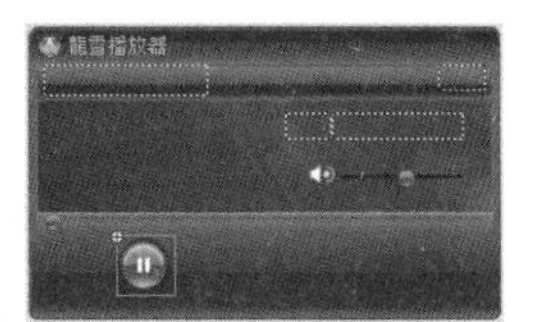

图 7-91　拖入元件

步骤 14 选中“暂停”元件，在按钮“动作”面板中输入相应的脚本代码，如图 7-92 所示。根据“图层 6”的制作方法，制作出“图层 7”～“图层 10”，如图 7-93 所示。

```
on (release)
{
    mysound.stop();
    tt = mysound.position / 1000;
}
```

图 7-92　输入脚本语言

图 7-93　图像效果

步骤 15 新建“图层 11”，在第 1 帧位置输入脚本语言，如图 7-94 所示。将制作好的播放器保存，按【Ctrl+Enter】组合键进行测试，如图 7-95 所示。

图 7-94 输入脚本语言

图 7-95　测试动画效果

提问：使用 Flash 中的行为功能控制声音时需要注意什么？

回答：需要注意的是，ActionScript3.0 不支持此功能，如果使用此功能，需在“属性”面板中单击“编辑”按钮，在弹出的“发布设置”对话框中将其转换为 ActionScript2.0。

提问：如何使用脚本语言控制音乐的播放和停止？

回答：设置“同步”为“数据流”，这样可以利用脚本语言控制音乐的播放和停止，如果设置“同步”为“事件”，则实例中输入的脚本语言将无法控制。

实例 130　脚本语言——制作播放器

源 文 件	光盘\源文件\第 7 章\实例 130.fla
视　　频	光盘\视频\第 7 章\实例 130.swf
知 识 点	脚本语言
学习时间	30 分钟

1．导入相应的素材图像，制作各种按钮元件的动画效果。

2．返回主场景中，将制作好的按钮元件拖入到场景中并分别设置相应的实例名称，添加相应的脚本语言。

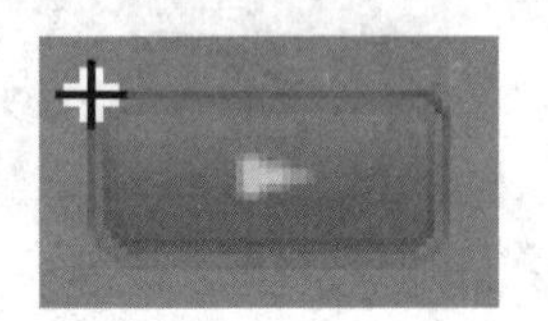

1．制作按钮元件

2．图像效果

3．绘制动态文本框，设置相应的按钮元件，拖入到场景中并分别设置相应的脚本代码。

4．完成 MP3 播放器的制作，测试动画效果。

3．绘制动态文本框

4．测试效果

实例总结

本案例通过制作 MP3 播放器，向用户讲解如何为动态文本设置变量，以及如何利用脚本语言调用外部声音文件。

实例 131　导入视频——在 Flash 中插入视频

在 Flash CS6 中，有时动画中需要导入视频，导入视频的主要目的是增加页面的视觉效果，Flash 中导入的视频格式也是有要求的，例如，可以导入 QuickTime 和 Windows 播放器支持的标准媒体文件。

实例分析

本实例通过外部素材制作出场景，再将视频导入到 Flash 文件中，最后对导入的视频制作遮罩层，完成动画的制作，最终效果如图 7-96 所示。

图 7-96　最终效果

源 文 件	光盘\源文件\第 7 章\实例 131.fla
视　　频	光盘\视频\第 7 章\实例 131.swf
知 识 点	文字工具、脚本语言
学习时间	50 分钟

知识点链接——在导入视频时，只能在“外观”下拉列表框中选择预设的视频外观吗？

也可以在“外观”下拉列表框中选择“自定义外观 URL”选项，然后在 URL 文本框中输入 Web 服务器上的外观地址。

操作步骤

步骤 1　新建一个“类型”为 ActionScript3.0 脚本，大小为 550 像素×345 像素，“帧频”为 12fps，“背景颜色”为白色的 Flash 文档，如图 7-97 所示。将图像“光盘\第 7 章\素材\713101.jpg”导入到舞台，如图 7-98 所示。

图 7-97　新建一个空白文档

图 7-98　导入素材 1

步骤 2 新建“图层 2”，使用相同方法，将图像“光盘\第 7 章\素材\713102.png”导入场景中，如图 7-99 所示，并调整素材图像到合适的位置。

步骤 3 新建“图层 3”，选择“文件>导入>导入视频”命令，弹出“导入视频”对话框，单击“浏览”按钮，选择需要导入的视频文件“光盘\第 7 章\素材\ 713101.flv”，如图 7-100 所示。

图 7-99　导入素材 2

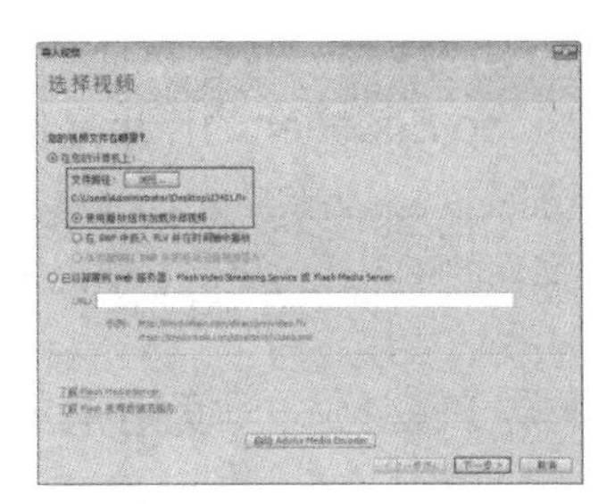

图 7-100　导入视频

步骤 4 单击“下一步”按钮，切换到“外观”界面，在“外观”下拉列表框中选择一种视频播放外观，如图 7-101 所示。单击“下一步”按钮，切换到“完成视频导入”界面，显示所导入视频的相关内容，如图 7-102 所示。

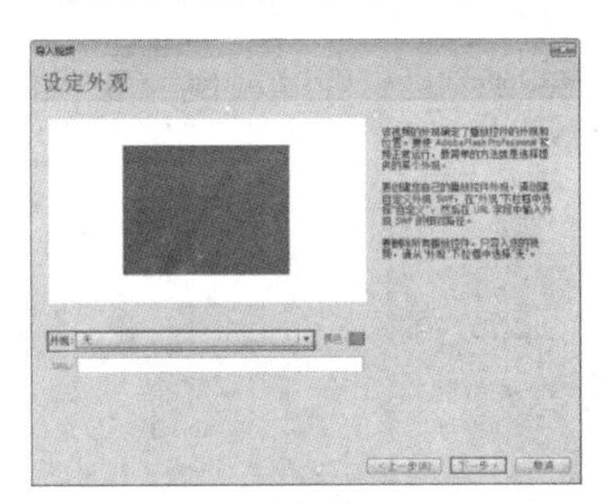

图 7-101　选择外观

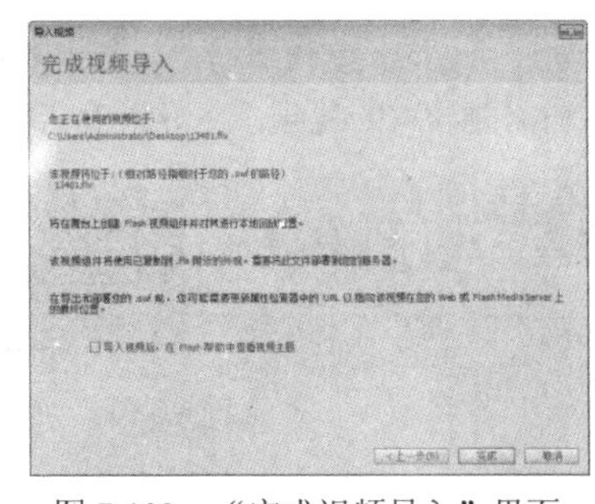

图 7-102　“完成视频导入”界面

步骤 5 单击“完成”按钮，完成对话框的设置，将视频导入到场景中，使用“任意变形工具”调整视频的大小并移动到相应位置，如图 7-103 所示。将“图层 3”隐藏，新建“图层 4”，使用“矩形工具”在舞台中绘制图 7-104 所示的矩形。

图 7-103　导入视频

图 7-104　绘制矩形

步骤 6 将“图层 4”设置为遮罩层，显示“图层 3”，如图 7-105 所示。完成制作并将其保存，按【Ctrl+Enter】组合键进行测试，效果如图 7-106 所示。

图 7-105 制作遮罩层

图 7-106 测试效果

提问：导入视频的格式要求有哪些？

回答：如果将视频导入到 Flash 中，视频格式必须是 FLV 或 F4V，如果视频格式不是 FLV 或 F4V，那么可以使用 Adobe Flash Video Encoder 将其转换为需要的格式。

提问：Video Encoder 的作用是什么？

回答：Adobe Flash Video Encoder 是独立的编码应用程序，可以支持几乎所有常见的格式，这样就使 Flash 对视频文件的引用变得更加方便快捷。

实例 132 导入视频——使用播放组件加载外部视频

源文件	光盘\源文件\第 7 章\实例 132.fla
视频	光盘\视频\第 7 章\实例 132.swf
知识点	播放组件
学习时间	3 分钟

1．新建一个 Flash 空白文档，执行“文件>导入>导入视频”命令。

2．添加需要导入的视频，在导入对话框中选中“使用播放组件加载外部视频”选项。

1．新建空白文档

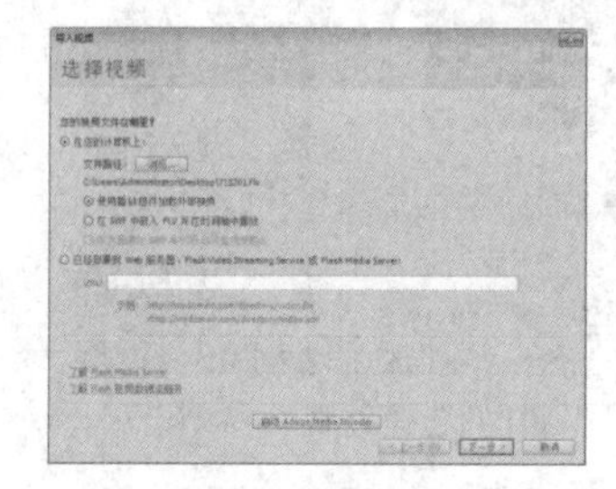

2．“导入视频”对话框

3．单击“下一步”按钮，弹出设定外观界面，在外观下拉列表中选择合适的外观。

4．单击“下一步”按钮，再单击“完成”按钮，即可看到添加了组件的视频。

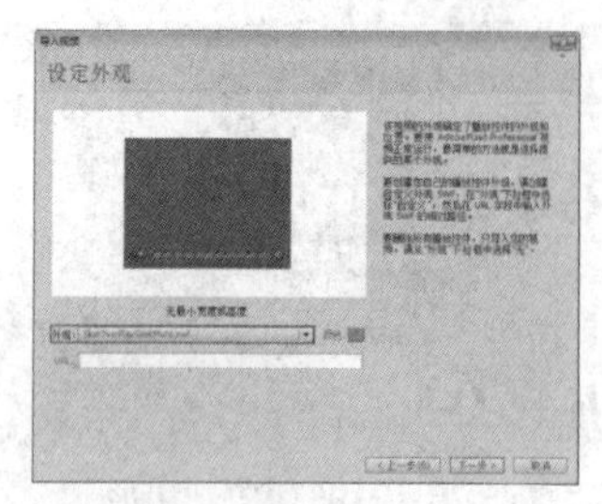

3． 选择外观

4．导入效果

实例总结

本实例主要讲解了 Flash 中导入视频的方法。通过控制导入的视频可以更好地实现视频动画的播放，通过本案例的学习，用户可以熟练掌握导入视频的方法，以及处理视频的基本方法和技巧。

实例 133　嵌入视频——在 Flash 中嵌入视频

Flash 允许将视频文件嵌入到 SWF 文件中播放，使用这种方法导入视频时，该视频将被直接放置在时间轴上，与导入的其他文件一样，嵌入的视频成为了 Flash 文档的一部分，便于更好地控制和播放视频。

图 7-107　最终效果

实例分析

本实例首先将视频导入到动画中，并配合遮罩动画综合使用视频与图形元件，再通过设置的声音属性，控制声音与视频的同步，最终效果如图 7-107 所示。

源 文 件	光盘\源文件\第 7 章\实例 133.fla
视　　频	光盘\视频\第 7 章\实例 133.swf
知 识 点	文字工具、脚本语言
学习时间	10 分钟

知识点链接——Flash 支持哪些视频格式的导入？

如果系统中安装了用于 Quick Time 或者 Windows 的 DirectX，则可以导入多种视频格式，如 MOV、AVI 和 MPG/MPEG 等格式。但是无论是什么格式，导入 Flash CS6 中都会被转换成为 FLV 格式的视频。

操作步骤

步骤 1 新建一个大小为 390 像素×475 像素，“帧频”为 24fps，其他为默认的 Flash 文档，如图 7-108 所示。将图像“光盘\第 7 章\素材\713301.png”导入到舞台中，如图 7-109 所示。

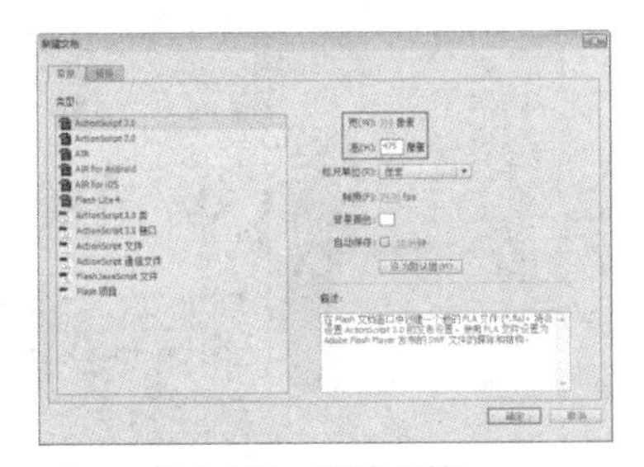

图 7-108　新建文档

图 7-109　导入素材

步骤 2 新建一个“名称”为“电视”的“图形”元件，如图 7-110 所示。将图像“光盘\第 7 章\素材\713302.png”导入到舞台，如图 7-111 所示。

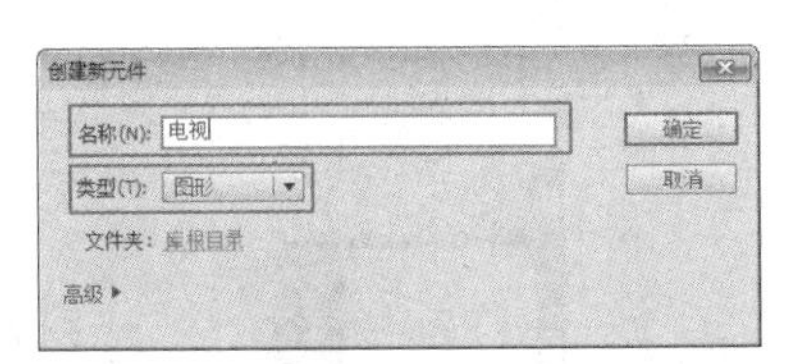

图 7-110　创建新元件

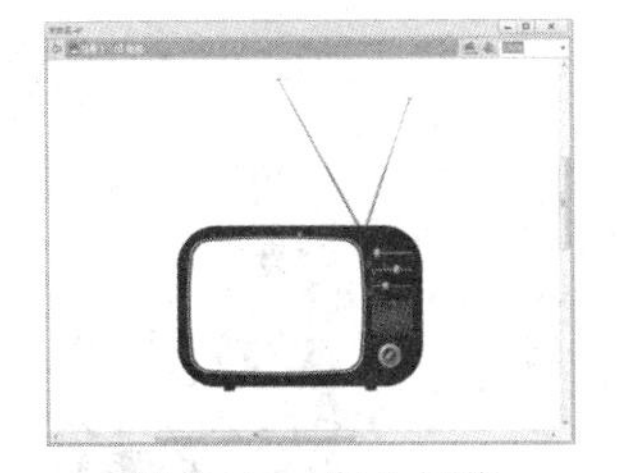

图 7-111　导入图像

步骤 3 返回“场景 1”编辑状态，新建“图层 2”，将“电视”元件从“库”面板拖入到场景中，如

图 7-112 所示。在第 30 帧位置按【F6】键插入关键帧，并将元件水平向右移动，如图 7-113 所示。在第 1 帧的位置创建“传统补间”。

图 7-112　拖入元件

图 7-113　移动元件

步骤 4 新建“图层 3”，在第 60 帧位置按【F6】键插入关键帧，执行“文件>导入>导入视频”命令，在弹出的“导入视频”对话框中选择“光盘\第 7 章\素材\713301.flv”。

步骤 5 在“导入视频”对话框中选择“在 SWF 中嵌入 FLV 并在时间轴面板中播放”选项，如图 7-114 所示。单击“下一步”按钮，如图 7-115 所示。

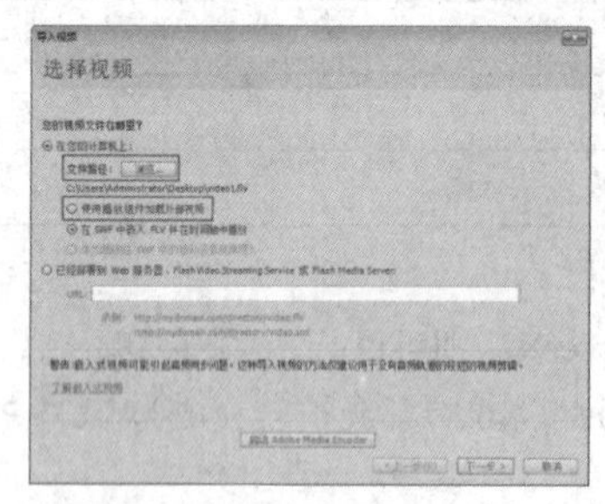

图 7-114　“导入视频”对话框 1

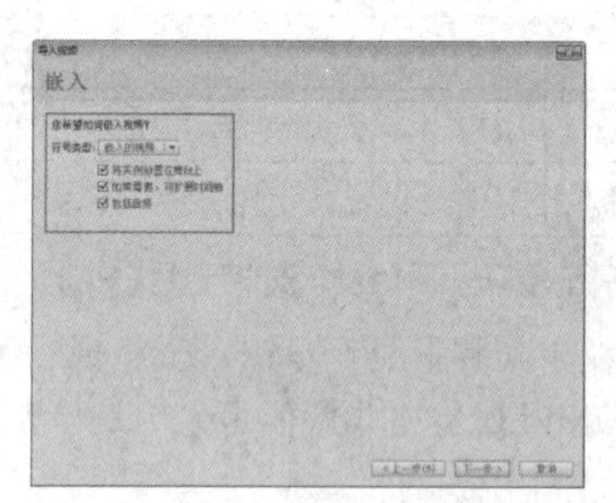

图 7-115　“导入视频”对话框 2

步骤 6 单击“下一步”按钮，可以看到导入视频的信息，如图 7-116 所示。单击“完成”按钮，在场景中插入视频，按住【Shift】键，使用“任意变形工具”调整视频大小，如图 7-117 所示。

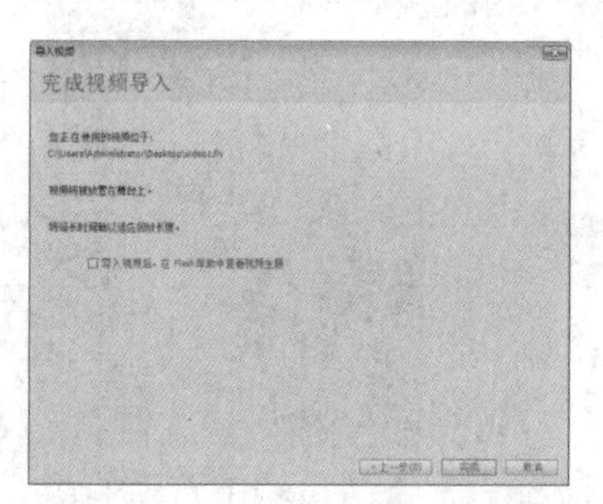

图 7-116 “导入视频”对话框 3

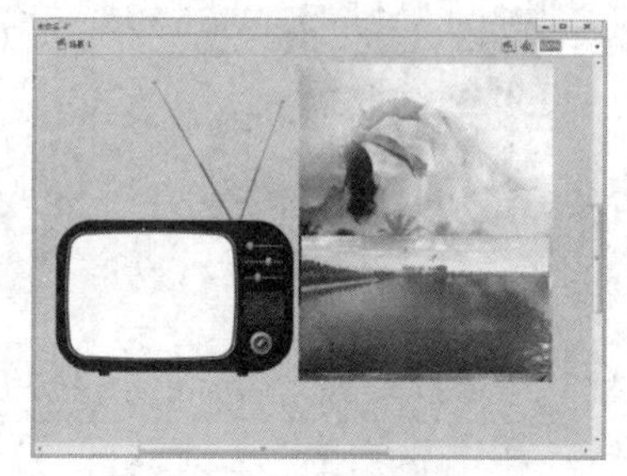
图 7-117　导入效果

步骤 7 将“图层 3”隐藏。新建“图层 4”，在第 30 帧位置插入关键帧，设置“笔触颜色”为无，使用“矩形工具”，在场景中绘制一个矩形，并使用“部分选择工具”调整矩形形状，如图 7-118 所示。设置“图层 4”为遮罩层，如图 7-119 所示。

图 7-118　绘制矩形

图 7-119　设置遮罩层

步骤 8 在“图层 1”和“图层 2”的第 5452 帧位置插入帧，“时间轴”面板如图 7-120 所示。完成制作并将其保存，按【Ctrl+Enter】组合键进行测试，效果如图 7-121 所示。

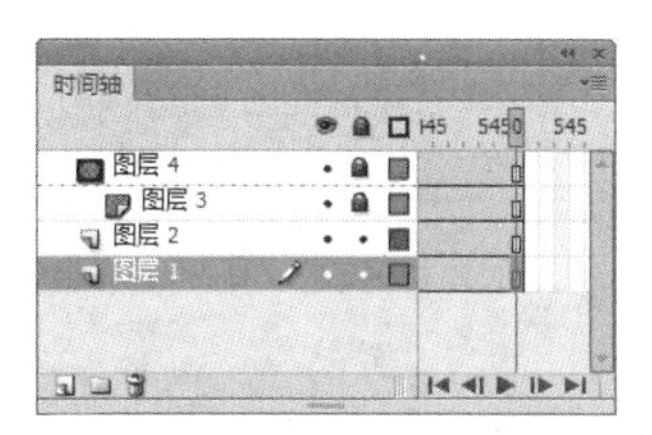

图 7-120　“时间轴”面板

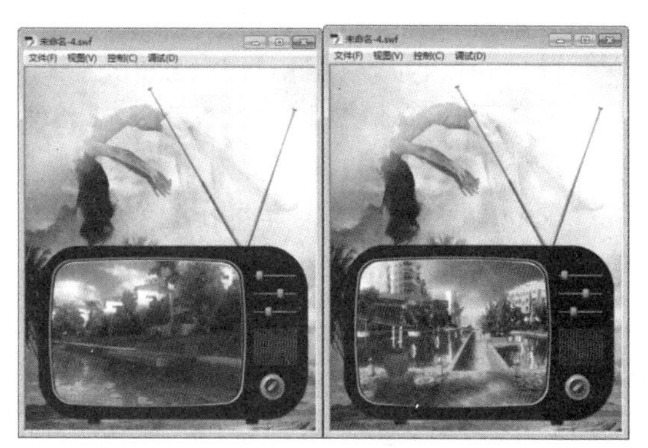

图 7-121　测试效果

提问：嵌入视频与链接视频的区别是什么？

回答：用嵌入视频的方法导入的视频将成为动画的一部分，就像导入位图一样，最后发布 Flash 动画；而以链接方式导入的视频文件则不能成为 Flash 的一部分，而是保存在一个指向的视频链接中。

提问：链接视频对文件有什么要求吗？

回答：以链接方式导入到文档中的视频，其文件扩展名必须是 flv，在使用 Flash 视频教程流服务时，扩展名必须是 XML。

实例 134　导入视频——制作逐帧动画效果

源 文 件	光盘\源文件\第 7 章\实例 134.fla
视　　频	光盘\视频\第 7 章\实例 134.swf
知 识 点	遮罩与导入视频与隐藏
学习时间	12 分钟

1. 新建一个空白的 Flash 文档，将视频导入到舞台，并调整到合适位置与大小。
2. 新建“图层 2”，使用“矩形工具”绘制矩形，设置该图层为遮罩层。
3. 新建“图层 3”，将图像导入到舞台，调整该图像的不透明度，并为其创建传统补间。
4. 完成制作后将其保存，并进行测试。

1. 导入视频

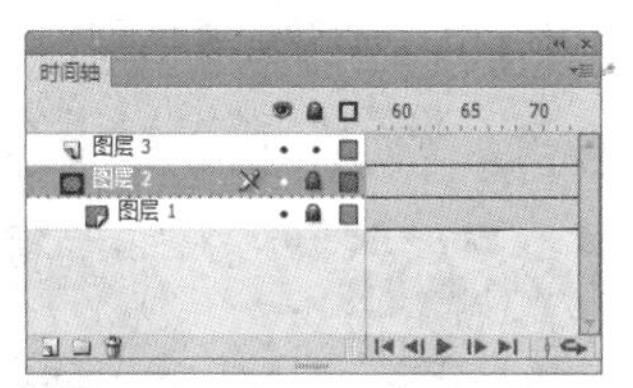

2. “时间轴”面板

3. 设置不透明度

4. 测试效果

实例总结

本实例主要完成将外部的视频文件导入并播放的效果，通过学习用户可以掌握 Flash 动画中，掌握 Flv 格式的生成过程，并能熟练将视频应用于动画中，与其他动画类型综合使用。

实例 135　调用外部视频——制作视频播放器

图 7-122　最终效果

使用 ActionScript 可连接、播放或控制 FLV 文件，如果要播放外部 FLV 或 F4V 文件，需要向 Flash 文档添加 FLVPlayback 组件或 ActionScript 代码。

实例分析

本案例首先制作控制视频的按钮元件，然后将视频导入到场景中，再使用脚本语言对视频进行控制，最终效果如图 7-122 所示。

源 文 件	光盘\源文件\第 7 章\实例 135.fla
视　　频	光盘\视频\第 7 章\实例 135.swf
知 识 点	文字工具、脚本语言
学习时间	50 分钟

知识点链接——视频的帧频一般是多少？

生活中常见的视频文件帧频一般是 24 帧/秒或 25 帧/秒。互联网中的视频的帧频就更多样性了。但为了保证 Flash 动画播放的准确性，最好将帧频设置为 24 帧/秒。

操作步骤

步骤 1 新建一个“类型”为“ActionScript 2.0”，大小为 310 像素×186 像素，“背景颜色”为白色，“帧频”为 12fps，其他为默认的空白文档，如图 7-123 所示。新建一个“名称”为“播放按钮”的“按钮”元件，如图 7-124 所示。

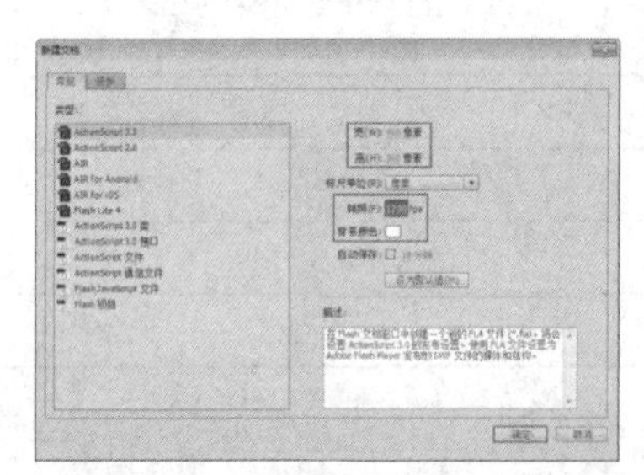
图 7-123　“新建文档”对话框

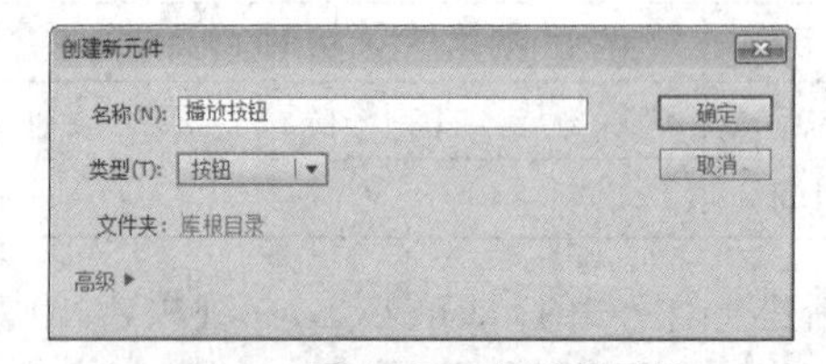

图 7-124　创建新元件

步骤 2 将图像“光盘\第 7 章\素材\713501.png”导入到舞台，如图 7-125 所示。将图像转换成名称为“播放”的“图形”元件，分别在“指针经过”、“按下”和“点击”帧插入关键帧，选择“指针经过”帧上的元件，设置“属性”面板上的“亮度”为 20%，如图 7-126 所示。

步骤 3 选择“按下”帧上的元件，使用“任意变形工具”调整元件的图像，如图 7-127 所示。根据“播放”按钮的制作方法，制作出“暂停按钮”和“停止按钮”元件，如图 7-128 所示。

图 7-125　导入素材

图 7-126　调整亮度

图 7-127　调整大小

图 7-128　元件效果

步骤 4 返回“场景 1”的编辑状态，将图像“光盘\第 7 章\素材\713504.png”导入到舞台中，如图 7-129 所示。新建“图层 2”，将视频“光盘\第 7 章\素材\713501. flv”导入到舞台中，如图 7-130 所示。

图 7-129　导入图像

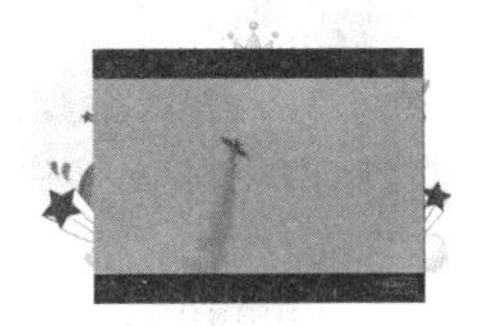

图 7-130　导入视频

> ▶ **提示**
>
> 在“导入视频”对话框中选择嵌入的方式将会增加 SWF 文件的大小。

步骤 5 使用“任意变形工具”调整视频的大小，并移动到相应的位置，如图 7-131 所示。选择“图层 1”，在第 737 帧插入帧。新建“图层 3”，使用“矩形工具”在场景中绘制矩形，并使用“任意变形工具”对图形进行调整，如图 7-132 所示。

步骤 6 设置“图层 3”为遮罩层。新建“图层 4”，将“播放”元件从“库”面板拖入到场景中，如图 7-133 所示。在“动作”面板中输入图 7-134 所示的脚本语言。

图 7-131　调整视频

图 7-132　绘制矩形

图 7-133　视频播放

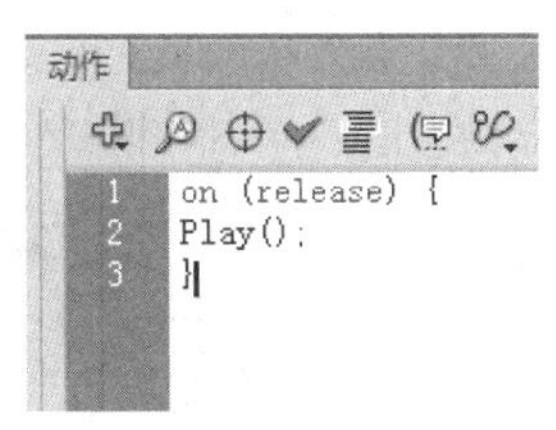

图 7-134　输入代码

步骤 7 新建“图层 5”，将“停止”元件从“库”面板拖入到场景中，如图 7-135 所示。在“动作”面板中输入图 7-136 所示的脚本语言。

步骤 8 新建“图层 6”，将“暂停”元件从“库”面板拖入到场景中，如图 7-137 所示。在“动作”面板中输入图 7-138 所示的脚本语言。

图 7-135　拖入“停止”按钮

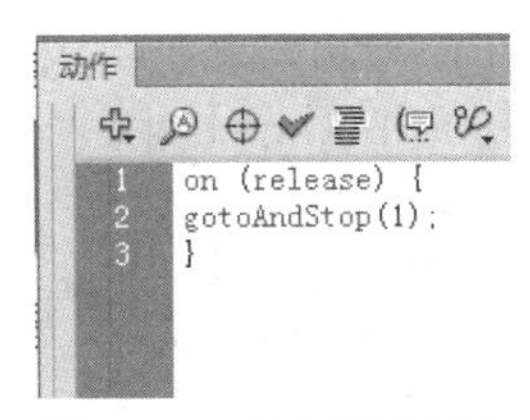

图 7-136　输入脚本语言

图 7-137　拖入“暂停”按钮

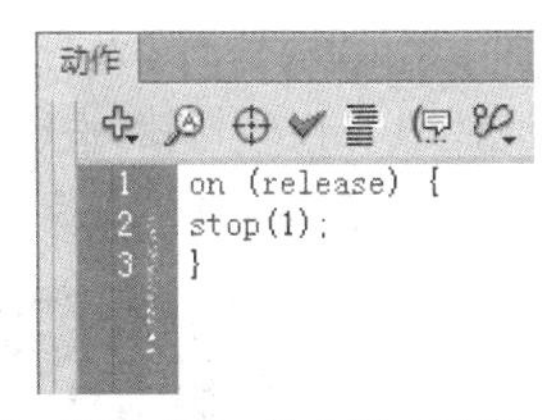

图 7-138　输入脚本语言

步骤 9 新建“图层 7”，将图像“光盘\第 7 章\素材\713505.jpg”导入到舞台中，并将其移动到最底层，如图 7-139 所示。

步骤 10 新建“图层 8”，在“帧-动作”面板中输入“stop();”脚本，完成视频播放器的制作，将其保存后，按【Ctrl+Enter】组合键测试动画效果，如图 7-139 所示。

图 7-139　测试效果

提问：嵌入视频时有哪些要求？

回答：嵌入的视频文件不宜太大，否则在下载播放过程中会占用过多系统资源。较长的视频文件通常会在视频和音频之间存在同步问题，不能达到良好的效果，而且嵌入的视频不宜太大，否则等待的时间太长。

提问：为什么有时无法导入视频与音频？

回答：如果 Flash 不支持导入的视频或音频文件，则会弹出一条警告信息，提示无法完成文件导入。还有一种情况是可以导入视频，但无法导入音频，解决办法是通过其他软件对视频或音频进行格式转换。

实例 136　转换视频格式——将 MOV 格式转换为 F4V 格式

源 文 件	光盘\源文件\第 7 章\实例 136.fla
视　　频	光盘\视频\第 7 章\实例 136.swf
知 识 点	Adobe Media Encoder
学习时间	3 分钟

1．新建默认的空白文档，执行“导入视频”命令。

2．在“导入视频”对话框中单击“启动 Adobe Media Encoder”按钮，将该软件启动。

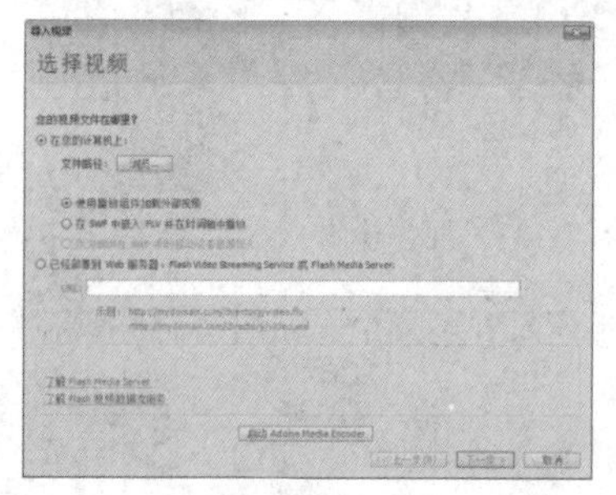

1．导入视频

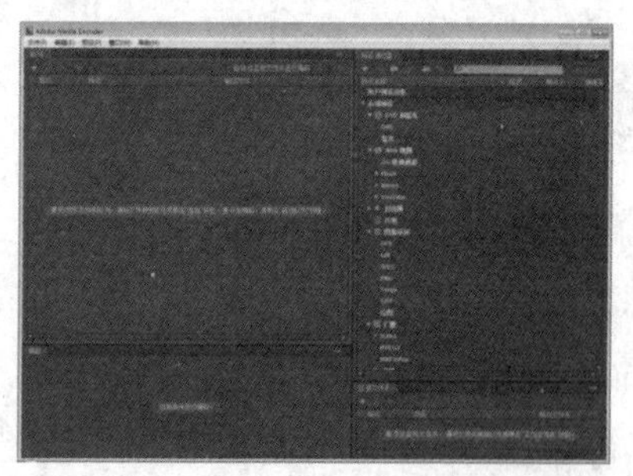

2．启动 Adobe Media Encoder

3．在该界面中执行“文件>添加源”命令，在弹出的“打开”对话框中，选择要打开的 mov 格式的文件，单击“打开”按钮，即可添加到列表中。

4．在列表中单击启动队列按钮，即可转换为 F4V 格式的文件。

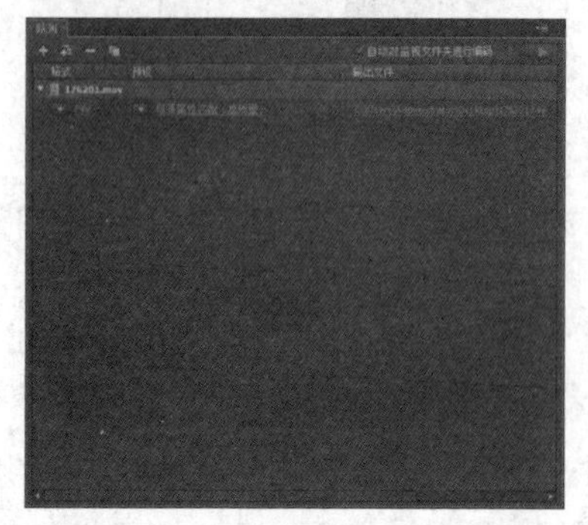

3．列表面板

4．转换后的效果

实例总结

通过本案例的学习，用户需要掌握在场景中转换视频的方法。

实例 137　导入动画——制作网页宣传动画

图 7-140　最终效果

视频的用途也有很多种，有时视频会放在网页中作为宣传动画，来增加网页的美感，很多网页中都有视频，用来吸引顾客的眼球。

实例分析

本案例首先将素材图像导入到舞台并为其添加补间动画，制作渐入效果，再将视频作为宣传动画导入到舞台，并设置遮罩层，最终效果如图 7-140 所示。

源 文 件	光盘\源文件\第 7 章\实例 137.fla
视　　频	光盘\视频\第 7 章\实例 137.swf
知 识 点	文字工具、脚本语言
学习时间	50 分钟

知识点链接——如何控制视频行为？

“行为”面板中提供多种方法控制视频的播放，例如，播放、停止、暂停、后退、快进、显示及隐藏视频剪辑。

操作步骤

步骤 1 新建一个“类型”为 ActionScript2.0，大小为 900 像素×700 像素，“背景颜色”为#999999，“帧频”为 36fps 的 Flash 文档，如图 7-141 所示。将图像“光盘\第 7 章\素材\713701.jpg”导入到舞台，如图 7-142 所示。

图 7-141　新建空白文档

图 7-142 导入素材

步骤 2 选中导入的图像，执行“修改>转换为元件”命令，将图像转换成“名称”为“背景”的“图形”元件，如图 7-143 所示。

步骤 3 新建“图层 2”，使用“矩形工具”，在舞台中绘制一个“背景颜色”为#2E7210，“笔触颜色”为无的矩形，并将其转换成“名称”为“背景遮罩图层”的“图形”元件，如图 7-144 所示。设置“图层 2”为遮罩层。

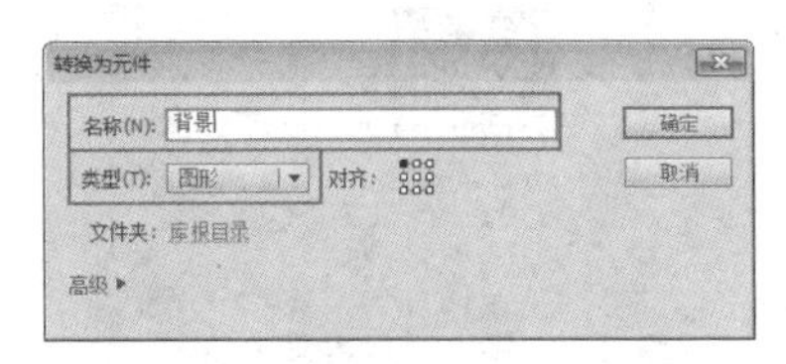

图 7-143　转换为元件

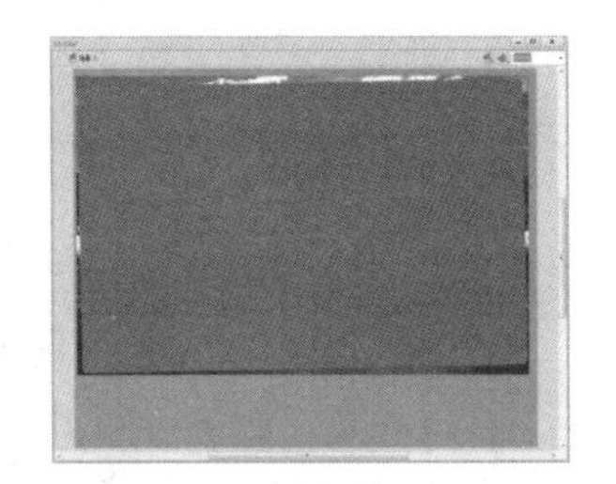
图 7-144　绘制矩形

步骤 4 使用相同方法，将图像“光盘\第 7 章\素材\713703.png、713704.png、713705.png”导入到舞台并调整到合适位置，如图 7-145 所示。

步骤 5 新建一个“名称”为“标题”的“影片剪辑”元件，选择“文本工具”，在“属性”面板中设置各项参数，在舞台中输入图 7-146 所示的文本。

图 7-145 导入图像

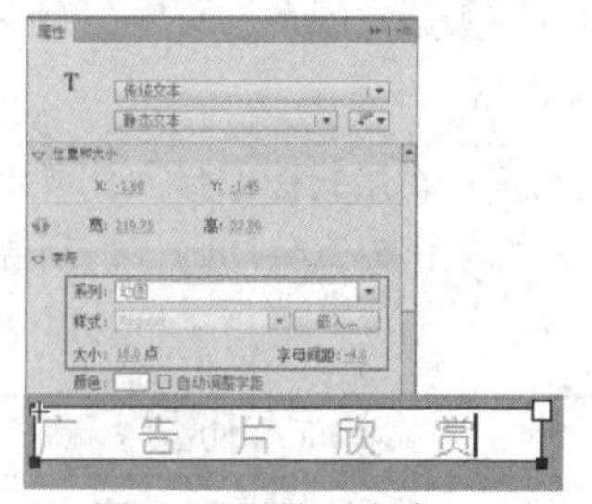

图 7-146 输入文本

步骤 6 使用“选择工具”选中输入的文本，将其转换成“名称”为“标题 1”的“图形”元件，如图 7-147 所示。使用相同方法完成其他文本的制作，效果如图 7-148 所示。

图 7-147 文本效果

图 7-148 文本效果

步骤 7 新建一个“名称”为“广告背景动画”的“影片剪辑”元件，将图像“光盘\第 7 章\素材\713702.jpg”导入到舞台，如图 7-149 所示。

步骤 8 新建“图层 2”，使用“矩形工具”在舞台中绘制一个“填充颜色”为#FFCC00，“笔触颜色”为无的矩形，并使用“任意变形工具”对其进行调整，效果如图 7-150 所示。将“图层 2”设置为遮罩层。

步骤 9 打开“库”面板，将“标题”元件从“库”面板拖入到场景中，如图 7-151 所示。返回“场景 1”，用相同方法将其他图像导入到舞台，效果如图 7-152 所示。

图 7-149 导入素材

图 7-150 调整矩形

图 7-151 图像效果

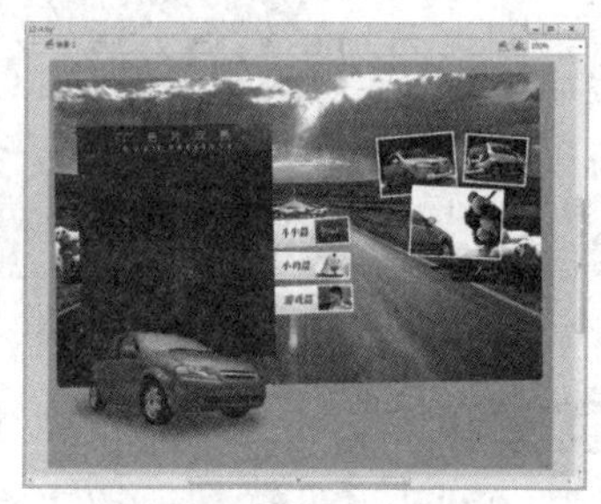

图 7-152 导入素材效果

步骤 10 执行“文件>导入>导入视频”命令，弹出“导入视频”对话框，各项设置如图 7-153 所示。单击“下一步”按钮，设置该视频的外观，如图 7-154 所示。

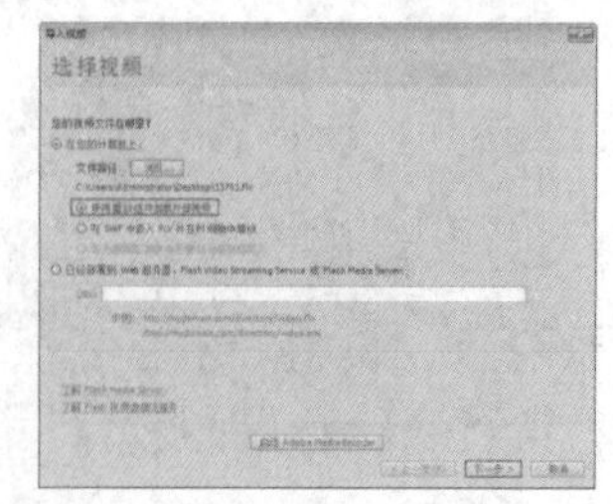

图 7-153 “导入视频”对话框 1

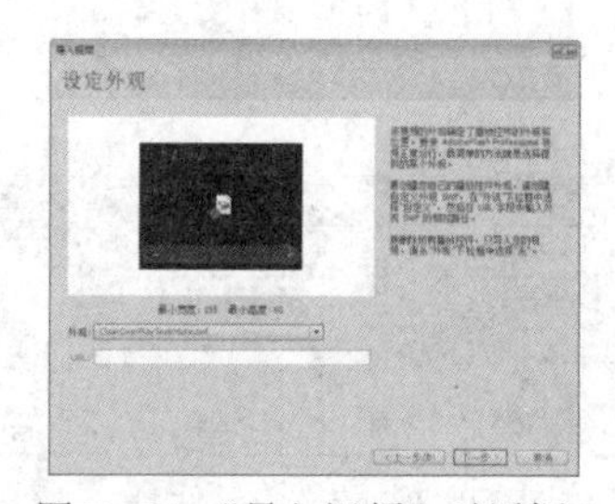

图 7-154 “导入视频”对话框 2

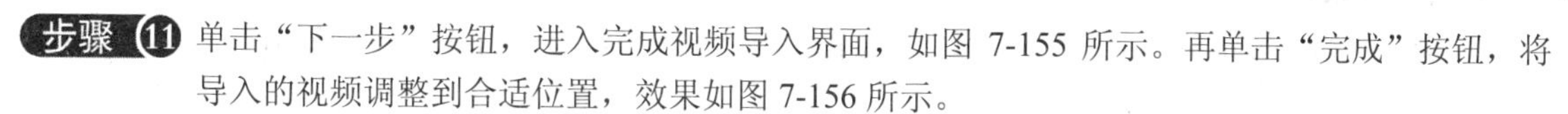

步骤 11 单击“下一步”按钮，进入完成视频导入界面，如图 7-155 所示。再单击“完成”按钮，将导入的视频调整到合适位置，效果如图 7-156 所示。

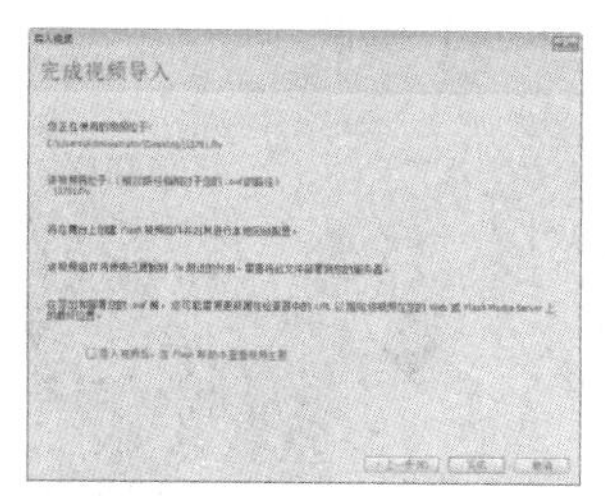

图 7-155　“导入视频”对话框 3

图 7-156　最终效果

步骤 12 新建“图层 13”，在第 200 帧的位置插入关键帧，在“动作”面板中添加“Stop();”脚本语言，将动画保存，按【Ctrl+Enter】组合键进行测试，效果如图 7-157 所示。

图 7-157　最终效果

提问：如何暂停在主时间轴上播放的视频？

回答：通过控制视频的时间轴，可以控制嵌入视频文件的播放。如果要暂停在主时间轴上播放视频，可以将该时间轴作为目标“stop();”动作。

提问：如何使用行为控制视频？

回答：若要使用行为控制视频剪辑，请使用“行为”面板将行为应用于触发对象。指定触发行为的事件，选择目标对象，并在必要时选择行为的设置。

实例 138　行为——为视频添加显示与隐藏效果

源 文 件	光盘\源文件\第 7 章\实例 138.fla
视　　频	光盘\视频\第 7 章\实例 138.swf
知 识 点	行为
学习时间	10 分钟

1．新建一个空白的 Flash 文档，将需要导入的图像导入到舞台。

2．使用按钮元件制作按钮并将其拖动到舞台中，调整到合适位置。将视频导入到舞台，并为其制作遮罩层。

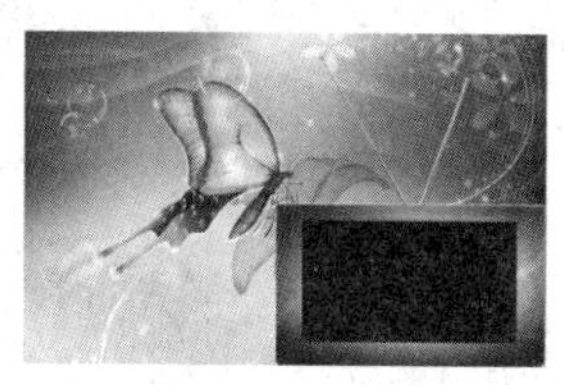

1．导入素材

2．制作按钮

3．为导入的视频定义一个名称，选中制作的按钮，在“行为”面板中为其添加显示与隐藏，并设置事件为“释放时”。

4．在其他图层的第 1353 帧插入帧，完成动画制作，对动画进行测试。

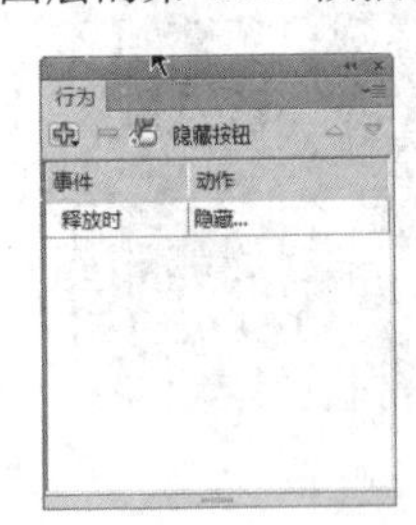

3．“行为”面板

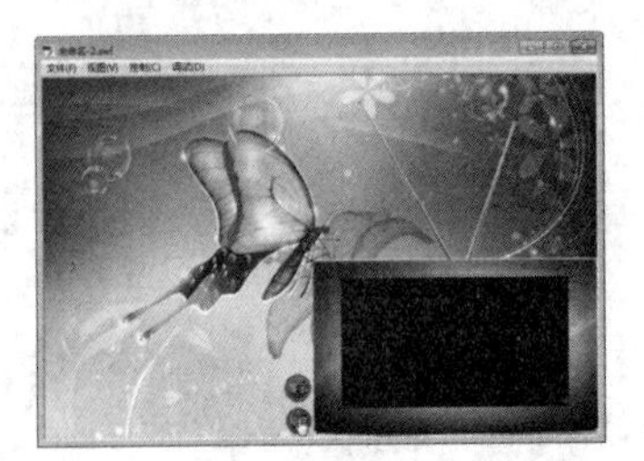
4．测试效果

实例总结

本案例主要讲解了如何将视频导入到舞台，通过本实例的学习读者要掌握利用“行为”面板控制视频的显示与隐藏。

实例 139　视频组件——控制 Flash 动画中视频的播放

视频的播放控制是使用视频的重点。Flash 提供了视频组件控制视频的播放，当然也可以通过使用脚本对视频进行控制。

实例分析

本实例首先制作控制视频的按钮元件，然后将视频导入到场景中，接下来使用脚本实现对视频的控制，最终效果如图 7-158 所示。

图 7-158　最终效果

源文件	光盘\源文件\第 7 章\实例 139.fla
视　频	光盘\视频\第 7 章\实例 139.swf
知识点	文字工具、脚本语言
学习时间	30 分钟

知识点链接——Flash 中视频有哪几种传送方式？

Flash 中的视频根据文件的大小和网络条件，可以采用 3 种方式进行视频传送，分别是渐进下载、嵌入视频和链接视频。

操作步骤

步骤 1 新建一个大小为 400 像素×300 像素，“帧频”为 24fps，其他为默认的 Flash 文档，如图 7-159 所示。将图像“光盘\第 7 章\素材\713901.jpg”导入到舞台，并移动到合适的位置，如图 7-160 所示。

图 7-159　新建文档

图 7-160　导入素材

步骤 2 新建“图层 2”，将图像“光盘\第 7 章\素材\713901.png”导入到舞台中，并调整到合适位置与大小，如图 7-161 所示。新建“图层 3”，执行“文件>导入>导入视频”命令，将“光盘\第 7 章\素材\713901.flv”导入到场景中，“导入视频”对话框如图 7-162 所示。

步骤 3 按住【Shift】键，使用“任意变形工具”调整视频大小，并设置其“实例名称”为 Video，如图 7-163 所示。场景效果如图 7-164 所示，将“图层 3”隐藏。

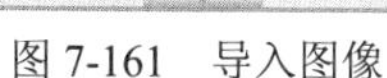
图 7-161　导入图像

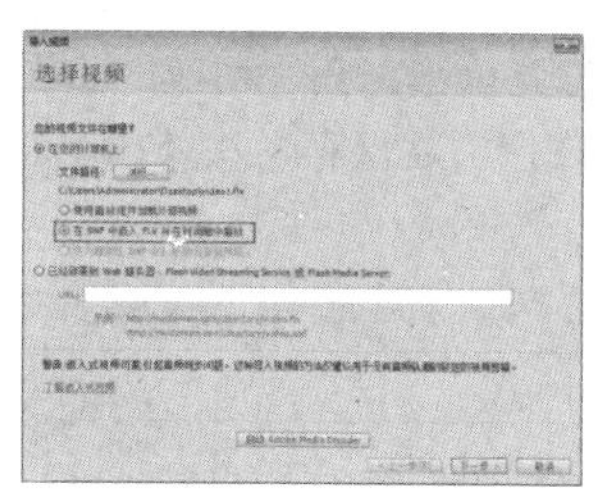

图 7-162　“导入视频”对话框

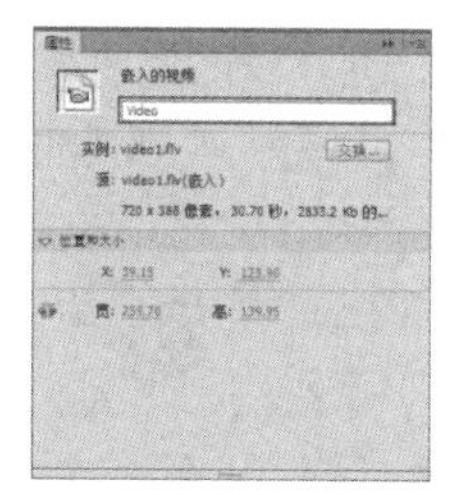

图 7-163　“属性”面板

图 7-164　导入视频

步骤 4 新建“图层 4”，使用“矩形工具”在舞台中绘制矩形，如图 7-165 所示。将“图层 3”显示，并设置该图层为遮罩层，如图 7-166 所示。

图 7-165　绘制矩形

图 7-166　设置遮罩

步骤 5 新建“图层 5”，将图像“光盘\第 7 章\素材\713903.png”导入到舞台，效果如图 7-167 所示。选中导入的图像，将其转换成“名称”为“播放按钮”的“按钮”元件，如图 7-168 所示。

图 7-167　导入图像

图 7-168　转换元件

步骤 6 选中“播放按钮”元件，打开“动作”面板，输入图 7-169 所示的脚本语言。

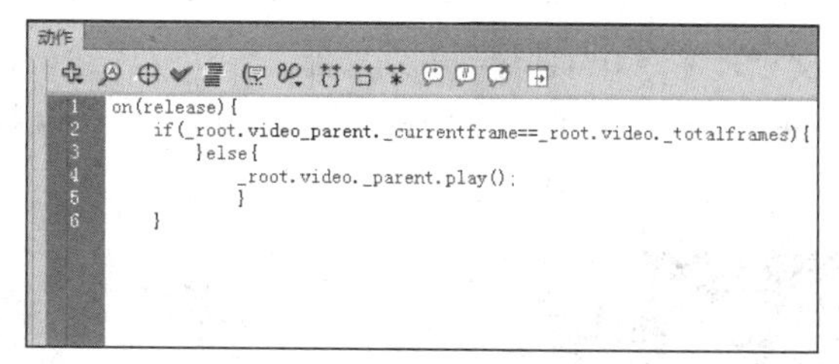


```
on(release){
    if(_root.video_parent._currentframe==_root.video._totalframes){
        }else{
            _root.video._parent.play();
            }
    }
```

图 7-169　输入脚本语言

步骤 7 新建“图层 6”，使用制作“播放按钮”元件的方法，将“暂停按钮”导入到舞台中并使用“任意变形工具”对其进行调整，如图 7-170 所示。打开按钮“动作”面板，输入相应的脚本语言，如图 7-171 所示。

图 7-170 导入图像

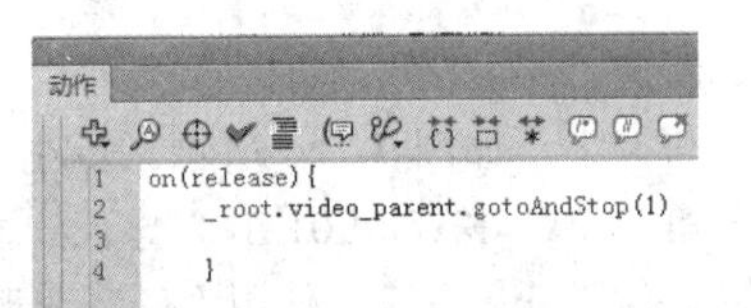

图 7-171 输入脚本语言

步骤 8 新建“图层 7”，并在该图层的第 1 帧位置单击，在“动作”面板中输入“stop();”脚本，效果如图 7-172 所示。完成视频播放的制作，将其保存，按【Ctrl+Enter】组合键进行测试，效果如图 7-173 所示。

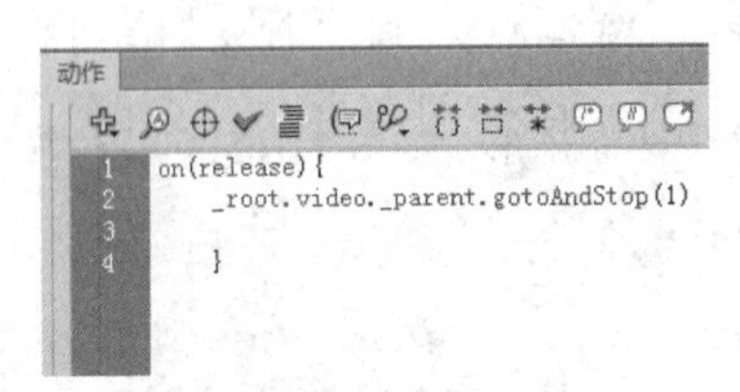

图 7-172 “动作”面板

图 7-173 测试效果

提问：渐进式下载的优势是什么？

回答： 渐进式下载方式允许用户使用脚本将外部的 FLV 格式文件加载到 SWF 文件中，并且可以在播放时控制给定文件的播放或回放。

提问：嵌入视频的优势是什么？

回答： 嵌入的视频允许将视频文件嵌入到 SWF 文件，使用这种方法导入视频时，该视频将被直接放置在时间轴上，与导入的其他文件一样，嵌入的视频成了 Flash 文档的一部分。

实例 140 代码片段——使用代码片段控制视频的播放

源文件	光盘\源文件\第 7 章\实例 140.fla
视频	光盘\视频\第 7 章\实例 140.swf
知识点	代码片段
学习时间	5 分钟

1. 新建一个 Flash 空白文档，并将素材图像导入到舞台。
2. 将导入的按钮图像转换为“按钮”元件，并将视频导入到舞台，为视频定义实例名称。

1. 导入素材

2. 导入视频

3．选中要添加脚本的按钮，将“代码片段”对话框打开，选择对应的选项双击即可添加。

4．完成制作后，将制作好的动画保存并进行测试。

3．“代码片段”面板

4．测试效果

实例总结

通过本案例的学习，用户可以掌握使用代码片段控制视频的播放与停止。

第 8 章　ActionScript 的应用

使用 ActionScript 可以实现对动画播放的各种控制。通过为影片中的元件添加脚本，还可以实现更多丰富多彩的动画效果。本章将围绕 ActionScript 语言进行实例制作，并介绍使用“动作”面板创建脚本的方法，以及使用“行为”面板和“代码”片段为 Flash 动画添加交互控制的方法。

实例 141　使用“动作”面板——为动画添加“停止”脚本

ActionScript 是 Adobe Flash Player 和 Adobe ARI 运行时环境的编程语言，它在 Flash、Flex、ARI 内容和应用程序中实现交互性、数据处理，以及其他许多功能。

图 8-1　最终效果

实例分析

本实例通过在“动作”面板中添加脚本来控制动画播放，通过制作读者要知道如何给动画添加脚本，最终效果如图 8-1 所示。

源 文 件	光盘\源文件\第 8 章\实例 141.fla
视　　频	光盘\视频\第 8 章\实例 141.swf
知 识 点	“动作”面板、传统补间
学习时间	10 分钟

知识点链接——“动作”面板分为哪几个部分？

“动作”面板大致可以分为工具栏、动作工具箱、脚本导航器和脚本编辑窗口 4 部分。

操作步骤

步骤 1 执行“文件>新建”命令，新建一个“类型”为 ActionScript 2.0，大小为 200 像素×200 像素，“帧频”为 24fps，“背景颜色”为＃0033CC 的 Flash 文档。

步骤 2 执行“插入>新建元件”命令，新建“名称”为“房子”的“图形”元件，执行“文件>导入>导入到舞台”命令，将图像“光盘\源文件\第 8 章\素材\14101.png”导入舞台，如图 8-2 所示。

步骤 3 新建“名称”为“动画”的“影片剪辑”元件，将“房子”元件从“库”面板拖入场景中，在第 3 帧位置插入关键帧，单击“任意变形工具”按钮，调整中心点至元件下方并调整元件大小，如图 8-3 所示。

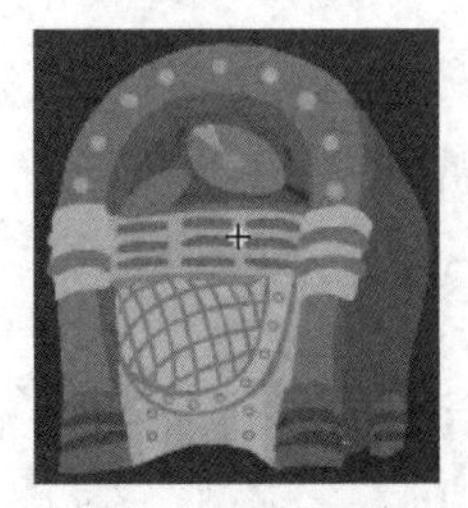

图 8-2　创建新元件

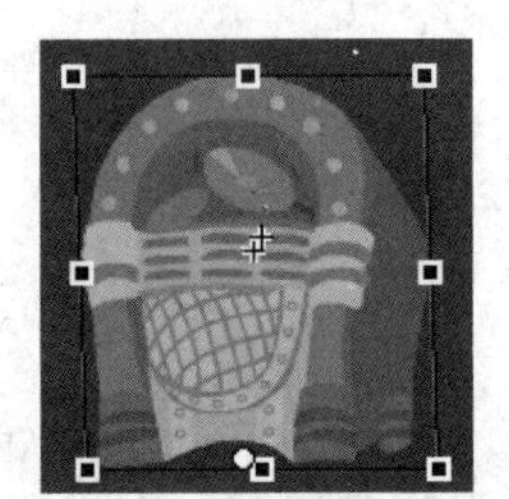

图 8-3　导入图像

步骤 4 在第 1 帧位置创建传统补间动画，使用相同的方法制作其他帧的内容，“时间轴”面板如图 8-4 所示。新建“图层 2”，在最后一帧插入关键帧，按【F9】键打开“动作”面板，输入“停止”脚本，如图 8-5 所示。

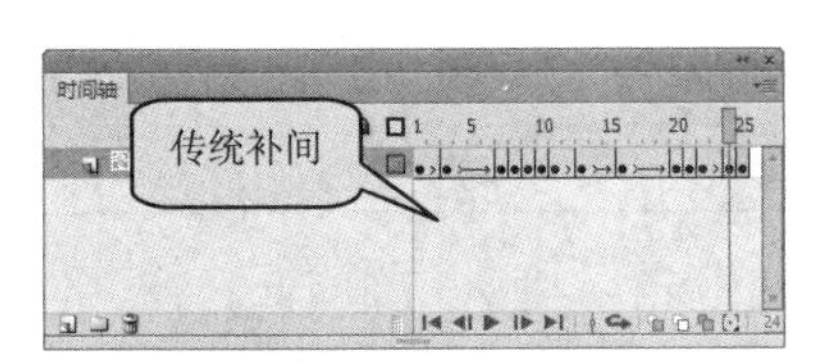

图 8-4 “时间轴”面板

图 8-5 输入脚本

▶ 提示

输入脚本代码时，可以直接输入代码，也可以选择“全局函数>时间轴控制>stop”，直接双击 stop，同样也可输入代码。

步骤 5 “时间轴”面板如图 8-6 所示。返回“场景 1”，将“动画”元件从“库”面板拖入到场景中，然后调整到图 8-7 所示的位置。

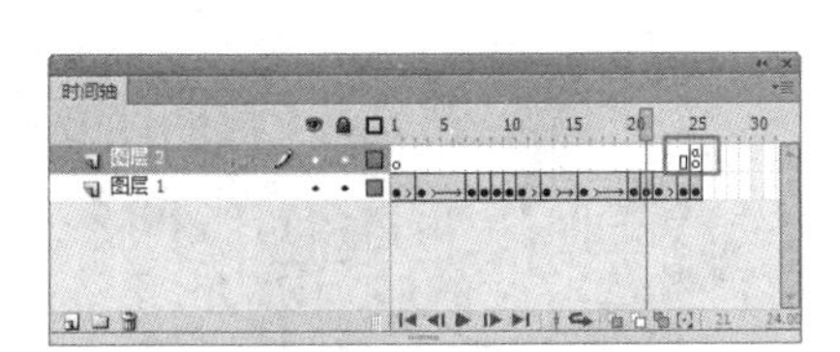

图 8-6 “时间轴”面板

图 8-7 场景效果

步骤 6 完成房子动画的制作，保存动画，按下【Ctrl+Enter】组合键测试动画，效果如图 8-8 所示。

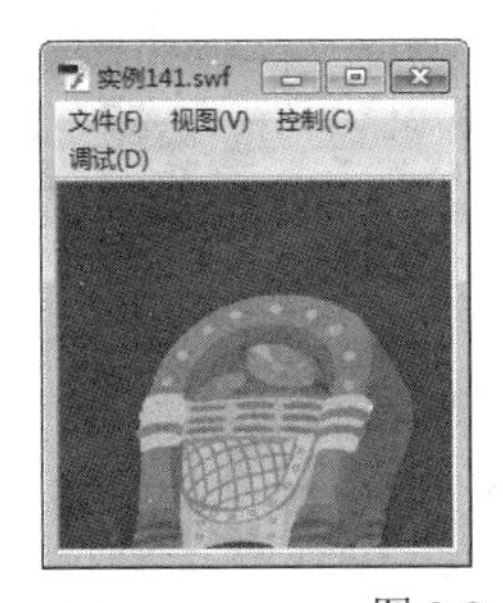

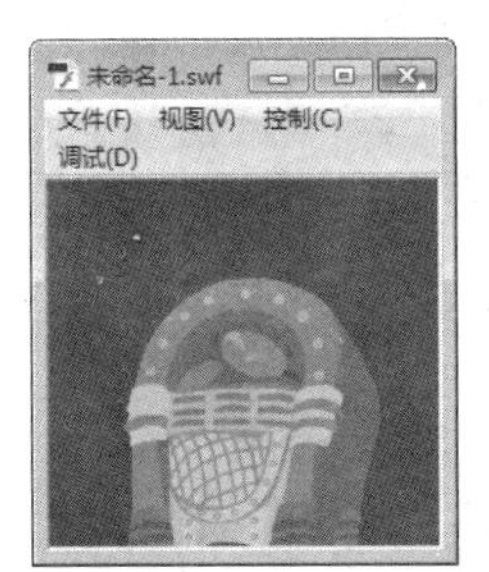

图 8-8 测试动画效果

提问：编写脚本时需注意什么？

回答：用户编写脚本时，Flash 可以检测正在输入的动作，并显示一个代码提示，在代码提示中包含该动作的完整语句或一个下拉菜单，显示可能的属性或方法名称列表，有些代码提示允许用户从出现的列表中选择元素，有些代码提示则显示了当前输入的代码的正确语法。

提问：ActionScript 2.0 与面向对象有何关联？

回答：ActionScript 2.0 首次引入了面向对象的概念，但它并不是完全面向对象的语言，只是在编译过程中支持 OOP 语法，ActionScript 2.0 虽然面向对象不全面，但却首次将 OOP 带到了 Flash 中。

实例 142　使用 gotoAndStop()——制作跳转动画效果

源 文 件	光盘\源文件\第 8 章\实例 142.fla
视　　频	光盘\视频\第 8 章\实例 142.swf
知 识 点	“动作”面板、添加脚本
学习时间	10 分钟

1．打开 Flash 文档，在“库”面板中双击“气球动画”元件，进入场景编辑。

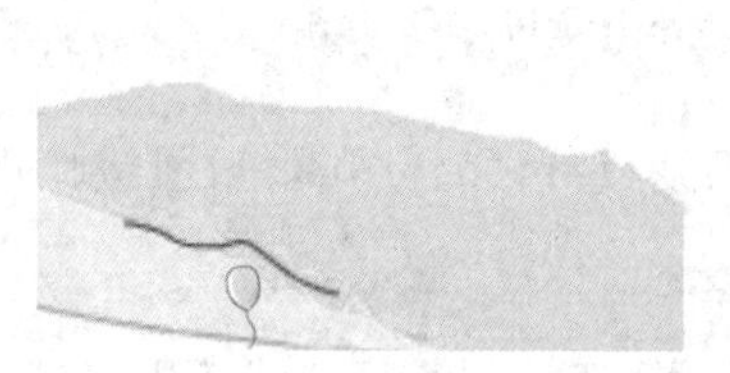

1．打开文档

2．新建“图层 4”，在时间轴第 125 帧位置插入空白关键帧。

3．打开“动作”面板，输入跳转脚本，实现动画循环播放的效果。

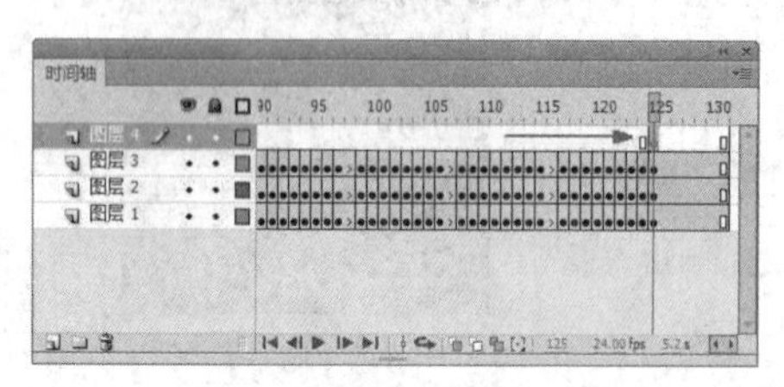

2．插入关键帧

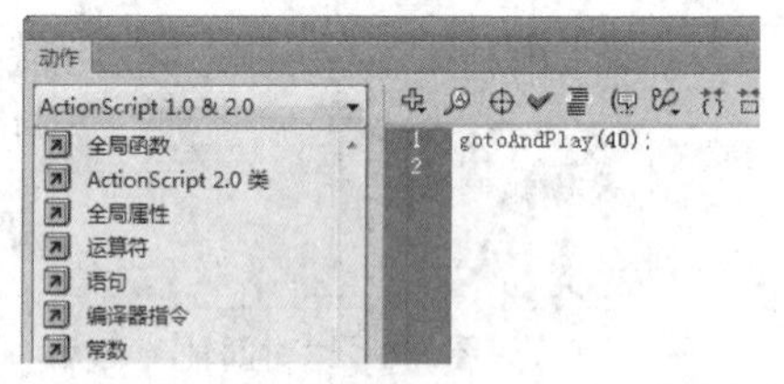

3．输入脚本

4．完成动画的制作，测试动画效果。

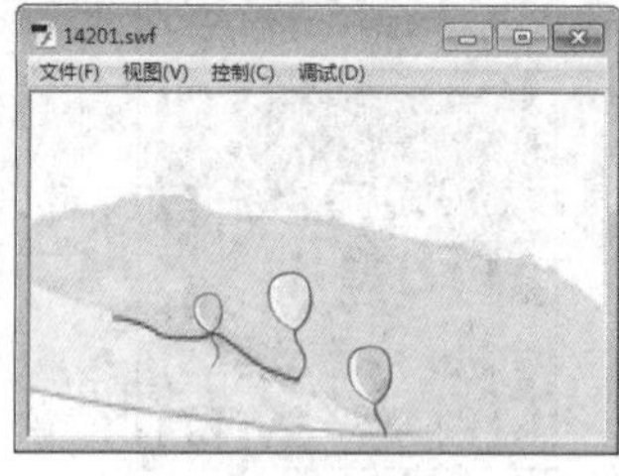

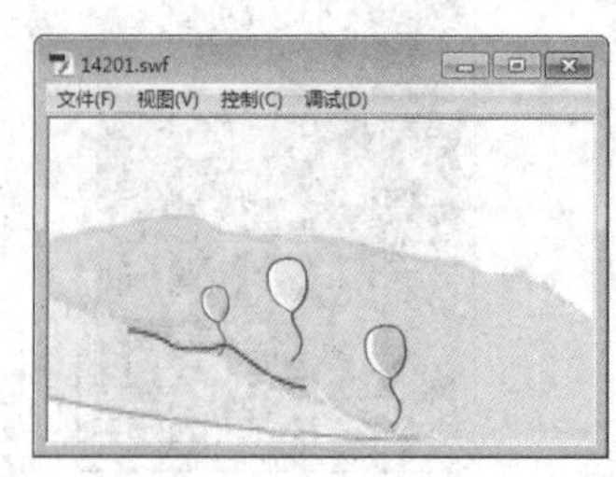

4．测试动画效果

案例总结

使用 ActionScript 脚本可以轻松实现对动画播放的控制。除了可以控制动画的播放外，还可以实现对动画跳转的控制。大大减少了动画制作的复杂度，提高了工作效率。

实例 143　使用“行为”面板——创建元件超链接

使用“行为”可以在不需要掌握 ActionScript 代码的情况下，将 ActionScript 编码的强大功能、控制能力，以及灵活性添加到文档中。

实例分析

本实例首先制作了一个按钮元件，然后转换为“影片剪辑”元件，在“行为”面板中实现超链接功能，最终效果如图 8-9 所示。

图 8-9　最终效果

源 文 件	光盘\源文件\第 8 章\实例 143.fla
视　　频	光盘\视频\第 8 章\实例 143.swf
知 识 点	“行为”面板、转到 URL、超链接
学习时间	10 分钟

知识点链接——“行为”有哪些作用？

用户可以对实例使用“行为”，以便将其排列在帧上的堆叠顺序中，以及加载、卸载、播放、停止、直接复制或拖动影片剪辑，或者链接到 URL。

操作步骤

步骤 1 新建一个“类型”为 ActionScript 2.0，大小为 300 像素×200 像素，“帧频”为 24fps，“背景颜色”为白色的 Flash 文档。

步骤 2 新建“名称”为“按钮”的“影片剪辑”元件，选择“矩形工具”，打开“颜色”面板，参数设置如图 8-10 所示。打开“属性”面板，参数设置如图 8-11 所示。

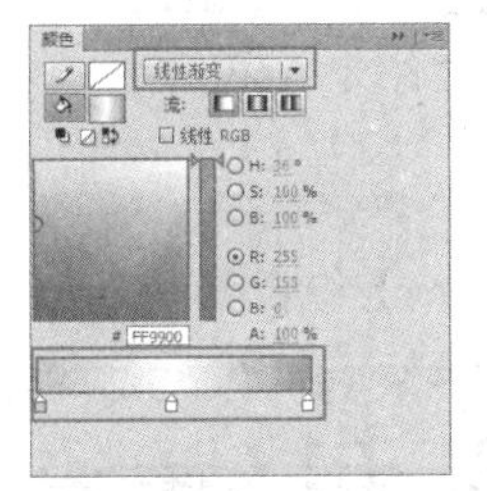

图 8-10　“颜色”面板

图 8-11　“属性”面板

步骤 3 绘制矩形，使用“渐变变形工具”调整渐变角度，如图 8-12 所示。新建图层，选择“文本工具”，设置“属性”面板，如图 8-13 所示。

图 8-12　绘制矩形

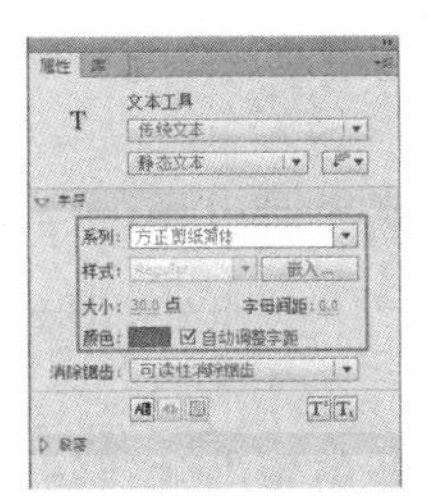

图 8-13　“属性”面板

步骤 4 输入文字，调整至图 8-14 所示的位置。使用相同的方法制作出图 8-15 所示的图形效果。

图 8-14　输入文本

图 8-15　完成制作

步骤 5 返回“场景 1”，将“按钮”元件从“库”面板拖入场景中，效果如图 8-16 所示。选中元件，执行“窗口>行为”命令，打开“行为”面板，单击“添加行为”按钮，在弹出的下拉列表中选择“Web>转到 Web 页”命令，如图 8-17 所示。

图 8-16　场景效果

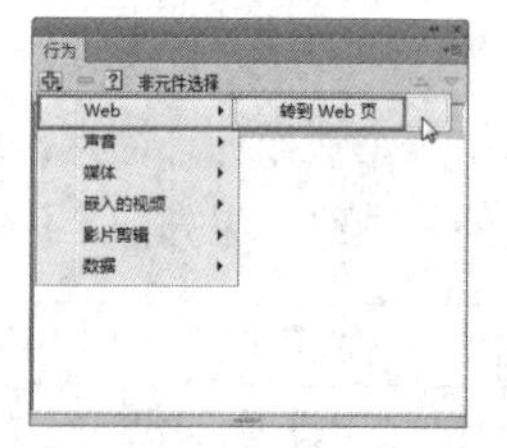
图 8-17　“行为”面板

步骤 6 弹出“转到 URL”对话框，在此对话框中输入网址，如图 8-18 所示，单击“确定”按钮，“行为”面板如图 8-19 所示。

图 8-18　“转到 URL”对话框

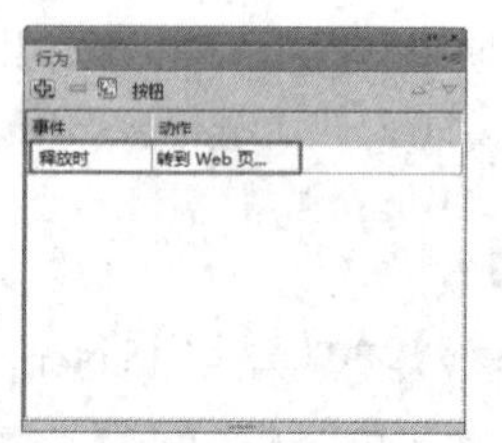
图 8-19　“行为”面板

▶ 提示

为元件添加“行为”时，一定要确保正在工作的 Fla 文件为 ActionScript 2.0，因为 ActionScript 3.0 不支持此功能。

步骤 7 完成链接动画的制作，保存动画，按下【Ctrl+Enter】组合键测试动画，效果如图 8-20 所示。

图 8-20　测试动画效果

提问：使用“行为”可以实现什么效果？

回答：使用“行为”可以将外部图形或动画遮罩加载到影片剪辑中，可以控制实例、声音、视频、连接到页面等一系列操作。

提问：控制“影片剪辑”的“行为”有哪些？

回答：选择一个实例，单击“行为”面板上的“添加”按钮，可以看到 Flash 中包含了以下行为，如图 8-21 所示。

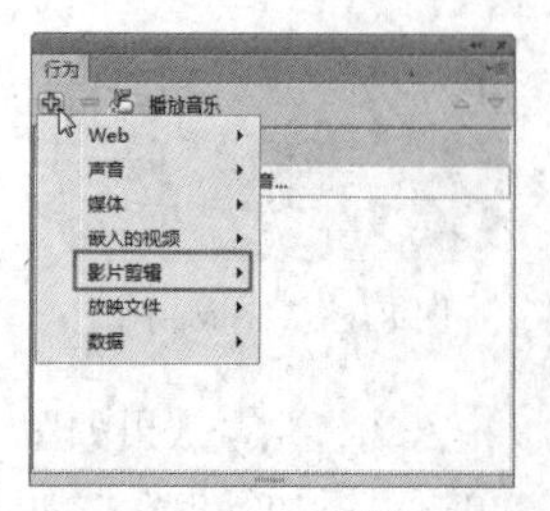
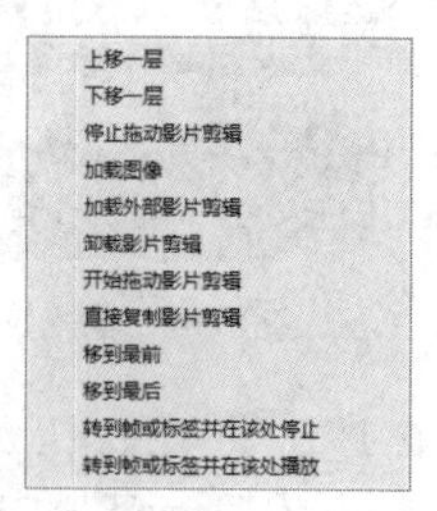

图 8-21　控制影片剪辑的行为

实例 144　使用“行为”——加载外部的影片剪辑

源 文 件	光盘\源文件\第 8 章\实例 144.fla
视　　频	光盘\视频\第 8 章\实例 144.swf
知 识 点	“行为”面板、加载外部影片剪辑
学习时间	10 分钟

1．打开 Flash 文档，新建“影片剪辑”元件，将元件拖放至舞台中。

1．打开文档

2．在“属性”面板中设置实例名称。在“行为”面板中“加载外部影片剪辑”。

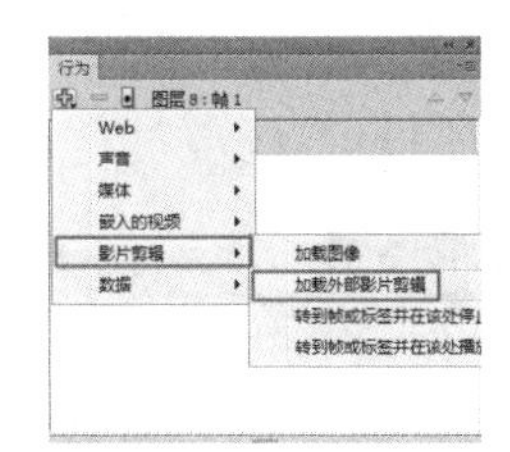

2．设置实例名称

3．在“加载外部影片剪辑”对话框中输入名称并选择链接地址。

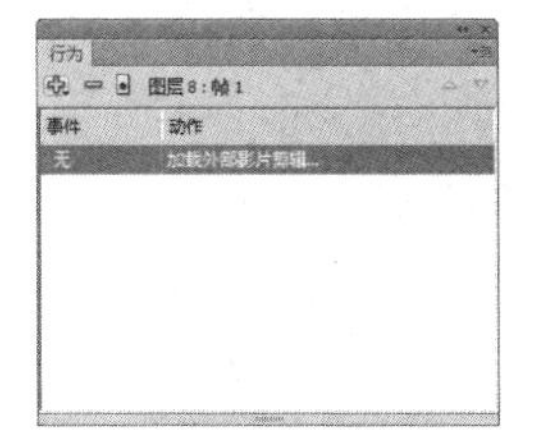

3．加载外部视频

4．完成制作，测试动画效果。

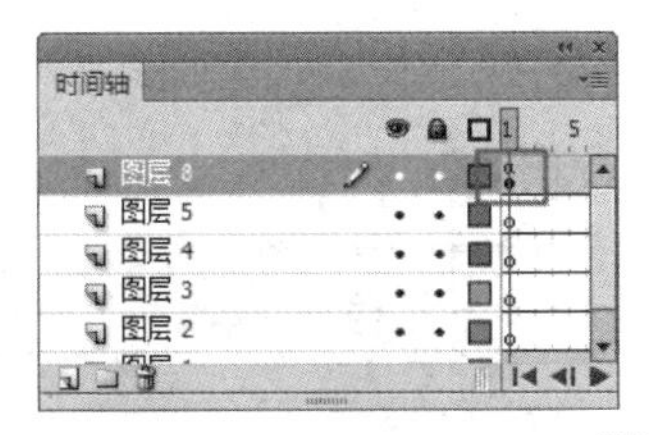

4．测试动画效果

实例总结

本实例使用“行为”面板中的 URL 网址设置超链接动画并为实例加载外部视频，读者要学会使用“行为”来控制实例。

实例 145　使用“行为”——直接复制影片剪辑

图 8-22　最终效果

在 ActionScript 2.0 的 FLA 文件中，可以使用行为来控制文档中的影片剪辑和图形实例，无须编写 ActionScript。行为是预先编写的 ActionScript 脚本，允许用户向文档添加 ActionScript 代码，无须自己创建代码。

实例分析

本实例通过为动画添加“行为”中的“直接复制影片剪辑”，实现播放动画时单击直接可以复制的效果。最终效果如图 8-22 所示。

源 文 件	光盘\源文件\第 8 章\实例 145.fla
视　　频	光盘\视频\第 8 章\实例 145.swf
知 识 点	添加行为、直接复制影片剪辑
学习时间	10 分钟

知识点链接——直接复制影片剪辑的目的是什么？

使用“行为”面板上的“直接复制影片剪辑”命令，可以实现直接复制影片剪辑的操作，并且可以设置创建的副本的 x 轴及 y 轴上的偏移量，单位是像素。

步骤 1 执行“文件>新建”命令，新建一个“类型”为 ActionScript 2.0，大小为 550 像素×400 像素，帧频为 24fps，背景颜色为白色的 Flash 文档。

步骤 2 将图像“光盘\源文件\第 8 章\素材\14501.png”导入舞台，如图 8-23 所示。新建“名称”为“人物”的“影片剪辑”元件，将图像“光盘\源文件\第 8 章\素材\14702.png”导入舞台，如图 8-24 所示。

图 8-23　导入素材 1

图 8-24　导入素材 2

步骤 3 新建“名称”为“人物动画”的“影片剪辑”元件，将“人物”元件从“库”面板拖入场景中，在第 8 帧、第 15 帧位置插入关键帧，上移第 8 帧元件位置。

步骤 4 在第 8 帧和第 15 帧创建传统补间动画，如图 8-25 所示。返回“场景 1”，新建“图层 2”，将“人物动画”从“库”面板拖入场景中，如图 8-26 所示。

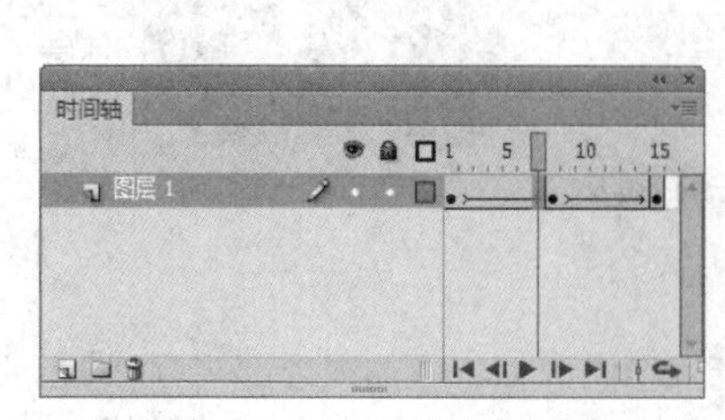

图 8-25　“时间轴”面板

图 8-26　拖入元件

步骤 5 选中“影片剪辑”元件，如图 8-27 所示。执行“窗口>行为”命令，单击“添加行为”按钮，选择“影片剪辑>直接复制影片剪辑”命令，如图 8-28 所示。

图 8-27　选中元件

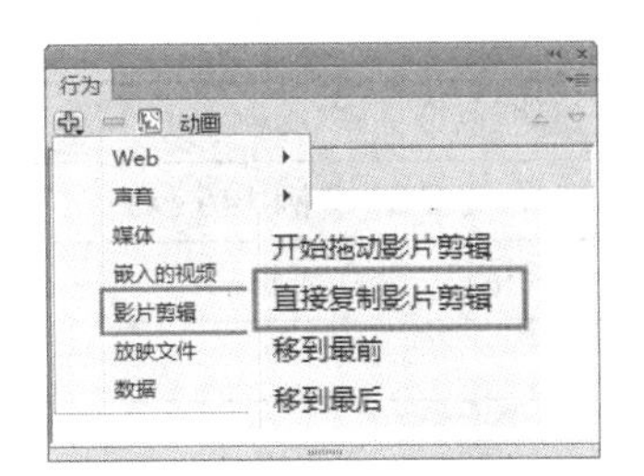

图 8-28　选择直接复制影片剪辑

步骤 6 弹出“直接复制影片剪辑”对话框，设置 X 偏移为 60，如图 8-29 所示，单击“确定”按钮，如图 8-30 所示。

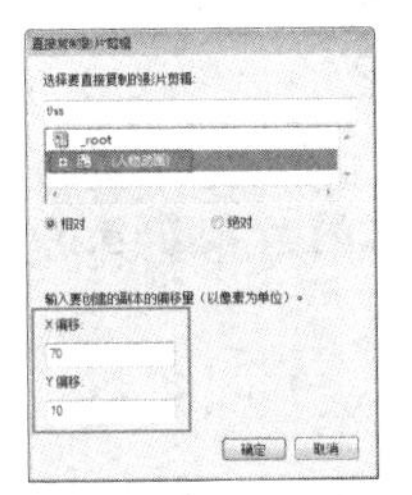

图 8-29　“直接复制影片剪辑”对话框

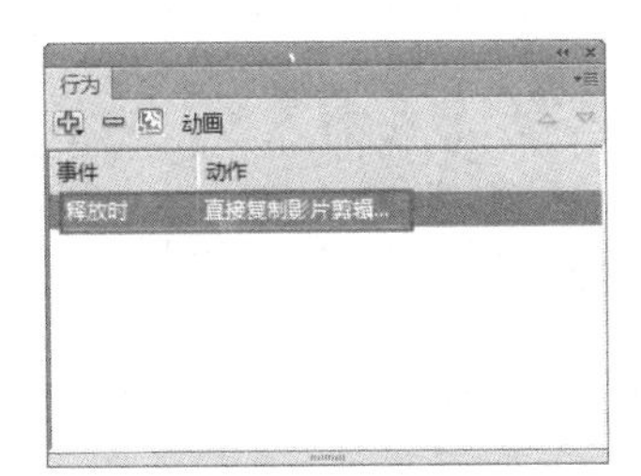

图 8-30　“行为”面板

> ▶ **提示**
>
> 在设置偏移时可以根据动画的位置和意向调整数值，x 轴是水平向右移动，y 轴是垂直向下移动，数值越大，间隔元件之间的距离越大。

步骤 7 完成直接复制影片剪辑的制作，执行“文件>保存”命令，保存动画，按下【Ctrl+Enter】组合键测试动画，效果如图 8-31 所示。

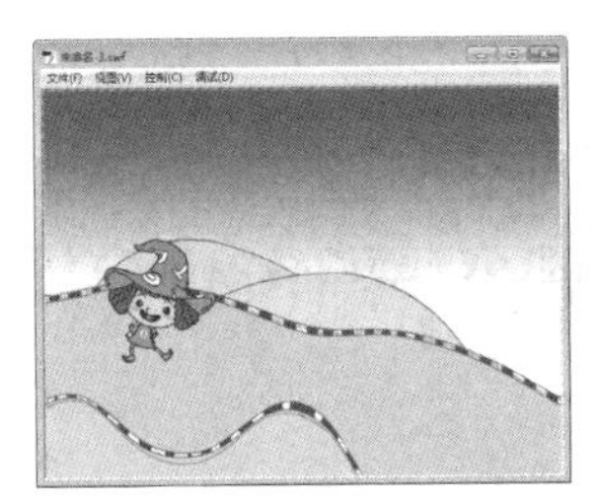

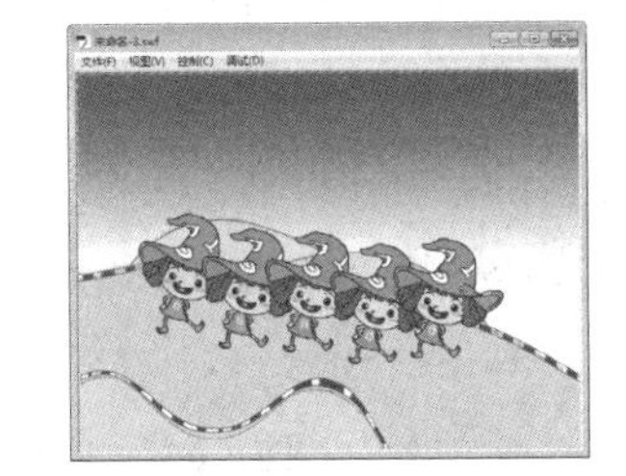

图 8-31　测试动画效果

提问：向 FLA 添加 ActionScript 时需要注意什么？

回答：要注意将代码放在添加行为的同一位置上，然后记录下添加代码的方式和位置。如果将代码放在舞台（对象代码）的实例、主时间轴（帧脚本），以及外部 ActionScript 文件中，则应检查文件结构。如果将代码放在所有这些位置上，项目将难以管理。

提问：控制声音的行为有哪些？

回答：Flash 中包含以下控制声音的行为，如图 8-32 所示。每个行为都需要选择或输入声音标识符或实例名称。MP3 还需要输入文件的路径和文件名。

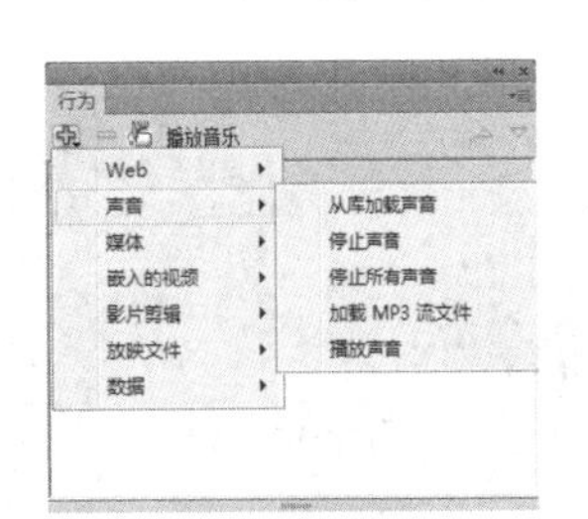

图 8-32　控制声音的行为

实例 146 使用“行为”——卸载影片剪辑

源 文 件	光盘\源文件\第 8 章\实例 146.fla
视　　频	光盘\视频\第 8 章\实例 146.swf
知 识 点	“行为”面板、影片剪辑
学习时间	10 分钟

1．新建 Flash 文档，导入素材图像，选择影片剪辑元件。

1．打开文档

2．打开“行为”面板，选择“卸载影片剪辑”。

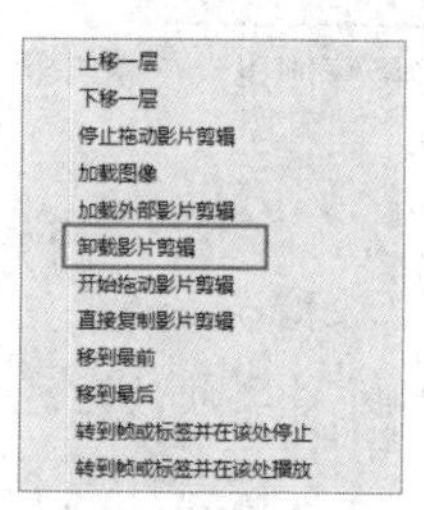

2．选择“卸载影片剪辑”

3．选择“动画”影片剪辑，单击“确定”按钮。

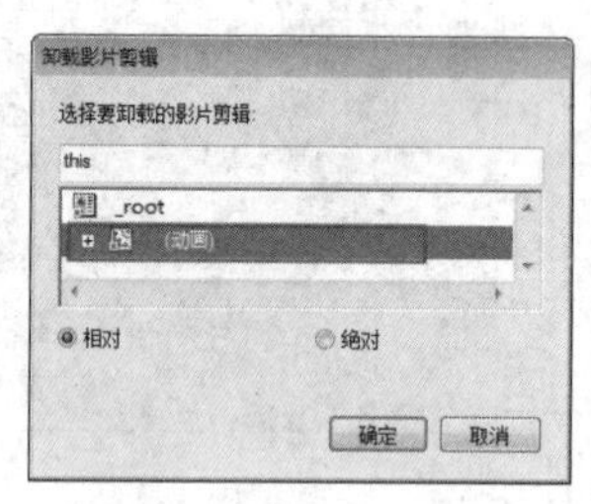

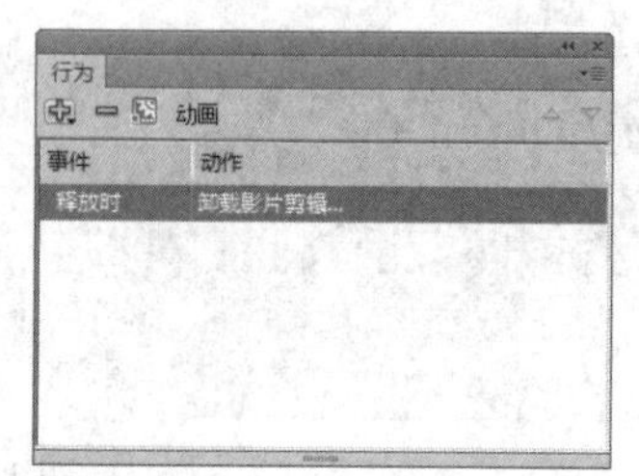

3．“行为”面板

4．完成动画的制作，测试动画效果。

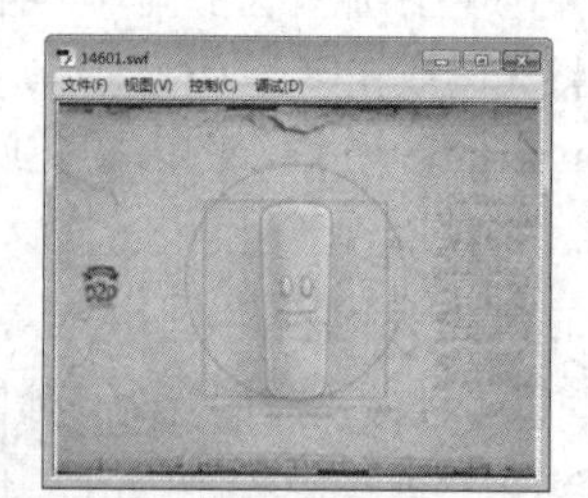

4．测试动画效果

实例总结

本实例使用“行为”直接卸载影片剪辑动画。通过学习，读者要掌握在动画中如何使用“行为”复制和卸载影片剪辑。

实例 147　使用“行为”——转到某帧停止播放

图 8-33　最终效果

使用 ActionScript 可以在运行时控制声音和视频播放，关于声音和视频的介绍可以参阅第 7 章的内容。

实例分析

本实例为动画添加“转到帧或标签并在该处停止”行为，这样播放动画时单击会停止在所设置的帧。最终效果如图 8-33 所示。

源 文 件	光盘\源文件\第 8 章\实例 147.fla
视　　频	光盘\视频\第 8 章\实例 147.swf
知 识 点	转到帧或标签并在该处停止
学习时间	10 分钟

知识点链接——“转到帧或标签并在该处停止”的作用是什么？

添加“转到帧或标签并在该处停止”行为，可以控制影片剪辑的停止，并根据需要将播放头移到某个特定帧。

操作步骤

步骤 1 执行“文件>新建”命令，新建一个“类型”为 ActionScript 2.0，大小为 550 像素×360 像素，帧频为 12fps，“背景颜色”为白色的 Flash 文档。

步骤 2 单击“矩形工具”按钮，打开“颜色”面板，设置“填充颜色“从#0066FF 到#6699FF 的线性渐变，如图 8-34 所示。绘制矩形，使用“渐变变形工具”调整渐变角度，如图 8-35 所示。

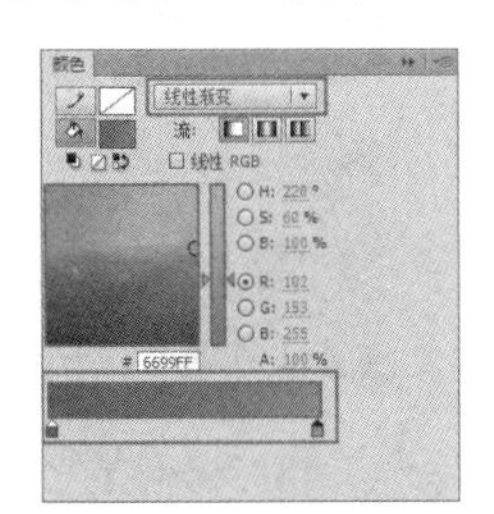

图 8-34　“颜色”面板

图 8-35　绘制矩形

步骤 3 新建“图层 2”，将图像“光盘\源文件\第 8 章\素材\14701.png”导入舞台，如图 8-36 所示。新建“名称”为“人物”的“影片剪辑”元件，将图像“光盘\源文件\第 8 章\素材\14702.png”导入舞台，如图 8-37 所示。

图 8-36　导入素材 1

图 8-37　导入素材 2

步骤 4 新建“名称”为“人物动画”的“影片剪辑”元件，将“人物”从“库”面板拖入场景中，在第 10 帧位置插入关键帧并调整位置，在第 1 帧创建传统补间动画，使用相同的方法完成其他帧动画的制作，“时间轴”面板如图 8-38 所示。

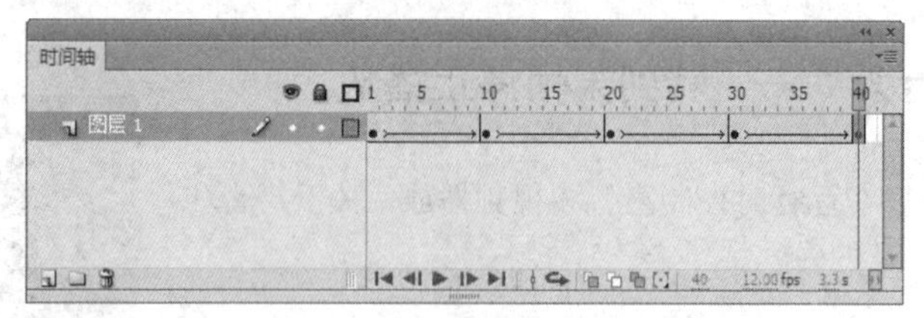

图 8-38 “时间轴”面板

步骤 5 返回“场景 1”，新建“图层 3”，将“人物动画”从“库”面板拖入场景中，调整“图层 3”至“图层 2”下方，如图 8-39 所示。选中“影片剪辑”元件，如图 8-40 所示。

图 8-39 拖出元件

图 8-40 选中元件

步骤 6 执行“窗口>行为”命令，单击“添加行为”按钮，选择“影片剪辑>转到帧或标签并在该处停止”命令，如图 8-41 所示。弹出“转到帧或标签并在该处停止”对话框，设置“停止播放”为 25，如图 8-42 所示。

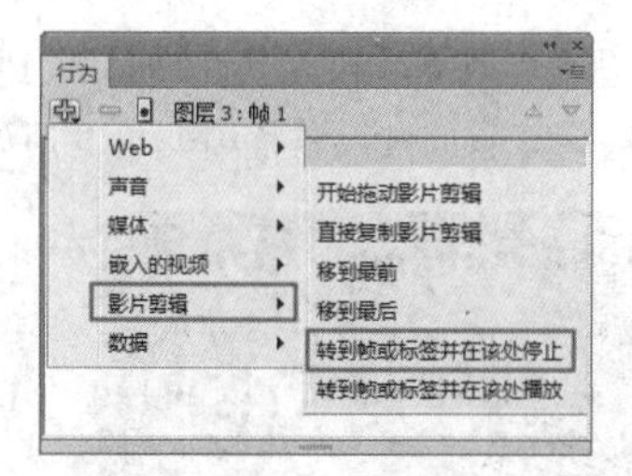

图 8-41 添加行为

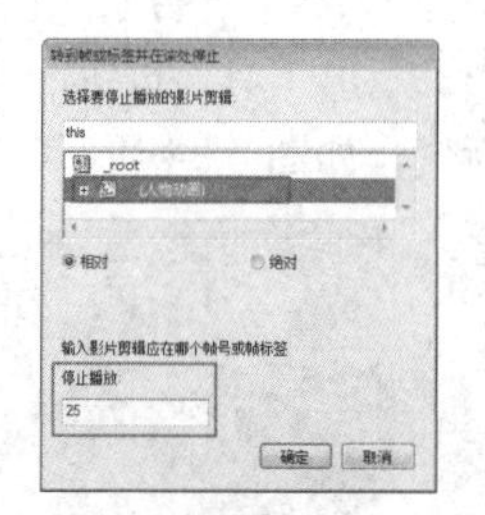

图 8-42 “转到帧或标签并在该处停止”对话框

步骤 7 单击“确定”按钮，如图 8-43 所示，完成动画制作，执行“文件>保存”命令，保存动画，按下【Ctrl+Enter】组合键测试动画，效果如图 8-44 所示。

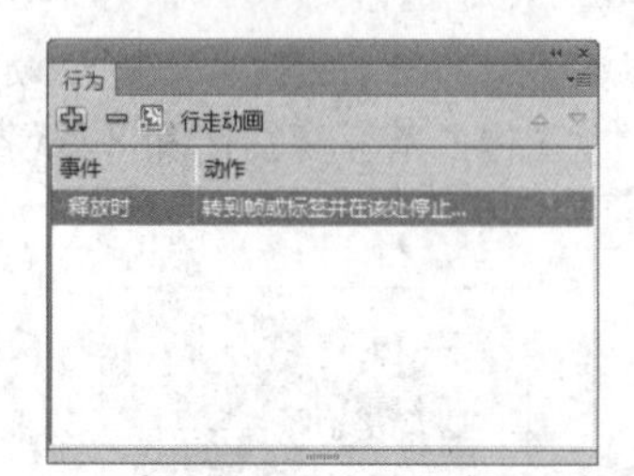

图 8-43 “行为”面板

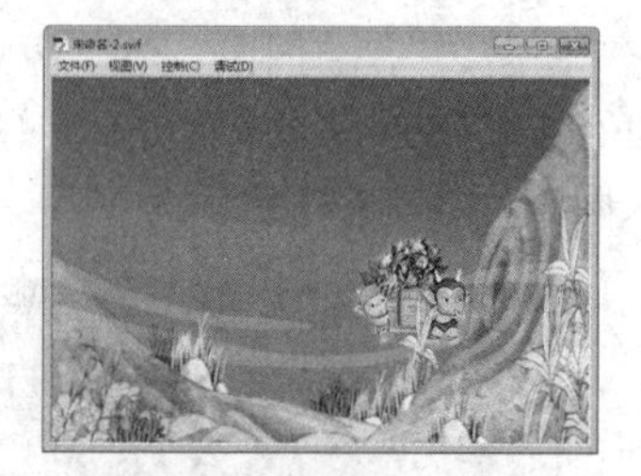

图 8-44 测试动画效果

提问：ActionScript 脚本语言的作用有哪些？

回答： ActionScript 脚本语言允许用户向应用程序添加复杂的交互性、播放控制和数据显示控制。可

以使用“动作”面板、“脚本”窗口或外部编辑器在创作环境内添加 ActionScript。

提问：控制视频的行为有哪些？

回答：Flash 中包含以下控制视频的行为，如图 8-45 所示。每个行为都需要选择或输入目标视频的实例名称。

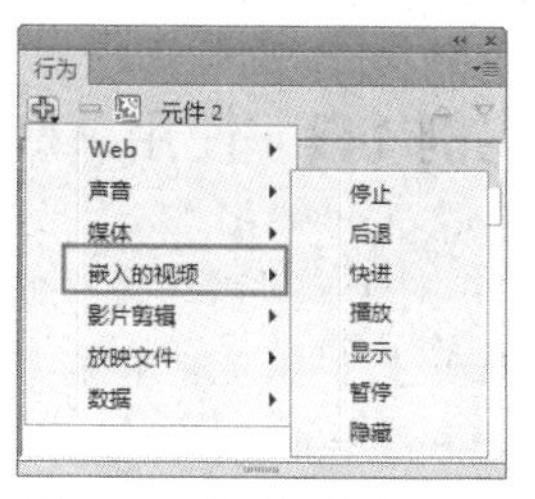

图 8-45　控制视频的行为

实例 148　使用“行为”——下移一层

源 文 件	光盘\源文件\第 8 章\实例 148.fla
视　　频	光盘\视频\第 8 章\实例 148.swf
知 识 点	“行为”面板、影片剪辑
学习时间	10 分钟

1．导入背景图像，新建图层，导入素材图并转化为元件。

1．导入素材

2．新建“影片剪辑”元件，分别制作动画。新建图层，将动画拖入“场景 1”。

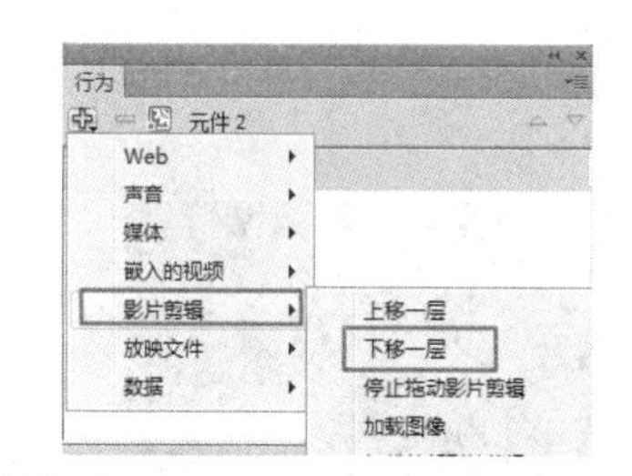

2．制作动画

3．选择影片剪辑元件，使用“行为”面板为元件添加“下移一层”行为。

4．完成动画的制作，测试动画效果。

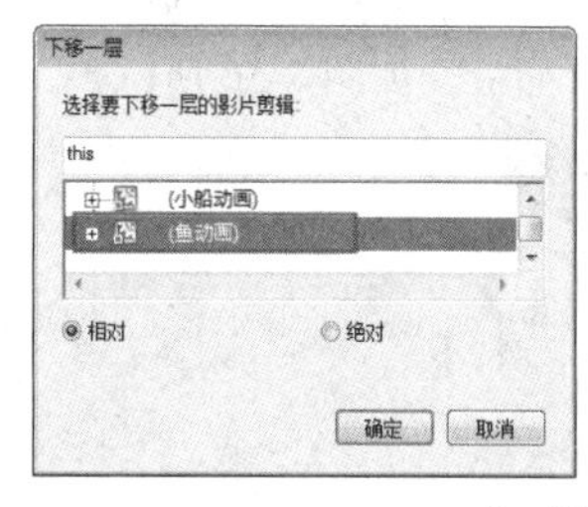

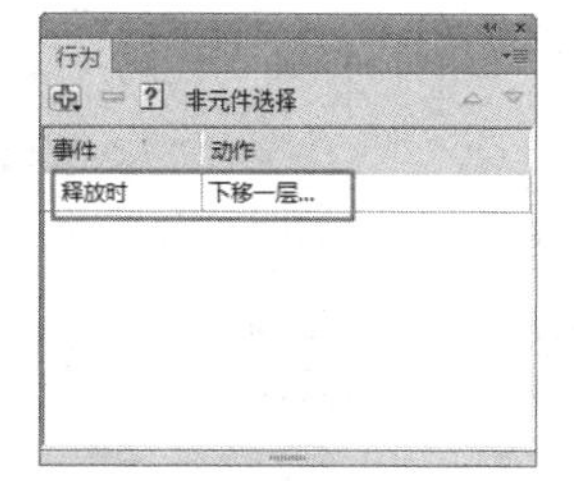

3．下移一层

4．测试动画效果

实例总结

本实例使用“行为”在影片剪辑中应用了“下移一层”效果。通过学习，读者要掌握在动画中如何使用“行为”来控制动画的停止、播放，以及上移、下移的效果。

实例 149　使用 ActionScript 3.0——替换鼠标光标

图 8-46　最终效果

对于初学者来说，使用 ActionScript 3.0 进行动画制作是非常困难的，Flash 提供了一种非常方便的工具帮助用户在不熟悉编程的前提下，使用 ActionScript 制作动画。

实例分析

在本实例使用“代码片段”将鼠标光标定义成钥匙，最终效果如图 8-46 所示。

源 文 件	光盘\源文件\第 8 章\实例 149.fla
视　　频	光盘\视频\第 8 章\实例 149.swf
知 识 点	代码片段、自定义鼠标光标
学习时间	10 分钟

知识点链接——“代码片段”面板的作用是什么？

“代码片段”面板能使非编程人员轻松应用简单的 ActionScript 3.0，借助该面板，用户可以将 ActionScript 3.0 代码添加到 FLA 文件，以实现常用功能。

操作步骤

步骤 1 执行“文件>新建”命令，新建一个大小为 550 像素×326 像素，“帧频”为 24fps，“背景颜色”为白色的 Flash 文档。

步骤 2 将图像“光盘\源文件\第 8 章\素材\14901.png”导入到场景中，如图 8-47 所示。新建“名称”为“光标”的“影片剪辑”元件，将图像“光盘\源文件\第 8 章\素材\14902.png”导入到场景中，如图 8-48 所示。

图 8-47　导入素材 1

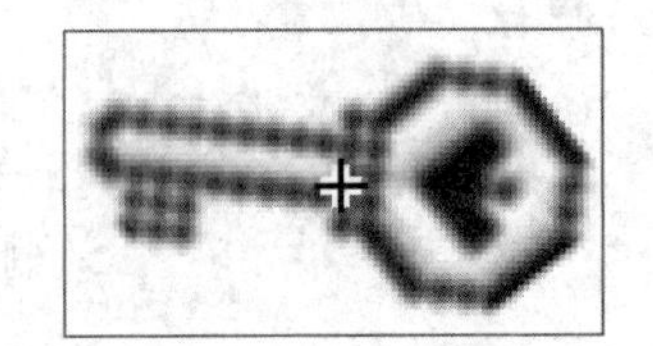
图 8-48　导入素材 2

步骤 3 返回“场景 1”，新建“图层 2”，将“光标”元件从“库”面板拖入场景中，并调整大小，如图 8-49 所示。执行“窗口>代码片段”命令，打开“代码片段”面板，如图 8-50 所示。

图 8-49　拖出元件

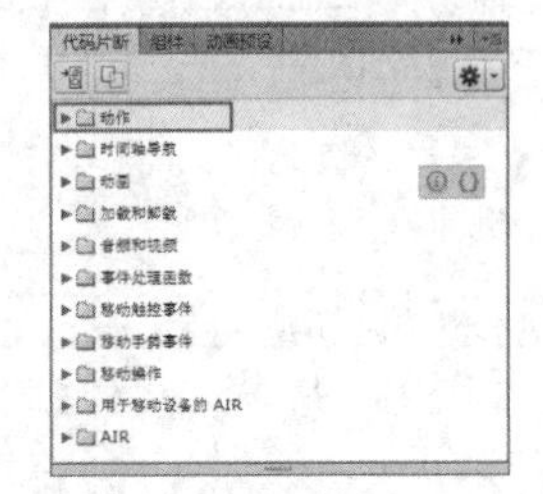

图 8-50　“代码片段”面板

步骤 4 选择“动作>自定义鼠标光标”选项，如图 8-51 所示。双击“自定义鼠标光标”命令，弹出“设置实例名称”对话框，为元件指定实例名称，如图 8-52 所示。

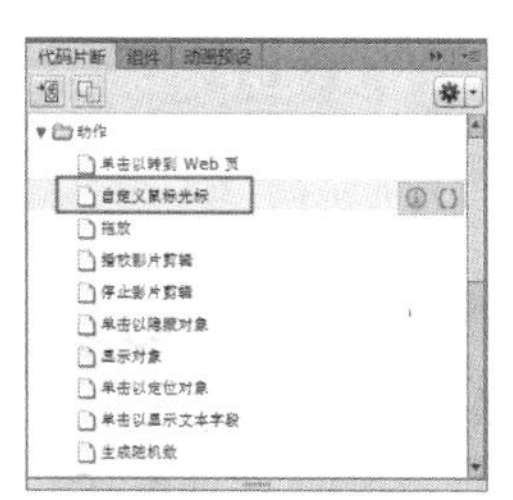

图 8-51　选择代码

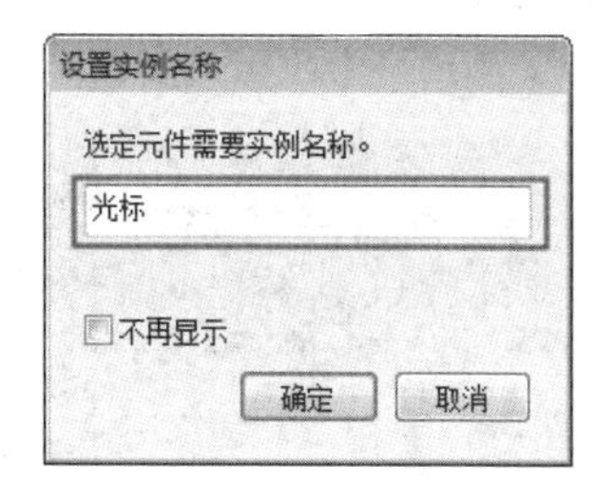

图 8-52　设置实例名称

步骤 5 单击“确定”按钮，“动作”面板如图 8-53 所示，“时间轴”面板如图 8-54 所示。

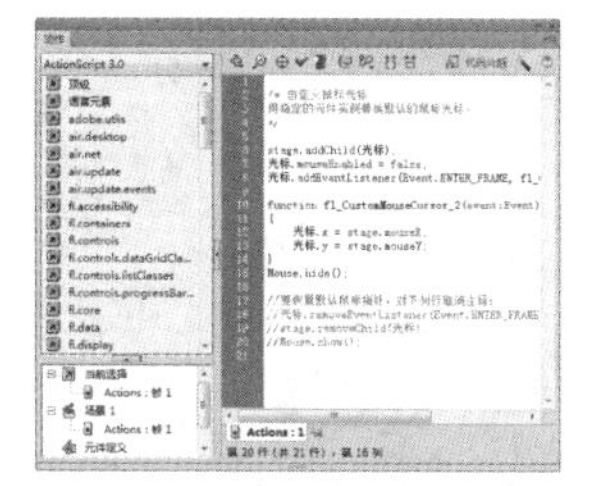

图 8-53　“动作”面板

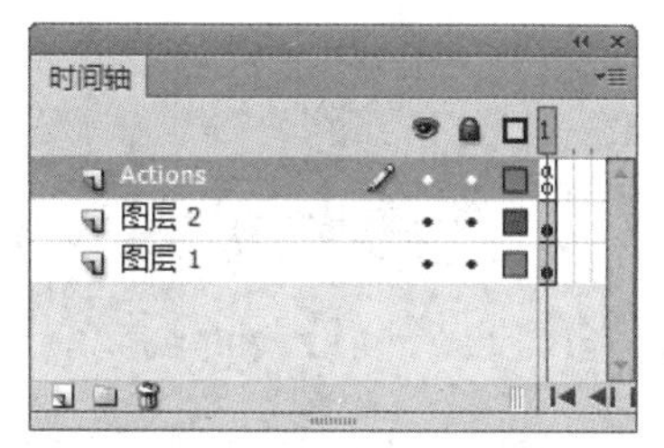

图 8-54　“时间轴”面板

> ▶ 提示
>
> “代码片段”面板只在新建了 ActionScript 3.0 文件的前提下才能使用。如果新建的是 ActionScript 2.0，将不能使用“代码片段”。

步骤 6 完成替换鼠标光标动画的制作，保存动画，按下【Ctrl+Enter】组合键测试动画，效果如图 8-55 所示。

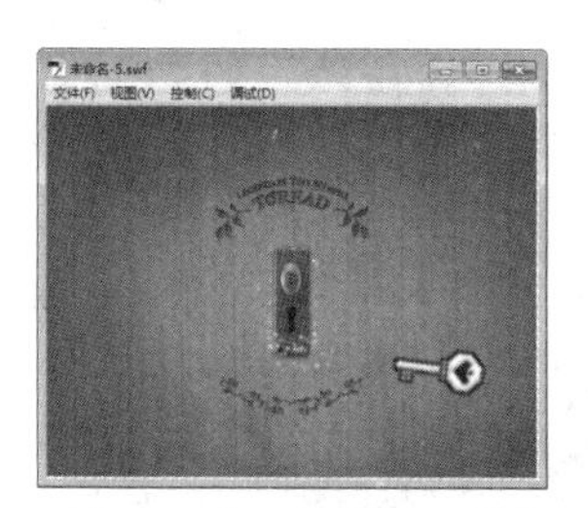

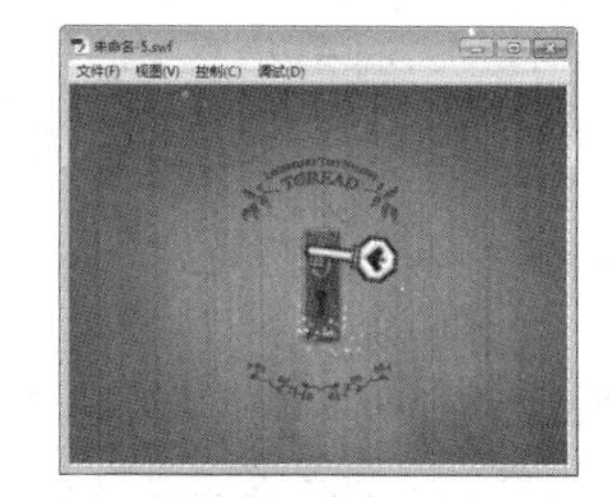

图 8-55　测试动画效果

提问：输入脚本的方法有哪些？

回答：输入脚本的方法有两种：一种是在时间轴的关键帧中写入代码；另一种是在外面写成单独的 ActionScript 3.0 类文件，再与 Flash 库元件进行绑定，或者直接与 fla 文件绑定。

提问：使用 ActionScript 3.0 的小技巧有哪些？

回答：使用 ActionScript 3.0 可以将一个普通的影片剪辑转换为按钮元件，具有鼠标反应，这样可以减少元件的数量，更方便动画的制作。

实例 150　代码片段——隐藏对象

源 文 件	光盘\源文件\第 8 章\实例 150.fla
视　　频	光盘\视频\第 8 章\实例 150.swf
知 识 点	代码片段、单击以隐藏对象
学习时间	10 分钟

1．将背景图像导入到场景中，插入新建元件，导入素材图。

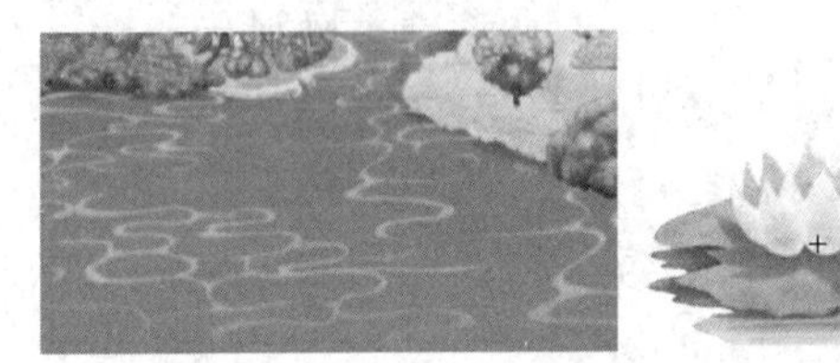

1．导入素材

2．新建影片剪辑元件，制作动画。新建图层，放入场景中。

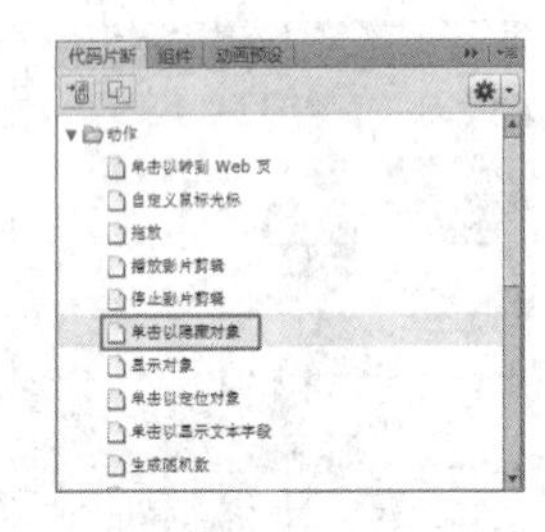

2．场景效果 1

3．双击“单击以隐藏对象”，添加动作代码。

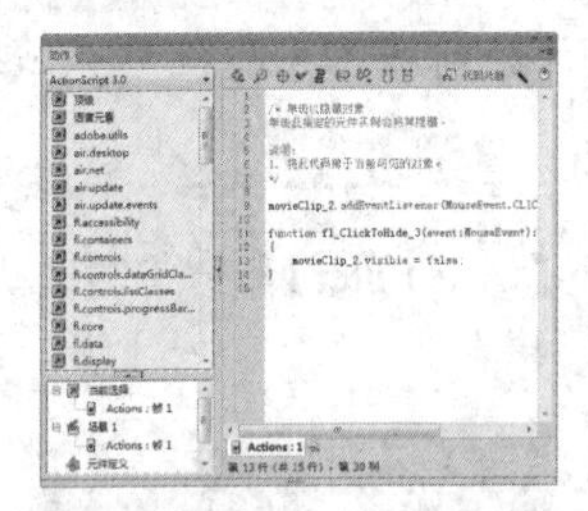

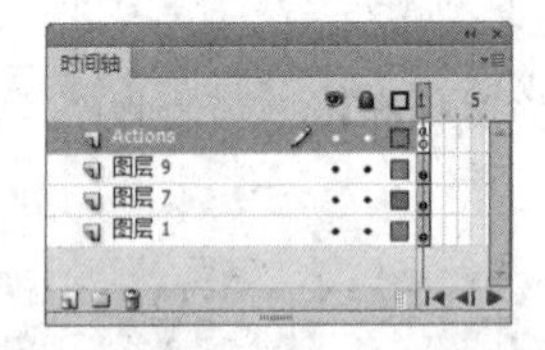

3．场景效果 2

4．完成动画的制作，测试动画效果。

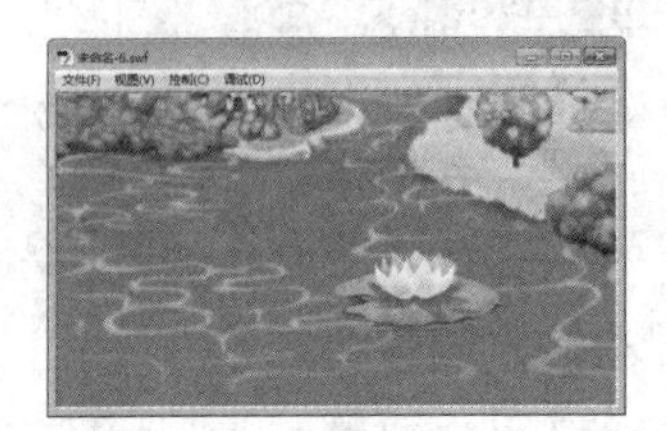

4．测试动画效果

实例总结

本实例使用“代码片段”制作了点击隐藏对象的效果，通过本实例的学习，读者要知道如何使用“代码片段”为对象添加动作。

实例 151　代码片段——键盘控制动画

图 8-56　最终效果

在 ActionScript 3.0 的“动画”文件夹中可以使用方向键控制元件水平移动、垂直移动、不断旋转等。

实例分析

本实例为动画添加“用键盘箭头移动”代码片段，用键盘控制动

画的路径，最终效果如图 8-56 所示。

源 文 件	光盘\源文件\第 8 章\实例 151.fla
视　　频	光盘\视频\第 8 章\实例 151.swf
知 识 点	代码片段、键盘箭头控制
学习时间	15 分钟

知识点链接——点语法的作用是什么？

在 ActionScript 中，点（.）被用来表明与某个对象的属性和方法相关联，它也用于标识变量的目标路径。点语法表达式由对象名开始，接着是一个点，紧跟的是要指定的属性、方法或者变量。

操作步骤

步骤 1 执行“文件>新建”命令，新建一个大小为 640 像素×480 像素，“帧频”为 24fps，“背景颜色”为白色的 Flash 文档。

步骤 2 将“光盘\源文件\第 8 章\素材\15101.jpg”导入到场景中，如图 8-57 所示。新建“名称”为“身体”的“图形”元件，选择“线条工具”，在“属性”面板中设置“笔触”颜色为#666666，如图 8-58 所示。

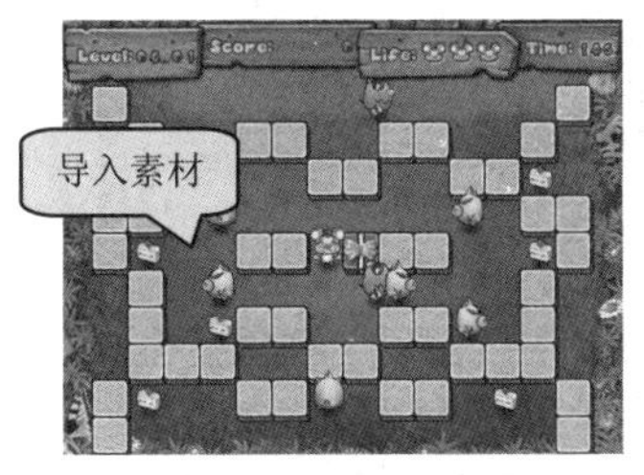

图 8-57　导入图像

图 8-58　“属性”面板

步骤 3 绘制图形，使用“选择工具”进行调整并使用“颜料桶工具”填充颜色为#F9F979，如图 8-59 所示。用相同的方法绘制图 8-60 所示的图形。

图 8-59　绘制图形并填充颜色

图 8-60　绘制图形 1

> ▶ 提示
>
> 对于没有绘制反应区的按钮，反应区默认是按钮元件“按下”状态时图形所占的区域。

步骤 4 分别新建元件，绘制图 8-61 所示的图形。

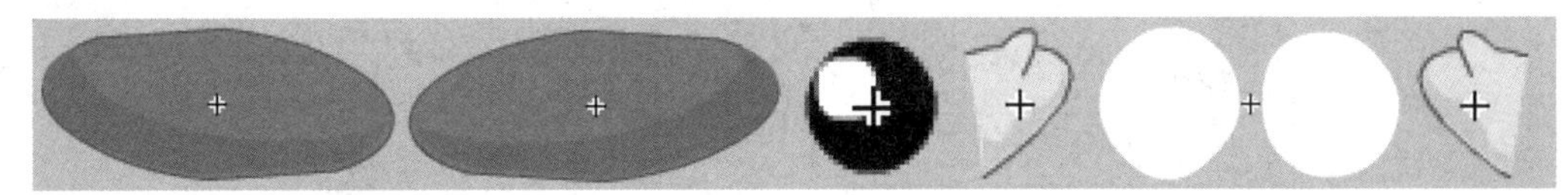

图 8-61　绘制图形 2

步骤 5 新建"名称"为"动画"的"影片剪辑"元件，分别拖入元件，组合图形，如图 8-62 所示。在第 3 帧位置插入关键帧，调整脚的角度，如图 8-63 所示。

图 8-62　组合图形

图 8-63　调整元件角度

> ▶ 提示
>
> 在 ActionScript3.0 中添加"代码片段"时必须选中相应的对象，添加完"代码片段"后，Flash 会自动把动作添加到时间轴中。在 ActionScript2.0 中则需加入脚本语言。

步骤 6 在第 5 帧位置插入关键帧，调整元件角度，如图 8-64 所示。分别在第 7 帧和第 10 帧位置插入关键帧，调整元件角度，"时间轴"面板如图 8-65 所示。

图 8-64　调整元件角度

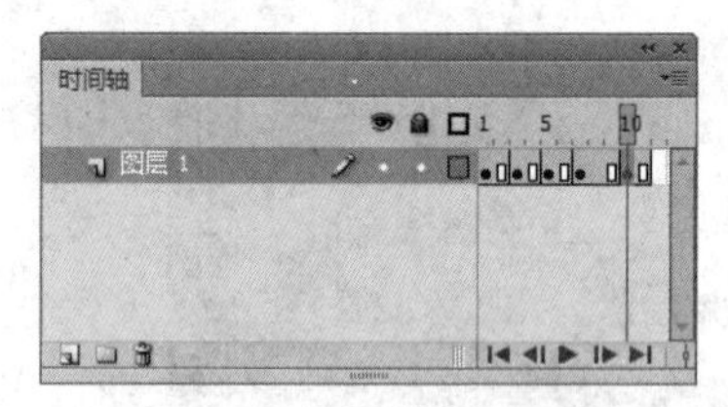

图 8-65　"时间轴"面板

步骤 7 返回"场景 1"，新建"图层 2"，拖出"动画"元件，如图 8-66 所示。选中元件，执行"窗口>代码片段"命令，打开"代码片段"面板，选择"动画>用键盘箭头移动"选项，如图 8-67 所示。

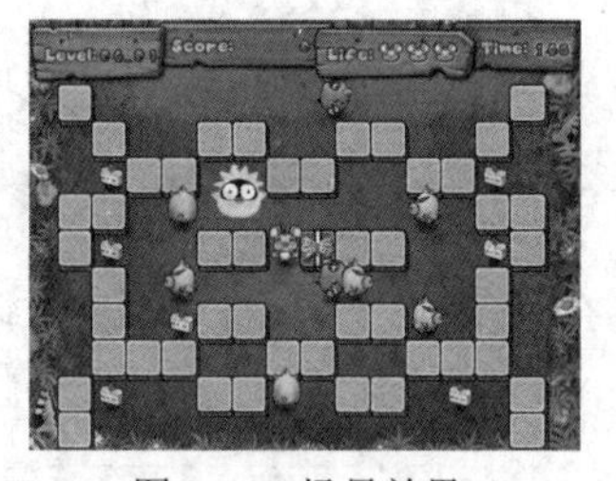
图 8-66　场景效果

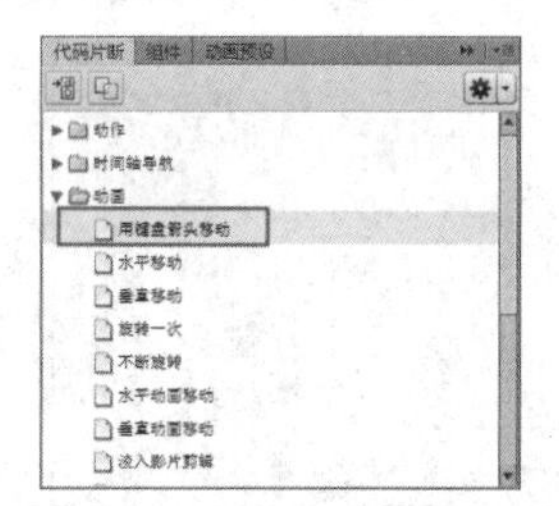

图 8-67　"代码片段"面板

步骤 8 双击"用键盘箭头移动"命令，弹出"设置实例名称"对话框，为元件指定实例名称，如图 8-68 所示。单击"确定"按钮，"动作"面板如图 8-69 所示。

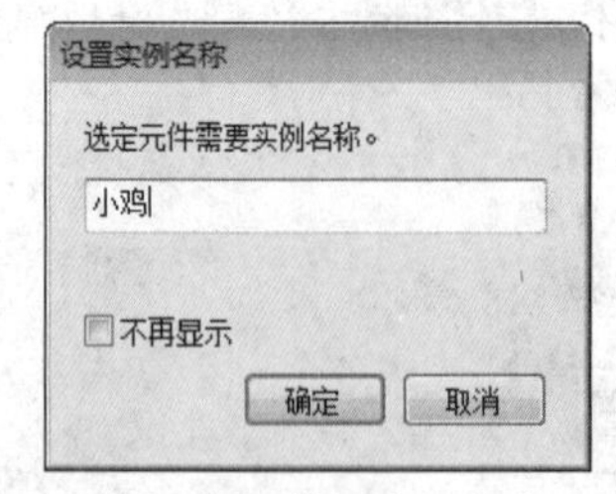

图 8-68　设置实例名称

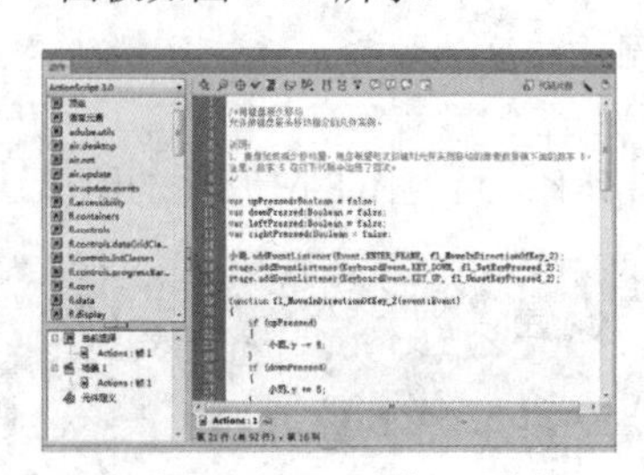
图 8-69　"动作"面板

步骤 9 完成键盘控制动画制作，保存动画，按下【Ctrl+Enter】组合键测试动画，效果如图 8-70 所示。

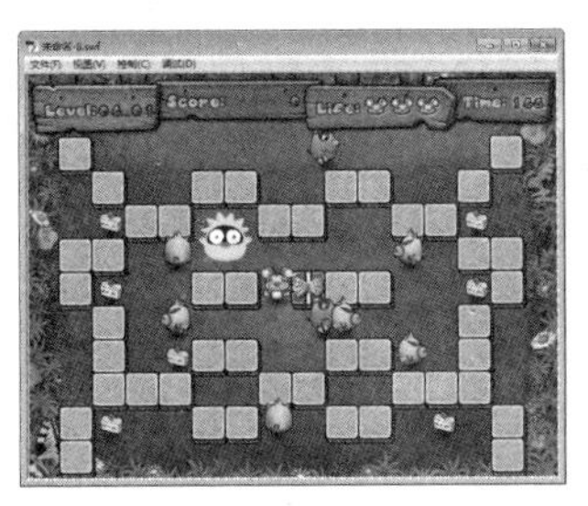

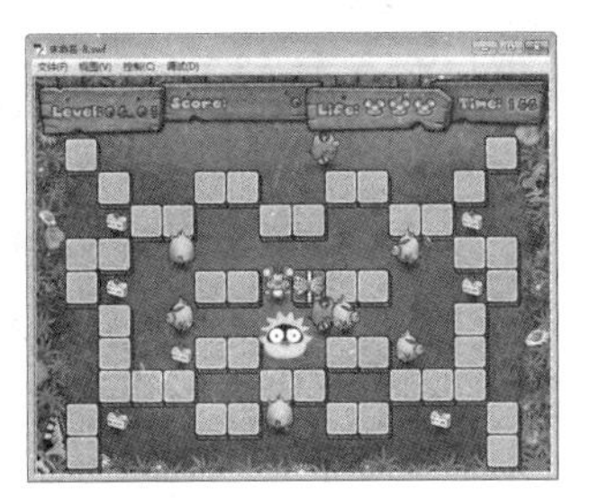

图 8-70　场景效果

提问：在"代码片段"面板中，"动画"文件夹下包含了哪几个代码片段？

回答：包含了 9 个代码片段，分别是用键盘箭头移动、水平移动、垂直移动、旋转一次、不断旋转、水平动画移动、垂直动画移动、淡入影片剪辑和淡出影片剪辑。

提问：ActionScript 3.0 流程控制语句的作用是什么？

回答：ActionScript 的流程控制语句非常重要，也非常强大。它是一种结构化的程序语言，提供了 3 种控制流程来控制程序，分别是顺序、条件分支和循环语句。ActionScript 程序遵循"顺序流程，运行环境"执行程序语句，从第一行开始，然后按顺序执行，直至到达最后一行语句，或者根据指令跳转到其他地方，继续执行命令。

实例 152　代码片段——单击以定位对象

源 文 件	光盘\源文件\第 8 章\实例 152.fla
视　　频	光盘\视频\第 8 章\实例 152.swf
知 识 点	代码片段、单击以定位对象
学习时间	10 分钟

1．将背景图像素材导入到场景，新建元件并导入素材。

1．导入素材

2．新建"影片剪辑"元件，制作动画。

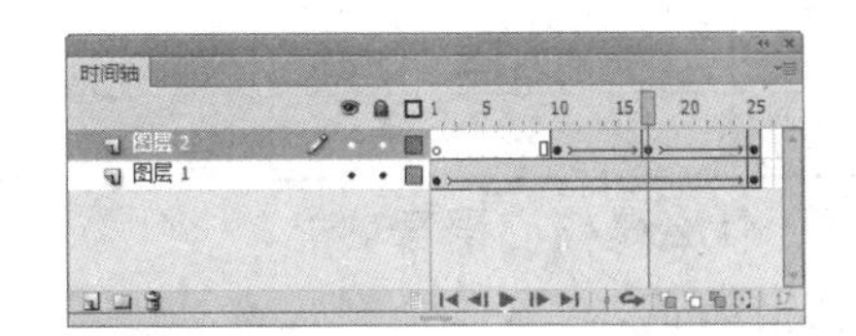

2．制作动画

3．返回场景，新建图层，拖入动画，为元件添加"代码片段"。

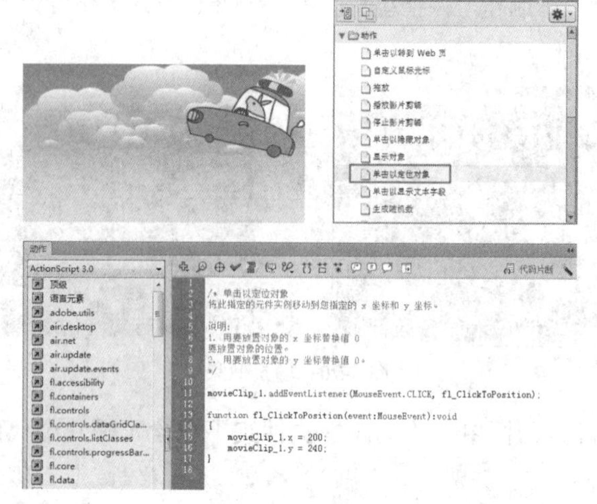

3．添加代码

4．完成动画的制作，测试动画效果。

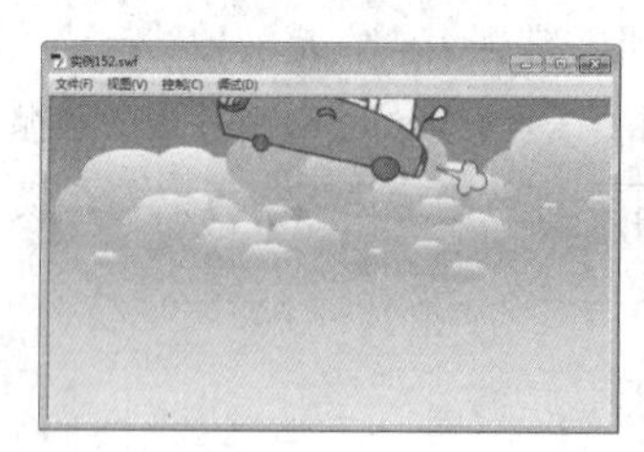

4．测试动画效果

实例总结

本实例使用“代码片段”来实现单击以定位对象的功能，通过学习了解更多“代码片段”的用途。

实例 153　水平动画移动——足球动画

图 8-71　最终效果

Flash 动画通常是依靠时间轴制作。在“代码片段”面板中包含了时间轴导航代码，使用这些代码，可以轻松实现时间轴导航动画。

实例分析

本实例使用“代码片段”为元件添加“水平移动”功能。最终效果如图 8-71 所示。

源 文 件	光盘\源文件\第 8 章\实例 153.fla
视　　频	光盘\视频\第 8 章\实例 153.swf
知 识 点	水平动画移动、逐帧动画
学习时间	10 分钟

知识点链接——什么是核心语言功能？

核心语言是定义编程语言的基本构造块，例如，语句、表达式、条件、循环和类型。ActionScript 3.0 包含许多加快开发过程的功能。

步骤 1 执行“文件>新建”命令，新建一个大小为 550 像素×400 像素，“帧频”为 8fps，“背景颜

色”为白色的 Flash 文档。

步骤 2 执行“文件>导入>导入到舞台”命令，将图像“光盘\源文件\第 8 章\素材\15301.jpg”导入到场景中，如图 8-72 所示。新建“名称”为“球”的“图形”元件，将“光盘\源文件\第 8 章\素材\15302.png”导入到场景中，如图 8-73 所示。

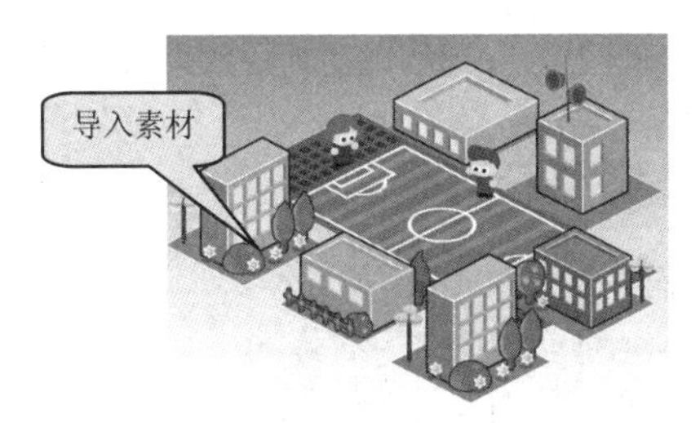

图 8-72　导入图像 1

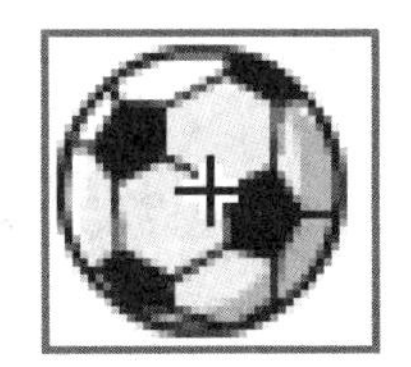

图 8-73　导入图像 2

步骤 3 新建“名称”为“球动画”的“影片剪辑”元件，将“球”元件从“库”面板拖入场景中，在第 2 帧和 3 帧位置分别插入关键帧，上移第 2 帧元件的位置，制作动画效果。

步骤 4 “时间轴”面板如图 8-74 所示。返回“场景 1”，新建“图层 2”，将“球动画”元件从“库”面板拖入场景中，如图 8-75 所示。

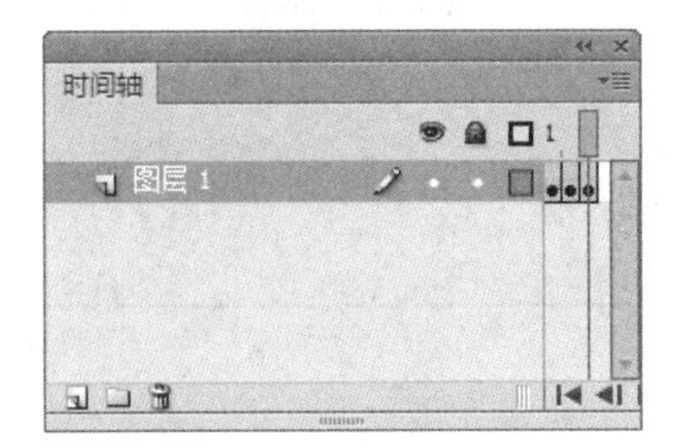

图 8-74　“时间轴”面板

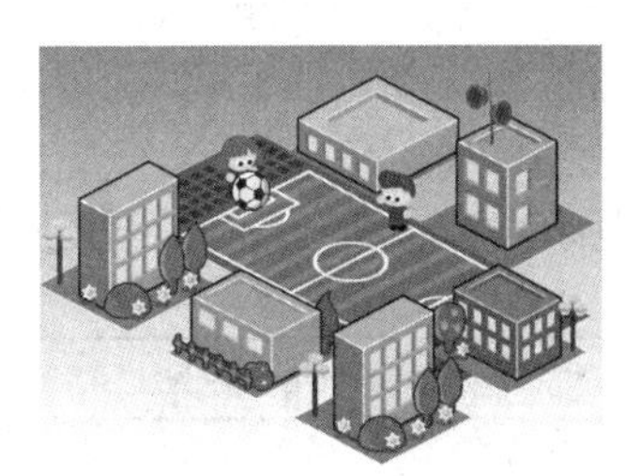

图 8-75　拖出元件

步骤 5 选中“图层 2”上的元件，执行“窗口>代码片段”命令，弹出“代码片段”面板，如图 8-76 所示。在“动画”文件夹中双击“水平动画移动”，设置实例名称，如图 8-77 所示。

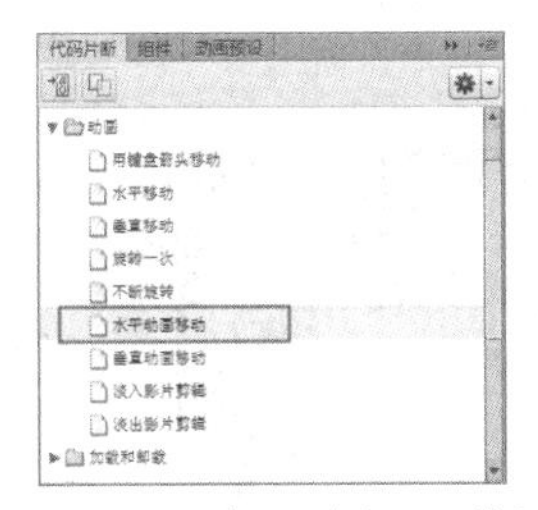

图 8-76　“代码片段”面板

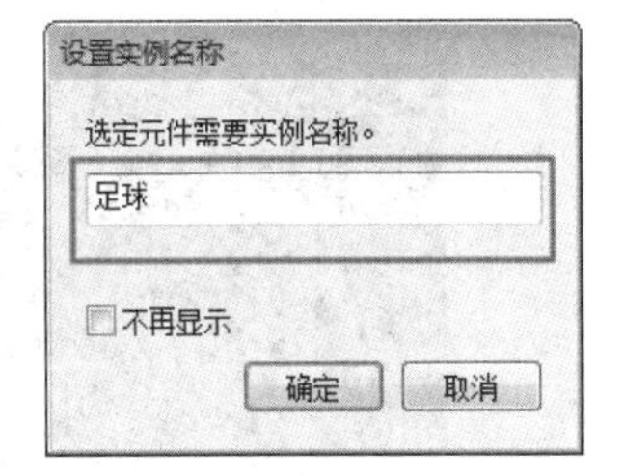

图 8-77　设置实例名称

步骤 6 单击“确定”按钮，脚本语言将自动添加至“动作”面板，如图 8-78 所示。

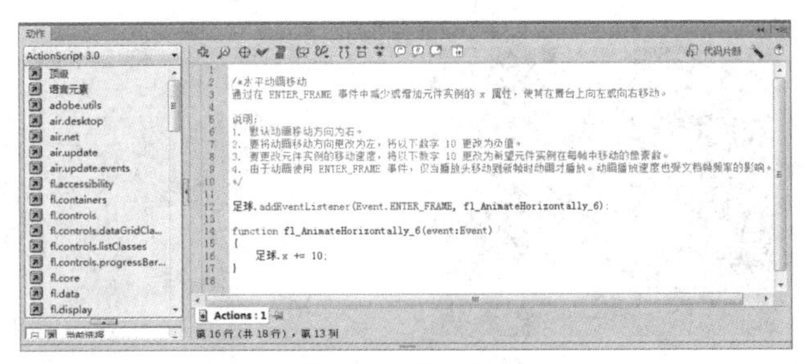

图 8-78　输入脚本

▶ 提示

ActionScript 3.0 脚本代码是一种面向对象的编程语言，使用 ActionScript3.0 可以创建丰富交互效果，它由两部分组成：核心语言和 Flash Player API。核心语言定义编程语言的基本构建块。

步骤 7 完成足球动画制作，保存动画，按下【Ctrl+Enter】组合键测试动画，效果如图 8-79 所示。

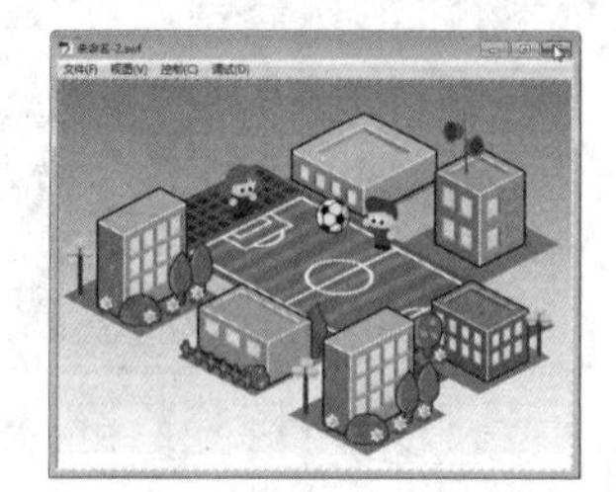
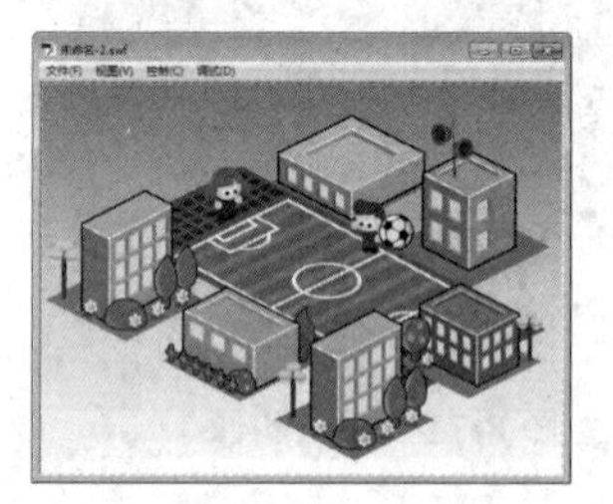

图 8-79　测试动画效果

提问：代码提示的作用是什么？

回答：当用户在 ActionScript 编辑区域输入一个关键字，程序编辑器会自动识别关键字及上下文环境，并自动弹出适用的属性和方法，甚至可以是属性和方法的参数列表，以供选择。此功能是针对“动作”面板标准模式而言的，对于脚本助手模式无效。

实例 154　淡出影片剪辑——淡出影片剪辑效果

源 文 件	光盘\源文件\第 8 章\实例 154.fla
视　　频	光盘\视频\第 8 章\实例 154.swf
知 识 点	按钮动画、逐帧动画
学习时间	10 分钟

1．打开素材 FLA 文档。

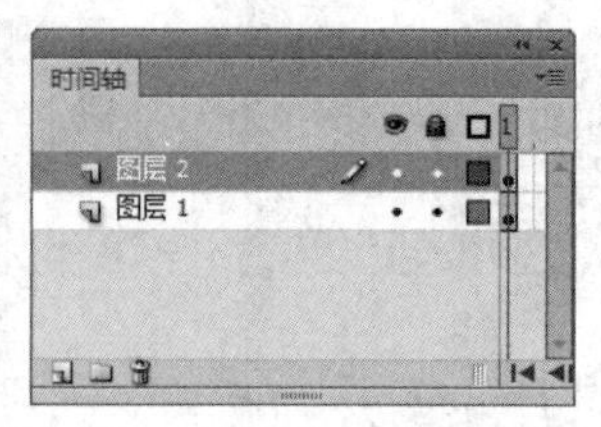

1．打开文档

2．选中“图层 2”中的“影片剪辑”元件，打开“代码片段”面板。

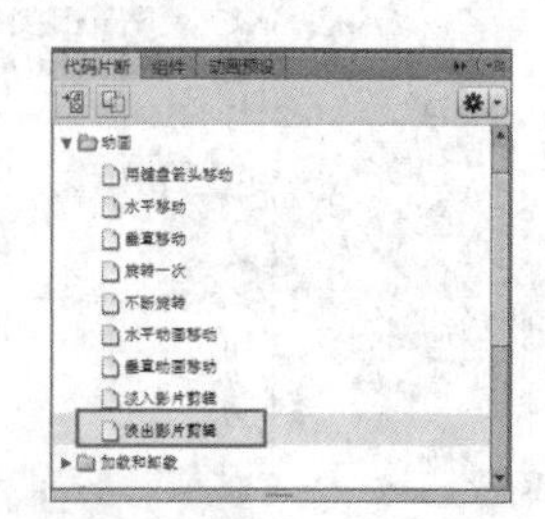

2．选择元件和“代码片段”面板

3．双击“淡出影片剪辑”，设置实例名称，添加脚本语言。

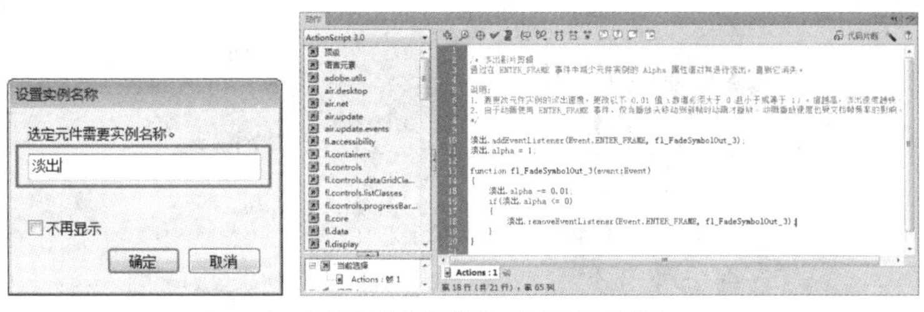

3．设置实例名称和“动作”面板

4．完成制作，测试动画效果。

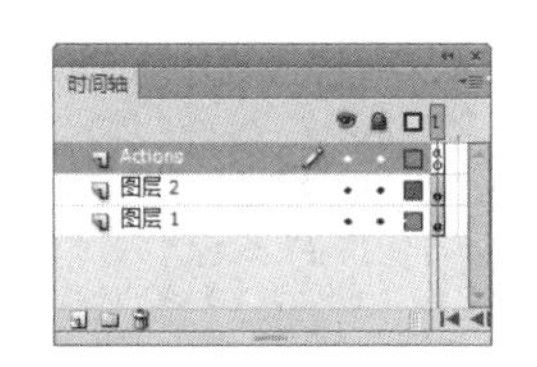

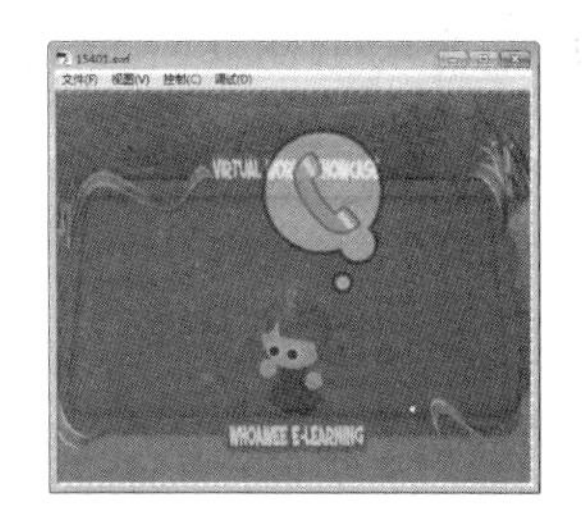

4．测试动画效果

实例总结

本实例通过添加“代码片段”实现动画淡出的效果，通过学习，可熟练掌握更多“代码片段”的作用。

实例 155　加载和卸载对象——加载库中图片

通过使用加载和卸载对象功能，可以轻松将外部图像、实例、SWF文件或文本内容加载到正在播放的 Flash 动画中，还可以使用卸载命令将其卸载。

实例分析

本实例使用“代码片段”面板中“加载和卸载对象”文件夹下的“单击以加载库中的图像”选项，制作案例效果。最终效果如图 8-80 所示。

图 8-80　最终效果

源 文 件	光盘\源文件\第 8 章\实例 155.fla
视　　频	光盘\视频\第 8 章\实例 155.swf
知 识 点	代码片段，逐帧动画
学习时间	10 分钟

知识点链接——为脚本中的变量命名时要注意什么？

命名规则不仅仅是为了让编写的代码符合语法，更重要的是增强自己代码的可读性，规范命名关系着整体的工作交流和效率。首先要使用英文单词命名变量，其次变量名越短越好，还要尽量避免变量名中出现数字编号。

操作步骤

步骤 1 执行“文件>新建”命令，新建一个大小为 550 像素×400 像素，“帧频”为 24fps，“背景颜色”为白色的 Flash 文档。

步骤 2 将图像“光盘\源文件\第 8 章\素材\15501.jpg”导入到场景中，如图 8-81 所示。新建“名称”

为“人物”的“图形”元件，选择“线条工具”，绘制图形，配合“选择工具”进行调整，如图 8-82 所示。

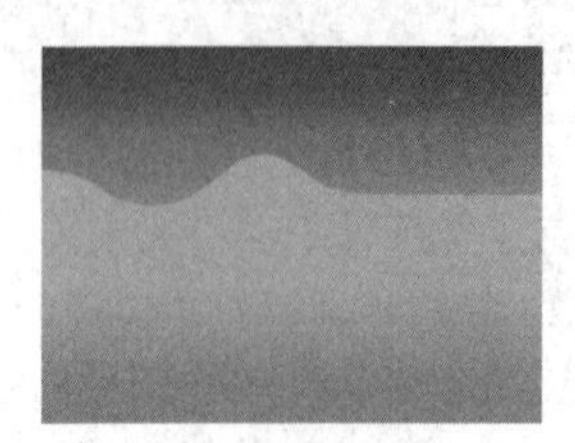

图 8-81　导入素材

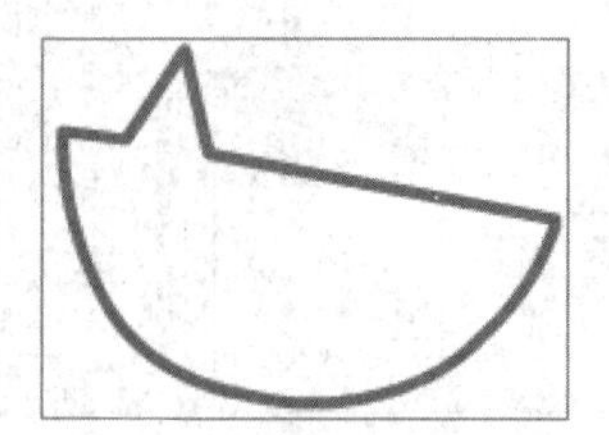

图 8-82　绘制并调整图形

步骤 3 设置“填充颜色”为#F4D4C9 并删除边缘线，选择“椭圆工具”，设置“笔触”为无，“填充颜色”为#F4D4C9，绘制圆形，如图 8-83 所示，新建图层，用相同的方法绘制其他图形，如图 8-84 所示。

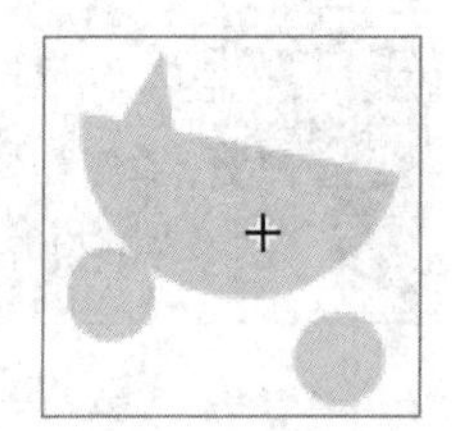

图 8-83　绘制图形 1

图 8-84　绘制图形 2

步骤 4 新建“名称”为“想像 1”的“图形”元件，将“人物”元件从“库”面板拖入场景中，新建“图层 2”，选择“线条工具”，使用以上相同的方法绘制图形，如图 8-85 所示。新建“图层 3”，用相同的方法绘制图形，如图 8-86 所示。

图 8-85　绘制图形 3

图 8-86　绘制图形 4

步骤 5 新建“名称”为“想像 2”的“图形”元件，用相同的方法制作图形，如图 8-87 所示。新建“名称”为“动画”的“影片剪辑”元件，将“人物”从“库”面板拖入场景中，在第 10 帧位置插入帧。

步骤 6 新建“图层 2”，在第 10 帧位置插入关键帧，将“想像 1”元件从“库”面板拖入场景中，在第 20 帧位置插入帧。新建“图层 3”，在第 20 帧位置插入关键帧，将“想像 2”元件从“库”面板拖入场景中，在第 30 帧位置插入帧，“时间轴”面板如图 8-88 所示。

图 8-87　绘制图形 5

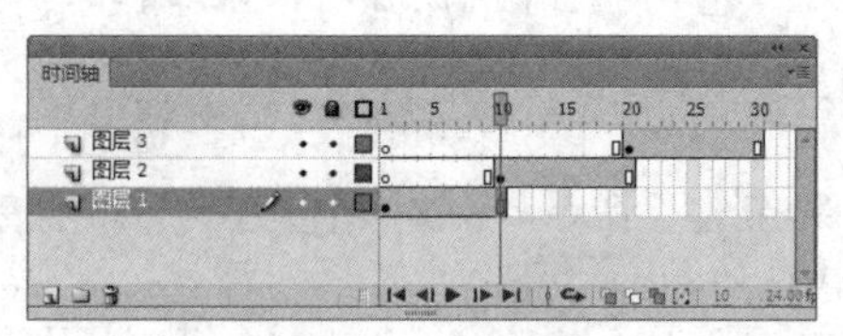

图 8-88　“时间轴”面板

步骤 7 返回“场景 1”，新建“图层 2”，将“动画”元件从“库”面板拖入场景中，如图 8-89 所示。执行“文件>导入>导入到库”命令，将图像“光盘\源文件\第 8 章\素材\15502.jpg”导入到库中，双击图像，弹出“位图属性”对话框，参数设置如图 8-90 所示。

图 8-89 拖出元件

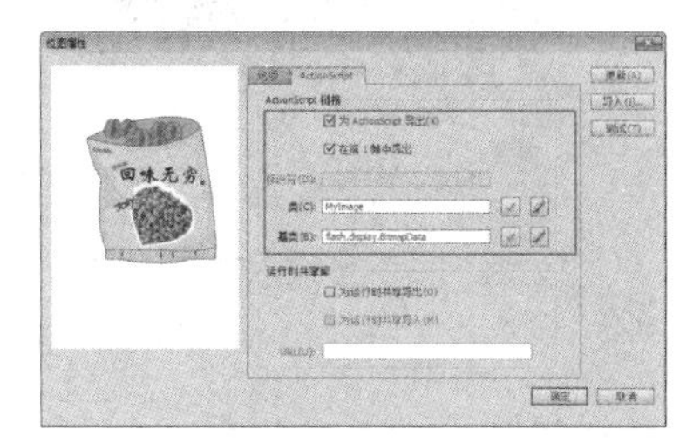

图 8-90 “位图属性”对话框

> ▶ **提示**
>
> 在“位图属性”对话框中要勾选“为 ActionScript 导出”以后才能设置类名称，输入的类名称为 MyImage，使图像与后面的脚本链接。

步骤 8 设置完成后单击“确定”按钮，弹出提示对话框，如图 8-91 所示。再次单击“确定”按钮，“库”面板如图 8-92 所示。

图 8-91 “ActionScript 类警告”对话框

图 8-92 “库”面板

步骤 9 选择“图层 2”上的元件，执行“窗口>代码片段”命令，打开“代码片段”面板，如图 8-93 所示。在“加载和卸载”文件夹中选择“单击以加载库中图像”选项，如图 8-94 所示。

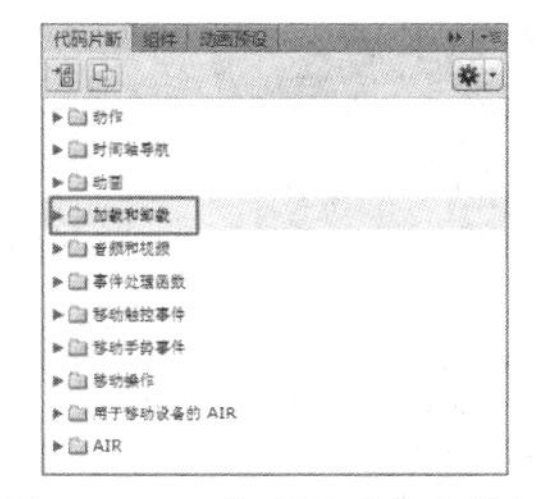

图 8-93 “代码片段”面板 1

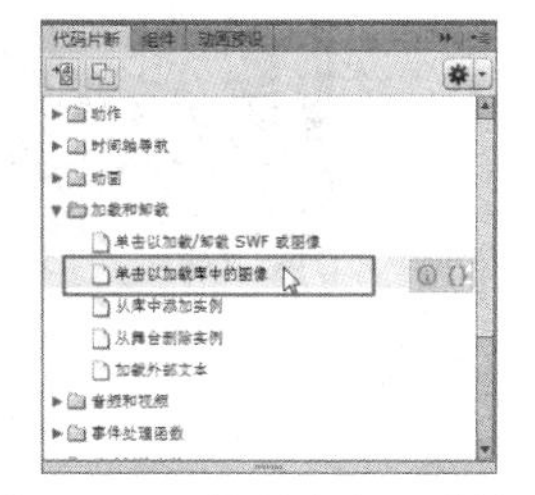

图 8-94 “代码片段”面板 2

步骤 10 双击“单击以加载库中的图像”，弹出“设置实例名称“对话框，输入名称，如图 8-95 所示。单击“确定”按钮，脚本语言将自动添加至“动作”面板，如图 8-96 所示。

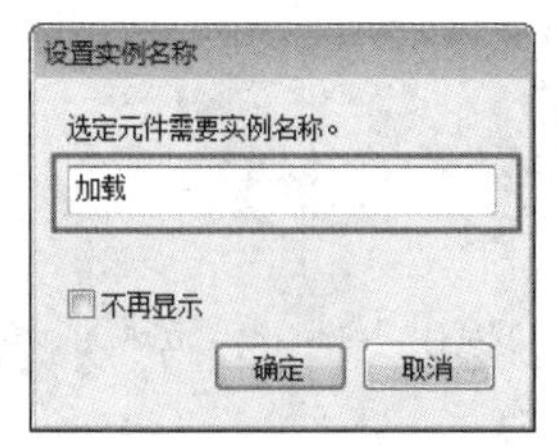

图 8-95 “设置实例名称”对话框

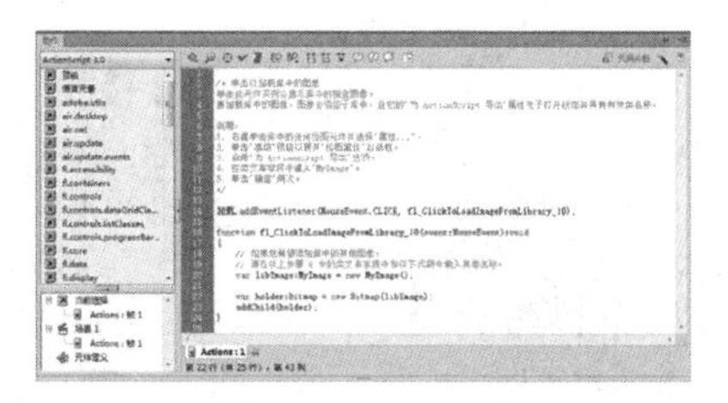

图 8-96 “动作”面板

步骤 11 完成加载动画的制作，保存动画，按下【Ctrl+Enter】组合键测试动画，效果如图 8-97 所示。

图 8-97　测试动画效果

提问：核心类和函数有什么作用？

回答：ActionScript 3.0 的顶级包所存放的类和函数是日常编程的基础，都是用户日常编程中经常要打交道的，顶级包中不仅包含了异常的共同父类 Error，还包括了常见的 10 种异常子类。

提问：如何使用类文件？

回答：在 ActionScript 3.0 中，想要使用任何一个类文件，必须先导入这个类文件所在的包。导入包是为了让编译器通过 import 语句准确指到用户要的类，而不需要使用完整路径，直接使用类名就可以。

实例 156　使用“Key Pressed 事件”——制作课件

源文件	光盘\源文件\第 8 章\实例 156.fla
视　频	光盘\视频\第 8 章\实例 156.swf
知识点	在此帧处停止、Key Pressed 事件
学习时间	10 分钟

1．打开一个 Fla 文件文档。

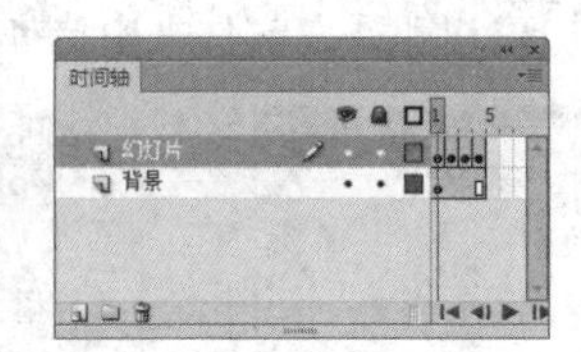

1．打开文档

2．打开“代码片段”，在“时间轴导航”文件夹中双击“在此帧处停止”。

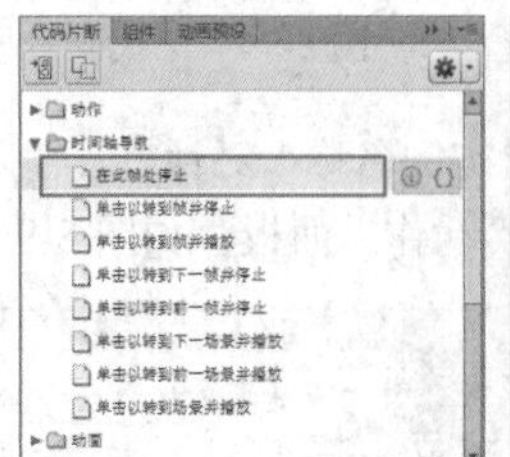
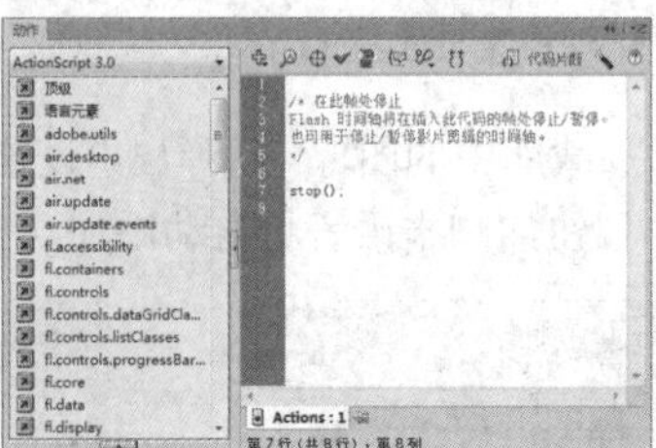

2．“代码片段”面板和“动作”面板 1

3．在“事件处理函数”文件夹中双击“Key Pressed 事件”。选中“输出代码”并删除，输入自定义代码。

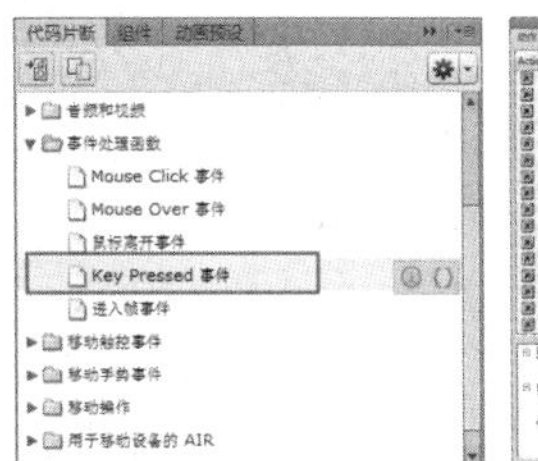

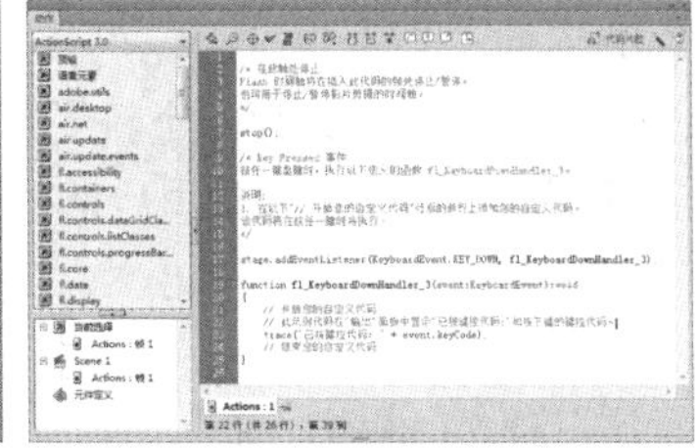

```
16
17  stage.addEventListener(KeyboardEvent.KEY_DOWN, fl_KeyboardDownHand
18
19  function fl_KeyboardDownHandler_3(event:KeyboardEvent):void
20  {
21      // 开始您的自定义代码
22      // 此示例代码在"输出"面板中显示"已按键控代码:"和按下键的键控代码。
23      trace("已按键控代码: " + event.keyCode);
24      // 结束您的自定义代码
25  }
26
```

```
17  stage.addEventListener(KeyboardEvent.KEY_DOWN, fl_KeyboardDownHand
18
19  function fl_KeyboardDownHandler_3(event:KeyboardEvent):void
20  {
21      // 开始您的自定义代码
22      // 此示例代码在"输出"面板中显示"已按键控代码:"和按下键的键控代码。
23      nextFrame();
24      // 结束您的自定义代码
25  }
```

3．“代码片段”面板和“动作”面板 2

4．完成动画的制作，测试动画效果。

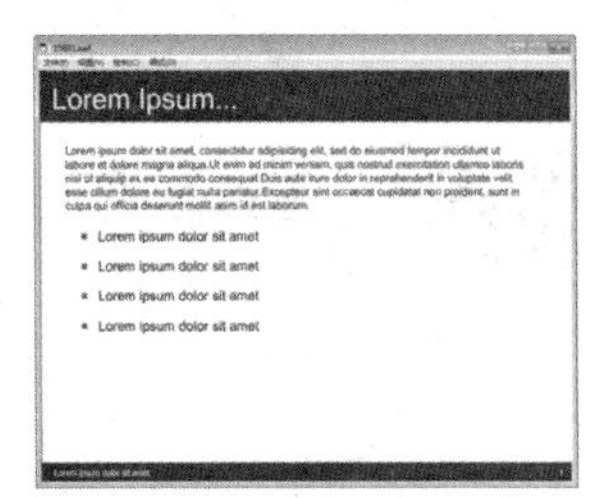

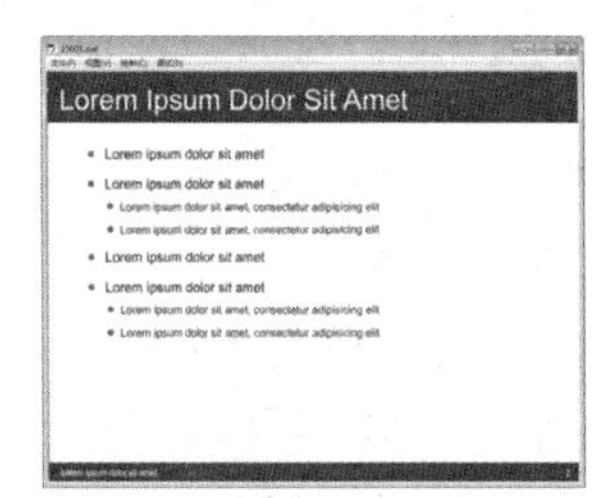

4．测试动画效果

实例总结

本实例通过添加“代码片段”制作课件的效果，通过学习掌握更多添加“代码片段”的用途。

实例 157　使用 ActionScript 3.0——控制元件坐标

通过设置元件“实例名称”和新建 ActionScript 文件实现脚本的调用，完成动画效果的制作。

实例分析

本实例首先设置元件“实例名称”，然后再通过新建 ActionScript 文件脚本调用函数，实现动画效果，最终效果如图 8-98 所示。

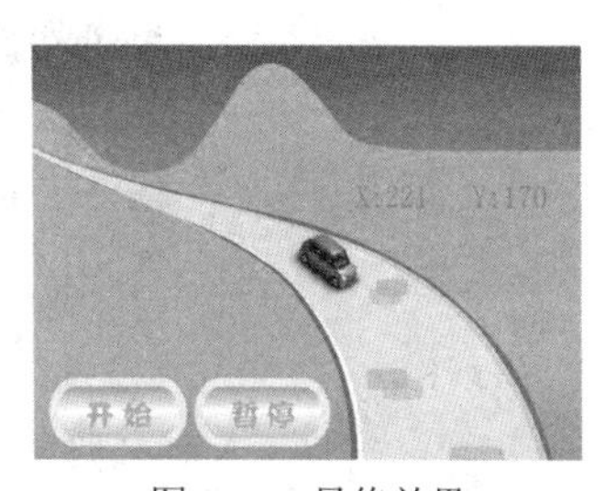

图 8-98　最终效果

源 文 件	光盘\源文件\第 8 章\实例 157.fla
视　　频	光盘\视频\第 8 章\实例 157.swf
知 识 点	传统补间动画、添加运动引导层、脚本链接
学习时间	10 分钟

知识点链接——什么是构造函数？

用户在使用一个对象前，往往需要初始化这个新生的对象状态。一个类中只要含有构造函数，那么编译器会负责这个对象，再调用这个函数，完成用户指定的初始化动作。

操作步骤

步骤 1 执行“文件>新建”命令，新建一个大小为 550 像素×400 像素，“帧频”为 12fps，“背景颜色”为白色的 Flash 文档。

步骤 2 将“光盘\源文件\第 8 章\素材\15701.png”导入到场景中，在第 80 帧位置插入帧，如图 8-99 所示，新建“图层 2”，将“光盘\源文件\第 8 章\素材\15702.png”导入到场景中，按【F8】键，将其转换为“名称”为“汽车”的“影片剪辑”元件，如图 8-100 所示。

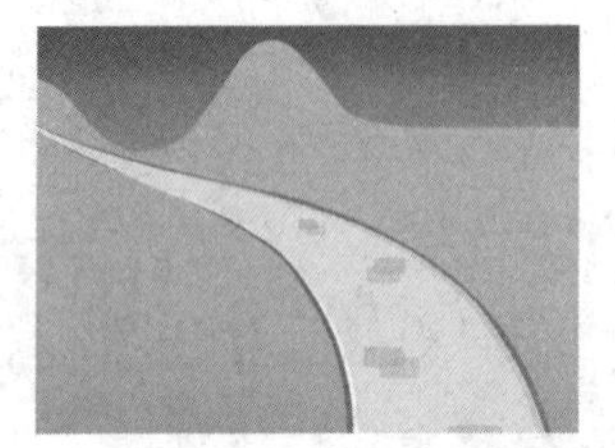

图 8-99　导入素材

图 8-100　导入素材

步骤 3 在“属性”面板中设置“实例名称”为 mc，如图 8-101 所示。在“图层 2”上单击鼠标右键，在弹出的快捷菜单中选择“添加传统运动引导层”命令，使用“线条工具”绘制线条，配合“选择工具”进行调整，如图 8-102 所示。

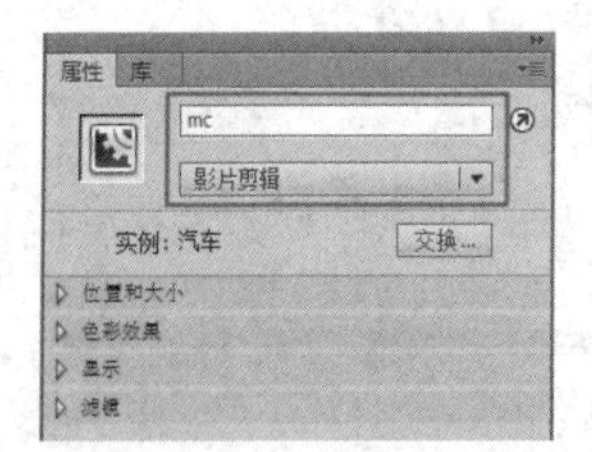

图 8-101　设置实例名称

图 8-102　添加引导线

步骤 4 选择“图层 2”上的第 1 帧元件，将元件的中心点与线条对齐，如图 8-103 所示。在第 40 帧位置插入关键帧，移动元件至图 8-104 所示位置并对齐中心点。

图 8-103　对齐中心点

图 8-104　移动元件并对齐中心点

步骤 5 在第 80 帧位置插入关键帧，移动元件并对齐中心点，在第 1 帧和第 40 帧位置创建传统补间动画，如图 8-105 所示。

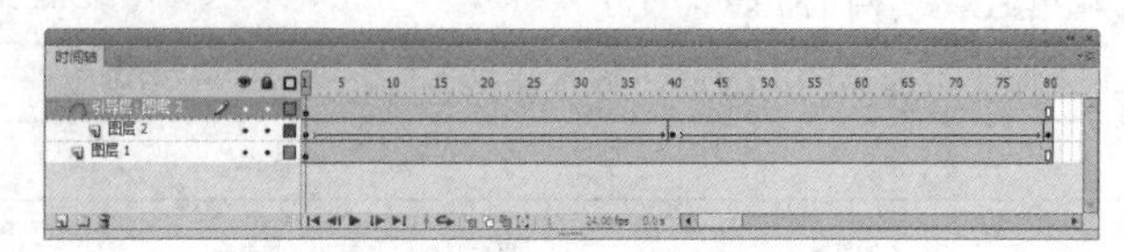

图 8-105　“时间轴”面板

步骤 6 新建“名称”为“开始”的“按钮”元件，使用“文本工具”和“矩形工具”制作出“开始”元件，如图 8-106 所示。使用相同的方法制作出“暂停”元件，如图 8-107 所示。

图 8-106　“开始”元件

图 8-107　“暂停”元件

> ▶ 提示
>
> 制作按钮元件时，首先使用“矩形工具”，在“属性”面板中设置各项，然后绘制矩形，再新建图层，使用“文本工具”输入文字，插入关键帧，制作按钮。

步骤 7 返回“场景 1”，新建“图层 4”，将“开始”元件从“库”面板拖入场景中，如图 8-108 所示。在“属性”面板的“实例名称”中输入名称为 btn1，如图 8-109 所示。

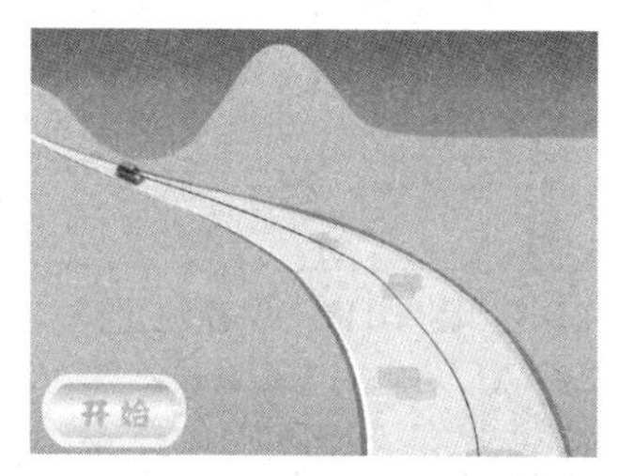

图 8-108　拖出元件

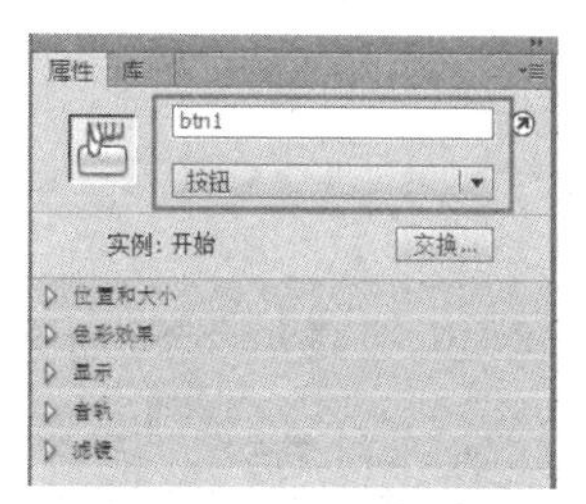

图 8-109　设置实例名称

步骤 8 新建“图层 5”，将“暂停”元件从“库”面板拖入场景中，如图 8-110 所示。设置“实例名称”为 btn2，如图 8-111 所示。

图 8-110　拖出元件

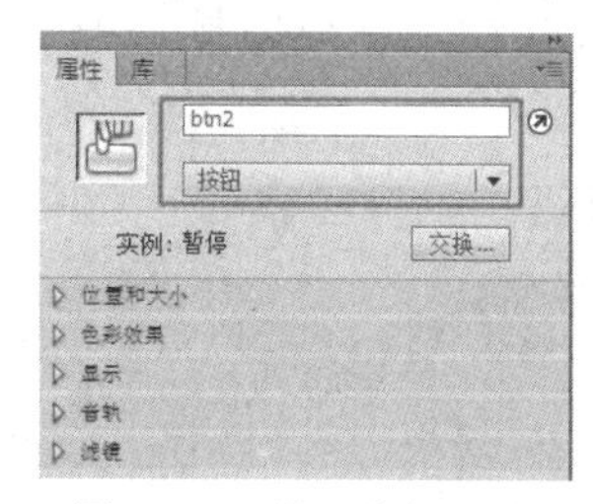

图 8-111　设置实例名称

步骤 9 新建“图层 6”，选择“文本工具”，在“属性”面板上设置文本属性，在场景中单击鼠标，拖曳出文本框，如图 8-112 所示，并设置文本框“实例名称”为 t_txt，如图 8-113 所示。

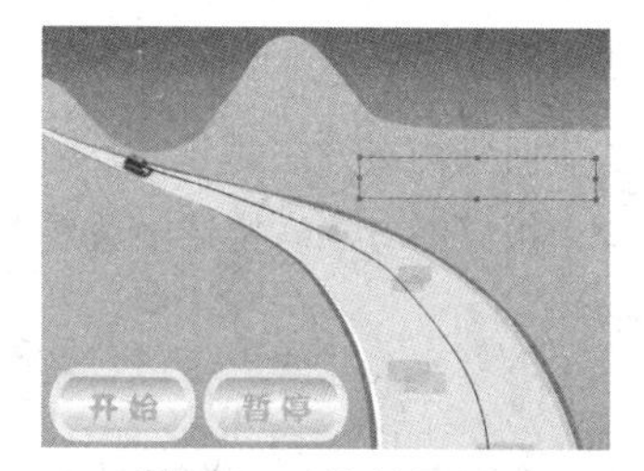

图 8-112　绘制文本框

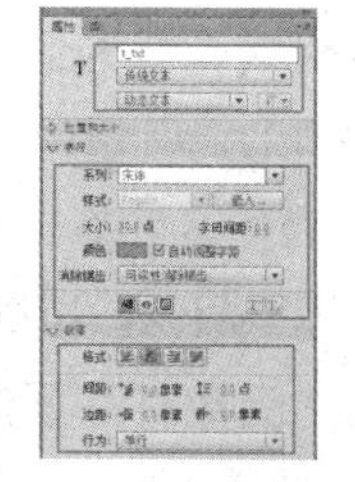

图 8-113　“属性”面板

步骤 10 在“属性”面板的“类”文本框中输入 MainTimeLine，如图 8-114 所示。执行“文件>新建”命令，弹出“新建文档”对话框，选择“ActionScript 文件”，如图 8-115 所示。

图 8-114 “属性”面板

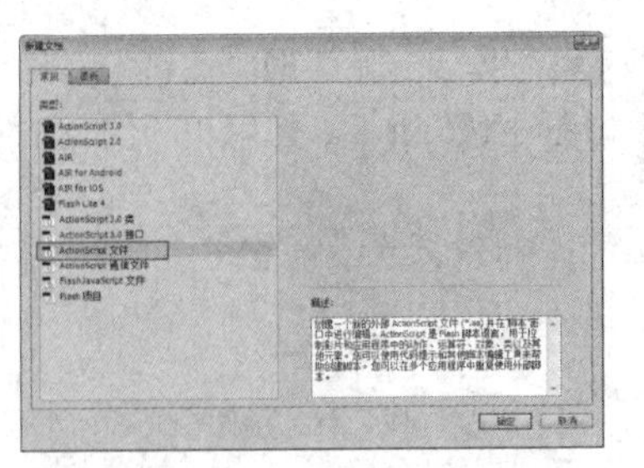

图 8-115 “新建文档”对话框

步骤 11 在场景中输入图 8-116 所示的脚本语言，将其保存为 MainTimeLine.as，位置与“实例 157.fla”目录相同，如图 8-117 所示。

图 8-116 新建 ActionScript 文件

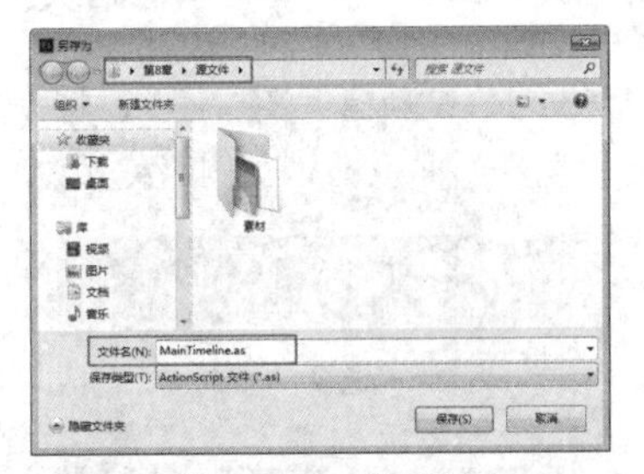

图 8-117 保存位置

▶ 提示

由于 MainTimeLine.as 文件脚本过长，在插图中没有完整显示出来，有关该文件的详细脚本请参看相应的源文件。

步骤 12 完成控制元件坐标动画的制作，保存动画，按下【Ctrl+Enter】组合键测试动画，效果如图 8-118 所示。

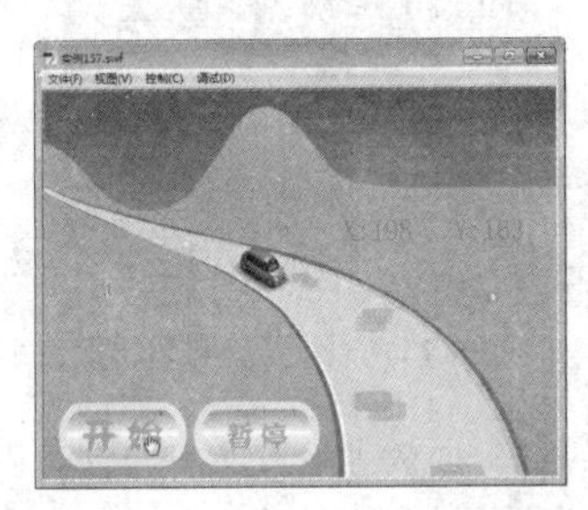

图 8-118 测试动画效果

提问：如何声明编译器构造函数在哪里？

回答：编译器必须明确知道哪一个方法是构造方法，而且构造方法的名字不应与其他类成员的名字重复，所以将构造函数的名字命名为与类名称一致是一个很好的方法。构造函数要以大写字母开头，而类成员都不会以大写字母开头，所以就没有了重名的冲突。

提问：使用构造函数时需要注意什么？

回答：如果在口类中没有定义构造函数，那么编译时会自动生成一个默认的空的构造函数，而且构造函数不支持重载。构造函数可以有参数，通过为构造函数传入参数来初始化成员是最常见的做法。

实例 158　使用 ActionScript3.0——实现鼠标跟随

源 文 件	光盘\源文件\第 8 章\实例 158.fla
视　　频	光盘\视频\第 8 章\实例 158.swf
知 识 点	输入脚本、设置链接
学习时间	10 分钟

1．新建文件，导入图像素材。新建一个“影片剪辑”元件，制作不同颜色的星星效果。

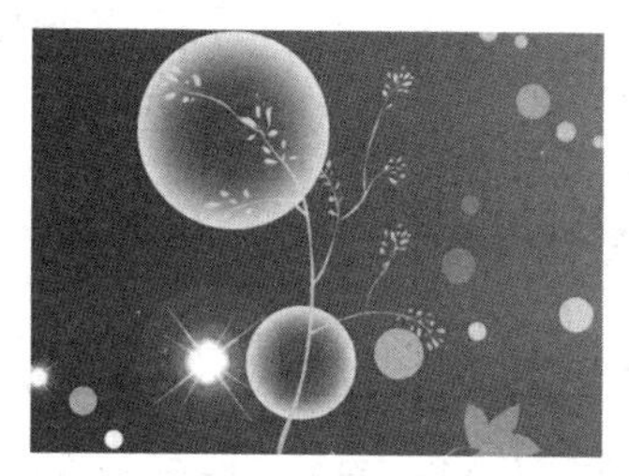
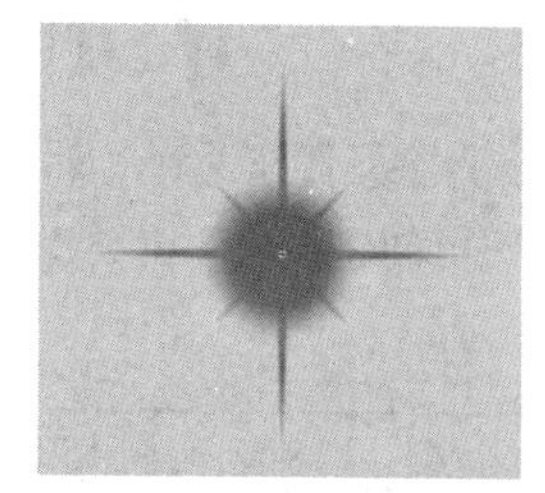

1．导入素材并制作星星

2．在“影片剪辑”元件的“元件属性”面板中设置链接。

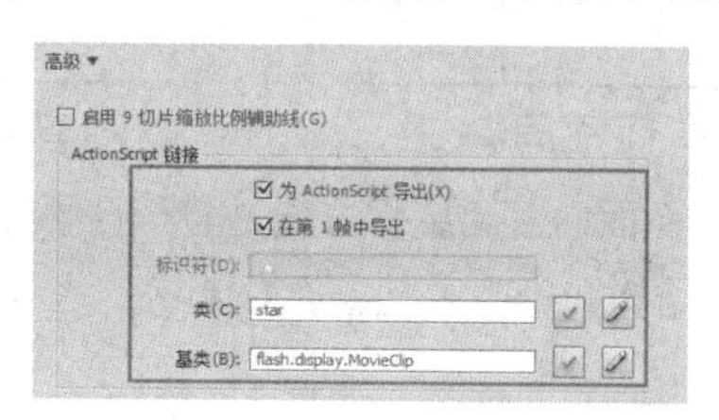

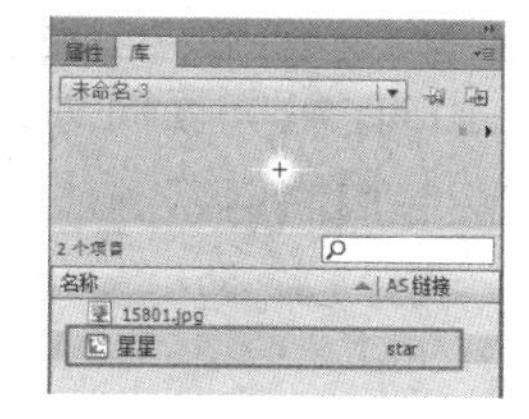

2．设置链接

3．在场景中新建图层，输入脚本，实现元件复制效果和“影片剪辑”跟随鼠标移动的效果。

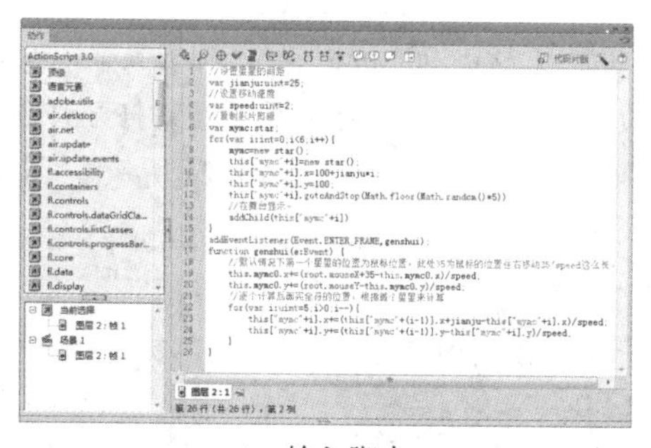

3．输入脚本

4．完成动画制作，测试动画效果。

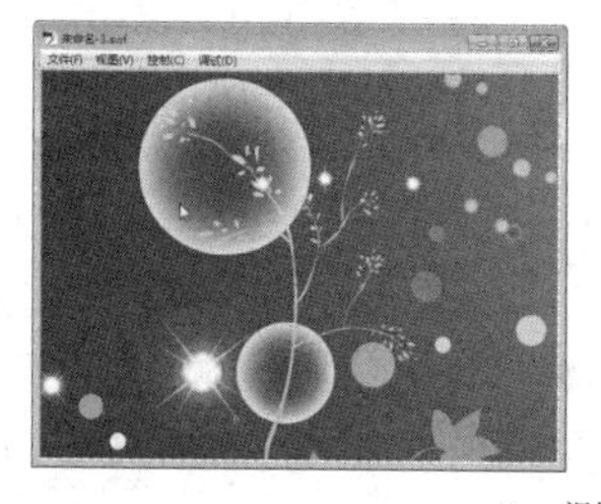
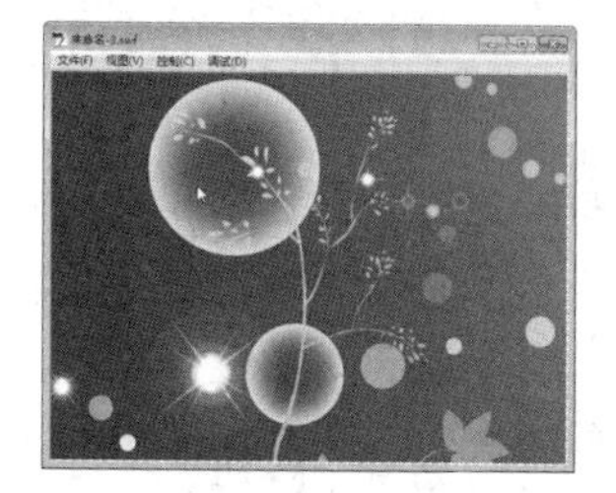

4．测试动画效果

实例总结

本实例主要使用 ActionScript3.0 中常用的脚本参数来实现鼠标跟随动画效果，通过学习用户要掌握这些常用的表现方法，并能够充分地理解与运用。

实例 159 使用 ActionScript 3.0——飘雪动画

使用脚本创建动画固然很好，但是在以特效为主的 Flash 动画中，脚本与动画的配合才是更重要的，通过为元件命名“类”和在“动作”面板中输入脚本，可以控制需要实现的动画效果。

图 8-119 最终效果

实例分析

本实例通过外部元素将元件拖入到“库”面板中，然后为“库”面板中的元件命名“类”，再创建脚本调用类元件，实现雪花飞舞的效果，最终效果如图 8-119 所示。

源 文 件	光盘\源文件\第 8 章\实例 159.fla
视 频	光盘\视频\第 8 章\实例 159.swf
知 识 点	传统补间、添加传统运动引导层、设置链接、输入脚本
学习时间	10 分钟

知识点链接——面向过程与面向对象编程有何不同？

面向过程编辑方法是将程序看成一个个步骤，而面向对象编程方法是将程序看成一个个具有不同功能的部件在协同工作，类就是描述这些部件的数据结构和行为方式，而对象就是这些具体的部件。

操作步骤

步骤 1 执行“文件>新建”命令，新建一个大小为 550 像素×400 像素，“帧频”为 18fps，“背景颜色”为白色的 Flash 文档。

步骤 2 将“光盘\源文件\第 8 章\素材\15901.png”导入到场景中，如图 8-120 所示。新建“名称”为“雪花”的“图形”元件，单击“椭圆工具”按钮，打开“颜色”面板，设置“笔触”为无，颜色为从白色到透明的“径向渐变”，如图 8-121 所示。

图 8-120 导入素材

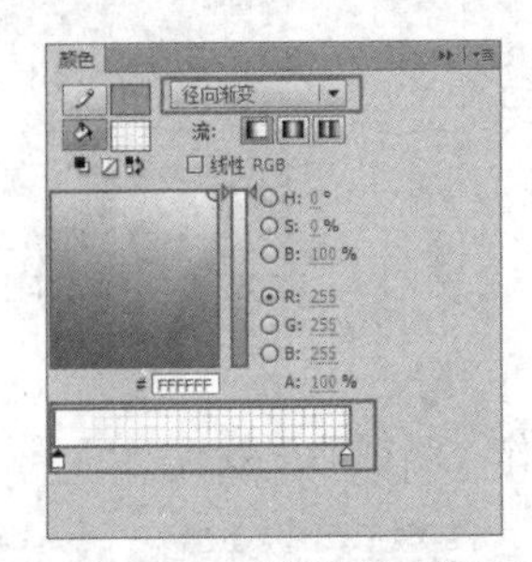

图 8-121 “颜色”面板

步骤 3 绘制图 8-122 所示图形。新建“名称”为“雪花动画”的“影片剪辑”元件，将“雪花”元件从“库”面板拖入场景中，在第 50 帧位置插入关键帧。

步骤 4 在“图层 1”名称上单击鼠标右键，在弹出的菜单中选择“添加传统运动引导层”命令，选择“钢笔工具”绘制线条并进行调整，如图 8-123 所示。

步骤 5 选择“图层 1”上的元件，将元件的中心点调整到引导线开始位置，如图 8-124 所示。将第 50 帧上的元件的中心点调整到引导线结束位置，如图 8-125 所示。

图 8-122　绘制图形

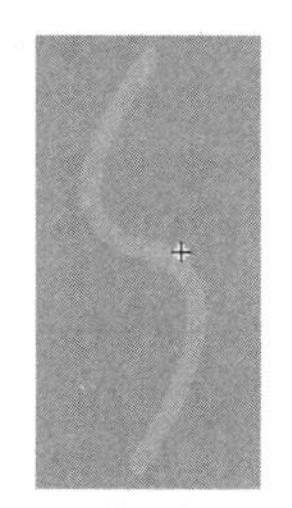

图 8-123　绘制引导线

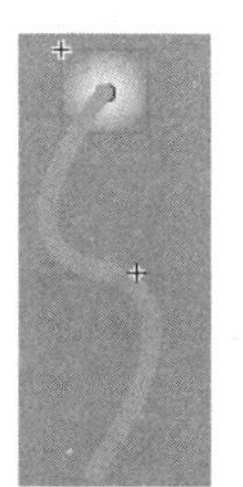

图 8-124　对齐中心点 1

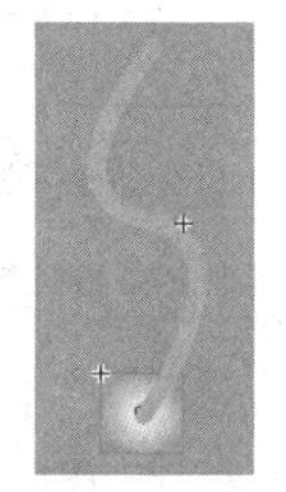

图 8-125　对齐中心点 2

步骤 6 返回“场景 1”，在“库”面板中“飘雪动画”元件上单击鼠标右键，在弹出的菜单中选择“属性”命令，在“元件属性”对话框中展开“高级”选项，参数设置如图 8-126 所示。“库”面板如图 8-127 所示。

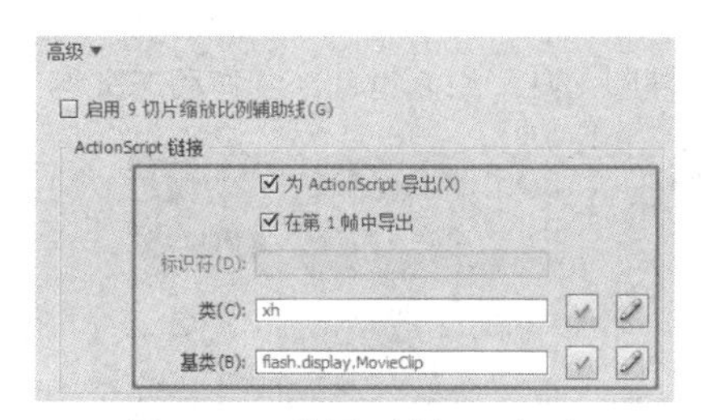

图 8-126　设置“高级”选项

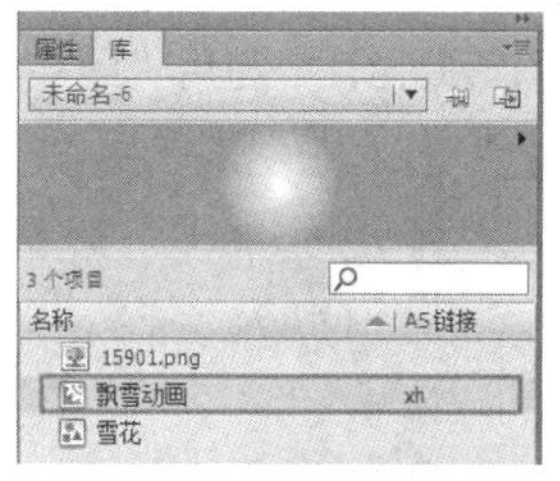

图 8-127　“库”面板

步骤 7 新建“图层 2”，按【F9】键打开“动作”面板，输入脚本，如图 8-128 所示。完成动画的制作，保存动画，按下【Ctrl+Enter】组合键测试动画，效果如图 8-129 所示。

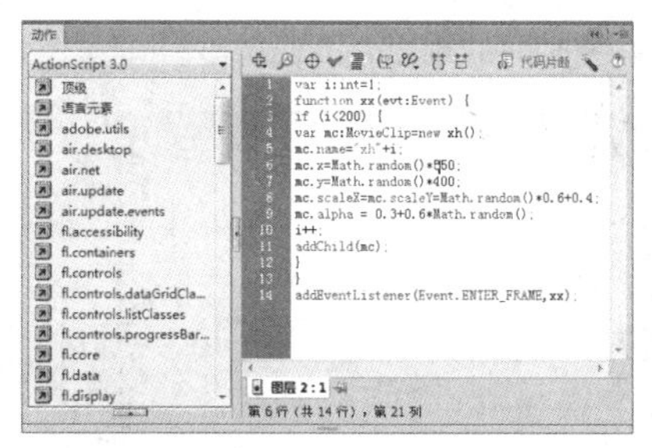

图 8-128　输入脚本

图 8-129　测试动画效果

▶ 提示

此脚本的含义是通过循环语句创建出 200 个雪花元件效果，并且控制元件的范围、透明度和大小。

提问：如何将类一次性全部导入？

回答：可以使用通用符“*”一次性导入 flash.text.包中所有的类：import flash.text.*；不建议一次性导入所有类。而是使用 import 语句依次导入，以便对类的调用一目了然。

实例 160　使用 ActionScript 3.0——时钟动画

源 文 件	光盘\源文件\第 8 章\实例 160.fla
视　　频	光盘\视频\第 8 章\实例 160.swf
知 识 点	输入脚本、设置链接
学习时间	10 分钟

1．新建 Flash 文档，将图像素材导入到场景中。

1．导入素材

2．新建“图形”元件，使用“线条工具”和“椭圆工具”绘制指针，制作动态文本。

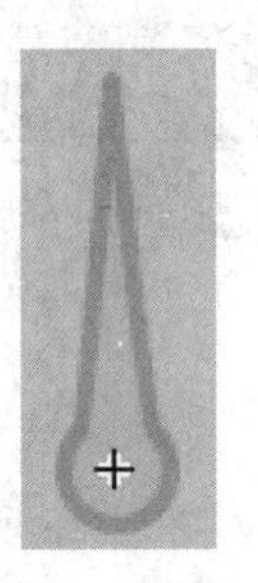

2．绘制图形并制作文本

3．设置动态文本的实例名称，输入脚本，实现系统时间的调用。

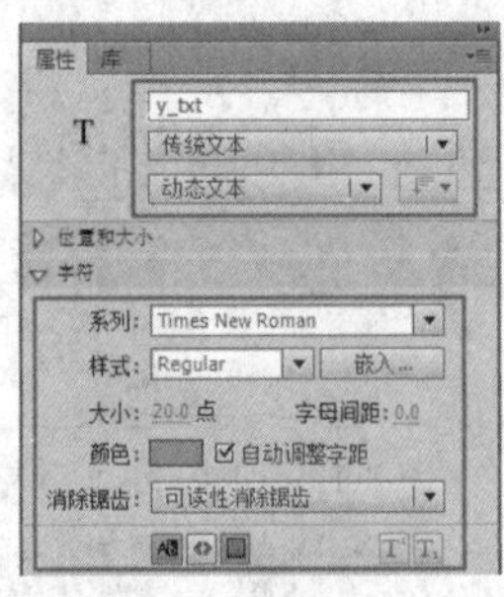

3．设置实例名称和输入脚本

4．返回场景，新建图层，拖出动画，完成制作，测试动画效果。

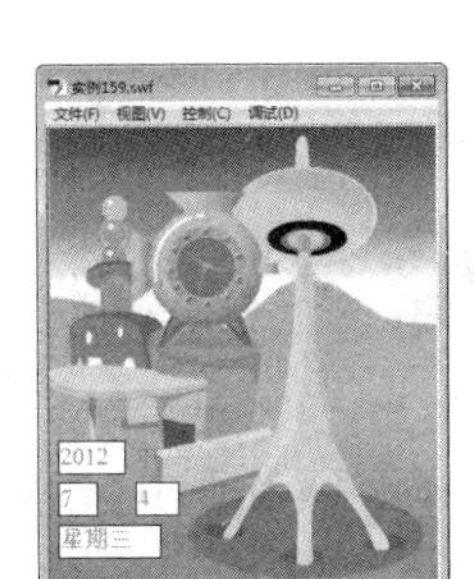

4．测试动画效果

实例总结

本实例中通过脚本与传统 Flash 动画结合制作出时钟效果。通过学习读者要了解元件通过绑定的方式与脚本结合在一起实现效果的方法，并能够运用到实际操作中。

第 9 章　商业综合实例

本章将综合使用 Flash 的各种功能制作各种商业案例动画，读者通过本章内容，要充分理解 Flash 动画制作的原理，并应用到实际的动画项目中，使自己的动画制作技术进一步提高。

实例 161　综合动画——制作可爱小孩

在 Flash 动画制作中，场景和角色是组成动画的基本部分，一些辅助性的场景也是每个动画的组成部分。

图 9-1　最终效果

实例分析

本实例使用逐帧动画、传统补间动画、引导层、补间形状动画和脚本等多种技术综合制作动画，最终效果如图 9-1 所示。

源 文 件	光盘\源文件\第 9 章\实例 161.fla
视　　频	光盘\视频\第 9 章\实例 161.swf
知 识 点	“动作”面板、传统补间等
学习时间	20 分钟

知识点链接——“逐帧动画”的特点

逐帧动画的特点是每一帧都是关键帧，适合于表现很细腻的动画，所以逐帧动画文件都比较大。

操作步骤

步骤 1 执行“文件>新建”命令，新建一个大小为 550 像素×400 像素，“帧频”为 12fps，“背景颜色”为#666666 的 Flash 文档。

步骤 2 执行“插入>新建元件”命令，新建“名称”为“小孩 1”的“图形”元件，执行“文件>导入>导入到舞台”命令，将图像“光盘\源文件\第 9 章\素材\16102.png”导入舞台，如图 9-2 所示。

步骤 3 新建“名称”为 “小孩 2”的“图形”元件，并将图像“光盘\源文件\第 9 章\素材\16103.png”导入舞台，如图 9-3 所示。

图 9-2　导入素材 1

图 9-3　导入素材 2

步骤 4 用相同的方法新建元件并导入其他素材，如图 9-4 所示。

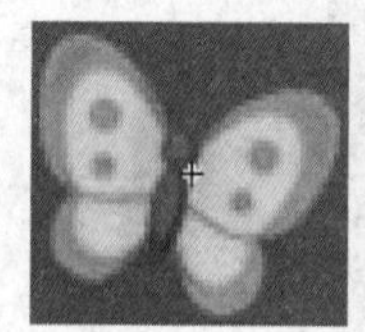
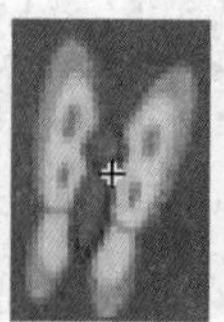

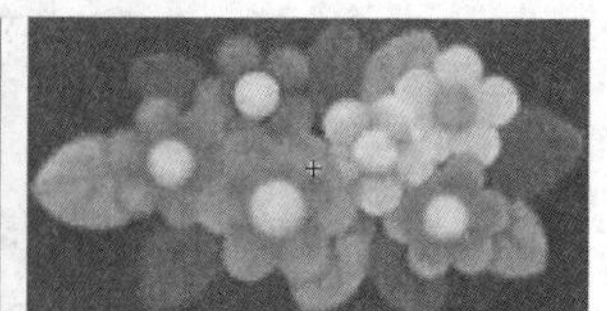

图 9-4　导入素材 3

步骤 5 “库”面板如图 9-5 所示。新建“名称”为“小孩动画”的“影片剪辑”元件，将“小孩 1”元件从“库”面板拖入场景中，在第 20 帧位置插入关键帧，将“小孩 2”元件从“库”面板拖入场景中，在第 25 帧位置插入帧，“时间轴”面板如图 9-6 所示。

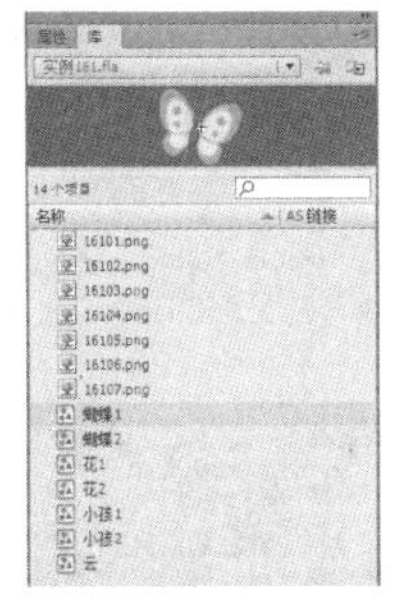

图 9-5　“库”面板

图 9-6　“时间轴”面板

> ▶ 提示
>
> 此处在第 20 帧位置插入关键帧是为了减少动画的播放频率，在 25 帧位置插入帧是为了延缓小孩闭眼的时间。

步骤 6 使用相同的方法完成“花动画”和“蝴蝶动画 1”的制作，“时间轴”面板如图 9-7 所示。

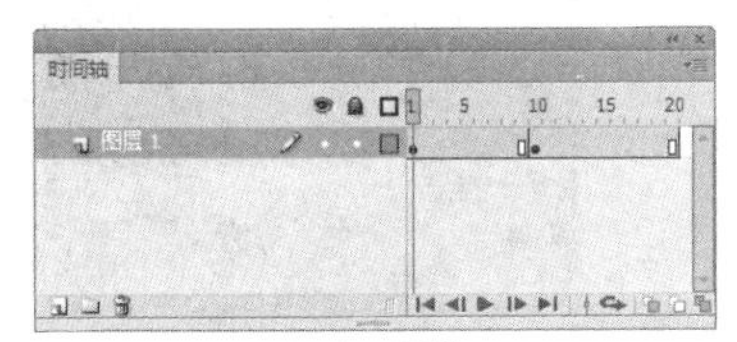

花动画制作

蝴蝶动画制作

图 9-7　“时间轴”面板

步骤 7 新建“名称”为“蝴蝶动画 2”的“影片剪辑”元件，将“蝴蝶动画 1”元件从“库”面板拖入场景中，在第 60 帧位置插入关键帧，在“图层 1”名称上单击鼠标右键，在弹出的菜单中选择“添加传统运动引导层”命令。

步骤 8 使用“钢笔工具”绘制路径并进行调整，如图 9-8 所示。分别选择第 1 帧和第 60 帧上的“蝴蝶动画”元件，将中心点对齐至引导线，如图 9-9 所示。

图 9-8　绘制路径

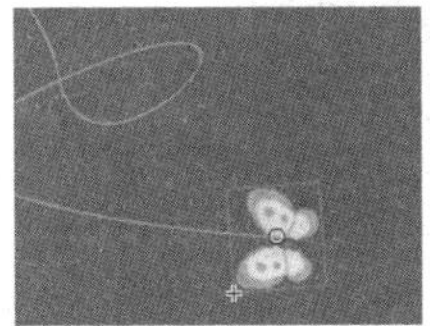

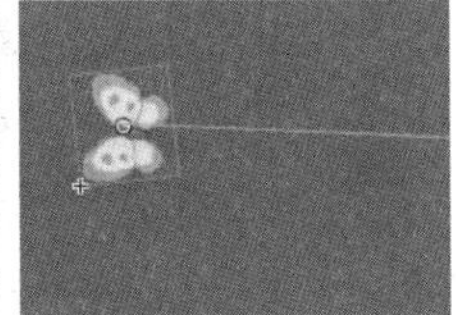

图 9-9　对齐中心点

步骤 9 在第 1 帧位置创建传统补间动画，在中间位置分别插入关键帧，对“蝴蝶”进行旋转，“时间轴”面板如图 9-10 所示。

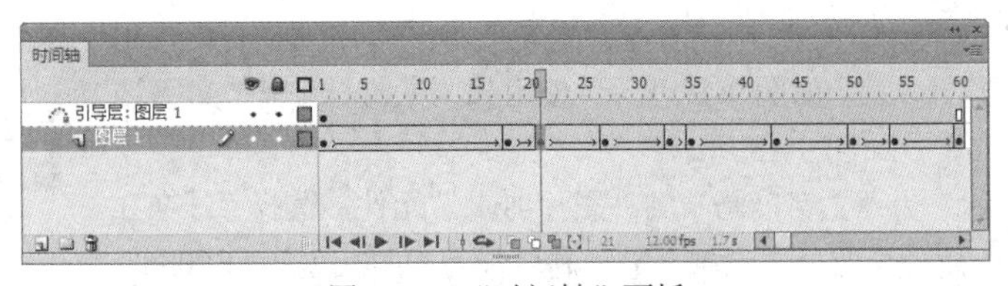

图 9-10　“时间轴”面板

▶ 提示

此处在中间很多位置插入关键帧，旋转“蝴蝶”是因为此引导线是螺旋线，使动画效果更加自然流畅。

步骤 10 使用步骤 7 的方法制作“蝴蝶动画 3”飞行效果，场景效果如图 9-11 所示，“时间轴”面板如图 9-12 所示。

图 9-11 场景效果

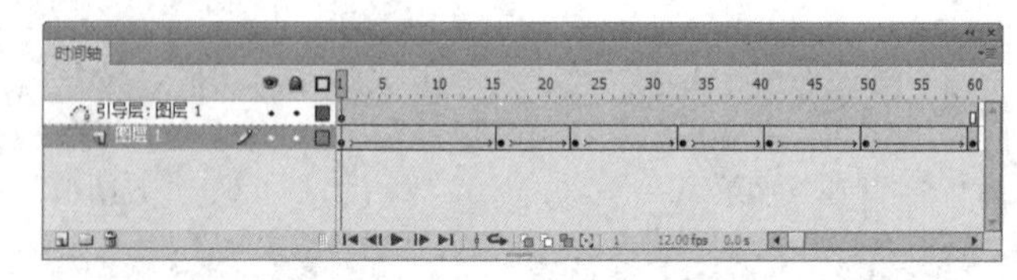

图 9-12 “时间轴”面板

步骤 11 返回“场景 1”，将“小孩动画”元件从“库”面板拖入场景中，场景效果如图 9-13 所示，新建“图层 2”，将“花动画”元件从“库”面板拖入场景中，场景效果如图 9-14 所示。

图 9-13 场景效果 1

图 9-14 场景效果 2

步骤 12 分别新建图层，使用相同的方法将“蝴蝶动画 1”、“蝴蝶动画 2”和“蝴蝶动画 3”元件从“库”面板拖入场景中，场景效果如图 9-15 所示。新建“名称”为“文字 1”的“图形”元件，选择“文本工具”，在“属性”面板中设置参数，如图 9-16 所示。

图 9-15 场景效果 3

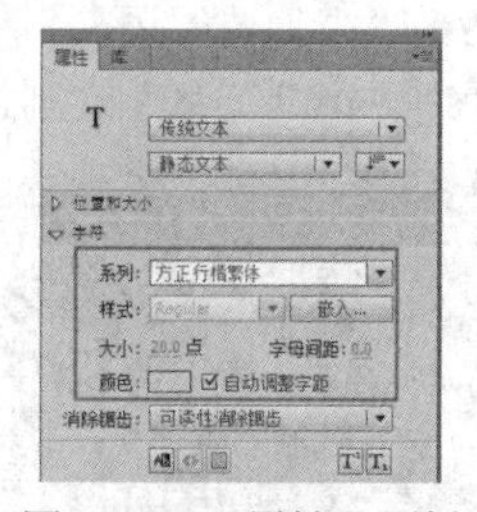

图 9-16 “属性”面板

▶ 提示

在拖入“花动画”、“云”和“蝴蝶”时元件是重复使用的，所以要对其中的一些元件进行旋转并调整大小和位置。

步骤 13 在舞台中输入文字，如图 9-17 所示。使用相同的方法制作“文字 2”和“文字 3”，如图 9-18 所示。

图 9-17 文字效果 1

步骤 14 新建“名称”为“文字动画”的“影片剪辑”元件，选择“线条工具”，在“属性”面板中设置“笔触高度”为 6，颜色为#FF0066，如图 9-19 所示。在舞台中绘制线条，如图 9-20 所示。

图 9-18　文字效果 2

图 9-19　“属性”面板

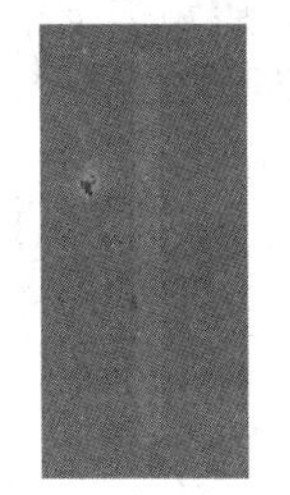

图 9-20　绘制线条

步骤 15 新建“图层 2”，将“文字 1”元件从“库”面板拖入场景中，如图 9-21 所示。在第 15 帧位置插入关键帧，调整文字大小，如图 9-22 所示。在第 1 帧位置创建传统补间动画，在第 50 帧位置插入帧。

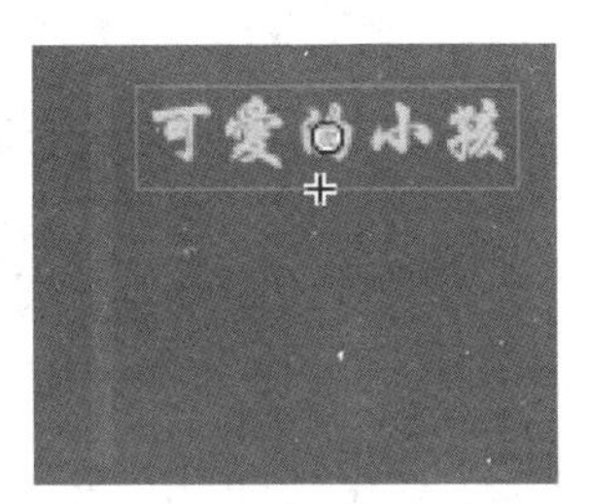

图 9-21　拖入文字

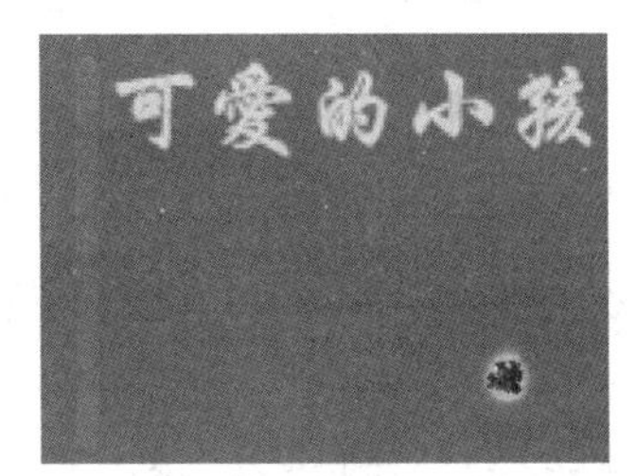

图 9-22　调整文字大小

步骤 16 在“图层 1”第 60 帧位置按【F5】键插入帧，新建“图层 3”，在第 20 帧位置插入关键帧，将“文字 2”从“库”面板拖入场景中，在第 30 帧位置插入关键帧，调整元件大小，如图 9-23 所示。在第 20 帧位置创建传统补间动画，如图 9-24 所示。

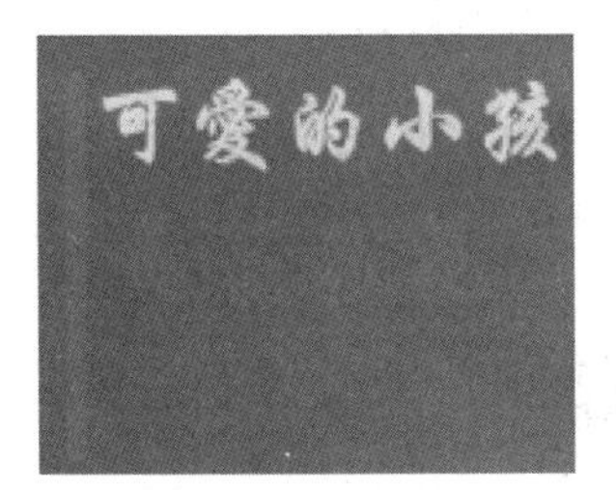

图 9-23　调整文字大小

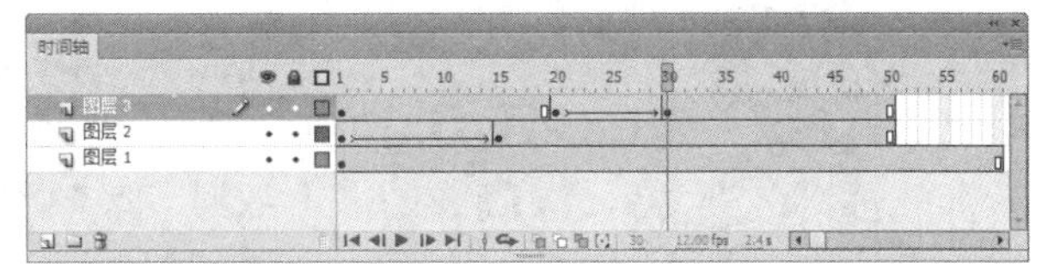

图 9-24　“时间轴”面板

步骤 17 使用相同的方法制作“图层 4”的内容，如图 9-25 所示。新建“图层 5”，在第 51 帧位置插入关键帧，选择“椭圆工具”，打开“颜色”面板，参数设置如图 9-26 所示。

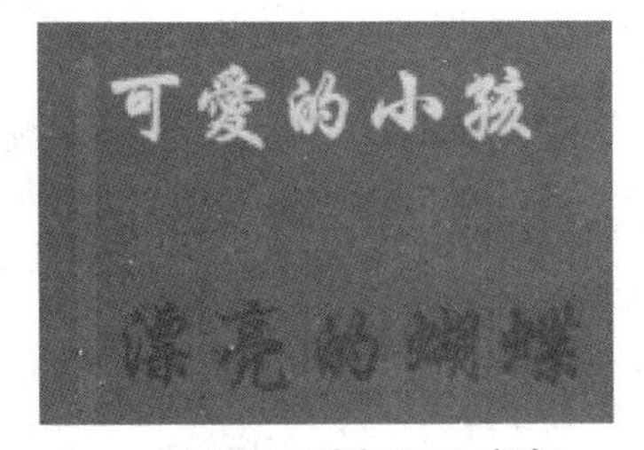

图 9-25　“图层 4”内容

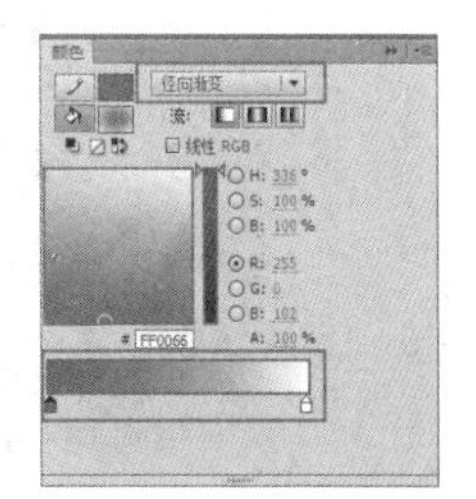

图 9-26　“颜色”面板

步骤 18 绘制椭圆并进行复制，如图9-27所示。在第60帧位置插入空白关键帧，选择“多边形工具”，在“属性”面板中进行参数设置，如图9-28所示。

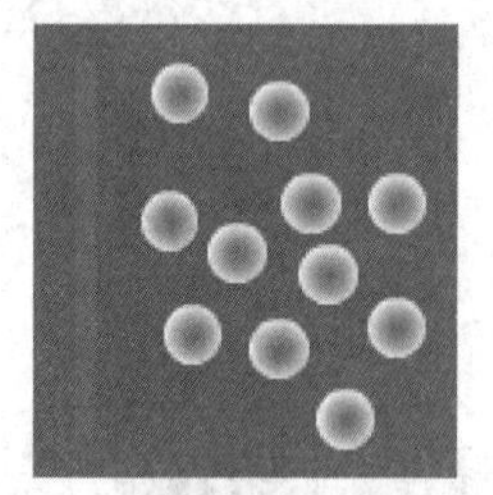
图9-27　绘制并复制椭圆

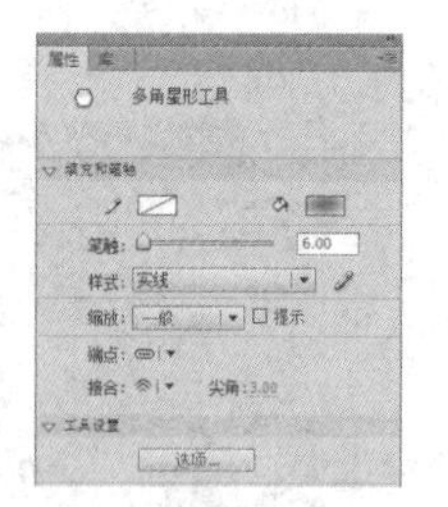
图9-28　“属性”面板

步骤 19 单击“属性”面板中的“选项”按钮，在弹出的“工具设置”面板中设置参数，如图9-29所示。绘制星形，如图9-30所示。

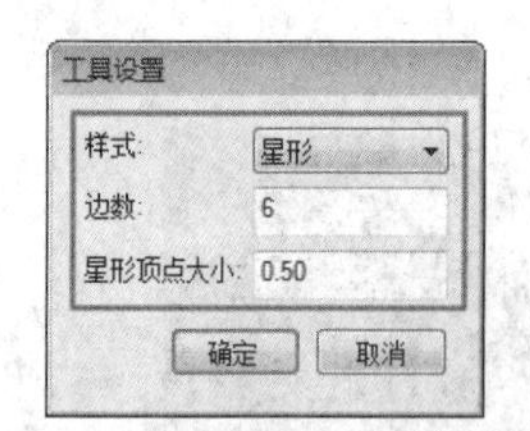

图9-29　“工具设置”对话框

图9-30　绘制星形

步骤 20 在第50帧位置创建补间形状动画，新建“图层6”，在第60帧位置插入关键帧，按【F9】键打开“动作”面板，输入“stop();”脚本语言，如图9-31所示。

步骤 21 返回“场景1”，新建“图层5”，将“文字动画”从“库”面板拖入场景中，新建“图层6”，调整图层位置至最下方，将图像“光盘\源文件\第9章\素材\16101.png”导入舞台，如图9-32所示。

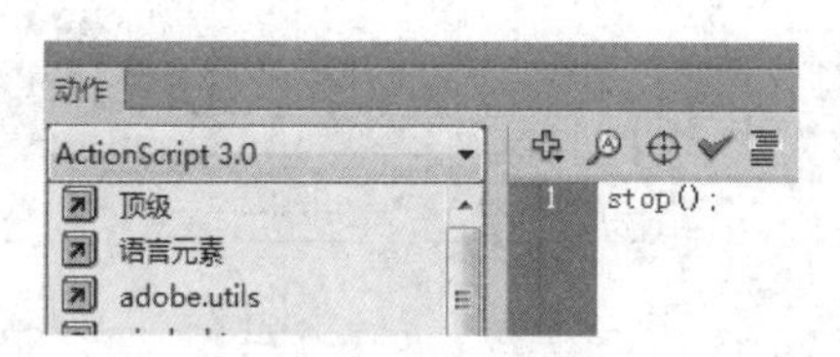

图9-31　输入脚本

图9-32　场景效果

步骤 22 完成可爱小孩动画的制作，保存动画，按下【Ctrl+Enter】组合键测试动画，效果如图9-33所示。

图9-33　测试动画效果

提问：如何更改元件路径跟随的位置？

回答：路径跟随动画是元件中心点沿路径运动的动画效果。要想改变元件的动画位置，可以通过“任意变形工具”对元件中心点的位置进行调整。

提问：如何让动画效果看起来比较流畅？

回答：决定动画播放是否流畅的主要因素是网速。解决方法是制作一个预载动画，让动画在下载完成后再播放。其次是动画的帧频要合理设置，太快或者太慢都会使用动画看起来不自然，要根据动画的播放多次试验，选择合适的帧频播放动画。

实例 162 综合动画——大象动画

源 文 件	光盘\源文件\第 9 章\实例 162.fla
视 频	光盘\视频\第 9 章\实例 162.swf
知 识 点	传统补间动画
学习时间	20 分钟

1. 新建 Flash 文档，将背景图层导入舞台中。
2. 分别新建“图形”元件，将素材导入场景中，然后转换为“影片剪辑”元件。

1. 导入素材

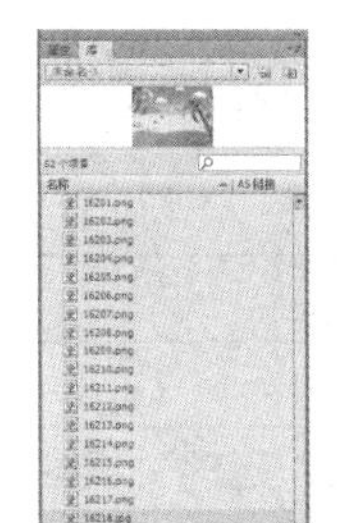

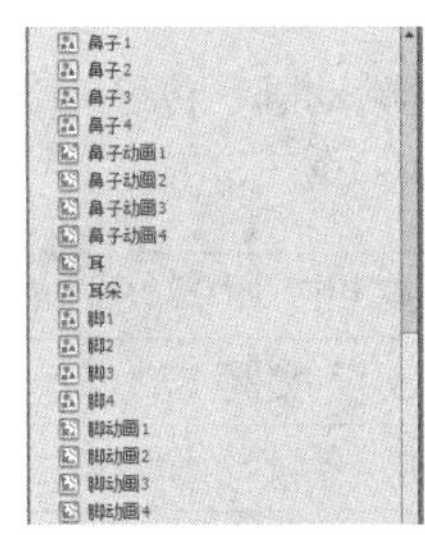

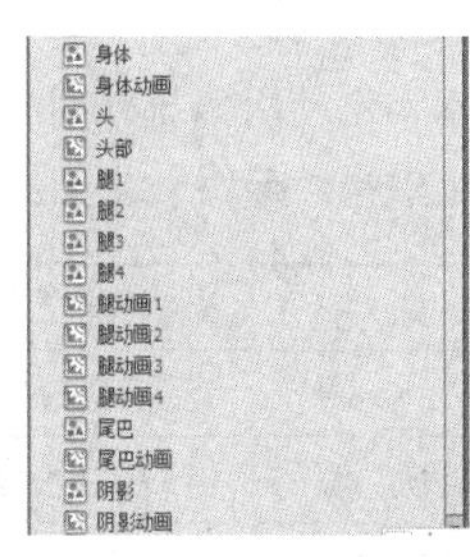

2. “库”面板内容

3. 分别新建“影片剪辑”元件，制作“头”、“耳”和“鼻子”动画。

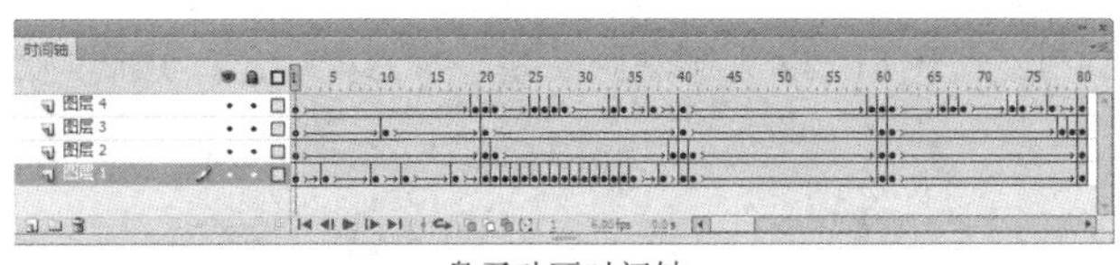

鼻子动画时间轴

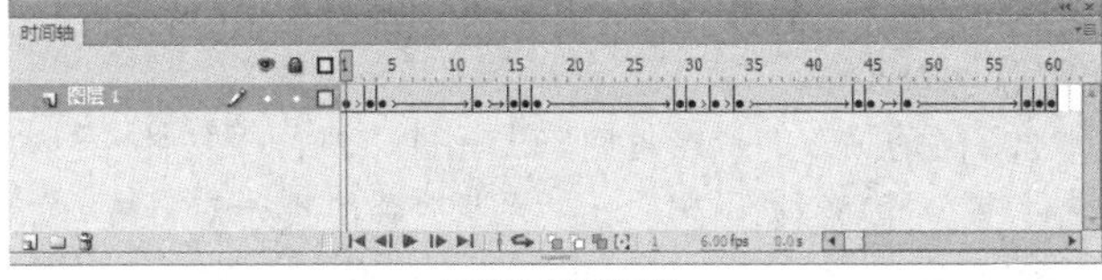

耳朵动画时间轴

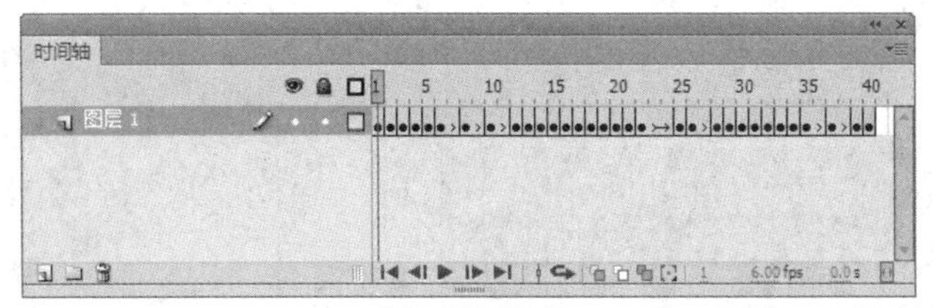

头部动画时间轴

3. “时间轴”面板

4. 制作“整体动画”效果，拖入场景，制作行走动画效果，完成动画的制作，测试动画效果。

4. 测试动画效果

实例总结

本实例通过使用逐帧动画、传统补间动画、传统运动引导层、补间形状动画和脚本等技术综合实现丰富的动画效果。

实例 163　综合动画——美丽呈现

图 9-34　最终效果

将所有动画综合起来使用，可以制作出充满创意和灵动的动画效果，读者要学会结合不同的动画类型来制作 Flash 动画。

实例分析

本实例使用传统补间、逐帧动画、传统运动引导层、不透明度等工具来完成动画效果，最终效果如图 9-34 所示。

源 文 件	光盘\源文件\第 9 章\实例 163.fla
视　　频	光盘\视频\第 9 章\实例 163.swf
知 识 点	传统补间动画、逐帧动画、添加传统运动引导层
学习时间	20 分钟

知识点链接——不同动画类型在“时间轴”中的显示

不同的帧代表不同的动画，通常，无内容的帧是以空单元格显示的，有内容的帧是以一定颜色显示的，如补间动画的帧显示为淡蓝色，形状补间动画的帧显示为淡绿色，并且关键帧后面的帧会继续显示关键帧的内容。

操作步骤

步骤 1 执行“文件>新建”命令，新建一个大小为 460 像素×450 像素，“帧频”为 24fps，“背景颜色”为白色的 Flash 文档。

步骤 2 新建“名称”为“树动画”的“影片剪辑”元件，执行“文件>导入>导入到舞台”命令，导入“光盘\源文件\第 9 章\素材\16301.png”图片，弹出提示对话框，如图 9-35 所示，单击“是”按钮，将序列图像导入舞台，如图 9-36 所示。

图 9-35　提示对话框

图 9-36　导入图像

步骤 3 新建“图层 2”，在第 15 帧位置插入关键帧，按【F9】键打开“动作”面板，输入“stop();”脚本语言，如图 9-37 所示。“时间轴”面板如图 9-38 所示。

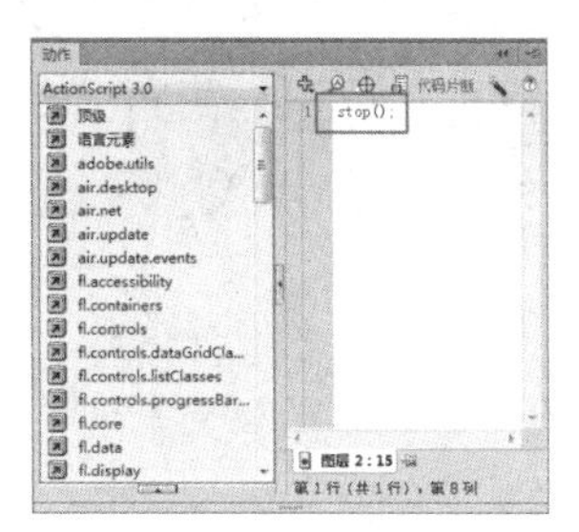

图 9-37　输入脚本

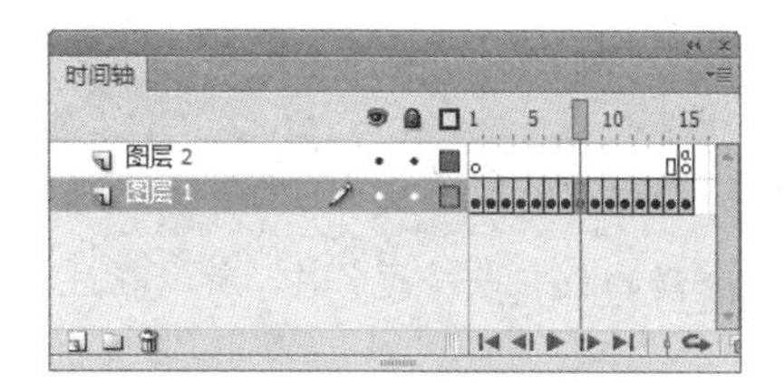

图 9-38　“时间轴”面板

步骤 4 分别新建“名称”为“蜻蜓 1”和“蜻蜓 2”的“图形”元件，分别将图像“光盘\源文件\第 9 章\素材\163001.png 和 163002.png”导入相应的舞台中，如图 9-39 所示。

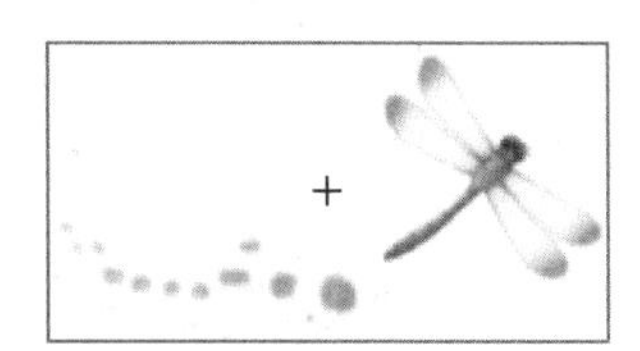

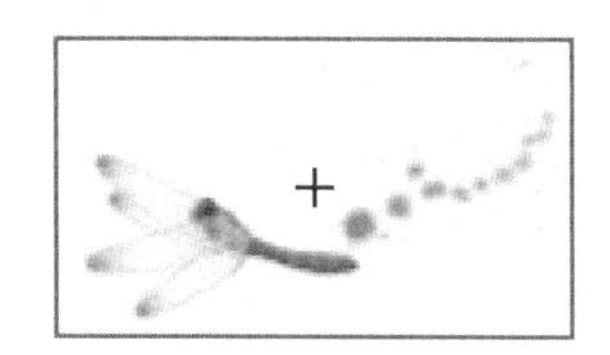

图 9-39　导入素材

步骤 5 新建“名称”为“蜻蜓动画”的“影片剪辑”元件，将“蜻蜓 1”元件从“库”面板拖入场景中，在第 30 帧位置插入关键帧，在“图层 1”名称上单击鼠标右键，在弹出的菜单中选择“添加传统运动引导层”命令。

步骤 6 选择“线条工具”按钮，在场景中绘制线条，配合“选择工具”进行调整，如图 9-40 所示。将第 1 帧和第 30 帧元件的中心点对齐至引导线上，如图 9-41 所示。

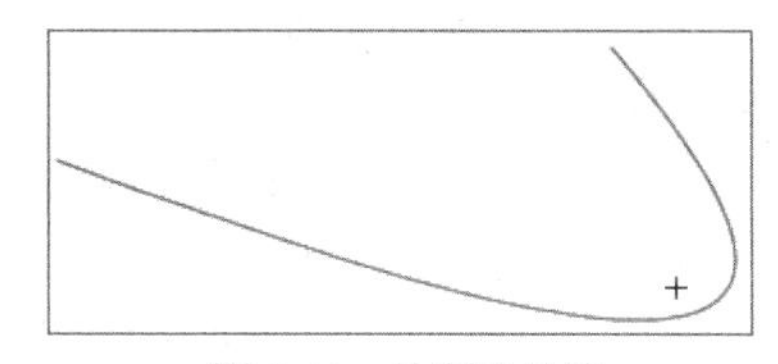
图 9-40　绘制引导线

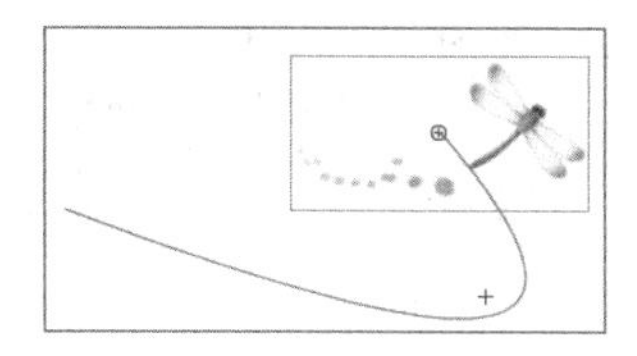
图 9-41　对齐中心点

步骤 7 在第 1 帧位置创建传统补间动画。在“属性”面板上设置第 1 帧元件的不透明度为 0%，如图 9-42 所示，场景效果如图 9-43 所示。

图 9-42　“属性”面板

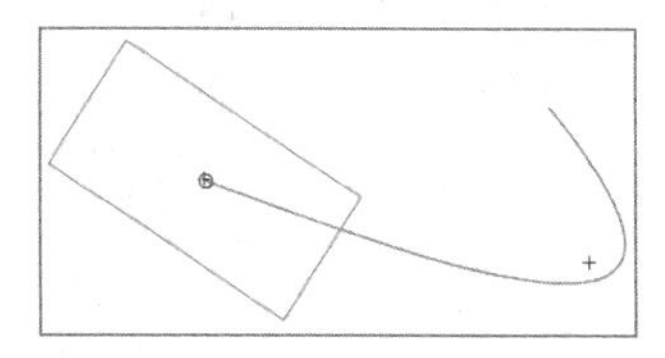
图 9-43　场景效果

步骤 8 新建“图层 3”，将“蜻蜓 2”元件从“库”面板拖入场景中，使用相同的方法制作动画，如图 9-44 所示。新建“图层 5”，在第 30 帧位置插入关键帧，在“动作”面板中输入“stop();”脚本，“时间轴”面板如图 9-45 所示。

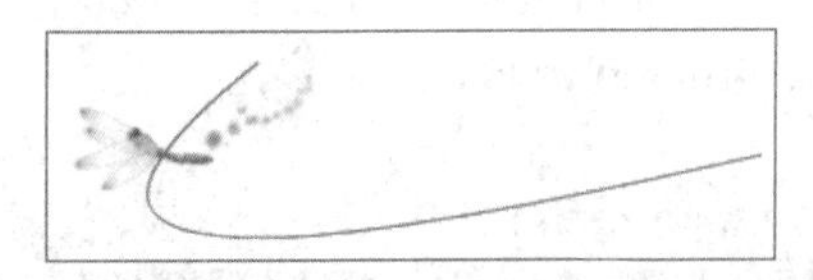

图 9-44　制作动画

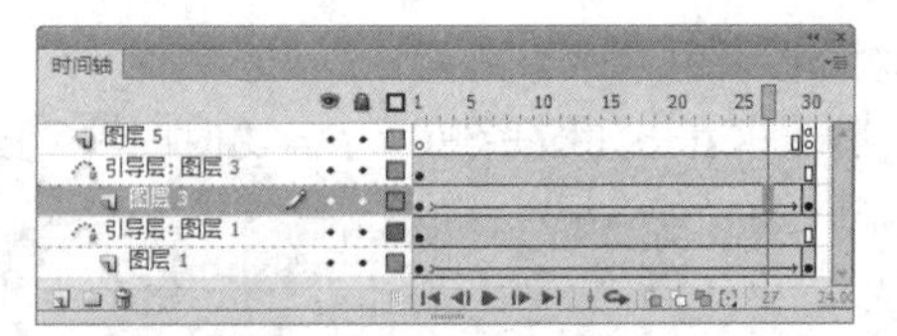

图 9-45　“时间轴”面板

> ▶ 提示
>
> 因为这两个动画放在一个元件中，所以在此要根据舞台中各元件的位置来调整好两个动画之间的距离。

步骤 9 新建“名称”为 “圈 2”的“图形”元件，将图像“光盘\源文件\第 9 章\素材\ 163007.png”导入舞台中，如图 9-46 所示。

步骤 10 新建“名称”为 “旋转圈 2”的“影片剪辑”元件，在第 10 帧位置插入关键帧，将“圈 2”元件从“库”面板拖入场景中，分别在第 15 帧、第 20 帧、第 25 帧和第 40 帧位置插入关键帧，使用“任意变形工具”旋转元件，并分别创建传统补间动画，如图 9-47 所示。

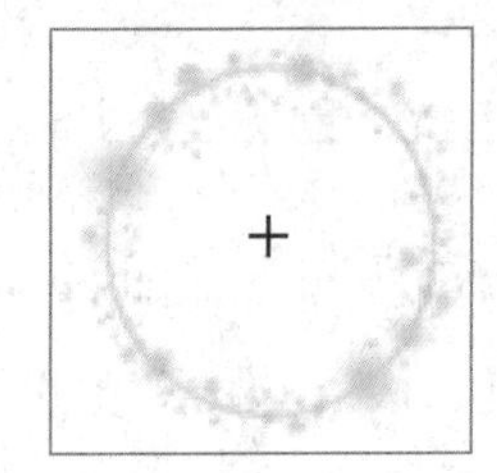

图 9-46　导入素材

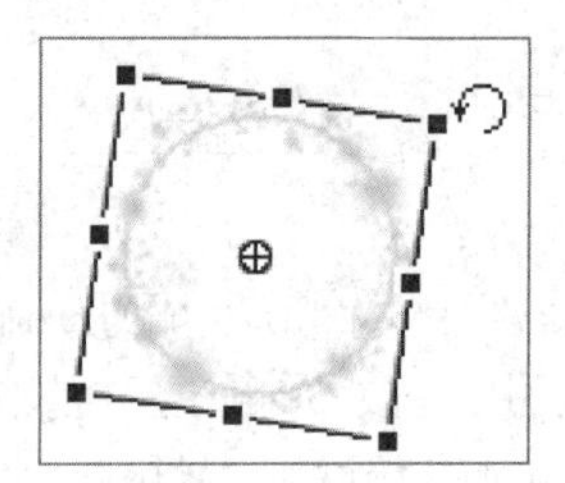

图 9-47　旋转元件

步骤 11 新建“图层 2”，在第 10 帧位置插入关键帧，将图像“光盘\源文件\第 9 章\素材\ 163005.png”导入舞台，如图 9-48 所示。新建“图层 3”，在第 30 帧位置插入关键帧，将图像“光盘\源文件\第 9 章\素材\ 163006.png”导入舞台中，如图 9-49 所示。

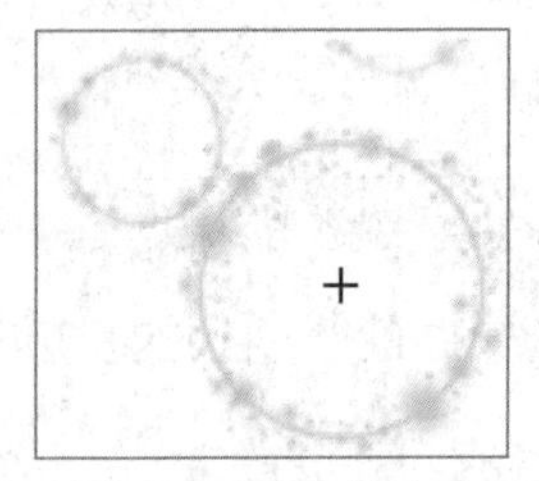

图 9-48　导入素材 1

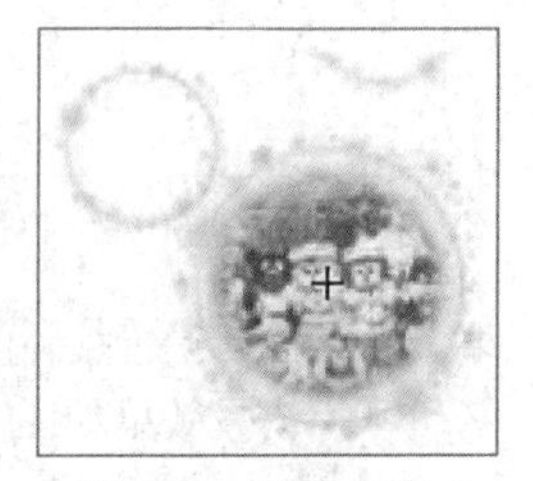

图 9-49　导入素材 2

步骤 12 在第 40 帧位置插入关键帧，在第 30 帧位置创建传统补间动画，并在“属性”面板中设置不透明度为 30%，如图 9-50 所示。新建“图层 4”，在第 40 帧位置插入关键帧，在“动作”面板中输入“stop();”脚本，“时间轴”面板如图 9-51 所示。

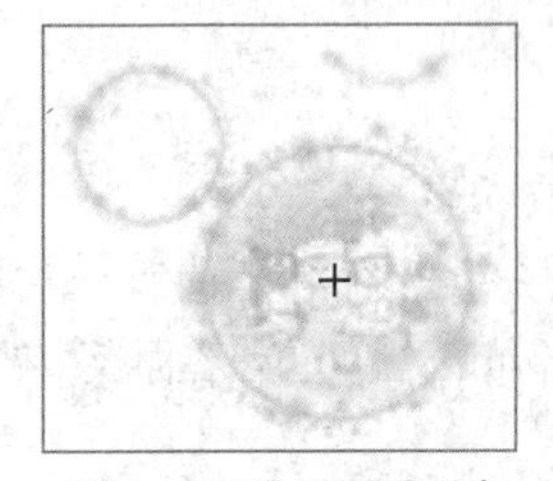

图 9-50　设置不透明度

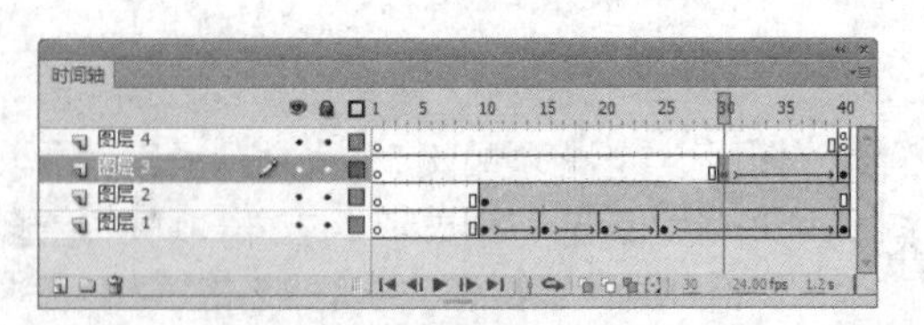

图 9-51　“时间轴”面板

步骤 13 新建“名称”为 “圈 1”的“图形”元件，将图像“光盘\源文件\第 9 章\素材\ 163003.png”导入舞台中，如图 9-52 所示。新建“名称”为 “旋转圈 1”的“影片剪辑”元件，使用相同的方法制作动画，如图 9-53 所示。

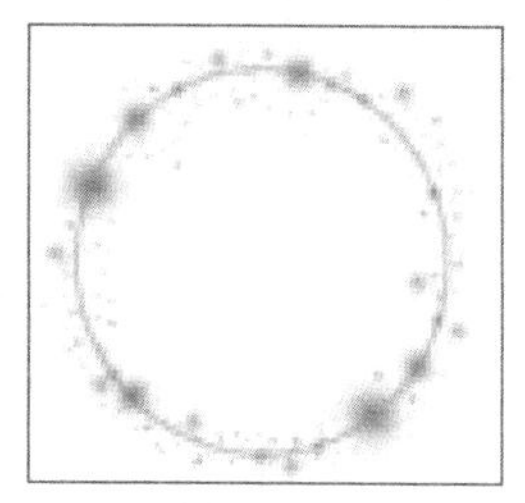

图 9-52　导入素材

图 9-53　制作动画

步骤 14 “时间轴”面板如图 9-54 所示。返回“场景 1”，将“树动画”元件从“库”面板拖入场景中，分别新建图层，将“蜻蜓动画”、“旋转圈 1”、“旋转圈 2”元件从“库”面板拖入相应的图层中， 如图 9-55 所示。

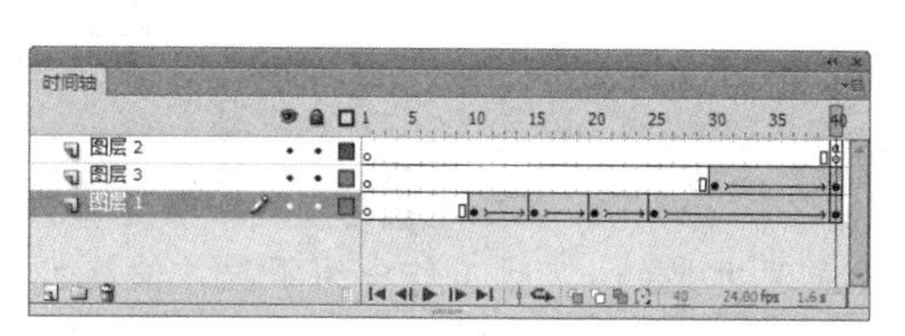

图 9-54　“时间轴”面板

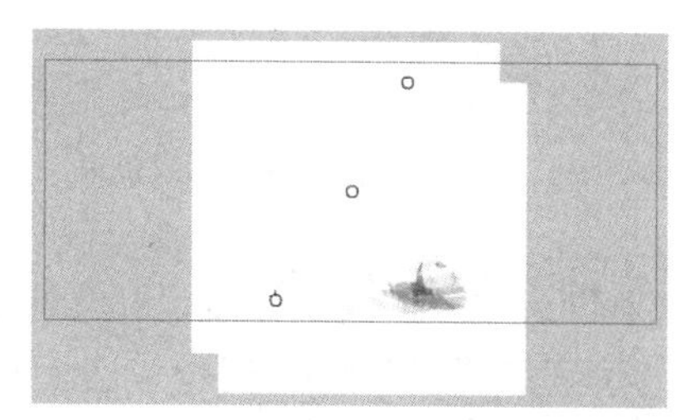

图 9-55　场景效果

步骤 15 新建“名称”为 “阳光”的“图形”元件，将图像“光盘\源文件\第 9 章\素材\ 163008.png”导入舞台中，如图 9-56 所示。

步骤 16 新建“名称”为“阳光动画”的“影片剪辑”元件，在第 45 帧位置插入关键帧，在第 55 帧、第 65 帧位置插入关键帧，设置第 45 帧的元件“不透明度”为 30%，如图 9-57 所示。

图 9-56　导入素材

图 9-57　“属性”面板

步骤 17 设置第 65 帧位置上的元件“不透明度”为 30%，“色调”为 #FFA718，如图 9-58 所示。在第 75 帧位置插入关键帧，设置帧上的元件“不透明度”为 100%，如图 9-59 所示。

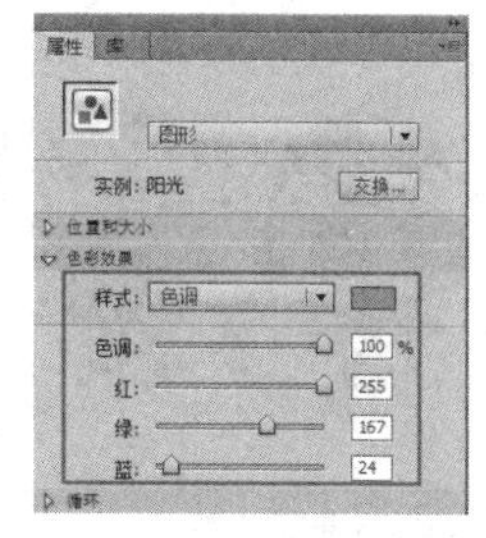

图 9-58　“属性”面板

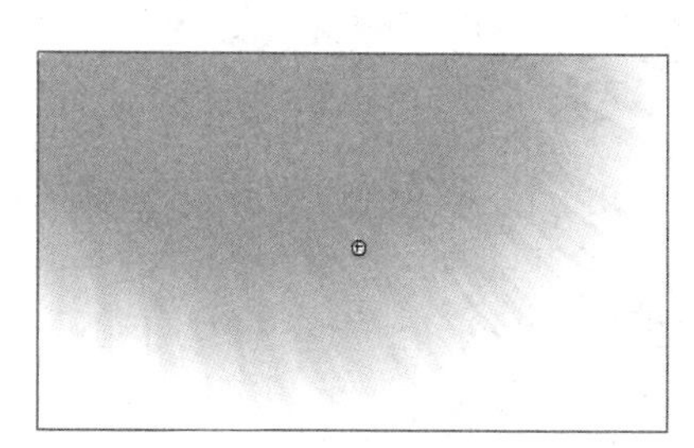

图 9-59　调整色调

步骤 18 新建“图层 2”，在第 75 帧位置插入关键帧，在“动作”面板中输入“stop();”脚本语言，“时间轴”面板如图 9-60 所示。

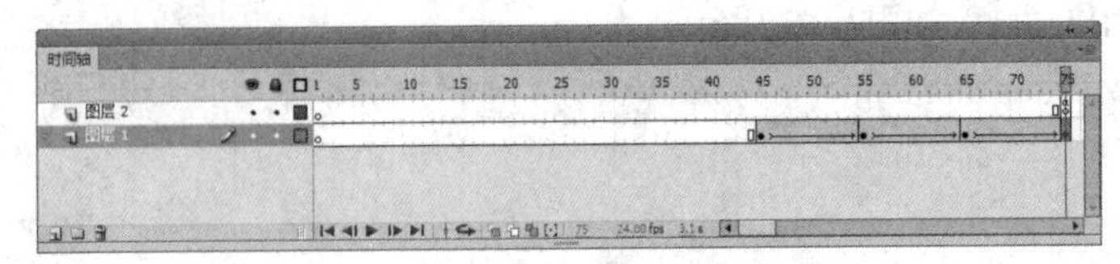

图 9-60 “时间轴”面板

步骤 19 返回“场景 1”，新建“图层 5”，将“阳光动画”从“库”面板拖入场景中，如图 9-61 所示。完成美丽呈现动画的制作，保存动画，按下【Ctrl+Enter】组合键测试动画，效果如图 9-62 所示。

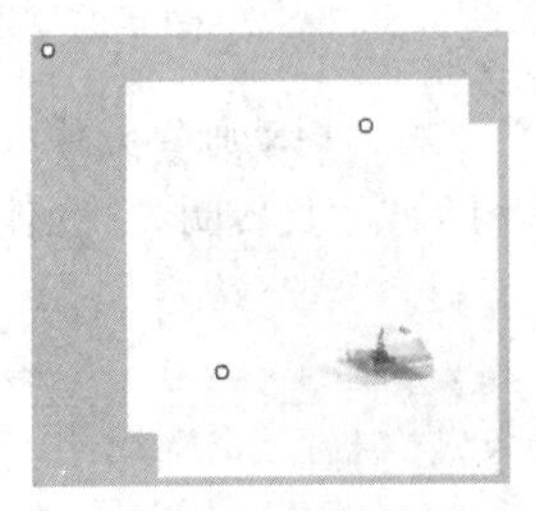

图 9-61 场景效果

图 9-62 测试动画效果

> ▶ 提示
>
> 运动引导层中的对象在动画实际播放时始终是不可见的，实际工作中为了更方便地控制动画效果，常常将需要的动画效果制作成影片剪辑元件，也可多次使用。

提问：舞台上的对象较多时怎么办？

回答：当舞台上的对象较多时，可以用轮廓显示方式来查看对象。使用轮廓显示方式可以帮助用户更改图层中的所有对象。如果在编辑或测试动画时使用这种方法显示，还可以加速动画的显示。

实例 164 综合动画——欢度六一

源文件	光盘\源文件\第 9 章\实例 164.fla
视频	光盘\视频\第 9 章\实例 164.swf
知识点	按钮动画、淡出淡入
学习时间	15 分钟

1. 新建 Flash 文档，导入背景图像，分别新建“图形”元件，并导入素材。

1. 导入素材

2. 新建“影片剪辑”元件，制作“人物动画”。

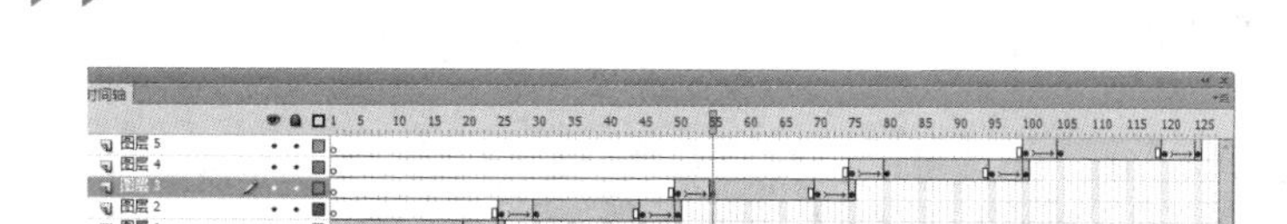

2．“时间轴”面板

3．分别新建“图形”元件，使用“文本工具”输入文字，然后导入素材，制作文字动画和按钮。

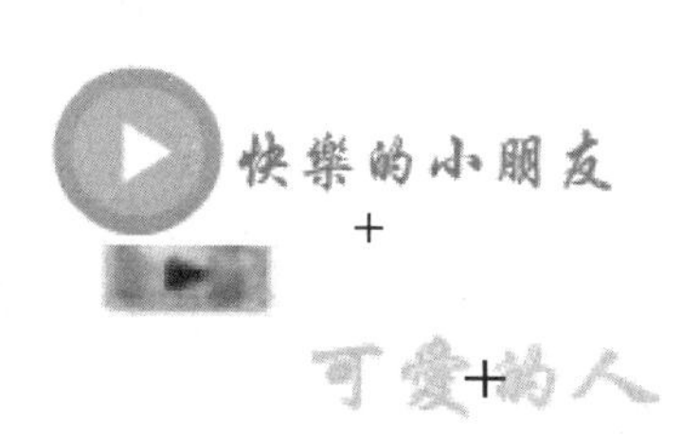

3．制作动画

4．返回“场景 1”，拖出动画，完成制作，测试动画效果。

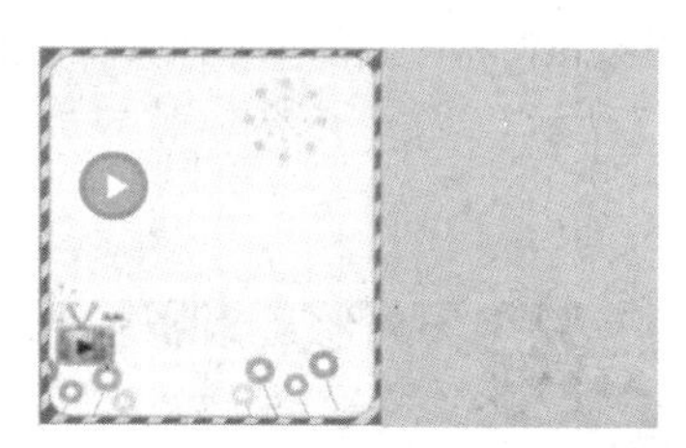

4．场景和测试动画效果

实例总结

本实例综合使用了图形元件、影片剪辑和文本等多种对象来制作动画效果，并通过为按钮元件添加控制脚本来实现对动画播放的控制。

实例 165　综合动画——娱乐场所

逐帧动画的应用范围很广，在动画中经常出现，逐帧动画一般都比较大，但是效果都比较自然。

实例分析

本实例使用逐帧动画制作出具有娱乐氛围的动画效果。要注意调整好逐帧动画之间的距离，最终效果如图 9-63 所示。

图 9-63　最终效果

源 文 件	光盘\源文件\第 9 章\实例 165.fla
视　　频	光盘\视频\第 9 章\实例 165.swf
知 识 点	逐帧动画
学习时间	20 分钟

知识点链接——为什么要将图形序列制作成为影片剪辑？

将图像序列制作在时间轴上时，当动画发生改变或要多次重复使用时就很不方便，制作成影片剪辑后，除了可以修改元件位置外，还可以对元件的亮度、透明度进行调整，而且还可以使用滤镜等功能，所以多使用影片剪辑是很好的习惯。

操作步骤

步骤 1 执行“文件>新建”命令，新建大小为 400 像素×300 像素，“帧频”为 30fps，“背景颜色”为白色的 Flash 文档。

步骤 2 新建“名称”为“背景动画”的“影片剪辑”元件，将图像“光盘\源文件\第 9 章\素材\165001.png”导入到舞台，在弹出的提示对话框中单击“是”按钮，将序列图像导入舞台，如图 9-64 所示。“时间轴”面板如图 9-65 所示。

图 9-64 导入素材

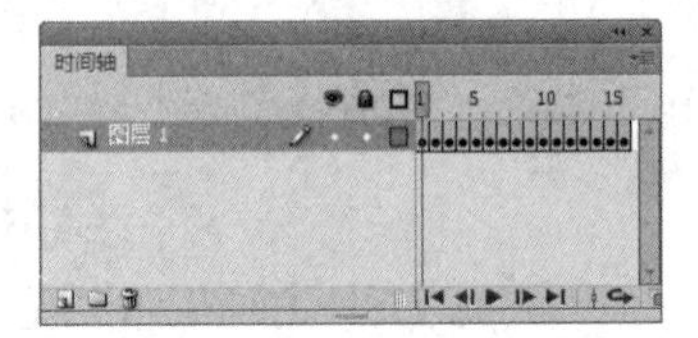

图 9-65 “时间轴”面板

步骤 3 新建“名称”为“灯光动画”的“影片剪辑”元件，将图像“光盘\源文件\第 9 章\素材\16503.png”导入，在弹出的提示对话框中单击“是”按钮，将序列图像导入舞台，如图 9-66 所示。依次调整帧的位置，“时间轴”面板如图 9-67 所示。

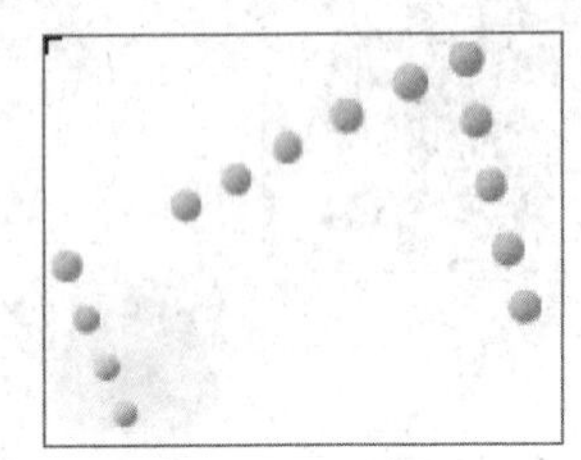

图 9-66 导入素材

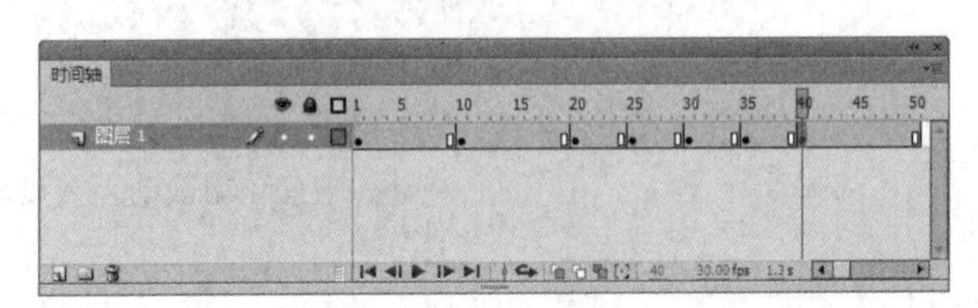

图 9-67 “时间轴”面板

步骤 4 新建“名称”为“人物动画”的“影片剪辑”元件，将图像“光盘\源文件\第 9 章\素材\1650001.png”导入，在弹出的提示对话框中单击“是”按钮，将序列图像导入舞台，如图 9-68 所示。依次调整帧的位置，“时间轴”面板如图 9-69 所示。

图 9-68 导入素材

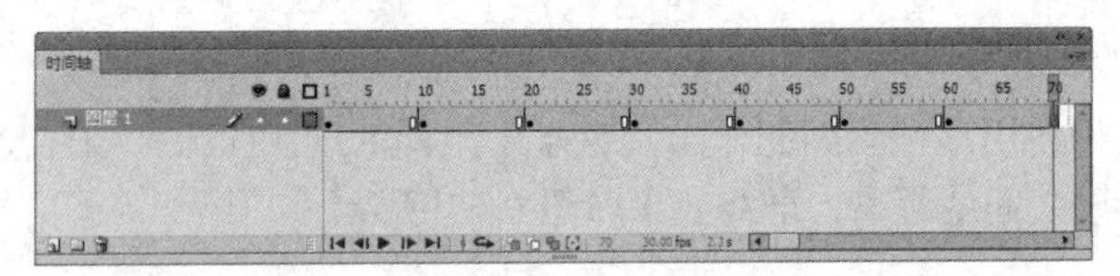

图 9-69 “时间轴”面板

> ▶ 提示
>
> 之所以要调整帧的位置，是因为帧频为了配合背景动画设置得太大，而灯光和人物需要减缓动画，所以需要延长帧。

步骤 5 返回“场景 1”，将“背景动画”元件从“库”面板拖入场景中，新建“图层 2”，将图像“光盘\源文件\第 9 章\素材\16501.png”导入舞台，如图 9-70 所示。将“灯光动画”元件从“库”面板拖入场景中，如图 9-71 所示。

图 9-70　导入素材

图 9-71　拖出元件

步骤 6　新建“图层 3”，将“人物动画”元件从“库”面板中拖入到场景中，如图 9-72 所示。新建“图层 4”，拖出“人物动画”，执行“修改>变形>水平翻转”命令，如图 9-73 所示。

图 9-72　拖出元件 1

图 9-73　拖出元件 2

步骤 7　完成动画的制作，执行“文件>保存”命令，保存动画，按下【Ctrl+Enter】组合键测试动画，效果如图 9-74 所示。

图 9-74　测试动画效果

提问：图层的数量会影响输出动画文件的大小吗？

回答：在 Flash 中，图层类似于堆叠在一起的透明纤维，可以看到下面图层中的内容，图层越靠下，图层中的元素在舞台上越靠后。Flash 对动画中的图层数没有限制，一个 Flash 动画往往会包含多个层。在输出时会将所有图层合并，因此，图层的多少不会影响输出动画文件的大小。

提问：何为时间轴？

回答：时间轴是进行 Flash 创作的核心部分，时间轴由图层、帧和播放头组成，播放的进度通过帧来控制，时间轴从布局上可以分为两个部分，即左侧的图层操作区和右侧的帧操作区。

实例 166　综合动画——电视效果

源文件	光盘\源文件\第 9 章\实例 166.fla
视　频	光盘\视频\第 9 章\实例 166.swf
知识点	遮罩动画、传统补间动画
学习时间	10 分钟

1. 新建 Flash 文档，新建“图形”元件，导入素材图像。

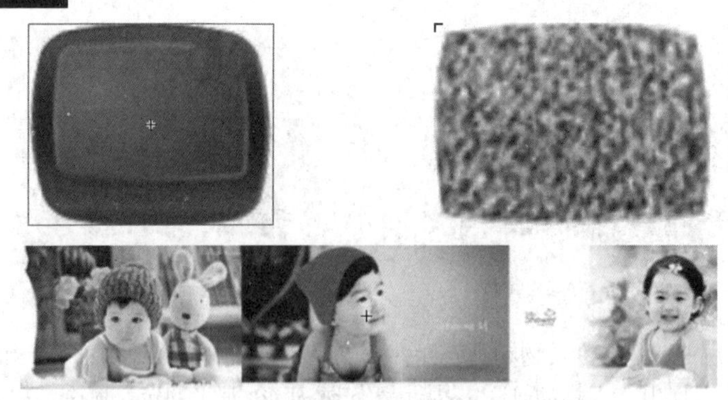

1．打开文档

2．新建“影片剪辑”元件，使用传统补间和遮罩制作动画。

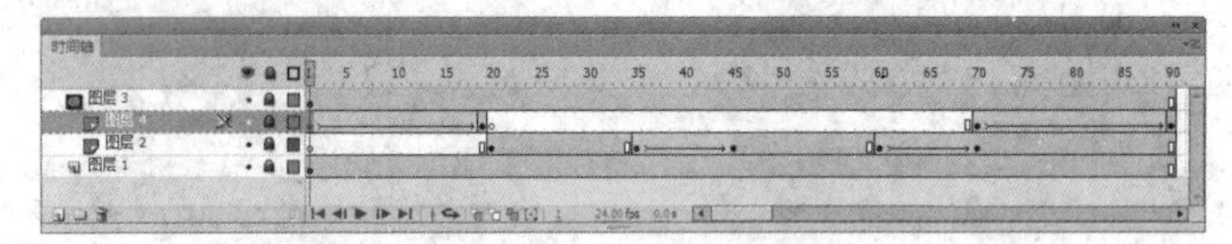

2．“时间轴”面板

3．返回场景编辑，拖出动画。

4．完成动画的制作，测试动画效果。

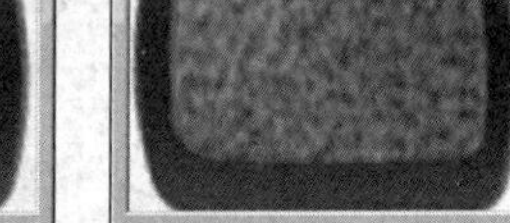

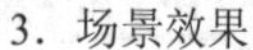

3．场景效果　　4．测试动画效果

实例总结

本实例使用逐帧动画、遮罩动画和传统补间动画制作娱乐场景和电视效果。通过学习读者要进一步提高动画制作技巧。

实例 167　综合动画——游戏动画

漂亮的按钮可以使页面更加活泼、完善，还可以实现动画与网络的连接，使操作更加快捷、方便。

实例分析

本实例巧妙调整逐帧动画的位置，完成游戏动画效果的制作，使用按钮链接完整的图片。最终效果如图 9-75 所示。

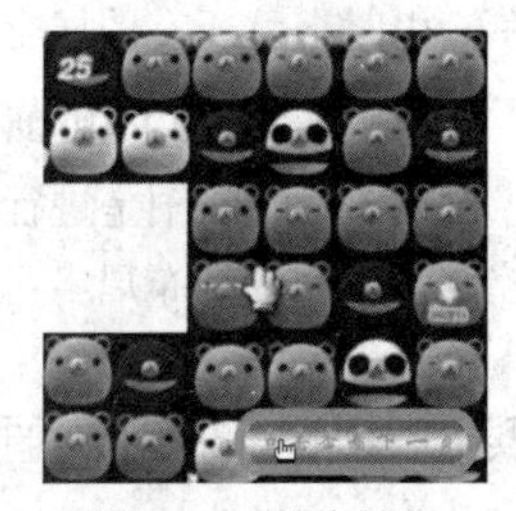

图 9-75　最终效果

源文件	光盘\源文件\第 9 章\实例 167.fla
视　频	光盘\视频\第 9 章\实例 167.swf
知识点	逐帧动画、按钮元件
学习时间	20 分钟

知识点链接——如何调整帧上的所有元件？

正常的情况下，一次只能调整一个关键帧上的元件，如果想同时调整所有关键帧上的元件，则可以首先单击“时间轴”面板上的【编辑多个帧】按钮，然后使用“选择工具”选中要调整的元件，移动即可。

步骤 1 执行“文件>新建”命令，新建一个大小为 328 像素×323 像素，“帧频”为 30fps，“背景颜色为”白色的 Flash 文档。

步骤 2 新建“名称”为“图 1”的“图形”元件，将图像“光盘\源文件\第 9 章\素材\16701.png”导入舞台，如图 9-76 所示。使用相同的方法导入“图 2”～“图 8”的内容，“库”面板如图 9-77 所示。

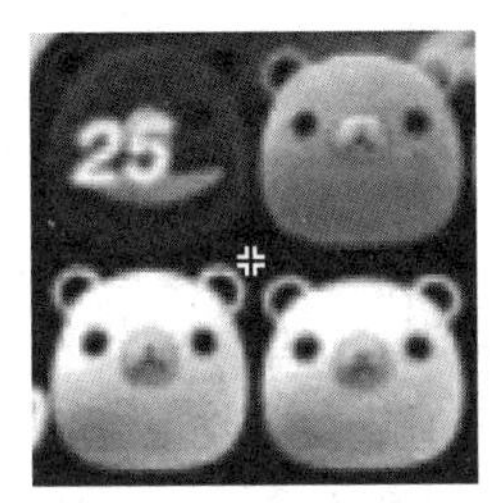

图 9-76　导入素材

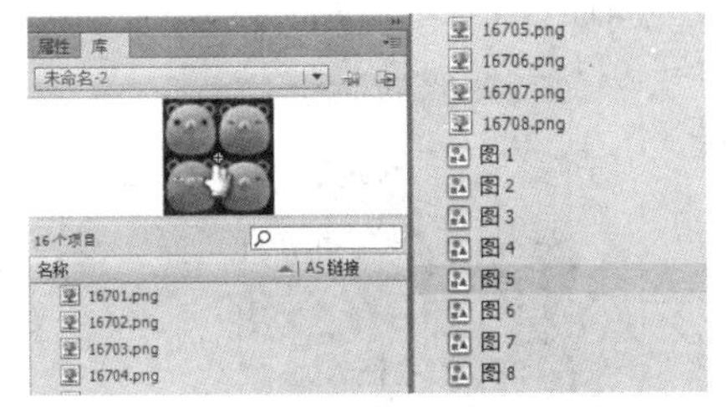

图 9-77　“库”面板

步骤 3 新建“名称”为“动画”的“影片剪辑”元件，将“图 1”元件从“库”面板拖入场景中，依次新建图层，将“图 2”～“图 8”的元件拖入场景中，如图 9-78 所示。在“图层 1”的第 5 帧位置插入关键帧，移动图像位置，如图 9-79 所示。

图 9-78　拖入图像

图 9-79　移动位置

步骤 4 在“图层 2”的第 10 帧位置插入关键帧并调整图形位置，如图 9-80 所示。使用相同的方法制作其他层的内容，“时间轴”面板如图 9-81 所示。

图 9-80　移动位置

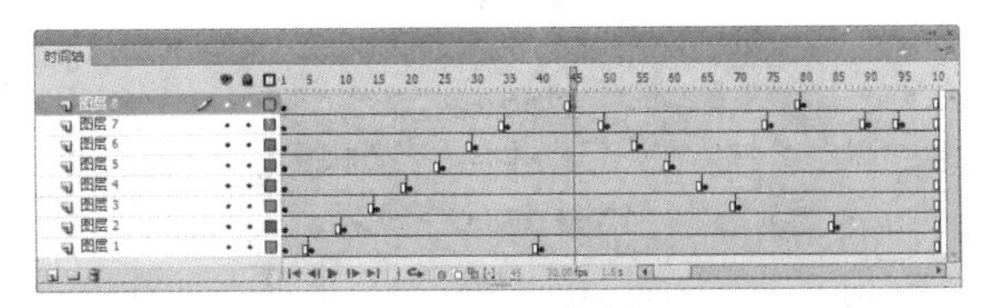

图 9-81　“时间轴”面板

> ▶ 提示
>
> 制作此动画时要按一定的顺序进行，否则可能造成不规律的图像移动而影响动画的整体效果。

步骤 5 新建“名称”为“按钮”的“按钮”元件，单击“矩形工具”按钮，在“属性”面板中设置各项参数，如图 9-82 所示。绘制图 9-83 所示矩形并使用“渐变变形工具”调整渐变角度。

图 9-82 “属性”面板

图 9-83 绘制矩形

步骤 6 在第 2 帧位置插入关键帧并调整帧上的元件大小，新建“图层 2”，单击“文本工具”按钮，在“属性”面板中设置各项参数，如图 9-84 所示，输入图 9-85 所示的文字。

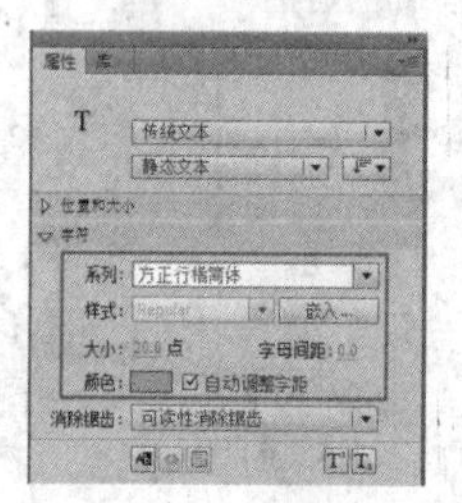

图 9-84 “属性”面板

图 9-85 输入文本

步骤 7 在第 2 帧位置插入关键帧并修改文字内容，如图 9-86 所示。在第 3 帧位置插入空白关键帧，在“图层 1”的第 3 帧位置插入空白关键帧，将图像“光盘\源文件\第 9 章\素材\167001.png”导入舞台，如图 9-87 所示。

图 9-86 修改文本

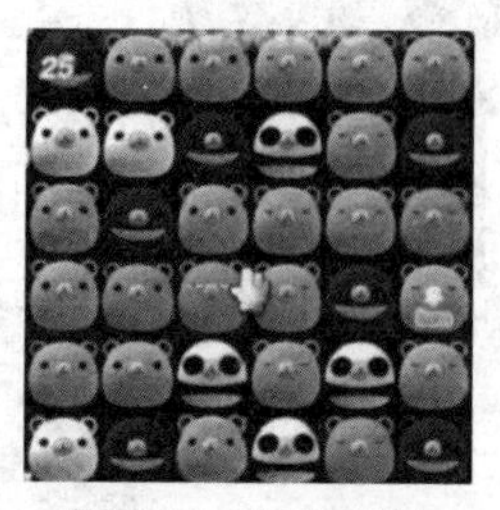

图 9-87 导入素材

步骤 8 “时间轴”面板如图 9-88 所示。返回“场景 1”，将“动画”元件和“按钮”元件从“库”面板拖入场景中，场景效果如图 9-89 所示。

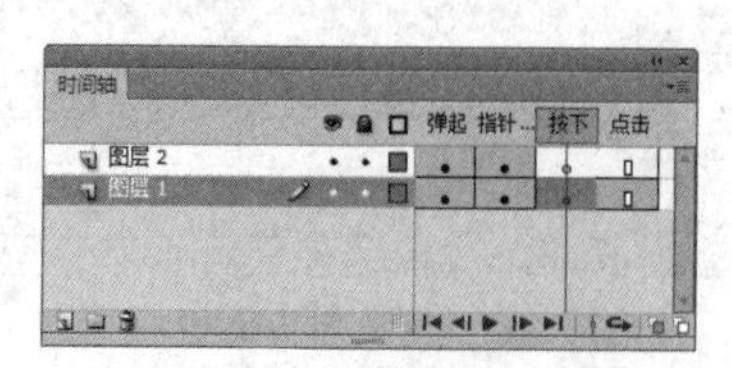

图 9-88 “时间轴”面板

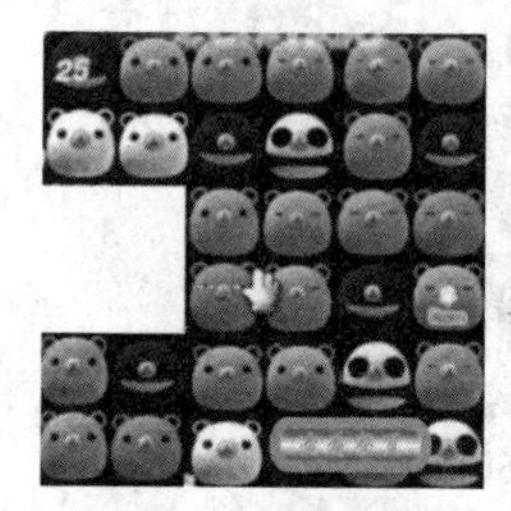

图 9-89 拖出元件

步骤 9 完成游戏动画的制作，执行“文件>保存”命令，保存动画，按下【Ctrl+Enter】组合键测试动画，效果如图 9-90 所示。

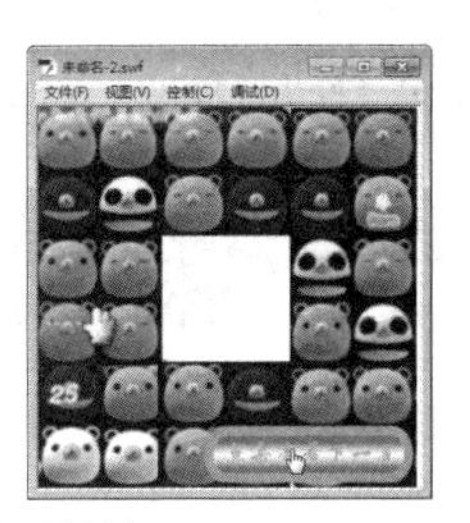

图 9-90　测试动画效果

提问：什么时候插入帧、空的关键帧和关键帧？

回答：在制作动画时，如果希望延长动画效果，可以插入帧，如果要在插入帧位置变换动画内容，可以插入空的关键帧，以方便制作跳帧动画元件。如果要制作动画，则需要添加关键帧。

提问：如何准确地移动元件位置？

回答：使用“选择工具”调整元件位置时，常常会很难控制其准确性。此时可以使用键盘上的方向键实现准确移动，也可以使用“属性”面板上的坐标准确移动。

实例 168　综合动画——迷雾森林

源 文 件	光盘\源文件\第 9 章\实例 168.fla
视　　频	光盘\视频\第 9 章\实例 168.swf
知 识 点	传统补间、脚本语言
学习时间	15 分钟

1．导入背景图像，新建“图形”元件，导入素材。

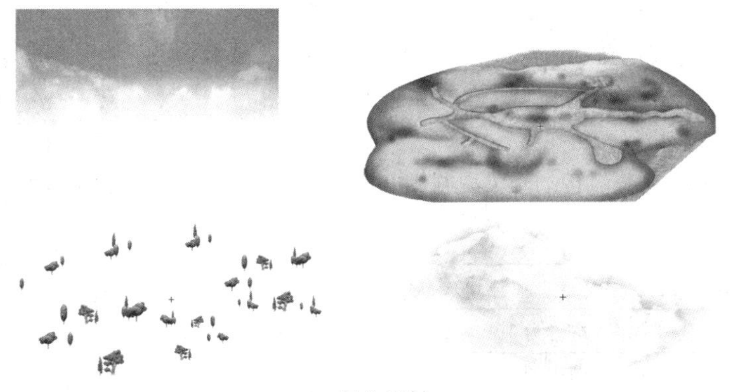

1．导入素材

2．新建“影片剪辑”元件，使用传统补间和脚本，分别制作动画。

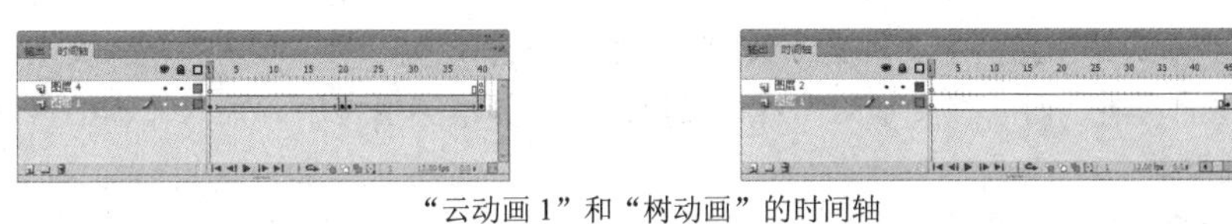

“云动画 1”和“树动画”的时间轴

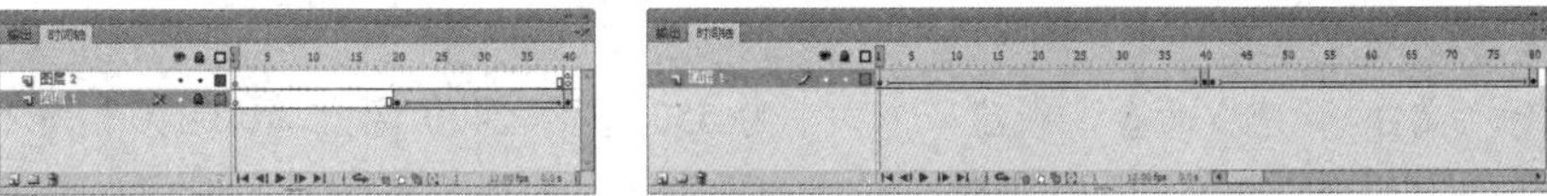

“地动画”和“云动画 2”的时间轴

2．制作动画

3．返回场景，新建图层，将动画拖入舞台。

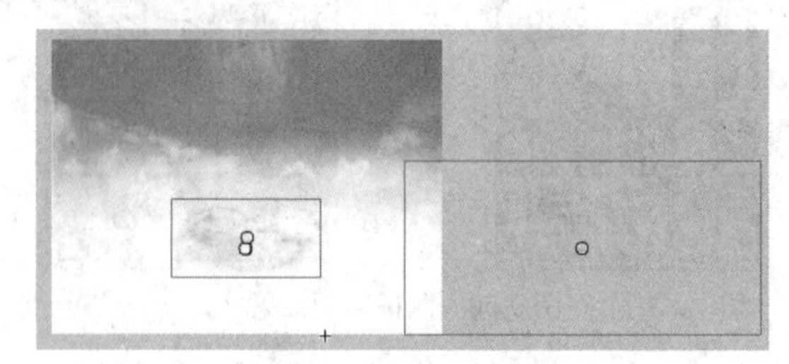

3．场景效果

4．完成动画的制作，测试动画效果。

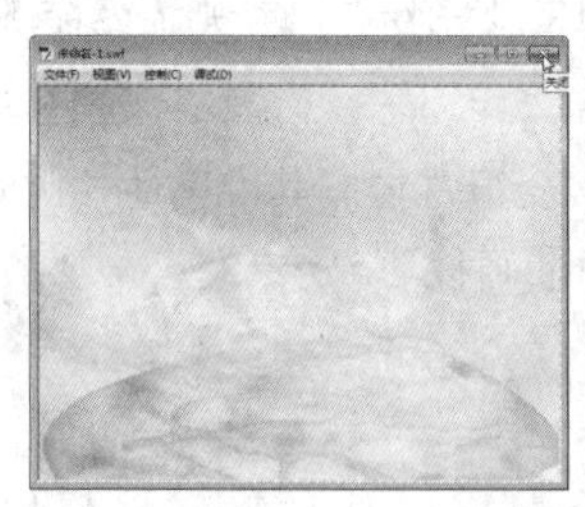

4．测试动画效果

实例总结

本实例使用逐帧动画、按钮元件、传统补间、脚本语言等制作游戏动画和迷雾森林效果，通过学习进一步巩固动画制作技术。

实例169　综合动画——场景动画

很多动画都具有漂亮的“外衣”，制作一个漂亮的动画效果要综合使用很多元素，包括多种动画类型。

实例分析

本实例使用传统补间结合多种动画类型制作出场景动画效果，最终效果如图9-91所示。

图9-91　最终效果

源 文 件	光盘\源文件\第9章\实例169.fla
视　　频	光盘\视频\第9章\实例169.swf
知 识 点	传统补间动画、脚本语言等
学习时间	10分钟

知识点链接——Flash中的文本分为几类？

Flash中的“文本工具”提供了3种文本类型，分别是静态文本、动态文本和输入文本。静态文本主要起到说明和描述的功能，而动态文本的内容一般都是通过脚本实现调用，输入文本的作用是为了实现与用户的沟通与交互。

操作步骤

步骤1　执行“文件>新建”命令，新建一个大小为550像素×400像素，“帧频”为18fps，“背景颜色”为#0066FF的Flash文档。

步骤2　新建“名称”为“边”的“图形”元件，将图像“光盘\源文件\第9章\素材\16908.png”导入到场景中，如图 9-92 所示。使用相同的方法分别新建“图形”元件，将图像“光盘\源文件\第 9 章\素材\16901.png 至 16907.png”导入到相应场景中，“库”面板如图 9-93 所示。

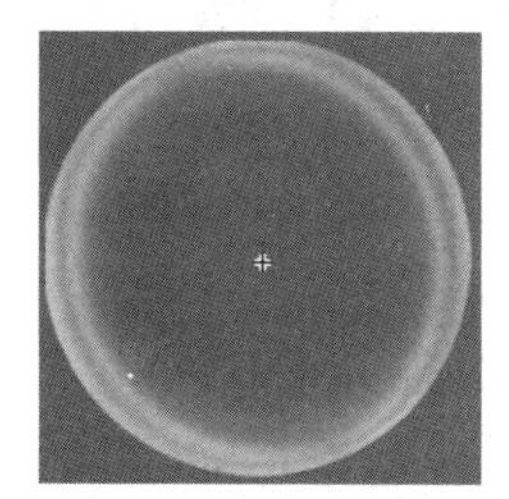
图 9-92　导入素材

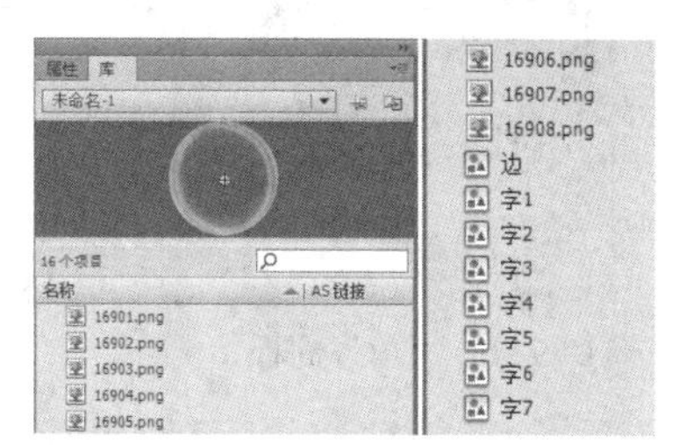

图 9-93　“库”面板

步骤 3 选择“线条工具”和“矩形工具”，绘制线条，移动至图 9-94 所示的位置。使用相同的方法绘制“字 1”～“字 7”的线条，如图 9-95 所示。

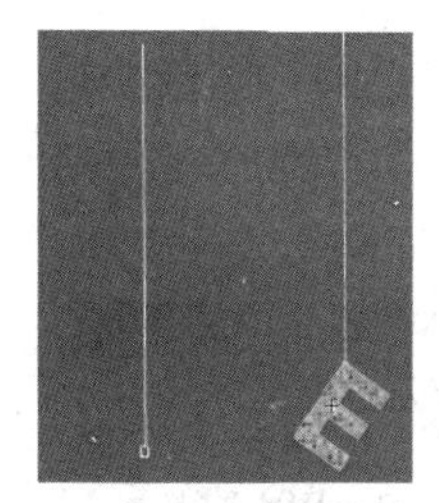
图 9-94　绘制线条

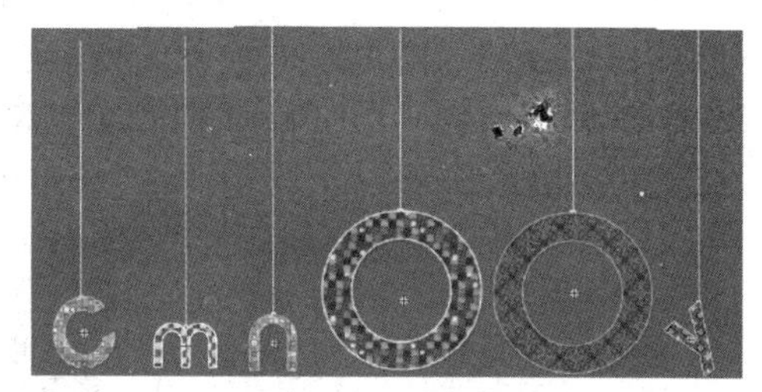
图 9-95　绘制线条

步骤 4 新建“名称”为“边动画”的“影片剪辑”元件，将“边”元件从“库”面板拖入场景中，在第 30 帧位置插入关键帧，第 130 位置插入帧，在第 1 帧元件的不透明度为 0%，并创建传统补间动画，“属性”面板如图 9-96 所示。场景效果如图 9-97 所示。

图 9-96　“属性”面板

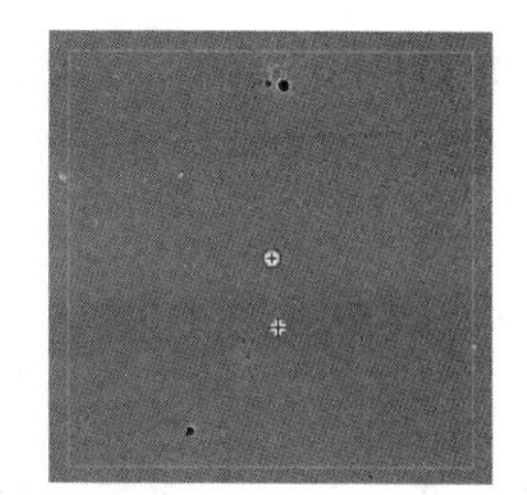
图 9-97　场景效果

步骤 5 新建“名称”为“字动画 1”的“影片剪辑”元件，将“字 1”元件从“库”面板拖入场景中。在第 10 帧和第 20 帧位置插入关键帧，选择第 10 帧元件并上移，分别在第 1 帧和第 10 帧位置插入创建传统补间动画，在第 40 帧位置插入帧，“时间轴”面板如图 9-98 所示。

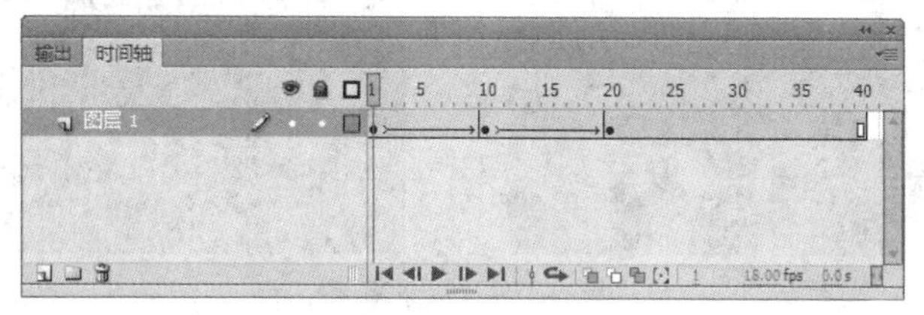

图 9-98　“时间轴”面板

步骤 6 使用相同方法制作“字动画 2”～“字动画 7”的内容，“库”面板如图 9-99 所示。返回“场景 1”，分别新建图层，将“字动画”从“库”面板拖入场景中，在第 120 帧位置插入帧，如图 9-100 所示。

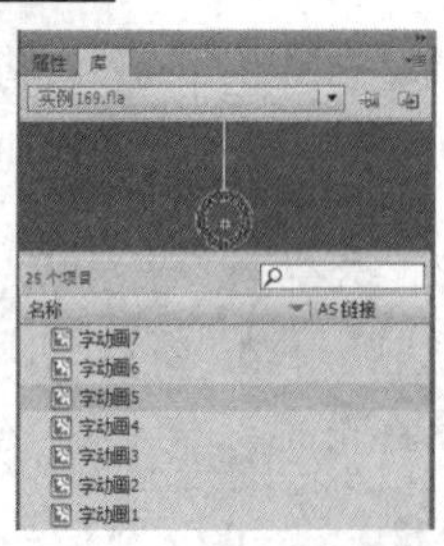

图 9-99 “库”面板

图 9-100 场景效果

▶ 提示

制作“字动画”时，为了使字母上下移动的时间不一致，在制作时不要将各个“字动画”的帧放在同一帧上，可以错开来，制作出具有时间间隔的动画。

步骤 7 选择“图层 1”，在第 5 帧、第 30 帧和第 40 帧位置插入关键帧，移动元件，在第 1 帧位置创建传统补间动画，如图 9-101 所示。在第 30 帧和第 40 帧位置插入关键帧，移动第 40 帧的元件，在第 30 帧位置创建传统补间动画，如图 9-102 所示。

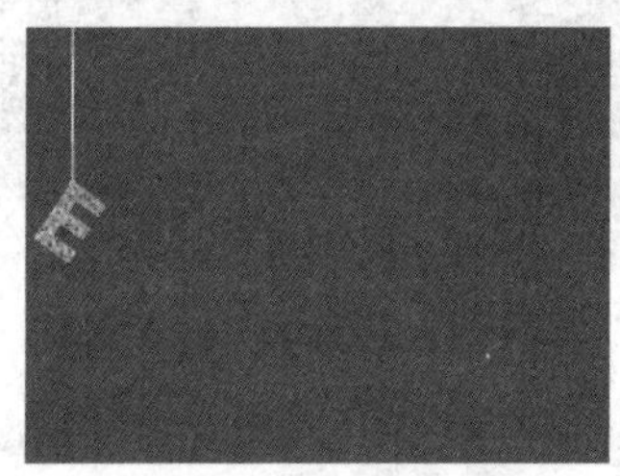

图 9-101 移动元件位置 1

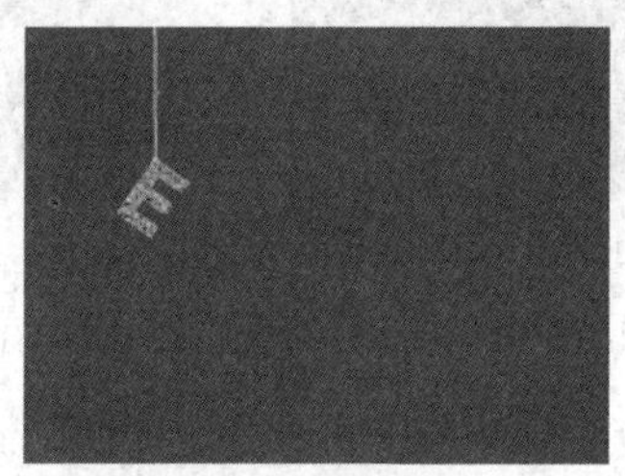

图 9-102 移动元件位置 2

步骤 8 使用相同的方法制作“图层 2”～“图层 7”的内容，“时间轴”面板如图 9-103 所示。场景效果如图 9-104 所示。新建“图层 8”，在第 35 帧位置插入关键帧，将“边动画”元件从“库”面板拖入场景中。

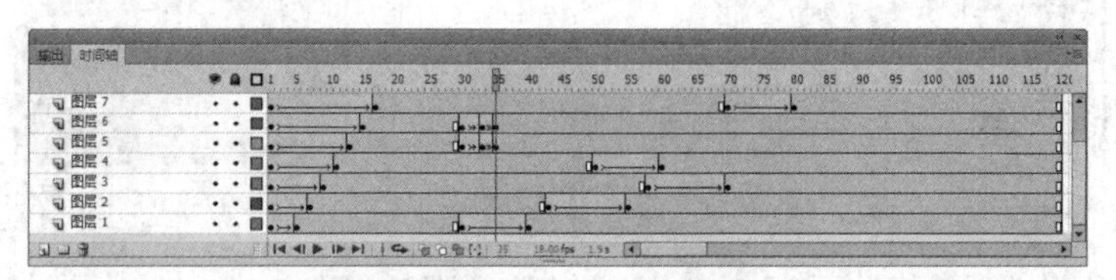

图 9-103 “时间轴”面板

图 9-104 场景效果

步骤 9 调整“图层 8”至“图层 5”的下方，新建“名称”为“文字动画”的“影片剪辑”元件，选择“文本工具”按钮，在“属性”面板中设置参数，如图 9-105 所示。输入文字，如图 9-106 所示。

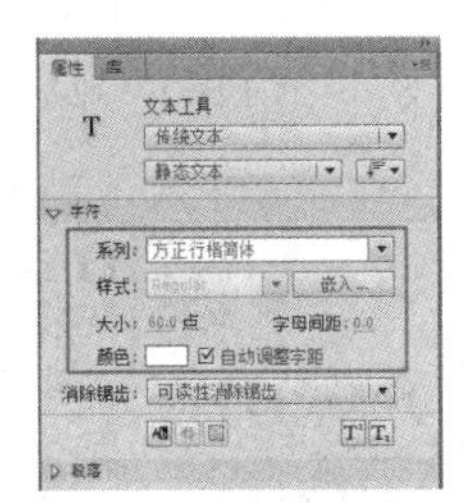

图 9-105　“属性”面板

图 9-106　输入文字

步骤 10 在第 7 帧位置插入关键帧，在“属性”面板的滤镜菜单下单击“添加滤镜”按钮，分别添加“发光”和“渐变发光”效果，如图 9-107 所示。在第 40 帧位置插入关键帧，文字效果如图 9-108 所示。

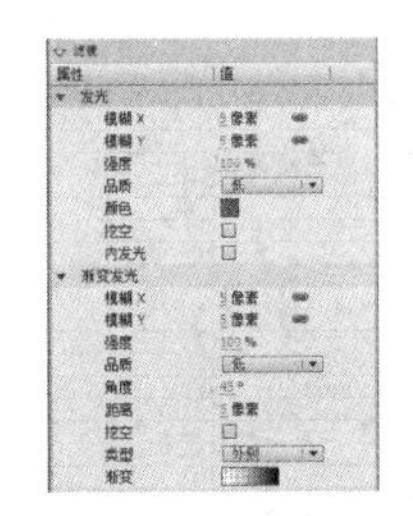

图 9-107　添加滤镜

图 9-108　文字效果

步骤 11 新建“图层 2”，使用相同的方法制作“尚”字，效果如图 9-109 所示。分别新建图层，制作其他文字内容，如图 9-110 所示。

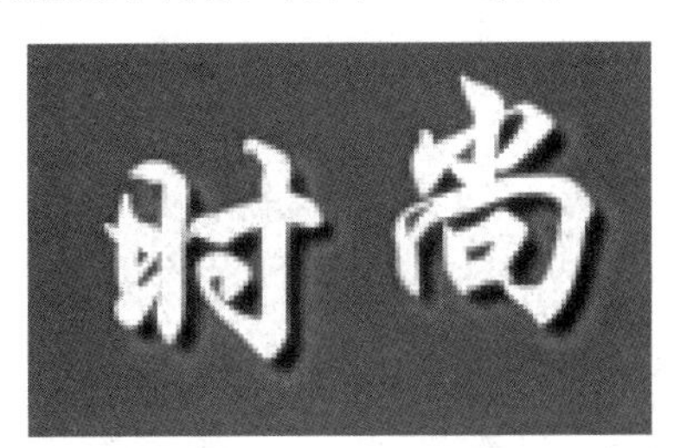

图 9-109　文字效果

图 9-110　文字效果

> ▶ **提示**
>
> 此处为了制作“时尚”两字上下跳动和添加滤镜的效果，所以将文字放在不同的层上，将“酷炫吧”放在一层上，“！”放在一个图层上，用相同的方法制作。

步骤 12 “时间轴”面板如图 9-111 所示。返回“场景 1”，新建“图层 9”，在第 17 帧位置插入关键帧，将“文字动画”元件从“库”面板拖入场景中，在第 30 帧位置插入关键帧，调整文字位置，设置第 17 帧上的元件“不透明度”为 0%，并创建传统补间动画，如图 9-112 所示。

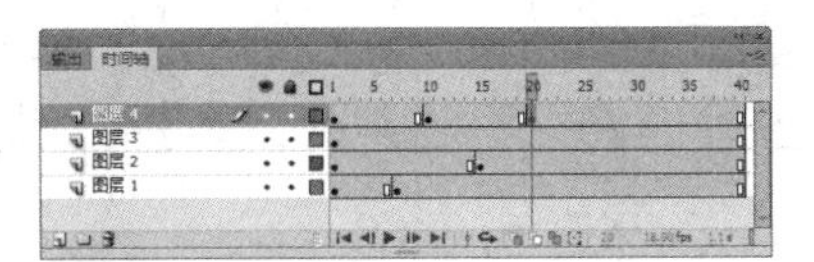

图 9-111　“时间轴”面板

图 9-112　场景效果

步骤 13 新建“图层 10”，调整至图层的最下方，将图像“光盘\源文件\第 9 章\素材\16909.png”导入到场景中，如图 9-113 所示。

图 9-113　场景效果

步骤 14 新建“图层 11”，在第 120 帧位置插入关键帧，按【F9】键打开“动作”面板，输入“stop();”脚本语言，“时间轴”面板如图 9-114 所示。

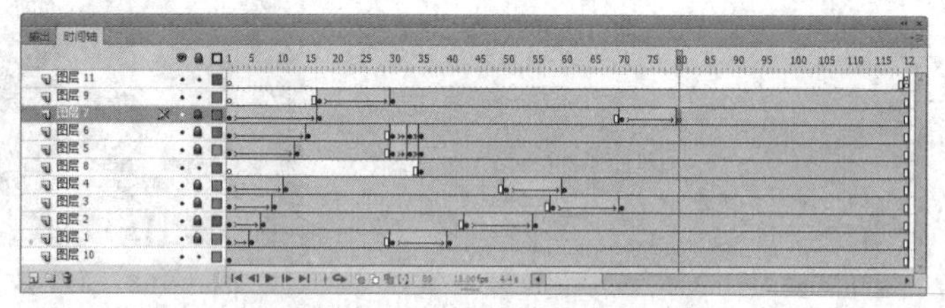

图 9-114　“时间轴”面板

步骤 15 完成动画制作，保存动画，按下【Ctrl+Enter】组合键测试动画，效果如图 9-115 所示。

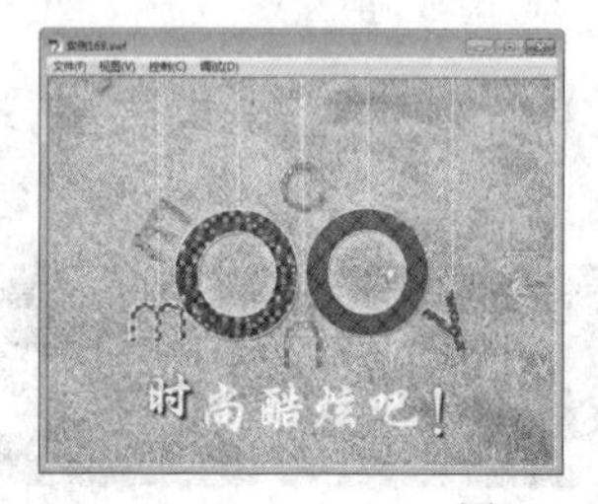

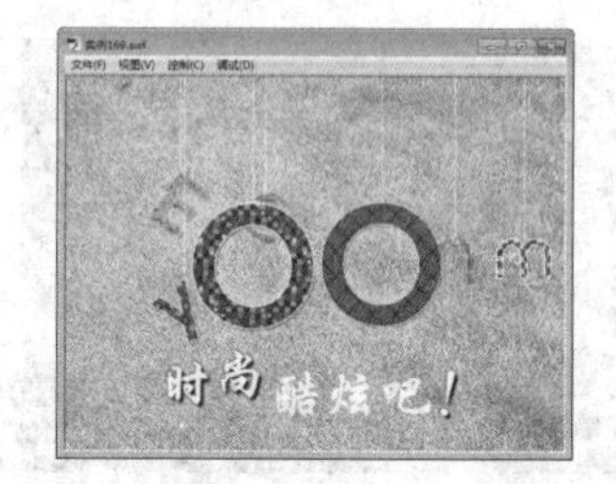

图 9-115　测试动画效果

提问：在动画制作中如何对影片进行优化？

回答：在 Flash 中应减少矢量图形的边数或矢量曲线的折线属性，而且对于重复出现的动画对象要转换为元件使用，尽量减少逐帧动画的使用，多使用补间动画。尽量避免使用位图制作动画，最好将元素或组件进行群组，动画中的声音文件要将压缩设置为 mp3 格式等。

提问：如何解决较大文件的下载问题？

回答：由于动画文件较大，下载时速度会很慢。虽然通过制作预载动画可以明确动画的等待时间，但是却不能解决根本问题。通过将动画制作成片段，然后通过调用脚本组合动画可以有效地减小文件大小，减少下载时间。

实例 170　综合动画——旋转动画

源文件	光盘\源文件\第 9 章\实例 170.fla
视　频	光盘\视频\第 9 章\实例 170.swf
知识点	3D 工具、补间动画
学习时间	15 分钟

1．将背景图像导入到场景中，新建名称为“F1”和“F2”的“影片剪辑”元件，导入素材图。

1．导入素材

2．分别新建名称为“F1 动画”和“F2 动画”的“影片剪辑”元件，使用“3D 工具”制作动画。

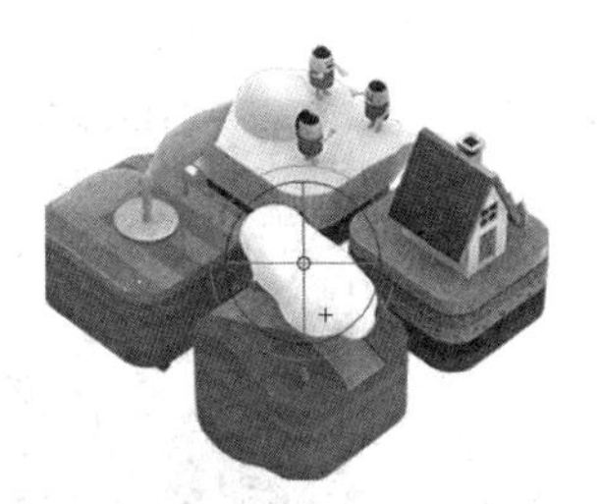

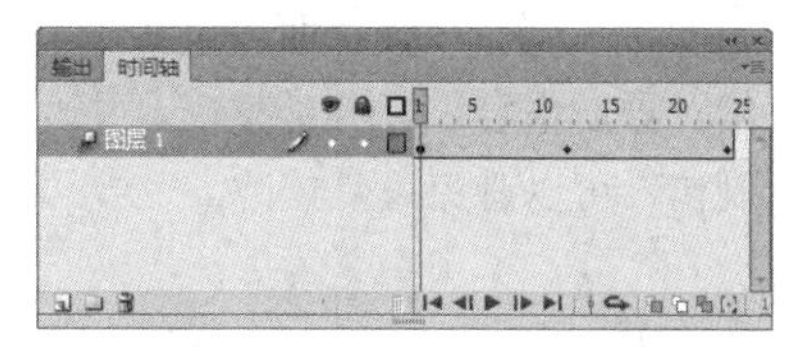

2．制作动画

3．返回场景，新建图层，使用传统补间制作动画并输入脚本语言。

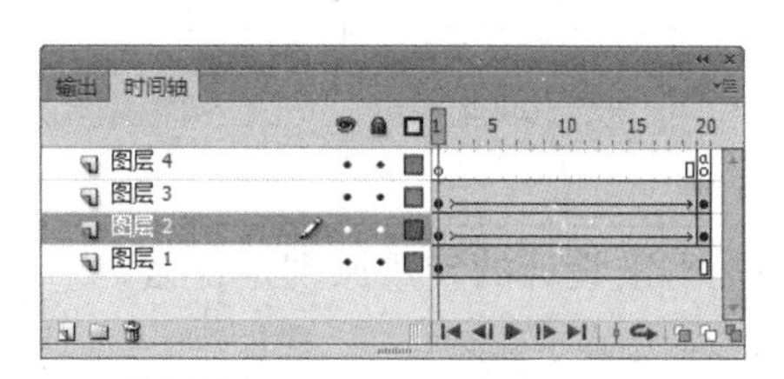

3．场景效果

4．完成动画的制作，测试动画效果。

4．测试动画效果

实例总结

本实例使用传统补间、脚本语言、补间动画、3D 工具制作出以上案例效果，通过学习读者要进一步掌握动画制作技术。

第 10 章　导航和菜单

网站导航栏的作用是方便浏览者快速查看网站信息，获取网站服务，并且可以使浏览者方便快捷地在网页之间进行操作而不至于迷失方向。菜单和导航的作用相同。本章将针对网站中常见的导航和菜单效果进行制作。

实例 171　导航动画——儿童趣味导航

网站的导航一般都是为网站的二级页面做链接的，但是常常也会在二级页面下以动画的方式制作三级页面的链接项目。在制作导航动画时同样要先仔细对导航内容进行分类整理，并确定不会发生根本的变化后再开始制作，可以避免反复修改。

实例分析

本实例将各种类型动画相结合，制作出通过点击按钮切换画面的导航动画效果，最终效果如图 10-1 所示。

图 10-1　最终效果

源 文 件	光盘\源文件\第 10 章\实例 171.fla
视　　频	光盘\视频\第 10 章\实例 171.swf
知 识 点	“动作”面板、传统补间等
学习时间	20 分钟

知识点链接—— 导航设计的创意原则是什么？

网站中的导航创意原则在于标新立异、和谐统一、震撼心灵，打破原始的矩形、圆角矩形等轮廓形状，这样才能实现网站导航醒目快捷的功能。

操作步骤

步骤 1　执行“文件>新建”命令，新建一个“类型”为 ActionScript 2.0，大小为 820 像素×490 像素，“帧频”为 36fps，“背景颜色”为#003399 的 Flash 文档。

> ▶ 提示
>
> 导航的尺寸设置一般要根据页面的设计格局来定，并没有确定的尺寸。但是“帧频”一般设置得较大，这样的目的是为了使用动画播放效果具有冲击力。

步骤 2　执行“插入>新建元件”命令，新建“名称”为“图 1”的“图形”元件，执行“文件>导入>导入到舞台”命令，将图像“光盘\源文件\第 10 章\素材\17101.jpg”导入舞台，如图 10-2 所示。

步骤 3　使用相同的方法新建“名称”为“图 2”～“图 6”的“图形”元件，并将相应的图像导入舞台，“库”面板如图 10-3 所示。

步骤 4　新建“名称”为“五角形”的“图形”元件，选择“多角星形工具”，在“属性”面板的“工具设置”中单击“选项”按钮，弹出“工具设置”对话框，参数设置如图 10-4 所示。设置“填充颜色”为#FFFF00，“笔触颜色”为无，绘制星形，如图 10-5 所示。

图 10-2 导入素材

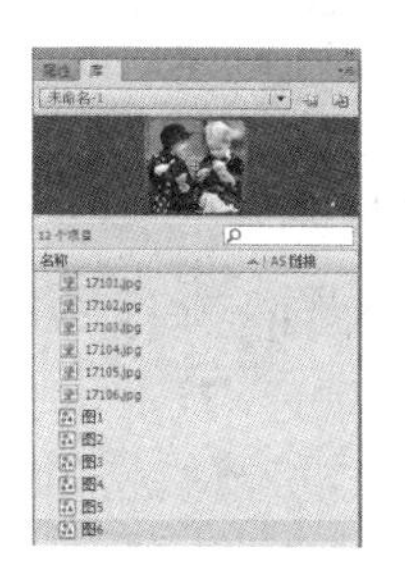

图 10-3 “库”面板

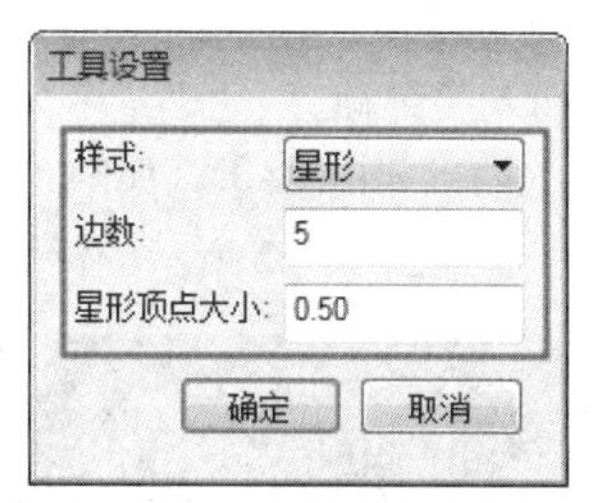

图 10-4 “工具设置”对话框

图 10-5 绘制星形

步骤 5 新建“名称”为“按钮 1”的“按钮”元件，将“五角形”元件从“库”面板拖入场景中，在“点击”位置插入空白关键帧，新建“图层 2”，输入文字，执行“修改>分离”命令两次，如图 10-6 所示。新建“图层 3”，在“点击”位置插入关键帧，绘制图 10-7 所示的图形。

图 10-6 输入文字

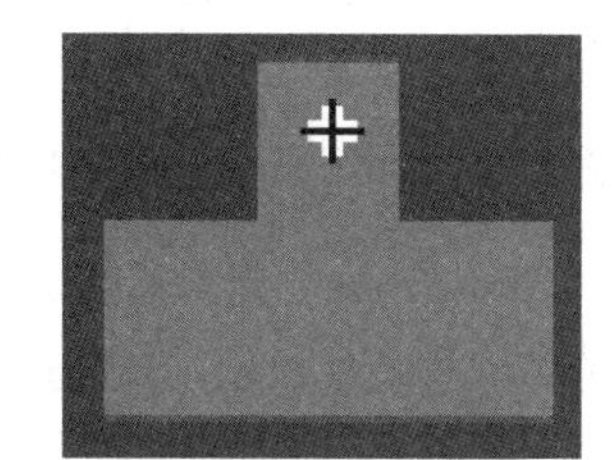

图 10-7 绘制反应区

> **▶ 提示**
>
> 制作反应区按钮时，“点击”状态下的矩形大小无须精确指定，因为每个用到反应区对象的大小都不同，所以无须精确指定大小。

步骤 6 使用相同的方法完成“按钮 2”～“按钮 6”的制作，如图 10-8 所示。

图 10-8 “时间轴”面板

步骤 7 新建“名称”为“图片动画”的“影片剪辑”元件，在第 15 帧处插入关键帧，在“属性”面板中设置第 1 帧元件的“不透明度”为 0%，并创建传统补间动画，如图 10-9 所示。

步骤 8 在第 16 帧处插入关键帧，将“图 2”元件从“库”面板中拖入场景，放至和“图 1”相同的位置，设置其“不透明度”为 0%，并制作传统补间动画，“时间轴”面板如图 10-10 所示。

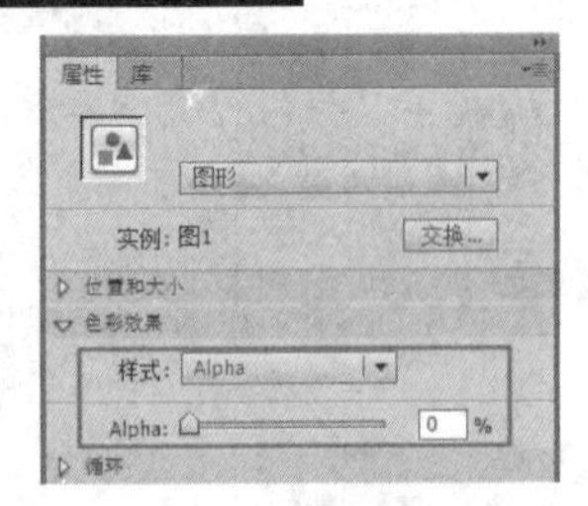

图 10-9 “属性”面板

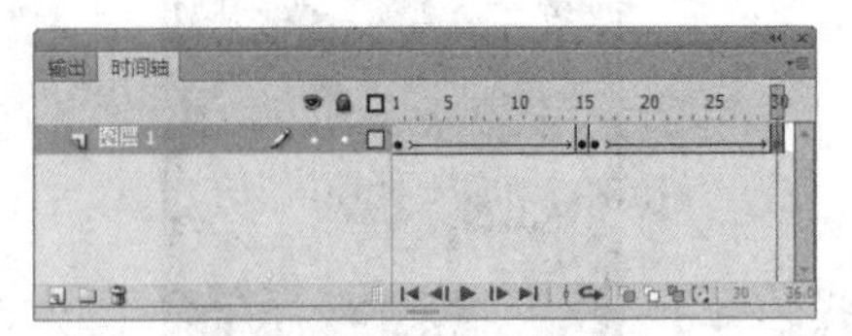

图 10-10 “时间轴”面板

步骤 9 使用相同的方法制作“图 3”～“图 6”的动画，新建“图层 2”，分别在第 15 帧、第 30 帧、第 45 帧、第 60 帧、第 75 帧和第 90 帧位置插入关键帧。

步骤 10 分别按【F9】键打开“动作”面板，输入“stop();”脚本语言，如图 10-11 所示。新建“图层 3”，分别拖入“按钮 1”～“按钮 6”元件，放至图 10-12 所示的位置。

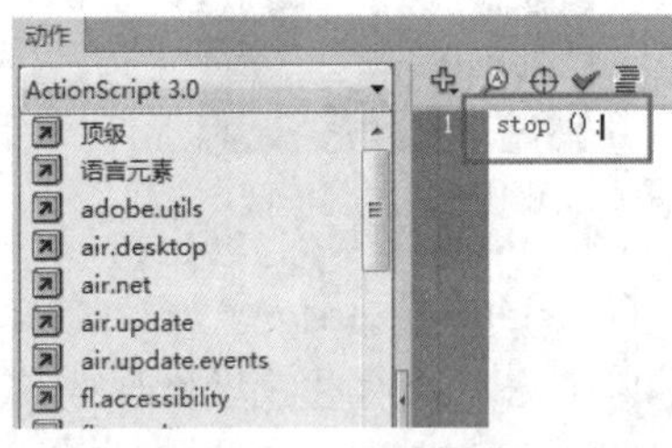

图 10-11 “动作”面板

图 10-12 场景效果

步骤 11 “时间轴”面板如图 10-13 所示。

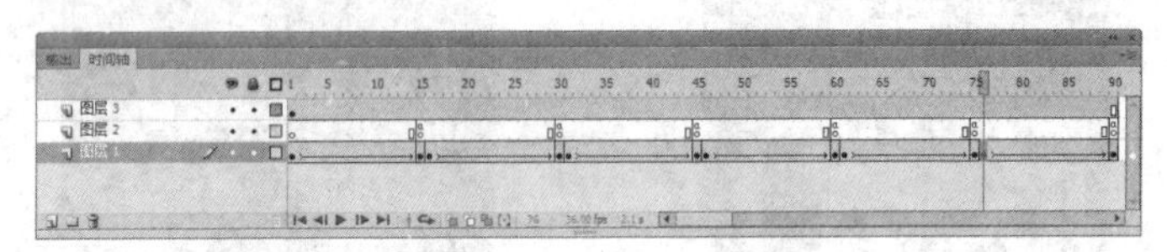

图 10-13 “时间轴”面板

步骤 12 新建“名称”为“文字 1”的“图形”元件，使用“文本工具”输入文字，执行“修改>分离”命令两次，如图 10-14 所示。选择第一个字母，按【F8】键将字母转换为“名称”为“字母 1”的“图形”元件，使用相同的方法转换别的字母，“库”面板如图 10-15 所示。

PhotoAbum .

图 10-14 输入文字

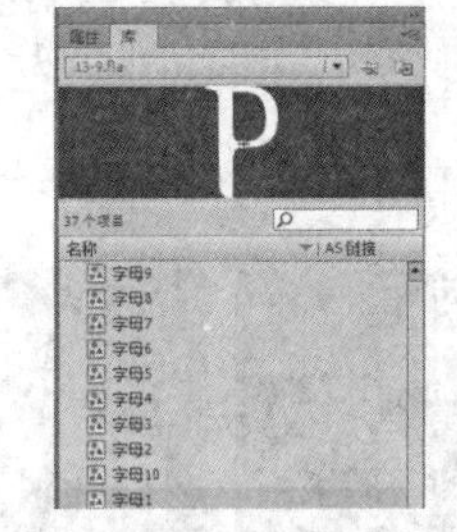

图 10-15 “库”面板

▶ 提示

在制作动画时，如果使用了特殊的字体，为了保证字体在动画播放时保持不变，需要将文字分离成为图形。

步骤 13 新建“名称”为“文字 2”的“图形”元件，选择“文本工具”输入文字，执行“修改>分离”命令两次，如图 10-16 所示。新建“名称”为“文字 3”的“图形”元件，选择“文本工具”

输入文字，执行“修改>分离”命令两次，如图 10-17 所示。

图 10-16　场景效果 1 　　　图 10-17　场景效果 2

步骤 14 新建“名称”为“文字动画”的“影片剪辑”元件，在第 5 帧位置插入关键帧，将“字母 1”元件从“库”面板拖入场景中，在第 114 帧位置插入帧，新建“图层 2”，在第 7 帧位置插入关键帧。

步骤 15 将“字母 2”元件从“库”面板拖入场景中，使用相同的方法新建图层，将其他字母拖入场景中。选择“图层 1”，在第 11 帧、第 18 帧、第 67 帧、第 74 帧和第 82 帧位置插入关键帧。

步骤 16 上移第 11 帧、第 74 帧元件的位置，在第 5 帧、第 11 帧、第 18 帧、第 67 帧和第 74 帧位置创建传统补间动画，使用相同的方法制作其他层的动画，场景效果如图 10-18 所示。“时间轴”面板如图 10-19 所示。

图 10-18　场景效果

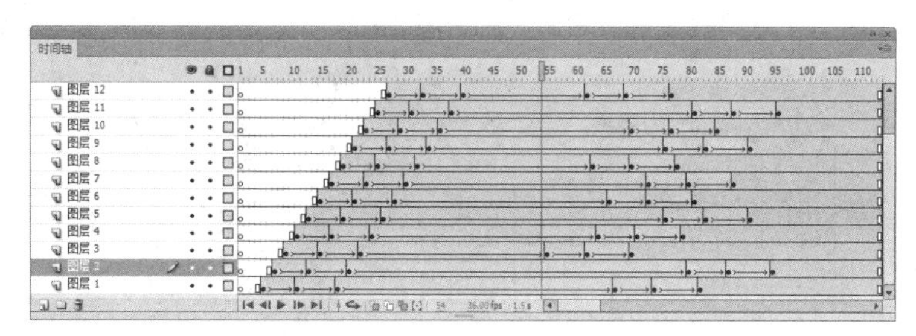

图 10-19　“时间轴”面板

步骤 17 新建“图层 13”，在第 5 帧位置插入关键帧，将“文字 3”元件从“库”面板拖入场景中，如图 10-20 所示。在第 47 帧位置插入关键帧，左移元件位置，在第 5 帧位置创建传统补间动画。新建“图层 14”，使用相同的方法制作动画内容，如图 10-21 所示。

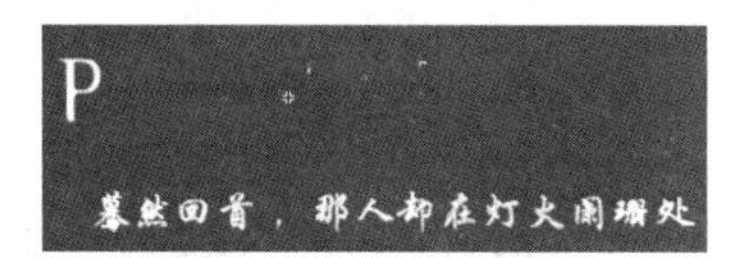

图 10-20　场景效果 1

图 10-21　场景效果 2

> ▶ 提示
>
> 在制作“图层 14”时，在第 47 帧位置要右移元件。

步骤 18 在“图层 1”的第 115 帧位置插入空白关键帧，将“文字 1”元件拖入场景中，在第 200 帧位置插入帧，在“图层 2”的第 115 帧位置插入空白关键帧，在第 145～第 168 帧位置分别插入关键帧，将字母元件从“库”面板拖入场景中，如图 10-22 所示。

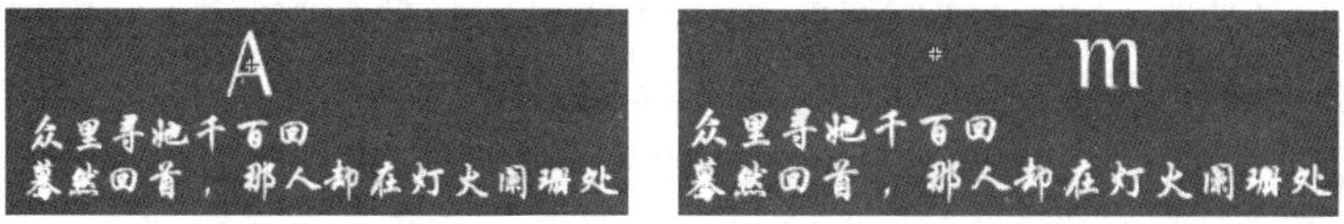

图 10-22　拖入“字母”

▶ 提示

此处，为了使用读者看得更清楚，隐藏了“图层 1”的文字。

步骤 19 新建“图层 15”，在第 200 帧位置插入关键帧，按【F9】键，打开“动作”面板，输入“stop();”脚本语言，“时间轴”面板如图 10-23 所示。

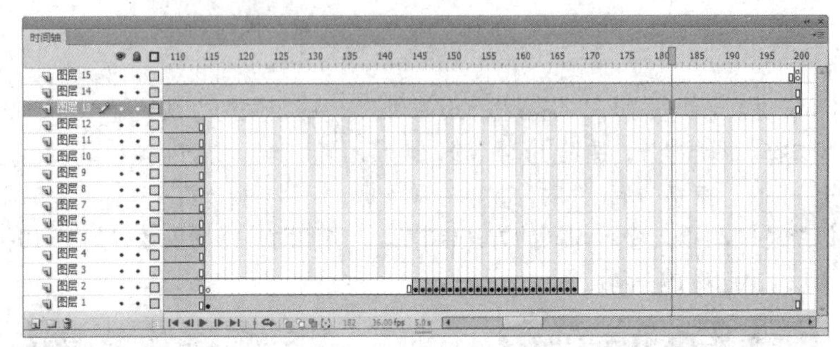

图 10-23 “时间轴”面板

步骤 20 新建“名称”为“星”的“图形”元件，选择“多角星形工具”，在“属性”面板的“工具设置”中单击“选项”按钮，参数设置如图 10-24 所示。打开“颜色”面板，参数设置如图 10-25 所示。

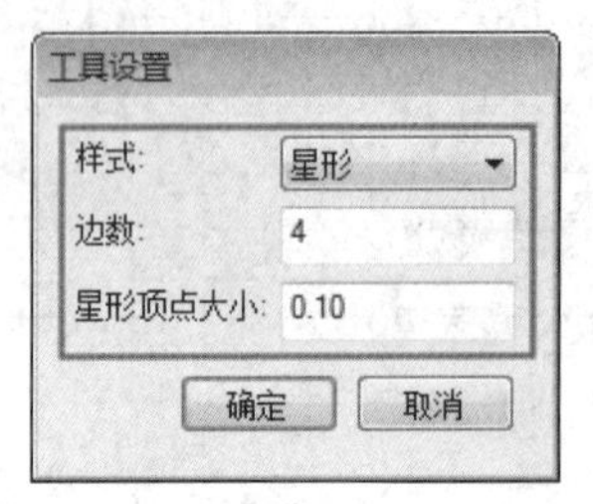

图 10-24 “工具设置”对话框

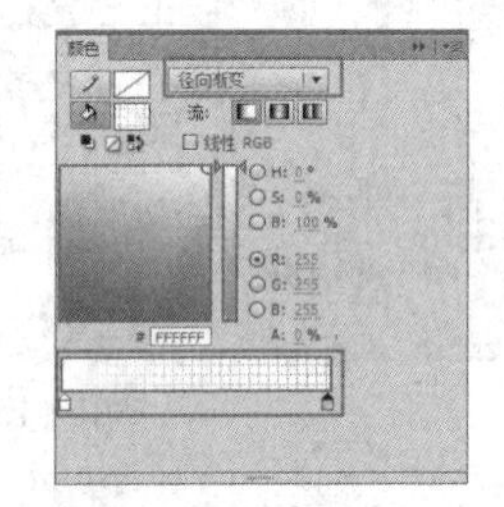

图 10-25 “颜色”面板

步骤 21 绘制星形，如图 10-26 所示。新建“名称”为“光晕”的“图形”元件，选择“椭圆工具”绘制圆形，如图 10-27 所示。

图 10-26 绘制星形

图 10-27 绘制圆形

步骤 22 新建“名称”为“闪星”的“影片剪辑”元件，将“光晕”元件从“库”面板拖入场景中，在第 12 帧和第 22 帧位置插入关键帧，调整第 12 帧元件的大小，在第 1 帧第 12 帧位置创建传统补间动画。

步骤 23 新建“图层 2”，将“星”元件从“库”面板拖入场景中，设置“不透明度”为 40%，在第 12 帧和第 22 帧位置插入关键帧，在第 12 帧上，设置元件不透明度为 100%，在第 1 帧和第 12 帧位置创建传统补间动画，如图 10-28 所示。“时间轴”面板如图 10-29 所示。

图 10-28　场景效果

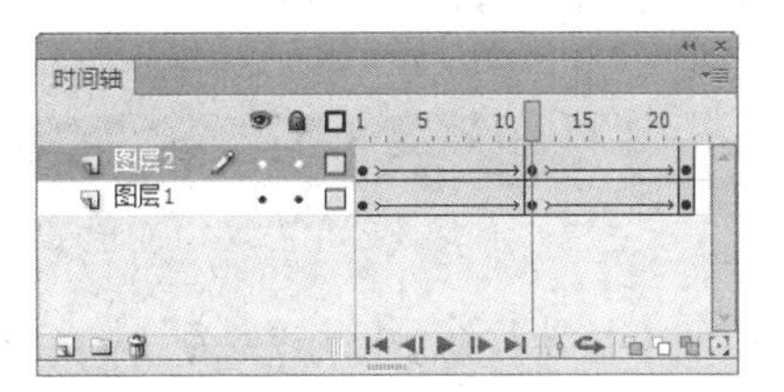

图 10-29　“时间轴”面板

步骤 24 返回“场景 1”，将“闪星动画”元件从“库”面板拖入场景，如图 10-30 所示。新建“图层 2”，将“文字动画”和“图片动画”元件从“库”面板拖入场景中，场景效果如图 10-31 所示。

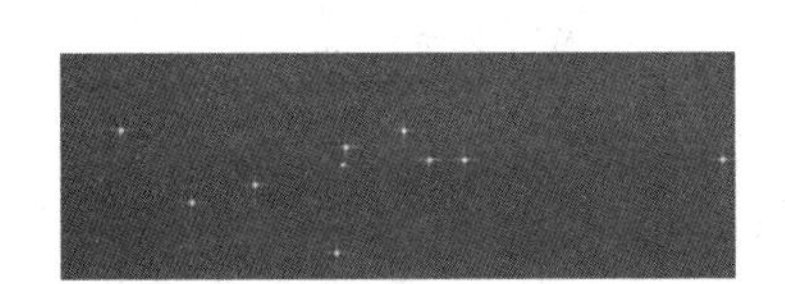

图 10-30　拖出元件

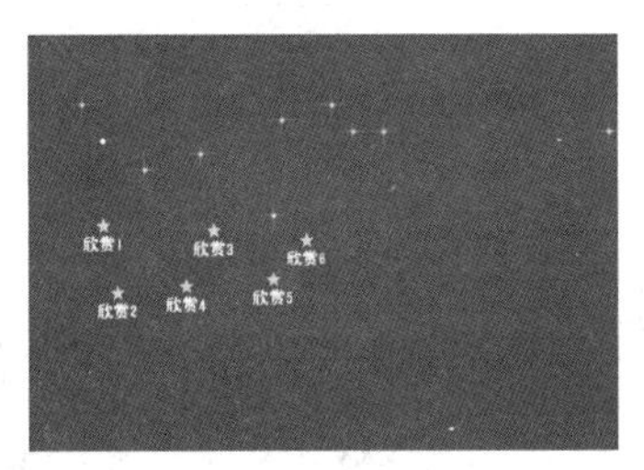

图 10-31 场景效果

步骤 25 完成导航动画的制作，保存动画，按下【Ctrl+Enter】组合键测试动画，效果如图 10-32 所示。

图 10-32　测试动画效果

提问：导航设计中对颜色的运用有什么要求？

回答：网站导航制作中的色彩要求与网站页面色彩相统一，色调感觉与网站的色调一致，但是最好不要使用相同色系的颜色，也可采用补色，这样才能更加突出导航主题，达到引人注意的目的。

提问：使用文字制作按钮为什么反应不灵活？

回答：这种情况一般都是在制作按钮时，没有为按钮制作反应区，在制作文字按钮时，一般要定义一个矩形来作为按钮的触发区，如果未定义按钮的反应区，系统会默认前面的状态为反应区，文字一般都比较细，所以按钮的反应就不是很灵活。

实例 172　导航动画——交友网站导航

源 文 件	光盘\源文件\第 10 章\实例 172.fla
视　　频	光盘\视频\第 10 章\实例 172.swf
知 识 点	传统补间动画、遮罩动画
学习时间	20 分钟

1．新建 Flash 文档，将背景图像导入舞台中。

1．导入素材

2．新建元件，将素材导入场景中并转换为“影片剪辑”元件，制作翅膀的扇动动画。

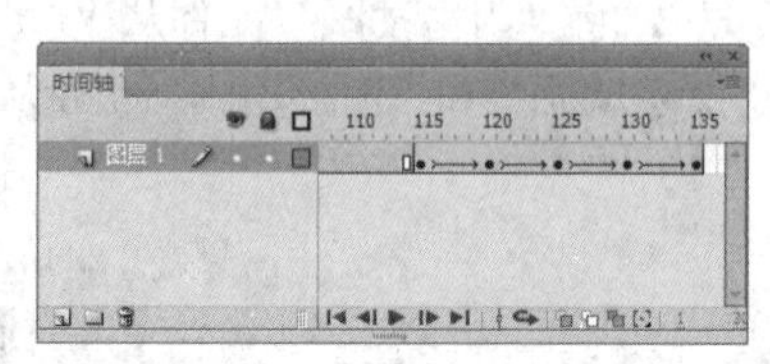

2．翅膀元件和“时间轴”面板

3．制作“按钮”元件和“按钮”动画元件。

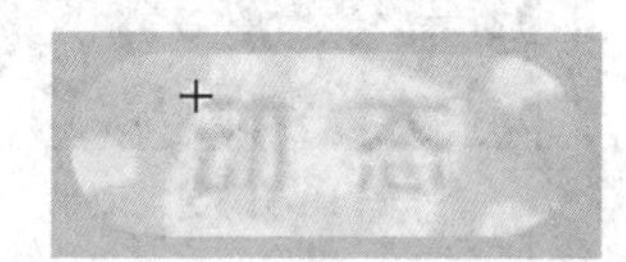

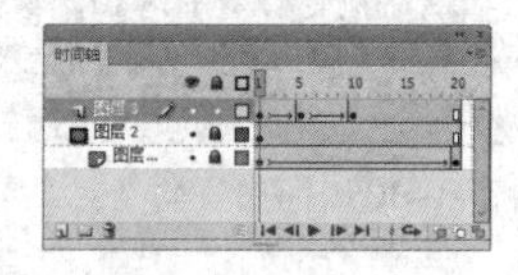

3．按钮元件和“时间轴”面板

4．返回场景，新建图层，拖出动画，完成动画制作，测试动画效果。

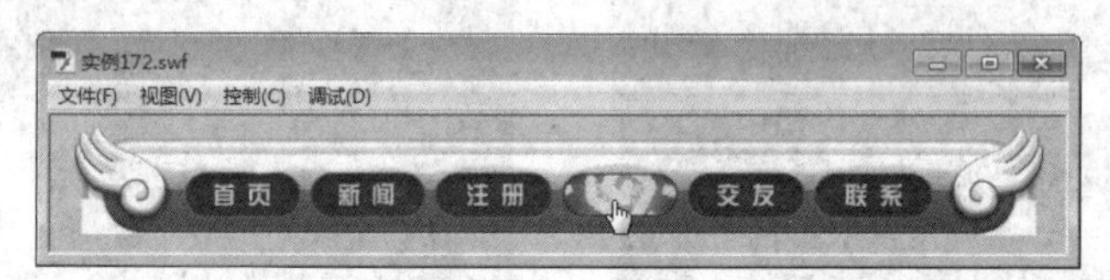

4．测试动画效果

实例总结

本实例所制作的导航动画在网络的应用上是非常广泛的，好的导航动画可以为网页加分，也可以为浏览者带来方便快捷的导航作用，通过本实例的学习，读者要掌握网站导航的制作方法与操作技巧。

实例 173 导航动画——艺术照片展示菜单动画

现在的网站丰富多彩，而网站中的导航也是各式各样的，网站中的导航效果一般不会发生变化，网站中的广告内容也常常制作成为导航效果。

实例分析

本实例使用传统补间、补间形状、遮罩动画和脚本等，完成动画效果的制作，最终效果如图 10-33 所示。

图 10-33 最终效果

源文件	光盘\源文件\第 10 章\实例 173.fla
视频	光盘\视频\第 10 章\实例 173.swf
知识点	传统补间动画、遮罩动画、补间形状
学习时间	20 分钟

知识点链接——导航动画制作的原则是什么？

在制作导航动画时，不必采用过于复杂的动画类型，关键是要使反应区实现判定鼠标经过时反应区所控制的影片剪辑的效果，以达到导航的作用。

操作步骤

步骤 1 执行“文件>新建”命令，新建一个“类型”为 ActionScript 2.0，大小为 371 像素×431 像素，“帧频”为 35fps，“背景颜色”为白色的 Flash 文档。

步骤 2 将图像“光盘\源文件\第 10 章\素材\17304.png”导入舞台中，如图 10-34 所示。新建“图层 2”，将图像“光盘\源文件\第 10 章\素材\17303.jpg”导入舞台中，如图 10-35 所示。按【F8】键将图像转换为“名称”为“图像动画 3”的“影片剪辑”元件。

图 10-34　导入素材

图 10-35　导入图像

步骤 3 使用相同的方法新建“图层 3”、“图层 4”和“图层 5”，分别将图像“光盘\源文件\第 10 章\素材\17302.jpg、17301.jpg、17305.png”导入舞台中，如图 10-36 所示。按【F8】键将图像转换为相应的“影片剪辑”元件。

图 10-36　导入素材 1

步骤 4 将图像“光盘\源文件\第 10 章\素材\17306.png”导入库中，如图 10-37 所示。“库”面板如图 10-38 所示。

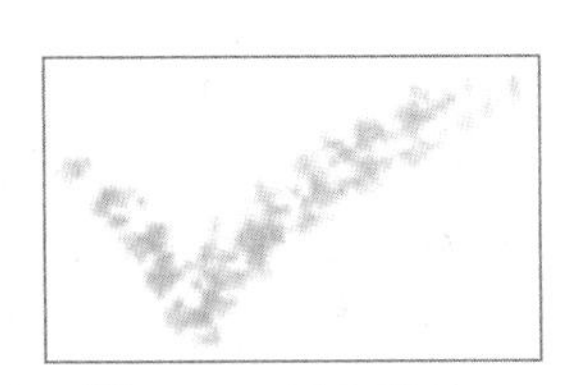

图 10-37　导入素材 2

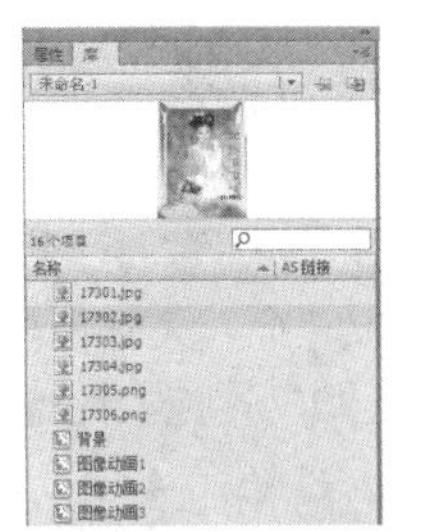

图 10-38　“库”面板

> **▶ 提示**
>
> 将图像 17306.png 直接导入至库，是因为无需转换为元件，也无需制作图像的动画，图像的动画效果使用遮罩便可完成。

步骤 5 在“图像动画 3”上双击，进入场景编辑状态，在第 17 帧位置插入帧，新建“图层 2”，选择“线条工具”，配合“选择工具”绘制心形并填充颜色，删除边缘线，如图 10-39 所示。在第 17 帧位置插入关键帧，调整心形大小，覆盖全图，如图 10-40 所示。

图 10-39　绘制图形

图 10-40　调整心形大小

步骤 6 在第 1 帧位置创建补间形状动画。在“图层 2”名称上单击鼠标右键，选择“遮罩层”命令。新建“图层 3”，在第 1 帧和第 17 帧上插入关键帧，分别按【F9】键在“动作”面板中输入“stop();”脚本，如图 10-41 所示。“时间轴”面板如图 10-42 所示。

图 10-41　“动作”面板

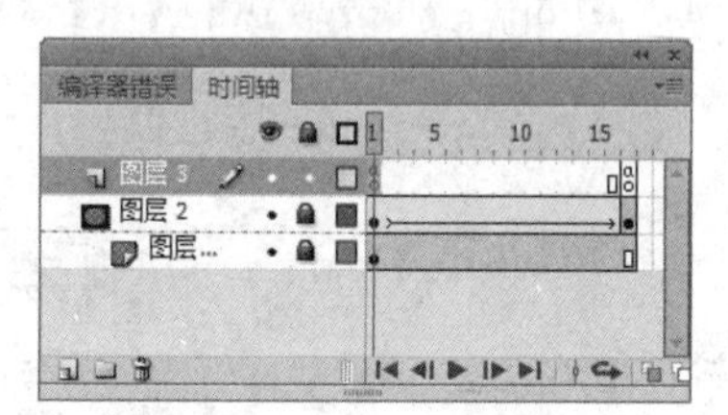

图 10-42　“时间轴”面板

步骤 7 使用相同的方法制作“图像动画 2”和“图像动画 3”，新建“名称”为“文本 1”的“图形”元件，选择“文本工具”，参数设置如图 10-43 所示。输入文字，如图 10-44 所示。

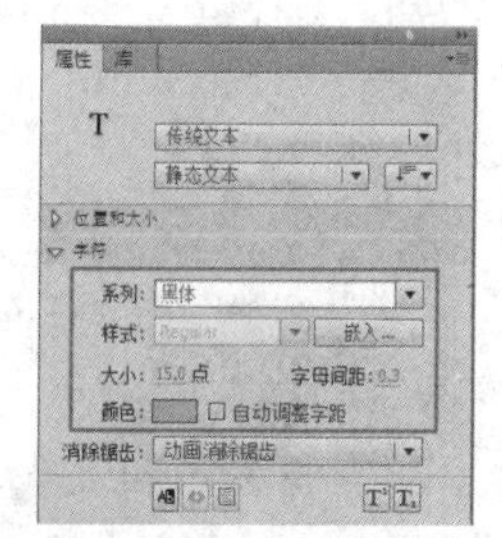

图 10-43　“属性”面板

01 9月促销活动

图 10-44　输入文字

步骤 8 使用相同的方法制作“文本 2”和“文本 3”，如图 10-45 所示。

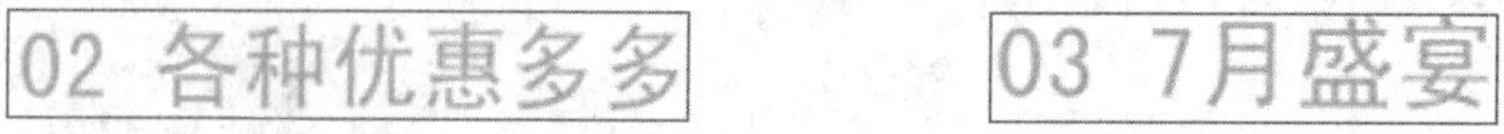

02 各种优惠多多　　03 7月盛宴

图 10-45　制作元件

步骤 9 新建“名称”为“项目 1”的“影片剪辑”元件，将“文本 1”元件从“库”面板拖入场景中，在第 7 帧位置插入关键帧，调整文字大小，在第 1 帧位置创建传统补间动画。

步骤 10 新建“图层 2”，拖入图像 17306.png，如图 10-46 所示。新建“图层 3”，选择“矩形工具”绘制图形，如图 10-47 所示。

图 10-46　拖入图像

图 10-47　绘制图形

步骤 11 在第 4 帧位置插入关键帧，调整图形，如图 10-48 所示。在第 7 帧位置插入关键帧，调整图形，如图 10-49 所示。在第 1 帧和第 4 帧位置创建补间形状动画。在“图层 3”名称上单击鼠

标右键，选择“遮罩层”命令。

图 10-48　调整图形 1

图 10-49　调整图形 2

> ▶ 提示
>
> 制作时要注意矩形的大小是否覆盖了整个图像，避免出现露白或者显示不全的问题。

步骤 12 新建“图层 4”，使用“矩形工具”绘制反应区，如图 10-50 所示。新建“图层 3”，在第 1 帧和第 7 帧上插入关键帧，分别按【F9】键，在“动作”面板中输入“stop();”脚本，“时间轴”面板如图 10-51 所示。

步骤 13 使用相同的方法制作“项目 2”和“项目 3”元件，返回“场景 1”，调整“图层 2”、“图层 3”和“图层 4”的位置，新建“图层 6”，将项目 1、项目 2、项目 3 元件从“库”面板拖入场景中，如图 10-52 所示。分别设置各元件的实例名称，如图 10-53 所示。

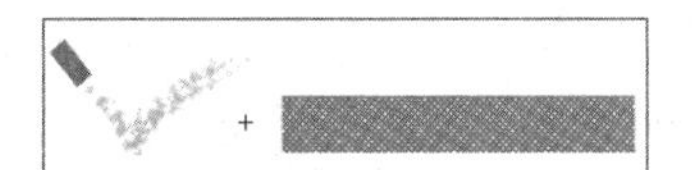

图 10-50　绘制反应区

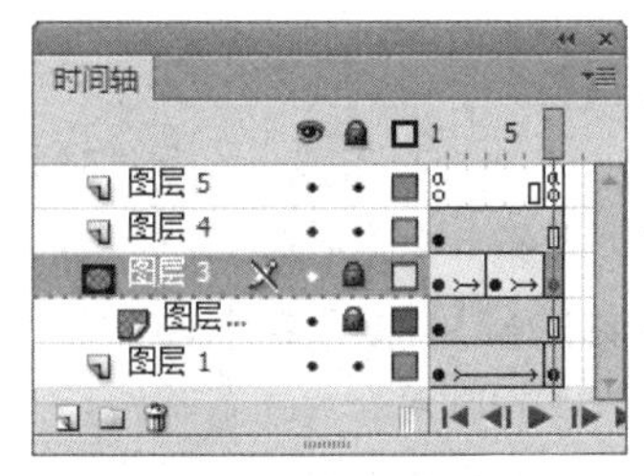

图 10-51　“时间轴”面板

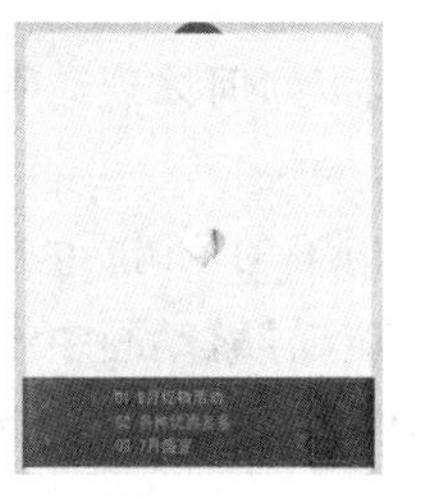

图 10-52　拖出元件

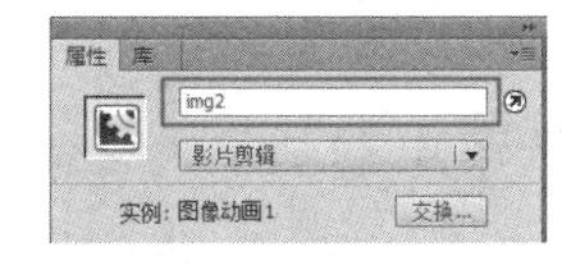

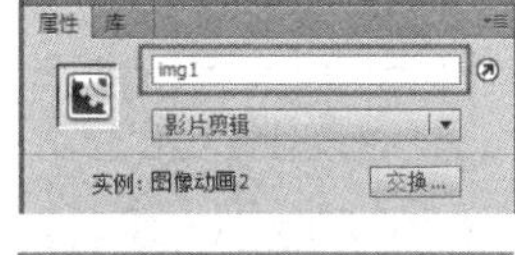

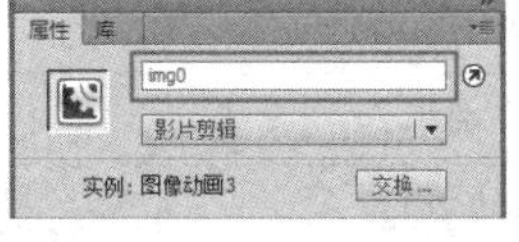

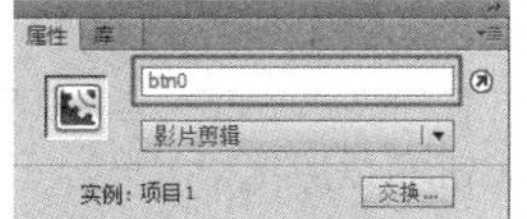

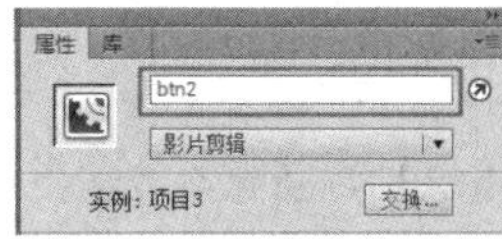

图 10-53　设置实例名称

步骤 14 新建“图层 7”，按【F9】键，在“动作”面板中输入脚本语言，如图 10-54 所示。

图 10-54　输入脚本语言

> ▶ 提示
>
> 本实例在制作过程中应用了比较复杂的脚本语言，读者在制作过程中要注意脚本语言的添加，如果有脚本输入错误或是少输某一代码，动画将无法正常播放。

步骤 15 完成导航动画的制作，保存动画，按下【Ctrl+Enter】组合键测试动画，效果如图 10-55 所示。

图 10-55　测试动画效果

提问：如何体现动画的连贯性？

回答：Flash 导航动画通常会由多个项目组成，在制作时要注意项目与项目之间要具有一定的相似之处。每个项目的色调要尽量一致，不要出现差别太大的情况，这样可以实现很好的连贯效果。

提问：导航动画中设计脚本的应用原则是什么？

回答：在制作导航动画时常常会有脚本参与动画制作。制作导航的脚本一般会比较复杂，除了控制按钮元件以外，还会经常使用控制影片剪辑的脚本。所以在使用脚本时要遵循层次清晰、语言简单的原则，这样才有利于导航的制作和修改。

实例 174　导航动画——鞋服展示菜单动画

源文件	光盘\源文件\第 10 章\实例 174.fla
视频	光盘\视频\第 10 章\实例 174.swf
知识点	按钮动画、淡出淡入、传统补间
学习时间	15 分钟

1. 新建 Flash 文档，新建“按钮”和“反应区”元件，制作按钮和反应区。

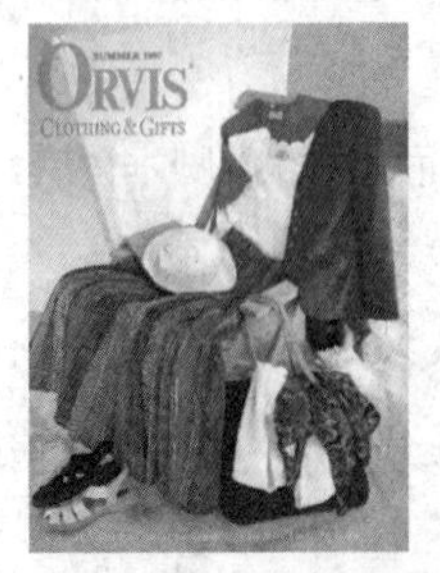

1. 制作按钮和反应区

2. 新建“图形”元件，导入图像，将反应区元件拖入到场景中，为图像添加链接。

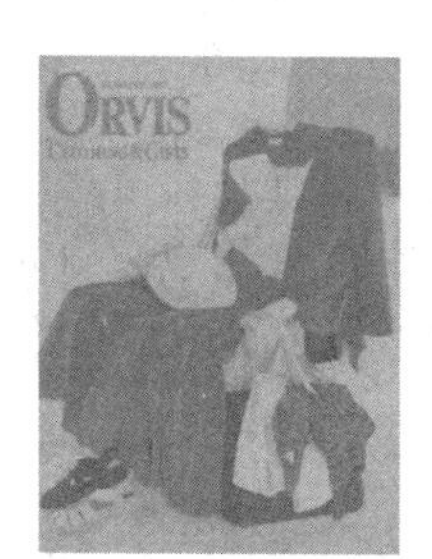

2．添加反应区链接

3．回到主场景，将图像元件拖入到场景中，制作图像的淡入淡出动画。

3．制作淡出淡入动画

4．新建图层，将相应的元件拖入到场景中，并添加脚本语言。完成制作，测试动画效果。

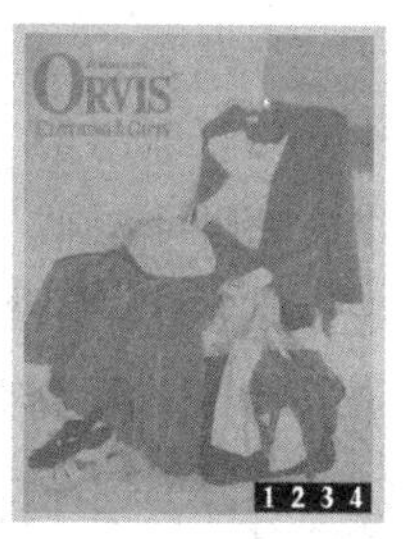

4．场景和测试动画效果

实例总结

本实例使用传统补间、不透明度、脚本等工具制作导航菜单动画。通过学习，读者也可以制作出丰富漂亮的导航动画。

实例 175　导航动画——楼盘介绍菜单动画

每个网站都有方便用户浏览而存在的网站导航。导航看似简单，但却包含很多内容，从而大大提高了网站的浏览率。

实例分析

本实例使用脚本语言、传统补间制作关于楼盘介绍的菜单导航动画。使用脚本控制鼠标跟随的效果，最终效果如图 10-56 所示。

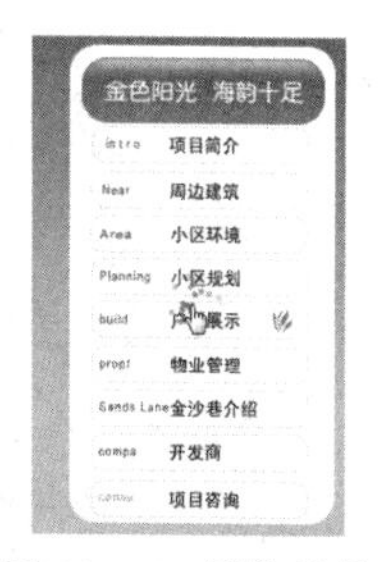

图 10-56　最终效果

源 文 件	光盘\源文件\第 10 章\实例 175.fla
视　　频	光盘\视频\第 10 章\实例 175.swf
知 识 点	脚本语言、传统补间、设置不透明度
学习时间	20 分钟

知识点链接——导航中常见的类型有哪些？

网站菜单导航包含栏目菜单设置、辅助菜单，以及其他在线帮助等形式。按照常见类型可以将其分为网站菜单导航和网站地图导航。菜单导航的基本作用是让用户在浏览网站过程中能够准确到达想去的位置，地图导航则是让浏览者快速对整个网站的框架有所了解，并可以通过单击快速进入。

操作步骤

步骤 1 执行“文件>新建”命令，新建一个“类型”为 ActionScript 2.0，大小为 244 像素×375 像素，“帧频”为 40fps，“背景颜色”为白色的 Flash 文档。

步骤 2 将图像“光盘\源文件\第 10 章\素材\17501.jpg”导入舞台中，如图 10-57 所示。在第 45 帧位置插入关键帧，新建“名称”为“小草”的“图形”元件，将图像“光盘\源文件\第 10 章\素材\17503.jpg”导入舞台中，如图 10-58 所示。

图 10-57 导入素材 1

图 10-58 导入素材 2

步骤 3 新建“名称”为“小草动画”的“影片剪辑”元件，将“小草”元件从“库”面板拖入场景中，在第 10 帧位置插入关键帧。

步骤 4 设置第 1 帧上的元件不透明度为 0%，并创建传统补间动画。“属性”面板如图 10-59 所示。新建“图层 2”，在第 10 帧插入关键帧，输入“stop();”脚本，如图 10-60 所示。

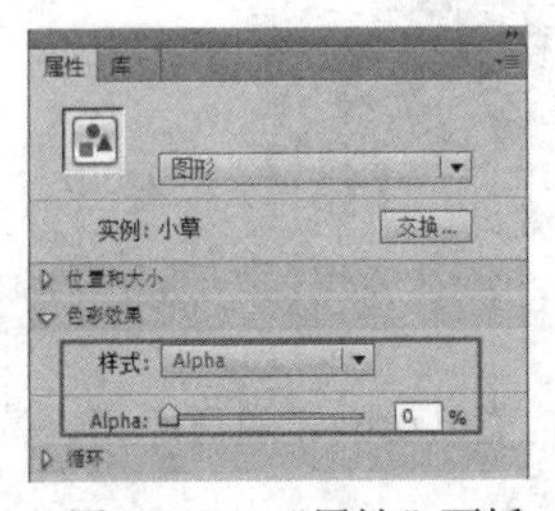

图 10-59 “属性”面板

图 10-60 输入脚本

步骤 5 新建“名称”为“圆”的“图形”元件，单击“椭圆工具”按钮，在“属性”面板中设置“填充颜色”为#F13A77，如图 10-61 所示，绘制图 10-62 所示的圆形。

图 10-61 “属性”面板

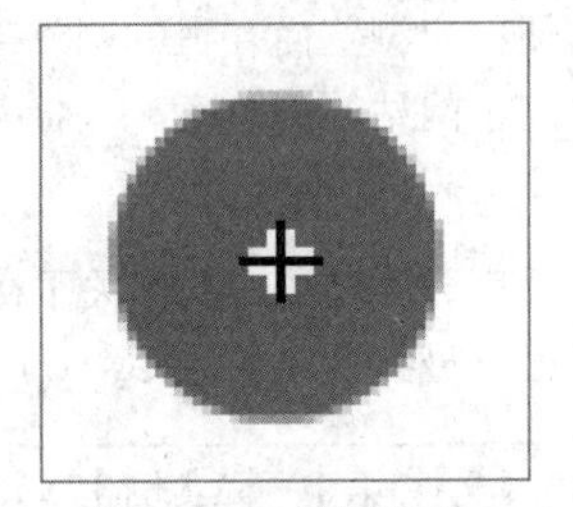
图 10-62 绘制圆形

步骤 6 新建“名称”为“圆动画”的“影片剪辑”元件，将“圆”元件从“库”面板拖入场景中，在第 25 帧插入关键帧，设置第 1 帧上的元件“不透明度”为 0%，并创建传统补间动画，“属性”面板如图 10-63 所示。新建“图层 2”，在第 25 帧插入关键帧，并在“动作”面板中输入图 10-64 所示的脚本。

图 10-63　“属性”面板

图 10-64　输入脚本

▶ 提示

此处脚本的含义是播放至此帧时自动删除影片剪辑元件。

步骤 7　新建“名称”为“按钮动画”的“按钮”元件，在“指针经过”状态下插入关键帧，将“小草动画”元件从“库”面板拖入场景中，在“点击”状态下插入空白关键帧，绘制反应区，如图 10-65 所示。

步骤 8　新建“名称”为“项目简介”的“影片剪辑”元件，将图像“光盘\源文件\第 10 章\素材\17502.jpg”导入舞台中，如图 10-66 所示。

图 10-65　绘制反应区

图 10-66　导入素材

步骤 9　新建“图层 2”，单击“文本工具”按钮，在“属性”面板中设置各项参数，如图 10-67 所示。输入图 10-68 所示的文字。

图 10-67　“属性”面板

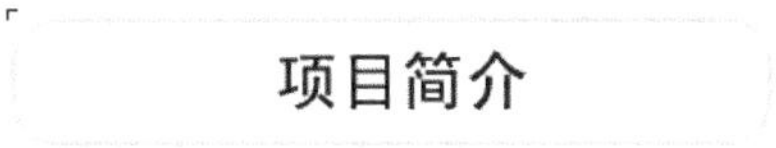

项目简介

图 10-68　输入文字

步骤 10　新建“图层 3”，单击“文本工具”按钮，在“属性”面板中设置参数，如图 10-69 所示。输入文字，如图 10-70 所示。

图 10-69　“属性”面板

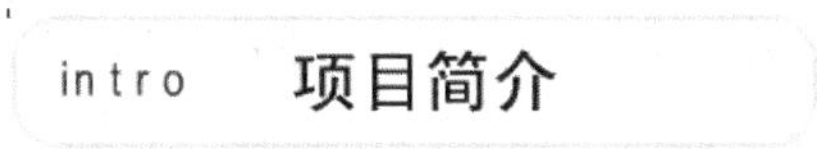

intro　项目简介

图 10-70　输入文字

步骤 11　新建“图层 4”，将“按钮动画”元件从“库”面板拖入场景中，如图 10-71 所示。使用相同的方法制作其他元件，“库”面板如图 10-72 所示。

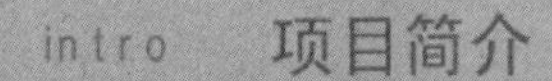

图 10-71 拖入按钮动画

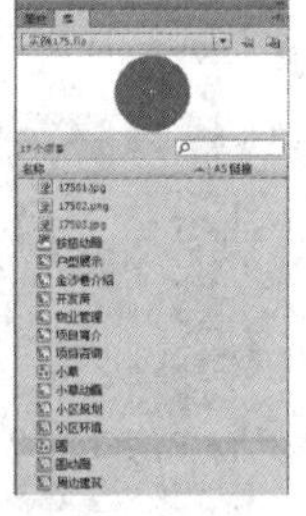

图 10-72 “库”面板

步骤 12 返回“场景 1”，新建“图层 2”，将“项目简介”元件从“库”面板拖入场景中，如图 10-73 所示。在第 5 帧位置插入关键帧，设置第 1 帧上的元件“不透明度”为 0%,并创建传统补间动画，使用相同的方法制作“图层 3”～“图层 10”的内容，“时间轴”面板如图 10-74 所示。

图 10-73 拖出元件

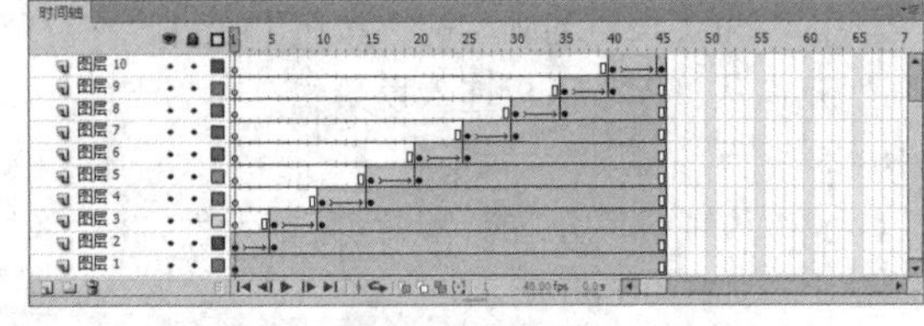

图 10-74 “时间轴”面板

> **▶ 提示**
>
> 本步骤是为了制作出逐渐出现的下拉菜单动画，所以需在不同的帧插入关键帧和设置不透明度，来完成动画效果。

步骤 13 场景效果如图 10-75 所示。新建“图层 11”，将“小草动画”元件从“库”面板拖入场景中，如图 10-76 所示。

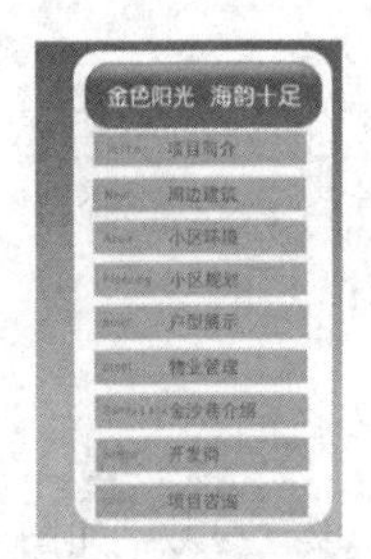

图 10-75 场景效果

图 10-76 拖出元件

步骤 14 新建“图层 12”，在第 45 帧位置插入关键帧，按【F9】键打开“动作”面板，输入图 10-77 所示的脚本语言。

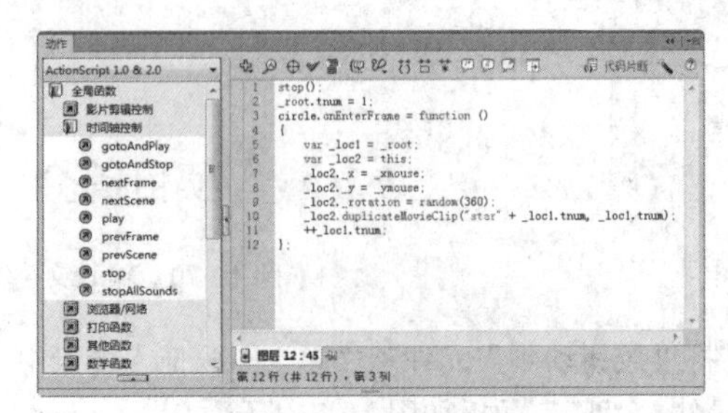

```
stop();
_root.tnum = 1;
circle.onEnterFrame = function ()
{
    var _loc1 = _root;
    var _loc2 = this;
    _loc2._x = _xmouse;
    _loc2._y = _ymouse;
    _loc2._rotation = random(360);
    _loc2.duplicateMovieClip("star" + _loc1.tnum, _loc1.tnum);
    ++_loc1.tnum;
};
```

图 10-77 输入脚本

步骤 15 完成导航动画的制作，执行“文件>保存”命令，保存动画，按下【Ctrl+Enter】组合键测试动画，效果如图 10-78 所示。

图 10-78 测试动画效果

提问：网站导航系统中元素的表现形式是什么？

回答：网站导航系统中不可缺少的元素表现形式一般分为首页、一级栏目、二级栏目、三级栏目和内容页面。网站地图也是系统的一部分。

提问：如何设计效果较好的导航动画？

回答：在网页设计中，Flash 动态导航不应该设计得太过复杂，应该设计得更加直观一些，让用户可以一下接受，这样才会收到很好的效果。但是为了让用户对网站内容感兴趣，也需要设计师有一定的创意，在实际工作中多参考优秀的导航动画，通过比较和总结才能够制作出效果好的导航菜单动画。

实例 176 导航动画——超市广告导航动画

源 文 件	光盘\源文件\第 10 章\实例 176.fla
视 频	光盘\视频\第 10 章\实例 176.swf
知 识 点	脚本、传统补间动画
学习时间	20 分钟

1. 新建 Flash 文档，新建“图形”元件，导入素材图像。新建“影片剪辑”元件，导入序列图像。

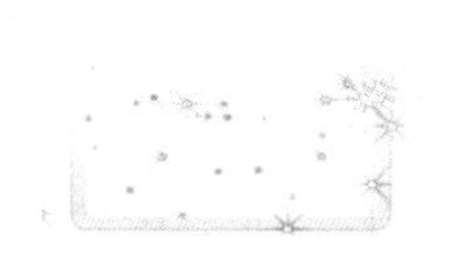

1. 新建文档

2. 在“按钮”元件中制作反应区和“按钮”，输入脚本，在“图形”元件中制作“数字”元件。

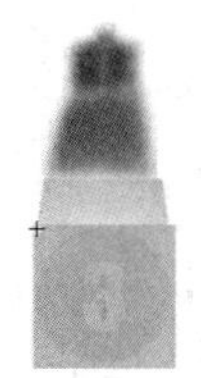

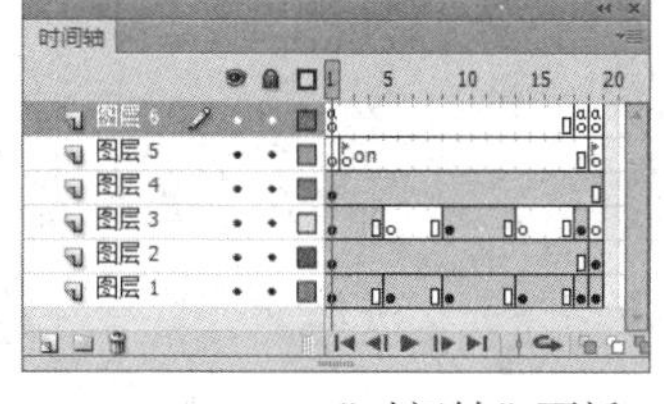

2. “时间轴”面板

3. 新建“影片剪辑”元件，制作动画并输入脚本。

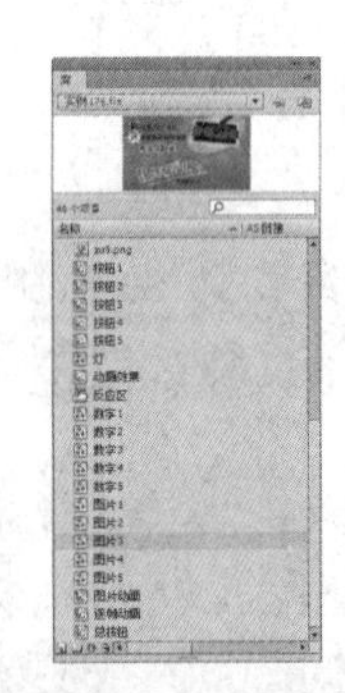

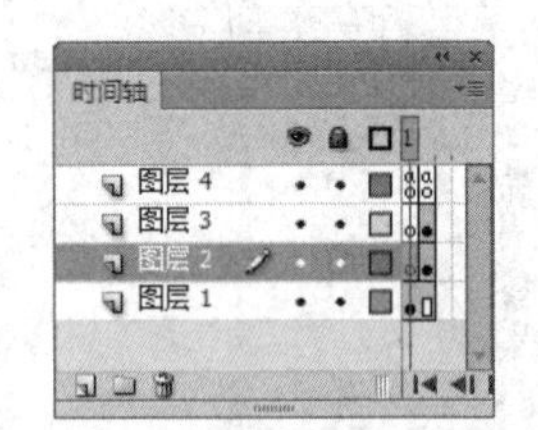

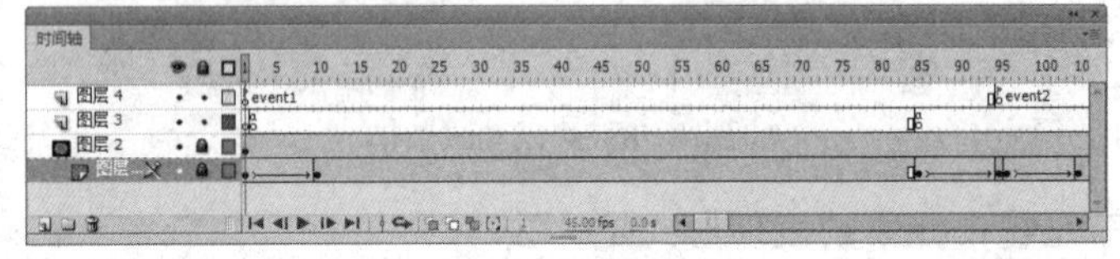

3．场景效果

4．返回场景编辑，拖出动画。输入脚本，完成动画的制作，测试动画效果。

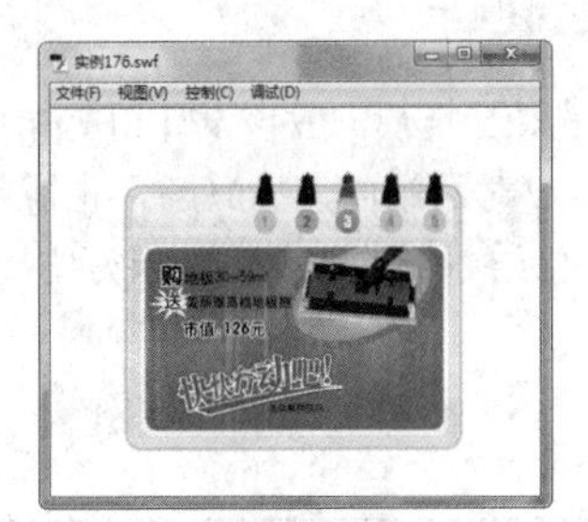

4．测试动画效果

实例总结

通过本实例的学习读者要掌握本实例中所应用的脚本，并且在制作其他动画时可以根据自己的需要，输入不同的脚本语言，以控制动画的播放效果。

第 11 章　开场和片头动画

无论是开场动画还是片头动画，在日常生活中都是随处可见的，例如，互联网上大部分企业网站都会制作片头动画，通过片头动画来展示更多的信息，从而直接提升企业的形象。本章将针对 Flash 不同种类的片头动画进行讲解。

实例 177　片头动画——城市宣传片头动画

动画中的片头动画应用范围非常广泛，不同的动画类型都需要不同的开场动画，其主要的功能是增强动画的趣味性，并且在动画播放的过程中传达网站的主题，制作方法一般都是时间轴动画，也有少数使用脚本来编写的。

图 11-1　最终效果

实例分析

本实例使用传统补间、不透明度设置制作了多个“影片剪辑”元件，结合“时间轴”动画制作出片头动画效果，最终效果如图 11-1 所示。

源 文 件	光盘\源文件\第 11 章\实例 177.fla
视　　频	光盘\视频\第 11 章\实例 177.swf
知 识 点	“动作”面板、传统补间等
学习时间	25 分钟

知识点链接——如何控制动画的播放层次？

在制作的动画元件较多时，要按照颜色深浅、元件大小等属性对元件进行位置的排列，还要根据制作动画的类型控制场景中元件的基本属性。千万不要为了动画效果而忽略了动画的层次感。

操作步骤

步骤 1 执行“文件>新建”命令，新建一个大小为 1003 像素×595 像素，“帧频”为 26fps，“背景颜色”为白色的 Flash 文档。

步骤 2 执行“插入>新建元件”命令，新建“名称”为“背景”的“图形”元件，执行“文件>导入>导入到舞台”命令，将图像“光盘\源文件\第 11 章\素材\image1.jpg”导入舞台，如图 11-2 所示。返回“场景 1”。

步骤 3 将“背景”元件从“库”面板拖入场景中，在第 200 帧位置插入帧，在第 8 帧、第 43 帧和第 50 帧位置插入关键帧，设置第 1 帧上的元件“不透明度”为 0%，第 8 帧和第 43 帧上元件的不透明度为 40%，“属性”面板如图 11-3 所示。在第 1 帧、第 8 帧和第 43 帧位置分别创建传统补间动画。

图 11-2　导入素材

图 11-3　“属性”面板

步骤 4 使用相同的方法制作“旋转背景”元件，如图 11-4 所示。返回“场景 1”，新建“图层 2”，在第 90 帧位置插入关键帧，将“旋转背景”元件从“库”面板拖入场景中，在第 200 帧位置插入关键帧，使用“任意变形工具”旋转元件，如图 11-5 所示。

图 11-4 导入素材

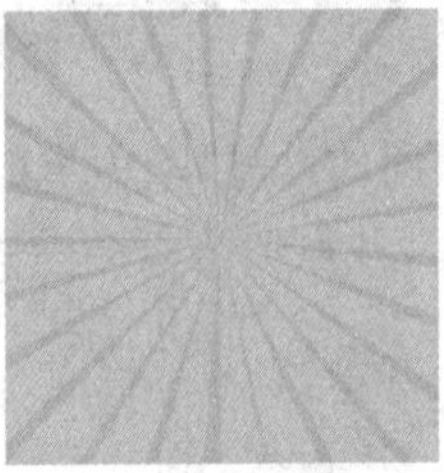

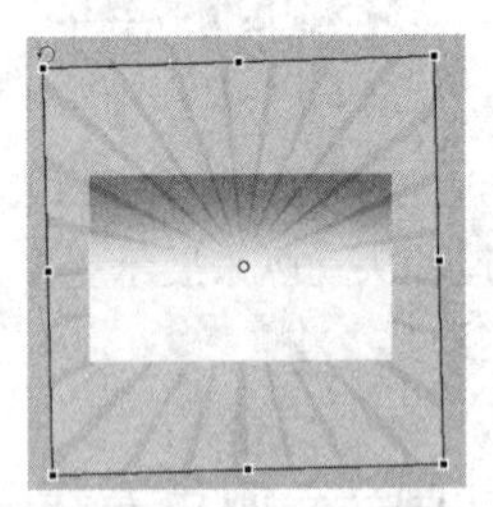
图 11-5 旋转图像

> ▶ **提示**
>
> 制作此类较大型的动画时，无论是从制作来说，还是从便于控制来说都要尽量将动画制作成多个影片剪辑。

步骤 5 在第 90 帧位置创建传统补间动画。使用相同的方法制作“中间背景”元件，如图 11-6 所示。返回“场景 1”，新建“图层 3”，在第 21 帧位置插入关键帧，将“中间背景”元件从“库”面板拖入场景中，如图 11-7 所示。

图 11-6 制作元件

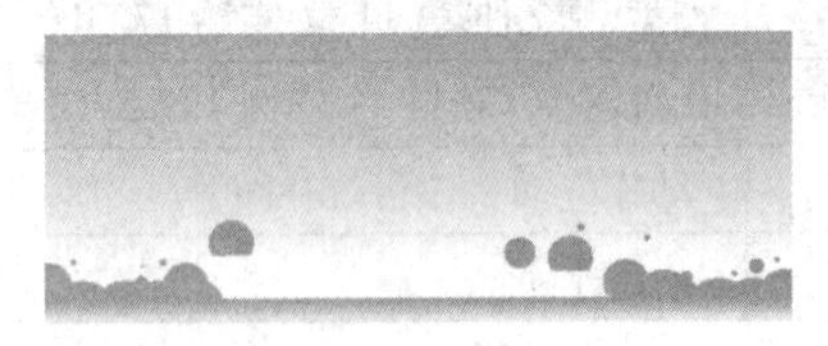
图 11-7 拖出元件

步骤 6 在第 25 帧位置插入关键帧，设置第 21 帧上的元件“不透明度”为 0%，并创建传统补间动画。新建“名称”为“文字 1”的“图形”元件，选择“文本工具”，在“属性”面板中设置各项参数，如图 11-8 所示。输入图 11-9 所示的文字。

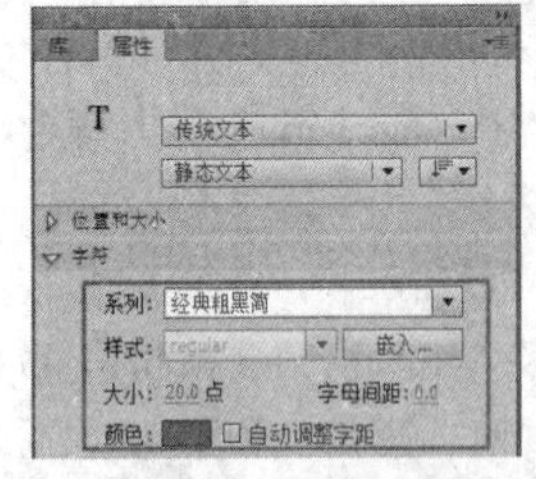

图 11-8 “属性”面板

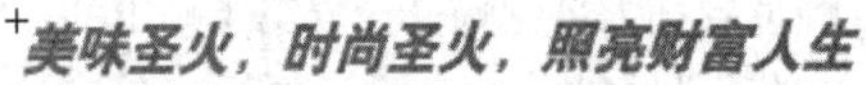

美味圣火，时尚圣火，照亮财富人生

图 11-9 输入文字

步骤 7 使用相同的方法制作其他文字，如图 11-10 所示。

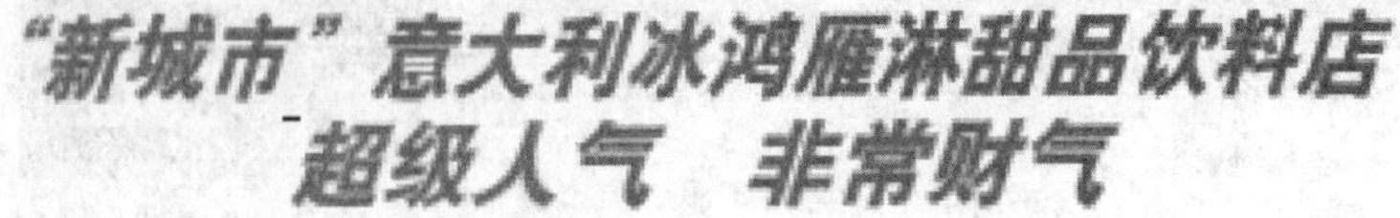

冠军产品，明星店铺，给你超级回报
“新城市”意大利冰鸿雁淋甜品饮料店
超级人气 非常财气

图 11-10 制作文字

步骤 8 新建“名称”为“飞机元件”的“影片剪辑”元件，将图像“光盘\源文件\第 11 章\素材\image18.jpg”导入舞台，如图 11-11 所示。在第 200 帧位置插入帧，新建“图层 2”，将“文字 1”元件从“库”面板中拖入到场景中，如图 11-12 所示。

图 11-11　导入素材

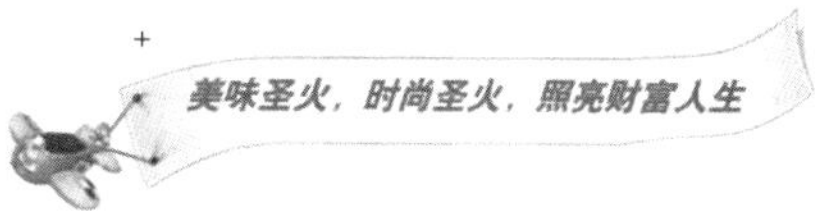

图 11-12　场景效果

步骤 9 在第 45 帧、第 50 帧位置插入关键帧，设置第 50 帧的元件不透明度为 0%，在第 45 帧创建传统补间动画并删除第 46 帧以后的帧。新建“图层 3”，在第 50 帧位置插入关键帧。

步骤 10 将“文字 2”元件从“库”面板拖入到场景中，用相同的方法制作淡出淡入动画效果。使用相同的方法制作其他动画效果，“时间轴”面板如图 11-13 所示。

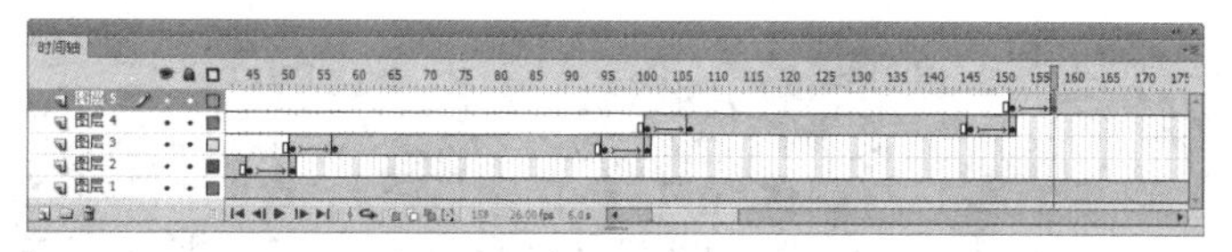

图 11-13　“时间轴”面板

▶ 提示

由于篇幅原因，只显示了主要动画帧的位置，详细制作读者可以在源文件中查看。

步骤 11 新建“名称”为“飞机动画”的“影片剪辑”元件，将“飞机元件”从“库”面板拖入场景中，如图 11-14 所示。在第 10 帧和第 20 帧插入关键帧，上移第 10 帧上元件的位置，在第 1 帧和第 10 帧位置创建传统补间动画，“时间轴”面板如图 11-15 所示。

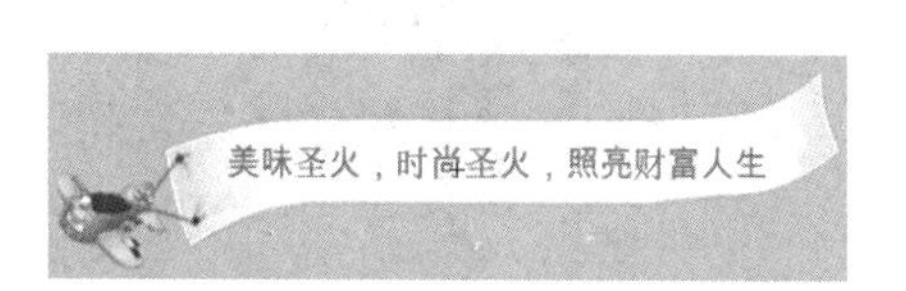

图 11-14　元件效果

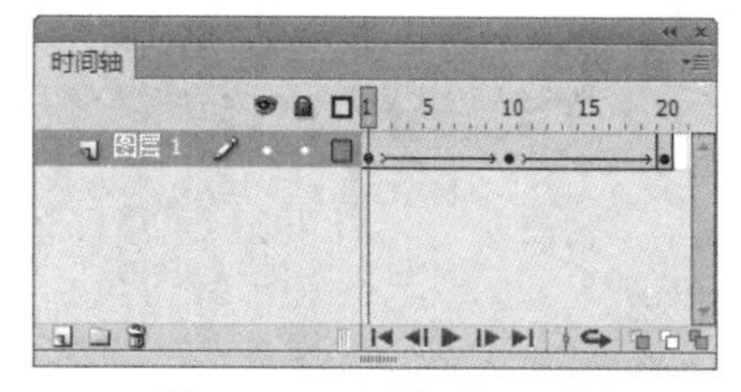

图 11-15　“时间轴”面板

步骤 12 新建“名称”为“广告动画”的“影片剪辑”元件。将“飞机动画”元件从“库”面板拖入场景中，在第 385 帧插入帧，在第 40 帧、第 230 帧和第 270 帧插入关键帧，左移第 40 帧和第 270 帧上元件的位置。

步骤 13 在第 1 帧和第 230 帧创建传统补间动画，“时间轴”面板如图 11-16 所示。返回“场景 1”，新建“图层 4”，在第 107 帧位置插入关键帧，将“广告动画”元件从“库”面板拖入到场景中，如图 11-17 所示。

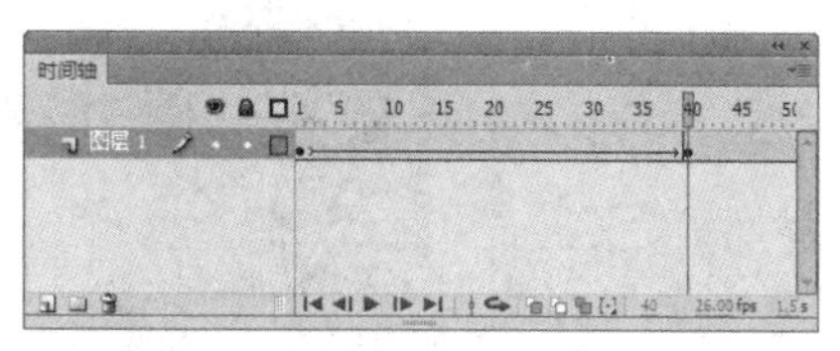

图 11-16　“时间轴”面板

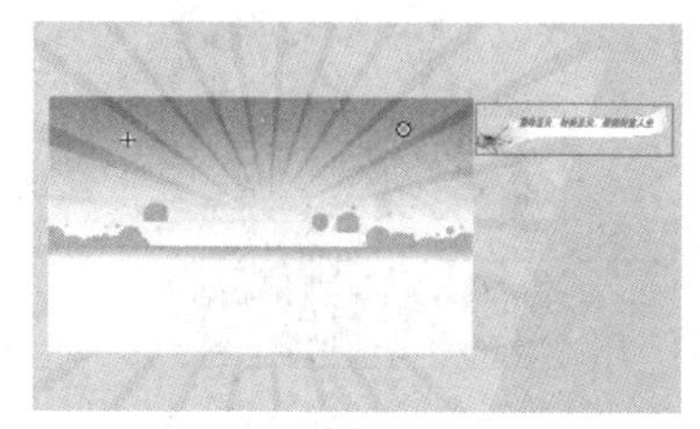

图 11-17　拖入元件

步骤 14 使用相同的方法制作“公路”元件，如图 11-18 所示。返回“场景 1”，新建“图层 5”，在第 28 帧位置插入关键帧，将“公路”元件从“库”面板拖入场景中，如图 11-19 所示。在第 32 帧位置插入关键帧，设置第 28 帧上的元件不透明度为 0%，并创建传统补间动画。

图 11-18　导入素材　　　图 11-19　拖出元件

步骤 15 使用相同的方法制作“饮料店”、“成人店”、“面包店”、“冰淇淋店”和“水果店”等元件，如图 11-20 所示。

图 11-20　导入素材

步骤 16 新建“名称”为“饮料店动画”的“影片剪辑”元件，将“饮料店”元件从“库”面板拖入场景中，在第 95 帧、第 98 帧、第 100 帧插入关键帧，设置第 98 帧的元件不透明度为 50%，在第 95 帧、第 98 帧创建传统补间动画，如图 11-21 所示。

步骤 17 新建“名称”为“对话框”的“图形”元件，设置“填充颜色”为#FF3300，使用“椭圆工具”，配合“线条工具”绘制图形并使用“选择工具”进行调整，如图 11-22 所示。

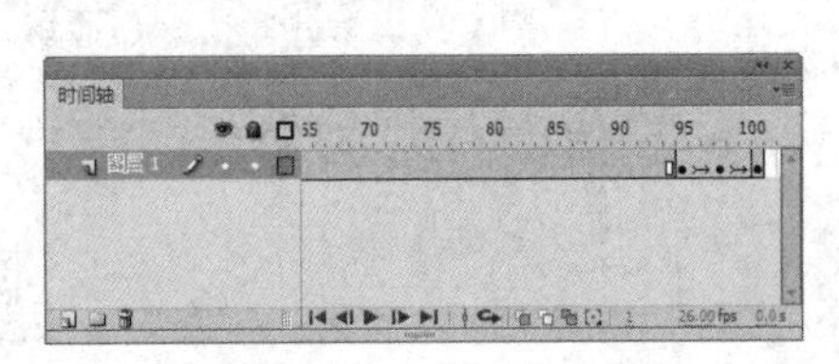

图 11-21　“时间轴”面板

图 11-22　绘制图形

步骤 18 新建“名称”为“动画 1”的“影片剪辑”元件，将“饮料店动画”元件从“库”面板拖入场景中，在第 54 帧位置插入帧，选择“任意变形工具”按钮，调整元件中心点，如图 11-23 所示。

步骤 19 在第 7 帧、第 9 帧和第 10 帧插入关键帧，调整元件大小。在第 1 帧和第 7 帧位置创建传统补间动画。新建“图层 2”，在第 11 帧位置插入关键帧，将“对话框”元件从“库”面板拖入场景中，如图 11-24 所示。

图 11-23　调整中心点

图 11-24　拖入元件

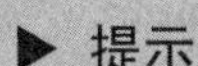

> ▶ 提示
>
> 动画播放时如果出现位置的偏差，很可能是元件的中心点设置有问题。可以通过调整中心修改动画效果。

步骤 20 在第 14 帧和第 17 帧位置插入关键帧，设置第 1 帧元件的“不透明度”为 0%，上移第 14 帧元件。在第 11 帧、第 14 帧位置创建传统补间动画。新建“图层 3”，在第 17 帧位置插入关键帧，单击“文本工具”按钮，在“属性”面板中设置参数，如图 11-25 所示。输入图 11-26 所示的文字。

步骤 21 新建“图层 4”，在第 54 帧插入关键帧，按【F9】键打开“动作”面板，输入“stop();”脚本，“时间轴”面板如图 11-27 所示。使用相同的方法制作“动画 2”～“动画 5”的内容。

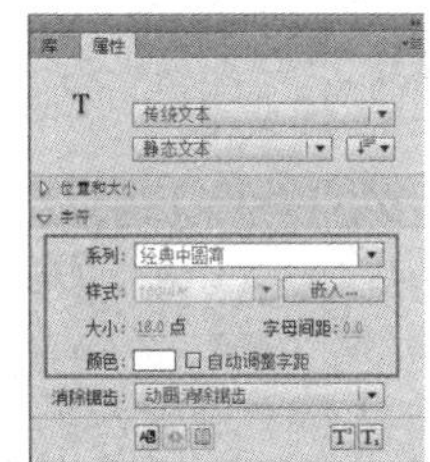

图 11-25　“属性”面板

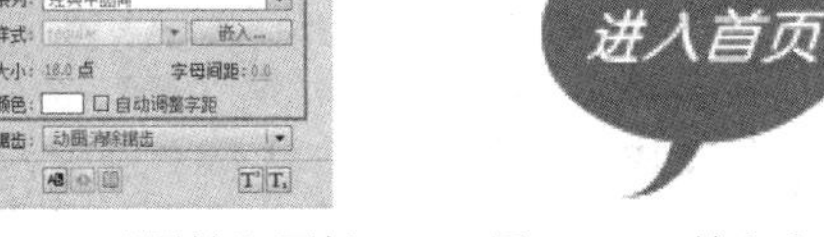

图 11-26　输入文字

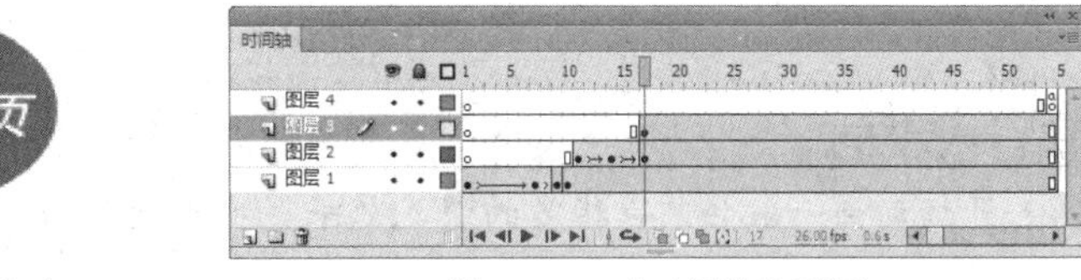

图 11-27　“时间轴”面板

步骤 22 新建“名称”为“按钮 1”的“按钮”元件，将“饮料店动画”元件从“库”面板拖入场景中，在“指针经过”状态插入空白关键帧，将“动画 1”元件从“库”面板拖入场景中，分别在按下和点击状态下插入空白关键帧。

步骤 23 将“饮料店动画”和“饮料店”元件从“库”面板拖入场景中，“时间轴”面板如图 11-28 所示。使用相同的方法制作其他“按钮”元件。新建“图层 6”，在第 15 帧位置插入关键帧，将 “按钮 3”元件从“库”面板拖入场景中，如图 11-29 所示。

图 11-28　“时间轴”面板

图 11-29　拖入元件

步骤 24 在第 22 帧位置插入关键帧，设置第 1 帧上的元件“不透明度”为 0%，调整元件中心点至下方，下移元件并调整大小，在第 25 帧位置插入关键帧并调整大小。使用相同的方法制作“图层 7”～“图层 10”的内容，如图 11-30 所示。使用相同的方法制作“汽车”元件，如图 11-31 所示。

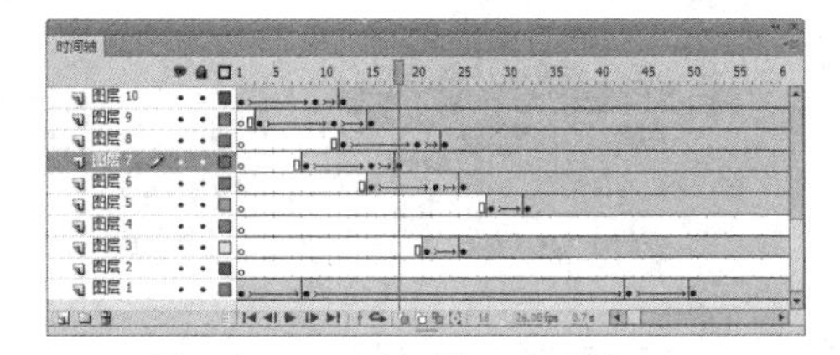

图 11-30　“时间轴”对话框

图 11-31　导入素材

步骤 25 新建“名称”为“汽车动画”的“影片剪辑”元件，将“汽车”元件从“库”面板拖入场景中，使用相同的方法插入关键帧，调整元件中心点，再调整元件大小，“时间轴”面板如图 11-32 所示。返回“场景 1”，新建“图层 11”，在第 118 帧位置插入关键帧。

步骤 26 将“汽车动画”元件从“库”面板拖入场景中，如图 11-33 所示。在第 124 帧、第 127 帧和第 130 帧插入关键帧，设置第 118 帧上的元件“不透明度”为 0%，前移第 124 帧元件，设置第 127 帧上的元件“不透明度”为 50%，在第 118 帧、第 124 帧、第 127 帧创建传统补间动画。

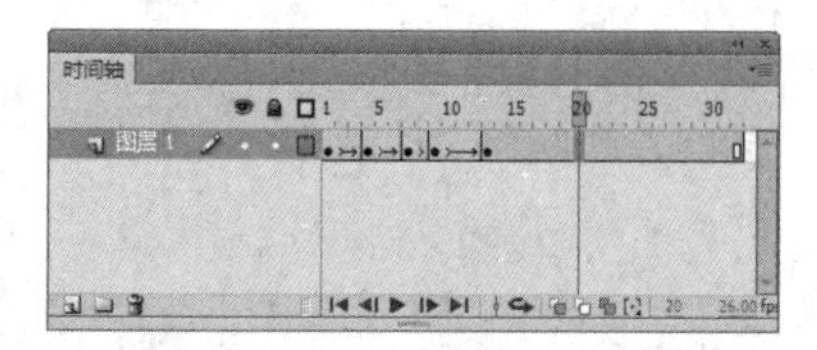

图 11-32 “时间轴”面板

图 11-33 场景效果

▶ 提示

开场动画一般会制作很多的淡入效果，主要使动画效果更加丰富，具有活跃感而不会显的单调。

步骤 27 使用相同的方法制作其他元件，新建“名称”为“logo 动画”的“影片剪辑”元件，将 logo 元件从“库”面板拖入场景中，如图 11-34 所示。使用以上相同的方法制作其他的“影片剪辑”动画。“库”面板如图 11-35 所示。

图 11-34 拖入元件

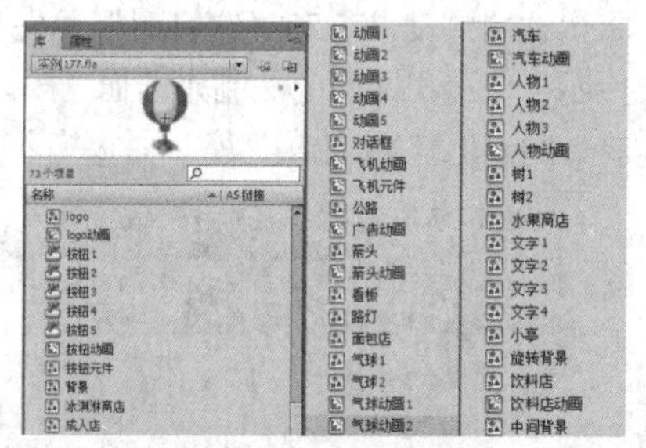

图 11-35 “库”面板

步骤 28 返回“场景 1”，新建“图层 12”，在第 99 帧位置插入关键帧，将“气球动画 1”元件从“库”面板拖入场景中，如图 11-36 所示。在第 129 帧位置插入关键帧，上移元件，在第 99 帧创建传统补间动画，使用相同的方法制作其他“图层”的内容，场景效果如图 11-37 所示。

图 11-36 拖出元件

图 11-37 场景效果

步骤 29 新建“图层 27”，在第 200 帧位置插入关键帧，并在“动作”面板中输入“stop();”脚本语言，“时间轴”面板如图 11-38 所示。

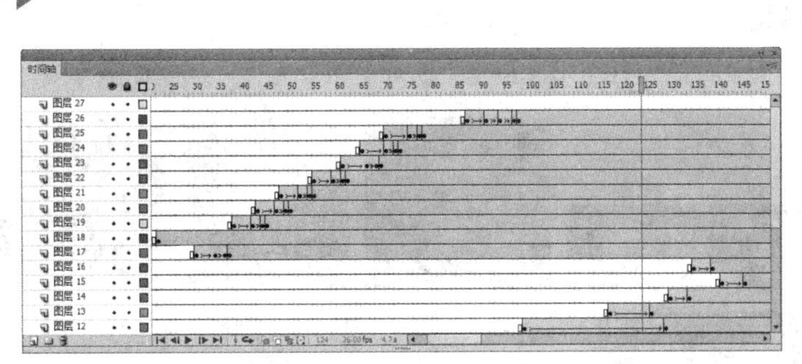

图 11-38　“时间轴”面板

步骤 30 完成片头动画的制作，保存动画，按下【Ctrl+Enter】组合键测试动画，效果如图 11-39 所示。

图 11-39　测试动画效果

提问：如何解决片头动画过长的问题？

回答：制作此类较长时间动画时，要尽量多的使用影片剪辑元件，而且遇到可以分开制作的场景时也要使用多个场景制作。还有合适的帧频也会影响动画的播放效果。

提问：片头动画如何应用于网站中？

回答：制作的片头动画中都应该有超链接地址。在发布动画时，可以选择发布为 HTML 格式，这个格式文件即是网站文件，可以直接应用到互联网中，可以根据用户网站的后台程序类型选择另存为 asp、php，还是 jsp 类型。

实例 178　开场动画——科技公司开场动画

源 文 件	光盘\源文件\第 11 章\实例 178.fla
视　　频	光盘\视频\第 11 章\实例 178.swf
知 识 点	传统补间动画
学习时间	20 分钟

1．新建 Flash 文档，将背景图像导入舞台中。

1．导入素材

2．新建“图形”元件，绘制各图形。新建“影片剪辑”元件，制作动画。

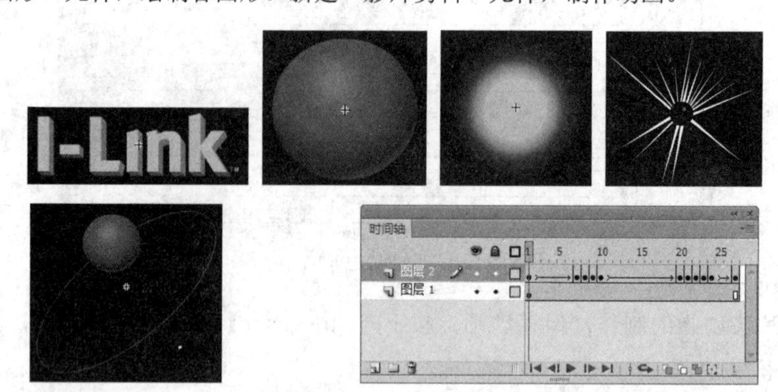

2．制作元件和动画“时间轴”面板

3．返回场景，拖出元件，制作动画。

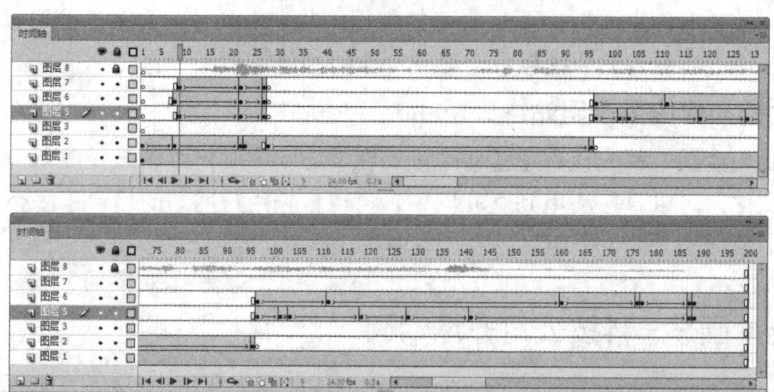

3．场景效果和“时间轴”面板

4．完成动画制作，测试动画效果。

4．测试动画效果

实例总结

本实例所制作的开场片头动画在网络上也是很常见的，通过本实例的学习，读者要掌握开场动画和片头动画的制作方法与操作技巧。

实例 179　开场动画——游戏开场动画

图 11-40　最终效果

游戏网站的开场动画难度较大，制作比较复杂，但是由于有游戏作为背景，动画中的素材容易获得，最好按照游戏类型的风格来制作就会比较容易。

实例分析

本实例使用传统补间、遮罩动画、滤镜效果和脚本等技术，制作多个影片剪辑元件和按钮元件，完成动画效果，最终效果如图 11-40 所示。

源 文 件	光盘\源文件\第 11 章\实例 179.fla
视　　频	光盘\视频\第 11 章\实例 179.swf
知 识 点	传统补间动画、遮罩动画
学习时间	25 分钟

知识点链接——如何控制同一图层上的两段动画？

为了控制动画的大小，有时会在同一个图层上制作两段完全不相干的动画效果，这种方式的要点是，一定要在两段动画间填充空帧，这样可以保证动画间不会互相影响。

操作步骤

步骤 1 执行“文件>新建”命令，新建一个“类型”为 ActionScript 2.0，大小为 980 像素×704 像素，“帧频”为 50fps，“背景颜色”为白色的 Flash 文档。

步骤 2 选择“矩形工具”，打开“颜色”面板，参数设置如图 11-41 所示。绘制矩形，如图 11-42 所示。

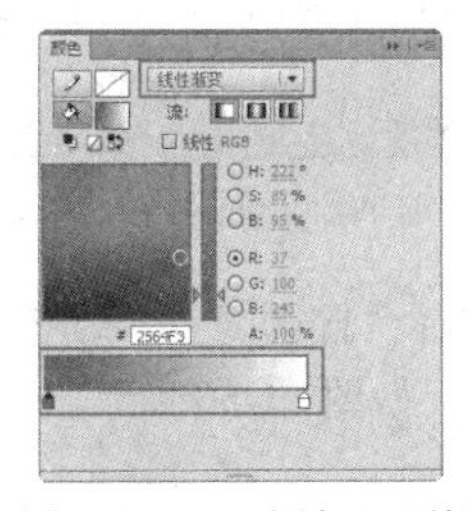
图 11-41　“颜色”面板

图 11-42　绘制矩形

步骤 3 新建“图层 2”，将图像“光盘\源文件\第 11 章\素材\ image01.jpg”导入舞台中，如图 11-43 所示。新建“名称”为“图形元件 1”的“图形”元件，选择“椭圆工具”，设置“填充颜色”为白色，绘制图形，如图 11-44 所示。

图 11-43　导入素材

图 11-44　绘制图形

步骤 4 新建“名称”为“图形元件 2”的“图形”元件，选择“矩形工具”，绘制图形，如图 11-45 所示。新建“名称”为“图形元件 3”的“图形”元件，将图像“光盘\源文件\第 11 章\素材\

image41.jpg”导入舞台中，如图 11-46 所示。

图 11-45 绘制矩形

图 11-46 导入素材

> ▶ 提示
>
> 在制作游戏网站的片头动画时，动画的风格要延续游戏的风格，动画的效果可以制作得相对丰富，重点突出游戏所表达的趣味性，使动画具有一定的识别率，在众多的动画中一眼就可以认出来。

步骤 5 按【F8】键转换为“名称”为“元件 1”的“影片剪辑”元件。新建“名称”为“元件 2”的“影片剪辑”元件，将“元件 1”元件从“库”面板拖入场景中。

步骤 6 设置元件“不透明度”为 60%，如图 11-47 所示。在第 10 帧插入关键帧，设置帧上的元件不透明度为 80%，使用相同的方法制作动画，如图 11-48 所示。

图 11-47 “属性”面板

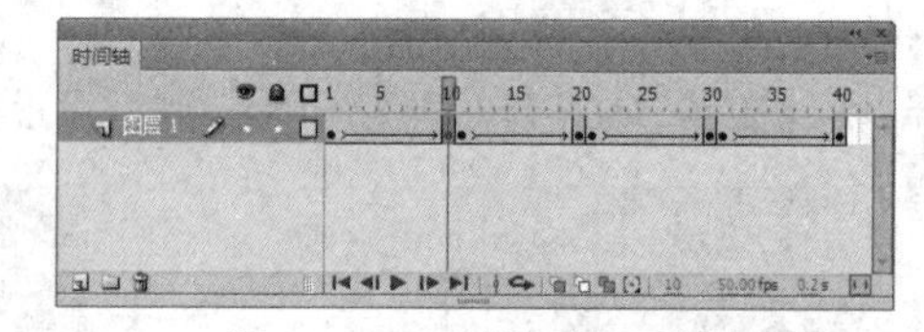

图 11-48 “时间轴”面板

步骤 7 新建“名称”为“图形元件 5”的“图形”元件，选择“椭圆工具”，参数设置如图 11-49 所示。绘制形状，使用“橡皮擦工具”擦除多余部分，如图 11-50 所示。

图 11-49 “属性”面板

图 11-50 绘制图形

步骤 8 新建“名称”为“图形元件 14”的“图形”元件，将图像“光盘\源文件\第 11 章\素材\ image04.jpg”导入舞台中，如图 11-51 所示。新建“名称”为“图形元件 8”和“图形元件 9”的“图形”元件，绘制图形，如图 11-52 所示。

图 11-51 导入素材

图 11-52 绘制图形

步骤 9 新建“名称”为“元件 6”的“影片剪辑”元件，分别将 “图形元件 8”和“图形元件 9”从“库”面板拖入场景中，放在相应的图层上，制作动画，新建“图层 3”，在最后一帧位置插入关键帧，输入图 11-53 所示的脚本语言。“时间轴”面板如图 11-54 所示。

图 11-53　输入脚本

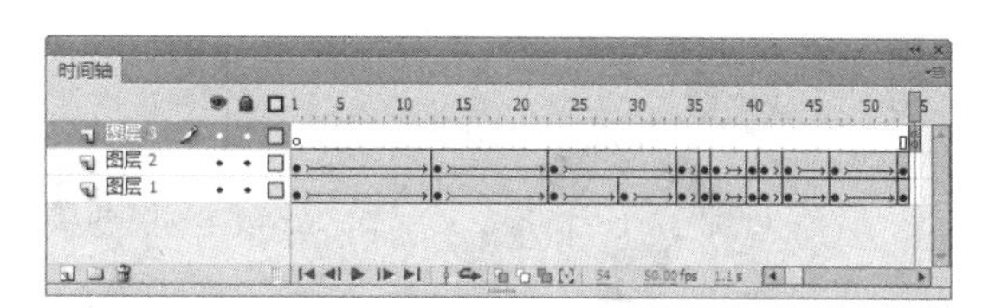

图 11-54　“时间轴”面板

步骤 10 新建“名称”为“元件 7”的“影片剪辑”元件，将“元件 6”元件从“库”面板拖入场景中，新建“名称”为“元件 8”的“影片剪辑”元件，将“元件 7”元件从“库”面板拖入场景中，如图 11-55 所示。

步骤 11 新建“图形”元件，导入 image05.jpg 到 image08.jpg 图像，并按【F8】键转换为“影片剪辑”元件，如图 11-56 所示。

图 11-55　制作元件

图 11-56　导入图片

步骤 12 新建“名称”为“反应区”的“图形”元件，选择“椭圆工具”，绘制图形，如图 11-57 所示。新建“名称”为“图形元件 11”和“图形元件 12”的“图形”元件，导入 image02.jpg～image03.jpg 图像，如图 11-58 所示。

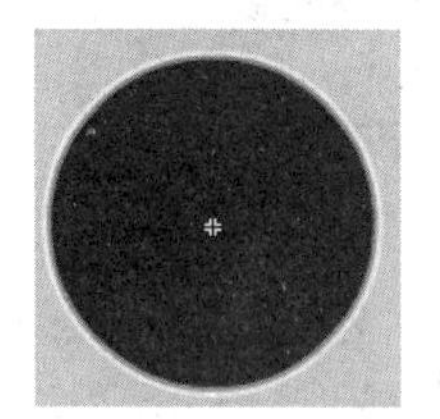

图 11-57　绘制图形

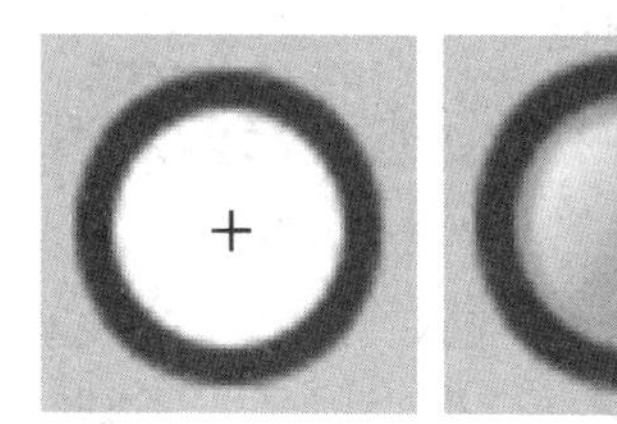

图 11-58　导入素材

步骤 13 新建“名称”为“图形元件 23”的“图形”元件，使用“文本工具”输入文字，如图 11-59 所示。使用相同的方法新建元件，输入文字，如图 11-60 所示。

图 11-59　输入文字

图 11-60　输入文字

步骤 14 新建“名称”为“按钮 006”的“按钮”元件，将“元件 4”元件从“库”面板拖入场景中，在“指针经过”状态插入空白关键帧，将“元件 5”元件从“库”面板拖入场景中，在按下状态插入关键帧。

步骤 15 在“点击”状态插入空白关键帧，将“反应区”元件从“库”面板拖入场景中，新建“图层2”，在“点击”状态下插入关键帧。将“图形元件 21”元件从“库”面板拖入场景中。新建“图层 3”，将“图形元件 23”元件从“库”面板拖入场景中，在“按下”状态插入帧。

步骤 16 新建“图层 4”，将“元件 8”元件从“库”面板拖入场景中，在“按下”状态插入关键帧，场景效果如图 11-61 所示。“时间轴”面板如图 11-62 所示。用相同的方法制作其他按钮。

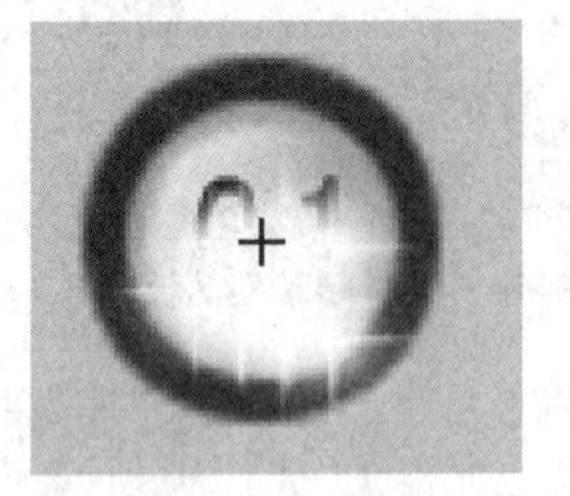
图 11-61 场景效果

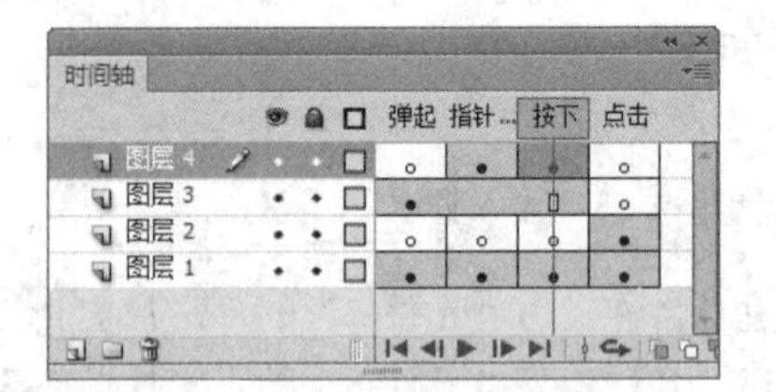

图 11-62 “时间轴”面板

▶ 提示

按钮元件的点击状态只是作为按钮的反应区。图形的颜色等属性不影响按钮的效果。

步骤 17 新建“名称”为“游戏导航”的“影片剪辑”元件，将“图形元件 1”元件从“库”面板拖入场景中，在第 800 帧位置插入帧，新建“图层 2”，将“图形元件 2”从“库”面板拖入场景中。

步骤 18 新建“图层 3”，将“元件 2”从“库”面板拖入场景中，如图 11-63 所示。新建“图层 4”，将“元件 3”从“库”面板拖入场景中，如图 11-64 所示。

图 11-63 拖出元件 1

图 11-64 拖出元件 2

步骤 19 在第 11 帧位置插入关键帧，下移元件，在第 15 帧插入关键帧，上移元件，在第 1 帧和第 11 帧位置创建传统补间动画，在第 194 帧、第 205 帧位置插入关键帧，下移第 205 帧位置，如图 11-65 所示。

步骤 20 在第 194 帧创建传统补间动画，删除第 205 帧以后的帧。在“图层 3”的第 207 帧插入关键帧，将“元件 15”从“库”面板拖入场景中，如图 11-66 所示。使用相同的方法在“图层 3”中制作其他元件的动画。

图 11-65 下移元件

图 11-66 拖入元件 1

步骤 21 新建“图层 5”，将“图形元件 1”元件从“库”面板拖入场景中，如图 11-67 所示。在“图层 5”名称上单击鼠标右键，在弹出的菜单中选择“遮罩层”命令。

步骤 22 在第 404 帧、第 600 帧位置插入关键帧，将“图层 2”和“图层 3”拖入遮罩层内，在“图层 2”的第 208 帧、第 404 帧、第 600 帧插入关键帧，场景效果如图 11-68 所示。

图 11-67　拖入元件 2

图 11-68　制作遮罩

步骤 23 “时间轴”面板如图 11-69 所示。

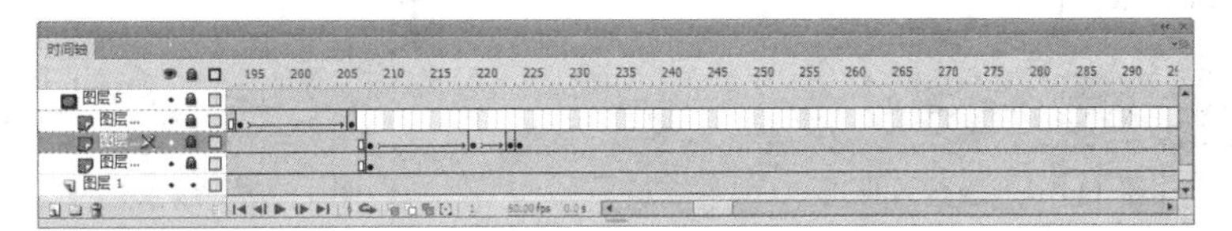

图 11-69　“时间轴”面板

> **▶ 提示**
>
> 如果用户对动画的掌控比较好，可以直接使用补间动画，而不必要使用相对麻烦的传统补间方式。

步骤 24 新建“图层 6”，在第 404 帧位置插入关键帧，将“元件 8”元件从“库”面板拖入场景中，如图 11-70 所示。在 600 帧位置插入空帧，在第 601 帧位置插入关键帧。

步骤 25 新建“图层 7”，在第 2 帧位置插入关键帧，将“元件 8”元件从“库”面板拖入场景中，在第 208 帧插入关键帧，在第 207 帧位置插入空白关键帧。用相同的方法制作“图层 8”～“图层 16”的内容，场景效果如图 11-71 所示。

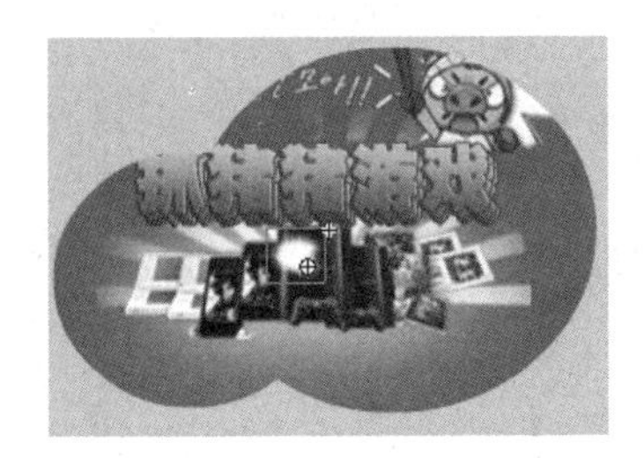

图 11-70　拖入元件

图 11-71　场景效果

步骤 26 新建名称为“按钮反应区”的“按钮”元件，在“点击”状态下插入空白关键帧，将“图形元件 1”元件拖入场景中，返回“游戏导航”元件场景，新建“图层 17”，将“按钮反应区”元件从“库”面板拖入场景中，如图 11-72 所示。

步骤 27 在第 208 帧插入空白关键帧，在第 404 帧位置插入关键帧，将“图形元件 1”元件从“库”面板拖入场景中，新建“图层 18”，在第 404 帧位置插入关键帧，将“按钮 010”元件从“库”面板拖入场景中，如图 11-73 所示。

图 11-72　拖出元件 1

图 11-73　拖出元件 2

步骤 28 使用相同的方法制作“图层 19”～“图层 26”的内容，场景效果如图 11-74 所示。新建“图层 27”，将“图形元件 14”元件从“库”面板拖入场景中，如图 11-75 所示。

图 11-74　场景效果 1

图 11-75　场景效果 2

步骤 29 新建“图层 28”，在“属性”面板中设置名称，如图 11-76 所示。分别在第 208 帧、第 404 帧、第 600 帧插入关键帧，将标签名称分别为 a002、a003、a004，如图 11-77 所示。

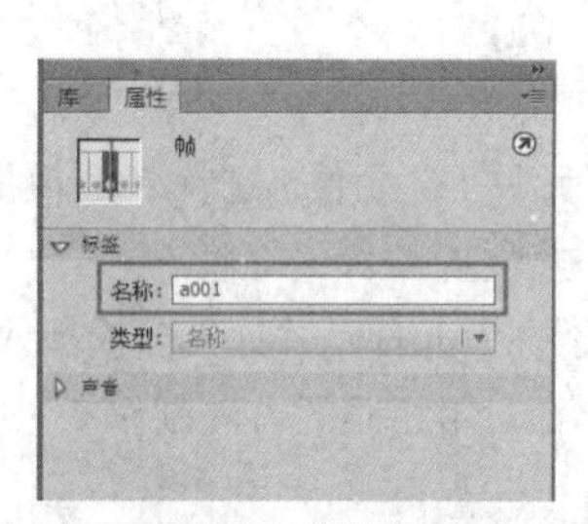

图 11-76　“属性”面板

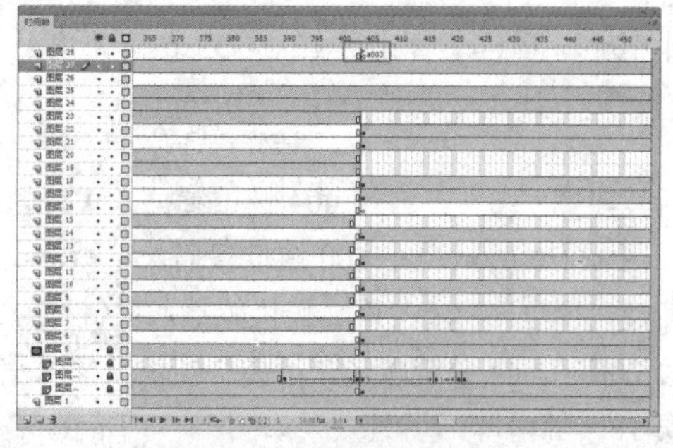

图 11-77　“时间轴”面板

> ▶ 提示
>
> 由于篇幅原因，无法将所有时间轴内容显示出来，详细内容读者需要参照源文件。

步骤 30 返回“场景 1”，新建“图层 3”，将“游戏导航”动画从“库”面板拖入场景中，如图 11-78 所示。新建“名称”为“图形 01”的“图形”元件，将图像“光盘\源文件\第 11 章\素材\image027.jpg”导入舞台中，如图 11-79 所示。

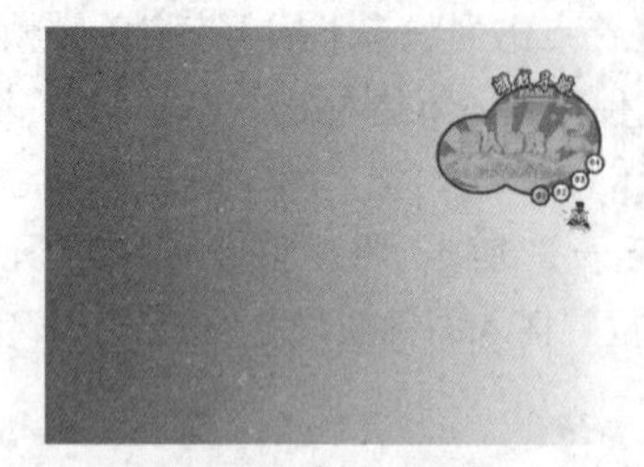

图 11-78　场景效果

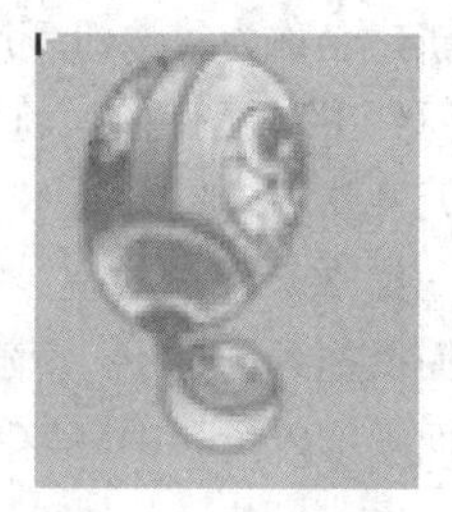

图 11-79　导入素材

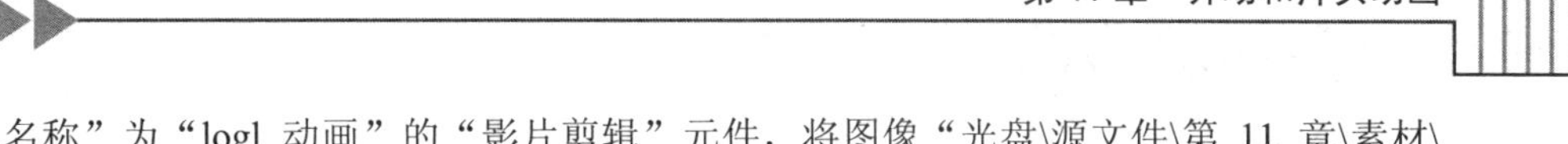

步骤 31 新建“名称”为“logl 动画”的“影片剪辑”元件，将图像“光盘\源文件\第 11 章\素材\image012.jpg”导入舞台中，如图 11-80 所示。在第 50 帧插入帧，新建“图层 2”，将“图形 01”元件从“库”面板拖入场景中， 如图 11-81 所示。

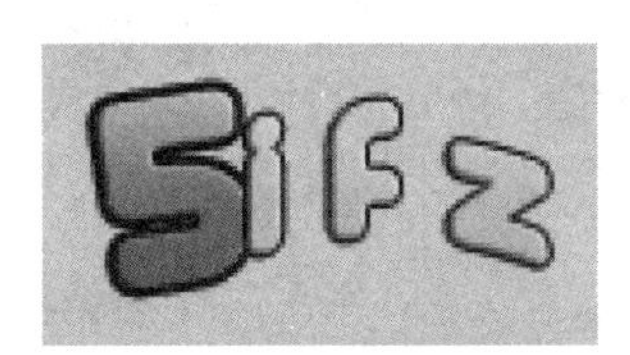

图 11-80　导入素材

图 11-81　拖入元件

步骤 32 在第 25 帧、第 50 帧位置插入关键帧，左移元件，如图 11-82 所示。在第 1 帧、第 25 帧位置创建传统补间动画，“时间轴”面板如图 11-83 所示。

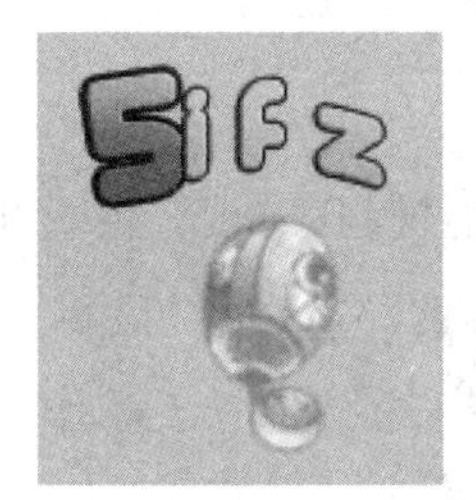

图 11-82　移动元件

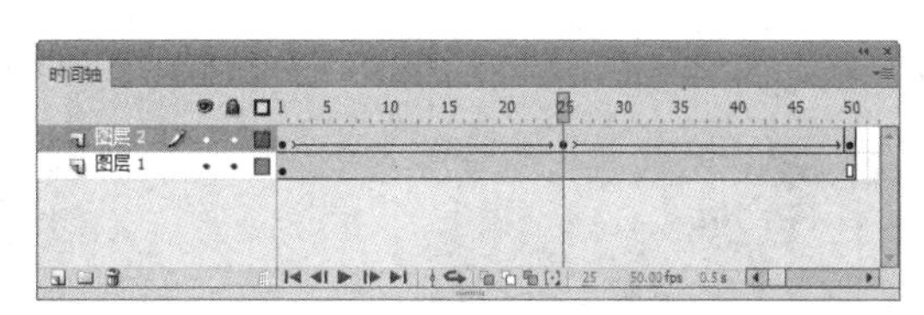

图 11-83　“时间轴”面板

步骤 33 返回“场景 1”，将“logl 动画”元件从“库”面板拖入场景中，如图 11-84 所示。使用相同的方法新建元件，导入其他的素材。新建“名称”为“卡通人物动画”的“影片剪辑”元件。

步骤 34 在第 55 帧位置插入关键帧，将“图形 1”元件从“库”面板拖入场景中，在第 65 帧、第 70 帧位置插入关键帧，选择第 1 帧元件，在“属性”面板的“滤镜”菜单下添加“模糊”滤镜，如图 11-85 所示。

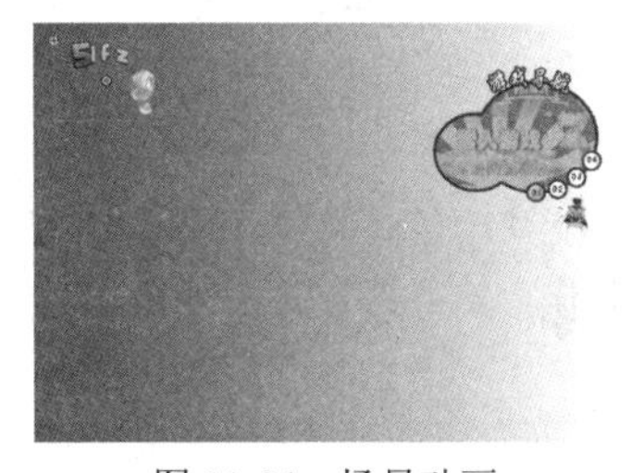

图 11-84　场景动画

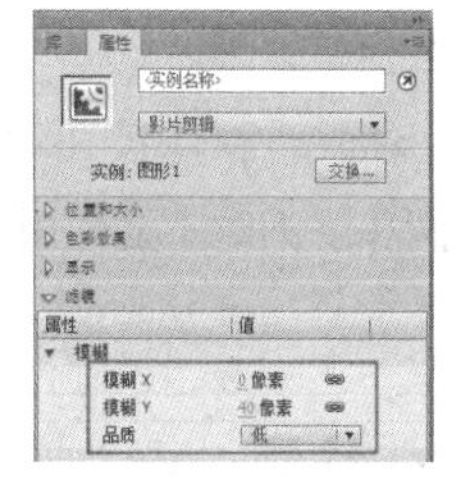

图 11-85　“属性”面板

步骤 35 移动第 65 帧元件的位置，在第 55 帧和第 65 帧位置创建传统补间动画，使用相同的方法制作“图层 2”～“图层 10”的内容，场景效果如图 11-86 所示。“时间轴”面板如图 11-87 所示。

图 11-86　场景动画

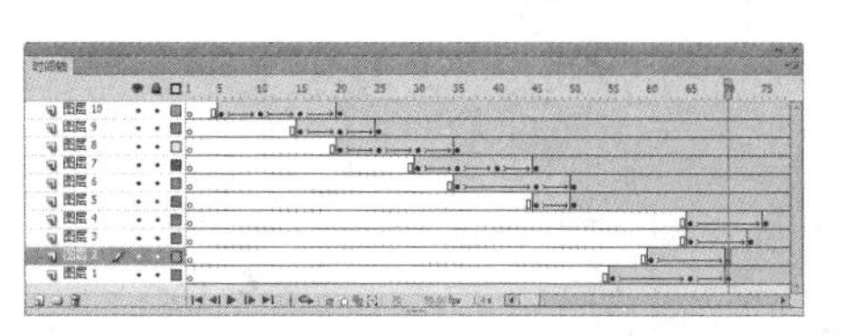

图 11-87　“时间轴”面板

步骤 36 使用相同的方法制作其他“影片剪辑”元件和“按钮”元件，返回“场景 1”，将元件从“库”面板拖入场景中，如图 11-88 所示。在“图层 14”名称上单击鼠标右键，在弹出的菜单中选择“遮罩层”命令，如图 11-89 所示。

图 11-88　场景动画 1

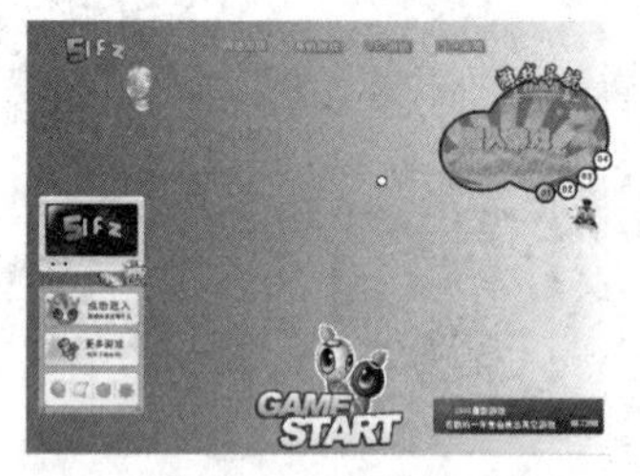
图 11-89　场景动画 2

▶ 提示

将元件应用到场景中时，要不断地测试影片，观察元件在播放时的位置是否合适，并及时对元件位置做相应的调整。

步骤 37 完成开场动画的制作，保存动画，按下【Ctrl+Enter】组合键测试动画，效果如图 11-90 所示。

图 11-90　测试动画效果

提问：在 Flash 中可以为任意元件和图形应用滤镜吗？

回答：不可以，在 Flash 中只可以为文本、按钮和影片剪辑添加滤镜效果，对于其他的图形、图形元件等都不可以添加滤镜效果。

提问：片头动画的制作技巧是什么？

回答：制作片头动画时不要使用过多的动画效果，只要能突出信息文化，体现商业目的和价值即可。制作时可以根据功能将动画分成多个影片剪辑元件，分开制作，然后再合并在一起。

实例 180　片头动画——个人网站片头动画

源 文 件	光盘\源文件\第 11 章\实例 180.fla
视　　频	光盘\视频\第 11 章\实例 180.swf
知 识 点	按钮动画、淡出淡入、传统补间、脚本
学习时间	15 分钟

1. 新建 Flash 文档，新建“影片剪辑”元件，导入素材图像，添加反应区。

1. 导入素材和制作反应区

2．返回场景，导入素材图像，制作元件淡入效果，分别制作其他影片剪辑场景中的淡入动画效果。

2．场景效果

3．添加相应的声音并输入脚本代码。

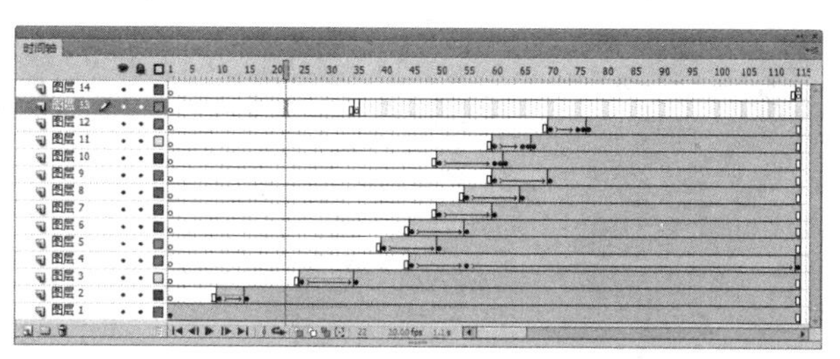

3．“时间轴”面板

4．完成制作，测试动画效果。

4．测试动画效果

实例总结

本实例通过分别制作影片剪辑元件和按钮元件后，配合脚本制作动画效果。通过学习读者需要掌握个人网站动画的制作方法，能够独立完成动画的制作。

实例 181　导航动画——楼盘网站开场动画

开场动画一般都是为了宣传某种商品而特意制作的动画效果。此类动画一般效果明显，动画中有明显的广告成分和广告语。

实例分析

本实例使用传统补间、不透明度和色调设置制作关于楼盘网站开场的动画效果。最终效果如图 11-91 所示。

图 11-91　最终效果

源 文 件	光盘\源文件\第 11 章\实例 181.fla
视　　频	光盘\视频\第 11 章\实例 181.swf
知 识 点	传统补间、设置不透明度和色调
学习时间	20 分钟

知识点链接——如何控制矩形圆角？

在 Flash 中可以通过矩形工具和基本矩形工具绘制出圆角矩形。两个工具的区别在于，矩形工具绘制出的是图形，圆角数值不能再做调整，而基本矩形工具绘制的是矩形圆角，并且通过随时修改边角半径值，调整图形效果。

操作步骤

步骤 1 执行“文件>新建”命令，新建一个“类型”为 ActionScript 2.0，大小为 628 像素×375 像素，“帧频”为 25fps，“背景颜色”为#009900 的 Flash 文档。

步骤 2 新建“名称”为“背景 1”的“图形”元件，选择“矩形工具”，在“颜色”面板中设置参数，如图 11-92 所示。在“属性”面板中设置参数如图 11-93 所示。

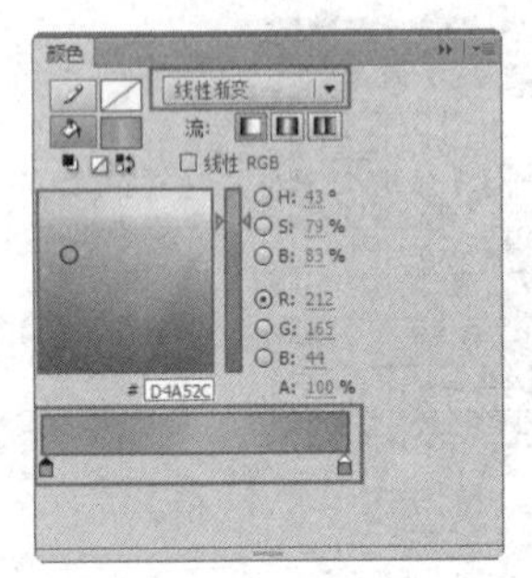

图 11-92 “颜色”面板

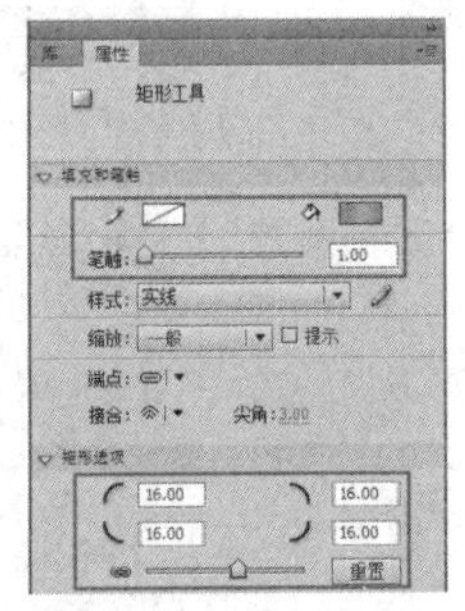

图 11-93 “属性”面板

步骤 3 绘制矩形，使用“颜料桶工具”改变渐变角度，如图 11-94 所示。新建“名称”为“背景 2”的“图形”元件，将图像“光盘\源文件\第 11 章\素材\18104.png”导入舞台中，如图 11-95 所示。

图 11-94 绘制矩形

图 11-95 导入素材 1

步骤 4 使用相同的方法新建元件，导入“标志”、“楼房”和“云”元件，如图 11-96 所示。将图像“光盘\源文件\第 11 章\素材\18109.png 至 18137.png”导入到库中，如图 11-97 所示。

图 11-96 导入素材 2

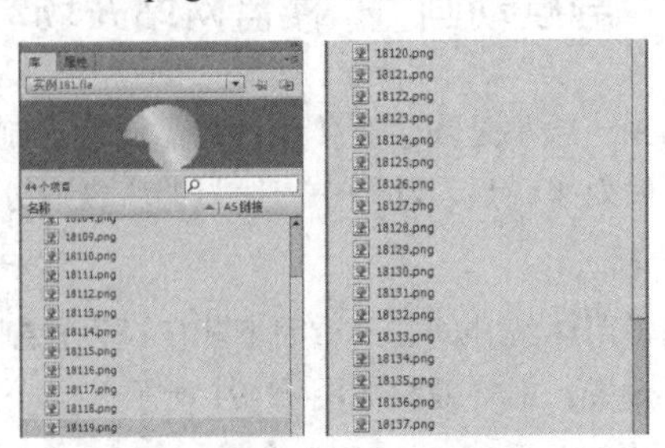

图 11-97 “库”面板

步骤 5 新建“名称”为“花纹 1”的“图形”元件，将图像“光盘\源文件\第 11 章\素材\18101.swf”导入到场景中，按【Ctrl+B】组合键将元件分离，如图 11-98 所示。拖入图像，如图 11-99 所示。

图 11-98　绘制图形

图 11-99 拖入元件

> ▶ 提示
>
> 此步骤中需要不断地复制出元件，不断地调整位置和角度来完成最终效果。

步骤 6 新建“名称”为“花纹 2”的“图形”元件，更改图形的颜色为#D7FD9B，拖入图像，如图 11-100 所示。使用相同的方法制作“花纹 3”元件，如图 11-101 所示。

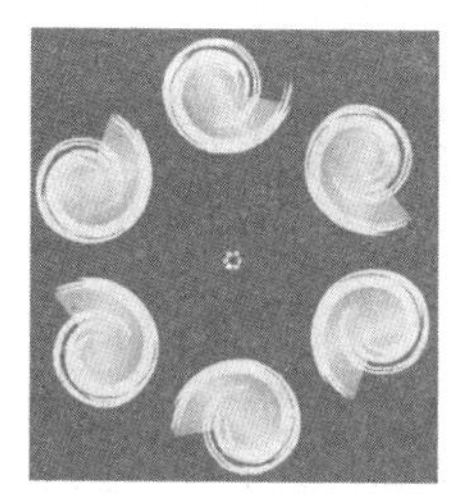

图 11-100　制作元件 1

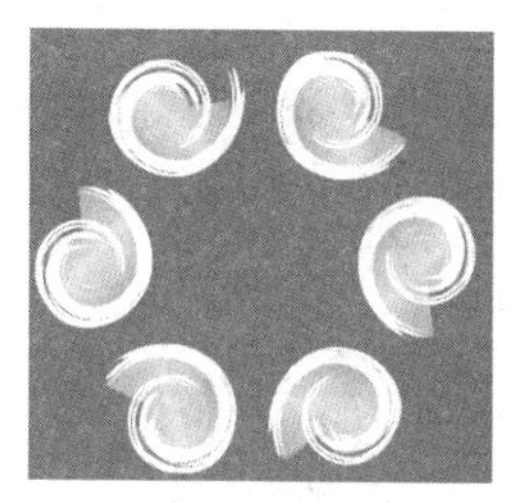

图 11-101　制作元件 2

步骤 7 新建“名称”为“花纹组”的“影片剪辑”元件，组合图形，如图 11-102 所示。新建“文字 1”的“图形”元件，选择“文本工具”，选择“宋体”，选择合适的字号，输入图 11-103 所示的文字。

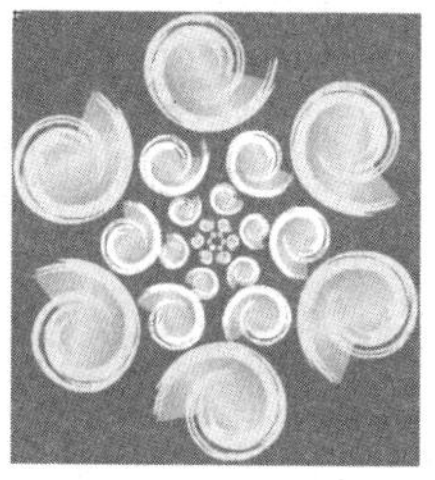

图 11-102　组合图形

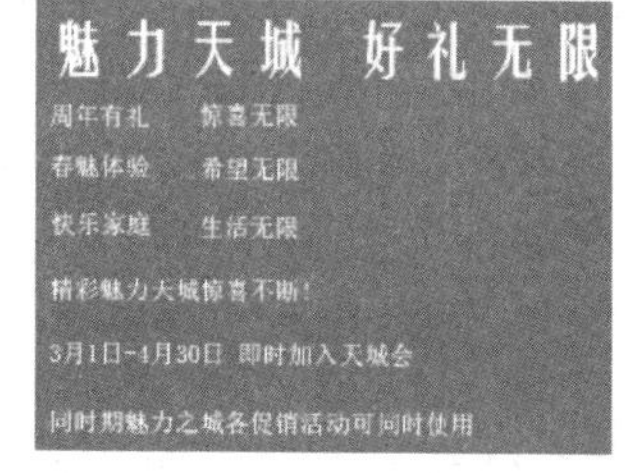

图 11-103　输入文字

步骤 8 新建“文字 2”的“图形”元件，选择“文本工具”，选择“宋体”，选择合适的字号，输入图 11-104 所示的文字。

步骤 9 返回“场景 1”，将“背景 1”元件从“库”面板拖入场景中，在第 219 帧插入帧，新建“图层 2”，将“楼房”元件从“库”面板拖入场景中，如图 11-105 所示。

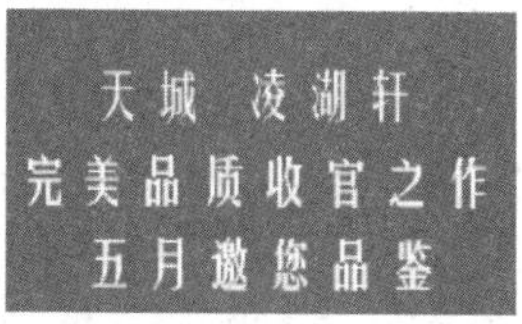

天城　凌湖轩
完美品质收官之作
五月邀您品鉴

图 11-104　输入文字

图 11-105　拖入元件

步骤 10 在第 5 帧、第 10 帧、第 78 帧插入关键帧，在“属性”面板中设置第 5 帧上的元件“色调”，如图 11-106 所示，效果如图 11-107 所示。

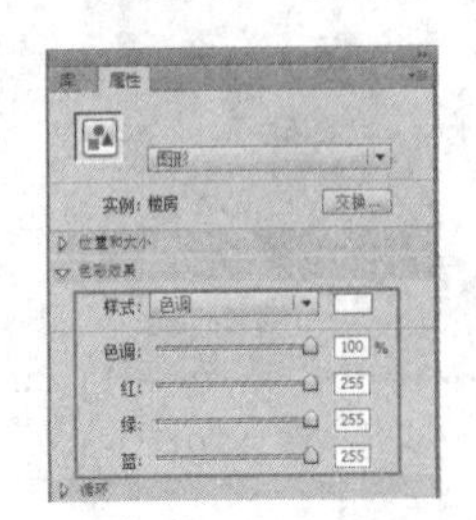
图 11-106 “属性”面板

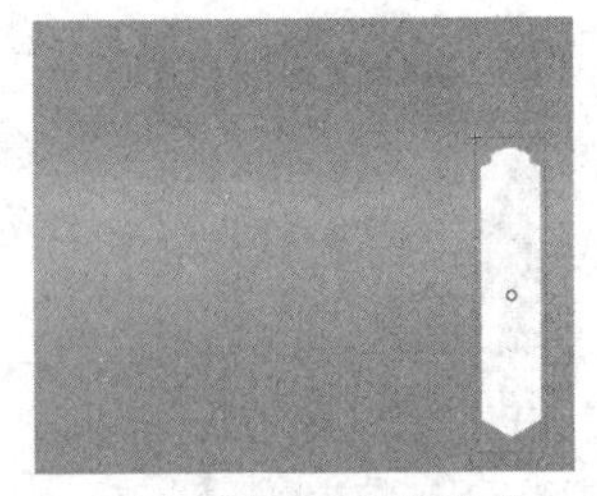
图 11-107 元件效果

步骤 11 移动第 10 帧、第 78 帧元件的位置，在第 98 帧、第 106 帧、第 115 帧插入关键帧，使用相同的方法设置第 106 帧的元件“色调”为白色，设置第 115 帧元件的不透明度为 0%，如图 11-108 所示。

步骤 12 在第 1 帧、第 5 帧、第 10 帧、第 98 帧和第 106 帧创建传统补间动画。使用相同的方法制作“图层 3”和“图层 4”，如图 11-109 所示。

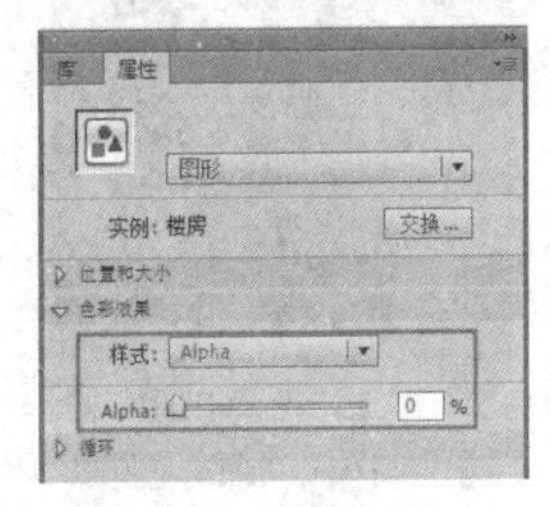
图 11-108 “属性”面板

图 11-109 场景效果

步骤 13 “时间轴”面板如图 11-110 所示。

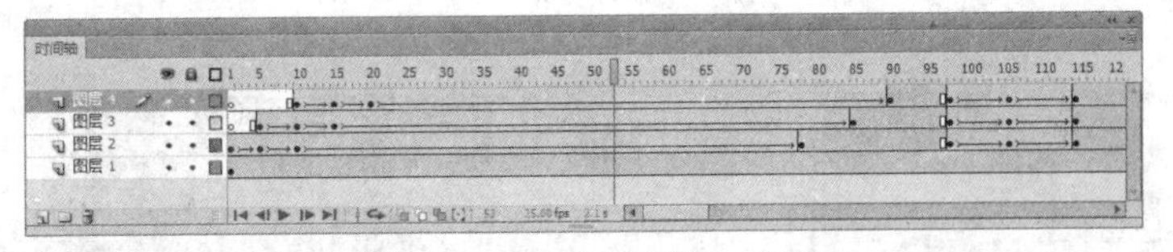
图 11-110 “时间轴”面板

▶ 提示

补间动画是制作动画常用的方法，而且实际工作中要经常使用。很多初学者只是单一地制作一个动画效果，这远远不能满足商业动画的要求。

步骤 14 新建“图层 5”，在第 34 帧插入关键帧，将“文字 2”元件从“库”面板拖入场景中，如图 11-111 所示。在第 70 帧插入关键帧，设置第 34 帧上的元件“不透明度”为 0%，如图 11-112 所示。下移第 70 帧元件，在第 98 帧和第 115 帧位置插入关键帧，设置第 115 帧元件的不透明度为 0%。

图 11-111 拖入文字

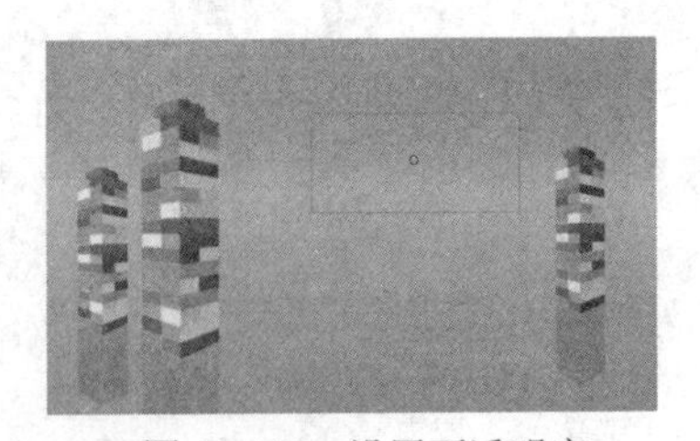
图 11-112 设置不透明度

步骤 15 在第 35 帧、第 98 帧创建传统补间动画。新建“图层 6”，将“云”元件从“库”面板拖入场景中，在第 98 帧、第 115 帧插入关键帧，设置第 1 帧、第 115 帧上元件“不透明度”为 0%，如图 11-113 所示。

步骤 16 左移第 98 帧元件，在第 1 帧和第 98 帧创建传统补间动画，调整“图层 6”至“图层 4”的下方，如图 11-114 所示。

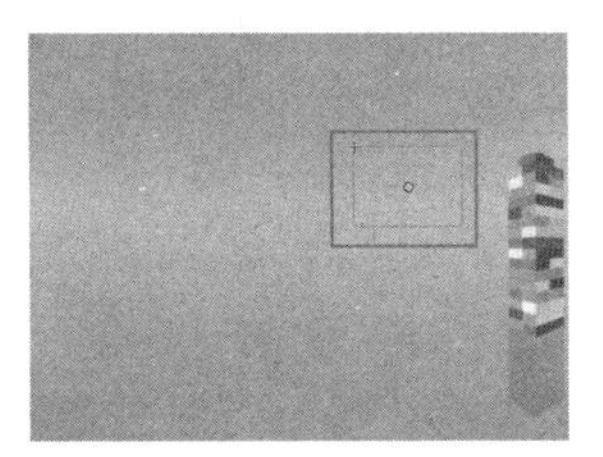

图 11-113　设置不透明度

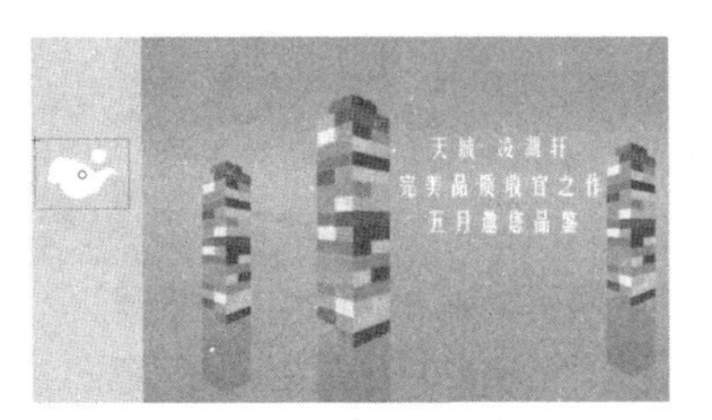

图 11-114　移动元件

步骤 17 新建“图层 7”，将“标志”元件从“库”面板拖入场景中，如图 11-115 所示。在第 98 帧和第 115 帧插入关键帧，设置第 115 帧元件的“不透明度”为 0%，在第 98 帧创建传统补间动画，“时间轴”面板如图 11-116 所示。

图 11-115　拖入元件

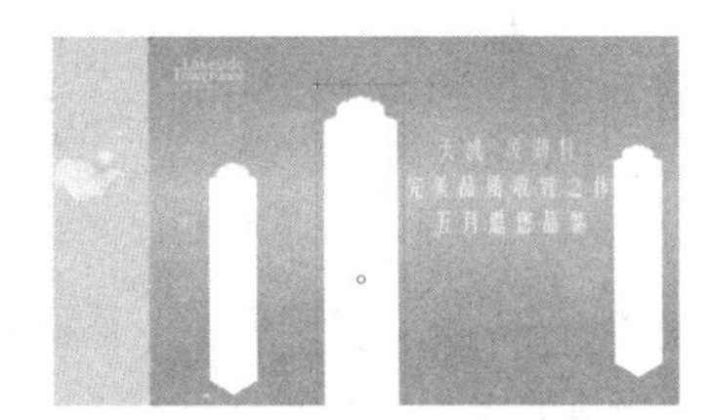

图 11-116　场景效果

步骤 18 “时间轴”面板如图 11-117 所示。

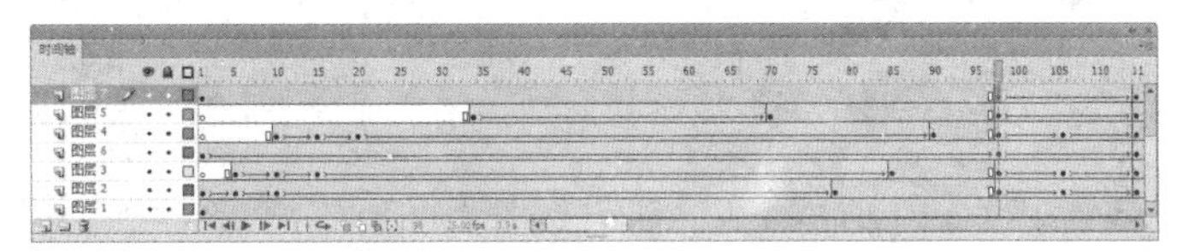

图 11-117　“时间轴”面板

> ▶ **提示**
>
> 读者在制作时不用完全按照书中所提供的帧数制作动画，可以根据感觉自己随意制作，只要将最后的效果做出来即可。

步骤 19 新建“图层 8”，在第 120 帧位置插入关键帧，将“背景 2”元件从“库”面板拖入场景中，如图 11-118 所示。在第 130 帧、第 208 帧、第 219 帧插入关键帧，设置第 120 帧元件“不透明度”为 50%，第 219 帧元件“不透明度”0%，在第 120 帧、第 208 帧创建传统补间动画。

步骤 20 新建“图层 9”，在第 130 帧位置插入关键帧，将“花纹组”元件从“库”面板拖入场景中，在第 140 帧插入关键帧，调整元件大小并旋转元件，如图 11-119 所示。

图 11-118　拖入元件

图 11-119　拖入元件

步骤 21 设置 130 帧上的元件“不透明度”为 0%，在第 146 帧、第 150 帧、第 208 帧和第 219 帧插入关键帧，设置第 146 帧元件的“色调”为白色，如图 11-120 所示。

步骤 22 设置第 219 帧元件的“不透明度”0%，在第 130 帧、第 140 帧、第 146 帧、第 208 帧创建传统补间动画。新建“图层 10”，在第 150 帧插入关键帧，将“文字 1”元件从“库”拖入场景中，如图 11-121 所示。

图 11-120　设置色调为白色

图 11-121　拖入元件

步骤 23 在第 160 帧插入关键帧，设置第 150 帧元件的“不透明度”为 0%，移动第 160 帧元件的位置，在第 208 帧、第 219 帧插入关键帧，设置第 219 帧元件的“不透明度”为 0%，“时间轴”面板如图 11-122 所示。

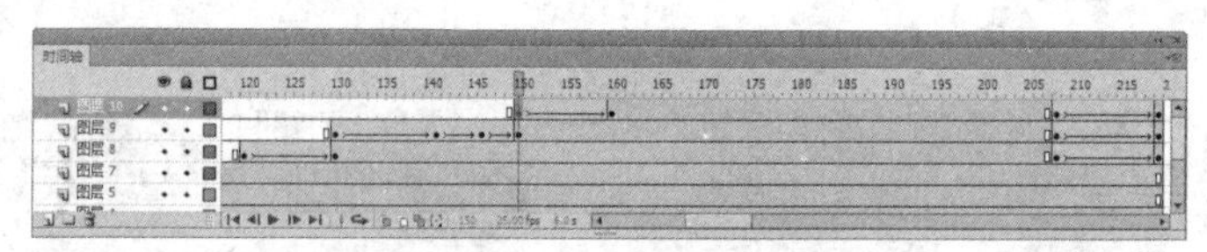

图 11-122　“时间轴”面板

步骤 24 完成开场动画的制作，执行“文件>保存”命令，保存动画，按下【Ctrl+Enter】组合键测试动画，效果如图 11-123 所示。

图 11-123　测试动画效果

提问：如何解决电脑中没有 Flash 里播放字体的问题？

回答：Flash 动画中字体文件没有被分离成为图形，而且用户的电脑中又没有此种字体，则动画中的字体会被替换为宋体等通用字体。解决办法很简单，只需要将相应的字体文件复制到“windows/font”下，重新启动软件即可。

提问：如何控制动画制作中的影片剪辑？

回答：一个大的动画，总会有很多影片剪辑元件。这些动画元件是组成动画的重要部分。控制它们有两种方式，一种是使用实例名称通过脚本控制，另外一种是在制作这些小动画时就考虑到整体动画的效果，无论是速度还是特效。当然第二种是最好的，但是对制作者的要求也比较高。

实例 182　片头动画——广告商品宣传片头动画

源 文 件	光盘\源文件\第 11 章\实例 182.fla
视　　频	光盘\视频\第 11 章\实例 182.swf
知 识 点	脚本、传统补间动画、补间形状、遮罩动画
学习时间	25 分钟

1．新建 Flash 文档，新建“图形”元件，导入素材图像。

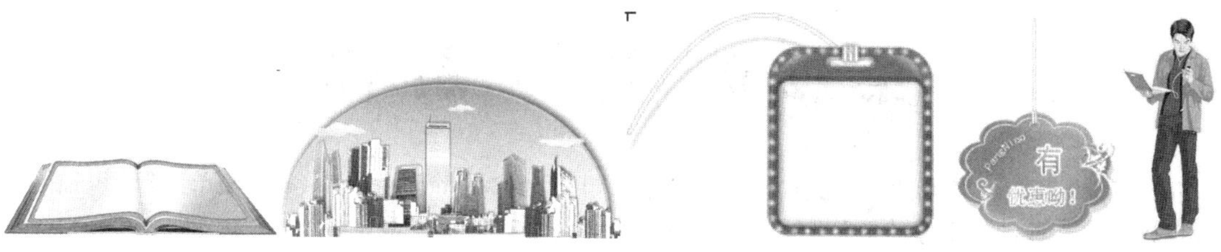

1．导入素材

2．新建“影片剪辑”元件，制作动画。在“按钮”元件中制作反应区和“按钮”，输入脚本。

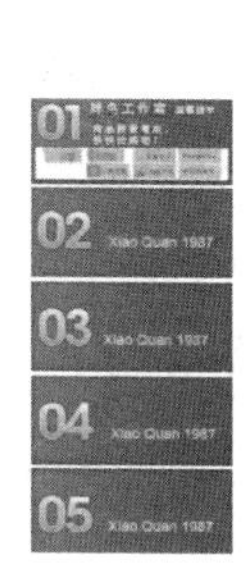

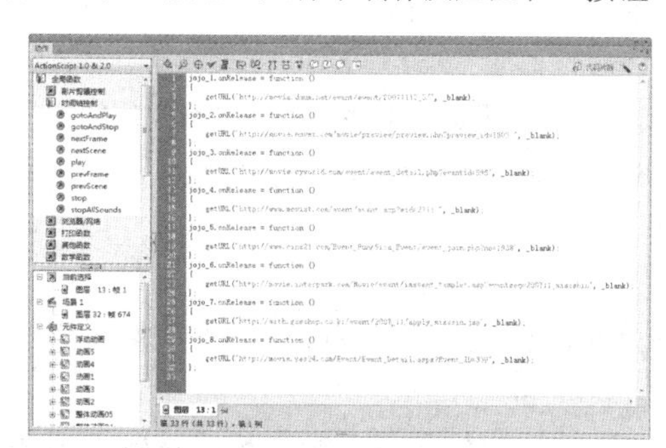

2．输入脚本

3．返回场景编辑，拖出元件，制作动画，然后输入脚本。

3．场景效果

4．完成动画的制作，测试动画效果。

4．测试动画效果

实例总结

在设计制作开场动画时，无须将动画制作得很复杂，只要将动画的主题内容表达出来，让浏览者能看懂动画的内容，并留下一定的印象。

第12章 贺卡制作

制作 Flash 贺卡最重要的是创意而不必在意技术，由于贺卡的特殊性，情节非常简单，影片也很简短，一般仅仅只有几秒钟，不像动画短片有一条完整的故事线，设计者一定要在很短的时间内表达出主题，烘托出气氛，并且要给人留下了深刻。

实例 183 贺卡制作——思念贺卡

Flash 贺卡本身就是意境的表达而忽略技术，它不像传统贺卡那样，只是一张图片，可以是一个动画片段，也可以是很长的动画。既可以插入优美的音乐，又可以使用丰富的音效。因此，结合众多元素的动画贺卡相当吸引人。

实例分析

本实例使用传统补间、不透明度设置制作了多个“影片剪辑”元件和多个场景效果，最终效果如图 12-1 所示。

图 12-1 最终效果

源 文 件	光盘\源文件\第 12 章\实例 183.fla
视　　频	光盘\视频\第 12 章\实例 183.swf
知 识 点	“动作”面板、传统补间等
学习时间	25 分钟

知识点链接—— 贺卡制作的创意原则是什么？

贺卡在制作时对整个动画要求标新立异、和谐统一。在设计制作时要注意对国家、民族和宗教的禁忌。制作贺卡时，不需要采用过于复杂的动画类型，关键是使用文本突出其主题。

操作步骤

步骤 1 执行“文件>新建”命令，新建一个“类型”为 ActionScript 2.0，大小为 460 像素×305 像素，“帧频”为 12fps，“背景颜色”为#CCCCCC 的 Flash 文档。

> ▶ 提示
>
> 动画类的贺卡，根据不同的应用选择不同的尺寸，帧频尽量小一些，不需要有太多的视觉冲击力。

步骤 2 执行“插入>新建元件”命令，新建“名称”为“元件 22”的“图形”元件，执行“文件>导入>导入到舞台”命令，将图像“光盘\源文件\第 12 章\素材\image701.jpg”导入舞台，如图 12-2 所示。用相同的方法新建元件并导入素材，如图 12-3 所示。

图 12-2　导入素材

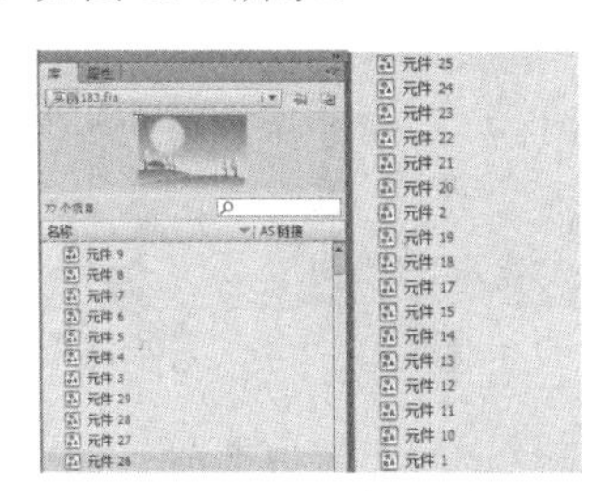
图 12-3　“库”面板

步骤 3 新建“名称”为“组合草”的“图形”元件，将“元件 14”元件从“库”面板重复拖入场景中，如图 12-4 所示。新建“名称”为“白色过渡”的“图形”元件，选择“矩形工具”，选择颜色为白色，绘制矩形，如图 12-5 所示。

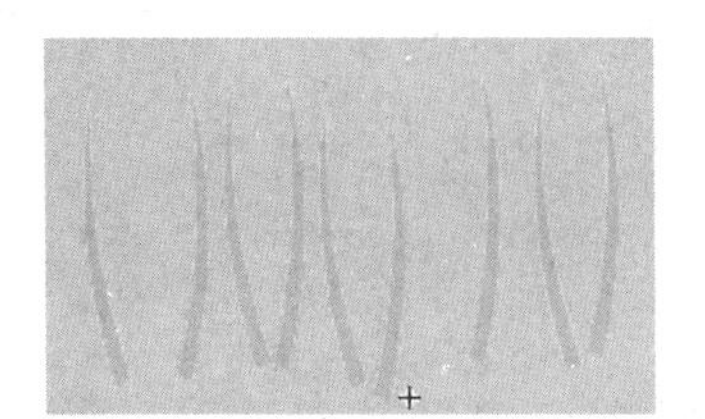
图 12-4 组合草

图 12-5　绘制矩形

> ▶ **提示**
>
> 贺卡的作用一般是以祝福为主，所以对于颜色的选择要注意能够符合其意义，绘制此元件是为了制作画面渐现的效果。

步骤 4 使用相同的方法制作“黑色过渡”元件，如图 12-6 所示。执行“文件>导入>导入到库”命令，将图像“光盘\源文件\第 12 章\素材\ sound1.mp3”导入库中，并使用相同的方法导入声音 sound2.mp3、 sound3.mp3 如图 12-7 所示。

图 12-6　新建元件

图 12-7　导入声音

步骤 5 新建“名称”为“草 01”的“影片剪辑”元件，将“元件 9”元件从“库”面板拖入场景中，如图 12-8 所示。在第 7 帧、第 14 帧插入关键帧，使用“任意变形工具”旋转元件，如图 12-9 所示。在第 1 帧、第 7 帧创建传统补间动画。

图 12-8　拖入元件

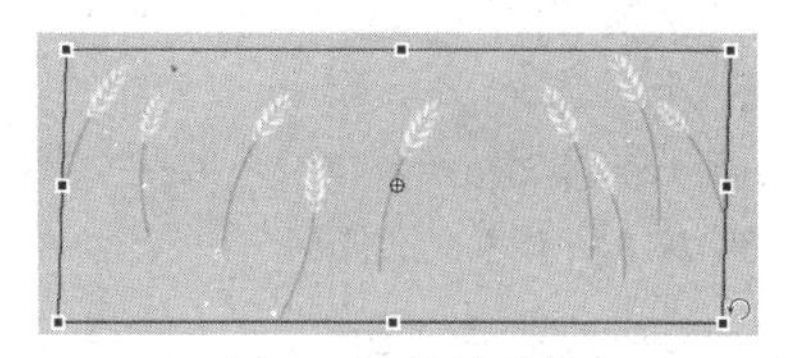
图 12-9　旋转元件

步骤 6 新建“图层 2”，将“元件 10”从“库”面板拖入场景中，如图 12-10 所示。在第 7 帧、第 14 帧插入关键帧，使用“任意变形工具”旋转元件，如图 12-11 所示。在第 1 帧和第 7 帧创建传统补间动画。

图 12-10　拖入元件

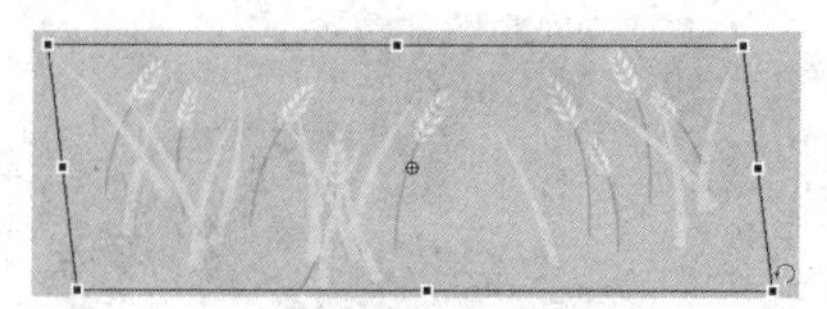

图 12-11　旋转元件

步骤 7 新建“图层 3”，将“元件 11”从“库”面板拖入场景中，在“属性”面板中设置参数，如图 12-12 所示，场景效果如图 12-13 所示。

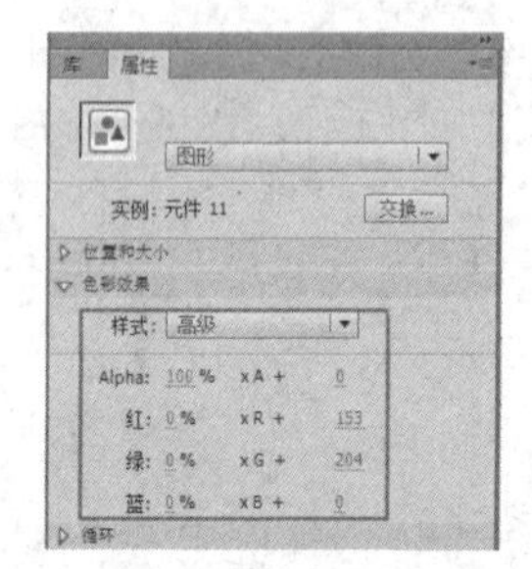

图 12-12　“属性”面板

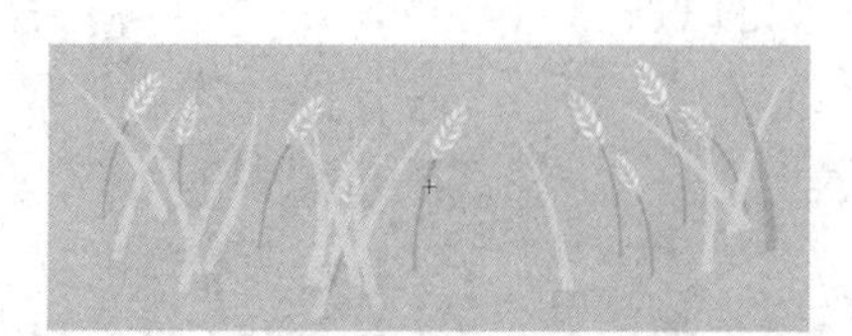

图 12-13　场景效果

步骤 8 使用相同的方法制作动画和其他图层的内容，“时间轴”面板如图 12-14 所示，场景效果如图 12-15 所示。

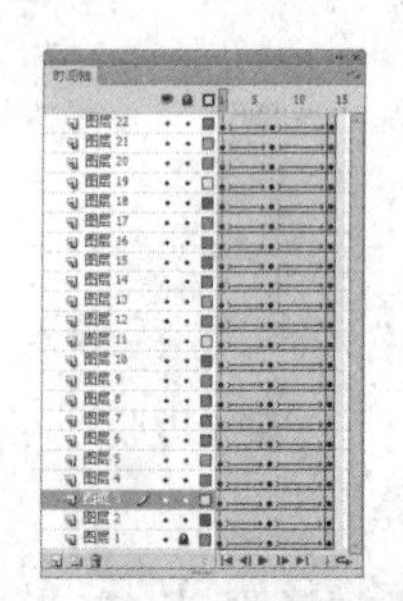

图 12-14　“时间轴”面板

图 12-15　场景效果

步骤 9 新建“名称”为“草 02”的“影片剪辑”元件，将“元件 14”从“库”面板拖入场景中，在“属性”面板中设置参数，如图 12-16 所示。使用相同的方法制作“图层 2”～“图层 12”的内容，如图 12-17 所示。

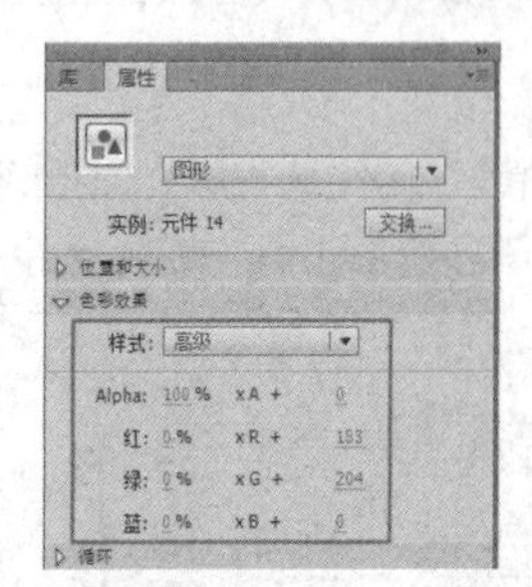

图 12-16　“属性”面板

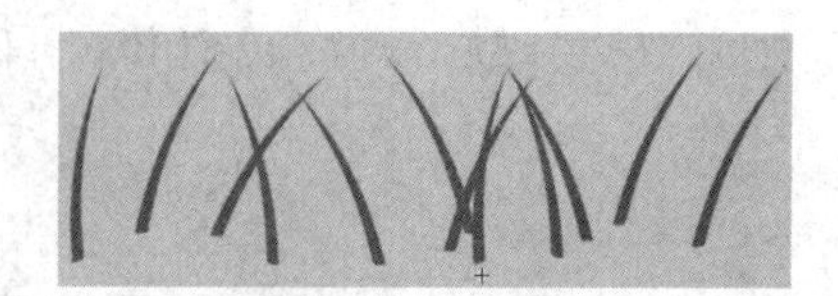

图 12-17　设置高级属性

步骤 10 新建“图层 13”，将“组合草”元件从“库”面板拖入场景中，如图 12-18 所示。新建“图层 14”，将“元件 15”从“库”面板拖入场景中，如图 12-19 所示。在第 10 帧、第 20 帧位置插入关键帧，移动第 10 帧元件，在第 1 帧和第 10 帧创建传统补间动画。

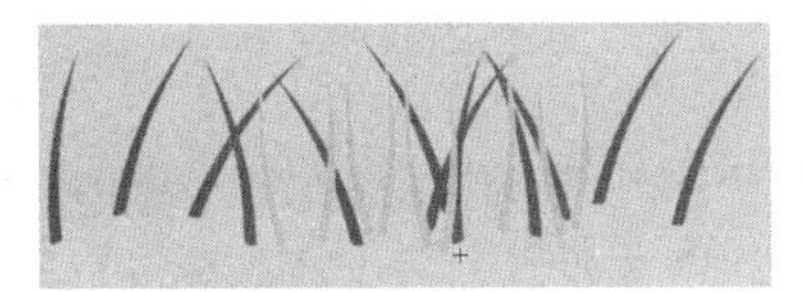
图 12-18　拖入元件 1

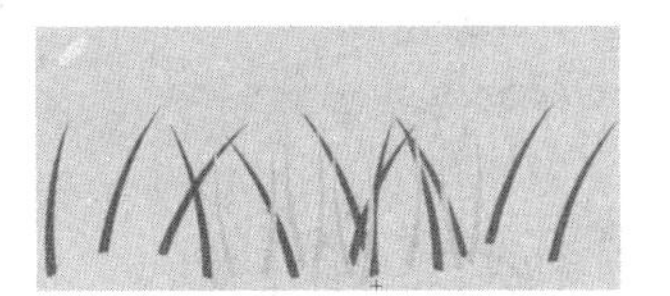
图 12-19　拖入元件 2

步骤 11 新建“图层 15”，将“元件 17”从“库”面板拖入场景中，如图 12-20 所示。使用相同的方法制作动画和其他图层，如图 12-21 所示。

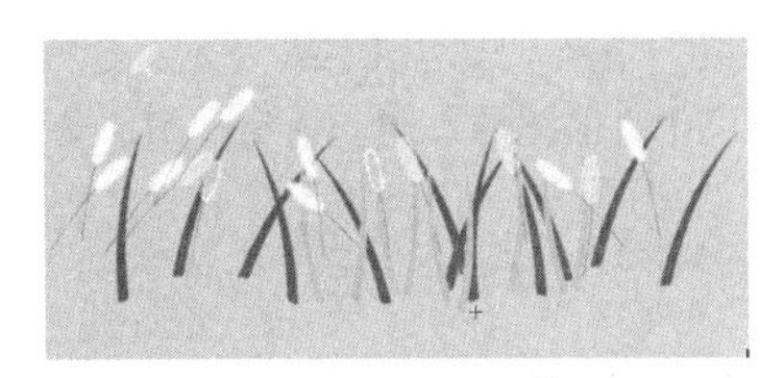
图 12-20　拖入元件 3

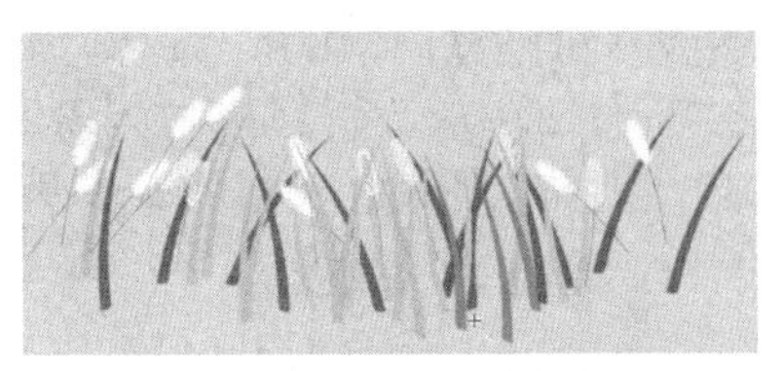
图 11-21　制作动画

步骤 12 新建“名称”为“翅膀”的“影片剪辑”元件，将“元件 4”从“库”面板拖入场景中，在第 5 帧、第 10 帧位置插入关键帧，选择“任意变形工具”，调整元件大小，在第 1 帧、第 5 帧创建传统补间动画。

步骤 13 新建“图层 2”，将“元件 5” 从“库”面板拖入场景中，如图 12-22 所示。使用相同的方法制作动画，“时间轴”面板如图 12-23 所示。

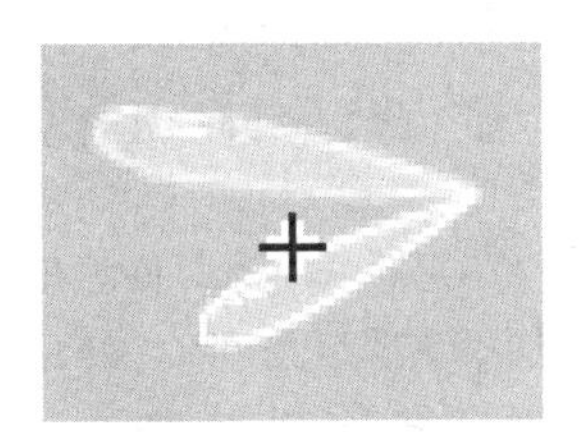
图 12-22　拖入元件

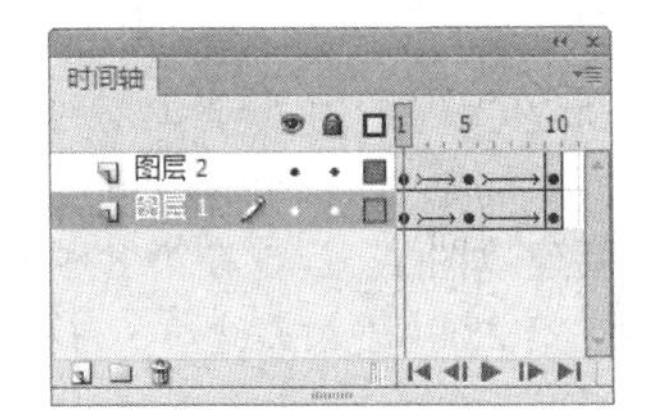

图 12-23　“时间轴”面板

▶ 提示

通过调整元件“属性”面板上的样式可以只改变当前元件的外观，而不是改变所使用的元件外观。

步骤 14 新建“名称”为“蜻蜓”的“影片剪辑”元件，将“元件 6”和“翅膀”元件从“库”面板拖入场景中进行组合，如图 12-24 所示。

步骤 15 新建“名称”为“蜻蜓动画”的“影片剪辑”元件，将“蜻蜓”元件从“库面板拖入场景中，在第 55 帧位置插入关键帧，新建“图层 2”，选择“钢笔工具”绘制线条，将第 1 帧和第 55 帧元件分别对齐线条，如图 12-25 所示。

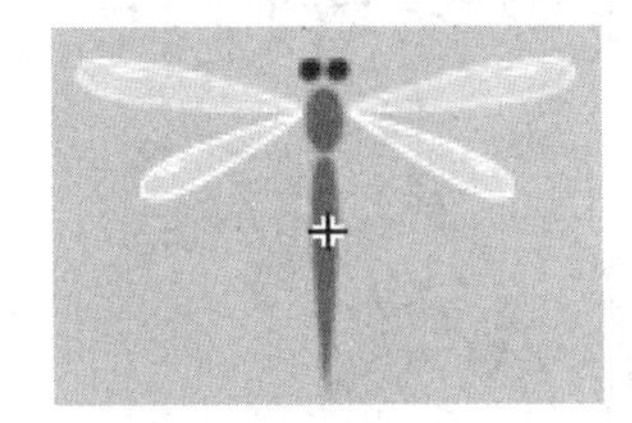
图 12-24　组合蜻蜓

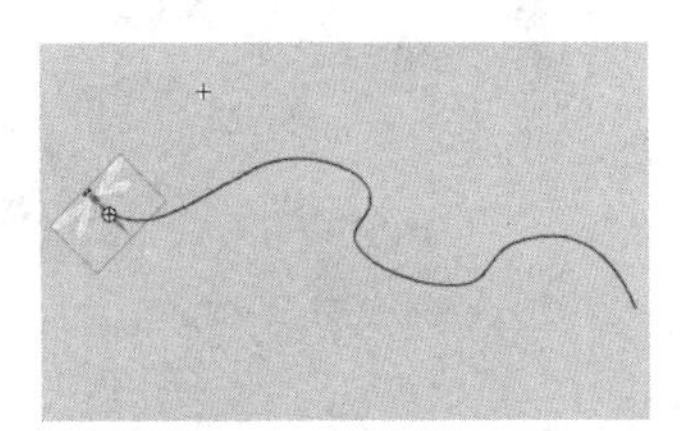
图 12-25　绘制线条

步骤 16 在第 1 帧创建传统补间动画，在“图层 2”名称上单击鼠标右键，在弹出的菜单中选择“添加传统运动引导层”命令，使用相同的方法制作“图层 3”和“图层 4”的内容，场景效果如图 12-26 所示。“时间轴”面板如图 12-27 所示。

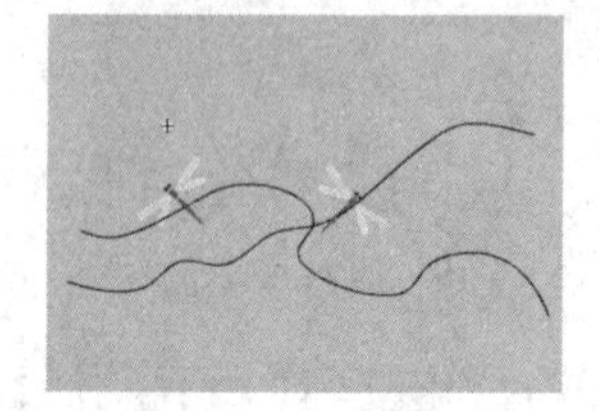

图 12-26　场景效果

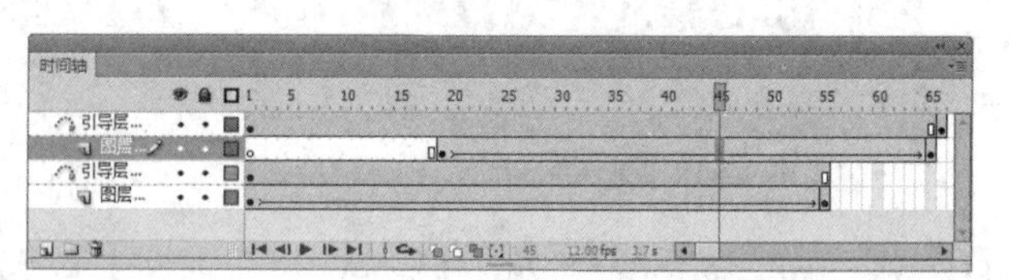

图 12-27　“时间轴”面板

步骤 17 使用相同的方法制作其他“影片剪辑”和“按钮”元件，如图 12-28 所示。返回“场景 1”，将“元件 22”从“库”面板拖入场景中，在第 70 帧位置插入帧，新建“图层 2”，将“阳光 03”元件拖入场景中，如图 12-29 所示。

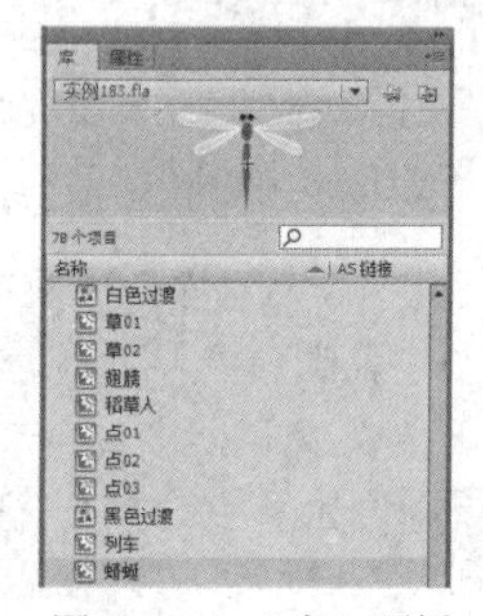

图 12-28　“库”面板

图 12-29　拖入元件

步骤 18 新建“图层 3”和“图层 4”的内容，分别将“阳光 04”和“蜻蜓动画”元件从“库”面板拖入场景中，如图 12-30 所示。

步骤 19 新建“图层 5”，在第 8 帧位置插入关键帧，将“元件 23”元件从“库”面板拖入场景中，在第 28 帧插入关键帧，右移元件位置，设置第 8 帧元件的不透明度为 0%，如图 12-31 所示。

图 12-30　拖入元件

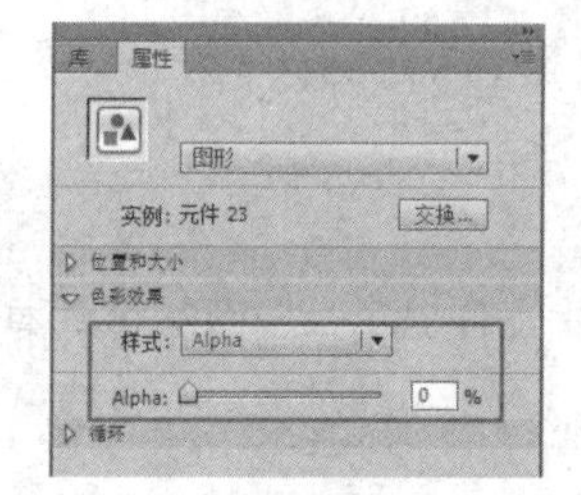

图 12-31　“属性”面板

步骤 20 在第 8 帧位置创建传统补间动画，使用相同的方法制作“图层 6”的内容，如图 12-32 所示。在第 71 帧位置插入关键帧，将“元件 25”从“库”面板拖入场景中，如图 12-33 所示。在第 146 帧位置插入帧。

图 12-32　制作动画

图 12-33　拖入元件

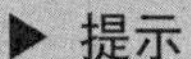

> ▶ 提示
>
> 这种文本淡入效果，常常会应用在动画制作中，制作动画的字幕时这种效果经常会被使用。

步骤 21 新建“图层 8”，将“列车”从“库”面板拖入场景中，在第 146 帧插入关键帧，左移元件，如图 12-34 所示。在第 71 帧创建传统补间动画，新建“图层 9”和“图层 10”，在第 71 帧插入关键帧，将“稻草人”和“草 01”从“库”面板拖入场景中，如图 12-35 所示。

图 12-34　移动元件

图 12-35　拖入元件

步骤 22 新建“图层 11”～“图层 14”，在第 147 帧位置插入关键帧，在第 214 帧插入帧，分别将“元件 26”、“元件 27”、“草 02”和“点 03”从“库”面板拖放至相应的图层场景中，如图 12-36 所示。

步骤 23 新建“图层 15”，在第 163 帧插入关键帧，将“元件 28”从“库”面板拖入场景中，在第 187 帧插入关键帧，左移元件，如图 12-37 所示。

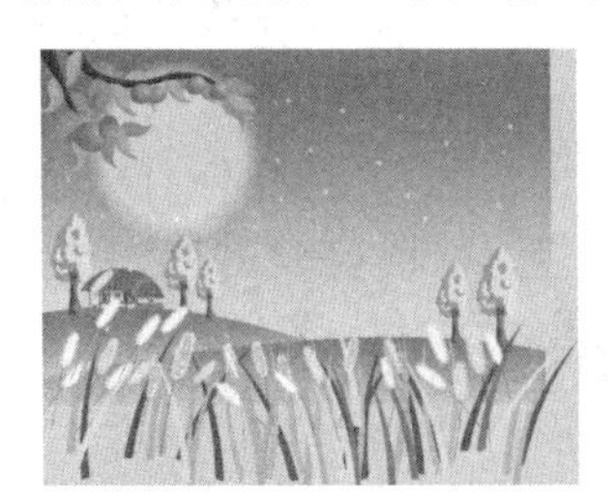

图 12-36　拖入元件

图 12-37　移动元件

步骤 24 设置第 163 帧元件的不透明度为 0%，并创建传统补间动画，使用相同的方法制作“图层 16”的内容，如图 12-38 所示。新建“图层 17”，在第 214 帧插入关键帧，将“重播”按钮元件从“库”面板拖入场景中，如图 12-39 所示。

图 12-38　制作动画

图 12-39　拖入按钮

步骤 25 选中元件，按【F9】键，在“动作”面板中输入脚本语言，如图 12-40 所示。新建“图层 18”，将“黑色过渡”元件从“库”面板拖入场景中。

步骤 26 在第 7 帧位置插入关键帧，设置不透明度为 0%，在第 1 帧创建传统补间动画。在第 8 帧位置插入空白关键帧，在第 65 帧位置插入关键帧，将“白色过渡”元件从“库”面板拖入场景中，在第 65 帧、第 70 帧和第 75 帧插入关键帧。

步骤 27 设置第 65 帧、第 75 帧元件的不透明度为 0%，在第 65 帧、第 70 帧创建传统补间动画，在第 76 帧插入空白关键帧。在第 141 帧插入关键帧，使用相同的方法制作过渡效果，如图 12-41 所示。

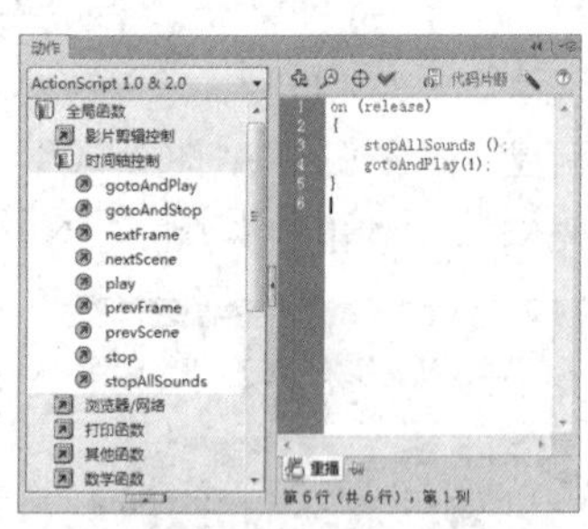

图 12-40　输入脚本

图 12-41　制作过渡效果

步骤 28 新建“图层 19”，在“属性”面板中选择声音 sound1.mp3，如图 12-42 所示。新建“图层 20”，在第 85 帧插入关键帧，在“属性”面板中选择声音 sound2.mp3，如图 12-43 所示。在第 110 帧插入关键帧，在第 111 帧位置插入空白关键帧。

图 12-42 “属性”面板 1

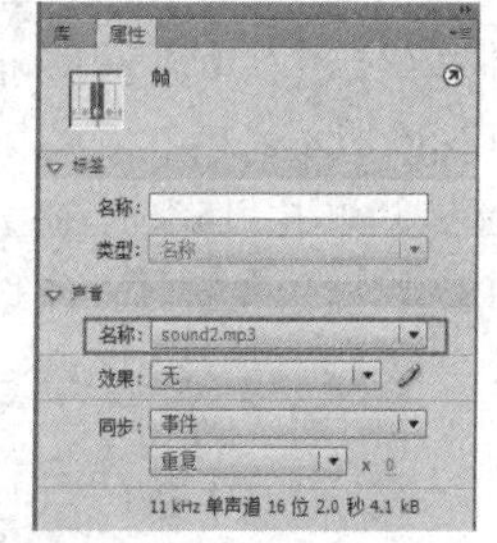

图 12-43 “属性”面板 2

步骤 29 新建“图层 21”，在第 214 帧插入关键帧，按【F9】键在“动作”面板中输入“stop();”脚本语言，“时间轴”面板如图 12-44 所示。

> **▶ 提示**
>
> 使用 Flash 制作贺卡动画时，要注意主色调的运用，可以使用 Flash 中的各种动画类型，以突出贺卡本身的特点，而且多种动画的结合也可以使动画的效果更加丰富。

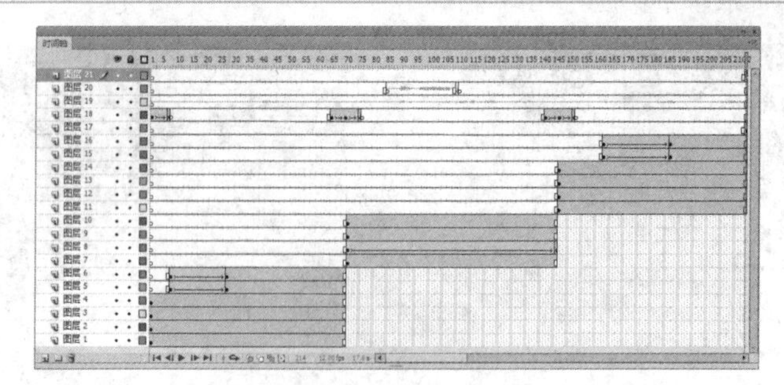

图 12-44 “时间轴”面板

步骤 30 完成贺卡动画的制作，保存动画，按下【Ctrl+Enter】组合键测试动画，效果如图 12-45 所示。

提问：Flash 贺卡设计分为哪几类？

回答：常见的贺卡形式可以分为节日贺卡、生日贺卡、爱情贺卡、温馨贺卡、祝福贺卡等，不同的贺卡使用不同的背景，所以制作时也要根据不同类型选择不同的制作风格和方法。

图 12-45　测试动画效果

提问：Flash 贺卡有哪些表现形式？

回答：制作 Flash 贺卡最重要的是创意而不是技术，一般贺卡的情节都比较简单，影片很简短，不像 MTV 与动画短片一样有很完整的故事线，设计者一定要在很短的时间内表达出意图，并烘托气氛。

实例 184　贺卡制作——圣诞贺卡

源 文 件	光盘\源文件\第 12 章\实例 184.fla
视　　频	光盘\视频\第 12 章\实例 184.swf
知 识 点	传统补间动画、脚本
学习时间	20 分钟

1．新建 Flash 文档，新建元件并导入图像，绘制圣诞老人。

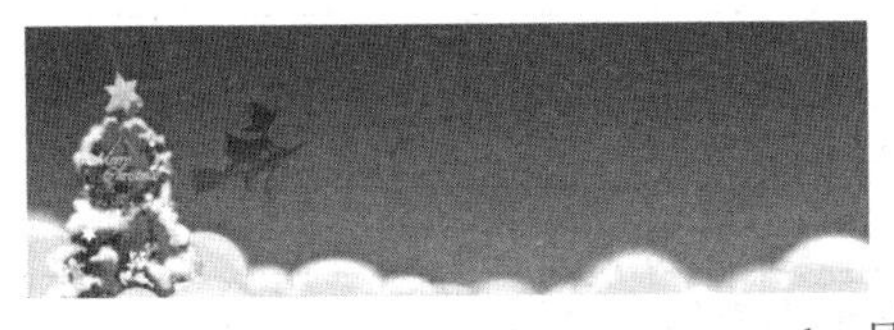

1．导入素材

2．输入文字并使用传统补间动画制作动画效果。

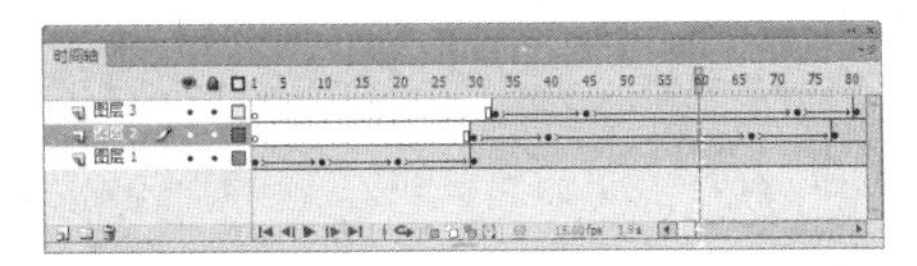

2．制作文字和动画“时间轴”面板

3．返回场景，拖出元件，输入脚本，制作动画。

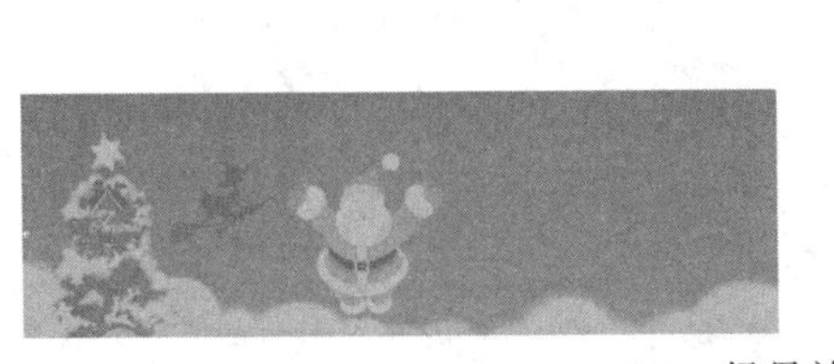

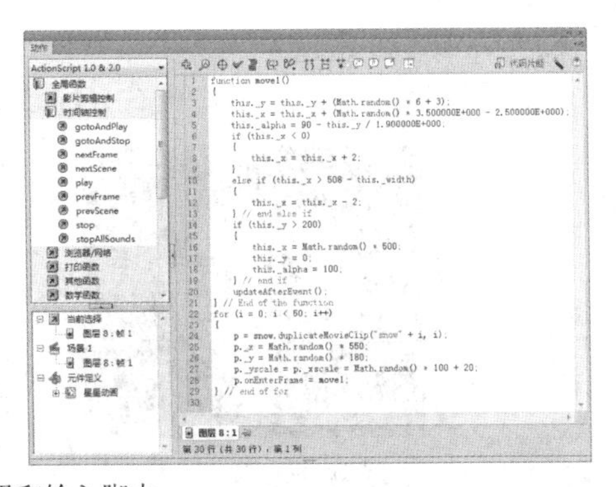

3．场景效果和输入脚本

4．完成动画制作，测试动画效果。

4．测试动画效果

实例总结

本实例所制作的贺卡动画在网络上也是很常见的，在制作时，注意尺寸大小的位置考虑到在网络上传输，不宜过大。通过本实例的学习，读者要掌握圣诞贺卡动画的制作方法。

实例 185　贺卡制作——春天贺卡

贺卡充满了温馨和祝福。在动画制作过程中，不必采用过于复杂的动画类型，突出主题即可，太过复杂的效果反而会使动画失去意义，注意技术与艺术的完美结合。

图 12-46　最终效果

实例分析

本实例使用传统补间、遮罩动画、滤镜和脚本等技术，制作多个影片剪辑元件和按钮元件，完成整体效果的制作，最终效果如图 12-46 所示。

源 文 件	光盘\源文件\第 12 章\实例 179.fla
视　　频	光盘\视频\第 12 章\实例 179.swf
知 识 点	传统补间动画、遮罩动画
学习时间	25 分钟

知识点链接——如何通过压缩音频来减小文件大小？

在 Flash 动画中添加音乐会增加动画的效果，但也会增加动画的大小。在输出较长的流式声音时，可以使用 MP3 压缩，具体的做法是，在“声音属性”对话框的“压缩”下拉列表中选择 mp3；在“比特率”下拉列表中进行设置，以确定由 MP3 解码器生成的声音的最大速率。

操作步骤

步骤 1 执行“文件>新建”命令，新建一个“类型”为 ActionScript 3.0，大小为 400 像素×300 像素，“帧频”为 12fps，“背景颜色”为黑色的 Flash 文档。

步骤 2 新建“名称”为“背景点缀 1”的“图形”元件，选择“椭圆工具”，设置颜色为#FFCC00，绘制图形，如图 12-47 所示。选择“多角星形工具”，在“属性”面板的“工具设置”单击“选项”按钮，在打开的对话框中设置参数，如图 12-48 所示。

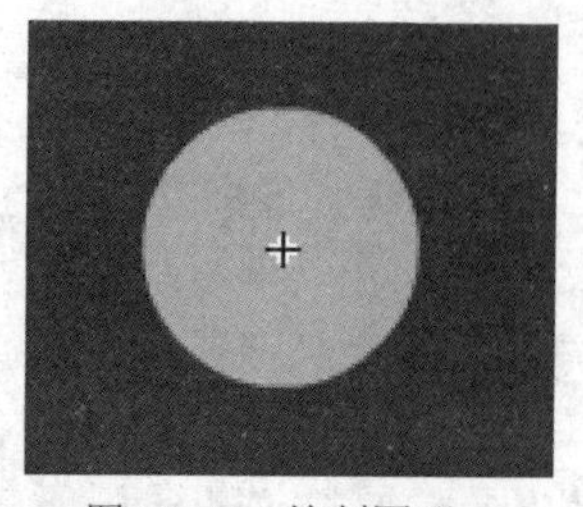

图 12-47　绘制图形

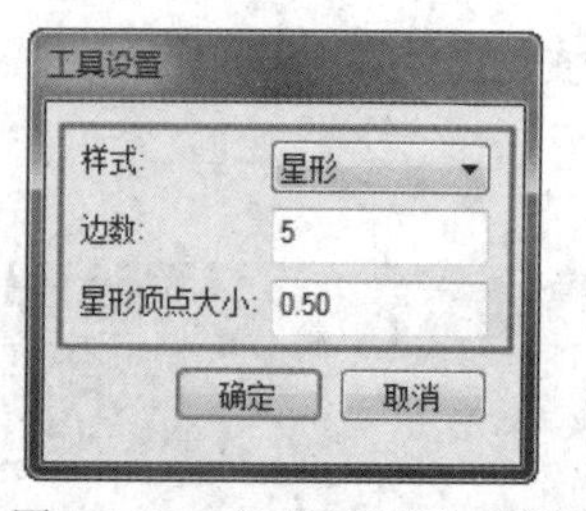

图 12-48　“工具设置”对话框

步骤 3 绘制星形，然后按【Delete】键删除，如图 12-49 所示。新建“名称”为“背景点缀 2”的“图形”元件，选择“线条工具”，设置颜色为#FF9900，绘制线条，如图 12-50 所示。

图 12-49　绘制星形

图 12-50　绘制图形

步骤 4 新建“名称”为“背景”的“图形”元件，选择“矩形工具”，设置“颜色”为#CC0000，“笔触”为无，绘制图形，如图 12-51 所示。新建“图层 2”，将“背景点缀 1”从“库”面板拖入场景中，设置“不透明度”为 35%，如图 12-52 所示。

图 12-51　绘制矩形

图 12-52　“属性”面板

步骤 5 复制元件，如图 12-53 所示。新建“图层 3”，将“背景点缀 2”从“库”面板拖入场景中，设置“不透明度”为 35%，复制元件，如图 12-54 所示。

图 12-53　复制元件 1

图 12-54　复制元件 2

> ▶ **提示**
>
> 复制和粘贴元件时可以按【Ctrl+C】和【Ctrl+V】快捷键，也可以单击鼠标右键，在弹出的菜单中选择“复制”，然后再次单击鼠标右键，选择“粘贴”。

步骤 6 新建“名称”为“贺卡封面”的“图形”元件，选择“线条工具”，配合“选择工具”绘制图形，如图 12-55 所示。新建“图层 2”，绘制图形，如图 12-56 所示。

图 12-55　绘制图形 1

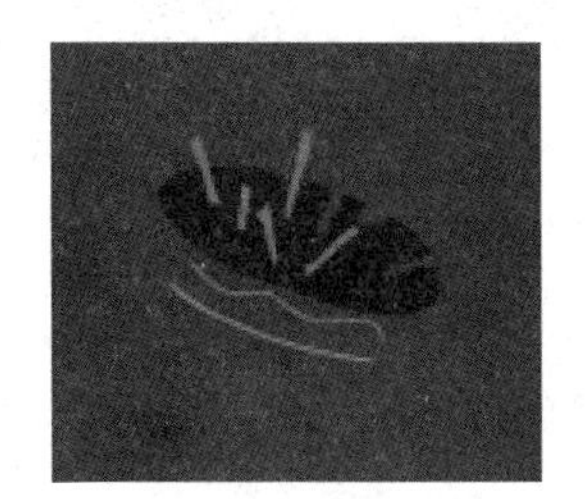

图 12-56 绘制图形 2

步骤 7 使用相同的方法绘制元件“气球 1”和“气球 2”，如图 12-57 所示。新建“名称”为“气球动画 1”的“影片剪辑”元件，将“气球 1”元件从“库”面板拖入场景中，在第 20 帧、第 40 帧插入关键帧，上移 20 帧元件的位置，在第 1 帧、第 20 帧创建传统补间动画，如图 12-58 所示。

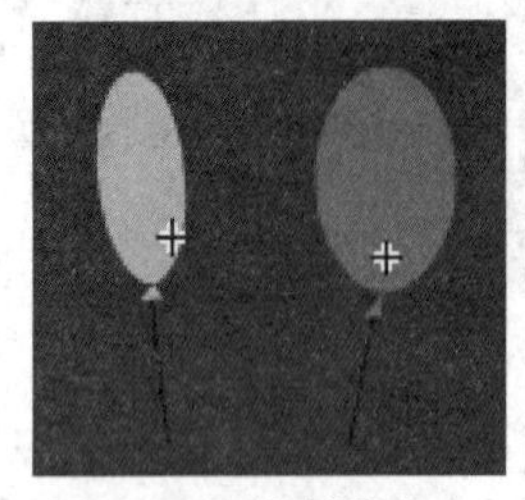
图 12-57 绘制图形

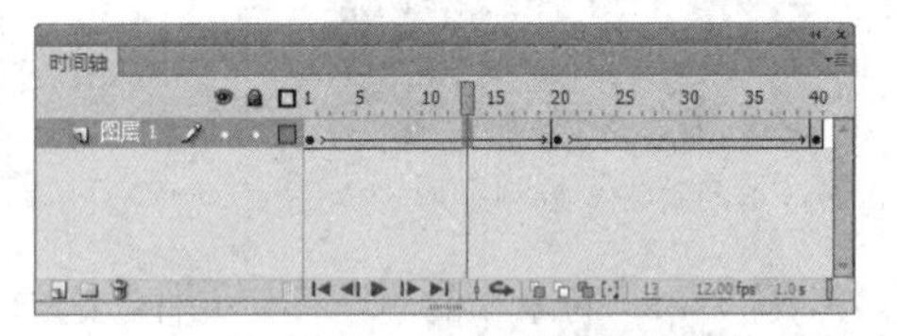

图 12-58 “时间轴”面板

步骤 8 使用相同的方法制作“气球动画 2”的“影片剪辑”元件，并制作出其他元件和动画，如图 12-59 所示。执行“文件>导入>导入到库”命令，将图像“光盘\源文件\第 12 章\素材 Sound.mp3”导入库中，如图 12-60 所示。

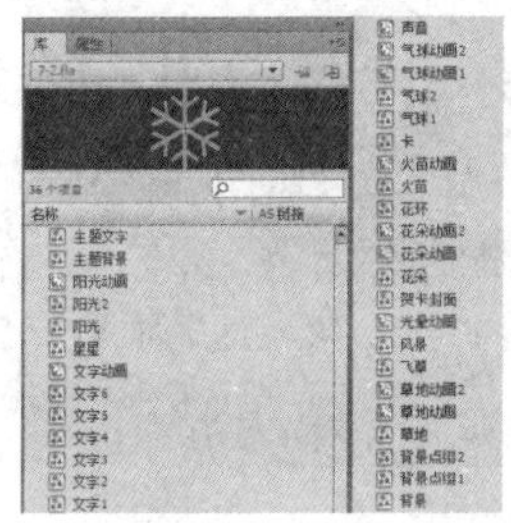
图 12-59 “库”面板

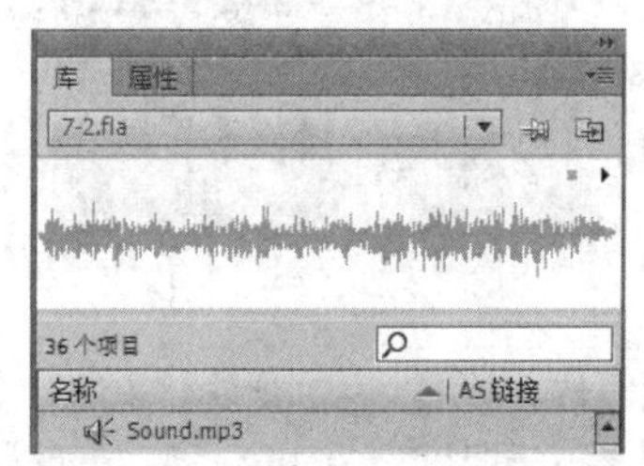

图 12-60 导入声音

步骤 9 新建“名称”为“声音”的“影片剪辑”元件，在第 915 帧插入帧，选择第 1 帧位置，在“属性”面板中选择 Sound.mp3，如图 12-61 所示。

步骤 10 返回“场景 1”，将“背景”元件从“库”面板拖入场景中，在第 100 帧位置插入帧，新建“图层 2”，将“贺卡封面”元件拖入场景中，如图 12-62 所示。

图 12-61 选择声音

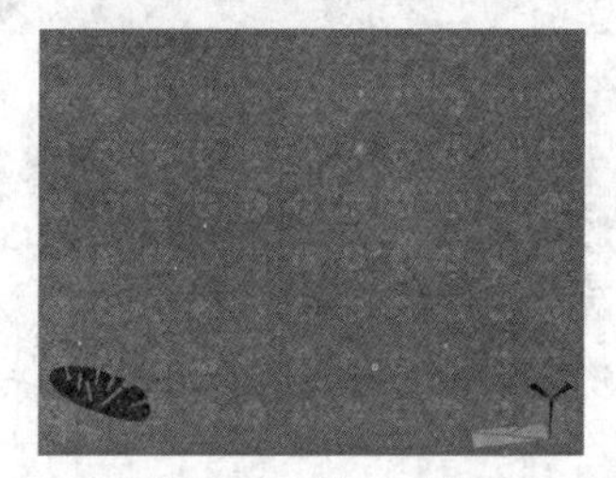
图 12-62 拖入元件

▶ 提示

将导入的声音“同步”类型设置为事件的含义是当动画播放时开始播放，声音的播放不会受到动画播放的影响。

步骤 11 使用相同的方法拖出“图层 3”～“图层 8”的元件，如图 12-63 所示。新建“图层 9”，在第 100 帧位置插入关键帧，拖入“声音”元件，在第 695 帧位置插入帧，如图 12-64 所示。

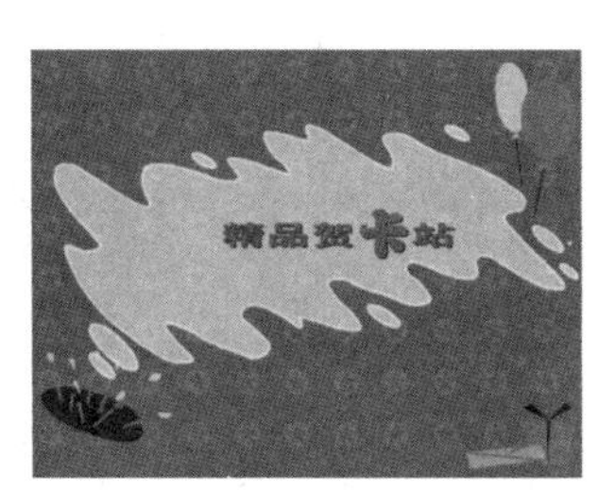

图 12-63 拖出元件

图 12-64 拖入元件

步骤 12 新建“图层 10”，在第 100 帧位置插入关键帧，将 “风景”元件从“库”面板拖入场景中，如图 12-65 所示。使用相同的方法制作“图层 11”～“图层 19”的内容，如图 12-66 所示。

图 12-65 拖入元件

图 12-66 制作图层

步骤 13 “时间轴”面板如图 12-67 所示。

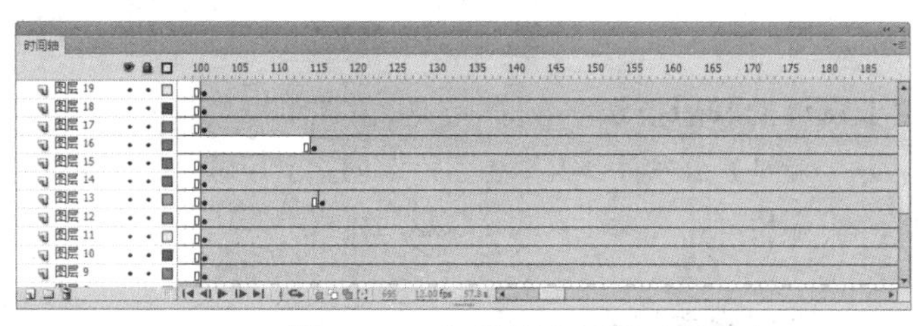

图 12-67 “时间轴”面板

步骤 14 新建“图层 20”，在第 145 帧插入关键帧，将“文字 1”元件从“库”面板拖入场景中，在第 165 帧插入关键帧，设置第 145 帧元件的“不透明度”为 0%，上移第 165 帧元件的位置，如图 12-68 所示。在第 244 帧、第 276 帧插入关键帧，设置第 276 帧的元件不透明度为 0%。

步骤 15 在第 375 帧插入空白关键帧，在第 398 帧插入关键帧，设置第 375 帧上的元件“不透明度”为 0%，在第 596 帧位置插入帧，将“文字 3”元件从“库”面板拖入场景中，如图 12-69 所示。在第 145 帧、第 244 帧和第 375 帧位置创建传统补间动画。

图 12-68 元件效果 1

图 12-69 元件效果 2

步骤 16 使用相同的方法制作“图层 21”和“图层 22”的内容，如图 12-70 所示。“时间轴”面板如图 12-71 所示。

步骤 17 新建“图层 23”，在第 695 帧插入关键帧，按【F9】键，在“动作”面板中输入“stop();”脚本，完成动画的制作，保存动画，按下【Ctrl+Enter】组合键测试动画，效果如图 12-72 所示。

图 12-70　场景效果

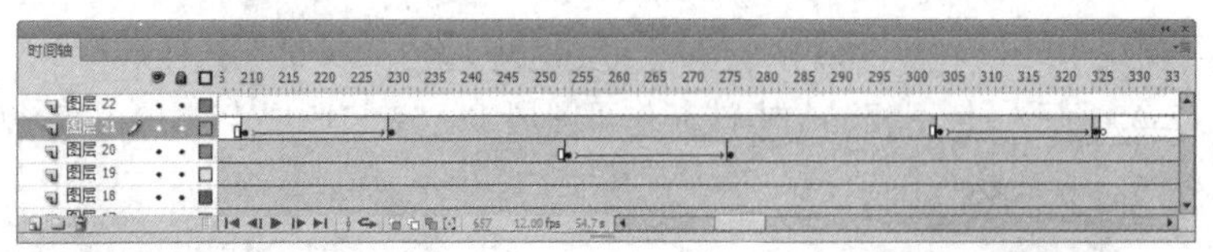

图 12-71　“时间轴”面板

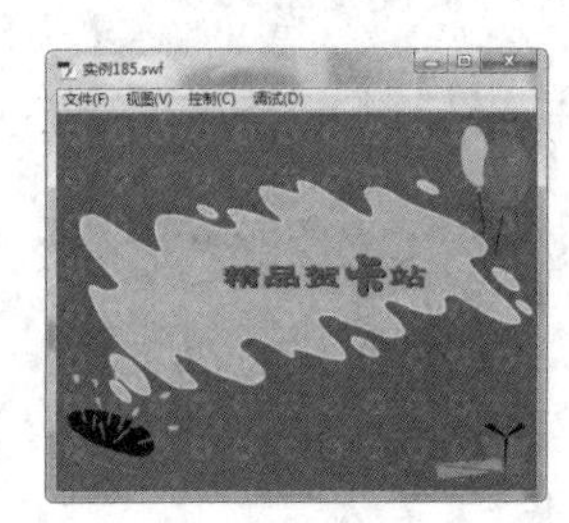

图 12-72　测试动画效果

提问：什么是贺卡设计的联想技法？

回答：所谓联想技法，就是充分发挥个人想像力，以创意引导思想的方法，充分想象，联想的内容必须是别人所想不到的，立意新颖，在设计者充分联想的过程中，还要注意符合和谐统一的原则，达到美的境界。

提问：如何使用类比技法制作贺卡？

回答：类比技法主要以大量的联想为基础，将不同元素的相同点作为管理暗点，充分调动设计者的想象、直觉、灵感等，能够运用其他事物找出更好的创意。运用类比的方法可以将一些生活中常见的事物放在一起，同时也可以将人们的生活兴趣运用到对象中，使对象拟人化，从而增强动画的美观性。

实例 186　贺卡制作——冬天贺卡

源 文 件	光盘\源文件\第 12 章\实例 186.fla
视　　频	光盘\视频\第 12 章\实例 186.swf
知 识 点	按钮动画、传统补间、脚本
学习时间	15 分钟

1．新建 Flash 文档，导入相应的素材图像，并转换为元件，制作相应的元件动画。

1．导入素材

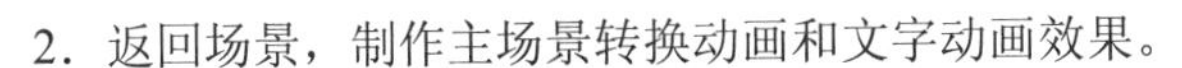

2．返回场景，制作主场景转换动画和文字动画效果。

2．场景效果

3．在场景中添加声音，并输入相应的脚本语言，

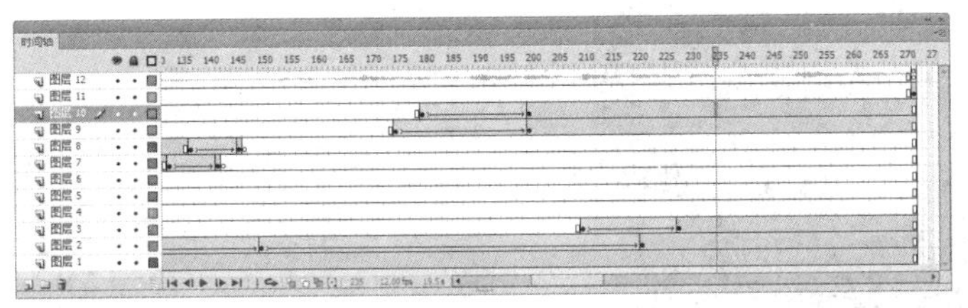

3．“时间轴”面板

4．完成制作，测试动画效果。

4．测试动画效果

实例总结

本实例通过制作影片剪辑元件和按钮元件后，配合脚本的使用制作动画效果。读者需要掌握贺卡动画的制作技巧，能够独力完成贺卡动画的制作。

实例 187　贺卡制作——情感贺卡

在创作贺卡之前要有很好的创意，要想产生一个好的创意，需要掌握创意的技巧，Flash 贺卡最大的特点是既有动画又有声音，从而使用贺卡的视听效果非常丰富。

实例分析

本实例使用传统补间、不透明度和脚本技术制作情感贺卡的动画效果。最终效果如图 12-73 所示。

图 12-73　最终效果

源 文 件	光盘\源文件\第 12 章\实例 187.fla
视　　频	光盘\视频\第 12 章\实例 187.swf
知 识 点	传统补间、设置不透明度和脚本
学习时间	20 分钟

知识点链接——如何突出贺卡的动画主题？

贺卡动画中常常会有一些通用元素与制作方法，用于突出动画的主题。所谓通用元素，就是在人们日常生活中，将某种物体赋予特殊的含义，来指代的某些东西。

操 作 步 骤

步骤 1 执行“文件>新建”命令，新建一个“类型”为 ActionScript 2.0，大小为 400 像素×300 像素，“帧频”为 12fps，“背景颜色”为白色的 Flash 文档。

步骤 2 新建“名称”为“背景”的“图形”元件，将图像“光盘\源文件\第 12 章\素材\18701.jpg”导入舞台中，如图 12-74 所示。按【F8】键，将其转换为“名称”为“move 背景”的“影片剪辑”元件，如图 12-75 所示。

图 12-74 导入图像

图 12-75 “属性”面板

步骤 3 新建“名称”为“黄背景”的“图形”元件，将图像“光盘\源文件\第 12 章\素材\18702.jpg”导入舞台中，如图 12-76 所示。新建“名称”为“灰背景”的“图形”元件，将图像“光盘\源文件\第 12 章\素材\18703.jpg”导入舞台中，如图 12-77 所示。

图 12-76 导入素材 1

图 12-77 导入素材 2

步骤 4 将图像“光盘\源文件\第 12 章\素材\18701. mp3 和 18702.mp3”导入库中，如图 12-78 所示。新建“名称”为 boy 的“图形”元件，使用“线条工具”绘制图形，配合“选择工具”进行调整，填充颜色为＃7392A1，如图 12-79 所示。

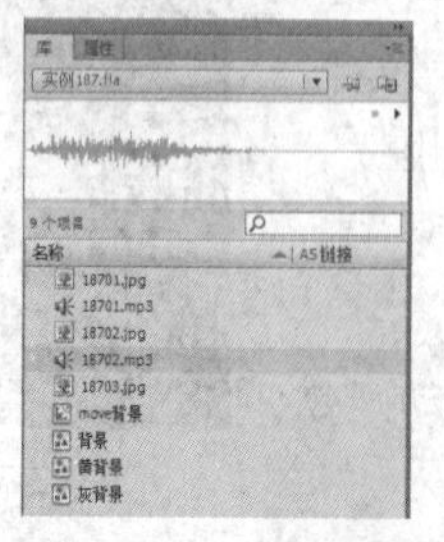

图 12-78 “库”面板

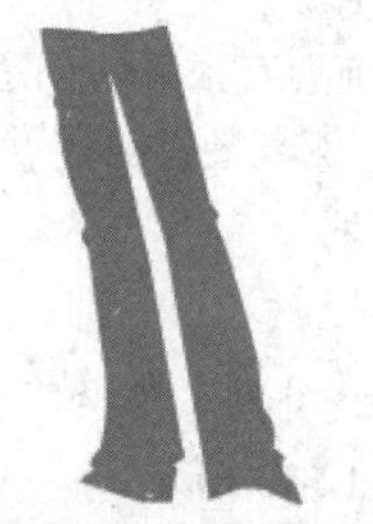

图 12-79 绘制图形 1

> **▶ 提示**
>
> Flash 中除了可以导入视频、图像以外，还可以插入声音。将声音放在时间轴上时，应将声音置于一个单独的图层上，最好导入 16 位声音。

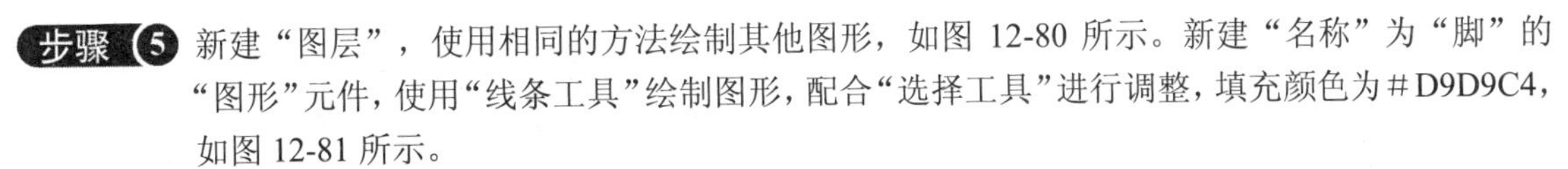

步骤 5 新建“图层”，使用相同的方法绘制其他图形，如图 12-80 所示。新建“名称”为“脚”的“图形”元件，使用“线条工具”绘制图形，配合“选择工具”进行调整，填充颜色为＃D9D9C4，如图 12-81 所示。

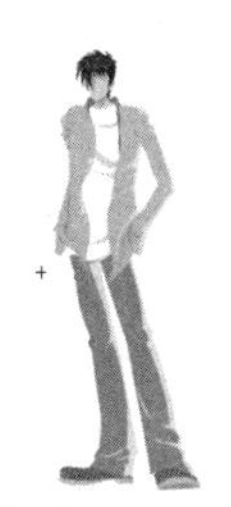

图 12-80　绘制图形 2

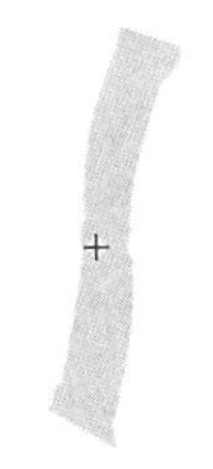

图 12-81　绘制图形 3

步骤 6 使用相同的方法绘制其他图层的内容，如图 12-82 所示。使用相同的方法制作“girl”、“girl1”“girl2”、“girl3”、“girl4”、“girl5”元件，如图 12-83 所示。

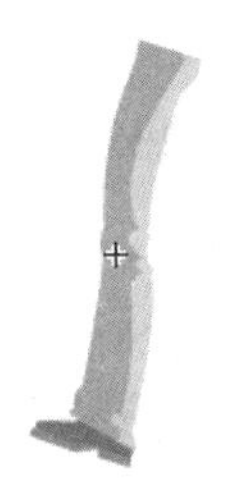

图 12-82　绘制图形 4

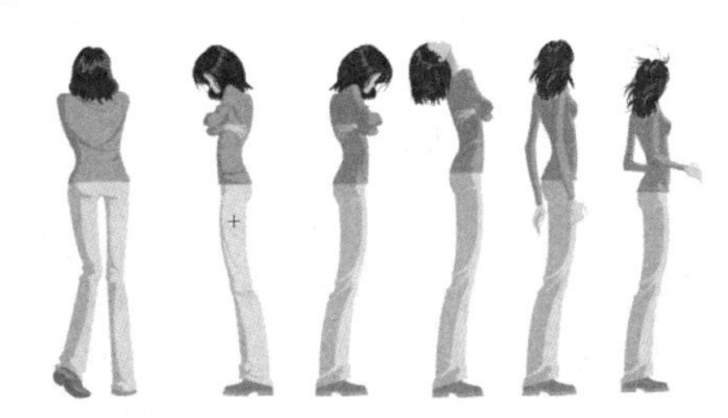

图 12-83　制作元件

步骤 7 新建“名称”为“文字 1”的“图形”元件，选择“文本工具”，在“属性”面板中设置参数，如图 12-84 所示。输入图 12-85 所示的文字，执行“修改>分离”命令两次。

图 12-84　“属性”面板

远方的你

图 12-85　输入文字

> **▶ 提示**
>
> 在 Flash 中对多个文本要分离两次，第一次将多个文本分离成为单个文本，第二次才将文本分离成为图形。

步骤 8 使用相同的方法制作“文字 2”元件，如图 12-86 所示。新建“名称”为“雪花”的“图形”元件，打开“颜色”面板设置参数，如图 12-87 所示。

步骤 9 选择“椭圆工具”，设置笔触为无，绘制图形，如图 12-88 所示。新建“名称”为“雪”的“影片剪辑”元件，将“雪花”元件从“库”面板拖入场景中，在第 7 帧位置插入关键帧，下移元件位置。

步骤 10 在第 8 帧、第 9 帧、第 10 帧和第 36 帧位置插入关键帧，分别下移元件位置并创建传统补间动画，“时间轴”面板如图 12-89 所示。

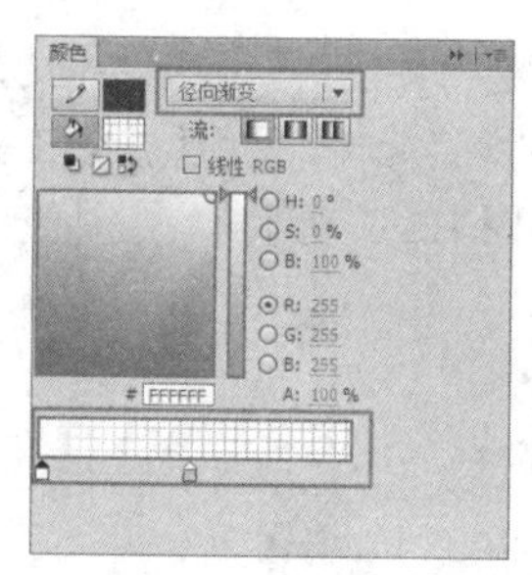

图 12-86 输入文字

图 12-87 “颜色”面板

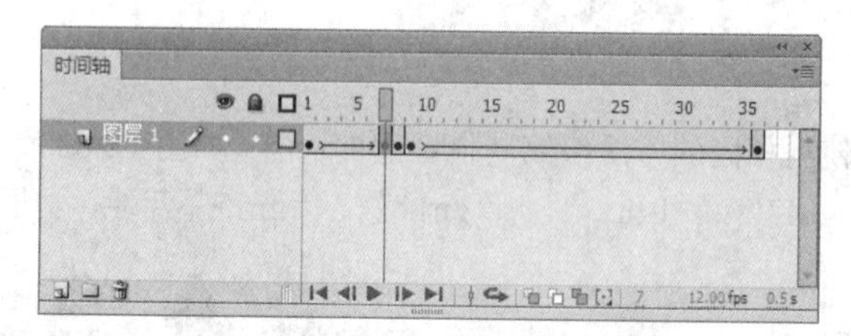

图 12-88 绘制图形

图 12-89 “时间轴”面板

步骤 11 返回“场景 1”编辑，将“move 背景”元件从“库”面板拖入场景中，在第 10 帧位置插入关键帧，在“属性”面板中设置第 1 帧的亮度为-100%，并创建传统补间动画，在第 505 帧位置插入帧，如图 12-90 所示，场景效果如图 12-91 所示。

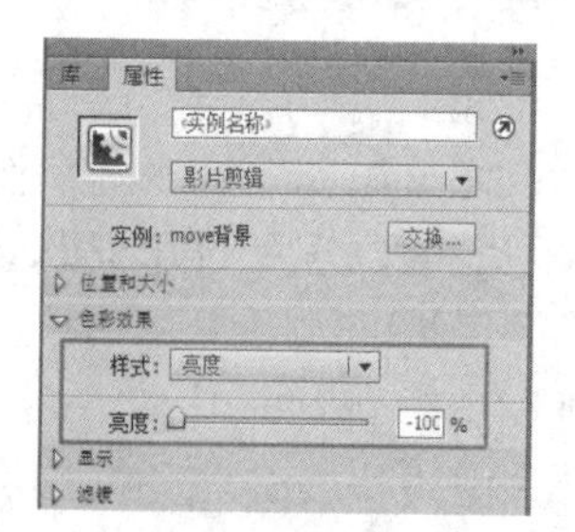

图 12-90 “属性”面板

图 12-91 场景效果

步骤 12 新建“图层 2”，在第 20 帧插入关键帧，将 girl 元件从“库”面板拖入场景中，调整元件大小，如图 12-92 所示。在第 30 帧位置插入关键帧，设置第 20 帧元件的不透明度为 0%，如图 12-93 所示。

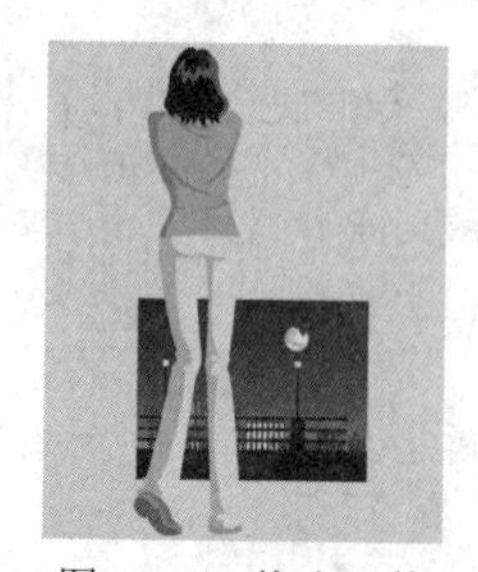

图 12-92 拖出元件

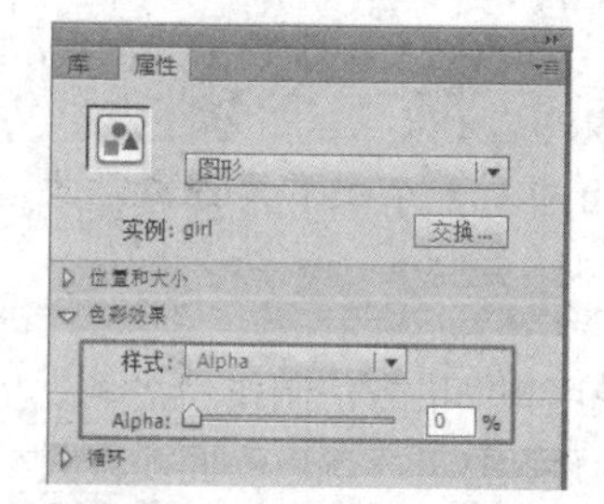

图 12-93 “属性”面板

步骤 13 在第 55 帧位置插入关键帧，调整元件大小，如图 12-94 所示。在第 70 帧位置插入关键帧，设置元件不透明度为 0%，删除第 70 帧以后的所有帧。在第 20 帧、第 30 帧和第 55 帧位置创建传统补间动画，如图 12-95 所示。

图 12-94　调整元件大小

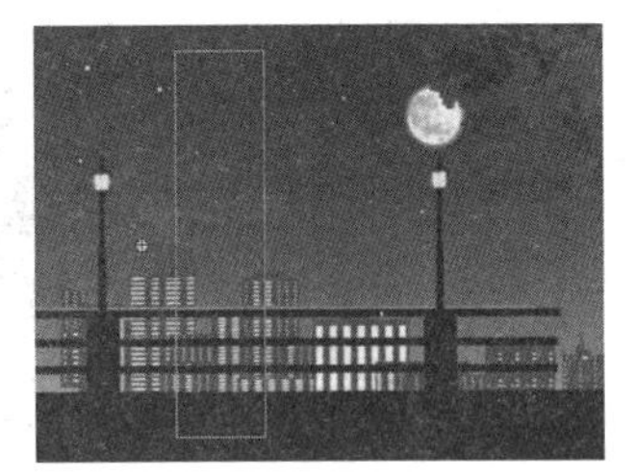

图 12-95　设置不透明度并创建动画

▶ 提示

在移动元件位置时，不仅可以使用“选择工具”进行调整，也可以使用“任意变形工具”进行调整，或在“属性”面板中进行设置。

步骤 14 新建“图层 3”，在第 60 帧位置插入关键帧，将 girl 元件从“库”面板拖入场景中，调整元件大小并移动至合适位置，在第 72 帧、第 85 帧和第 95 帧位置插入关键帧。

步骤 15 右移第 72 帧元件，左移第 95 帧元件，设置第 60 帧和第 95 帧的元件不透明度为 0%，在第 60 帧和第 85 帧位置创建传统补间动画，删除 95 帧以后的所有帧，如图 12-96 所示。

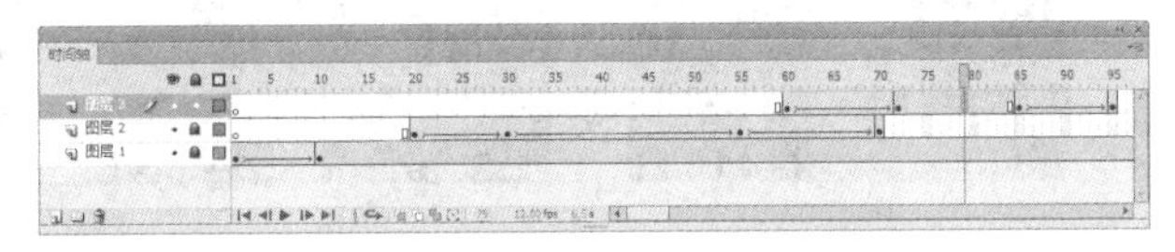

图 12-96　“时间轴”面板

步骤 16 新建“图层 4”，在第 105 帧插入关键帧，将“脚”元件从“库”面板拖入场景中，移动元件的中心点位置并旋转元件，如图 12-97 所示。在第 113 帧位置插入关键帧并旋转元件，如图 12-98 所示。

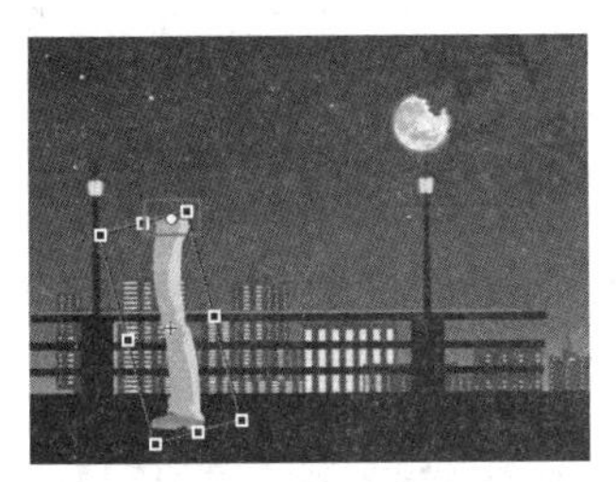

图 12-97　调整中心点位置

图 12-98　旋转元件

▶ 提示

在旋转元件时，以元件的中心点为轴心进行旋转，调整元件的中心点可以制作出人物行走的动画效果。将中心点移动至不同位置，可以制作出不同的动画效果。

步骤 17 使用相同的方法设置第 180 帧元件的不透明度为 0%，在各帧位置创建传统补间动画，删除 180 帧以后的所有帧，新建“图层 5”，在第 85 帧位置插入关键帧，将 girl1 元件从“库”面板拖入场景中，调整元件大小，如图 12-99 所示。

步骤 18 在第 95 帧位置插入关键帧，左移元件，设置第 85 帧元件的“不透明度”为 0%，在第 165 帧和第 180 帧位置插入关键帧，如图 12-100 所示。

步骤 19 设置第 180 帧的元件“不透明度”为 0%，并在第 85 帧和第 165 帧位置创建传统补间动画，“时间轴”面板如图 12-101 所示。

图 12-99 场景效果 1

图 12-100 场景效果 2

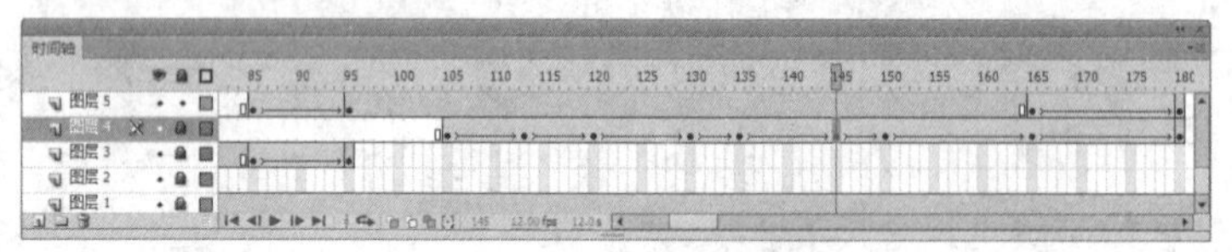

图 12-101 "时间轴"面板

步骤 20 使用相同的方法制作"图层 6"～"图层 14"的内容，场景效果如图 12-102 所示。

图层 7

图层 9

图层 11

图层 14

图 12-102 场景效果

步骤 21 "时间轴"面板如图 12-103 所示。

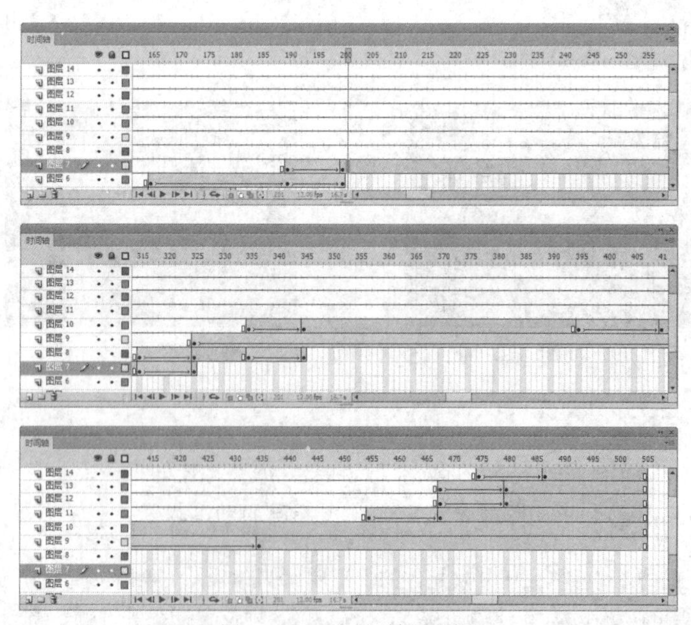

图 12-103 "时间轴"面板

▶ 提示

由于篇幅所限，此处无法将"时间轴"面板完整显示出来，分为 3 部分来显示，详细内容请查看源文件。

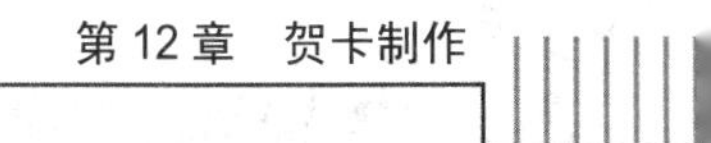

步骤 22 新建“图层 15”，在第 180 帧插入关键帧，将“雪”元件从“库”面板拖入场景中，如图 12-104 所示。在“属性”面板中设置实例名称，如图 12-105 所示。

图 12-104　拖出元件

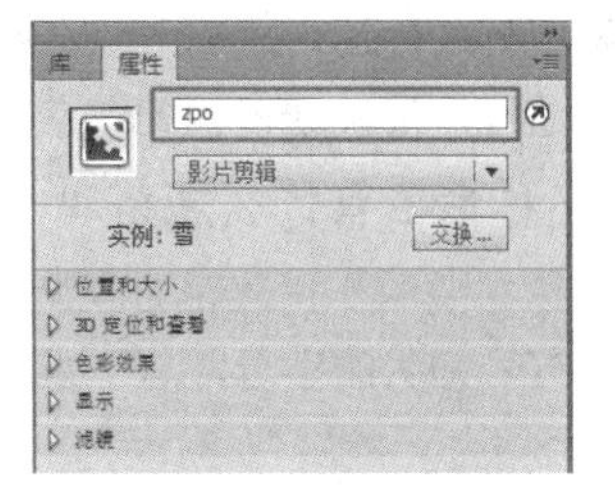

图 12-105　“属性”面板

步骤 23 按【F9】键打开“动作”面板，输入脚本语言，如图 12-106 所示。新建“图层 16”，在“属性”面板中设置声音选项，如图 12-107 所示。

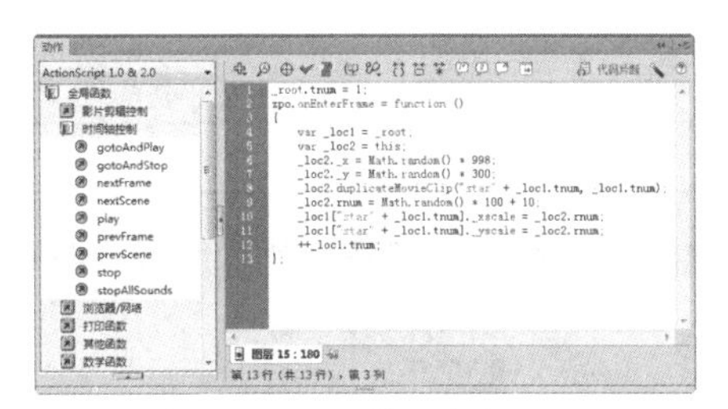

图 12-106　输入脚本

图 12-107　“属性”面板

步骤 24 新建“图层 17”，在第 455 帧插入关键帧，在“属性”面板中设置声音选项，如图 12-108 所示。在第 505 帧插入关键帧，按【F9】键打开“动作”面板，输入脚本语言，如图 12-109 所示。

图 12-108　“属性”面板

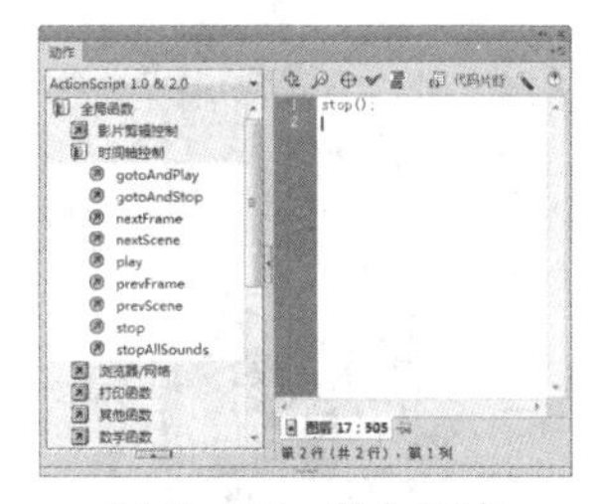

图 12-109　输入脚本

▶ 提示

在 Flash 动画中，只能在元件和时间轴上添加脚本。以上两个脚本分别是控制雪花飘舞和动画播放停止的效果。

步骤 25 完成贺卡动画的制作，执行“文件>保存”命令，保存动画，按下【Ctrl+Enter】组合键测试动画，效果如图 12-110 所示。

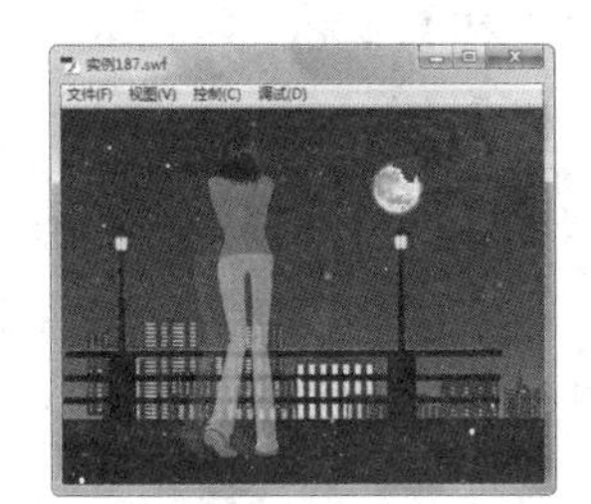

图 12-110　测试动画效果

提问：Flash 贺卡应用在什么地方？

回答：目前 Flash 动画的应用范围很广，其中包括互联网、影视、移动通信等众多行业，Flash 贺卡在互联网上得到了很好的运用，甚至出现了专业的 Flash 贺卡网站，也有很多的贺卡以影片的方式在各大媒体中播放，以前通过短信发送祝福的通信行业也开始使用 Flash 贺卡。

提问：实例名称命名有什么规范吗？

回答：实例名称主要的作用就是方便脚本对元件的调用。实例名称命名时不能是数字或符号，也不能是以数字和特殊符号开头的字母，这一点在制作时要注意。

实例 188　贺卡制作——生日贺卡

源文件	光盘\源文件\第 12 章\实例 188.fla
视　频	光盘\视频\第 12 章\实例 188.swf
知识点	脚本、传统补间动画、补间形状、添加传统运动引导层
学习时间	25 分钟

1．新建 Flash 文档，导入和制作相应的素材，转换为元件，制作“影片剪辑”动画。

1．导入素材

2．返回场景编辑，从“库”面板中拖出元件，制作人物动画和文字动画。

2．场景效果

3．完成动画制作并为贺卡添加音乐。

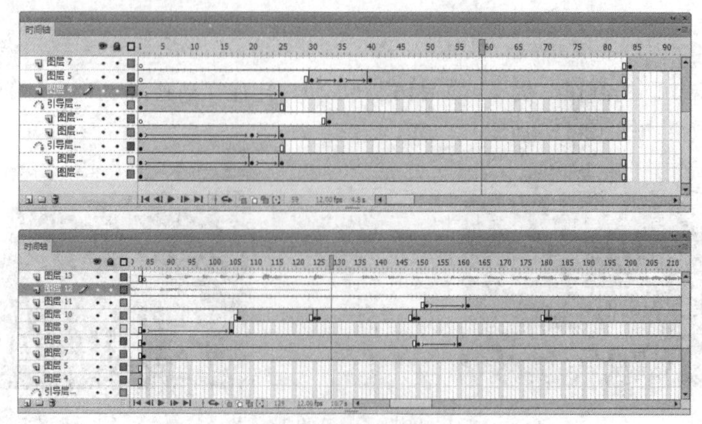

3．“时间轴”面板

4．完成动画的制作，测试动画效果。

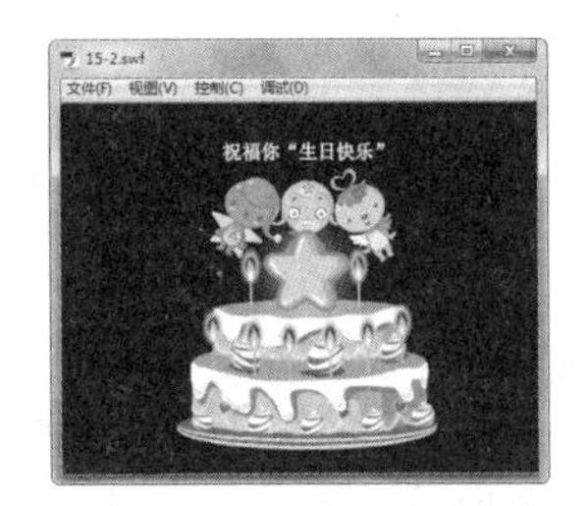

4．测试动画效果

实例总结

本实例制作了情感贺卡和生日贺卡的动画效果，通过学习读者要学会贺卡动画的制作方法与技巧，能够独力制作出丰富的贺卡动画效果。

第13章　MTV制作

MTV 形式的 Flash 动画是最受用户欢迎的动画类型之一。通过 Flash 将唯美的动画场景、优美的音乐背景和引人入胜的故事情节综合在一起，呈现给用户一个色彩缤纷的动画世界。而且随着越来越多的人开始认知 Flash 动画，这种 MTV 动画也以各种方式出现在不同的行业中。本章中将学习 MTV 动画的制作。

实例 189　MTV 制作——在 MTV 中添加字幕

MTV 动画是一种通过多种元素综合在一起的动画形式。实际生活中常常使用歌曲作为背景音乐制作动画。常常会通过为动画添加字幕而增加动画效果。也有一些动画短片是通过加入文字对故事进行说明的。

图 13-1　最终效果

实例分析

本实例中首先打开一个完成了的动画，为其添加音乐背景，然后使用遮罩动画制作字幕的滚动播放效果，如图 13-1 所示。

源 文 件	光盘\源文件\第 13 章\实例 189.fla
视　　频	光盘\视频\第 13 章\实例 189.swf
知 识 点	加载声音、设置声音属性、遮罩动画
学习时间	25 分钟

知识点链接——如何实现动画与字幕的对齐？

一般动画音乐都比较长，在播放动画的过程中使字幕与歌词同步是一件比较麻烦的工作。要解决这个问题，细心制作是必要的。也可以通过为音乐添加提醒作用的帧标签来实现与字幕的对齐操作。还可以将音频文件分段导入，以方便添加字幕。

操作步骤

步骤 1 执行“文件>新建”命令，新建一个“类型”为 ActionScript 2.0，大小为 400 像素×300 像素，“帧频”为 12fps，“背景颜色”为#99CCCC 的 Flash 文档。

> ▶ 提示
>
> 制作 MTV 动画时，对于文件的大小和帧频都没有硬性的规定。只要能满足制作的需要即可。

步骤 2 执行“文件>打开”命令，将图像“光盘\源文件\第 13 章\素材 18901.fla”打开，如图 13-2 所示。将图像“光盘\源文件\第 13 章\素材素材 sy18901.mp3”导入到“库”面板中，如图 13-3 所示。

图 13-2　导入素材

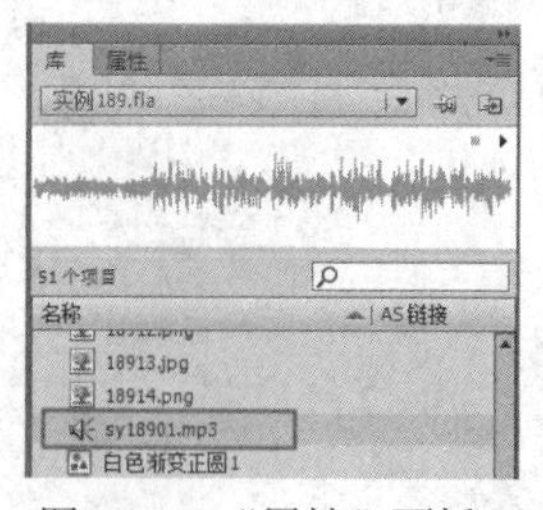

图 13-3　“属性”面板 1

▶ 提示

由于篇幅关系，本实例通过一个较为完整的动画来学习在 MTV 动画中添加字幕的方法。

步骤 3 在“时间轴”面板的“图层 10”上新建“图层 11”，在第 1 帧位置单击，在“属性”面板中设置“声音”标签，如图 13-4 所示。新建“图层 12”，在第 117 帧位置插入关键帧，打开“库”面板，将“白色矩形”元件从“库”面板拖入到场景中，如图 13-5 所示。

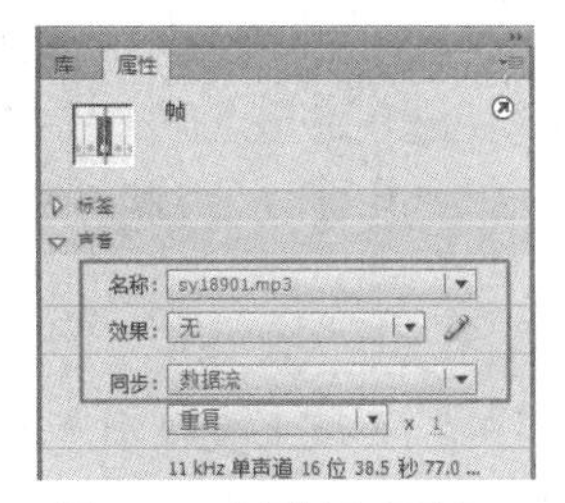

图 13-4 “属性”面板 2

图 13-5　拖出元件

步骤 4 在第 460 帧位置插入空白关键帧，新建“图层 13”，在第 117 帧位置插入关键帧，使用“文本工具”设置“文本填充颜色”为＃FF0000，其他参数设置如图 13-6 所示。在场景中输入图 13-7 所示的文字。

图 13-6　“属性”面板

图 13-7　输入文字

▶ 提示

选择字幕颜色时要注意选择与背景相反的颜色，也就是背景颜色的补色，这样才能保证字幕效果清晰。

步骤 5 分别在第 230 帧和第 435 帧位置插入关键帧，修改第 230 帧场景中文本的内容，如图 13-8 所示。修改第 435 帧场景中文本的内容，如图 13-9 所示。在第 460 帧位置插入空白关键帧。

图 13-8　修改文字 1

图 13-9　修改文字 2

步骤 6 选择第 117 帧上场景中的文本，执行“编辑>复制”命令，新建“图层 14”，在第 117 帧位置插入关键帧，执行“编辑>粘贴到当前位置”命令，修改“文本填充颜色”值为#0000FF，如图 13-10 所示。

步骤 7 根据“图层 13”第 230 帧和第 435 帧的制作方法，分别在“图层 14”的第 230 帧和第 435 帧插入关键帧，修改第 230 帧上场景中的文本内容，如图 12-11 所示。在第 460 帧位置插入空白关键帧。

图 13-10 修改文本颜色

图 13-11 修改文本颜色

▶ 提示

在添加字幕时，可以按键盘上的 Enter 键，在“时间轴”面板上直接浏览动画并听到声音，需要注意的是要将“声音”的“同步”选项设置为“数据流”，这样在浏览动画时才能够更方便地制作字幕。

步骤 8 新建“图层 15”，在第 117 帧位置插入关键帧，将“白色矩形”元件从“库”面板拖入到场景中，如图 13-12 所示。在第 168 帧位置插入关键帧，将元件水平向右移动，如图 13-13 所示。设置第 117 帧上的“补间”类型为“传统补间”。

图 13-12 拖入元件

图 13-13 场景效果

步骤 9 分别在第 175 帧和第 225 帧位置插入关键帧，将场景中的元件水平向右移动，如图 13-14 所示。设置第 175 帧上的“补间”类型为“传统补间”。

步骤 10 根据前面的制作方法，制作出“图层 15”第 225 帧后面的帧，并将“图层 15”设置为“遮罩层”。“时间轴”面板如图 13-15 所示。

图 13-14 右移元件

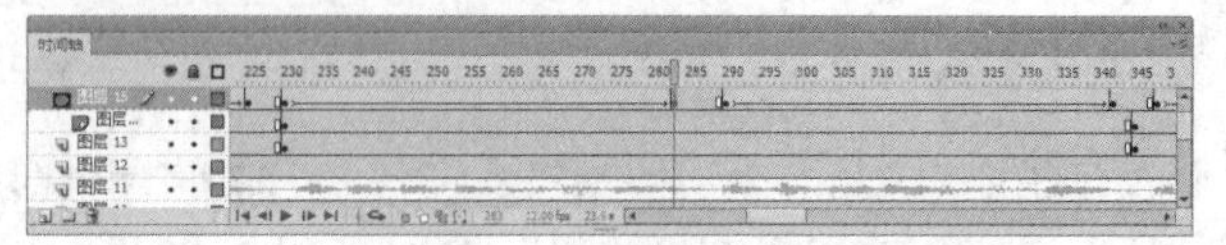
图 13-15 “时间轴”面板

> ▶ **提示**
>
> 本实例中分别制作了两个颜色的字体元件，然后通过为一个元件设置遮罩实现字幕的播放效果。需要注意两个字幕元件的字体、大小等属性都要保持一致。

步骤 11 新建“图层 16”，在第 460 帧位置插入关键帧，将“返回按钮”元件从“库”面板拖入到场景中，如图 13-16 所示。选中按钮元件，按【F9】键打开“动作”面板，输入图 13-17 所示的脚本语言。

图 13-16 “属性”面板

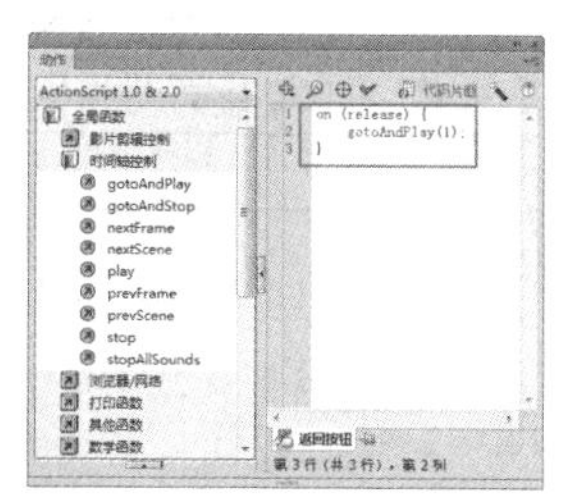

图 13-17 “动作”面板

> ▶ **提示**
>
> 在本步骤中添加的脚本的意思是，当释放鼠标指针时跳转到主时间轴的第 1 帧位置进行动画的播放。

步骤 12 在第 465 帧位置插入关键帧，选择第 460 帧上场景中的元件，设置 Alpha 值为 0%，“属性”面板如图 13-18 所示，场景效果如图 13-19 所示。设置第 460 帧上的“补间”类型为“传统补间”，在第 465 帧位置单击，按【F9】键打开“动作”面板，输入“stop();”脚本语言。

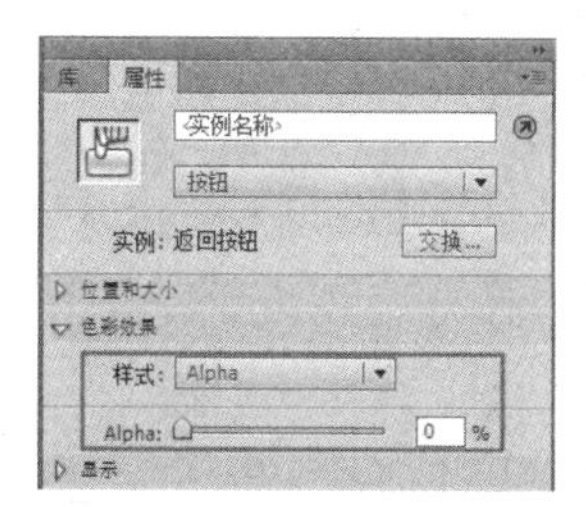

图 13-18 “属性”面板

图 13-19 设置 Alpha 值为 0%

步骤 13 完成动画的制作，保存动画，按下【Ctrl+Enter】键测试动画，效果如图 13-20 所示。

图 13-20 测试动画效果

提问：如何能够制作出好的 MTV 动画效果？

回答：首先良好的绘图能力是制作 Flash 动画的基础，对于初学者要多加练习才能逐步提高。在制作时，多看多比较别人的成功作品。而且 MTV 的制作并没有一定的规矩，所有的制作方法基本上大同小异，所以多加练习一定能够制作出属于自己的“大片”。

提问：如何制作字幕的淡入淡出动画？

回答：为了方便对字幕的管理，建议将字幕动画制作在同一个图层中。使用传统补间动画分别制作不同段落字幕的淡入淡出效果。如果希望两段文字间有重叠的部分，则需要分 2 个以上的图层制作。

实例 190　MTV 制作——制作儿童 MTV

源文件	光盘\源文件\第 13 章\实例 190.fla
视　频	光盘\视频\第 13 章\实例 190.swf
知识点	外部库面板、传统补间动画、拖入声音
学习时间	20 分钟

1．将外部素材“库”中的元件导入到场景中，利用推镜头效果制作出场动画。

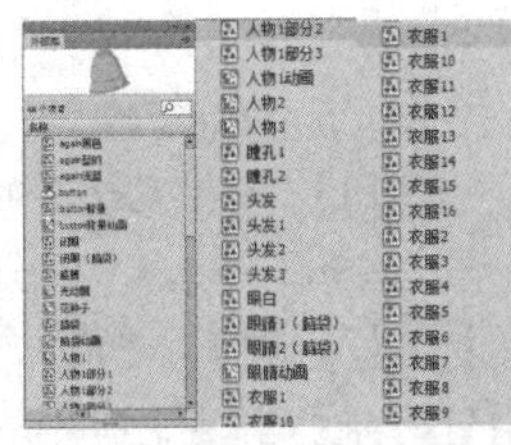

1．导入素材

2．利用推镜头效果制作过场动画和结尾动画。

2．制作动画

3．添加音乐和输入脚本语言并制作动画。

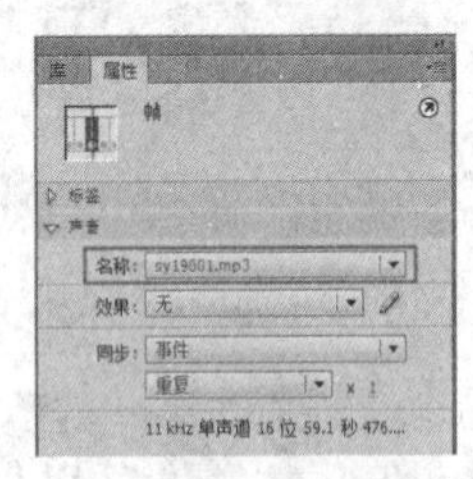
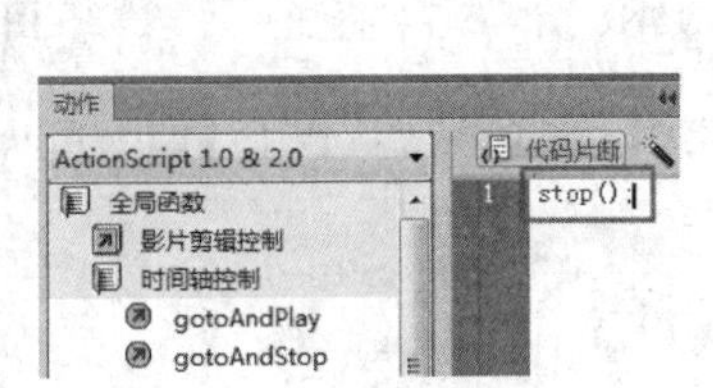

3．添加音乐和输入脚本

4．完成动画制作，测试动画效果。

4．测试动画效果

实例总结

本实例中使用 Flash 基本动画类型制作字幕的滚动播放效果并配合背景音乐制作音乐 MTV 动画效果。通过学习读者要掌握制作 MTV 字幕的方法。

实例 191　MTV 制作——制作唯美商业 MTV

网络中的很多 MTV 动画都具有漂亮的“外衣”。制作一个漂亮的动画效果要综合使用很多元素和多种动画类型，还要搭配富有个性的场景和角色，以及精美的背景音乐。最重要的是能够体现音乐内涵的剧本。

实例分析

本实例主要使用一些基本的绘图工具，绘制简单的几何图形，再通过使用“部分选取工具”，配合“转换锚点工具”，将简单的几何图形进行调整，从而绘制出更具有卡通风格的图形，最终效果如图 13-21 所示。

图 13-21　最终效果

源 文 件	光盘\源文件\第 13 章\实例 191.fla
视　　频	光盘\视频\第 13 章\实例 191.swf
知 识 点	传统补间动画、Alpha 样式
学习时间	40 分钟

知识点链接——Flash MTV 动画的设计特点是什么？

由于动画的独特性，使用 Flash 制作的 MTV 动画要具有标新立异的特点，充分利用 Flash 的各种功能制作出独有的动画效果，体现出其他动画类型不能实现的炫目效果。

操作步骤

步骤 1 执行“文件>新建”命令，新建一个“类型”为 ActionScript 2.0，大小为 400 像素×300 像素，“帧频”为 20fps，“背景颜色”为白色的 Flash 文档。

> ▶ 提示
>
> 类似于本实例的动画效果一般都比较庞大，制作时需要很长的时间，参与的元件也很多，制作时要有足够的耐心。

步骤 2 使用“矩形工具”在场景中绘制矩形，并将其转换成名为“背景 1”的“图形”元件，如图 13-22 所示。在第 230 帧位置插入关键帧，使用“任意变形工具”将元件等比例放大，并相应地调整元件的位置，如图 13-23 所示。

图 13-22　绘制矩形

图 13-23　调整大小

步骤 3 在第 285 帧位置插入关键帧，相应地调整元件的位置，如图 13-24 所示，并设置第 230 帧上的“补间”类型为“传统补间”。

步骤 4 用相同的方法制作第 287 帧和第 940 帧，并在第 1050 帧位置插入帧。根据“图层 1”的制作方法，完成“图层 2”和“图层 3”的制作，场景效果如图 13-25 所示。

图 13-24　调整位置

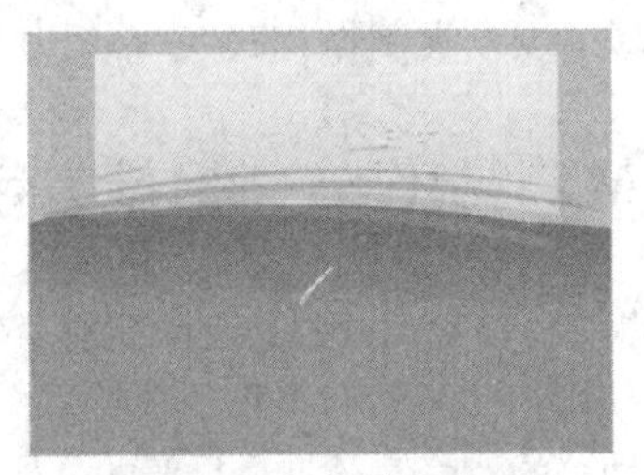
图 13-25　制作其他动画

▶ 提示

本步骤制作的开始场景通过外部的元件创建。

步骤 5 新建“图层 4”，执行“文件>导入>打开外部库”命令，将外部库“光盘\源文件\第 13 章\素材 19101.fla”打开，如图 13-26 所示。将“树动画”元件从“外部库”面板拖入到场景中，如图 13-27 所示。

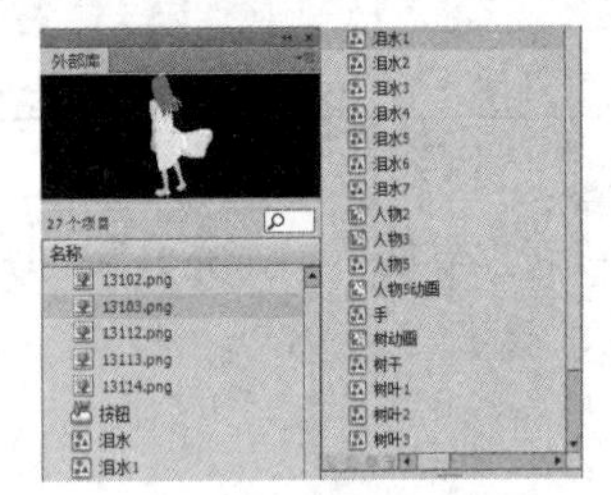
图 13-26　打开“外部库”

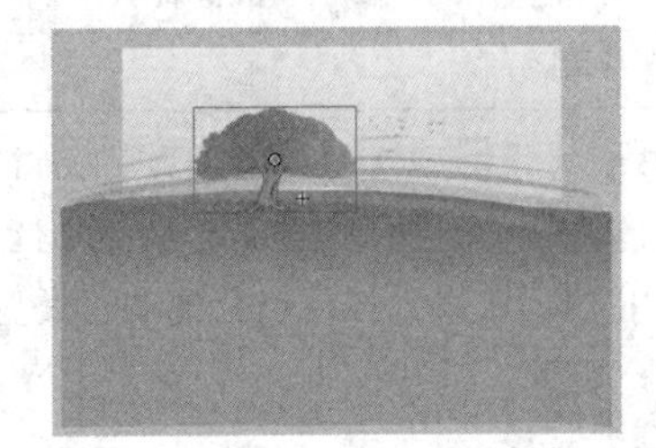
图 13-27　拖入元件

步骤 6 根据前面的方法制作其他帧。用相同的方法完成“图层 5”～“图层 7”的制作，场景效果如图 13-28 所示。

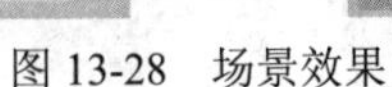
图 13-28　场景效果

步骤 7 新建“图层 8”，在第 20 帧位置插入关键帧，将“人物 5 动画”元件从“外部库”拖入到场景中，如图 13-29 所示。在第 195 帧位置插入关键帧，调整元件的位置，如图 13-30 所示。

图 13-29　拖入人物

图 13-30　调整位置

> ▶ 提示
>
> 元件的位置会影响动画的播放效果，所以制作时要多次测试动画，以确认动画元件的位置准确。

步骤 8 在第 210 帧位置插入关键帧，调整元件的位置，并设置其 Alpha 值为 20%，如图 13-31 所示。在第 211 帧位置插入空白关键帧，并分别在第 20 帧和第 195 帧上创建传统补间动画。相同的制作方法，完成“图层 9”～“图层 15”的制作，场景效果如图 13-32 所示。

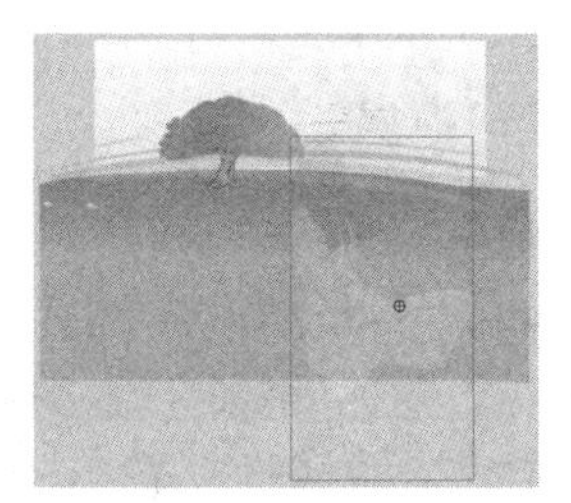

图 13-31　调整元件位置及 Alpha 值

图 13-32　场景效果

步骤 9 在“时间轴”面板上将“图层 11”和“图层 14”分别移动到“图层 6”的下面，“时间轴”面板如图 13-33 所示。

> ▶ 提示
>
> 动画一般由多个场景组成，除了都制作在统一场景以外，还可以将不同背景的动画片段放置在不同的场景中。

步骤 10 在“图层 15”上新建“图层 16”，在第 2 帧位置插入关键帧，使用“矩形工具”在场景中绘制矩形，将其转换成“名称”为“矩形”的“图形”元件，并设置其 Alpha 值为 0%，“属性”面板如图 13-34 所示。

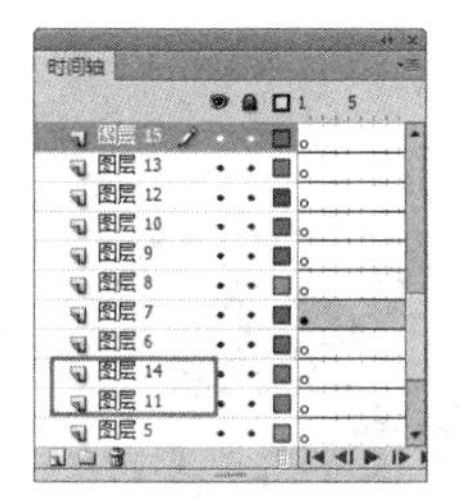

图 13-33　“时间轴”面板

图 13-34　“属性”面板

步骤 11 场景效果如图 13-35 所示。在第 15 帧位置插入关键帧，修改其“色彩效果”样式为无，如图 13-36 所示。设置第 2 帧上的“补间”类型为“传统补间”，用相同的方法制作其他帧。

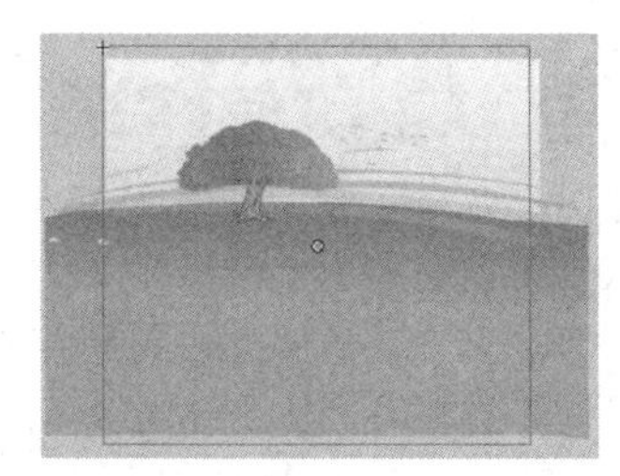

图 13-35　设置 Alpha 值为 0%

图 13-36　修改样式为无

步骤 12 新建“图层 17”，在第 575 帧位置插入关键帧，将图像“光盘\源文件\第 13 章\素材 19115.png”导入到场景中，如图 13-37 所示。在第 940 帧位置插入空白关键帧。

步骤 13 新建“图层 18”，在第 445 帧位置插入关键帧，使用“文本工具”，在“属性”面板中设置参数，如图 13-38 所示。

图 13-37　拖出元件

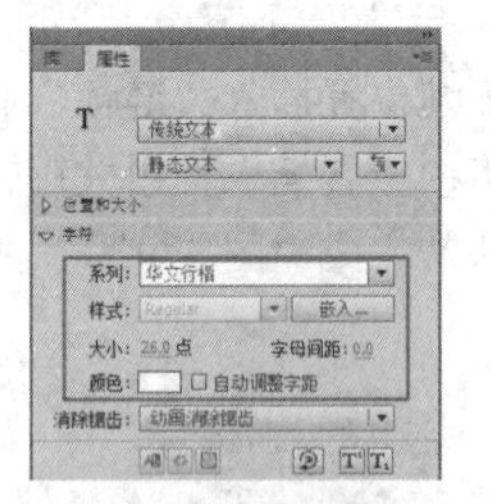

图 13-38　“属性”面板

▶ 提示

利用元件的淡出效果，制作动画场景中的闪光效果。添加动画的说明文字时，动画的频率要和整个动画一致，否则会让浏览者感觉不舒服。

步骤 14 在场景中输入文字，如图 13-39 所示，并将其转换成“名称”为“回到相遇的”的“图形”元件，设置其 Alpha 值为 0%，如图 13-40 所示。

图 13-39　输入文字

图 13-40　Alpha 值

步骤 15 场景效果如图 13-41 所示。在第 465 帧位置插入关键帧，修改其“颜色”样式为无，在第 505 帧位置插入关键帧，调整元件的位置，如图 13-42 所示。

图 13-41　场景效果

图 13-42　调整位置

▶ 提示

动画中使用的特殊字体，要在动画发布前分离成为图形元件，使动画保持正确外形。

步骤 16 在第 533 帧位置插入关键帧，设置其 Alpha 值为 0%，并在第 534 帧位置插入空白关键帧，分别设置第 445 帧、第 465 帧和第 505 帧上的“补间”类型为“传统补间”，“时间轴”面板如图 13-43 所示。

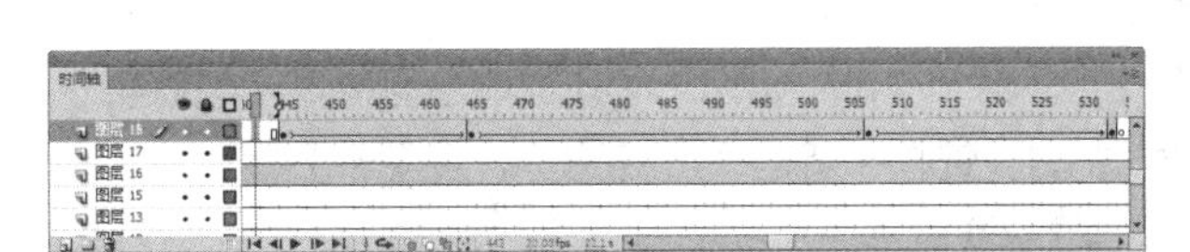

图 13-43 “时间轴”面板

步骤 17 新建“图层 19”，在第 510 帧位置插入关键帧，使用“文字工具”在场景中输入文字，如图 13-44 所示，并将其转换成“名称”为“地点”的“图形”元件，如图 13-45 所示。

图 13-44 输入文字

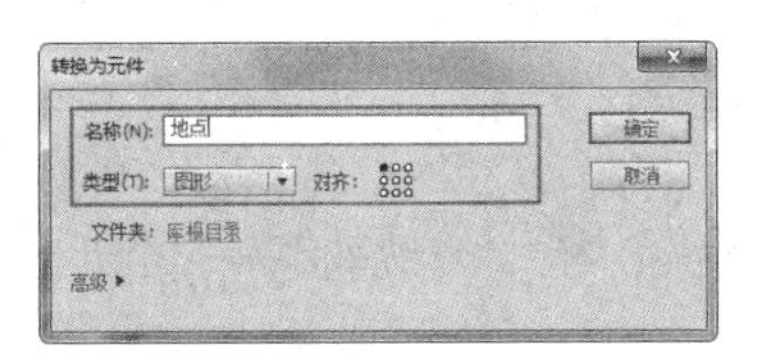

图 13-45 “转换为元件”对话框

步骤 18 在第 555 帧位置插入关键帧，在第 570 帧位置插入关键帧，相应地调整元件的位置，如图 13-46 所示。设置其 Alpha 值为 0%，如图 13-47 所示。

图 13-46 调整元件位置

图 13-47 设置 Alpha 值为 0%

> ▶ 提示
>
> 动画的剧本要在开始制作前就已经完成，不要边做边想，这样很可能使动画变成半成品。此类动画一般都比较长，为了减小文件大小，尽量少使用位图等元素。

步骤 19 在第 571 帧位置插入空白关键帧，并设置第 555 帧上的“补间”类型为“传统补间”。根据“图层 18”和“图层 19”的制作方法，完成“图层 20”～“图层 31”的制作，场景效果如图 13-48 所示。

图层 21

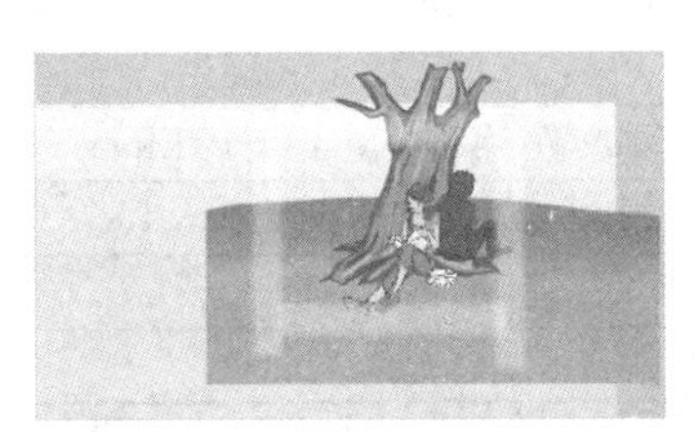

图层 23

图层 28

图层 30

图 13-48 场景效果

步骤 20 新建“图层 32”，将“按钮”元件从“外部库”面板拖入到场景中，如图 13-49 所示，在第 20 帧位置插入空白关键帧。新建“图层 33”，按【F9】键打开“动作”面板，输入“stop();”脚本语言，如图 13-50 所示。

图 13-49　拖入按钮元件

图 13-50　输入脚本

> ▶ 提示
>
> 为了保证动画的完整性，为动画添加一个开始播放按钮，通过脚本控制，当鼠标单击按钮时，动画开始播放。

步骤 21 完成动画的制作，保存动画，按下【Ctrl+Enter】键测试动画，如图 13-51 所示。

图 13-51　测试动画效果

提问：常见的 MTV 都分为几类？

回答： 目前用 Flash 制作的 MTV 有音乐 MTV、短剧 MTV 和改编 MTV 3 种。音乐 MTV 的表现内容要按照音乐的含义制作，通常都会配有字幕。短剧 MTV 要有具体的故事情节、人物角色，甚至要有配音等专业步骤，制作起来要求较高。改编 MTV 吸引人的地方是优秀的剧本和精美的动画设计。

提问：MTV 中使用什么类型的音乐格式？

回答： Flash 中常使用的是 WAV 格式和 mp3 格式。不过为了保证动画最后的发布效果，建议使用 128 kbps 的 mp3 格式音频文件，并且在发布时设置为立体声。

实例 192　MTV 制作——制作情人节 MTV

源 文 件	光盘\源文件\第 13 章\实例 192.fla
视　　频	光盘\视频\第 13 章\实例 192.swf
知 识 点	外部库、实例名称
学习时间	25 分钟

1. 执行“文件>打开”命令，将外部的文件打开。

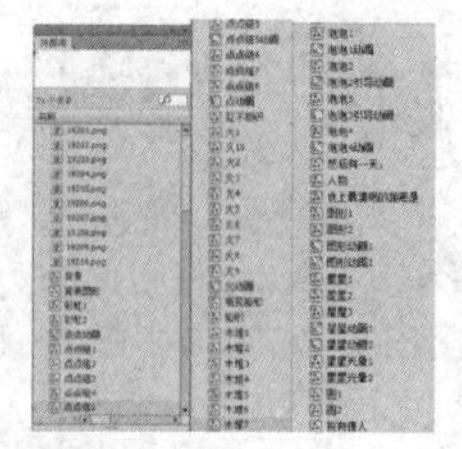

1. 导入素材

2．将相应的按钮元件拖入到场景中。

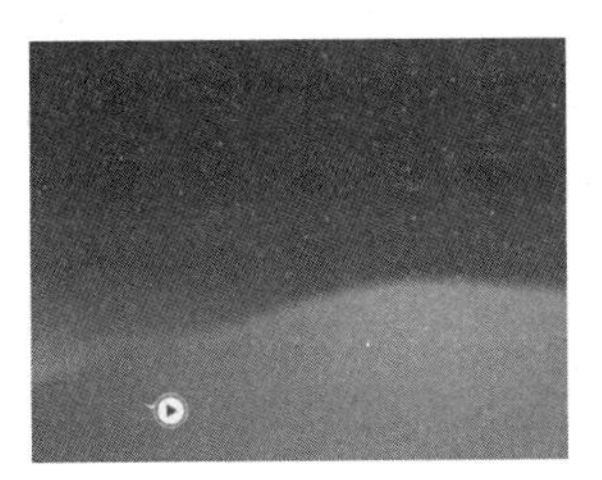
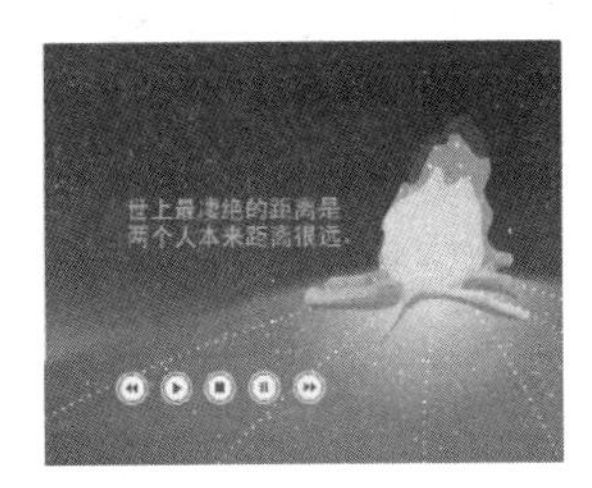

2．拖出按钮元件

3．为按钮元件添加脚本语言和音乐。

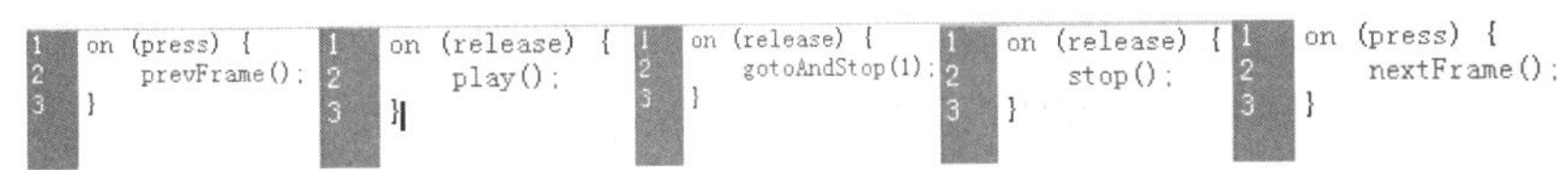

3．为按钮元件添加脚本

4．完成制作，测试动画效果。

4．测试动画效果

实例总结

本实例中使用外部库中的多个元件完成一个唯美的 MTV 动画效果。公用库的按钮元件为动画片段添加控制按钮，然后通过为按钮添加脚本实现对动画的各种控制。通过制作读者要了解制作一个大型动画的流程和方法，并要掌握表现不同场景切换的技巧和控制动画播放的基本脚本。

实例 193　MTV 制作——制作音乐 MTV

一个动画短片如果只有很长的动画效果，而没有音乐，那会让浏览者觉得非常无趣。在互联网上比较常见的是按照流行音乐的故事情节制作动画片段。

实例分析

本实例首先制作了场景的推近动画，然后使用外部的动画元件组合场景，最后为动画添加音乐，最终效果如图 13-52 所示。

图 13-52　最终效果

源 文 件	光盘\源文件\第 13 章\实例 193.fla
视　　频	光盘\视频\第 13 章\实例 193.swf
知 识 点	补间动画、添加声音、输入脚本
学习时间	30 分钟

知识点链接——动画制作中的场景类别有哪些？

在 Flash 动画中，场景主要分为远景、中景和近景。远景是指较远的景别设计，一般是用来交代你所制作的 Flash 动画故事发生的地点、背景、时间等，中景是指在交代情景之后，用来使情节向前发展时所用的，属于过渡性质的场景设计，起到连接远景和近景的作用。近景也就是近处的场景，一般是对某一事物的特写，可以是人，也可以是动物、物品等。

操作步骤

步骤 1 执行“文件>新建”命令，新建一个“类型”为 ActionScript 2.0，大小为 300 像素×400 像素，“帧频”为 12fps，背景颜色为白色的 Flash 文档。

> ▶ 提示
>
> 如果制作的动画未来将使用在影视动画方面，则“帧频”要设置为 24 帧/秒或者 25 帧/秒，以保证较好的播放效果。

步骤 2 将图像“光盘\源文件\第 13 章\素材\19301.jpg”导入舞台中，如图 13-53 所示，并将其转换成“名称”为“背景 1”的“图形”元件，如图 13-54 所示。

图 13-53　导入图像

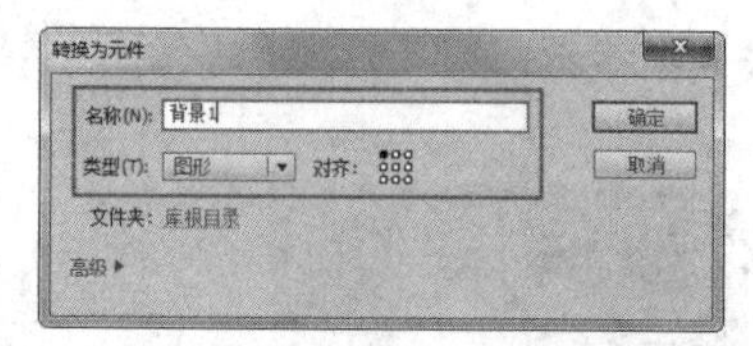

图 13-54　“转换为元件“对话框

步骤 3 在第 65 帧位置插入关键帧，使用“任意变形工具”将元件等比例放大，如图 13-55 所示。在第 100 帧位置插入关键帧，将图形再次等比例放大，并向左下方移动，如图 13-56 所示。在第 200 帧位置插入帧，设置第 65 帧上的“补间”类型为“传统补间”。

图 13-55　调整大小

图 13-56　调整元件大小和位置

> ▶ 提示
>
> 对于 MTV 动画的制作会使用很多种镜头处理方式，本步骤使用的是推镜头的方式。

步骤 4 新建“图层 2”，在第 90 帧位置插入关键帧，将图像“光盘\源文件\第 13 章\素材\19306.png”导入舞台中，如图 13-57 所示。将其转换成“名称”为“圆”的“图形”元件，在第 130 帧位置插入关键帧，设置第 90 帧元件的 Alpha 值为 0%。“属性”面板如图 13-58 所示。

图 13-57　导入素材

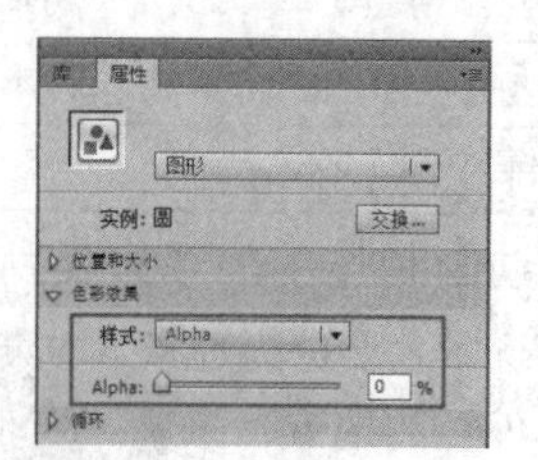

图 13-58　“属性”面板

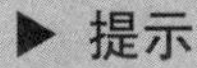

> ▶ 提示
>
> Flash 中除了可以导入视频、图像以外，还可以插入声音。将声音放在在时间轴上时，应将声音置于一个单独的图层上，如果要向 Flash 中添加声音效果，最好导入 16 位声音。

步骤 5 场景效果如图 13-59 所示。设置第 90 帧上的“补间”类型为“传统补间”。新建“图层 3”，在第 65 帧位置插入关键帧，将外部库文件“光盘\源文件\第 13 章\素材\19301.fla”打开，如图 13-60 所示。

图 13-59　设置 Alpha 值为 0%

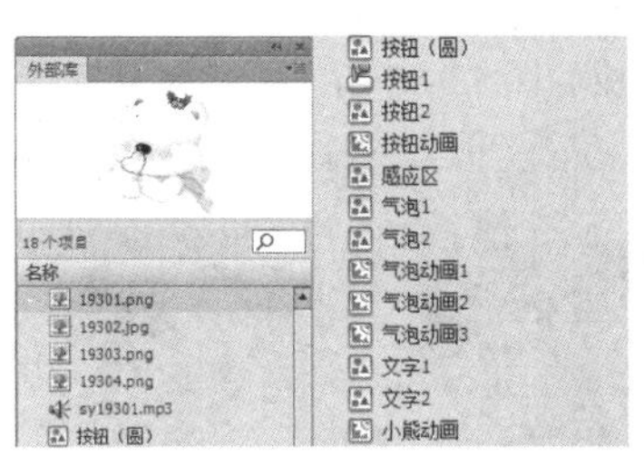

图 13-60　“外部库”面板

步骤 6 将“小熊动画”元件从“外部库”面板拖入到场景中，如图 13-61 所示。在第 100 帧位置插入关键帧，选择第 65 帧上的元件，设置其 Alpha 值为 0%，如图 13-62 所示，并设置第 65 帧上的“补间”类型为“传统补间”。

图 13-61　拖入元件

图 13-62　设置 Alpha 值为 0%

步骤 7 新建“图层 4”，将“气泡动画 1”元件从“外部库”面板拖入到场景中，如图 13-63 所示。在“库”面板中双击“气泡动画 1”元件，进入到该元件的编辑状态。

步骤 8 执行“文件>导入>导入到库”命令，将声音 sy19301.mp3 导入到“库”面板中，在“图层 1”的第 1 帧位置单击，将声音 sy13101.mp3 拖入到场景，“时间轴”面板如图 13-64 所示。

图 13-63　拖入元件

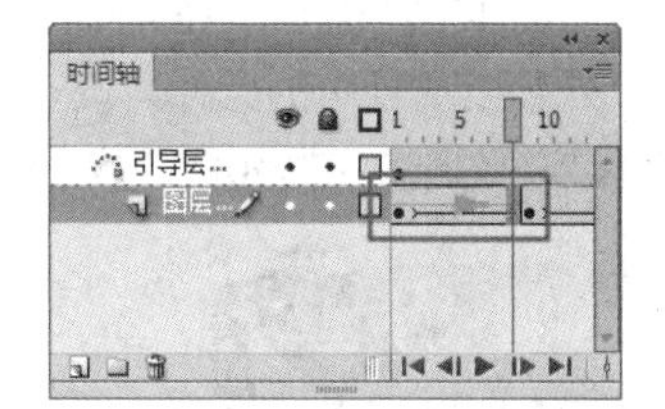

图 13-64　“时间轴”面板

> ▶ 提示
>
> Flash 动画中有两种声音元素，一种是背景音乐，另一种是动画音效。对于动画中的音乐，最好是创建独立的图层放置，避免出现图层的混乱。

步骤 9 返回到“场景 1”的编辑状态，在第 110 帧位置插入关键帧，水平向右移动元件的位置，如图 13-65 所示，在第 150 帧位置插入关键帧，水平向上移动元件的位置，如图 13-66 所示。

图 13-65　右移元件　　　　图 13-66　上移元件

步骤 10 用相同的制作方法，完成“图层 5”～“图层 16”的制作，场景效果如图 13-67 所示，“时间轴”面板如图 13-68 所示。

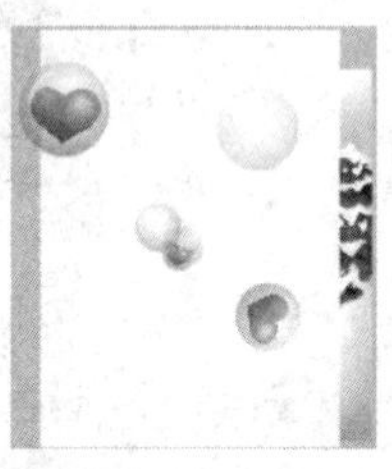

图 13-67　场景效果

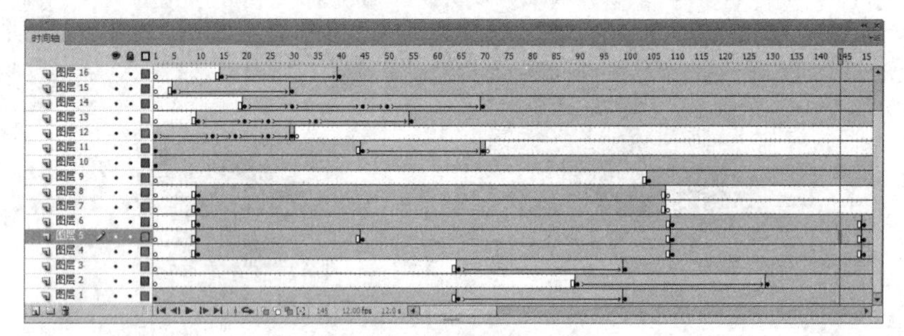

图 13-68　“时间轴”面板

> ▶ **提示**
>
> 此类动画制作起来并不是很复杂。读者在制作时要有足够的耐心，不要急于求成。

步骤 11 新建“图层 17”，在第 190 帧位置插入关键帧，将“按钮 1”元件从“外部库”面板拖入到场景中，如图 13-69 所示。在第 200 帧位置插入关键帧。

步骤 12 选择第 190 帧上场景中的元件，设置 Alpha 值为 0%，设置第 190 帧上的“补间”类型为“传统补间”，选择场景中的元件，按【F9】键打开“动作”面板，输入图 13-70 所示的脚本语言。

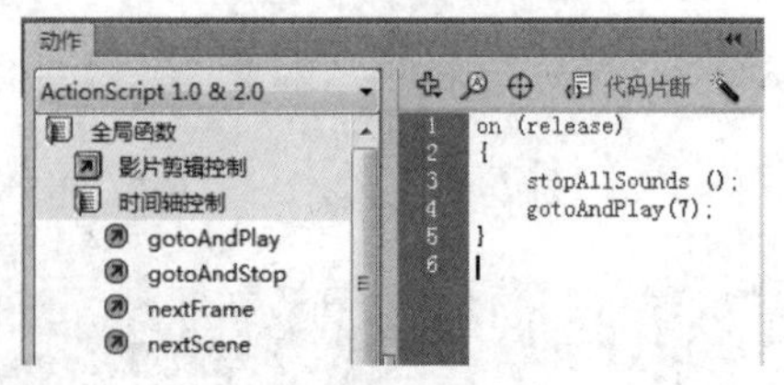

图 13-69　拖入元件　　　　图 13-70　输入脚本

> ▶ **提示**
>
> 此脚本的含义是，单击按钮时，动画静音并跳转到第 1 帧位置播放。

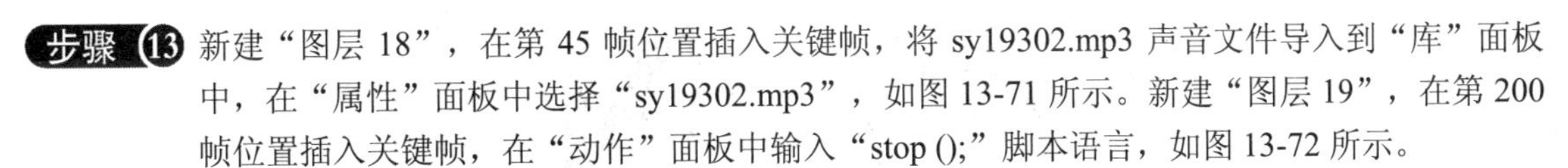

步骤 13 新建“图层 18”，在第 45 帧位置插入关键帧，将 sy19302.mp3 声音文件导入到“库”面板中，在“属性”面板中选择“sy19302.mp3”，如图 13-71 所示。新建“图层 19”，在第 200 帧位置插入关键帧，在“动作”面板中输入“stop ();”脚本语言，如图 13-72 所示。

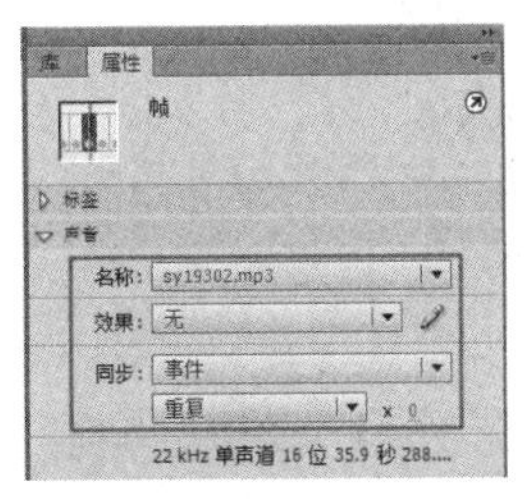

图 13-71 选择声音

图 13-72 “动作”面板

> ▶ **提示**
>
> 由于本动画中使用了大量的影片剪辑元件，所以要将动画发布为 AVI 格式时，建议使用外部的一些第三方软件转换。

步骤 14 完成动画的制作，执行“文件>保存”命令，保存动画，按下【Ctrl+Enter】键测试动画，效果如图 13-73 所示。

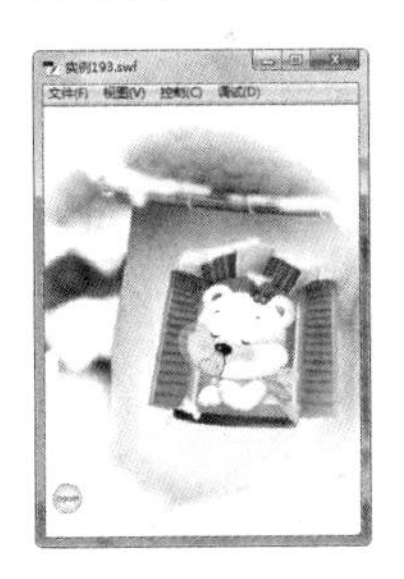

图 13-73 测试动画效果

提问： Flash 动画短片都应用在什么行业？

回答： 随着 Flash 动画技术的迅速发展，其动画的应用领域日益扩大，如网络广告、3D 高级动画片制作、建筑及环境模拟、手机游戏制作、工业设计、卡通造型美术、音乐制作等。

提问： Flash 动画在互联网上有何发展？

回答： 全球有超过 5.44 亿在线用户安装了 Flash Player，从而令浏览者可以直接浏览欣赏 Flash 动画而不需要下载和安装插件。越来越多的知名企业通过 Flash 动画广告获得很好的宣传效果。众多的企业已经使用 Flash 动画技术制作网络广告，以便获得更好的效果。

实例 194 MTV 制作——制作浪漫 MTV

源文件	光盘\源文件\第 13 章\实例 194.fla
视　频	光盘\视频\第 13 章\实例 194.swf
知识点	遮罩动画、添加声音
学习时间	25 分钟

1. 通过将外部的素材图像导入到场景中。

1．导入素材

2．利用遮罩制作过场动画。

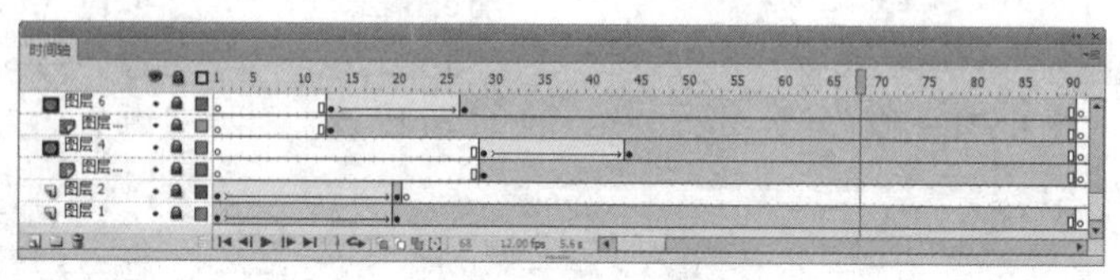

2．“时间轴”面板 1

3．利用遮罩制作动画结尾动画，并添加按钮、音乐和脚本语言。

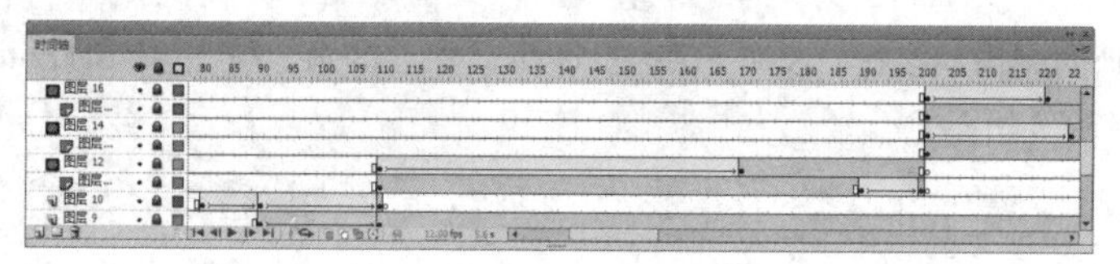

3．“时间轴”面板 2

4．完成动画的制作，测试动画效果。

4．测试动画效果

实例总结

本实例通过使用外部的元件创建动画场景，并使用脚本对动画的播放进行控制。通过学习读者要掌握制作此类 MTV 动画的要点，能将音频文件应用于动画，并能在实际工作中制作相同类型的动画。

第 14 章　游 戏 制 作

在实际工作中常常会使用 Flash 制作有趣的游戏动画，目前在互联网上很多的 Flash 游戏因为文件小，动画效果有趣，而且制作方法又简单易学，深受网络用户的喜爱，得以快速发展起来，本章将学习游戏动画的制作。

实例 195　游戏制作——打地鼠

Flash 制作的游戏常见的是休闲类游戏。通过具有卡通风格的背景、可爱的游戏角色将游戏的乐趣传递给广大用户。制作 Flash 游戏时，脚本程序是动画的重点。通过脚本来控制场景中的角色，从而实现游戏效果。

实例分析

本实例中首先使用外部元件制作游戏场景，并分别对场景中的元件设置实例名称；然后通过为元件添加脚本控制动画播放，完成游戏制作，如图 14-1 所示。

图 14-1　最终效果

源 文 件	光盘\源文件\第 14 章\实例 195.fla
视　　频	光盘\视频\第 14 章\实例 195.swf
知 识 点	外部库、按钮元件、实例名称、脚本
学习时间	25 分钟

知识点链接——游戏动画的制作形式

游戏是 Flash 中较高级的动画制作类型，动画的制作基本上都是通过脚本语言控制各种元件完成的，动画中常常会涉及各种动画类型，并且通过脚本语言可以实现因特网上的对战游戏、数据库数据的相互交换等。

操作步骤

步骤 1 执行“文件>新建”命令，新建一个“类型”为 ActionScript 2.0，大小为 573 像素×567 像素，“帧频”为 24fps，“背景颜色”为白色的 Flash 文档。

步骤 2 执行“文件>导入>导入到舞台”命令，将图像“光盘\源文件\第 14 章\素材\19501.jpg”导入舞台，如图 14-2 所示。在第 500 帧位置插入关键帧，执行“文件>导入>打开外部库”命令，将外部库“光盘\源文件\第 14 章\素材 19501.fla”打开，如图 14-3 所示。

图 14-2　导入素材

图 14-3　“外部库”面板

步骤 3 新建“图层 2”，使用“文本工具”，在“属性”面板中设置参数如图 14-4 所示。在场景中输入文字，如图 14-5 所示。在第 10 帧位置插入空白关键帧。

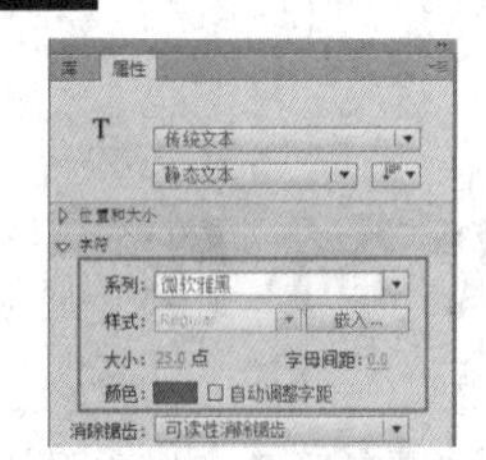
图 14-4 “属性”面板

图 14-5 输入文字

步骤 4 使用“文本工具”，在“属性”面板中修改参数，如图 14-6 所示。根据“图层 2”的制作方法，制作出“图层 3”，如图 14-7 所示。

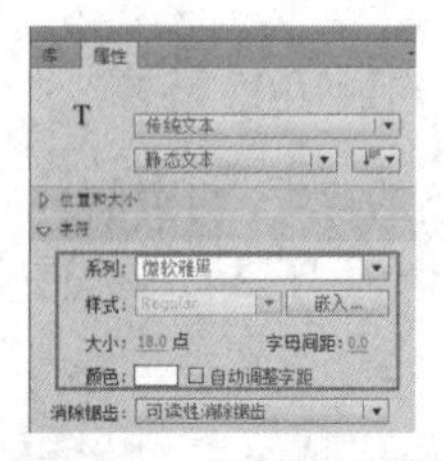
图 14-6 “属性”面板

图 14-7 输入文字

> ▶ **提示**
>
> 将不同的元件放在不同的图层，以方便管理和控制。

步骤 5 新建“图层 4”，将“文字按钮”元件从“外部库”面板拖入到场景中，并调整大小，如图 14-8 所示，并在第 10 帧插入空白关键帧。选中“图层 4”第 1 帧上场景中的元件，按【F9】键打开“动作”面板，输入图 14-9 所示的脚本语言。

图 14-8 拖入元件

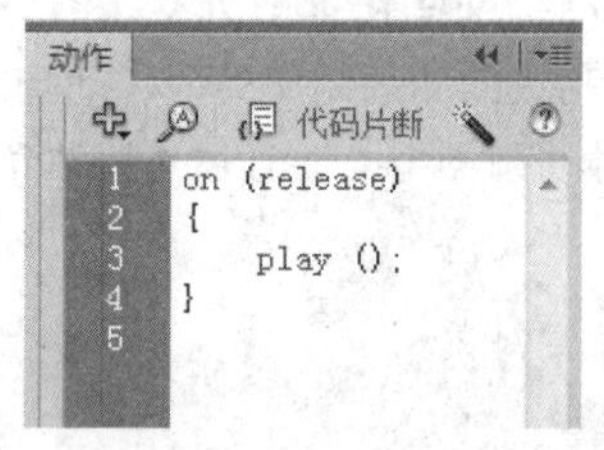

图 14-9 输入脚本

> ▶ **提示**
>
> 拖入场景的按钮元件没有实际的外形，只是具有一个点击状态，其作用只是为了添加脚本语言。当鼠标单击按钮释放后，动画开始播放。

步骤 6 新建“图层 5”，将“锤子”元件从“外部库”面板拖入到场景中，如图 14-10 所示，在第 10 帧插入空白关键帧。新建“图层 6”，在第 10 帧插入关键帧，将“洞 1 动画”元件从“外部库”面板拖入到场景中，如图 14-11 所示。

图 14-10 拖入元件 1

图 14-11 拖入元件 2

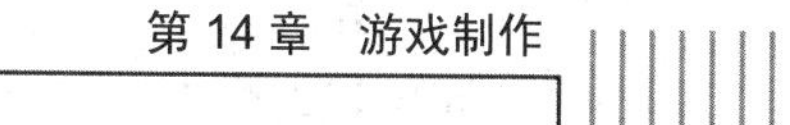

步骤 7 选中“库”面板中的“洞 1 动画”元件，单击鼠标右键，在弹出的菜单中选择“编辑”选项，编辑该元件，选中“图层 4”第 49 帧上场景中的元件，如图 14-12 所示。在“动作”面板中输入图 14-13 所示的脚本语言。

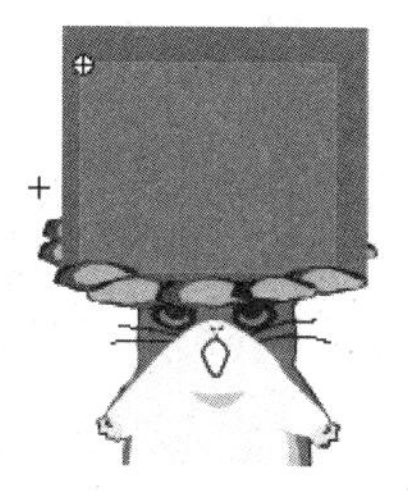

图 14-12　选择元件

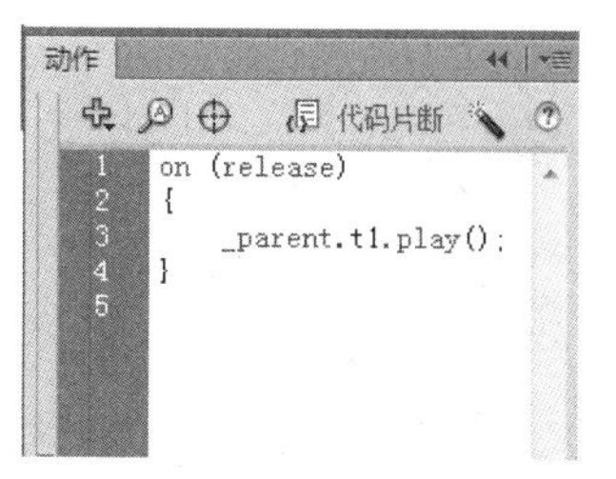

图 14-13　输入脚本

> **▶ 提示**
>
> 此脚本的含义是，当鼠标单击释放后，场景中 t1 开始播放。

步骤 8 返回到“场景 1”的编辑状态，新建“图层 7”，在第 10 帧插入关键帧，将“锤子动画”元件从“外部库”面板拖入到场景中，如图 14-14 所示，设置“属性”面板上的“实例名称”为 t1，如图 14-15 所示。

图 14-14　锤子动画

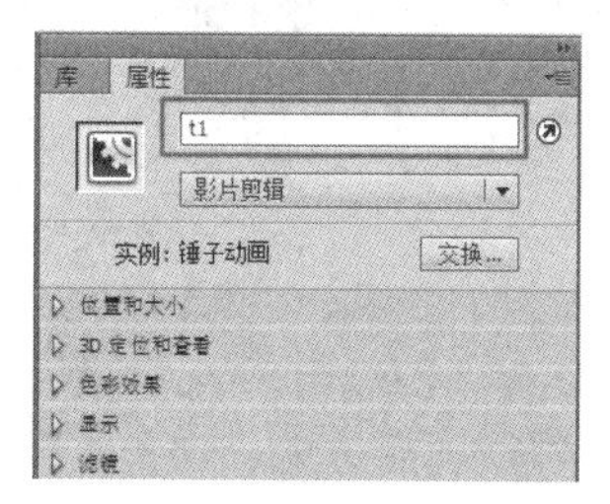

图 14-15　设置实例名称

> **▶ 提示**
>
> 将元件的实例名称设置为 t1，以方便程序调用。

步骤 9 选中“库”面板中的“锤子动画”元件，进入元件的“编辑”状态，在“图层 4”的第 1 帧位置单击，在“动作”面板中输入“stop ();”脚步语言，如图 14-16 所示。在第 6 帧位置单击，在“动作”面板中输入图 14-17 所示的脚本语言。

图 14-16 输入脚本 1

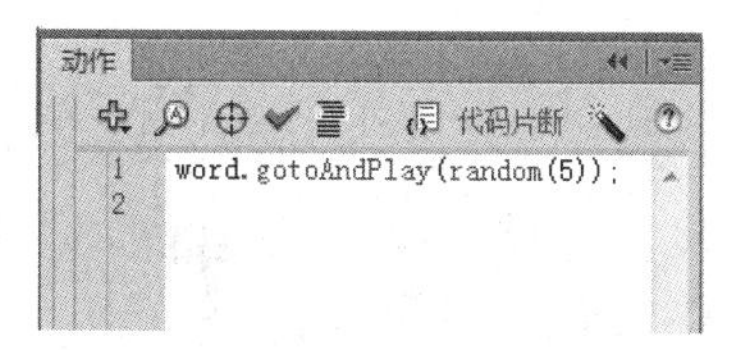

图 14-17　输入脚本 2

> **▶ 提示**
>
> 此脚本含义是，动画在 1 ~ 5 的帧位置随机出现，制作出鼹鼠的动画效果。

步骤 10 返回到“场景 1”的编辑状态，根据“图层 6”和“图层 7”的制作方法，完成“图层 8”～“图层 13”的制作，如图 14-18 所示。根据“图层 1”～“图层 5”的制作方法，完成“图层 14”～“图层 17”的制作，如图 14-19 所示。

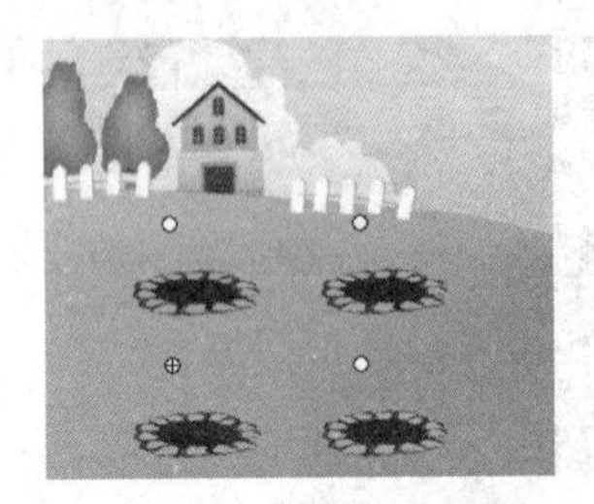

图 14-18 制作动画 1

图 14-19 制作动画 2

步骤 11 选中“图层 15”第 500 帧上场景中的元件，如图 14-20 所示。在“动作”面板中输入图 14-21 所示的脚本语言。

图 14-20 选择元件

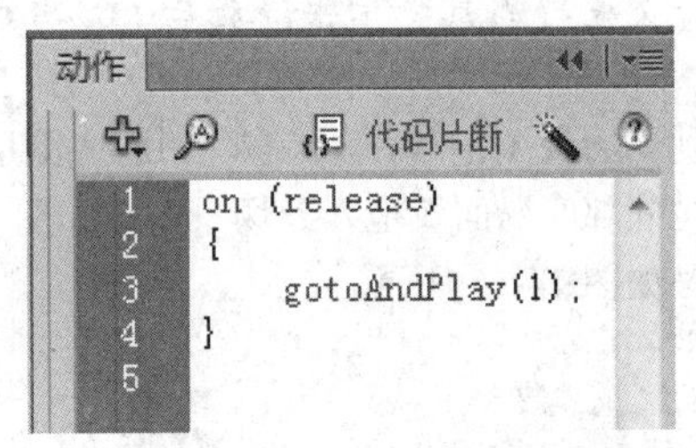

图 14-21 输入脚本

> ▶ 提示
>
> 制作动画时要保持头脑清醒，将不同的元素放置在不同的图层中，以方便管理。此脚本的含义是，当鼠标释放时动画跳转到第 1 帧位置重新播放。

步骤 12 新建“图层 18”，在第 500 帧插入关键帧，并分别在第 1 帧和第 500 帧上单击，依次在“动作”面板中输入“stop();”脚本语言，“时间轴”面板如图 14-22 所示。

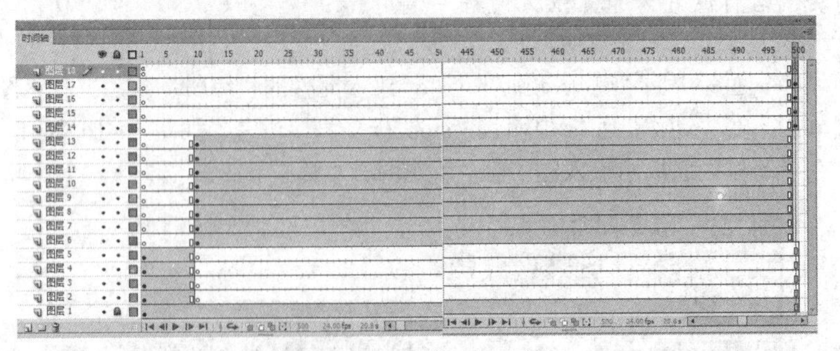

图 14-22 “时间轴”面板

> ▶ 提示
>
> 由于动画制作中使用了很多的脚本，所以为了保证游戏能够正常播放，发布的文件格式只能是.swf 和.exe。

步骤 13 完成动画的制作，保存动画，按下【Ctrl+Enter】键测试动画，效果如图 14-23 所示。

图 14-23　测试动画效果

提问：Flash 游戏动画都有哪些分类？

回答：按照目前最为流行的动画种类，可以将动画分为动作类游戏、益智类游戏、角色扮演类游戏和经济类游戏。不同类型的动画，其剧本编写、动画制作和脚本添加都略有不同。

提问：游戏制作中的图形图像元素如何获得？

回答：Flash 游戏里的图形大多使用的是矢量图形，这样可以尽可能地减小文件大小。Flash 中提供了丰富的绘图和造型工具，可以绘制角色。当然也可以通过光盘或从互联网上下载得到。

实例 196　游戏制作——找茬游戏

源 文 件	光盘\源文件\第 14 章\实例 196.fla
视　　频	光盘\视频\第 14 章\实例 196.swf
知 识 点	按钮元件、脚本语言
学习时间	30 分钟

1．新建 Flash 文档，新建元件，导入和制作相应的素材，制作游戏开始场景效果，在该场景中主要是制作“开始游戏”按钮元件。

1．导入素材

2．制作游戏主场景，为相应的区域添加反应区，拖入动画元件，并为元件设置“实例名称”。

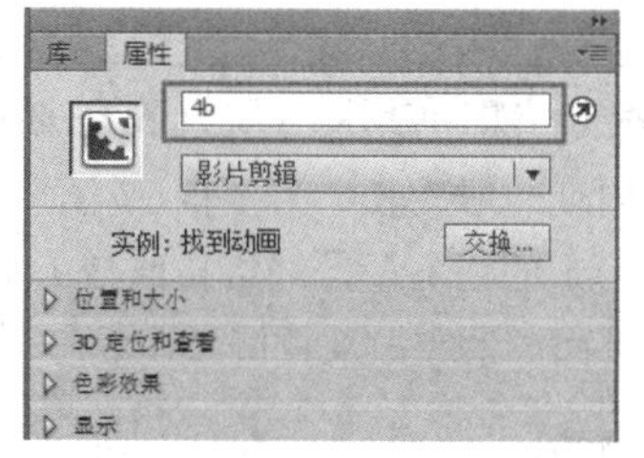

2．制作动画和设置实例名称

3．制作游戏结束场景，绘制相应的场景并输入文字。

3．场景效果和输入脚本

4．最后在相应的关键帧上添加脚本代码，完成动画制作，测试动画效果。

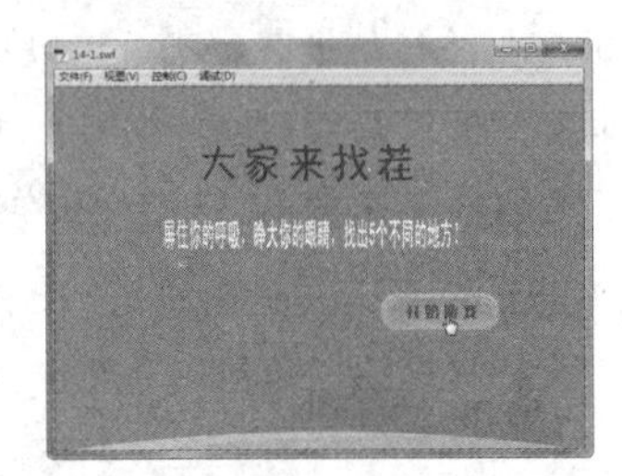

4．测试动画效果

实例总结

本实例中通过使用外部元件制作游戏场景，通过脚本实现游戏动画的制作。通过学习读者要掌握制作游戏动画的基本流程，并对动画中使用的脚本充分理解，可以独立完成类似的游戏动画制作。

实例 197　游戏制作——看图连单词

此类游戏非常实用，既可以学习相关知识，又可以增加学习乐趣，所以很受用户欢迎，制作起来也比较简单。而且这种制作方法常常会应用到其他的游戏动画中，除了可以连接单词外，还可以制作迷宫动画。

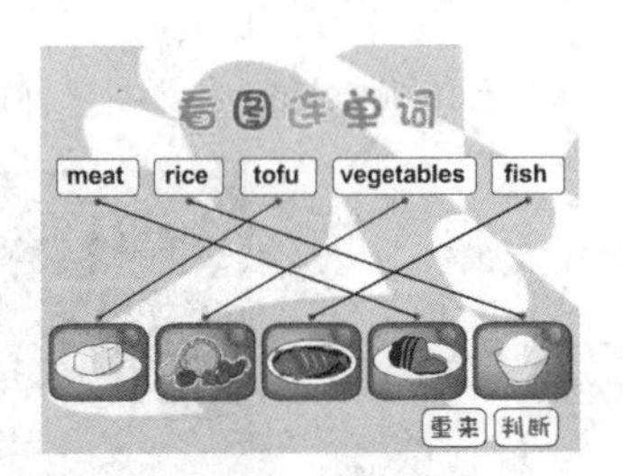

图 14-24　最终效果

实例分析

本实例中首先使用外部元件制作游戏场景，然后分别为元件添加脚本，控制元件的播放，再在主时间轴上添加脚本控制动画，最终效果如图 14-24 所示。

源 文 件	光盘\源文件\第 14 章\实例 197.fla
视　　频	光盘\视频\第 14 章\实例 197.swf
知 识 点	外部库、脚本语言
学习时间	25 分钟

知识点链接——如何解决游戏开发的速度问题？

游戏制作的周期一般较长，为了保证动画按时按量完成，首先要确保游戏的流程科学，合理地分配工作，每天完成一定的任务量，严格按照任务表进行安排，否则经常会在最后关头忙得不可开交，导致大量工作堆积，进而导致完成质量降低。

步骤 1 执行“文件>新建”命令，新建一个“类型”为 ActionScript 2.0，“大小”为 550 像素×400 像素，“帧频”为 30fps，“背景颜色”为#6699FF 的 Flash 文档。

▶ 提示

制作此类游戏时，背景图像不要设计得太过复杂。可以达到一目了然的效果，否则会不容易区分，而造成混淆。

步骤 2 执行“文件>导入>导入到舞台”命令，将图像“光盘\源文件\第 14 章\素材\19701.jpg”导入舞台，如图 14-25 所示。新建“图层 2”，执行“文件>导入>打开外部库”命令，将外部库“光盘\源文件\第 14 章\素材 19701.fla”打开，如图 14-26 所示。

图 14-25　导入素材

图 14-26　“外部库”面板

▶ 提示

在本步骤中所导入的图像，在 Flash 中是可以绘制出来的，由于篇幅的原因本实例所采用的是将外部的素材导入到场景中。

步骤 3 将“meat 按钮动画”元件从“外部库”面板拖入到场景中，如图 14-27 所示，按【F9】键打开“动作”面板，在“动作”面板中输入图 14-28 所示的脚本语言。

图 14-27　拖入元件

图 14-28 输入脚本

▶ 提示

本脚本的意思是当鼠标单击按钮元件时场景中不同元件的播放状态，并通过判断确定动画播放情况。

步骤 4 在“属性”面板上设置“实例名称”为 b4，如图 14-29 所示。双击“meat 按钮动画”元件，进入该元件的编辑状态，在“图层 2”上新建“图层 3”，在第 1 帧位置单击，在“动作”面板中输入图 14-30 所示的脚本语言。

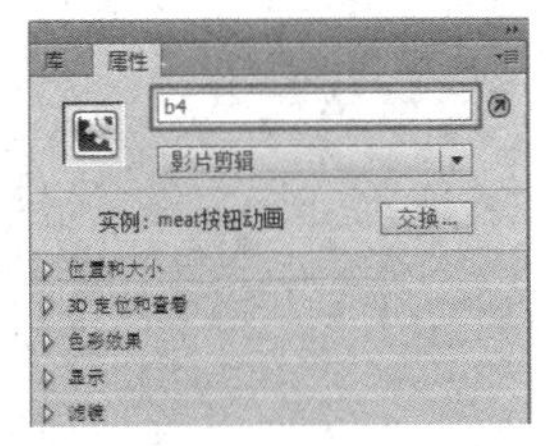

图 14-29　“属性”面板

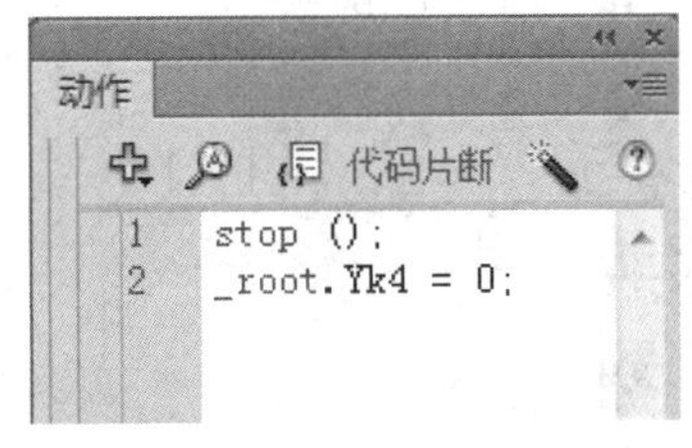

图 14-30　输入脚本 1

步骤 5 在第 2 帧位置插入关键帧，在“动作”面板中输入图 14-31 所示的脚本语言，返回到“场景 1”的编辑状态。根据“图层 2”的制作方法，制作出“图层 3”～“图层 6”，完成后的场景效果如图 14-32 所示。

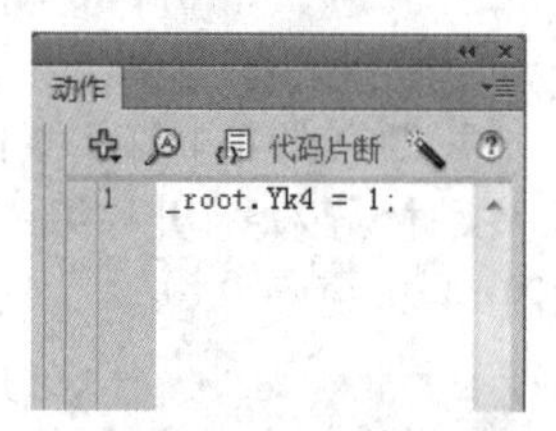

图 14-31 输入脚本 2

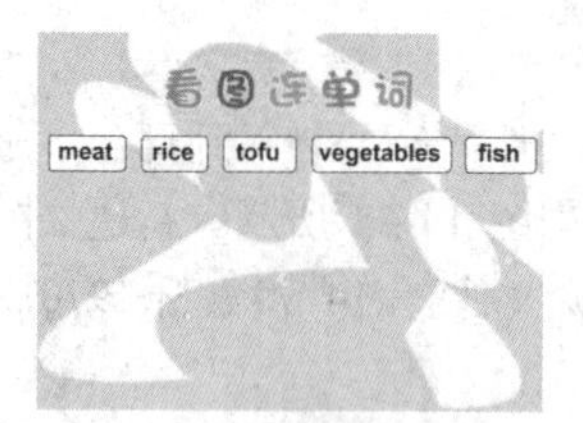

图 14-32 场景效果

> **▶ 提示**
>
> 此脚本的意思是为场景中的 Yk4 赋值。进入元件的编辑状态，不仅可以在场景中双击要编辑的元件，也可以在“库”面板中进行选择，方法是在“库”面板中选择要编辑的元件，单击鼠标右键，在弹出的菜单中选择“编辑”选项，即可进入到该元件的编辑状态。

步骤 6 “时间轴”面板如图 14-33 所示。新建“图层 7”，将“豆腐按钮动画”元件从“外部库”面板拖入到场景中，如图 14-34 所示。

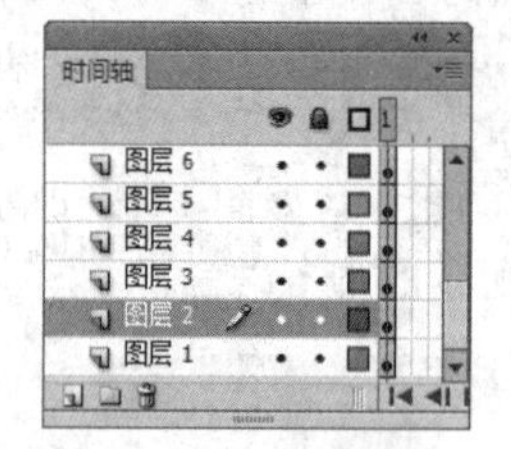

图 14-33 “时间轴”面板

图 14-34 拖入元件

步骤 7 选中“图层 7”元件，按【F9】键打开“动作”面板，输入图 14-35 所示的脚本语言，在“属性”面板中设置其“实例名称”为 a1，如图 14-36 所示。

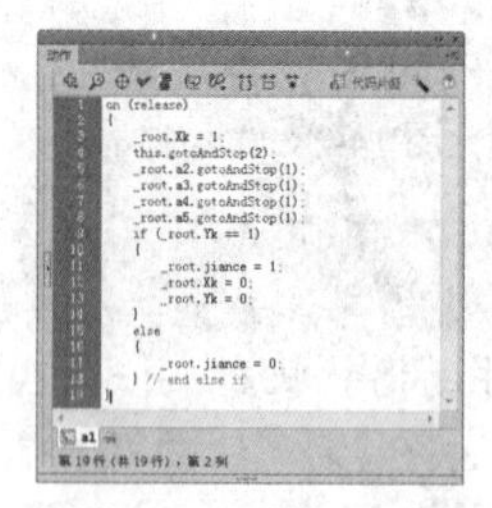
图 14-35 输入脚本

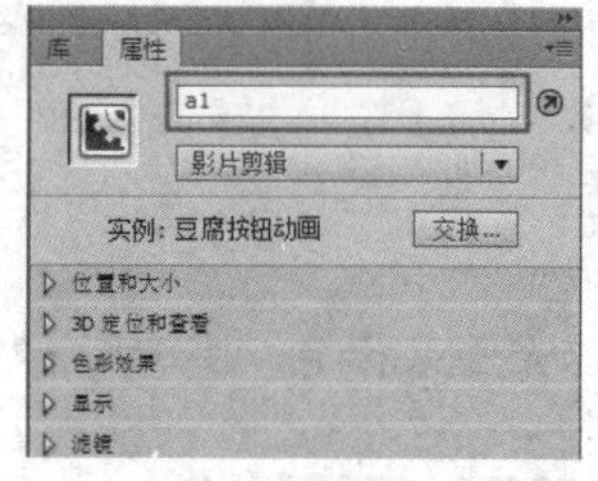

图 14-36 “属性”面板

步骤 8 双击“豆腐按钮动画”元件，进入到该元件的编辑状态，在“图层 2”上新建“图层 3”，在第 1 帧位置单击，在“动作”面板中输入图 14-37 所示的脚本语言。在第 2 帧位置插入关键帧，在“动作”面板中输入图 14-38 所示的脚本语言。返回到“场景 1”的编辑状态。

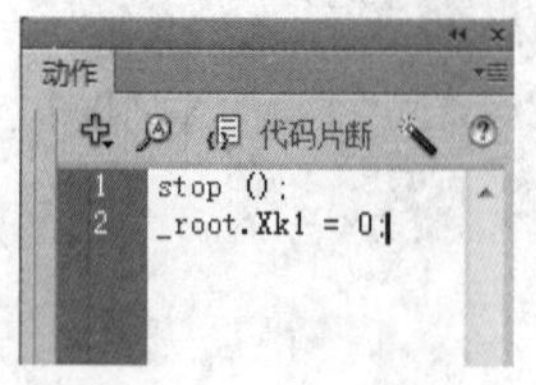

图 14-37 输入脚本

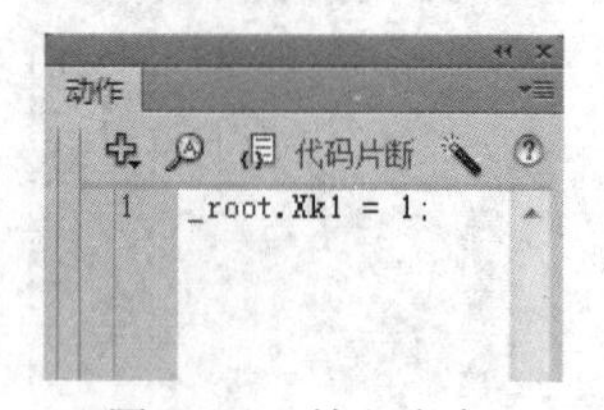

图 14-38 输入脚本

▶ 提示

步骤 7 中脚本的含义是当鼠标单击按钮时，各元件的播放效果。步骤 8 中脚本的意思是为场景中的 Yk1 赋值。

步骤 9 根据“图层 7”的制作方法，制作出“图层 8”～“图层 11”，完成后的“时间轴”面板如图 14-39 所示，场景效果如图 14-40 所示。

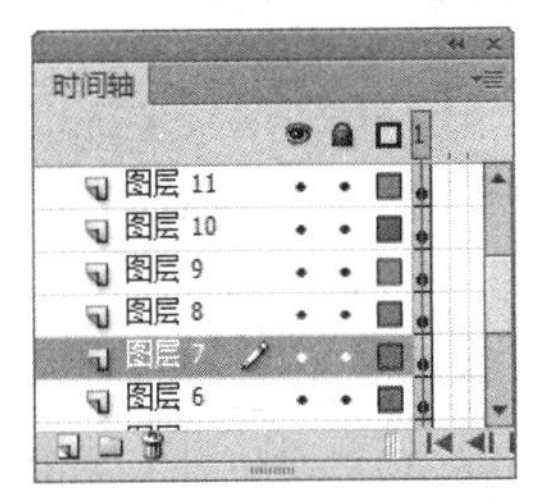

图 14-39 “时间轴”面板

图 14-40 场景效果

▶ 提示

在动画制作中很多时候需要使用没有任何对象的元件作为动画中的替身。此处为对象设置实例名称就是为了方便程序调用。

步骤 10 新建“图层 12”，将“圆形”元件从“外部库”面板拖入到场景中，如图 14-41 所示，在“属性”面板上设置“实例名称”为 dian11，用同样的制作方法，将“圆形”元件多次拖入到场景中，并设置实例名称，完成后的场景效果如图 14-42 所示。

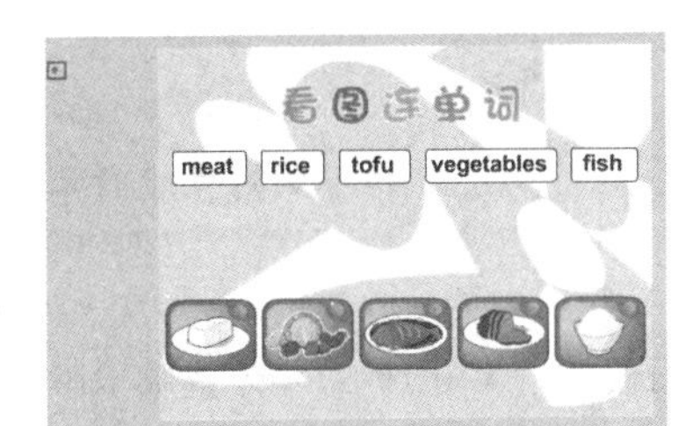

图 14-41 拖出元件 1

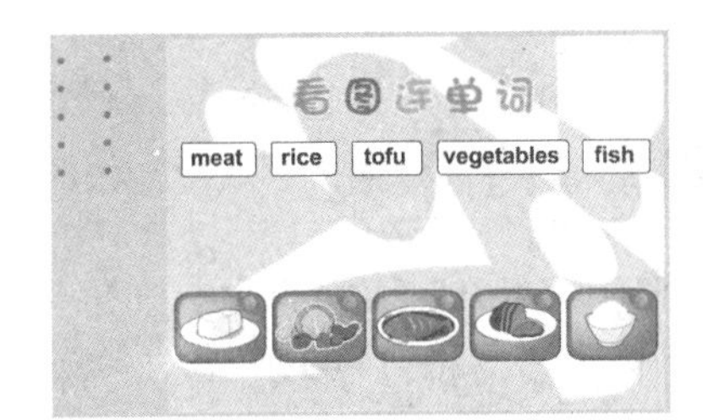

图 14-42 拖出元件 2

步骤 11 新建“图层 13”，将“成功动画”元件从“外部库”面板拖入到场景中，如图 14-43 所示，在“属性”面板上设置“实例名称”为 shengli，如图 14-44 所示。

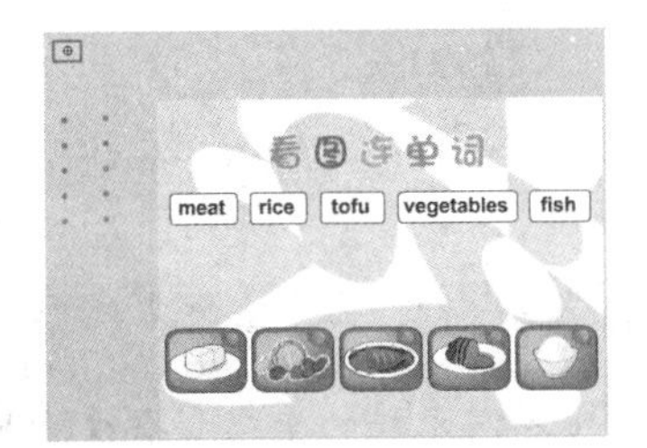

图 14-43 拖出元件 3

图 14-44 “属性”面板

▶ 提示

元件 shengli 没有任何意义，只是为了在动画完成后出现声音。

步骤 12 双击“成功动画”元件，进入场景编辑状态，在“图层 2”的第 2 帧位置单击，在“属性”面板中进行图 14-45 所示的设置。选择“图层 3”第 27 帧上场景中的元件，如图 14-46 所示。

图 14-45 拖入元件

图 14-46 选中元件

步骤 13 按【F9】键，在“动作”面板输入图 14-47 所示的脚本语言。新建“图层 4”，在第 1 帧位置单击，在“动作”面板中输入“stop();”脚本语言，在第 27 帧位置插入关键帧，在“动作”面板中输入“stop();”脚本语言，“时间轴”面板如图 14-48 所示。

图 14-47 输入脚本

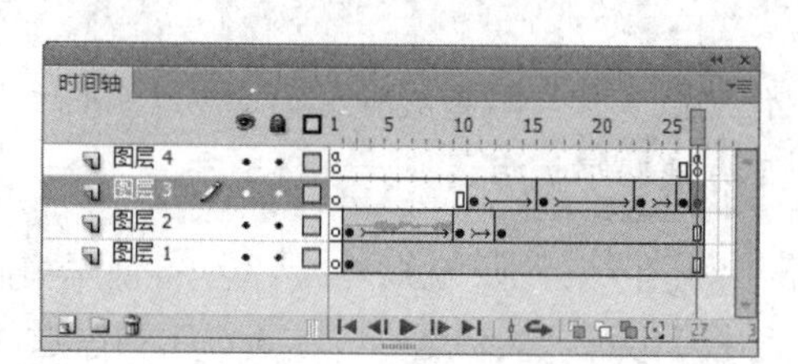

图 14-48 “时间轴”面板

> ▶ 提示
>
> 此脚本的含义是当鼠标单击“成功”按钮时，分别对场景中的不同对象进行赋值。

步骤 14 返回到“场景 1”的编辑状态，新建“图层 14”，将“重来按钮”元件从“外部库”面板拖入到场景中，如图 14-49 所示，在“动作”面板中输入图 14-50 所示的脚本语言。

图 14-49 拖入元件

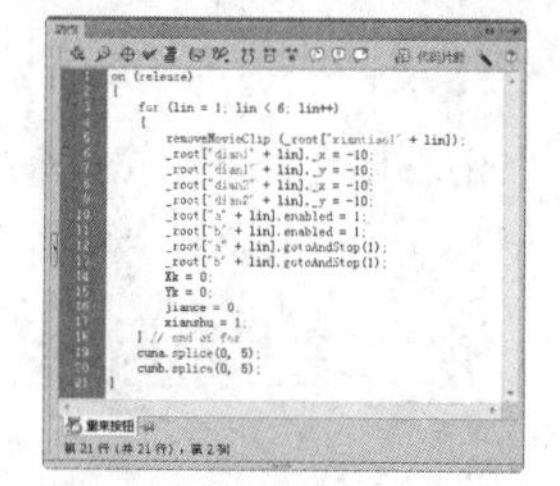
图 14-50 输入脚本

> ▶ 提示
>
> 此脚本的含义是当鼠标单击重来按钮时，判断场景中不同元件的坐标和播放情况，并重新赋值。

步骤 15 根据“图层 14”的制作方法，新建“图层 15”，将“判断按钮”元件从“外部库”面板拖入到场景中，如图 14-51 所示，并在“动作”面板中输入脚本语言，如图 14-52 所示。

步骤 16 完成后的场景效果如图 14-53 所示，新建“图层 16”，在第 1 帧位置单击，在“动作”面板中输入图 14-54 所示的脚本语言。

图 14-51 拖入元件

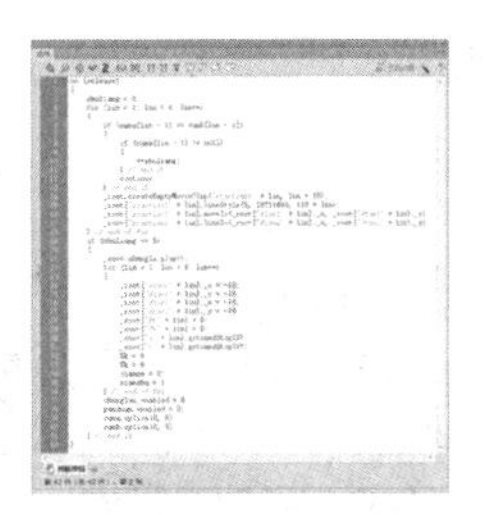

图 14-52 输入脚本

图 14-53 场景效果

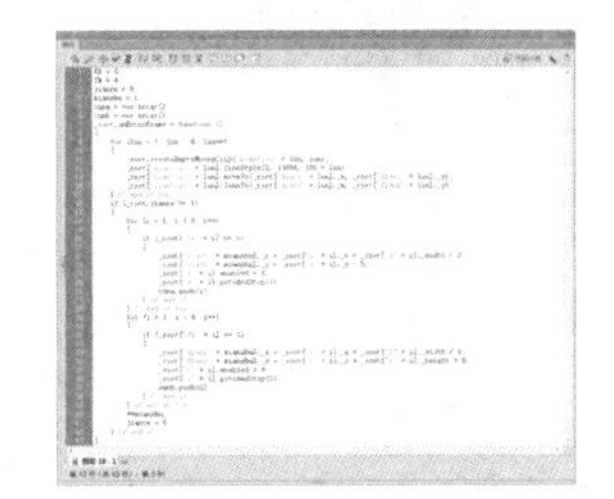

图 14-54 输入脚本

> ▶ 提示
>
> 此脚本的含义是控制当动画开始载入时动画场景中各个元件的播放情况。

步骤 17 完成动画的制作，保存动画，按下【Ctrl+Enter】键测试动画，效果如图 14-55 所示。

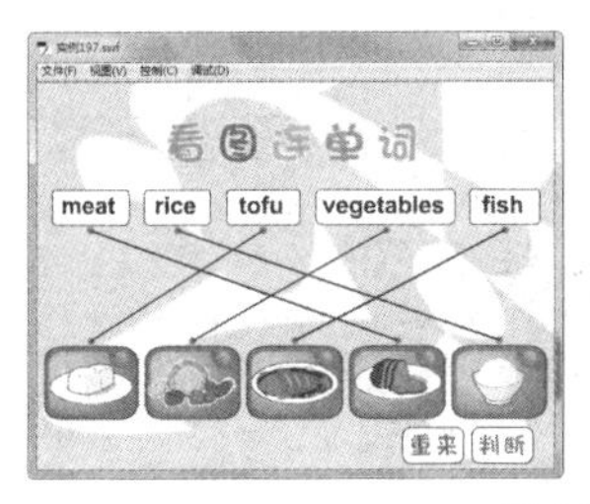

图 14-55 测试动画效果

提问：游戏制作完成后如何保证其正确？

回答：游戏制作完成后，需要通过测试找出程序中的问题。除此之外，为了避免测试时的盲点，一定要在多台计算机上进行测试，而且参加的人数最好多一些，这样就有可能发现游戏中存在的问题，使游戏效果更加完善。

提问：制作看图连字动画时的要点有哪些？

回答：制作此类动画时要把握以下几点：首先元件制作得要尽量简单，不要花费太多精力在元件制作上。在元件过多的情况下多使用标识符，以减小动画制作量。可以使用构造函数将元件与动画链接。

实例 198 游戏制作——点击游戏

源 文 件	光盘\源文件\第 14 章\实例 198.fla
视　　频	光盘\视频\第 14 章\实例 198.swf
知 识 点	基本绘图工具、帧标签、标识符、脚本
学习时间	35 分钟

1．使用“椭圆工具”在场景中绘制圆形，再将“外部库”面板中的元件拖入到场景中，制作出圆的爆炸动画效果。

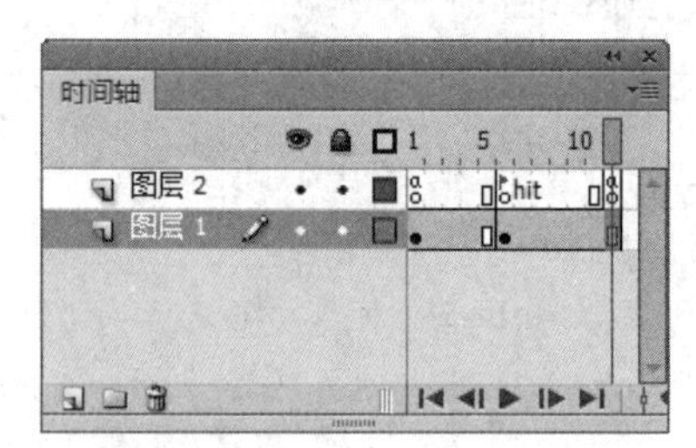

1．制作动画和“时间轴”面板

2．制作“影片剪辑”动画元件并设置标识符链接。

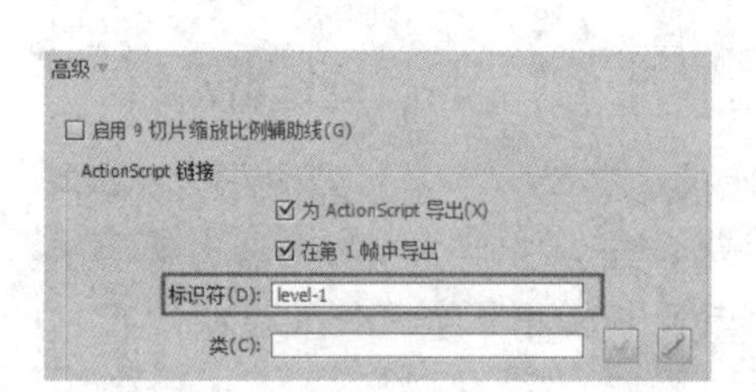

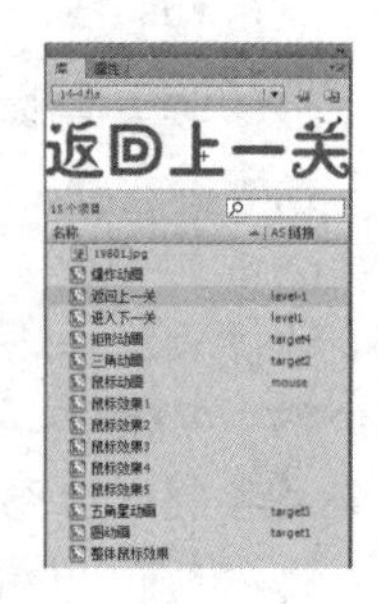

2．设置标识符

3．在主时间轴面板上添加脚本语言，以控制游戏的得分、关数和时间。

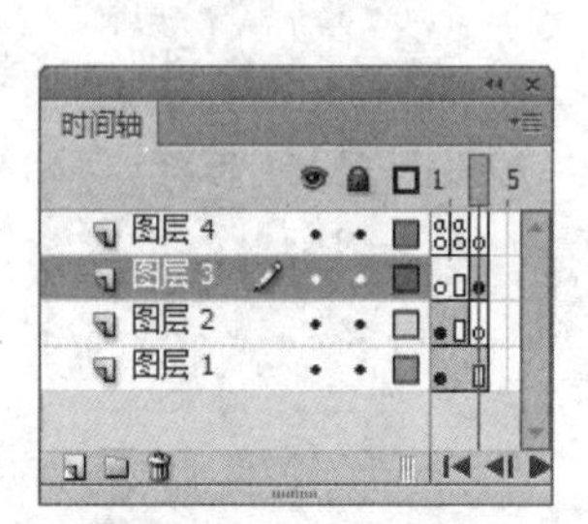

3．“时间轴”面板和脚本语言

4．完成制作，测试动画效果。

4．测试动画效果

实例总结

本实例通过使用外部数据制作游戏场景，然后用脚本实现有趣的游戏效果。通过学习读者要掌握制作此类动画的常用脚本和技巧，并对使用元件作为动画辅助的功能有所了解。能够独立完成相似动画的制作。

实例 199 游戏制作——快乐汉堡屋

Flash 游戏的最大特点在于与用户有很好的交互。游戏的运行完全掌握在用户手中。本实例是最为常见的游戏效果，通过用户的选择和点击游戏才可以继续运行。一旦操作出现错误，游戏即可结束。

图 14-56 最终效果

实例分析

本实例首先使用外部元件制作游戏场景，然后为动画中不同的元件设置实例名称，并通过脚本实现动画效果，完成的最终效果如图 14-56 所示。

源 文 件	光盘\源文件\第 14 章\实例 199.fla
视　　频	光盘\视频\第 14 章\实例 199.swf
知 识 点	实例名称、添加滤镜、设置元件名称、脚本
学习时间	40 分钟

知识点链接——for 循环的运用

具体的用法：for（init;condition;next）{ statement(s); }

具体的参数：init 代表的是一个开始循环序列前要计算的表达方式，通常是赋值表达式。

condition 计算结果为 true 或 false 的表达式。

next 在每次循环迭代后要计算的表达式。

statement(s) 要在循环体内制作的指令。

操作步骤

步骤 1 执行“文件>新建”命令，新建一个“类型”为 ActionScript 2.0，大小为 550 像素×400 像素，“帧频”为 12fps，“背景颜色”为白色的 Flash 文档。

> ▶ 提示
>
> 此类游戏动画比较轻松时尚。游戏场景的设计不宜太过繁琐，否则用户玩的时候会很难找到游戏的主题。

步骤 2 将图像“光盘\源文件\第 14 章\素材\19901.png”导入舞台中，如图 14-57 所示。在第 2 帧位置插入帧，执行“文件>导入>打开外部库”命令，将外部库“光盘\源文件\第 14 章\素材 19901.fla”打开，如图 14-58 所示。

图 14-57 导入图像

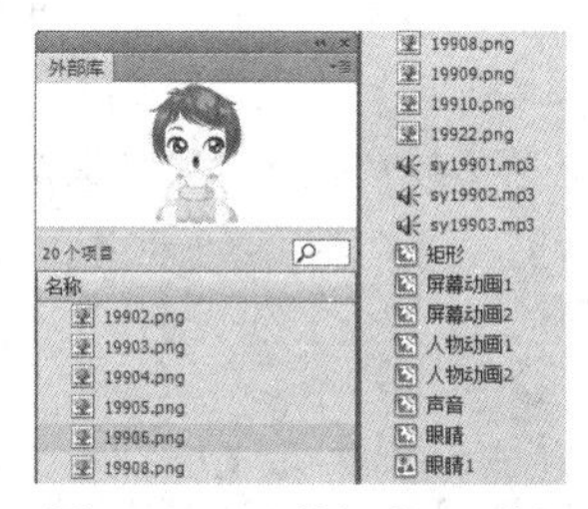

图 14-58 “外部库”面板

步骤 3 新建“图层 2”，将“人物动画 2”元件从“外部库”面板拖入到场景中，如图 14-59 所示，并在“属性”面板上设置“实例名称”为 xh_mc。如图 14-60 所示。

图 14-59　拖入素材

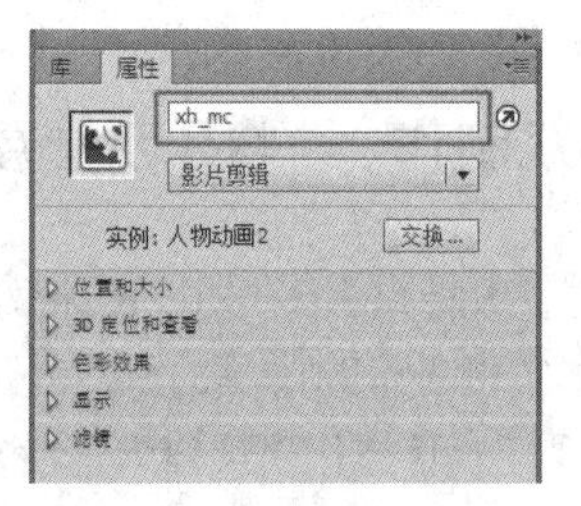

图 14-60　“属性”面板

步骤 4 根据“图层 1”的制作方法，制作出“图层 2”～“图层 6”，场景效果如图 14-61 所示，“时间轴”面板如图 14-62 所示。

图 14-61　场景效果

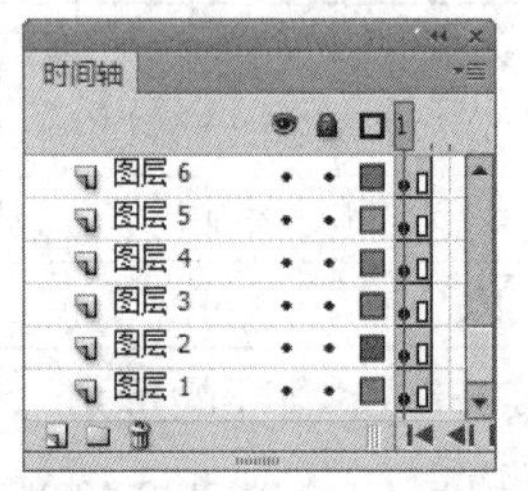

图 14-62　“时间轴”面板

步骤 5 新建“图层 7”，使用“文字工具”，在场景中输入文字，如图 14-63 所示。执行“修改>分离”命令，并将其转换成“名称”为“快乐汉堡屋”的“影片剪辑”元件，如图 14-64 所示。

图 14-63　输入文字

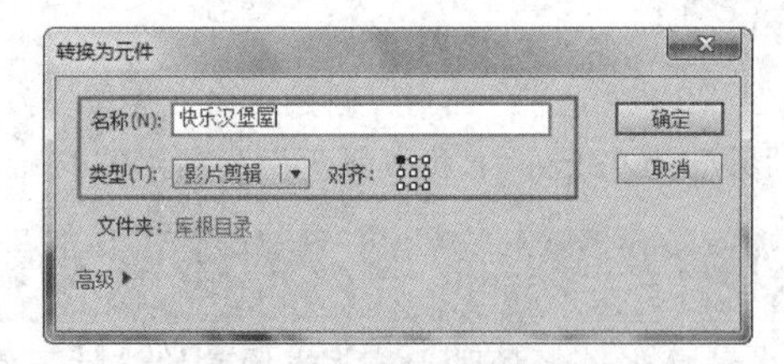

图 14-64　“转换为元件”对话框

▶ 提示

将特殊字体分离成图形需要执行两次。分离后的文字可以很好地保持外形。

步骤 6 选择“快乐汉堡屋”元件，在“属性”面板的“滤镜”标签下单击“添加滤镜”按钮，在弹出的菜单中选择“投影”选项，参数设置如图 14-65 所示，完成后的元件效果如图 14-66 所示，在第 2 帧位置插入空白关键帧。

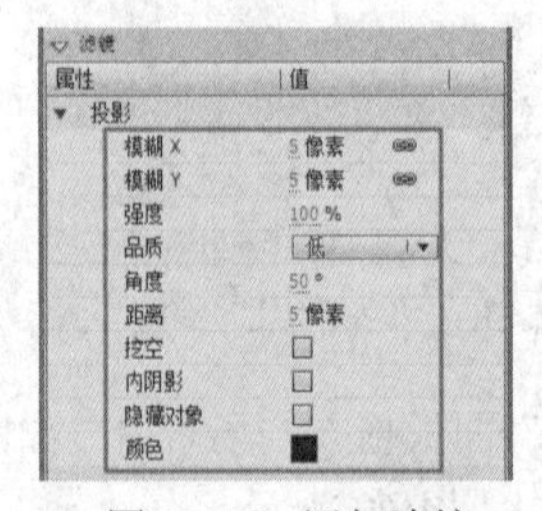

图 14-65　添加滤镜

图 14-66　元件效果

步骤 7 新建“图层 8”，用相同的方法，使用“文字工具”，在场景中输入文字并分离，如图 14-67 所示，在第 2 帧位置插入空白关键帧。根据前面的方法，完成“图层 9”和“图层 10”的制作，场景效果如图 14-68 所示。

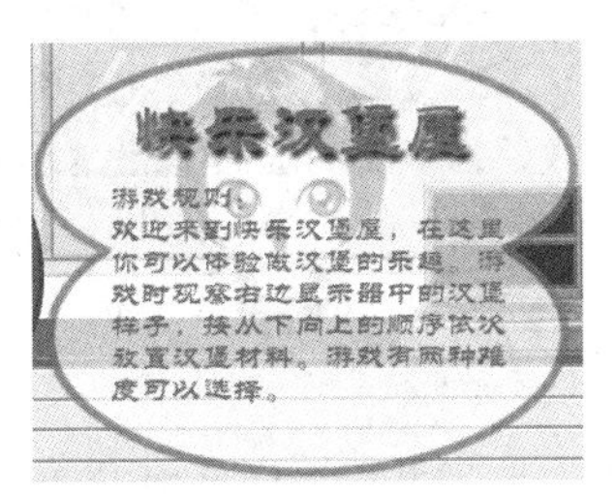

图 14-67　输入文字

图 14-68　场景效果

> ▶ **提示**
>
> 在 Flash 中只有对按钮元件、影片剪辑元件和文字才能使用滤镜。动画中的说明文字在输出前都要分离成图形，以保证良好的动画效果。

步骤 8 在场景中分别选中“图层 9”和“图层 10”中的元件，在“动作”面板中依次输入图 14-69 所示的脚本语言。

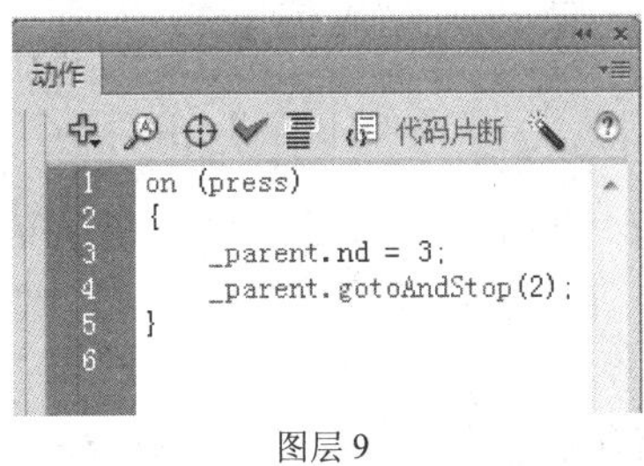

图层 9

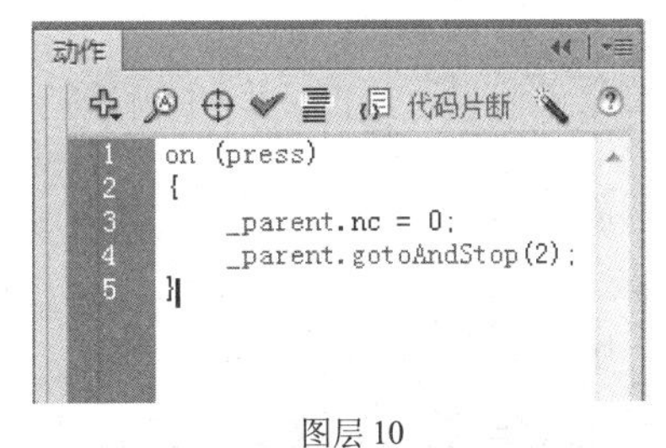

图层 10

图 14-69　输入脚本

> ▶ **提示**
>
> 当鼠标按下去时，将元件 nd 赋值为 3，动画跳转到时间轴的第 2 帧位置，停止播放。

步骤 9 新建“图层 11”，在第 2 帧位置插入关键帧，将图像“光盘\源文件\第 14 章\素材\19901.png”导入舞台中，如图 14-70 所示。将图像转换成“名称”为“面包 1”的“影片剪辑”元件，并设置“实例名称”为 hb6，如图 14-71 所示。

图 14-70　导入素材

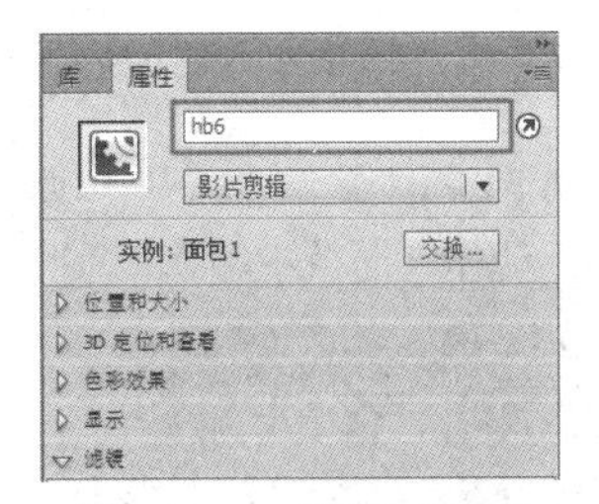

图 14-71　“属性“面板

步骤 10 在“库”面板的“面包 1”元件上单击鼠标右键，在弹出的菜单中选择“属性”选项，在弹出的“元件属性”对话框的“高级”选项下设置标识符，如图 14-72 所示。相同的制作方法，完成“图层 12”～“图层 17”的制作，场景效果如图 14-73 所示。

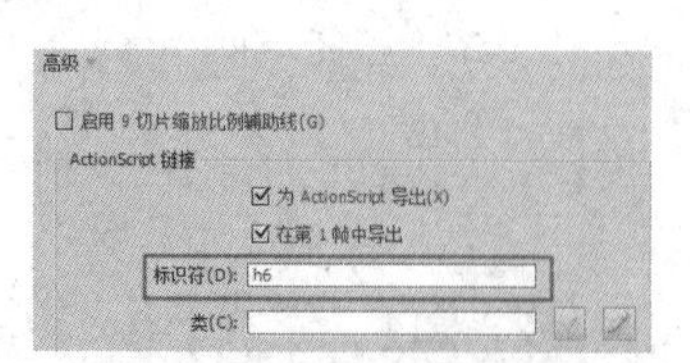

图 14-72　设置标识符

图 14-73　场景效果

▶ 提示

为库面板中的元件命名标识符，可以使元件不用拖入场景中就可以直接参与动画制作。

步骤 11 “库”面板中的标识符如图 14-74 所示。新建“图层 18”，在第 2 帧位置插入关键帧，将“眼睛”元件从“外部库”面板拖入到场景中，如图 14-75 所示。

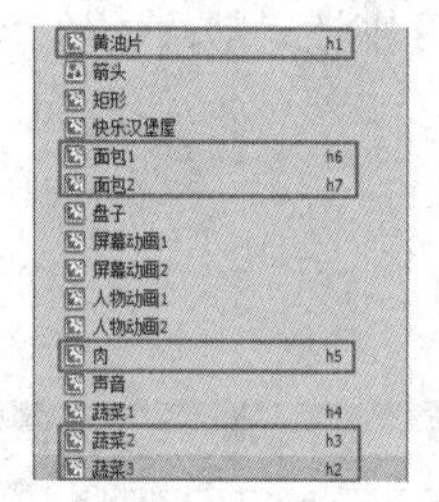

图 14-74　“库”面板

图 14-75　拖出元件

步骤 12 在“属性”面板上设置“实例名称”为 jg_mc，如图 14-76 所示。在“库”面板中双击“眼睛”元件，进入该元件的编辑状态，在“图层 2”的第 1 帧位置单击，在“动作”面板中输入“stop ();”脚本语言，在第 2 帧位置单击，在“动作”面板输入图 14-77 所示的脚本语言。

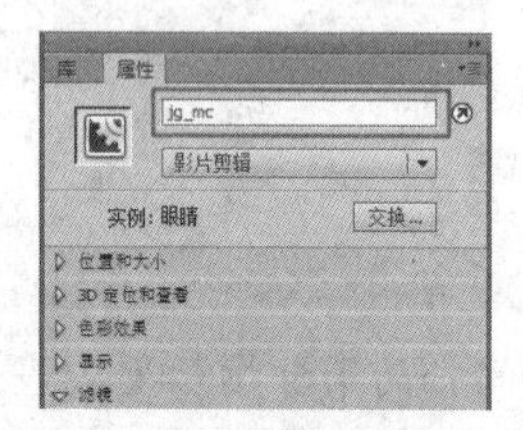

图 14-76　拖出元件

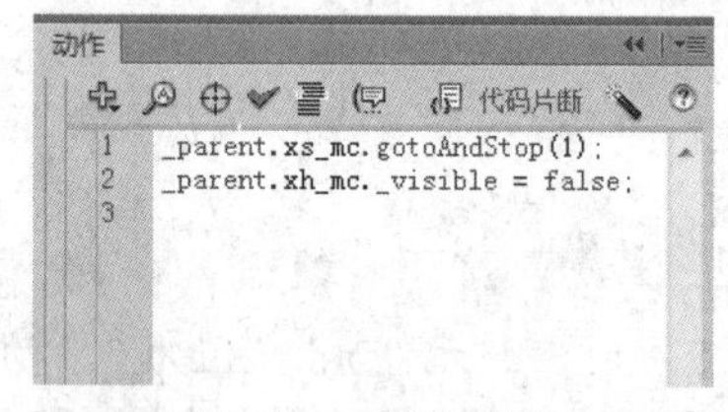

图 14-77　输入脚本 1

▶ 提示

要参与动画制作的元件都要设置相应的实例名称，以方便动画调用。场景中 xs_mc 跳转到第 1 帧位置停止播放。场景中 xh_ms 的状态为可见。

步骤 13 在第 31 帧位置单击，在“动作”面板中输入图 14-78 所示的脚本语言。在第 32 帧位置单击，在“动作”面板中输入图 14-79 所示的脚本语言。

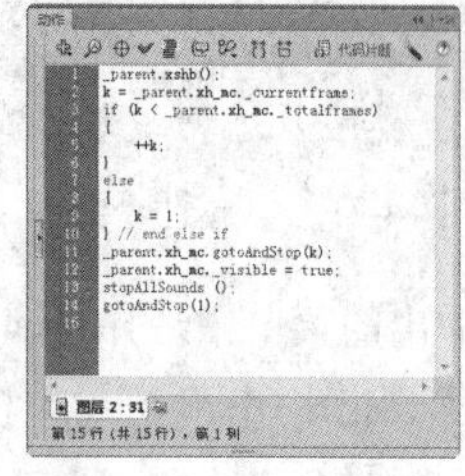

图 14-78　输入脚本 2

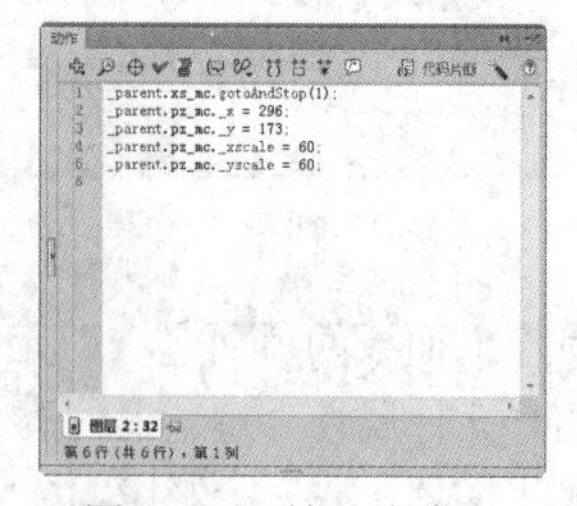

图 14-79　输入脚本 3

步骤 14 在第 60 帧位置单击，在“动作”面板中输入图 14-80 所示的脚本语言。返回到“场景 1”的编辑状态，根据前面的制作方法，完成“图层 19”～“图层 21”的制作，场景效果如图 14-81 所示。

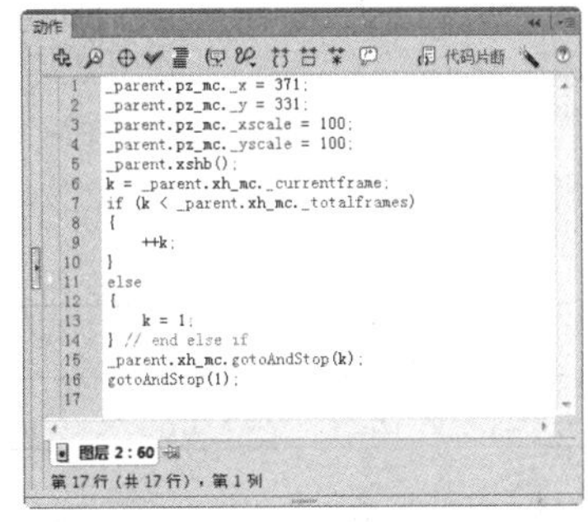

图 14-80　输入脚本 4

图 14-81　场景效果

步骤 15 新建“图层 22”，在“动作”面板中输入图 14-82 所示的脚本语言。在第 2 帧位置插入关键帧，在“动作”面板中输入图 14-83 所示的脚本语言。

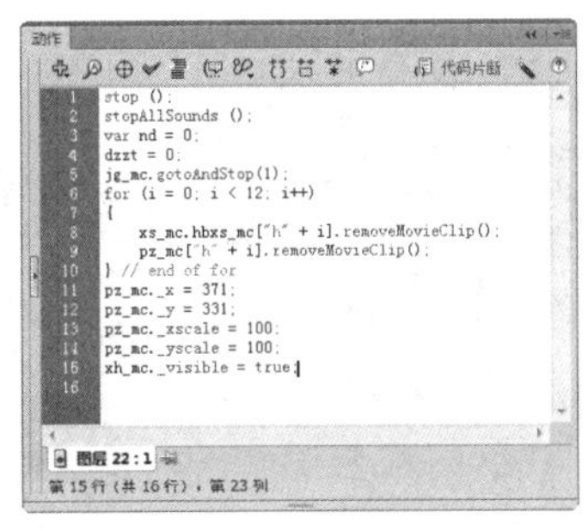

图 14-82　输入脚本 1

图 14-83　输入脚本 2

> **▶ 提示**
>
> 脚本的含义是为动画中的元件赋值并通过判断语句对游戏操作进行判断、通过循环获得动画效果。判断当点击不同元件动画的不同表现形式和不同的动画结果。

步骤 16 完成动画的制作，执行“文件>保存”命令，保存动画，按下【Ctrl+Enter】键测试动画，效果如图 14-84 所示。

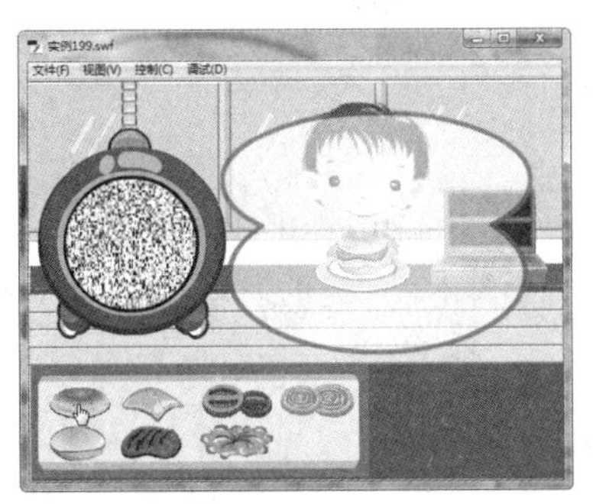

图 14-84　测试动画效果

提问：制作动画时如何对影片进行优化？

回答：在 Flash 中应减少矢量图形的边数或矢量曲线的折线属性。而且对于重复出现的动画对象要转换为元件使用。尽量减少逐帧动画的使用，多使用补间动画。尽量避免使用位图制作动画。最好将元素或组件进行群组。动画中的声音文件要将压缩设置为 mp3 格式等。

提问：Flash 动画播放时，“调试器”有什么作用？

回答：在 Flash Player 中运行 SWF 文件时，Flash 的调试器作为监视影片所有内部工作的窗口，可以显示影片中所有的影片剪辑实例、层级和它们的属性。调试器还能跟踪影片给定的时间轴中所有活动的变量。这样当影片无法正常运行时，调试器能够帮助用户检查脚本的执行情况。

实例 200　游戏制作——小猪接食物游戏

源 文 件	光盘\源文件\第 14 章\实例 200.fla
视　　频	光盘\视频\第 14 章\实例 200.swf
知 识 点	实例名称、按钮元件、动态文本、脚本
学习时间	40 分钟

1．新建 Flash 文档，导入相应的素材，制作元件，制作开始游戏的场景。

2．制作游戏说明场景，并为反应区设置相应的脚本代码。

1．导入素材

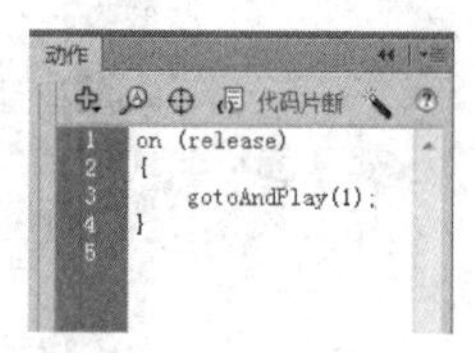

2．场景效果和输入脚本

3．制作游戏主场景动画效果，并添加相应的脚本代码，进行游戏动画的控制。

4．完成动画的制作，测试动画效果。

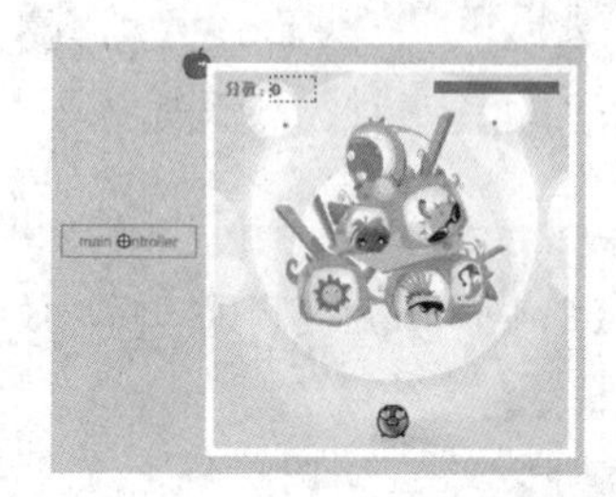

3．场景效果

4．测试动画效果

实例总结

本实例使用外部元件制作场景动画，并使用脚本对动画中不同的元件进行控制，从而得到很好的游戏效果。通过学习读者要掌握此类动画的制作方法，并对控制脚本有一定的理解，能够综合使用。